《高保真音响》系列丛书

Hi-Fi

Hi-Fi AUDIO GUIDE

音响入门指南

（第二版）

唐道济 著

人民邮电出版社

北京

图书在版编目（C I P）数据

Hi-Fi音响入门指南 / 唐道济著. -- 2版. -- 北京 :
人民邮电出版社, 2019.6（2024.6重印）
（《高保真音响》系列丛书）
ISBN 978-7-115-51058-7

Ⅰ. ①H… Ⅱ. ①唐… Ⅲ. ①音频设备－指南 Ⅳ.
①TN912.271-62

中国版本图书馆CIP数据核字(2019)第064706号

内容提要

本书是音响技术与音乐欣赏相关知识的百科，内容深入浅出、侧重实用而新颖全面。全书分4部分：（1）电声基础，包括声学和音响的基础知识；（2）音响释疑420例，对420个有关音响技术的实际问题进行解释；（3）音乐与欣赏，提供欣赏音乐和选购软件的相关知识；（4）电子音响史料，介绍电子音响技术的发展沿革。

音响实际涉及的知识门类很广，包含着大量技术和艺术内容，需要了解和掌握的理论和实践知识数不胜数。本书内容是广泛征求各界意见，并根据笔者多年积累的经验选择的，都是爱好者平时容易遇到并希望了解的，包括音响技术的基础知识、术语、操作运用、维护保养等。

本书可供音乐、音响爱好者及有关专业人士阅读，在高质量声音重放方面作为参考和指南。

◆ 著　　　　唐道济
责任编辑　周　明
责任印制　周昇亮
◆ 人民邮电出版社出版发行　　北京市丰台区成寿寺路11号
邮编　100164　　电子邮件　315@ptpress.com.cn
网址　http://www.ptpress.com.cn
北京捷迅佳彩印刷有限公司印刷
◆ 开本：787×1092　1/16
印张：31.75　　　　2019年6月第2版
字数：658千字　　　　2024年6月北京第17次印刷

定价：139.00元

读者服务热线：(010)53913866　印装质量热线：(010)81055316
反盗版热线：(010)81055315
广告经营许可证：京东市监广登字20170147号

第一版前言

“发烧”随着对外交流而传遍神州大地。所谓音响“发烧”，实质是指对音响的追求爱好到了如痴如醉的地步，那个群体就称为“发烧友”(Audiophile，音响爱好者)，那是群热衷欣赏、喜爱播放优美音乐，以及使用最现代声频设备和技术的人，他们那种锲而不舍、义无反顾的追求精神，常使圈外人士感佩之余又觉得难以理解。

音响设备是为欣赏音乐服务的，音响“发烧”乃是一种文化活动，它的兴起是人民文化素质提高的表现。音乐和音响对人民文化素质的提高有着积极的作用。纵观当今音响“发烧”中出现的诸多困惑、大量争论不休的问题，乃至“走火入魔”的事例，不少实在是缺乏有关知识所致，不少“发烧友”都想不断改善自己器材的使用效果，但每每被夸大其词的舆论误导。所以“发烧”须先学点电声学基础知识，取巧只会产生似是而非的观点，甚至误入歧途，难以自拔，走火入魔。玩音响而有成，要以足够的知识为基础，以对音乐的热爱为动力，假以时日，方能登堂入室。

莎士比亚云：“一知半解是很危险的，片面的知识比无知更可怕。”片面的知识常会导致错误理解、盲目尝试、以讹传讹，小则浪费金钱和时间，大则引起事故，遑论领略个中乐趣。音响界流传的一些“神话”，如能听出乐谱落地的声音、能区别音箱摆位数厘米之差等，真是玄而又玄、高深莫测，一些缺乏应有专业知识的狂热“发烧友”往往信以为真，进而造成“只见细节，不闻音乐”的听音习惯，这种为音响而音响，把音响为音乐服务的目的直抛九霄云外的做法实在不能算是“发烧”，无异于暴殄天物。音响为音乐服务，音响的最终目的是播放音乐，所以要把音响效果与艺术魅力相结合。音响“发烧”不仅需了解器材知识、房间声学知识，还要对音乐有所了解，三者缺一不可。“发烧”切忌主观，不能经不起广告宣传的诱惑，不能轻信某些似是而非的观点，不要道听途说、盲目模仿，凡事要通过自己实践的验证，掌握基本的电声学知识，不想当然，不赶潮流，不攀比器材价格档次，不去追求脱离科学的“音响境界”，才会顺利步入音响这个殿堂。

软件必须通过硬件重播，只有高质量的音响器材才能把优美的音乐传播给聆听者。硬件产生、发展的根本是软件，二者密不可分。尽管当今世界音响器材的一种发展趋势是Life Style(生活化、居家风格)，就是除了音响器材的声音表现能货真价实外，还应当是家居的摆设品，能与现代家居相融合，更注重外观，可其基本功能仍然是欣赏音乐。

对音响硬件来说，任何一种器材都有自己的特色和个性，而软件的任何录音都糅合了录音师的艺术修养和理解。所以我们在用音响器材欣赏音乐时，应摆脱没有现实意义的一些比较。一套音响器材只要长时间聆听后不觉得疲劳，高中低音平衡，没有某个频段特别突出，声音柔顺流畅，整体感觉良好，那么你就大可不必去追求那些特别效果。须知，真正欣赏音乐是投入音乐中去，而不是去寻找什么细微的音色差异，音乐是整体，不能以局部去判断。不必太多理会旁人的评说，不要被旁人左右，更不必去追赶什么“潮流”。软件有上榜、“天碟”，但作为音乐的感受是十分主观的。每个人的理解和欣赏习惯各异，任何选择必先要适合自己的口味，然后再按经验去挑选演绎、指挥和录音的版本。“唱片指南”“音乐宝典”作为目录性的索引和参考是十分有用的，但视作标准就常会使你唏嘘嗟叹。因为每个人对音乐的喜好，就像对食物的喜好一样，都有个人的口味问题，甜酸咸辣，各有所好，唯有自己的感觉才是主要的。

在现代商业社会中，任何商品都被人为地蒙上一层包装的面纱。不同时期的社会观念及相关的媒体影响，会周而复始地流行。而“发烧友”原本是一个执拗和主观的群体，不被认可为好的常视作不好，实则音响已是相当成熟的产品，不应简单地评判非好即劣。就像AV系统中的专用音响设备，本就是为了帮助视觉制造气氛的产物，要求它有好的音乐表现能力是勉为其难、力所不逮之事。如果你主要是为了欣赏音乐，就千万别去赶潮流买AV放大器和AV音箱。原本鱼和熊掌不可兼得，AV是为了视觉享受，Hi-Fi是为了听觉享受。这就是天下难有两全其美吧！

音响实际涉及的知识门类很广，包含着大量技术和艺术内容，需要了解和掌握的实践和理论知识数不胜数，书中拟定的420个问题，是广泛征求各界意见，并根据笔者多年积累的经验列出的，都是爱好者平时容易遇到，并希望了解的，包括有关音响技术的基础知识、术语、操作运用、维护保养，中间更有不少是一般爱好者时常感到混淆或困惑的问题。本书特别着重选购、使用、保养等深受关切的实际问题，希望能澄清一些不正确的“发烧”观点和“理论”，消除一些误解，减少一些“发烧”界的混乱，对于声学基础、音响技术基础及音乐欣赏等内容则另以专章列出。

笔者爱好并从事音响技术工作数十年，现把本书奉献给大家，如能对音响爱好者及其他有关专业人士有些帮助，则笔者幸甚。

唐道济

2008年10月于无锡

第一版推荐序

欣闻唐道济老师又一部音响力作——《Hi-Fi音响入门指南》即将出版。在短短的100多天时间里先后出版两本专著，实在可喜可贺。

《Hi-Fi音响入门指南》除声学原理、电声基础和音乐欣赏知识外，还辑入了400多个问题、数十万字的问答。作者从一个消费者的角度出发，就声学原理、电声基础、音响实践过程中所面临的各种各样问题，以及音乐欣赏的基本知识，进行了科学而深入浅出的阐述。内容十分丰富、翔实、通俗易懂。目前音响行业存在诸多错误认识和观点、误解，甚至谬论、似是而非的伪科学，唐道济老师运用正确的、科学的、扎实的基础理论知识，予以驳斥和纠正，以正视听，返璞归真，学习后给人以启迪，仿佛雨过天晴，有种空气格外清新的感觉，知识丰富了，认识科学了，结果正确了。

现如今利益至上泛滥，某些人弄虚作假，而唐老师仍笔耕不辍，足证他治学态度之严谨，回报社会用心之良苦。唐老师以丰富、扎实的理论功底，通过大量科学实验论证，以通俗易懂的方法叙述，使人感受到其一贯作风。观点之正确，叙述之详尽，语言之流畅，条理之清楚，是为本书特征。《Hi-Fi音响入门指南》是近年不可多得的一本好书，特向大家推荐！

李克俭

2009年9月于嘉兴

新版的话

自初版发行以来，已近10年。随着电声科技的进步，新问题不断出现，笔者感到有必要对内容做些更新补充，以冀能更好地为大家提供参考和帮助。这次修订全书结构不变，但增加了不少新内容，一些原有内容也做了变动、改写，还调整了部分插图。

随着科技的发展，人们总会忘却那些做出发明创造的人。笔者有感于此，根据有关文献，补写了电子音响及相关发展的沿革，希望大家感兴趣。

唐道济

2019年4月

第二版推荐序 1
玩赏音响与欣赏音乐的解惑百科

音乐人人爱听，为了让人们随时都能欣赏到音乐，便有了音响。在一百多年前留声机发明之初，它就已是声学物理的斐然成就，纵使器材简陋、音质不佳，也让人充满好奇，不过只是有钱人才消费得起。如今音响技术进步了，音质大幅跃升，然而音响的让人好奇与神秘依旧，常让人有一探究竟之思。

由于选购音响、唱片，其目的都是享受“无形的音乐”，对消费者而言，常会在心中产生疑问。因为声音既不可以称重，也不可尺量，所以音响便成为一门有很大模糊空间的学问，众说纷纭，百家争鸣，常令人莫衷一是。究其原因，乃在于音乐本为无定型之艺术，各人欣赏角度各异，由此延伸，造就出各种不同的主观说法，常令人为之混淆。

我与唐道济老师素昧平生，然而在细读这本书之后，却发现其内容充实、取材广泛、见解宏观，能解答多数人常存的各种疑问。尽管有些专业的说明仅是点到为止，却也能填补许多人心中长久以来的空白。此书的内容，涵盖了唐老师几十年来的经验，亦不乏平易近人的杂谈随笔，对于一位渴求知识的音乐与音响爱好者来说，堪称是一抹罕见的沙漠甘泉，就算是毫无基础的门外汉，在反复详读之后，也必能领会音乐与音响之奥妙。

本书内容包山包海，几乎能以“音响百科”来形容，逐段读之，常有豁然之乐趣，累聚之后，当能洞见音乐与音响之浩瀚全貌。故我乐于将此书推荐给所有音乐与音响的爱好者，作为日常赏乐与充实知识之参考。

《高传真视听》杂志总编辑　蒲鸿庆

2013年6月10日

第二版推荐序2

余有幸受邀为江苏无锡唐道济老师大作《Hi-Fi音响入门指南》写推荐序。此书受到我会王炯声、罗增雄、赖俊宏、苏集达等老师大力推崇，我本人更敬佩唐老师长期耕耘于声学原理、电声基础，博览影音专业和音乐欣赏等知识技巧，还搜罗了很多专业的问答，要言不烦，释疑解难。唐老师以个人长期累积下来的经验、丰富扎实的理论功底、科学客观的态度、深入浅出的阐述，引导初学者入门，并以完整、平实的道理，图文并茂，为我发烧音响界指南。

HAVA海峡视听音响发烧协会　荣誉理事长　徐耀昌

2013年5月20日

FOREWORD

Mr. Dao-Ji Tang published many writings including *Electrical parts guide* in 1981, *Modifying distortion in amplifiers* in 1994, *Technical handbook for sounds* in 2002, *Hi-Fi sounds guide* in 2010 and etc.. He is one of the famous writer and a senior professor in China. He tries for the best in researching audio and video for many years. He knows widely the knowledge with enjoying a bit of music will cheer readers up. For saving your expenses and buying the qualified equipment at the market you want, the detailed information in this guide should be able to offer readers a great benefit for reference.

Mr. Tang has prepared this guide entailed *Hi-Fi Sound guide*, due to its content was assembled a lot of practice, advanced principles, pictures and dialogues. The beginners, professional and fun in acoustics easily understand the trick with practicing and leading the additional theory both. Readers will enjoy the music and songs at full blast in order to relax tedious feeling in a busy world.

Then I studied the technical data in the guide which met closely with Ace wire's data as well. I was gratified with our products and believe that Ace wire's products be able to serve the audio and video industry.

I congratulate Professor Tang and trust *Hi-Fi Sound guide* will further the advanced function and interest for readers forever.

Charles Cheng

General Manager

ACE WIRE

第二版推荐序 3

唐道济先生著作等身，曾出版了许多著作，包括1981年的《无线电元器件应用手册》、1994年的《实用高保真声频放大手册》、2002年的《音响技术与音乐欣赏手册》、2010年的《Hi-Fi音响入门指南》等。他是一位著名的作家和资深的专业讲师，多年来，不断致力研发最好的影音效果，并给广大读者分享专业知识。消费者通过这些专业知识不仅节省了花销，更能买到精美的所需产品。如此充分而详细的参考书籍，定能带给读者很大的好处。

唐先生的《Hi-Fi音响入门指南（第二版）》，配有许多先进、实用的知识、照片。音响初学者、专业人士和玩家，很容易了解其中的窍门及理论，并充分享受音乐与歌曲的乐趣，释放忙碌生活中的压力。

巧的是，《Hi-Fi音响入门指南》的专业理念，与ACE线材坚持专业、质量到位不谋而合，希望ACE线材能满足视听产业消费者的需求。

我谨祝贺唐老师，深信《Hi-Fi音响入门指南》的健全指引，定能激起读者的兴趣，增进他们的功力。

ACE WIRE　总经理　查理士

作者简介

唐道济（1939年12月—）江苏无锡人。中国电子学会会员，中国声学学会高级会员，江苏省科普作家协会会员，无锡市科学技术协会委员，无锡市科普作协常务副理事长，无锡市音响技术专业委员会主任。自幼热爱自然科学及文学艺术，喜欢动手。20世纪50年代起即在专业刊物发表大量文章，1961年起从事电子技术教育工作，20世纪70年代起专门从事电声及电子产品开发工作。20世纪80年代起出版电子、电声专著10本。20世纪90年代起为普及、提高音响技术做了大量工作，任多种报刊特约撰稿作者。1995年参加国家劳动部有关专业的国家标准及规范的制定，并于1995年、1996年担任国家标准及规范专家组主审。

主要著作：《无线电元器件应用手册》《扬声器放音系统实践》《新编无线电元器件应用手册》《音响发烧友必读》《实用高保真放大手册》《音响技术与音乐欣赏手册》《电子管声频放大器实用手册》《Hi-Fi音响入门指南》《电子管声频应用指南》《音响发烧友进阶——电子管放大器DIY精要》等。

目录

第一章 电声基础

音响设备是为了欣赏音乐而设计的，尽管音响设备的重放声不会是真实的音乐现场再现，但一个好的高保真音响系统，它的重放声应该接近真实的音乐演奏。不过时下有些“发烧友”却背离了真实的音乐，去追求所谓的“音响效果”，以“完美”的听觉感受为目的，须知那种器材在重播音乐时，往往与真实的声音相去甚远，以器材或唱片得出的“靓声”为标准，而没有以现场音乐为标准，是非常危险的，因为没有了乐器的真实声音标准，就无法去衡量、评价音响器材，这是科学“发烧”的前提。

组合音响器材的秘诀在于接近真实的声音重播，而非所谓“靓声”。“靓声”常会导致偏差，如某些厂商就利用了讨好某些人的“偏方”，特别强调某个频段以声染色造成一些假象，却失去了音乐信息中的某些要素，所以“发烧”不可不慎，为了树木而放弃森林，是舍本求末。可见选择音响器材，宁可声音表现均衡，也不要刻意追求某种音色。

为求得到好的重放音质，不少音响爱好者舍得花大钱购买音响器材和有关附件，却忽略了对听音环境的改造。由于声学特性所限，光在器材上做文章是不够的，好的器材一定要有好的听音环境，红花绿叶，相得益彰。没有声学特性良好的听音环境，绝不可能重播出使人十分满意的声音，这是不可能有例外，也不会出现奇迹的。一味地升级器材，还不如先把听音环境稍做改造，极可能给你一个意外的惊喜。片面追求器材的高级和音响效果，忽视器材是为了音乐欣赏，都是本末倒置。

对音乐和声音好坏的理解，由于每个人的文化背景、职业习惯等因素的不同，其必然是多元化的，但不懈追求真、善、美则是共性。在聆听音乐时，不要去管音响器材，要忘记它的存在，万万不要去过多追求某些“发烧”圈人士热衷的那些所谓音质特性。正常的聆赏音乐应该是全身心去听，是投入，而不是把音乐的现场孤立地分割为什么频率响应、动态范围、声场空间或者其他什么，否则就失去了音乐欣赏的意义。总之，不要追求完美而忽略内涵，不要专注细节而忽视整体。

1.1 音响“发烧”的十大误区

鉴于音响技术的复杂性，音响爱好者不仅要在技术上，还要在艺术上有所了解。现实中出现的不少音响“发烧”误区，严重地影响了音响“发烧”的正常发展，虽不致南辕北辙，但有点本末倒置，有违音响“发烧”的真谛——欣赏音乐。

片面追求技术指标为误区之一。诚然一套音响设备的技术指标是极端重要的，技术指标低下的器材，当然不可能有优良的听音效果。但对实际听感而言，现行的技术指标，却往往难以表达其重放音质的好坏。一台技术指标稍低的器材音质好过一台技术指标稍高的器材也是屡见不鲜。所以说，只要器材的技术指标已达到高保真水平以上，就不要太斤斤计较那小数点后若干位的数字大小，或一两个dB数，因为那样做往往没有什么实际意义。对于音响器材的技术指标，重要的是瞬态特性，但对静态特性要作为必要条件考虑，且一定要科学、客观地进行分析，更莫轻信那些广告中宣传的数字，倒是音响器材的实际听感万万不能忽视。

唯重量论为误区之二。常有这样一种论调，说音响器材素质的好坏，只要看它的重量就能判别，好像唯有重量才是器材优劣的标志。诚然器材重量与其素质确有一定关系，如一台输出功率和电流都大的功率放大器，其电源变压器及散热器等必然不会小，重量就不会轻。但此中关键并不如一般想象得那样简单，如电源变压器性能的好坏，在于用料讲究与否，并不在外形之巨细，又如出于抗振原因整机重量达到一定程度，再加重其意义也就不大，所以音响器材的重量与其性能虽有关系，但并非只要够重就好，君不见某些并非高素质的功率放大器，不是装置了两只形同巨无霸的环形变压器吗？可见重量与性能的关系需作科学分析。

以价格论英雄为误区之三。有人以为价格昂贵的器材总是好的，一般而言，这话并没有错，但作为商品的音响器材，一些厂商出于商业目的，会在器材的外观及附加功能上花费不少成本，对主要功能的提高反置于次要地位，再加上不同厂商的生产成本并不一致，还有名牌的商标本身价值等，都会与器材的价格产生影响。所以不乏较低价位器材的性能反而高于较高价位器材性能的现象，何况以整个音响系统来说，还有一个器材相互搭配的问题，音响器材具有的个性，并不是对每个人都适合。另外，当音响器材的性能达到一定水准后，它的性能价格比就会下降，也就是说投入即使增加了一倍，可能在音质的改善上却微乎其微。所以选配器材不应以价格高低为标准，实际听音效果才是准绳，精心搭配使器材的潜力充分发挥乃是上策，只有这样才能以最少的投入，取得最好的效果。

尽信书本为误区之四。当前有关音响方面的报刊不下十余种，这些报刊对我国音响的普及和提高的作用功不可没、不容置疑，但在大量广告及部分文章中免不了出现一些过度夸大甚至子虚乌有的介绍，加上它们一再重复，就在不少“发烧友”，尤其是一些入门不深的爱好者中间造成一种误导，更有不少人将那些观点和论调奉为“真理”，可谓流毒极广，对音响产业的正常发展造成了一定程度的损失，也使不少人为之浪费了投资。所以对于音响界的种种说法，一定要依据电声学理论及实践作科学的分析，不能因为是书本上印刷的就以为一定正确，所谓“尽信书，不如无书”这句话是深有哲理的。

人云亦云为误区之五。音响器材之优劣，在很大程度上取决于人的感觉，正因为如此，音响技术才变得极其复杂，同样一套音响系统，有人认为极好无比，有人认为不堪入耳，这里面牵涉诸如个人的艺术修养、个人的偏好及个人的听音能力等因素。可见对音响器材的音质好坏其实是很难下绝对性定论的，然而在音响界有不少奇谈怪论，甚至玄而又玄的说法流传极广，这里面不乏有人为了显示自己而信口开河，加上一些自以为高明者依样画瓢地重复那些实际并不存在的现象或感觉，十足的现代版“皇帝的新装”，无形中就造成了不少音响界中的视听混乱。所以音响“发烧友”应该遵循“耳听为实”、以自己的感觉为准的客观原则，因为音响是你自己欣赏的，别人的感觉并不是你的感觉。

效果至上为误区之六。这种情况在三十余年前是很普遍的，但时至今日仍大有人在，他们总以为试听一套音响设备，一定非“爆棚”效果碟不可，更要大音量进行聆听，否则就难显器材的优劣。这种试音并非不可，但以此为重点就本末倒置了，因为对音响器材来说，音乐的表现能力方属第一位，而很多效果碟根本反映不出器材的音乐感来。那种宏大的气势、震耳欲聋的音量，反倒会蒙过不少人对声音细节的聆听，其音质如何也就难言优劣了。对于音质的鉴别，在很大程度上和音乐的性质有关，人对不同类型音乐的敏感程度不同，如不少非常惹人喜爱的电子音乐伴奏的乐曲，就能掩盖器材的不少缺陷，即使器材并不高明，也会使人觉得很满意。所以试音一定要以你常听，最好是听熟的管弦乐为准，最好不要用电声乐器演奏的乐曲和效果碟作为衡量器材的标准。

口味至上为误区之七。刻意追求某种声音效果，过度突出低音、特别甜或暖的音色等，这种寻求口味至上的风气国外曾在20世纪70至80年代流行。实质那种声音效果，都是音响器材具有较多的声染色所致，它们的声音特性和表现都不是均衡的，在“迷人”的声染色背后常隐藏着一些无法通过调校补救的缺陷，当然不可能得到真正好的声音效果。目前在不少音响器材的宣传材料中的所谓评价，突出的常是讨好某些人口味的声染色，而且避而不谈的往往就是该机弱点，如强调某功率放大器的高音如何如何，则其低音部常不能使人满意，所以对音响器材而言，它的频率响应不仅要宽阔，还需平坦、均衡，而且声染色少，这才会达到真正的高保真。

器材至上为误区之八。随着音响器材的进步，重放声音极为悦耳、外观极为精致、功能极为多样、操作极为方便的器材不断出现，建立了一种新的消费价值观，也使部分音响爱好者的兴趣转向器材本身而非音乐本身。诸多“发烧友”不懈地追求着Hi-End，为此一再换器材、换线、换元器件，花费了大量金钱和精力，但他们忽略了一个根本问题，就是购买音响器材的目的，是为了欣赏音乐，追求的是音乐内涵而不是器材本身或与音质无关的一些性能。Hi-End 器材也不只是代表高价音响器材，事实上只有能真实重现音乐的器材才能称为Hi-End 器材，大部分被称为Hi-End器材的价格也并非是天文数字。要得到好的声音重现，除了器材、软件及音箱摆位外，还有房间的声学处理等，缺一不可，否则不管器材如何高档，也得不到逼真的声音。所以Hi-End 应基于逼真重放，而不是器材本身。

迷信古董器材为误区之九。对一些历史上的名机，有些人士达到盲目迷信的境地，诚不知这是个大大的误区，因为几十年前名噪一时的名机，由于当时扬声器、信号源等的技术水准关系，其放大器设计在今天看来并不一定合理，普遍有高频延伸不足、分析力欠佳、过于突出中频和太多染色等不足，远不能满足现今的听音要求。在音响界里，出于商业目的等因素，这些名机流传有大量过度的评价和炒作，致使人们对它们产生一种并不实际存在的极高性能期望，甚至迷信。因此我们应对那些20世纪50至60年代的放大器有正确认识，当然若偏爱那种甜而浓郁的中频就另当别论。

迷信“补品零件”为误区之十。这是在DIY及摩机爱好者中间普遍流传的观点，如老油浸电容器等古董元器件，以及一些高价的电阻、电容。电子产品并非古董，越老越好是最大的误区，何况几十年前的材料和技术水准，难与今日相比，就性能而言，老元器件绝不可能会比现在的产品好。举些实例，几十年前的油浸纸介电容，它的有机介质——纸会老化，绝缘性能会降低；又如年代久远的铝电解电容，它的铝箔极片会腐蚀、电解液会干涸，所以那些古董级的元器件即使现在还能使用，其寿命和性能也实在难以保证。还有所谓补品元器件，它们普遍有较强的个性，会突出某种音色取悦听觉，但会影响声音的平衡感。可见排除心理因素，除非现在生产的产品品质不佳或是选用型号不当，否则绝不会输给老元器件。鉴于同类元器件用途不同时的要求会不同，结构也就不同，用在音响设备中当然就有不同表现，所以元器件的正确选择很重要。价格不是品质的标志，必须做大量试验对比，择优而定。世上只有合适的元器件，不存在最好的元器件，若用补品就能出好声，岂不是满世界都是好音响了?

1.2 声音的特性

振动的物体能使邻近的空气分子振动，这些分子振动又引起它们邻近的空气分子振动，而振动使空气粒子交替形成压缩区和稀疏区，从而产生声音（Sound）。声音以声波的形式从声源向四面八方传递，这种传递过程叫声辐射（Sound Radiation）。由于分子振动产生的声波的方向与波传递的方向相同，所以声波是一种纵波（Longitudinal Wave）。声波仅存在于声源周围的介质中，没有空气的空间里不可能有声波。声音不仅可在空气内传递，也可在水、土、金属等介质内传递。声音在空气中的传播速度为340m/s（15℃时）。听觉和人的心理有关，所以对它的研究和调查比较困难，也难以对声音进行定性和定量的测量。

声波在单位时间内的振动次数称为频率（Frequency），单位为赫兹（Hz）。人耳能够听到的声音的整个范围是20Hz~20kHz，一般把声音频率分为高频、中频和低频3个频带。听觉好的成年人能听到的声音频率常在30Hz~16kHz，老年人能听到的声音频率则常在50Hz~10kHz。

声波在传播过程中，空气层的密部和疏部向前移动，如图1-1所示。由于空气的固有弹性，上述那种疏密的压力变化将依次向外传播，辐射出一系列有规则的波。声波的波长（Wave Length）就是这一段路程的长，恰好排列波的一个密部和一个疏部。波长与声源的振动频率和声音传播的速度有关。知道了声波的传播速度和频率，就可以算出波长：

$C=\lambda f$（式中，C为声波的传播速度，单位为m/s；λ为声波的波长，单位为m；f为声波的频率，单位为Hz。）

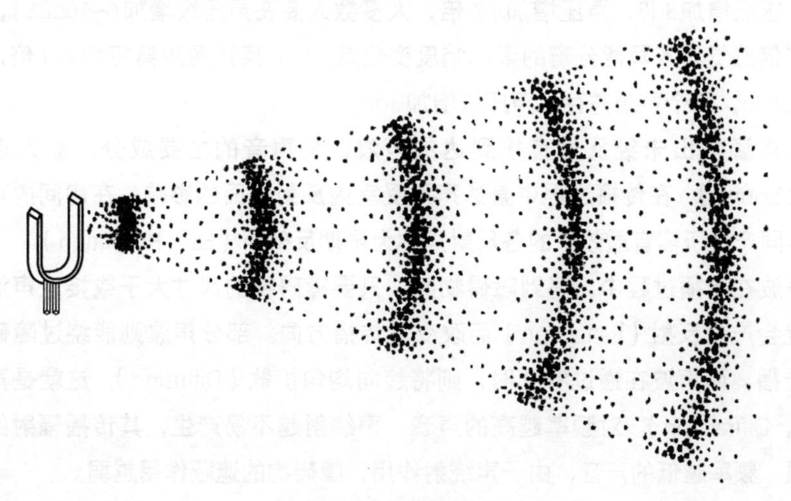

图1-1　声音的传播

振动物体产生的声波，也就是空气里的压缩波，传到我们耳朵里就变成各种乐音、谐音或噪音。在声音世界里，除基音外，大量存在的是复合音，而频率与基音频率成整数倍的所有分音称为谐音（Harmonic Tone），频率比基音高的所有分音统称泛音（Overtone），泛音的频率不必与基音成整数倍关系。纯音（Pure Tone）是不包括任何高次谐波的正弦波声音，单一频率的纯音使人听起来不愉快，任何一种乐音总是伴随着泛音。声音由于其所含谐波的不同，可表现出不同音色和和声。乐音内的各个音在频率上都有一定比例，例如，高八度音的振动频率是基音频率的2倍。如果同时发出两个或两个以上的音，人耳可以听到悦耳的谐音（和声），也可能听到刺耳的噪音。当两个音的振动频率之比为较小的整数比，如1：2、4：4时，会得到悦耳的谐音；当频率比为较大的整数比，如8：9、8：15时，听到的将是令人生厌的噪音。乐器在发出基音的同时，总会伴随着一系列泛音的出现，由于不同乐器的泛音并不相同，所以它们发出的同一个音也不相同，就是这些泛音决定了一个乐器所发声音的音色。

频率相同的正弦波之间在时间上的相对位移，称为相位（Phase），用度（°）表示。声波与其他波一样，整个一周期的相位变化为360°，同相声波互相加强，异相声波互相减弱，或互相抵消。

声源的振幅越大，声音越响，声波的幅度能量按高于或低于正常大气压的压力变化度量，这个变化部分的压强就称声压（Sound Pressure），以帕斯卡（Pa）为单位计量。人耳听觉的声压范围很大，为2×10^{-5}~2×10^{2}Pa。为了方便计算，在实用上通常以对数方式的声压级（Sound Pressure Level）表示，声压级是单位面积上所受声压的分贝值。0dB是基准，它以人耳刚能听到的声压2×10^{-5}Pa的1kHz频率的声音为标准。以0dB为基准的声压级为

$Lp=2\lg\frac{P_1}{P_2}$（式中，Lp为声压级，单位为dB；P_1为基准声压；P_2为待测声压。）

声压级增加3dB，声压增加$\sqrt{2}$倍，大多数人要在声压级增加6~10dB时，响度才有加倍感觉。人耳能分辨的最小响度变化是1dB。离声源距离每增大1倍，声压级降低6dB，两个声源并存，声压级增加3dB。

从声源发出未经反射直接到达的声波，是声音的主要成分，称为直达声（Direct Sound）。在传播过程中直达声不受室内反射界面的影响。在房间内可与直达声共同产生所需音质效果的各反射声称为早期反射声（Early Reflection）。

声波在传播过程中，遇到障碍物时，只要障碍物的尺寸大于或接近声波的波长，就会产生反射（Reflection）而改变其传播方向。部分声波则能绕过障碍物的边缘传播，而声波在通过窄孔时，则将趋向均匀扩散（Diffusion），这就是声绕射（衍射，Diffraction）。对频率越高的声音，声绕射越不易产生，其传播辐射的指向性越强。频率越低的声音，由于声绕射作用，障碍物的遮蔽作用越弱。

如果有两个不同声源发出同样的声音，在同一时间以同样强度到达，声音呈现的方向大致在两个声源之间；如两个同样的声源中的一个延时5~35ms，则感觉声

音似乎都来自未延时的声源；如延迟时间在35~50ms，延时的声源可被识别出来，但其方向仍在未经延时的声源方向；只有延迟时间超过50ms时，第二声源才能像清晰的回声般听到，这种现象就是哈斯效应（Hass Effect）。

具有0.8~20ms延时的声反射，会在某一点上加强或抵消直达声。具有20~50ms延时的声反射，由于哈斯效应会增加直达声的清晰度和响度。这一延时范围为人们在主观上确定房间的视在容积，延时越长，感觉房间越大。60ms以上的延时会使声音混浊，80ms以上的延时则有明显的回声特征。

声波在传输过程中具有相互干涉作用，即产生声干涉，由于梳状滤波器效应，原来细腻的声音会变得粗糙并带有峰谷，由于相干波与非相干波的不同叠加，原来平衡的频率响应特性会变得奇形怪状，带来声染色，失去声音的真实和自然。

人类对声源方向的判别，不仅取决于声波传播的物理过程，还与人的听觉生理和心理因素有关。用单只耳朵虽能决定声音的响度、音调和音色等属性，但难以具体确定声源的方向和准确位置。当用两只耳朵听声音时，对声音方向的定位能力就能提高，这就是双耳效应（Binaural Effect）。双耳效应的依据是声源发出的声音在到达两只耳朵时，由于距离不等，就存在时间差（Interaural Time Difference）和强度差（Interaural Intensity Difference）。鉴于人的头部双耳间的距离为16~18cm，是800Hz~1kHz声音的半波长，所以对频率在800Hz~1kHz以上的声音，由于头部的遮蔽作用，两耳听到的声音就有强度差异，主要是这种强度差决定了声音在水平面内的定位。频率在800Hz~1kHz以下的声音，由于声音的绕射作用，双耳的定位能力随着频率的降低而减弱。人耳对不同频率的声音定位机理不同，20~200Hz主要靠时间差（相位差），4kHz以上主要靠强度差。但声音来自正前方或正后方时，听者无法指出声源方位。

双耳效应只能解释前方水平方向上的声音定位，三维空间定位主要依赖于耳廓效应（Auricle Effect），亦称单耳效应。人类听觉系统的频率响应为声源空间方位角的函数，也就是耳廓对来自各个不同方向的声波会有不同的反射，在声波频谱进行不同的修正后，才由耳道传到鼓膜，大脑依据声音的频谱特性，就能辨别三维空间中的声源方向。声音从不同角度进入人耳时，由于耳廓的结构会影响声源的定位，所以人类的耳廓对确定声音的空间方向起主要作用，这是美国加州大学Irvine实验室自20世纪80年代起所做人类对声源定位的生理和心理研究的结果。

耳廓效应主要对4kHz以上高频段声波产生梳状滤波（Comb Filtering）作用，使高频段出现一些起伏而带来方向信息，而且耳廓效应的数学模型HRTF还与人体头部、肩部及躯干对声波的反射、散射及传导等因素有关。双耳效应和耳廓效应赋予人耳全方位辨别声音方向的能力。听觉判断声源来自前方还是后方，以及对声源的高度进行定位是利用外耳对声波的作用，转动头部是解决声像定位的有效方法。

1. 响度（Loudness）

响度是人耳对声音强弱程度的感觉，响度变化大致同声强变化的对数成比例。声音的响度虽主要取决于其强度，但也与其频率和波形有关。人耳对中频的音量变化比低频和高频的音量变化更为敏感，所以听觉是非线性的。对声音各频率与1kHz声音在响度上相等的曲线，称为等响曲线（Equal-loudness Contour），如图1–2所示。声压级不同，耳朵的特性也不同，所以音响系统在低声压级重放时，人耳会感到频带变窄，声音变弱，只要提高音量，就会感到频带展阔，声音丰满。

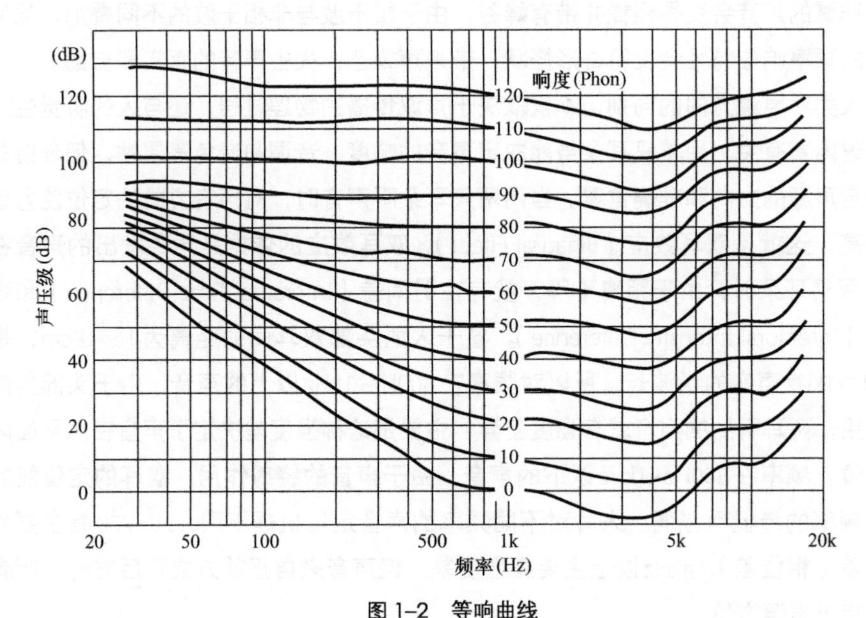

图 1–2　等响曲线

当声音持续时间小于1s时，人耳感觉的响度会下降，这是听觉神经性质所决定的。

响度的计量单位是方（Phon）。人耳在1~3kHz频率范围内听觉最灵敏。声压越低，听觉的频率范围越窄；声压越高；频率范围越宽，当响度级达到80Phon以上时，听觉的频率响应趋于平坦。

人耳能听到声音的最微弱强度，称为听觉阈；产生疼痛感的最高声音强度，称为痛觉阈。声音的有用音量范围，即最大值与最小值之比，称为动态范围（Dynamic Range），如图1–3所示。语言在整个听觉范围内只占一小部分，100Hz~8kHz的频率范围足以满足对语言高保真重放的要求，语言的音量范围是40dB，音乐区域的频率范围是40Hz~14kHz，音量范围接近70dB。在一般家庭中，重播音乐的声压级的平均值需75~85dB，音量太低，不能正确鉴定声音质量的好坏。可闻声音频率范围及日常声音的噪声级见表1-1、表1-2。

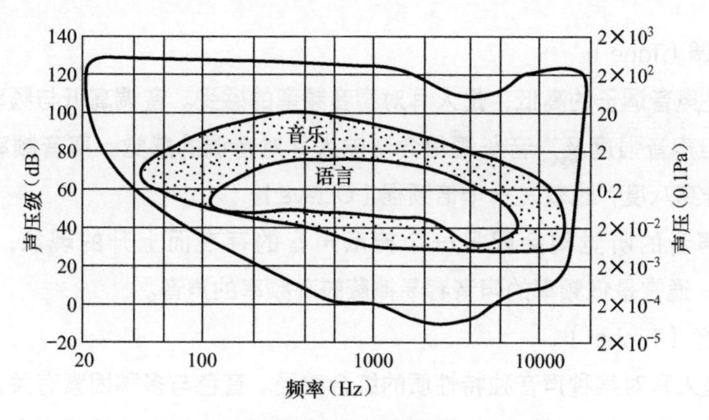

图 1–3 动态范围

表 1-1 可闻声音频率范围

下限～上限（Hz）	名 称	举 例
20~40 40~80 80~160	极低频（Deep Bass）或最低八度音（Bottom Octave） 低频中段（Mid Bass） 低频上段（Upper Bass）	低频段内的一个基准点是 41.2Hz，即低音提琴或电贝斯吉他的最低音。电贝斯的声音主要在低频中段至上段；管风琴、低音大号、倍低音、大管及某些大鼓的最低音在极低频；定音鼓、低音木箫及低音提琴则发声在低频上段
160~320 320~640 640~1280	中频下段（Lower Midrange） 中频中段（Middle Midrange） 中频上段（Upper Midrange）	中频所占的 3 个八度音程，几乎涵盖人类的发声频率；管弦乐调音的音准频率定在 440Hz，该频段不仅集结大部分管弦乐器的能量，亦为人声的精华区；男低音、中提琴、萨克管及多数铜管乐器的发声频率为中频下段；女高音、大部分木管乐器、长笛及小提琴的主要能量则分布在中频上段
1280~2560 2560~5120 5120~10240 10240~20480	高频下段（Lower Treble） 高频中段（Mid Treble） 高频上段（Upper Treble） 极高频（Uppermost Treble）或最高八度音（Top Octave）	整个高频区大部分被乐器的泛音（Overtone）或谐波（Harmoric）所占据。高频下段主要为小提琴与短笛的发声区，高频中段（常被误认为是极高频）则为三角铁及铙钹的发声区

表 1-2 日常声音的噪声级 （近似值）

噪 声 类 型		噪 声 类 型	
疼痛阈	140dB	开窗的火车车厢内	65dB
离喷气飞机 150m	120dB	大声谈话、繁华的马路	60dB
风钻	115dB	一般办公室	55dB
铆钉机	110dB	一般对话、城市房间	50dB
飞机发动机	100dB	夜间住宅或街道	40dB
地铁、纺织厂	95dB	宁静的房间、低声耳语	30dB
大声喊叫	90dB	安静的家庭、电台播音室	25dB
近距离船用汽笛、商店	85dB	医院或安静的花园	20dB
响亮的音乐	80dB	赤足在地毯上走	10dB
一般交通噪声	75dB	可闻阈	0dB
工厂车间	70dB		

2. 音调（Tone）

音调是声音调子的高低，是人耳对声音频率的感受。音调高低与频率高低有密切关系，但声音强度及声音长短都会影响人耳对音调的感觉。声音频率每增加一倍，音调升高八度，也就是一个倍频程（Octave）。

一个声音的听觉阈会因另一个掩蔽声音的存在而上升的现象，称为掩蔽（Masking），通常是低频率的声音容易掩蔽较高频率的声音。

3. 音色（Timber）

音色是人耳对某种声音独特性质的综合感受。音色与多种因素有关，但主要取决于声音的波形结构及时间结构，而声音的波形则取决于存在的泛音多少及各自的强度，即主要取决于各种谐波的相对强度和最突出的谐波的频率，如图 1–4 所示。语言和音乐都由许多频率的声音组合而成，都具有脉冲性质，是一系列连续的宽度和强度不等，而且频率差异的声脉冲的组合。所以声音具有瞬变特性，它的频谱是声波能量按频率的分布。谐波越丰富，音色就越浑厚。音色还与声音的建立与衰减方式密切相关。这种时间结构构成每种乐器特有的音色。

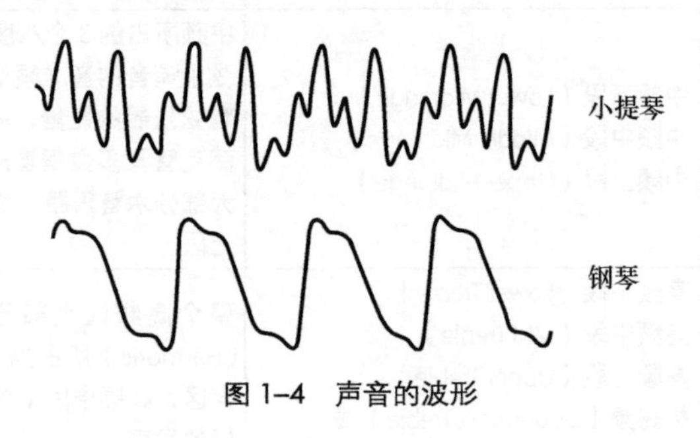

图 1–4　声音的波形

泛音和谐波是两个不同概念的术语。泛音（Overtone）是音乐术语，实际只发生在一些较高的倍频程上，是指复音中音调比基音音调高的成分，按频率由低到高依次称第一泛音、第二泛音等，泛音频率不一定是基音频率的整数倍。谐波（Harmonic）则是物理术语，是基频的整数倍。如 100Hz 基音的倍频程是 200Hz、400Hz、800Hz ……，而它的谐波却是 200Hz、300Hz、400Hz、500Hz、600Hz ……基音是复音中频率最低的分量，基频 *n* 倍的音是第 *n*-1 次泛音，第 *n* 次谐音。

音律与谐波的规律如下。① 全谐和音（同唱名的 Do 音）都发生在 2、4、8、16 次等成几何级数增长的偶次谐波上。② 准谐和音（五度音 Sol 及其同名音）中除了中音 Sol 为 3 次谐波外，依次为 6、12、24 次等偶次谐波。③ 次谐和音（三度音 Mi 及其同名音）中除了高音 Mi 为 5 次谐波外，其后是 10、20 次等偶次谐波。④ 不谐和音（Re、Fa、La、Ti 及其同名音）发生在 7、9、11、13、14、15、17、18、19 次等谐波上，其中 14 次和 18 次谐波虽是偶次谐波，但实际是 7 次和 9 次两奇次谐波的倍频，其属性还是奇次。上述规律说明偶次谐波的唱名恰好是给人以康庄感的大三和弦的唱名成分，所以能产生使人愉悦的音乐感。此外，不谐和音全由7次以上的奇次谐波构成，所以一个音中若包含有过强的7次以上的奇次谐波，则其给人的感觉将不愉快。

1.3 听音房间的建筑声学特性

音响器材重播声音的好坏，与聆听环境的建筑声学特性有着非常密切的关系，要使音响系统发挥最高性能，必须对听音房间做一定的声学处理。

对于听音房间的建筑声学特性，有4个方面需予以考虑：（1）混响时间；（2）混响衰减的扩散特性；（3）房间的频率特性；（4）环境噪声声级。

听音房间的建筑声学特性各不相同，不同物体对声音的反射和吸收也各不相同，所以为改善听音环境而进行声学处理，弥补声学缺陷的工作就显得十分复杂。只要可能，最好避免房间任何两面的尺寸相等，或一面恰好是另一面的两倍，也就是正方形或长宽比是两倍的长方形房间，因为这种比例的房间会产生驻波、低频声共振，从而造成声染色。

房间内从墙壁、天花板、地板、家具和人身反复反射所形成的声音持续存在、逐渐衰减的现象，称为混响（Rever Beration，也称交混回响）。它和回声（Echo）不同，回声不是一种平滑的衰减而是声音的突然返回。室内声学的最重要指标，首先是混响时间，它是声能衰减到原有强度的百万分之一（60dB）所需的时间，任何房间都会产生混响，并呈现出许多共振频率。房间的混响时间决定于其吸声能力的大小。理想的混响时间取决于房间的容积、音乐的种类，甚至听者的要求。对于Hi-Fi听音房间的混响时间，14~20m^{2}的房间可取0.4~0.5s。混响时间适度可使乐音丰满、语音饱满。混响时间较长，声音较活泼丰润、但太长则声音容易含混不清，语音清晰度下降，乐音缺乏力度和节奏感；混响时间太短则声音较干硬，缺少生气，没有混响的声音（如室外）常有呆板感。

同一声源引起的迅速而相近的一串均匀回声，称为颤动回声（Flutter Echo）。颤动回声常在具有光滑、坚硬、平行墙面的房间内发生，这时可以采用扩散板避免。

房间的扩散特性好，则声音的衰减平滑，室内各处声音感觉均匀。任何凸面都有扩散声波的能力，包括斜面、曲面及凸弧面。当需要扩散声波频率受制于凸面大小时，可采用扩散板进行处理。

当某种原因造成声音中的某一频率得到过分加强或减弱时，房间内声音的均匀性就将受到破坏，这种现象称之为声染色（Sound Coloration）。例如，驻波能改变声音原有的特性，在某些频段出现峰值，改善的方法是室内物品摆放避免对称。

大空间的听音室不仅对低频延伸有帮助，还可使声音感觉更轻松，更具活生感。我国一般用作听音房间的居室面积约为14m^2，高2.8m左右，容积约为40m^3。在这种房间里，只要声学处理得当，应该是能有较好听音效果的。由于100Hz以下声音的波长大于3.4m，与房间的尺寸处在同一数量级，所以在其空间只能产生几个共振频率，低频声波的相互干扰较少，听起来显得自然圆润。但中、高频声音的波长远小于空间尺寸，将在室内产生大量驻波，在驻波的相互干涉下，房间在100~500Hz的声学特性一般较差，而这个频段的声频能量又很高，所以要予以重视，进行适当处理。

在房间里相对的墙壁之间，由于声音的多重反射而产生驻波（Standing Wave），当驻波发生时能产生共振，其频率取决于墙壁间的距离，可见房间实际上就是个谐振器。房间里产生驻波造成声染色最多的地方是音箱后墙的两边墙角，它会反射不干净的低音，这种效应称为房间隆隆声（Room Booming）。这种低频驻波是常见的声学缺陷，造成低音清晰度下降，需要小心处理。控制驻波反射的一个好办法是利用装满书籍的书架，书籍的不规则外形和不太强的吸声作用，能使声波发生散射，从而减轻声音反射的影响。大理石和花岗岩地板和落地玻璃窗是现代家居装修的首选，却是音响效果的大敌，常会引致声音的模糊嘈吵，改善的方法是在音箱前方放置适当大小的地毯和在玻璃前加上厚窗帘。

环境噪声级是指室内没有声源时的噪声声压级，如环境噪声过高，可采取隔声、隔振等方法，或在室内铺设一定量的吸声材料。目前的居室的隔声量通常是不够的，而整个房间中以实心墙的隔声效果最好，门和窗的隔声效果最薄弱，因此决定房间隔声质量的重要因素是门和窗。

居室中的客厅用作听音室并非理想，因为一般客厅是开放式的空间，走道更会造成空间的不对称，加上落地窗造成低频损失，延伸的空间使声音反射不好控制，会造成声像偏移。只要没有太多的家具摆设，卧室用作听音室是更好的选择，因为密闭的空间更容易处理声音反射问题。

使室内声压和混响时间改变而达到改善音质或降低噪声，可使用吸声材料或特殊结构。

在穿孔板背后设置空气层或多孔材料并固定在刚性墙上，就是一种吸声结构，是室内声学设计常用的吸声结构。当声波频率与穿孔板吸声器的共振频率一致时，可显著衰减该频率的声能，但远离该频率的声波吸声作用较小，在穿孔板背后放置多孔材料可使吸声频带加宽。

多孔吸声材料包括玻璃棉、矿棉板、甘蔗板、多孔水泥、多孔陶瓷等。多孔吸声材料必须有大量微孔并通到表面，当声波流过材料微孔产生摩擦及其他现象时，能使声能转化为热能。

1.4 听音房间的声学处理

用于欣赏重放音乐的房间，它的听音环境在很大程度上决定了重放声的音质，设备再好，如果环境不良，也难有好的效果，但这一点常被人们忽略。房间的声学特性，在很大程度上与室内装潢及房间布置有关。理想的听音房间的长、宽、高应不成整数倍的关系，以使房间内的驻波影响降低，提高听感。国际电工委员会（IEC）推荐的听音室尺寸比为1：1.5：2.4（即2.8m × 4.2m × 6.7m，旧标准）、1：1.96：2.59（即2.7m × 5.3m × 7m，新标准），家用听音房可取长1、宽0.845、高0.725这个比例，但实际最佳比例值还与房间的容积大小有关。其次要隔声，使房间内外不致干扰，并使声音扩散，还要有适当的吸声，以免声波往复反射激发出某些固有频率（简正频率）的声音干扰，造成声染色。但在现实生活中，听音房间的声学特性一般不理想，所以若对声音的质量要求很高，除器材外，还要对房间采取一些声学处理。

房间里声源发出的声音通过6个途径传到聆听者的耳朵：（1）音箱发出的直达声；（2）地板的反射声；（3）天花板的反射声；（4）音箱后墙的反射声；（5）两侧墙的反射声；（6）聆听者背后墙壁的反射声。只要改变声波的任一反射条件，就会使声音发生变化。因此反射声的强度必须适当。

通常房间里声音因传播而产生的问题，主要有3个方面。（1）高频段的回音，由两平行墙面的声波反射产生，会造成高音尖锐、冷硬的过亮感，使定位混淆。（2）低频段的驻波，尤其是80~160Hz的驻波对人耳造成的压力最大，是两平行墙面间不断来回累积能量所致，由于能量强、不易消失，对聆听音乐危害最大，它使许多低频段的细节被掩盖，乐器形态大小被扭曲。（3）中频段的梳状滤波效应（Comb Filter Effect）——声波因相位相反而抵消的现象，产生不正常的疏密声波结构，因位于灵敏的中频区，故危害极大，又不易发现，会让声音失去饱满丰润，声场空洞，更破坏了泛音的结构，使音质变坏。

我国一般房间的墙面是相互平行的刚性墙，高度在3m以下。对16m^{2}左右的房间而言，在低频段容易产生共振，使某频率声音得到异常加强，造成低音轰鸣声，严重影响重放声的质量，这种声染色是家庭听音室最常见的问题。这种房间共振还会使某些频率（主要是低频）的声音在空间分布上很不均匀。产生声染色可能性最大的频率为100~175Hz，以及250Hz附近。

对房间的声学处理，重点在侧墙和天花板。原则上对室内声波的处理扩散应多于吸收，目的是降低共振强度，要防止过度使用吸声材料，以免房间的混响时间太短（<0.3s）而使声音干涩、不圆润。对音箱后面的墙壁，最好不要有大片吸声物

质，通常不需做处理，砖墙或水泥墙面会使声音饱满，充满活力。

侧墙可均匀适当地设置一些吸声和扩散物，如厚重的羊毛毯就是极好的全频吸声物体，薄的地毯及壁毯只对中、高频有吸收作用。木制无门书柜是一种很好的声音扩散物，用来调整低频有很好效果。此外，桌、椅、床垫、沙发等家具都能对声音的传播起调整作用，都可用作声学处理。最理想的声学处理是在侧墙上贴以适当的扩散板，但费用昂贵，又影响美观，一般家庭很难接受。凸圆弧是很好的声音扩散兼有吸声的装置，可以适当利用。在做吸声处理时，墙壁的下半部比上半部更重要，可使用穿孔板及薄板等共振吸声结构进行处理。当房间里有大面积的玻璃时，应挂上厚窗帘，一般地板上不要铺设厚地毯，天花板通常不做特别处理。

薄的地毯、挂帘、壁毯等主要对中、高频有吸收作用，对低频的吸声作用很小，太多使用会导致房间里中、高频声音的混响时间偏短，使得声音缺乏色彩，不够明亮。木质墙裙可有效吸收低频，但在安装时要与墙壁间留有适当空隙，必要时在其间还要放置吸声材料。但切记不能把大量的夹板钉在墙上，也不要在房间里大量敷贴吸声毯和帷帘。否则，由于高频被大量吸收，会造成声音死板发干，细节减少，以及音量减小。

为了使声音很好地扩散，不致来回聚在一起成为有害的驻波，就要改变该频率声音的行进路线，需要注意的是那些用以扩散声音的板或装置必须有足够大的尺寸，至少要达到声音波长的一半，否则不足以达成改变声波行进的效果，如100Hz的中低频要求尺寸超过1.7m，1kHz的中频要求尺寸超过17cm。可见，降低驻波的有害影响最实际的方法还是移动音箱或聆听位置，另外格状结构的书架具有声波扩散作用，百叶窗也有一定的声波扩散效果。

架空的木地板对低频有吸收作用，在房间较小时，可以防止过度的低频量感。如果房间里声音的低频发出轰鸣声，可在地板近反射声的反射点附近铺设厚重的羊毛地毯。

当声音刺耳，低频量感不够，显得单薄，而音量开大又吵人时，应在两侧墙近反射声的反射点设置吸声物覆盖处理。如果发现声音太干，应优先取掉地毯。在房间角落放置玻璃纤维做成的吸声块或布坐垫，可作为混响时间的最后调整。

总而言之，室内声学处理的原则是：控制混响时间在适当范围；消除有害的反射声；使声场达到一定扩散要求；要有有利的反射声，特别是早期侧向反射声。故在室内声学处理中吸收、反射和扩散必须综合地考虑。扩散主要与反射表面的形状有关，与表面硬质与否无关，但大面积使用硬质表面如瓷砖、大理石会引起高频声的强反射，而使声音刺耳，千万慎用。房间的尺寸和比例，“黄金律”（0.618）并非是规律，如长、宽和高3个尺寸的比例控制在不成简单整数比时，其简正振动频率大致可均匀分布，避免“染色”。常用吸声材料平均吸声系数如表1-3所示，频率特性如表1-4所示。

表 1-3　常用吸声材料平均吸声系数

吸声材料	平均吸声系数
双层丝绒帷幔	0.68~0.82
长毛绒帷幔	0.51~0.70
一般毛毯帷幔	0.47~0.68
平绒窗帘	0.31~0.47
双层软缎窗帘	0.22~0.33
中长纤维窗帘	0.15~0.27
针织涤纶窗帘	0.11~0.28
高级羊毛编织地毯	0.68~0.82
合成纤维地毯	0.22~0.68
优质腈纶地毯	0.47~0.62
普通化纤地毯、人造草坪	0.51~0.71
龙骨架空木地板	0.08~0.15
木地板	0.03~0.05
聚氯乙烯塑料地板	0.02~0.04
水磨石地面	0.01~0.03
油漆水泥地面	0.02~0.03
发泡壁纸墙面	0.03~0.08
镶釉面砖墙面	0.01~0.02
805 涂料水泥墙面	0.03~0.06

表 1-4　常用吸声材料的频率特性

吸声构造 \ 吸声系数 \ 频率	125Hz	250Hz	500Hz	1kHz	2kHz	4kHz
灰墙	0.02	0.02	0.03	0.04	0.04	0.03
砖墙	0.03	0.03	0.03	0.04	0.05	0.07
木地板（架空）	0.15	0.12	0.10	0.08	0.08	0.08
3~5mm 厚玻璃窗	0.35	0.25	0.18	0.12	0.07	0.04
丝绒窗帘	0.03	0.04	0.11	0.17	0.24	0.35
中等厚度天鹅绒幔帘（一半面积重叠）	0.07	0.31	0.49	0.58	0.60	0.60
铺优质地毯的水泥地面	0.02	0.06	0.14	0.37	0.60	0.65
13mm 厚石膏板	0.29	0.10	0.05	0.04	0.07	0.09
10~13mm 厚木板（留后空腔 50~100mm）	0.30	0.25	0.20	0.17	0.15	0.10

房间的隔声一般均不理想，听音房间的理想隔声对一般家庭而言是难以办到的，门、窗、墙、地板和天花板都会将室外的声音传进来，并将室内的声音传出去，特别是低频会传得更远。门窗是隔声的薄弱环节，通常能做处理的也仅门和窗两项，如可将窗做成双层，即在已有的窗上再加一层，当然这时的窗要有好的密封性，这是花费最少而效果不错的方法。对于门的隔声处理，可以采取带空腔的中空双层门，面板使用胶合板制作，中间敷设吸声棉。墙的隔声量与它的厚度及表面处理有关，对已建好的砖墙的两面均匀地抹上一层水泥，提高它的面密度是有效而经

济的增大隔声量的方法。泄漏声音的缝隙和孔洞对房间的隔声也有影响，特别对中频部分的隔声量影响较大，必须封死。

对于客厅，由于通道的关系而影响室内声场的平衡，可在不对称的墙面与角落加上吸声材料，以尽可能让两侧的反射声均衡。

听音房间对重播声音质量的影响远比一般人想象的大。实际上改变聆听空间的特性，其收效常比更换器材更大。

增加中、低频量感可让声音饱满，建立软性聆听空间也能使声音温暖、和谐、不刺耳，使声音变得更好听、更耐听，尤其适合近年来音响系统过分明亮的特点。

听音室在装修时，不要盲目地采用软包等花费较多的投资。先不做过多声学处理，待实际使用后再做一些必要的补救，才是理智的做法。缺乏科学测量和设计是造成听音室重放效果不理想的重要原因。

1.5　室内声学处理中的误区

听音环境在很大程度上决定重放声的质量，环境不良，音响设备再好，也难有好的声音效果，这点常被忽略，而且还流传有诸多误区。

即便是专业的音响工程师也未必有把握把房间改造到没有声学缺陷，至于普通爱好者根据一些流传的方法，或听从一些并无专业知识的所谓专家的主意，乱搞一通，肯定不可能得到好的效果。忽视听音房间的声学特性，发现声音有过多低音或过亮高音时，一味用调换器材的办法，以期达到理想效果，实则是个极大的误区。

房间的声学特性，在很大程度上与室内装潢及房间布置有关。对房间的声学处理，重点在侧墙和天花板。原则上对室内声波的处理，扩散应多于吸收。

滥用扩散板是最常见的一个误区。近年来在发烧圈里流行扩散板，听音室里总以为要放置几块扩散板才能达到声学要求。固然多数听音房间，尤其是大房间内的声场，会被来自各个方向的反射声弄得很混乱，还会产生驻波，尤其是中低频驻波的危害更明显，所以对室内的声反射进行适当控制，将有助于音质的改善。控制室内声反射的方法有二，即在室内适当位置放置扩散板或吸声板。扩散板主要用于对中高频驻波的扩散，消除反射声干扰，通常可置于聆听室的天花板上，或置于音箱后墙或聆听位后面。但物极必反，扩散板用多了将破坏声音的定位，一般扩散板应该在存在驻波、必须使用时才用，它不是万能灵药，并非放置哪里都有好处，在侧墙，特别是近反射声的第一反射点处，应该以吸声为主，而且扩散板常会破坏室内装潢的统一、美观。

太多吸声为另一个误区。例如，不少人以为听音室一定要进行吸声处理，就对房间做软包处理。由于吸声太强，致使混响时间过短，结果声音发干，不圆润，失去音乐的和谐性。厚羊毛地毯、席梦思床垫、大型沙发都会吸收低频声，若与音箱放得太近，会造成低音不足。房间结构不同，其建筑声学特点也不同，做声学处理时就要不同对待。软性房间，忌吸声过量，包括高频或低频都容易产生吸收过多的问题，声学处理应着重在声波的平均扩散。硬性房间，最怕高频及低频反射过度，高频反射过量则声音刺耳，中低频反射过量则产生驻波。声学处理需要的不仅是适量的吸收和扩散，还需以音箱摆位及聆听位置来避开中低频的驻波，降低中低频驻波的影响。

房间长、宽、高的所谓“黄金比例”（0.618）不是规律，只要比例不成简单整数比，其简正振动频率大致可均匀分布，就能避免“染色”。

室内声学处理是科学和艺术的结合，更是一门取舍的学问，有两个问题需要注意。

（1）不要迷信计算机模拟设计，尤其是在小型声学空间中，因为小型空间的声学情况远比目前软件能模拟的更加复杂。

（2）声学处理方案并没有固定的程式，事实上达到好的声学效果，可以有多种处理方法。虽然一些经过验证的流行方法和理念可以省去不少麻烦，但不要否定其他的可能性。须知不同的好的声学空间会有风格上的差别。

1.6 听音评价

音响器材不仅要有通常的技术质量检查使它符合一定技术指标，还必须通过人的听感进行声音质量的主观评价，这就是听音评价或音质评价（Assessment of Sound Quality）。因为音响器材的重放声音质量并不能以技术指标、规范要求等定量或定性的考核做出准确的判断，所以音响器材质量的最后评定，音质评价是极其重要的。

所谓听音评价，是通过对比试听（A/B比较），使听者从两个或两个以上被测的音响设备中分辨出优劣来，再进行统计分析。听音评价涉及人的心理听觉和生理听觉的系统的最终效果，牵涉诸多技术和艺术领域，而且主观评价因人而异，与人的文化背景、主观习惯、偏爱和修养等因素有关，故而一致性较差，极为复杂。例如，产品的名气、自我暗示等会影响听感，盲目测试也会影响听感，训练有素的耳朵与心理因素的影响远超过耳朵天生的敏锐程度。而且若对音乐的鉴赏能力不高，因无法正确判断器材的表现，也会出现问题。另外听到的声音即使相同，但难以用语言文字做确切的理性表达，常因人而异，这也是要考虑的因素。对音响设备通常采用的是相对评价，就是让评价样机和参考样机重放同一组节目源，区别其差异做出评价。影响音质评价的因素有：（1）个人偏好；（2）音乐软件内容；（3）听音室声学特性。

对比试听的方法，即A/B比较可以是公开的也可以是盲目的，在做公开A/B比较试验时，由于聆听者的先入为主的看法和自我暗示，常会造成明显的音质差异，若再采用盲目A/B比较试验进行再现的话，往往得出该两器材并无明显音质差异的结论。可见，不同的试听方法，会使所得评价结果产生很大出入。尽管目前认为盲目试听是最严谨的一种试听方法，但却往往因参加者容易受到心理压力，仍不能排除判断的不确定性因素，而不能断言是最佳方法。不过对听音评价来说，最重要的是大多数人的感受如何。

音质评价的节目内容，应包括男、女声语言，钢琴曲，弦乐曲，管弦乐曲，打击乐，男、女声独唱及合唱，戏曲，自然声等。听音评价可以采用反复重放相同的一段节目进行，为了保证可靠的听觉记忆，每段节目内容不宜太长，常是一个乐句不中断的片断，在20s以内。听音评价必须在适当的音量下进行，一般可取80～90 dB的听音响度，尤其要排除试听设备和环境的外来干扰影响，以及评价者心理判断上的干扰因素。避免使用电子音乐及流行音乐录音作为评价节目，因为用那种节目对音质做出绝对判断是困难的。

音质评价的试听时间随目的的不同而异。对盲目A/B比较，由于注意力相当集中，一般不宜超过40min。公开A/B比较，为了使听者能充分掌握器材的音质后再下判断，就要不慌不忙地听，但也不宜时间过长，以避免因疲劳而影响试听结果，平均1h左右，最长也不宜超过3h，中途还要设休息时间。

一个好的音响系统的重放声音应该是平衡的声音，低音丰满柔和，中低音浑厚有力，中高音明亮透彻，高音纤细洁净。总体感觉是不浑、不硬、不毛、层次好、自然活泼、有真实感。重放某些音色熟悉的语言或音乐节目是判断器材重放声音质量的重要依据。一个优秀的音响器材重放音乐时必然会使你很快投入，产生情感交流。

调频广播播音员的讲话是良好的语言声源。听惯的歌曲录音可作为判断录音座抖晃及音箱相位特性的声源。调频广播电台广播间隙处的噪声是判断音箱高频辐射指向性的良好声源。钢琴曲是判断瞬态响应和互调失真的绝佳声源，瞬态响应好的速度感好，细节再现能力强，富有层次，声音清脆透明，短音清晰。大提琴的表现正在人耳敏感频段，也是各种人声和乐器的主要频段，所以只要大提琴声是丰满的、充满光泽的、甜润的、松柔而有余韵的，那么整个系统的声音就将是准确的。

听音中，如果大提琴及定音鼓等不同乐器的低音浑浊难分，说明音箱系统（包括听音房间）存在较大的低音共振或互调失真。如果铙钹、三角铁等高音尖锐突出，具有真实感，说明音箱系统高频段的响应良好。如果打击乐及拨弦乐有拖音且难区分各个音，说明音箱系统有大的瞬态失真。如果歌声不自然，说明音箱的相位连接错误；如有抖动或走调，说明录音设备的机械部分的抖晃大或带速不对。利用低音提琴或电贝斯的声音可判断低频中段至中频下段这一区域的表现，双簧管的声音可判断中频，三角铁的声音可判断高频。但当你听出乐器声音在其频率范围内的整体表现中的某一点可能有问题，如特别大声或小声时，最好用同样频率范围的另一种乐器声音复查一遍，如双簧管的上半部音域不妥，可听短笛的下半部音域，或中提琴的最高音。

力度与低频及中低频（100 ~ 600Hz）能量有关，出得来则声音厚实丰满，反之则薄。明亮度与1 ~ 5kHz频段有关，过度则发硬、欠柔和、不丰满。6kHz以上有衰减，声音喑哑无色彩。低音及中低音过多，声音发木；中高音及高音较少，缺乏泛音，声音呆板不活。声场与中频及高频有关，过度的中频及狭窄的高频扩散会使声场前冲，反之则后缩。强调细节时，过度的分析力、过多的细节会掩盖作为主体的音乐表现，破坏平衡度。过度的某种悦耳的音色常会失去真实感。让人觉得音乐很鲜活、有朝气、富冲击力、毫无拖泥带水，就是反应快、控制力好的声音。声音厚实、声像清晰、力度好，但是低频量不过多，就是高密度的声音。高频要圆润纤细，但不过于丰满；中频要透明流畅，不能生硬单薄；低频不能过重，其清晰度和动态非常重要，不能浑浊松散，不能拖尾。动态与瞬态响应相关，应真实重放打击乐器，除了宽的动态范围外，音响系统还要能重现动态的层次，而且在大动态时不能出现动态压缩现象。良好的声场应是宽度超越左右音箱范围，深度不受音箱后墙限制，但声场是通过好的录音制品和性能优良的音响器材共同营造出来的。音乐味是指重放音乐时能让人感到愉快和享受的一种特性，是对音乐完整性的一种体会，细节含糊、声音浑并不是音乐味。“胆味”是电子管放大器特有的一种音色，是一种稍带甜味的平滑而泛音丰富的声音，要有高的透明度、良好的声场、较少的染色，并不是那种稍显朦胧的甜润、浓郁的中频和缺少力度的软绵绵。

从心理上说，要确切表示声音音质的术语，以凭感觉的朴素语言为好。这些语言是声音的物理条件或对应关系的术语。使用音质评价术语的目的是综合判断音质的好坏。音质的评价术语相当多，而且一个音质评价术语能与几个物理特性有关，为了做出正确评价，其含义一定要弄清楚。

通过听觉产生的感觉用言词来表达，则被表达之音质感觉的侧面就称属性（Attribute）。音质评价可从8个方面来进行，即明亮度、丰满度、清晰度、平衡度、柔和度、力度、真实感和立体感。对于音质评价用语，不管是名词还是形容词，必须对其所要表达的意思充分掌握，否则就会造成差错。

明亮度　高、中音充分，听感明朗、活跃。不良的系统则听感灰暗。

丰满度　即温暖感，中、低音充分，高音适度，响度合宜，混响适中，听感温暖、舒适、富有弹性。不良的系统则听感单薄、干瘪。

清晰度　语言可懂度高，乐队层次分明，有清澈见底感。不良的系统则听感模糊、浑浊，声像不明确。

平衡度　节目各声部比例谐调，高、中、低音均衡，左、右声道一致性好。不良的系统则不平衡。

柔和度　即松软感，声音扩散良好，松弛不紧，高音不刺耳，听感悦耳、舒服。不良的系统则听感尖、硬。

力　度　声音坚实有力，有冲击力，出得来，能反映声源动态范围。不良的系统则冲击力不足、出不来，动态范围受压缩。

真实感　能保持原声的特点。不良的系统则听感不真实，失真，有声染色及炸、破、颤抖等现象。

立体感　能清晰感到声源在空间的各自位置，声像定位准确，声像群分布连续，有适当宽度及纵深感。不良的系统则定位飘移，声场缺乏纵深感，宽度不当。

根据听音感觉，使用一些特定的表达所听声音意见的形象化词汇，就是音质评价术语。下面介绍一些音质评价术语及其反义词。

厚—薄　厚即声音坚实有力，上得去，出得来，能反映声源的动态范围。此力度与低频及中低频（100~600Hz）能量有关。

丰满—干瘪　丰满度应与音乐的形式、乐器的特性相一致。主要与混响时间及其频率特性有关。

混—干　此由混响时间及特性决定，应根据音乐和乐器的特性决定混响有无。

愉快—不愉快　声音的染色、谐波的互调失真、太多的混响、太多的频率补偿、能听出的限幅效应等，都将产生不愉快的重放声，不愉快的声音即无真实感。

明亮—晦暗　高、中音充分，听感明朗、活跃即为明亮。

动人的—平淡的　引人入胜的生动的重放声必与音乐的特性相一致。

自然—染色　传声器使用不当，音色补偿不当，都将造成声染色，听音室内有驻波或共振，也会引起声染色。

透明—浑浊　此为谐和度，浑浊的声音不能辨别和清楚地听到各个单乐器的声音，而整个重放声有混为一体之感。低音及混响过度都会造成放声浑浊感。

圆润—粗糙　此为圆润度，房间的共振，声音的染色、失真，太多的混响，错误的混录，都会产生难听、粗糙的声音。

响—轻　此响度与产生“丰满—干瘪”及“动人—平淡”等主观感觉有关。

宽—窄　立体声的声像大小。

清晰—飘移　立体声的定位。

深度—平面　立体声的纵深。过度的中音及狭窄的高频扩散都将造成声场前冲（Forward）现象，反之则出现后缩（Laid-back）现象。

音质评价术语中具有相同意义的用语列举如下：

（1）优美，动听；

（2）污浊，混浊；

（3）有力度，有气魄，有分量；

（4）舒畅，明亮，轻快，清澈，清晰；

（5）粗糙，不和谐；

（6）单薄，干瘪；

（7）润泽，流畅。

准确表示音质具有相反意义的常用术语列举如下（与声音本身质量或特征相关）：

（1）大（响度）—小（响度）；

（2）响—未响；

（3）有力（坚实）—无力；

（4）低音舒展—低音堵塞；

（5）高音舒展—高音堵塞；

（6）丰满—单薄（干瘪）；

（7）融合—散；

（8）高—低；

（9）尖锐—柔和；

（10）明亮—灰暗；

（11）硬—柔软；

（12）明晰（调子高低抑扬）—模糊；

（13）层次清楚—层次不清；

（14）清晰—不清晰；

（15）清澈（清澄）—混浊；

（16）平滑—粗糙；

（17）愉快—不愉快；

（18）自然—不自然；

（19）润泽（流畅）—呆板（干涩）。

确切了解音质好坏与物理特性的关系非常重要。下面是对一般音质评价术语和物理特性的关系简介。

（1）清澈——高频段没有噪声和失真。

（2）混浊——高频段存在噪声和失真。

（3）轻快——中频段稍有下陷，量感不足。

（4）发涩——动态范围窄。

以上术语表达的是音色的优美程度，与物理量间的关系较复杂。

（5）有力度——中频段量感强。

（6）有气魄——低频段量感强。

（7）无力——声压级低，量感不足。

以上术语表达的是动力程度，与中低频段的特性声压级的关系较大。

（8）发尖——高频段有抬高（2~6kHz）。

（9）发硬——高频段抬高，高频成分过多。

（10）单薄——中频段量感不足。

（11）尖锐——瞬态波形好。

（12）丰满——临场感丰富，声场有特征。

以上术语表达的是金属性程度，与高频段的特性声压级的关系较大。

（13）柔和——高频段无峰，高频段下降。

（14）污浊——全频段有失真和噪声。

（15）和谐——全频响度级感觉平衡。

（16）纤细——高频段平滑延伸，高频段分辨率好。

以上术语表达的是柔和程度，但特征并不太明确。

在重放立体声信号时，当左、右声道信号接近反相时，会感到声像扩展，但声像定位困难。

综合评价好的音质必须符合以下条件。

（1）低频稍抬起，有音量感，大振幅声音低频不失真。

（2）高频特性好，清澈（失真及噪声小），分析力好。

（3）音色不硬（高频不多）、不尖（2 ~ 6kHz中高频不突出）。

（4）高频指向性锐度适当，声像定位明确，中频指向性较宽，临场感丰满。

（5）瞬态特性好，能重放尖锐声的前沿特性（瞬态波形好）。

人对音质的判断能力是非常不明确的，还会受心理因素影响，但是有判别音乐中很细微部分的能力。为了做出正确的音质评价结果，必须排除个人对器材品牌、声誉和价格的偏见，要以客观的立场进行聆听。要把好不好和喜欢不喜欢区别开来。比较、评价器材时一定要在相同音量下进行，误差不能超出0.2dB，音量的差异将导致错误的结论，因为较大的音量会使人感到有较多的低音和高音，比较明亮，更富有细节，动态较大。A/B比较中，哪件器材先抓住听者的注意力，哪一件器材就会获好评，成为有吸引力的器材。A/B比较一定要掌握先听A，再听B，重复听A的顺序，这样可以纠正在比较时产生的第一印象误差。

在对音响器材做评价时，器材不应受过分注意而影响人的聆听思考，从而走进聆听器材而不是聆听音乐的误区。而且有经验的人易生成见，无经验的聆听者反而容易洞察区别和建立评价。

音响器材重放的声音无法与实际现场音乐一样，只能近似，所以自然、真实、不夸张、不压缩，充分表现乐器的泛音很重要，超高音和超低音会给你带来意外的现场感。不要盲目追求所谓的声场宽度、深度和高度，以及清晰定位，处处应以真实为要。为此大家一定要多听现场音乐会，努力提高音乐欣赏水准。

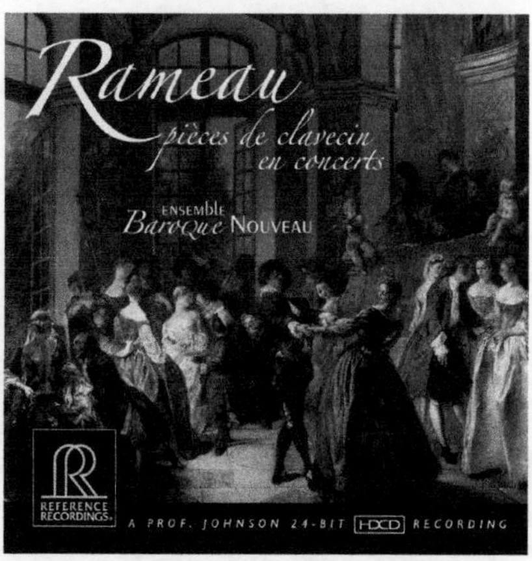

A VIRTUOSO PIANO RECITAL
JOEL FAN
WEST OF THE SUN
MUSIC OF THE AMERICAS
REFERENCE RECORDINGS
A PROF. JOHNSON 24-BIT HDCD RECORDING

BRITTEN'S
ORCHESTRA
MICHAEL STERN
KANSAS CITY
SYMPHONY
REFERENCE RECORDINGS
A PROF. JOHNSON 24-BIT HDCD RECORDING

1.7 音质评价中的误会

绝大多数音响爱好者和爱乐者，有丰富的想象力，这才使他们能借助音响器材安坐家中欣赏大师演绎世界名曲，其乐融融。但他们也常在媒体的导引下，一掷千金。

在音响这个领域，事实上存在着种种误会和困惑，究其原因还是“发烧友”的电声技术基础理论有所欠缺。在音质评价中也有着不少误会，如声音中缺少了些中频，反有人说是“柔和”；声音中缺少了低频，也就是低频不足或相位滞后，有人说是“速度快”；把太多而缺少分析力的低音说成有“音乐味”；把没有泛音或泛音过少说成“干净”“分析力高”“定位好”；把低频量少或高频强化误以为“分析力高”；声音淡而无味不等于“无声染”；声音重修饰不等于“音乐味浓”；过肥的声音不是“厚”等。殊不知那种频率响应和相位不正确的声音恰恰就是没有了音乐味，如此反以为美，岂不是一种莫大的讽刺?

速度快与速度慢的器材重放一个乐段的时间实际是一样的，但在听感上会有不同的快慢感觉，这其实是强弱对比与瞬态反应层次更丰富使然。

过度强调分析力会使人不能专注于音乐内容，而去留意那些异常的细节表现。

声染色会造成频率响应及平衡异常，频率均衡度不良会造成音色不自然，清晰度及透明度不良会造成细节减少。

透明度是指与亲切感、温暖感、层次感及直达声与混响声、响度比等诸因素相关的综合评价。透明度好的声音，在听感上应是自然、亲切、丰满，低音饱满而不浑浊，中高音有穿透力并圆润，各声部清晰融合，纵深感强。

一个极为典型的误区是认为高分析力和柔和度不能共存，究其实质是前述将高频突出，误以为是分析力高之故。须知分析力是对整个声频范围而言，不论高、中、低频均在其内，可见分析力越好，音乐的细节越多，只会使柔和度提高。那种由于高频的强化而使音乐细节比较显现的假分析力，声音比较粗糙，容易使聆听者疲劳，当然不会有好的柔和度了。

当然，以主观听音感受凭空乱造形容词，置音质评价规范用语于不顾，更增加了此道中的混乱，使人费解，如坠云里雾中。可见，音响“发烧”不能忽视相关知识的汲取，以免听到风就是雨，既贻笑大方，又误人子弟。

1.8 音响系统的组成

目前音响技术已达很高水平，音响产品日新月异，品种繁多，层出不穷。现代家庭音响系统都由三大部分组成：信号源设备、放大器和扬声器系统，如图1-5所示。系统中每一部分器材的性能好坏都会影响到整体效果，而且系统中性能最差的器材将决定整个系统的性能，某一器材的性能特别好，并没有太大实际意义，各部分器材的性能要处于同一水平。

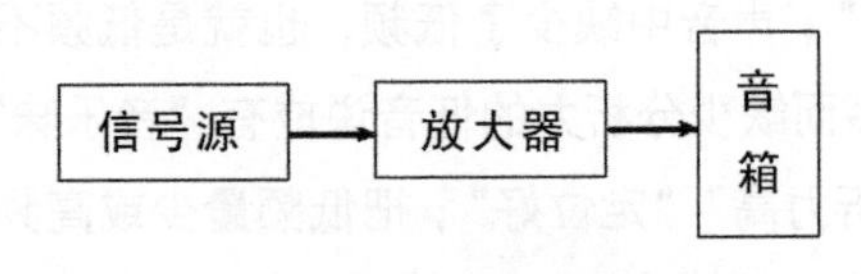

图 1-5 音响系统方框图

信号源设备包括传声器（话筒）、模拟电唱盘、磁带录音座、收音调谐器及激光唱机等。目前信号源设备中激光唱机是主流。

放大器包括前置放大器、功率放大器及各种控制部分。目前放大器中以前置放大和功率放大合在同一机箱并共用电源的合并放大器应用最多。

扬声器系统即音箱，包括扬声器单元、分频网络及箱体。目前普遍使用书架式或落地式的多单元音箱。

音响系统还需要一些附件，如各设备之间的连接电缆，有信号线、扬声器线、电源线等，还有放置器材的支架及脚钉等。系统性能越高，这些附件的影响越大。

自行组合的音响系统应以简洁为原则，这就是国外音响界流传的“The simple is the best”（简单就是好），不要为复杂的功能或结构所吸引，尽可能摒除可有可无的附属设备，以求重放声音的纯正真实。音响系统的组合不应讲究厂家、牌号的统一，以及功能的齐全，应根据实际性能善加选择，进行组合。放大器与扬声器系统的配合应具有充分的声性能，还要注意各部分之间的配接问题，如输入电平、输入阻抗、输出阻抗等。不正确的配接不仅影响效果，甚至还有可能造成放大器或扬声器单元的损坏。最后，各设备之间的连接应使用优质的信号线、扬声器线及电源线。一套高性能的音响系统，任何环节都会影响其最终效果。

各个音响设备必须正确安装、连接，以组成立体声音响系统，使其安全工作，并充分发挥性能，使你步入音乐欣赏的殿堂，带来无与伦比的精神享受。

第二章　音响释疑 420 例

1. 什么是音响

音响与英语Sound、Acoustic、Audio的意义相同，是关于可听见的声音物理现象一般表述的术语，常和其他词组合使用。音响还指音响设备。音响（Audio）这个名词是20世纪60年代普遍的说法，而且是和Hi-Fi这个名词同时于第二次世界大战后从美国流传过来的。

音响是生理学、心理学、声学、电子学、光学、机械学、力学、计算机、自动控制及音乐等多学科相互渗透而形成的一门边缘学科，它既是技术也是艺术，技术是手段，艺术是目的。音响是电声技术的一部分，以前都称Hi-Fi即高保真，有录音和重放两个方面，对家用音响而言，其最终目的是取得接近真实的重放声音。

2. 什么是高保真度

美国R.F.格拉夫所编《现代电子学辞典》（*Modern Dictionary of Electronics*）对高保真度的解释是："声音重现时使聆听者感到几乎和原来声音一样完美的程度"。Hi-Fi的兴起和普及始于20世纪50年代的美国，电子管和电唱盘的发明、唱片技术和扬声器制造的进步，使Hi-Fi成为可能，并得到迅速发展。

高保真度（Hi-Fi，High Fidelity）的原意是对原始声音进行精确还原，而不存在由任何失真引起的音色变化。不过这是个相对的词，不同的人对高保真度有不同的理解，现在更有滥用的倾向。实际高保真度这个词有其严密、准确的含义，它应该是严格要求的声音重现质量的真实性。不过近代高保真度技术实际包含了对声音信号进行必要修饰、加工，使声音不仅逼真还有美化。

高保真声音的公认定义是：与原来的或真的声音高度相似的重放声音。这个重放的声音应该听起来很舒适，甚至可能比亲临现场听原来的真声音更为悦耳。

对于追求高保真的爱好者应了解，真实重现音乐要有比重现语言更宽的频率范围和音量范围。音乐重现的频率范围至少要从40Hz一直延伸到14kHz，它的音量范围接近70dB。

3．声频频率范围是多少

声频（Audio Frequency）是指在正常情况下，人耳能听到的声波频率。声频频率下限通常为16Hz，但在这样低的频率，很难区分是听到的还是感觉到的，因为低频率的声音除以人耳觉察外，还可通过人体皮肤感觉和骨传导感受。声频频率上限通常为20kHz（即20000Hz），但受年龄影响，高龄者只能听到10kHz以下。但近年音响生理学的研究表明，尽管20kHz是人耳听觉的上限，但更高频率的声音，仍会通过人体骨骼、脑细胞等而使大脑中枢兴奋，产生情绪变化，如舒畅、愉快或紧张、厌烦等，并使人感受到更好的临场感。

当声音频率增高时，声调越来越尖，当达到15kHz左右时，就趋向一种很高的“嘶嘶”声。当声音的频率在最低端时，听觉上仅是空气压力的“噗噗”声。

4．什么是倍频程

倍频程（Octave）也称八度，是两个基频比为2的声音之间的间隔，或指频率比为2：1的任何两个频率间的间隔。在全音阶中，它包含8个相继的音符，因而，从440Hz的A音到880Hz的A音就是一个倍频程，也就是一个八度。如果一个声波精确地比另一个高出一个倍频程，则此两声波可和谐地混合。

5．什么是非线性

非线性（Nonlinear）是指一个系统、设备或元器件在传输信号时，输出不与输入成正比地增大或减小。如放大器不具备在所有时间都与输入按比例地形成输出的特性，就称为放大器的非线性。放大器这种与瞬时幅度有关的失真，就是非线性失真。

6．什么是频率响应

频率响应（Frequency Response）也称频率特性，通常是表示不同频率对某一参考电平的相对信号电平特性曲线图。在给定的频率范围内，所有的频率具有均匀的电平，则称平坦的频率响应曲线。频率响应也可表示为偏差不超出某一dB数值的频率范围。如20Hz ~ 20kHz（±2dB），即在此频率范围内，任何频率的相对幅度不会比理想的0dB点高或低2dB。

7．什么是滚降

滚降（Roll-off）也称频率响应下降，指在一段频率范围内衰减逐渐增加，或指高通滤波器在低频端或低通滤波器在高频端的衰减变化率。截止频率（Cut-off Frequency）是相对于中频响应-3dB处的频率。放大器的滚降也是类似的含义，但是指放大量的减少。

8．什么是脉冲

脉冲（Pulse）是指具有正常恒定值的量的变化，这个变化以有限持续时间的上升和衰减为特征。这种电压或正或负的突变，其开始（前沿）和结束（后沿）的时间极短，而它中间值的变化一般是有限的，典型的脉冲波形如图 2-1 所示。

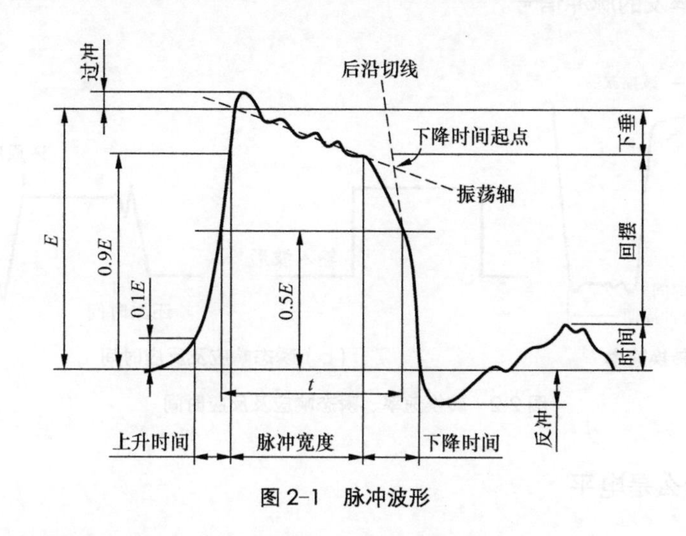

图 2-1　脉冲波形

脉冲波形的种类很多，典型的脉冲波形有窄脉冲、方波、尖脉冲、锯齿波、阶梯波、断续正弦波等。凡不具有连续正弦形状的波形，绝大部分属于脉冲波形。

9．什么是转换速率

转换速率(SR，Slew Rate)是表征放大器对瞬间变化信号跟随能力的参数，也称压摆率。它是放大器在线性区工作时，输出电压的最大变化率，是放大器适应猝发性信号变化速率的特性，一个电路的转换速率是电压上升与上升所需时间(ms)之比，该电压是指对瞬时标准输入脉冲响应而产生的输出脉冲的前沿。

转换速率的单位为伏每微秒(V/μs)，如图 2-2（a）所示。其上升时间沿水平轴计算，从高度为 10% 及 90% 的两个交点定出，这段时间对应的是脉冲曲线中线性最好的部分。打击乐器如铃、钟、三角铁、钢琴、鼓以及铙钹产生的猝发声脉冲，是中间包含有大量具有很陡上升沿的脉冲性瞬态信号。当有大的瞬态信号加到放大器上时，若电路特性决定的转换速率不够，信号的响应时间比放大器响应时间短，就将出现瞬态失真，使信号的特有音色丧失。

放大器的转换速率越大，高频响应越好，对音色的保真度越高，一般要求功率放大器的 SR≥20V/μs。放大器的转换速率高时，声音清晰度和层次感好，重现细节多，音色纤细透明；转换速率低时声音虽较甜润，但缺乏应有的细节和层次。

转换速率取决于电路结构，设计不完善的滤波电路和耦合电路都将使放大器的瞬态响应恶化。好的瞬态响应除具有低的相移及频率失真外，还包括有效增益的变化、铁芯元件的影响，这些都会导致严重失真，而这些失真在稳态测量中并不会显现。瞬态信号将引起AB类放大工作输出级的电流上升，造成自给偏压上升，使放大器有效增益变化，其变化速率取决于偏置电路的时间常数，信号响应时间对波形的影响如图2-2（b）所示。

钢琴、打击乐器和弹拨乐器声都有很陡的上升沿，放大器应有足够高的转换速率处理这类猝发的脉冲信号。

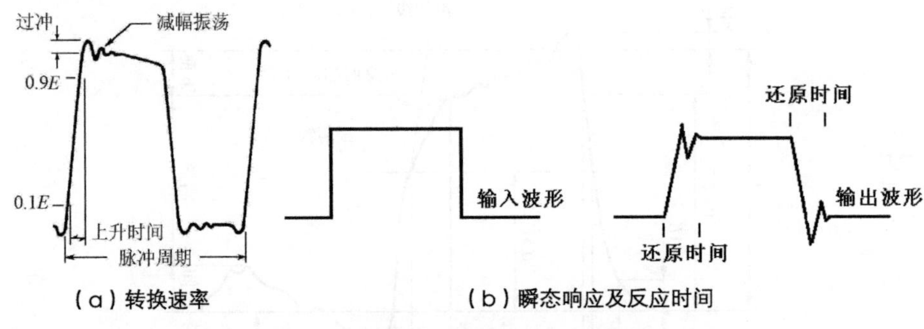

图2-2　转换速率、瞬态响应及反应时间

10．什么是电平

电平（Level）是相对于任意一个参考值的大小的物理量。电平通常可视作用同样的单位表示测量的物理量，如V等；也可表示成相对于参考值的比值，如dB等。特指与参考幅度相比较时，一个信号的幅度。

11．什么是品质因数

品质因数（Quality Factor）也称Q因数，在某些电气元器件、结构或材料中，作为储存能量和损耗率之间的关系的量度。也指机械或电气系统的谐振锐度和频率选择性的量度。

电感或电容的品质因数是指它的电抗与有效串联电阻之比。谐振电路的品质因数是在谐振频率时其电路感抗与射频电阻之比。

12．什么是阻尼

阻尼（Dampen）通常指使波或振荡幅度逐渐减小，或使振动减弱的一种特性。阻尼作用会减少振荡系统的振荡幅度，阻碍振动或振荡，或降低系统对固有频率的谐振幅度。在电路中，阻尼由电阻引起；在机械谐振系统中，阻尼由摩擦和黏滞性引起。

13．什么是瞬态

瞬态（Transient）也称暂态或过渡过程，指在音响系统或电系统中，信号受突然扰动后到恢复稳定状态前，所持续的一个短暂时间过程。瞬态信号的波形既不重复又不规则。电路或器件不失真地再现瞬变过程的能力，称为瞬态响应（Transient

Response)。

14．什么是动态范围

动态范围（Dynamic Range）指声音信号的最大声压和最小声压之比，用dB表示。由设备实际重放的最响音量和最轻音量之间的信号幅度范围决定。它受放大器的固有噪声、听音环境的背景噪声、放大器和音箱的功率容量和效率等因素的限制。但声音响并不表示动态范围大，若音箱的最大输出声压有限，则降低背景噪声是提高动态范围的唯一途径。

动态范围也指系统或换能器的过载电平和信号最小容许电平之差，单位为dB。

信号的动态范围是指信号的最小值和最大值之间的范围。

15．什么是趋肤效应

趋肤效应（Skin Effect）也称集肤效应，是指在交流电流流过导体时，由于导体与其上建立的电磁场之间的相互作用，使电流集中到导体横截面的表面的现象。也就是高频率的电流有靠近导线表面流动的趋势，电流频率越高，趋肤效应越显著。因此电流限于在导线总截面中很小一部分流动，使有效电阻增大。使用多股绝缘细线编织而成的李兹线（Litz Wire），每股导线逐次占据整个导线截面中所有可能位置，因此可以减少趋肤效应，对高频电流的电阻较小。

16．什么是顺性

顺性（Compliance）是表示电声转换器件振动系统的振动程度和柔和程度的术语，即易振性和柔软性，此值很大就是具有高顺性，意味着非常易振、非常柔软。唱头唱针或扬声器锥盆的顺性非常大时，就称具有高顺性。顺性越好，则唱针在给定循迹力条件下的低频循迹能力越好。对扬声器而言，高顺性能正确重现低频大幅信号。

17．什么是猝发声

猝发声（Tone Burst）是用于测试声频放大器和扬声器等的瞬态特性的信号波形，它是从固定电平的正弦波连续信号中取出的某一短暂时间的信号，其包络线为矩形。也就是说猝发声是一种脉冲声，由一系列间断的正弦波所组成，其波的间断和持续时间都要求一定，每列波包含一定个数的正弦波，如图2-3所示。

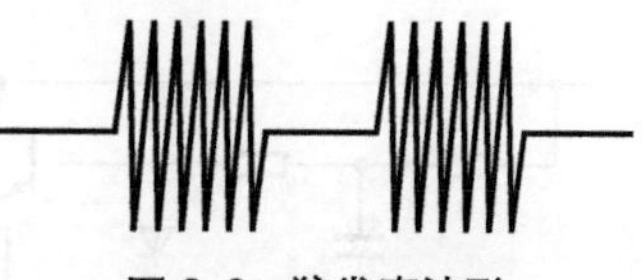

图 2-3　猝发声波形

18．什么是交流声

交流声（Hum）也称哼声，是声频系统中来自交流电源、直流电源的脉动或从电源系统来的感应，包括电源频率或其谐波频率，产生的一种低调沉闷的连续寄生低频“嗡……”噪声。通常为声频设备中因部件屏蔽不良，为附近交流电源感应引起，或直流电源纹波滤波不善而进入设备中的背景噪声，也可直接从电源变压器等部件发出。

19．什么是汽船声

汽船声（Motorboating）是声频放大器中频率为数赫兹的寄生振荡，振荡发出的“噗——噗——”声听起来与汽船发动机的声音相似而得名。它是由于放大器的电源电路去耦不完善或放大电路不稳定，而在低频段或低于低频段产生的间歇自激振荡现象。

20．什么是颤噪效应（微音器效应）

电子管栅极与阴极之间的距离即使有极微小的变化，也会引起屏极电流的变化。于是若电子管的栅极刚性不够，在受到外力振动时，会引起微音器效应，产生“当当”或“咣咣”吼声。这种由机械振动引起电极振动，从而产生电子管输出电流的寄生调制，就是颤噪效应（Microphony），也称微音器效应。

作为前置放大的前级电子管，不仅要求低噪声，还要求颤噪效应低。任何电子管都有程度不同的颤噪效应，为减轻颤噪效应，可在电子管外面加装振动抑制器（Tube Damper）。这种铝合金制作的音响附件，除能有效抑制颤噪效应外，还可帮助电子管散热，降低管壳温度。为了消除颤噪效应，也可以把电子管管座固定在防振垫圈上或者吊在弹簧上。

21．什么是耦合

耦合（Coupling）也称交连，是使功率从一电路以一定方式传输到另一电路的一种方法。两个电路可以完全分开，通过磁或电容的方法在两电路间传输功率；也可以两个电路是互相连接的，通过共用元件进行功率传输。

实现耦合的条件是电路彼此间具有的公共阻抗，通过该公共阻抗将信号从一个电路传输到另一个电路。根据公共阻抗的性质，耦合电路有阻容耦合、变压器耦合及直接耦合等方式。

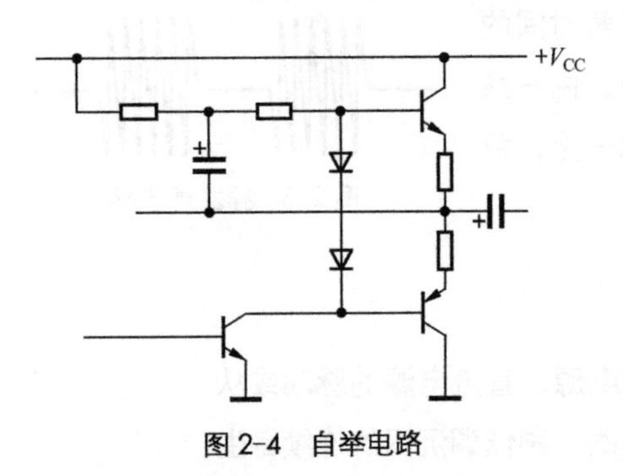

图 2-4　自举电路

22．什么是自举电路

自举电路（Bootstrap Circuit）是一种输入信号和输出信号串联的单级放大器电路，如图 2-4 所示。可使其输入信号“拉”到输出信号的幅度。取名“自举”是因为基极电压的变化也改变输入信号的对地电位，且改变的量等于输出信号。

自举电路是动态恒流电路的一种，它通过电容经发射极输出器（或阴极输出器等）输出电路，反馈到前级，以保持偏置电流恒定不变。简言之，自举电路利用自举电容使电容的放电电压和输出电压叠加，把电压抬高。

23．什么是矩阵

所谓矩阵（Matrix）是一组数字的一种矩形阵列，即将各单元排列成一定的行和列。如有规则的二维阵列，就是一种电路元器件的排列，它能使一种数字代码变换成另一种数字代码。在电子学中，这一术语不严格地指所有编码器和译码器。

24．什么是开环、闭环

开环（Open Loop）通常是指没有任何反馈的放大器。在没有任何反馈情况下，放大器的电压增益就是开环增益。放大器没有反馈时，增益下降3dB时的频率界限就是开环带宽。

闭环（Closed Loop）是一种输出连续反馈到输入进行恒定比较的电路。也指一种用输出来控制输入的反馈控制系统。具有外部负反馈的放大器的总增益就是闭环增益。其闭环增益比中频增益低3dB的频率界限就是闭环带宽。

25．什么是 PCM

PCM（Pulse Code Modulation）是脉冲编码调制的缩写。它是一种脉冲调制方式，先对信号进行周期取样，再把每个取样进行量化，以数字码方式进行传输。也就是将构成脉冲载波的脉冲分组，再对每组进行调制，使它代表要传输的模拟信号的量化值。由于信号是用一系列分开的脉冲来传送，除非失去一个完整的脉冲，或干扰脉冲大到足以使设备当作真信号脉冲接受，否则脉冲编码调制不会引入失真，也不会丢失信息。

26．什么是反馈

电路或设备的输出的一部分返回到自身的输入端称为反馈（Feedback）。反馈亦称回授，旧称回输。如果信号以同相位反馈到输入端，并增大放大量，就是正反馈。若信号以180° 相位差反馈到输入端，并减小放大量，就是负反馈。负反馈（Negative Feedback）能使电路的性能稳定，且改善放大器性能，因而应用非常广泛。

反馈信号与负载两端电压成正比的系统，称为电压反馈（Voltage Feedback）。电压负反馈除能改善电路线性、减小增益外，还能减小驱动负载的有源器件的有效输出阻抗。反馈信号与负载电流成正比的系统，称为电流反馈（Current Feedback），反馈信号可从与负载串联的电阻取得。电流负反馈除能改善电路线性、减小增益外，还增大驱动负载的有源器件的有效输出阻抗。

27．什么是声反馈

声反馈（Acoustic Feedback，也称Acoustic Regeneration）通常是指声波的一部分从声频放大系统的输出端与该系统的前级部分或输入电路的机械耦合。当这种耦合过量时，声反馈将使扬声器发出啸叫声，所以又称啸声反馈（Howlback）。这在使用传声器进行语言或歌唱扩声时，是要加以防止的。扬声器重放出来的声波，进入传声器就将产生声反馈，严重时将使扬声器系统中的高频扬声器单元损坏。

28．什么是共模

共模（Common Mode）也称共态，是指幅度及时间均相同的信号，亦用于辨别两个信号在幅度和时间上相同的相应部分。

例如，当运算放大器的反相和同相输入端有共同信号时，其固有的操作特性即称共模特性。差动放大器的输出电压与共模输入电压的比例就是共模增益。

29．什么是共模抑制比

共模抑制比（CMRR，Common-mode Rejection Ratio）是差动放大器的质量指标，是以dB表示的共模输入电压与输出电压之比，用以表示当差动放大器两个输入端同时加上同一信号时，能在多大程度上不提供输出电压（共模增益），此值越大，质量越好；或是差分增益对共模增益的比例，*CMRR*=差分增益/共模增益；或是运算放大器输入偏移电压的变化与产生此偏移电压的共模电压变化的比例。

30．什么是去加重

在一个系统里，将某些较高的声频频率信号的强度提高，以此改善信噪比或减少失真的方法，称为预加重（Preemphasis）。

去加重（De-emphasis或Post-emphasis）或去均衡（Post-equalisation）是指引入一个和预加重的频率响应特性互补的频率响应特性，这种系统中把预加重的频谱恢复成原来形式的网络，就是去加重网络。

31．什么是声道

声道（Channel）指一个完整的声音通道，一个单声道或单音的系统具有一个声道，立体声系统至少有两个全声道。对于多声道的设备，它的每一个声道都有各自独立的传输电路。例如，单声道（Mono）放大器在同一时间内只能让一个信号通过，如果用以在同一时间内放大两个信号，它们将会互相干扰。在双声道的立体声（Stereo）放大器中，每个声音信号各自通过一个独立的放大系统，因而一个声音信号对另一个声音信号没有影响。在双声道放大器中，可以利用相加或相减的方法模拟出3声道或4声道中的一个或两个声道，得到3声道或4声道的效果。

声道（Track）也是记录在录音材料上的磁性的、机械的或光学的声迹。如在一条录音带上可同时独立地录上几个声音信号时，就称多声道。

32．什么是粉红噪声

在音响设备的调试检测中，经常用粉红噪声（Pink Noise）作信号源。“粉红”两字是从光谱学中借用的。粉红噪声的定义是声频范围内10个八度音程里每一音程均有相等能量的声频信号。

粉红噪声在声频范围内，每一音程都有同样的相对音量，而且所有这些信号在同一时间出现，所以无法从粉红噪声中鉴别出特定的声频频率来。虽然粉红噪声没有涵盖整个声频范围的每一频率，但在全声频范围内都有代表性的取样频率。

在对数坐标系中，粉红噪声的能量分布是均匀的；在线性坐标系中，其能量分布为每倍频程下降3dB。

33．什么是“计权”

在音响设备的技术说明书中，常常见到“计权”一词，如A计权等。

计权（Weighted）也称加权或听感补偿，有两种含义。一是考虑到设备在正常使用和测量时的条件不同，对测量值所加的人为修正。二是在测量中附加的一种校正系数，使能更正确地反映被测对象。如噪声测量中，由于人耳对1～1.5kHz的灵敏度最高，对低频分量不敏感，从听觉上评价噪声大小时，必须在声频频谱的各部分进行计权，也就是在测量噪声时，需要使它通过一个与听觉频率特性等效的滤波器，以反映人耳在3kHz附近敏锐的灵敏度和60Hz时较差的灵敏度。计权网络频率特性如图2-5所示。

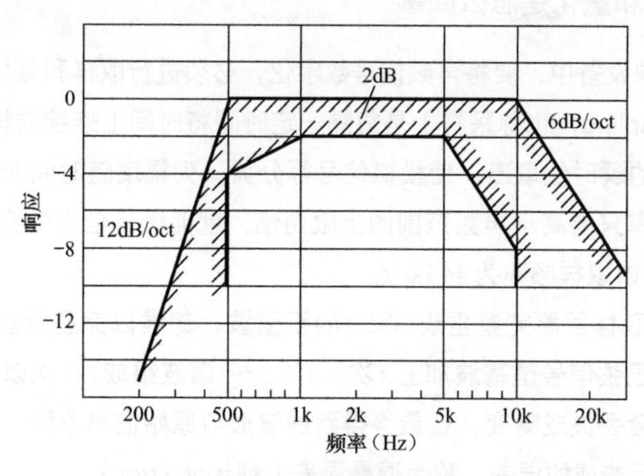

图 2-5　计权网络频率特性

由于人耳的频率响应随声音的响度而变，故对不同响度或声压级的声音使用不同的计权曲线。目前，普遍采用计权曲线A，并用dBA来表示这种A计权的测量值。

34．什么是锁相环

锁相（Phaselock）是相位锁定的简称，是使被控振荡器的相位受外来信号的控制，使其与之同步或随其相位变化而变化。实现锁相的主要方法是应用锁相环。

锁相环（PLL，Phase-locked Loop）也称锁相环路，是一种输出锁定并跟踪基准信号的闭环电子伺服机构，如压控振荡器和相位比较器的一种组合。它是借比较输出信号的相位（或其倍数）和基准信号的相位完成。这些信号间的任何相位差都变换成校正电压，使输出信号相位改变以跟踪基准信号。

35. 什么是亥姆霍兹共鸣器

亥姆霍兹共鸣器（Helmholtz Resonator）是一种声学箱体，是一种通过腔壁上开的小孔与外部空间相通的谐振腔。其频率决定于共鸣器的几何尺寸。小口的截面积、长度和箱体容积能得到一个共振频率。亥姆霍兹共鸣器用于扬声器设计中的开孔音箱，用作播音室壁声学处理的谐振吸收器。

36. 模拟和数字有何区别

模拟（Analog，中国台湾地区称之为类比）是用物理的变量，如电压、电阻等来表示数字的量。模拟信号是以连续变化的物理量为特征的信号，如声频信号。一般音响设备中，其输出是按输入的连续函数而变化。

数字（Digital，中国台湾地区称之为数位，中国香港地区称之为数码）在此实际是变换成数字的传输信息，是一种脉冲流，它只用两种电平表示，即逻辑的“1”或逻辑的“0”，是离散阶跃的。数字信号一般指用有限数目的离散值表示的一种信号，广泛应用于二进制传输中。数字音响设备的输出是它的输入的不连续函数。

37. 取样和量化是怎么回事

在数字音响设备中，要将声频信号数字化，必须进行取样和量化，并编码。

取样（Sampling，也称采样）是每隔一定时间将时间上连续的模拟声频信号的一个时间点上的瞬时值取出，使模拟信号等分为一列幅度随时间变化的脉冲信号。理论上取样频率只要高于声频范围的上限两倍，就能保证信息的完整，CD声频上限为20kHz，所以取样频率为44.1kHz。

但44.1kHz取样虽能完整重现20kHz的正弦波，却难以完整重现7kHz的非正弦信号，因为非正弦信号是基波加上2次、3次……谐波组成，3次以上谐波在数字/模拟转换以后会丢失或畸变，使最终得到的波形与原始信息不同，造成音色变化。取样率不够高而造成的误差，称为混叠误差（Aliasing Error）。

量化（Quantization）是把取样后每一取样点上的脉冲幅度以一组不同的数字码（脉冲串）代替，也就是将取样所得的取样值相对于振幅进行离散的数值化操作。数字码采用的位数，即量化比特（bit，binary digit），1 bit为2的一次方，bit值越大，代表的数值越多，量化越准确。

在CD的量化系统中，采用16 bit，所以信号中的幅度有2^{16}=65536个不同层次。

声频信号转换成数字信号后，其数值量是取样频率和量化位数的乘积，即44100×16 bit=705600 bit，对立体声信号还要加倍，数据量高达1411200 bit。在此需要说明的是，模拟信号在经过模拟/数字转换转换成数字信号，再经数字/模拟转换恢复为模拟信号的过程中，由于模拟信号是连续波形，其幅度值是无限的，而数字信号的幅度值仅是前述的有限值，所以还原后的模拟信号只能是近似波形，这种波形的不一致，称为量化误差（Quantization Error），也是非线性失真的根源。受量化误差影响最大的是信号中的微弱成分，所以CD低电平信号的相对误差远大于高电平信号。系统的频率响应上限取决于取样频率，而系统的动态范围取决于量化比特数。

38．什么是超取样

超取样（Over Sampling）是数字音响中运用数学运算的方法，在两个取样点之间插入新的点，以使取样点重组的波形更完整的技术。

根据CD唱片规格的16 bit、44.1kHz取样率，每秒钟对信号取样44100次，这对20kHz正弦波而言，平均每个波形的取样数就不足3次，凭此3点要组成一个完整的与原来相同的正弦波当然是远远不够的，这正是CD录音高频细节欠缺、泛音不足的原因。如要增加取样点，就要提高取样频率，但这是行不通的，于是在数字/模拟转换时进行超取样就应运而生。以8倍超取样为例，在两个相邻取样点间插入7个超取样点，使波形更接近原始波形，这对重组高频信号波形的线性有显著好处，对低频更有利。通常多比特数字/模拟转换器至多只有8倍超取样，使用了8倍超取样已能使数字噪声远超人耳可听范围的极限。但在进行超取样插入修正时，数学运算的精度直接决定了声音的质量。

39．多比特与1bit有什么不同

数字/模拟转换器的性能在很大程度上受其位数，即bit（比特）的影响。当前激光唱机中有多比特（Mult-bit）和1bit两大类。多比特是通过内部精密的电阻网络进行电位比较，并转换为模拟信号，其转换精度受制于电阻精度，使23bit成为极限。1bit的转换精度不受制于电阻精度，使转换精度可超过24bit，但设计超取样和噪声整形的电路难度很大。

理论上，多比特系统的比特数越高，超取样倍数越高，声音越好，1bit系统则超取样倍数越高越好。目前，世界上的高档激光唱机多半采用多比特设计，中低档激光唱机则大多采用1bit设计。这是因为多比特机以提高比特数增加重组波形的精度，降低低电平信号的非线性问题，但成本将增加很多。然而1bit机以复杂的数学变换及极高的取样频率，取得极好的低电平线性和很低的噪声，而且成本低廉。

多比特数/模转换是通过数字读出不同取样值，使内部的高速开关动作，由直流作相应的输出信号，最后经过滤波去除多余的频率成分，取得圆滑的还原信号波形。解决低电平非线性问题，可提高比特数，但成本将大幅上升。

1bit数/模转换可分两大类。一类是飞利浦公司的比特流（bit stream）方式，也称位元流方式，特点是进行256次超取样，经二次整形后以1bit为量化单位取得超过一般16bit数/模转换的精度，然后以极高速度将取得的信号转换成疏密波脉冲，再用这些脉冲来还原信号，即采用脉冲密度调制（Pulse Densify Modulation）变换方式，以单位时间内脉冲数的变化代表模拟信号波形的幅度变化，其优点是能大幅改善低电平的线性，高频信号的平滑度高，成本低。另一类是MASH方式，特点是经多次噪声整形。

多比特和1bit各有优缺点，如在反应速度和低频表现上多比特系统略胜一筹，较有活力，但在低电平线性上则略逊于1bit系统；1bit系统对微弱信号处理虽好，但易受高速时钟脉冲时基误差影响。比特流方式易于取得较为讨好的声音，动态较大，个性温和不突出，但声音真实度易受影响，中、低价产品大多采用；多比特方式则个性活泼外放，是高档机的天下。两种系统存在一定的音色差异，孰优孰劣，见仁见智，不可一概而论。更何况在实际上，外围元器件的质量和精度、电源供给电路、制作工艺等都会对声音表现产生重大影响。

多比特解码有18bit、20bit和24bit多种量化方式，但对重播16bit的CD唱片而言，它们因量化精度引起的差别并不大。

40. 什么是“数码声”

普及型数字音响设备，如廉价激光唱机，重播时那种惯有的似乎浮在表面的过分亮丽的音色，通常称为“数码声”。它使重放声音的高音粗糙生硬，带有金属味，缺乏细腻和真实感，没有韵味，容易使人烦躁、疲劳。

引发这种降低音乐感的主要原因在于器材在数字信号传输过程中引发的数字时基误差（Jitter）及数字信号转换成模拟信号时带来的失真，其中尤以时基误差影响最为严重。

41. 什么是MASH

MASH（Multi-stage Noise Shaping）是日本松下电器公司和日本电报电话公司共同开发研制的一种三阶噪声整形电路。MASH由经过延时的一阶噪声整形电路和二阶整形电路组成，通过对普通数字/模拟转换器（DAC）的改进，从理论上消除了非线性失真，从而保证了精确的小信号重现，供激光唱机使用。它能降低1bit超取样因量化比特数降低而导致的再量化噪声。MASH 1bit DAC是曾普遍使用的数字/模拟转换器，目的在于简化低通滤波器和DAC，降低成本。

42. 什么是Delta-Sigma

Delta-Sigma（Δ-Σ）是一种改进的增量调制电路数字/模拟转换工作方式，是从噪声整形变形出来的提高量化精度的方式，属于单比特技术，它对输入信号和编码器输出的数字信号之差通过RC积分后进行量化编码，在接收端将收到的数字信号通过低通滤波器恢复成声频信号。普通增量调制传送的是输入信号的斜率变化的符号，而Δ-Σ调制传送的是幅度信号，故而能传送直流电平。这种工作方式的DAC虽对时基误差较敏感，但低电平线性好，信号处理过程中的失真较小。这种数字/模拟转换方式对元器件的精度要求较低，性价比高，可以通过简单、便宜的单比特单元替代复杂得多比特DAC方式实现高分析力。

近年由于Crystal公司在单比特技术上的卓越成就，Δ-Σ方式大受好评，不仅广泛应用于中、低价位的数字音响系统中，还被相当多的厂家用于顶级器材中。

43. 什么是HDCD

HDCD的全称是High Definition Compatible Digital（高分辨率兼容数字），是一种录音/重播数字模式，是一种CD格式的改良，由美国监听录音公司（RR，Reference Recordings）的奇夫•约翰逊（Keith Johnson）与一群硅谷科学家开发。其原理是在录音时以高倍取样，即24 bit/88.2kHz的精度，在转成16 bit格式CD时以音响心理学为基础，按HDCD的软件进行即时信号分析，删去一些人耳可忽略的信息，只留下对人耳重要的信息，再编码在CD的辅助编码指令轨中，可记录17 bit精度的信息数据，扩展了动态范围，其标志如图2-6所示。重播时利用HDCD芯片将那些信息拼凑还原成音乐。这种独特的编码方式，可增加CD的存储信息量，从而提高CD的重播水平，将目前数字声源的分析力提高到与母带不相上下的水准，HDCD的细节比普通CD更多。HDCD的解码集成电路与NPC的滤波芯片是兼容的。它的24 bit的内部精密特性，能改善所有CD的音质，不仅限于HDCD编码的CD，对普通CD的音质也有好处。经HDCD编码的CD可完全兼容现在CD录音格式的16 bit/44.1kHz。

图2-6 HDCD标志

44. 什么是时基误差

数字声频的基本原理就是把连续的模拟信号在离散的时间点上进行采样，进而形成数字化的信息。时间是信号数字化的最重要因素之一，采样和重放的时间准确度在很大程度上决定了模拟/数字转换（ADC）及数字/模拟转换（DAC）的质量。

时间准确度可以分长期准确度和短期准确度两类。长期准确度是指时钟频率偏离绝对值的多少，一般用ppm（百万分之一）来表示。石英晶体振荡器可以很容易地达到几十ppm到1 ppm以下的准确度。长期准确度对声音不会造成可闻的影响。短期准确度也就是时基误差，是一种时钟相位瞬态的变化。

时基误差（Jitter）也称时序误差，是数字音响设备在数字声频信号传输过程中由电源频率干扰（相关）和数字流信号干扰（非相关）的超高频颤动引起的复杂互调失真。数字音响设备都由若干相对独立的数字单元串接而成，工作时各单元常以其自身的时基信号工作，即后一单元以其自身时基信号接收前一单元传来的数据，故而要求后一单元的时基信号与前一单元时基信号保持同步，也就是数据的传输、判读及转换都由一个同步时钟——时基信号为基准。时基误差主要源自传输中的数据相对于时基信号颤动，以及数据连同时基信号一起颤动所造成的数据传送的错误。这种数据错误经数字/模拟转换后产生相位调制，导致信号的波形失真，严重影响音质，是数码声及同一DAC芯片有不同声音表现的主要原因。

时基误差主要产生于接口及取样信号，涉及范围包括转盘数字输出电路、输出接口形式、数字信号线的制作、DAC单元间传输数字声频信号过程中产生的时基误差。这种时基误差很小时，对音质影响不明显，但在数/模转换过程中取样信号产生的时基误差即使很小，也将导致音质劣化，因为一般数/模转换器的时钟脉冲由CD转盘提供，所以转盘在阅读时所产生的时基误差会被一并加在DAC中而造成错上加错。

45．什么是声像、声像群

用双声道立体声音响系统重播节目时，聆听者能清楚地感到舞台上的某件乐器或某个演员在自己前方的某个位置上，这就叫作该乐器或该演员的声像（Sound Image）。

多个声像的组合称作声像群。整个乐队的声像群应该均匀、正确地分布在两只音箱与聆听者连线所构成的空间内，这个有声音存在的空间就是声舞台（Sound Stage），一般称为声场（Sound Field），我们可以清楚地感觉到它的几何宽度（Width）和深度（Depth），这就是方位感和立体真实感。

46．什么是功率带宽

功率带宽（PBW，Power Bandwidth）是功率放大器的实用频率范围，是在临界高频和临界低频间能获得功率的大小，就是功率放大器在失真度不超过规定时，额定功率降低一半（-3dB，即半功率点）时的高频上限和低频下限的范围。在功率带宽范围内，所有频率的失真度均小于1kHz，如图2-7所示。功率带宽越宽，放大器越好，它所表征的是功率放大器在实际使用状态下的频率范围。

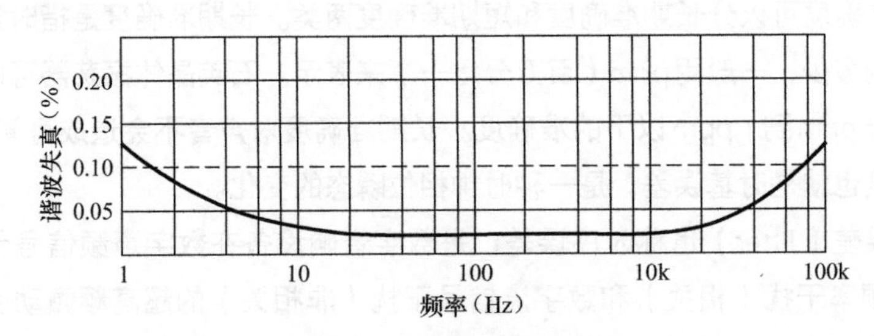

图2-7 功率带宽曲线

47．什么是音乐感

在音响界中，对音响器材的评价，常会听到某器材的“音乐感”（Musicality）十分好，某器材的“音乐感”不好等说法，这个“音乐感”所指到底是什么呢？它常使初入此道者迷茫。

要确切地对“音乐感”下个定义是十分困难的，它是一个无法用仪器仪表度量、极其抽象的概念，它是一种能让聆听者投入音乐里去的感觉，从而使其得到精神享受。例如，音乐信号中的微细信号就是非常重要的，如果缺乏了，就会使重播的音乐呆板、无生气，即缺乏“音乐感”的表现。“音乐感”可以在廉价机里出现，有些极品级器材尽管指标好到使你叹为观止，价格高到天文数字，却就是缺少一份“音乐感”。

没有“音乐感”的音响器材所再现的声音总有一种使你无法投入的感觉。声音硬，硬的声音虽对某些乐曲能产生听觉的瞬间快感，但难以长时间忍受；声音冷，偏冷的声音同样使人难以投入；数码声，低音单薄，高音尖刺，使人易于疲劳；平淡和使人不舒服的声音同样毫无“音乐感”可言。另外那种声染色的肥、蒙、肿、慢，也绝不是“音乐感”。

总而言之，富有“音乐感”的器材，它们再现的声音一定是温暖饱满、柔顺悦耳的，使你久听不觉疲劳，具有足够动态，有精确分析力，有良好声场定位，高低音延伸平衡。选择音响器材首先要“音乐感”，不要一味追求动态、分析力和声场定位，以免误入歧途。

48．什么是MPEG标准

随着计算机、VCD及DVD的出现，MPEG这个词频频出现，实际上MPEG是Moving Picture Image Experts Group（活动图像专家小组）的缩写，是国际标准化组织ISO下属的一个机构名，成立于1988年，它的任务是制定活动图像的编码压缩标准。鉴于声音和图像在很多应用场合不可分离，它也制定了声音信号的压缩标准。该机构所建立的标准就以其机构名称命名，称为MPEG标准，如MPEG 1和MPEG 2等。该国际标准能适用于电视广播、多媒体系统、远程通信网络、数字电视、有线电视等多个领域。

49．什么是多层菜单

所谓菜单，是用户可通过它选定所需节目的静止画面（Still Picture），内容包括节目介绍或故事片的段落简介，菜单可以是一幅或多幅静止的画面，当一层菜单包含内容多于一幅画面时，能自动或由用户控制翻页。菜单的层数并无限制，它由内容需要而定。不论菜单有几层，都应该正确地以静止画面自动地逐层地或按用户要求选择播放出来，并能实现选项功能，否则就不是菜单。那种按顺序动态地播放，不能实现选项功能的画面，就不是菜单，只是一种屏幕显示（OSD）。

50．什么是多媒体

首先要了解什么是媒体，媒体包括艺术表达的媒体形式，如音乐、美术、文学、广播、电视等，以及信息传递的媒介和载体形式，如卫星传播、电话线传播、计算机磁盘、光盘等。当两种以上的媒体在一个计算机程序上播放时，就实现了多媒体（Multimedia）。因此，多媒体是把音响、图像、PC数据、表格文件等众多媒体信息一体化的技术，多媒体技术的实现依仗的是数字化技术和数字压缩技术。

51．什么是无线音响

无线音响是电台频率技术取得重大突破，频率扩大到900MHz以上的产物。它可将主机置于卧室接收、播放立体声广播、电视播音或激光唱片等，而把音箱放在方圆近90米范围内的任意地方不必连接信号线。在这种音箱上设有音量、电源开关、调谐等旋钮。

近年出现的无线多房间音乐系统是一种可以安装到家里任何地方，通过无线方式为家里提供音乐支持的音乐播放器，能提供全家覆盖，确保同步音乐播放，避开无线干扰源，在不同房间的任何一个地方都可以欣赏想听的相同或不同的音乐。如可以在卧室收听网络电台，在厨房流式播放音乐服务，在客厅播放音乐库歌曲，一切同时进行，还可凭借智能手机、平板电脑或其他设备对音响进行控制。

52．什么是 Hi-End

提起Hi-End，可能大家都明白那是指极品器材，或者说顶级器材，但其真实含义可能就难以说清楚了。

Hi-End应该是指一种重现现场音乐的至高境界，就是欧美流行的说法“State of The Art”（达到艺术境界）。但那种境界完全是一种感觉，无法用技术来描述，其中还涉及人们对音乐的品位和格调，充满着浓郁的文化内涵，那种追求Hi-End美好音乐的活动，是一种追求真、善、美的理想，能使人充实，使人高尚。

Hi-End 器材的声音表现大致有两大类。一类是极为忠实地重现音乐的本来面貌，毫不添加器材自己的个性特色。另一类则极富个性，在重放音乐时加入了器材本身的个性，即美化修饰作用，使声音比真实的更动听、更吸引人，因为爱好者并非都会满足于与现场一样的声音，他们常要求器材的重放声具有产生激情、传递情感等音乐交流能力，使人能沉浸在乐曲中，感受到美的激动。

但Hi-End音响并不代表天文数字价格的器材，Hi-End不等于Hi-Price（高价），高价与Hi-End间并无直接关系。尽管当今世界音响业Hi-End产品有复古和天价的倾向，但高价音响器材并不等于能有好的重现现场音乐的能力。Hi-End音响产品不是工业化流水线的产品，与流行无缘，富有个性，以逼真的乐器质感和现场感为标准，以重现自然乐器演奏的音乐为目标。Hi-End器材必须具备优异的音色平衡，高、中、低频都表现出色，有丰富的音乐感。

对音响器材重放声音的完美追求是无止境的，但对广大工薪阶层爱乐者而言，鉴于经济和环境的限制，是不是就没有希望听到好声音了呢？一个讲究实际的人，自不必追求什么名牌或“血统”，只要自己的经济条件能承受，在有限的听音环境充分发挥性能，并能使你满意，那么这套组合就是你的Hi-End音响。Hi-End在于表现而非价格，这也是近年国外Hi-End界流行的“Best Buy”（最佳购买）方针。

AV的崛起对纯音响形成挑战。为了市场的再发展，高级音响产品生产厂纷纷以外观精良而性能效果仍保持与顶级不相上下水准的产品为研究设计原则，并将价格降到容易接受的更合理水平。Hi-End产品大众化恐是大势所趋。

53. 什么是 RIAA 曲线

RIAA（Recording Industry Association of America）是美国唱片工业协会的缩写。RIAA曲线是美国唱片工业协会所审定的密纹唱片标准特性曲线，如图2-8所示。也指重放按RIAA曲线要求而录制的唱片的稳定曲线。在录音特性中的高频预加重，是为了改善信噪比，抑制唱片的表面噪声。低频端衰减是为了避免唱片相邻纹槽合并。所以在用拾音器重播唱片时，在放大器内必须插入根据RIAA特性对某些频率进行相反特性的提升和衰减的均衡电路，以便弥补唱片在录音时由于技术原因而造成的频率特性不平衡，以达到高保真。唱头均衡放大器的RIAA频率特性，一般要求为±0.3dB，高级机为±0.1 dB。

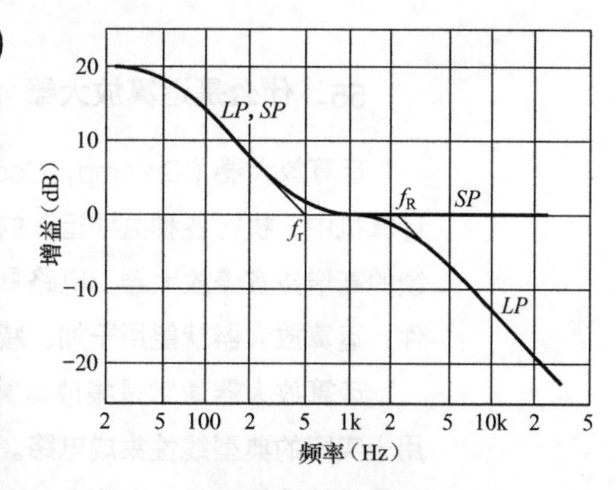

图 2-8 RIAA 曲线

RIAA放音均衡标准的低频端过渡频率为500Hz（318μs），高频端过渡频率为

2120Hz（75μs）。1978年RIAA对放音特性做了补充规定，在低频端再加一个20Hz（7950s）的过渡频率。

54. 什么是VU表和PPM表

VU是音量单位Volume Unit的缩写，VU表就是音量单位表，也称电平表。由于自然界中声音信号的频谱复杂，强度多变，所以对它的计量就不如正弦波信号般简单。为了计量声音信号强度时能充分反映它的波形特点，目前广泛使用平均值检波并按简谐信号的有效值标记刻度的VU表，它的刻度用对数和百分数表示，并将参考电平0 VU（100%）定在满刻度以下3dB处，如图2-9（a）所示。

VU表能指示出一定时间内声音信号的准平均值功率，表头指针变化与听觉感受响度变化较接近。但由于它有300ms积分时间，指示值往往跟不上声音信号实际准平均值dB的变化，也不能完全反映声音信号的听感响度和峰值情况。

PPM表是针对VU表的不足而产生的另一种音量表，它是峰值节目表（Peak Programme Meter）的缩写，它以峰值检波按简谐信号有效值标记刻度，是声音信号电压准峰值电平表。它的指针上升速度快，恢复速度慢，能较真实地反映声音信号的准峰值变化，而且量程宽，一般有50dB有效刻度，如图2-9（b）所示。但PPM表所指示的是声音信号的峰值大小，并不能表示听觉感受的响度强弱变化。

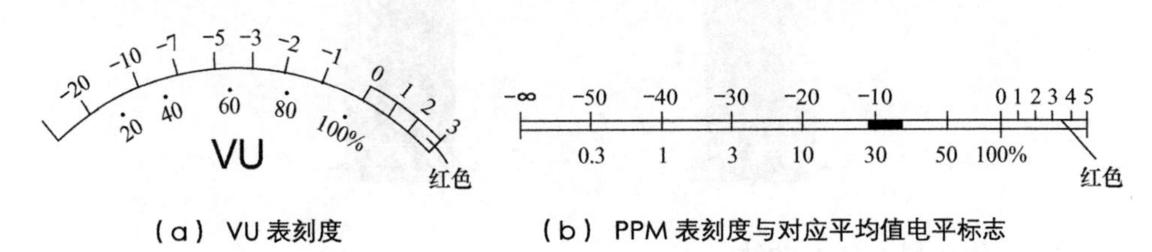

（a） VU表刻度　　（b） PPM表刻度与对应平均值电平标志

图2-9　VU表与PPM表

55. 什么是运算放大器

运算放大器（Op Amp，Operational Amplifier）的得名是由于它最初是用在模拟计算机中，执行各种数学运算的放大器，实质是一种具有差分输入端子的应用负反馈的高增益直流放大器。电路具有与反馈有关的精确的增益特性，适当选择反馈元件，运算放大器就能用于加、减、平均、积分和微分等。

运算放大器通常是集成运算放大器的简称，它是20世纪60年代研制并最早应用于实际的典型线性集成电路。音响设备中使用的运算放大器是一种特殊的多用途的线性放大器，是一种稳定、高增益、直接耦合的放大器，它的特性与外回路从输出到输入端的反馈有关，不同的反馈网络能实现多种电路功能。

56. 什么是达林顿晶体管

这是一种高增益的双极型功率晶体管，其实质是由两只或更多晶体管复合组成的达林顿对或超β对（Darlington Pair或β multiplier），复合对中一个晶体管的发射极连接到下一级晶体管的基极，各个晶体管集电极连接在一起，如图2-10所示。这种组合可视作一个等效晶体管，其增益等于各个晶体管增益的乘积。它具有高电压增益、非常高的电流增益及高输入阻抗。

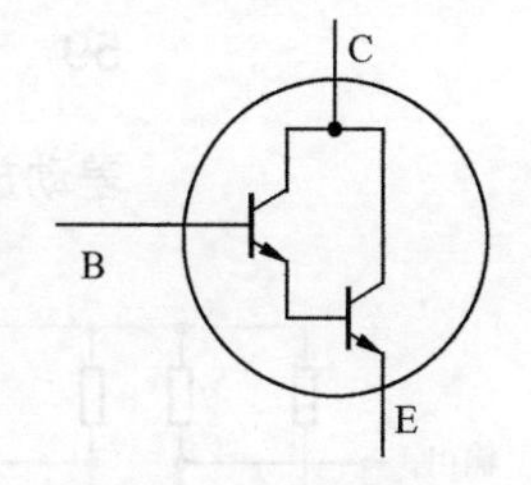

图2-10　达林顿晶体管

57．什么是互补电路

互补（Complementary）通常指互补对称电路，是由PNP型和NPN型两种导电性能相反的晶体管组合的电路。它可由一个输入信号完成推挽工作，有全互补和准互补两种形式。

在放大器的互补输出晶体管之前再加上互补激励晶体管，就称作全互补，如图2-11（a）所示。输出晶体管是NPN同极性，其激励来自互补对晶体管，第一个激励来自发射极，第二个激励来自集电极，就称作准互补，如图2-11（b）所示。

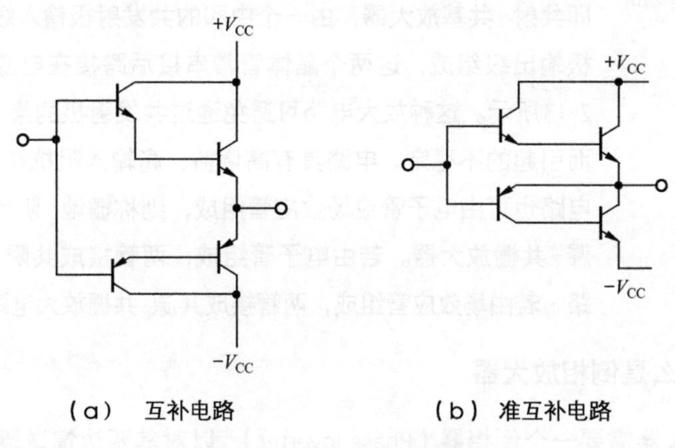

图2-11　互补与准互补电路

58．什么是直流放大器

直流放大器（Direct-Current Amplifier）也称DC放大器，简单说就是去掉电路中全部电容的放大器，其交流成分和直流成分的增益和阻抗都一样，在声频放大器中已成主流，因为这种放大器采用了直接耦合（Direct-Coupled），级间没有电容，故频率特性好，低频端一直到直流都平坦，而且瞬态特性好。在负反馈电路取消了反馈电容，改善了相位特性。

直接耦合放大器的缺点是随着温度的变化，工作点和增益也会发生变化，造成输出变化，这就是零点漂移。因此，电路中必须有稳定措施，使负载对直流而言经常保持零电位。但在声频电路中，直接耦合电子管放大器的前级负载异常时，会使失真特性迅速恶化，而且受偏压变化影响大，这也是有时采用RC耦合反而能得到更好效果的缘由。

59．什么是差动放大器

差动放大器（Differential Amplifier）也称差分放大器，如图2-12所示，是一种具有两个相同输入电路的直流放大器，仅对输入的两个电压或电流之差起作用，即输出信号与两个输入信号之间的差值成正比，而有效地抑制了相同的输入电压或电流。也就是对共模信号完全抑制，只放大大小相等、极性相反的差模信号。差动放大器利用它的平衡对称电路，可以达到抑制零点漂移的目的。为了更好地抑制差动放大的零点漂移，发射极共用电阻以恒流源代替，但电路的失真频谱中3次谐波成分会增大。

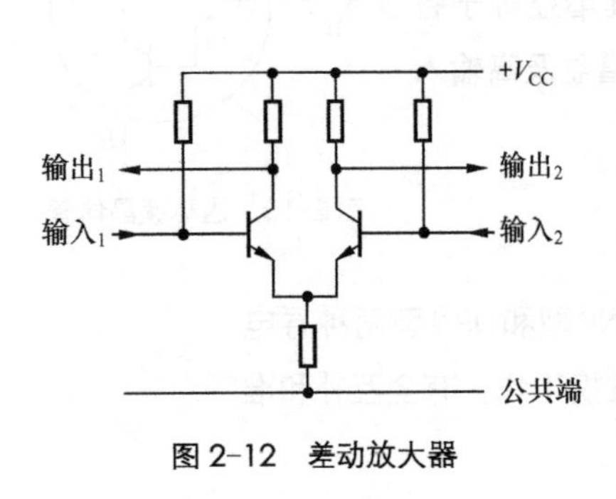

图 2-12　差动放大器

60．什么是渥尔曼放大器

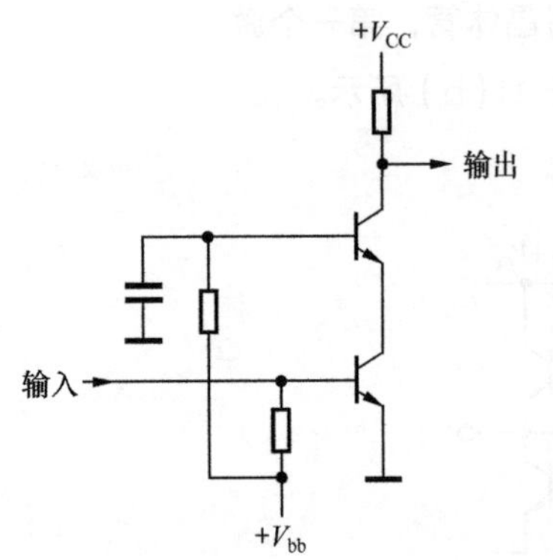

图 2-13　渥尔曼放大器

渥尔曼放大器（Cascode Amplifier）是一种级联接法的放大器，即共射-共基放大器，由一个中和的共发射极输入级接一个共基极输出级组成，这两个晶体管常串接后跨接在电源两端，如图2-13所示。这种放大电路可避免通过共发射极的集-基电容反馈而引起的不稳定。电路具有高增益、高输入阻抗和低噪声特点。电路也可由电子管或场效应管组成，则称栅地-阴地放大器或共漏-共栅放大器。若由电子管组成，两管接成共阴-共栅放大电路；若由场效应管组成，两管接成共源-共栅放大电路。

61．什么是倒相放大器

推挽放大器需要一个倒相器（Phase Inverter），以对其两边馈送驱动信号。它是能使信号相位改变180°的一级电路，可用于产生两个相位相反、幅度相同的输出信号的网络或器件，如变压器或倒相放大器。

倒相放大器（Paraphase Amplifier）是一种为驱动推挽放大器而将一个输入信号变换成两个相位相反而幅度相同的输出信号的放大器。电子管倒相放大器有3大类型：（1）分割负载分相（Split-phase Splitter），也称阴极倒相（Cathodyne Phase Splitter）；（2）长尾对倒相（Long-tailed Phase Splitter），即差分分相；（3）反相式分相（See-saw Phase Splitter）。

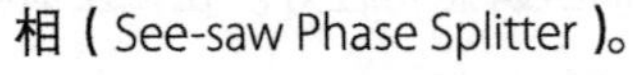

62．什么是长尾对放大器

长尾对（Long-tailed Pair）放大器是一种双管分相电路，两个相同的有源器件在发射极（或电子管阴极、场效应管源极）电路中，以公共电阻实现它们间的耦合，如图2-14所示，一个器件电流的减小会导致另一器件电流的增加，从其两个输出电路可得到推挽信号输出。

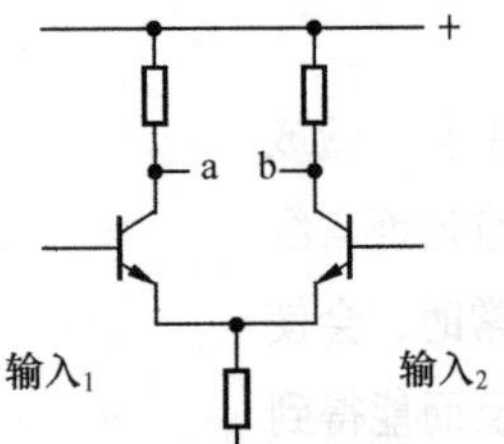

图 2-14　长尾对放大器

如果两个相等的直流信号加到基极，则a、b间无输出信号；如果两个相等的交流信号加到基极，只要两输入信号同相，就没有输出，但一有相位差就有输出信号。故这种电路除作分相外，还可作鉴频器或鉴相器。在差动放大器中，常用长尾对放大器。

63．什么是阴极（射极）跟随器

阴极跟随器（Cathode Follower）也称屏极接地放大器（Grounded-plate Amplifier），是输入信号加至控制栅极和地之间，输出负载在阴极和地之间的电子管放大电路。它有100%的负反馈，电压增益略小于1，电路具有高输入阻抗和低输出阻抗的特点，适于作阻抗变换或缓冲之用。

晶体管的相当电路为射极跟随器（Emitter Follower），输入信号加在基极而输出信号取自发射极。场效应管的相当电路为源极跟随器（Source Follower）。

64．什么是 SRPP 电路

SRPP（Shunt Regulated Push-pull）电路出现于20世纪50年代初，当初主要是为电视广播发射机功放电路而开发的，是级联放大器的变形，实际是一种两个三极管串接起来的并联调整推挽电路，可有两种形式。其一是以一个电子管替代阴极接地放大器中的屏极电阻；其二是以一个电子管取代屏极接地放大器中的阴极电阻。在前级放大中使用的大多是前者，因为阴极接地放大电路以电子管恒流源作为它的屏极负载电阻，能使增益提高很多，输出电压动态扩大，失真减小，并有很高的输入阻抗。后者则是为了取得低的输出阻抗，提供很强的负载能力。电路中，放大器有两个控制点，即两只电子管的栅极，这种双控制性能保证了放大器屏极电流的恒定，由增大屏极负载电阻来提高放大增益，但增益高时，由于屏极负载电阻值增大，电路的高频上限将受到限制。SRPP电路的失真频谱不太理想，3次谐波较大。

SRPP电路使用的电子管要求能在较低屏极电压下工作，而且上面一只电子管的阴极与灯丝间的耐压要高，如12AU7、12AX7、7025、E83CC、12BH7A、6CG7、6922、6DJ8、6N1及6N3等。

65．什么是 OTL 和 OCL

功率放大器把它的输出功率传递给负载扬声器的能力，取决于它们之间的阻抗匹配，一般使用的是变压器——输出变压器（OPT，Output Transformer）。但这个变压器不仅绕组间耦合效率低，还是限制放大器性能的最大因素，故必须是高质量的。为此，输出变压器的设计和制作就十分重要，需要采用特殊而麻烦的绕制工艺，使得高质量输出变压器的价格很贵。取消昂贵而笨重的输出变压器成为声频技术中的一项重要成就。

OTL（Output-transformerless，无输出变压器）电路是在放大器输出端与负载间不用输出变压器的功率放大器电路。它的输出信号经由一只输出电容传输给负载，是一种单端推挽电路。

OCL（Output-capacitorless，无输出电容）电路是采用正、负两组对称电源供电，没有输出电容的直接耦合的单端推挽功率放大器电路，负载接在两只输出管中点和电源中点间。

66. 什么是单端放大器和推挽放大器

单端放大器（Single-ended Amplifier）是每一级仅使用一个晶体管（或电子管，也可以是多只管子并联连接）的对地为非对称运用的放大器，如图2-15所示。

推挽放大器（Push Pull Amplifier）是以两个相等的信号支路工作，两个支路连接成互相反相工作，而且输入和输出都对地平衡的平衡放大器，如图2-16所示。推挽放大器使用两个具有相同特性的电子管、晶体管或场效应管，分别对交流信号的正负半周进行放大，在输出端合成后取出。推挽电路具有抑制偶次谐波，避免输出变压器铁芯直流磁化，允许器件工作于B类状态而使效率提高等优点。

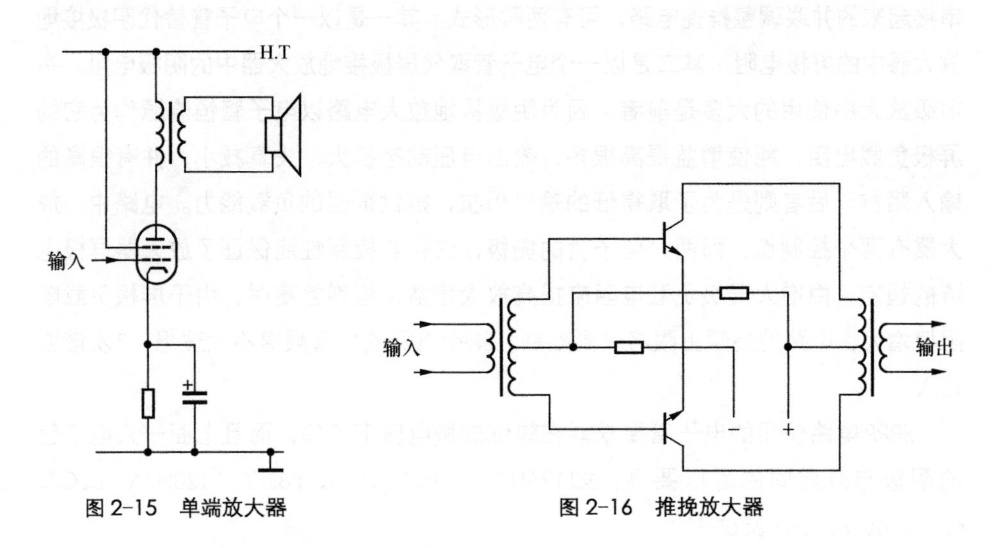

图 2-15　单端放大器　　图 2-16　推挽放大器

67. 什么是单端推挽电路

单端推挽（SEPP，Single-ended Push Pull）电路是以推挽方式工作的一对晶体管（或电子管），它们与电源串联，而输出从它们的公共点取得，可提供不平衡的单端输出（不用变压器），如图2-17所示。这种电路对负载而言，管子是并联的，对电源而言则是串联的。电路在电源电压一定时的总负载阻抗为普通推挽电路总负载阻抗的1/4。每一只管子利用的电压是电源电压的1/2，故这种电路必须要两倍的电流。

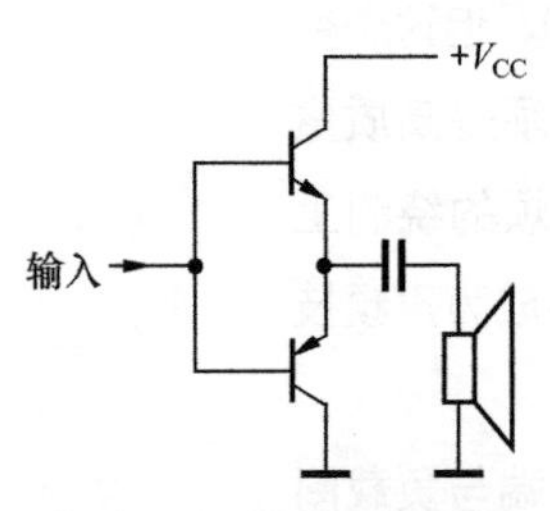

图 2-17　单端推挽电路

单端推挽电路由于不用输出变压器，所以可大大降低由变压器引起的非线性失真，并改善相位特性及频率响应。

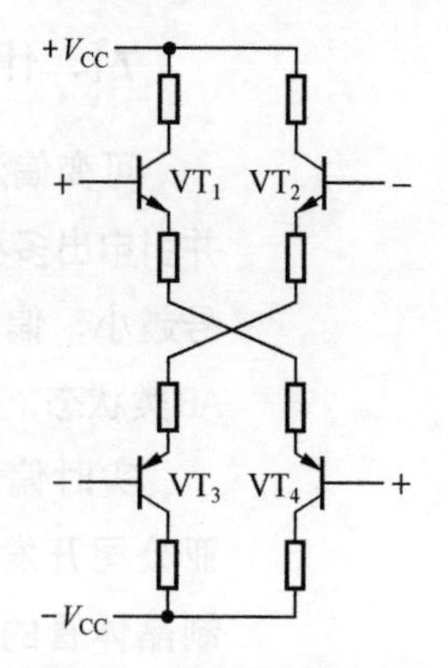

图2-18　菱形差动放大电路

68．什么是菱形差动放大

菱形差动放大是一种把两组PNP和NPN的差动电路组合起来对称工作，由4只晶体管交叉配置的电路，如图2-18所示。这种电路在瞬态输入信号时，能允许输出大电流，防止出现电流饱和造成的削波，大大提高上升速率，以使能充分驱动下级放大器。菱形差动放大的优点是能防止瞬态互调失真，改善电流驱动状态，分析力好，保真度高，能使功率放大器的静态特性和动态特性得到大幅提高。

其基本工作原理如图2-18所示。每个基极加上信号，当VT_1基极为正时，VT_2、VT_3基极为负，VT_2电流减小而VT_1集电极电流增大，同时电流流过VT_3。当VT_2基极为正时，VT_1、VT_4基极为负，而VT_1的电流减小，VT_2集电极电流增大，电流流过VT_4。

69．什么是超线性放大

超线性放大（Ultra-linear Amplification）是1951年11月发表于美国《声频工程》（*Audio Enginering*）杂志上的一种使用集射四极功率管或五极电子管的AB类声频推挽输出电路。它实质上是个有本级负反馈的电路，其帘栅极由输出变压器初级线圈的抽头供电，从而将部分输出电压加到帘栅极取得负反馈，如图2-19所示。反馈量取决于输出变压器接帘栅极抽头到中心抽头间圈数与初级绕组线圈的圈数比，适当选择抽头位置，可将奇次谐波失真减小到最小值，内阻亦大幅度减小，而输出功率仅稍有减小。

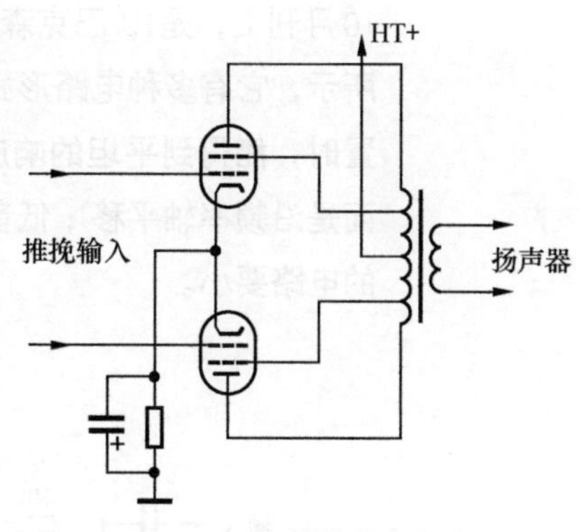

图2-19　超线性放大电路

实现超线性工作状态的关键是要有一个漏感和分布电容极小的高度对称的优质输出变压器，其结构对性能的影响极大。此外，超线性推挽放大对电路的对称性比较敏感，两只输出电子管参数差异对其引起的影响也较大。

70．什么是无开关放大器

功率放大器的放大状态有A类和B类之分。A类音质好而效率低；B类效率高，但会产生开关失真。

无开关（Non Switching）放大器是日本先锋公司开发的一种效率高、开关失真小的放大器。它即使在无信号时也有偏置电流流过，输出晶体管不会进入截止状态，所以开关失真就小，效率则与B类放大器相仿。无开关放大器与B类放大器相比，前者的高次谐波失真显著小，特别是高频分析力非常好。

71．什么是可变偏流放大器

可变偏流放大器最先由美国Threshold公司发展，20世纪80年代日本普遍采用并引申出多种形式。它们共同的特点是根据输入信号大小自动改变放大器偏流，信号越小，偏流越大，工作于A类状态，减小交越失真；信号大时偏流减小，进入AB类状态，提高效率。这种偏流变化是连续、平滑的。

实时偏置放大器就是一种可变偏流的高效率大功率放大器，为日本哥伦比亚公司开发的DENON A类放大方式。对于实时偏置放大器，它的偏置电路可控制晶体管的偏置电流与流过晶体管信号电流的峰值电流相等，而信号波形无畸变，使晶体管在线性区作A类放大。即实时偏置电路可按信号大小对偏置电流加以控制，既保证放大器处于A类状态，又能减少偏置电流的浪费部分，从而提高效率。为使偏置控制没有时间延迟，在无信号时要有少量的固定偏置电流，使偏置电流对应信号的上升速度以比信号更大的电流启动，达到偏置电流快速建立。

72．什么是巴克森道尔音调控制

巴克森道尔（Baxandall）电路是一种用于高质量声频放大器中的高音及低音提升和衰减的控制电路，原发表在英国《无线电世界》（*Wireless World*）杂志1952年10月刊上，是P.J.巴克森道尔发明的利用频率负反馈工作的低失真电路，如图2-20所示，它有多种电路形式。其特点是控制范围很宽，而且两个电位器都置于中间位置时，能得到平坦的响应曲线，进行控制时，高音频率响应曲线的形状几乎不变，而是沿频率轴平移；低音频率响应曲线虽非恒定不变，但其变化比大多数连续可调的电路要小。

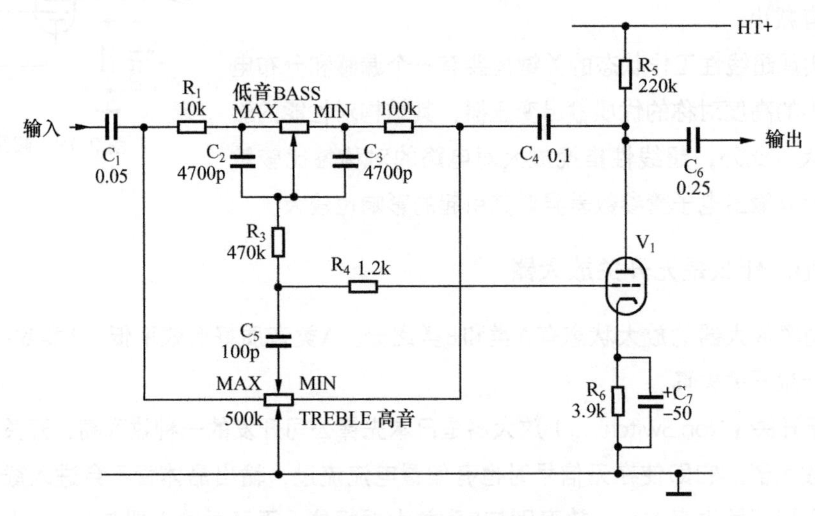

图2-20　巴克森道尔音调控制电路

73．有源的、无源的是什么含义

有源的（Active）是指一种器件或电路，它的输出不仅依靠输入信号，还要依靠电源，如电子管、晶体管、集成电路等。这些器件在电路中通常具有增益特性，能用整流、放大和开关等作用改变所加电信号的基本特性。

无源的（Passive）是指能控制但不产生或放大能量的惰性元件，是没有能源的电路元件，如电阻、电容、电感等。它们只对电压和电流起反应，没有整流、放大、开关等作用。

74．什么是滤波器

滤波器（Filter）是由电阻、电感或电容组成的选择性网络，它对一定频率信号的相对衰减较小，而对其他频率信号则衰减很大。

带通滤波器（Bandpass Filter）是具有单个传输频带的滤波器，它对通频带两边的频率均予以衰减。

带阻滤波器（Band-reject Filter）是具有阻止某一频带通过的滤波器，它对比该频带高或低的频率均予以通过。这种电路可用以消除或抑制某一特定频率或频带，故也称陷波器（Rejector）。

高通滤波器（High-pass Filter）是具有可使高于某一截止频率的频率成分通过，抑制低于截止频率的频率成分的滤波器。与此相反者为低通滤波器（Low-pass Filter）。

75．什么是分界频率

分界频率（Crossover Frequency）也称分隔频率、过渡频率，在分频网络中，是指两个相邻频道中每一频道所得功率相等的那个频率。在此频率，同样的功率将被传输给每一相邻的频道，即两相邻网络频率响应的交叉点的频率。也指用以分隔开上下两个频率的某个频率。

76．基本单位及常用辅助单位如何换算

电子技术领域中的不少单位，在实际使用时必须进行换算，如电容单位微法（μF）是基本单位法（F）的10^{-6}倍，电阻单位千欧（kΩ）是基本单位欧（Ω）的10^{3}倍。基本单位与辅助单位之间的换算见下表。

单位名称	符号	因数	换算单位			
微微（皮）单位（pico）	p	10^{-12}	10^{-12} 单位			10^{-6} 微单位
毫微（纳）单位（nano）	n	10^{-9}	10^{-9} 单位	10^{3} 微微单位		10^{-3} 微单位
微单位（micro）	μ	10^{-6}	10^{-6} 单位	10^{6} 微微单位	10^{3} 毫微单位	10^{-3} 毫单位
毫单位（milli）	m	10^{-3}	10^{-3} 单位	10^{3} 微单位	10^{6} 毫微单位	10^{9} 微微单位
千单位（kilo）	k	10^{3}	10^{3} 单位			10^{-3} 兆单位
兆单位（mega）	M	10^{6}	10^{6} 单位	10^{3} 千单位		
千兆（吉）单位（giga）	G	10^{9}	10^{9} 单位	10^{3} 兆单位		

77．什么是分贝

分贝就是dB，是十分之一贝尔（decibel）的英文缩写。它是功率、电压或电流电平的实用单位，应用在各种不同方面时的定义如下所述。

（1）在两点间功率或电压、电流的电平变化（增益或损耗）。

（2）电平的改变（增加或减少）。

（3）确定一个任意电平时的基准，称为零电平。零电平的功率=1mW（阻抗600Ω，欧洲标准）；零电平的功率=6mW（阻抗500Ω，美国标准）；零电平的声学响度=0.0007达因/平方厘米（在400Hz）。

变化或改变电平是表示增加或减少若干dB，或增益/损耗若干dB。

单独的电平是表示超过或低于零电平若干dB。

功率增益dB：$N=10\lg(P_2/P_1)$

功率损耗dB：$-N=10\lg(P_2/P_1)$

电压或电流增益dB：$N=20\lg(E_2/E_1)$ 或 $20\lg(I_2/I_1)$

电压或电流损耗dB：$-N=20\lg(E_2/E_1)$ 或 $20\lg(I_2/I_1)$

增益的dB数就是对放大倍数取对数后再乘以10（功率）或20（电压、电流）。由于对数能把乘法运算化为加法运算，所以也就能把放大倍数的乘法运算化为加法运算，只需将各级的增益dB数相加就可以得到总增益的dB数，这时还能把很大的数字缩小到一个易于记忆的小数字。

分贝也可以组合一些后缀，如dBW表示参考值是1W，dBm表示参考值是1mW；dBV表示参考值是1Vrms（不考虑阻抗），dBmV表示电压相对于75 Ω阻抗上的1mV等。

78．怎样记忆常用分贝数的倍数

在电子技术和音响技术中，经常使用以dB为实用单位的数据，它简化了数据处理，还能把很大的倍数缩小到一个易于记忆的小数字。dB与实际倍数可用下表巧记，对电压、电流、声压每增大10倍，相当于增加20dB；对功率每增大10倍，相当于增加10dB。

增益（dB）	电压 电流　倍数 声压	功率倍数
0	1	1
3	≈1.4	≈2
6	≈2	≈4
10	≈3.2	10
20	10	100
40	100	10000
60	1000	10×10^5

衰减（dB）	电压 电流 声压 倍数	功率倍数
0	1	1
−3	≈0.7	≈0.5
−6	≈0.5	≈0.25
−10	≈0.32	0.1
−20	0.1	0.01
−40	0.01	0.1×10^{-3}
−60	0.1×10^{-2}	0.1×10^{-5}

79．调谐器的基本参数有哪些

无线电广播能及时为你提供最新的新闻、天气预报、不同类型的音乐及文娱节目，大量的广播电台在为你服务。

调谐器（Tuner）　是接收无线电广播的音响设备，作为高保真音响系统中的一个组成部分，它以接收近距离的高质量调频广播为主，大多数调谐器仅有调频（FM）和调幅（AM，通常为中波MW）两个接收波段。今天的电台广播仍有大量调幅电台节目，但音乐节目主要是用调频方式广播。选择调谐器时，必须比较它们的技术参数，从一些重要的指标中可以大致估计其性能。

灵敏度（Sensitivity）　指调谐器接收微弱信号的能力。当输出电平和信噪比一定时，调谐器输入的最小输入电压，称为实际灵敏度，用μV（dBf）计量，此值越小，灵敏度越高。通常单声道（Mono）方式比立体声（Stereo）接收灵敏度高，优质调频调谐器50dB信噪比的灵敏度，在单声道时约为1.5μV（14.8dBf），立体声时约为20μV（37.2dBf），都是以300Ω为基准。

选择性（Selectivity）　是调谐器抑制分隔相邻波道电台的能力，可分为交替频道选择性（Alternate Channel Selectivity，±400kHz）和相邻频道选择性（Neibouring Channel Selectivity，±250kHz），用dB计量，此值越大，选择性越好。由于前者数值较大，所以多数厂家采用。在调频电台较多的城市，特别需要注意选择性的高低，最好在80dB以上。

工作频带（Band）　调频波段为88～108MHz的超短波，调幅波段为520～1605kHz的中波。

信噪比（Signal to Noise Ratio）　现代高品质调谐器FM信噪比，在立体声时为85dB，单声道时可提高到94dB或更高。所以当立体声方式接收声音不好时，可试用单声道方式，一般能获得某种程度的改善。

立体声分离度（Stereo Separation）　这是左、右声道信号互不串扰的能力，此值越大，左、右声道之间的串音越小，最低应达30dB，现在高质量调谐器的立体声分离度已可达60dB。

频率响应（Frequency Response）　调频发射的频率范围为20Hz～15kHz，应能

达到 ±（0.2 ~ 0.5dB）的平坦度。

调谐器接收调幅广播通常备有300Ω环形天线，这是在塑料框架上绕若干圈导线的专用天线；接收调频广播则需外接天线。

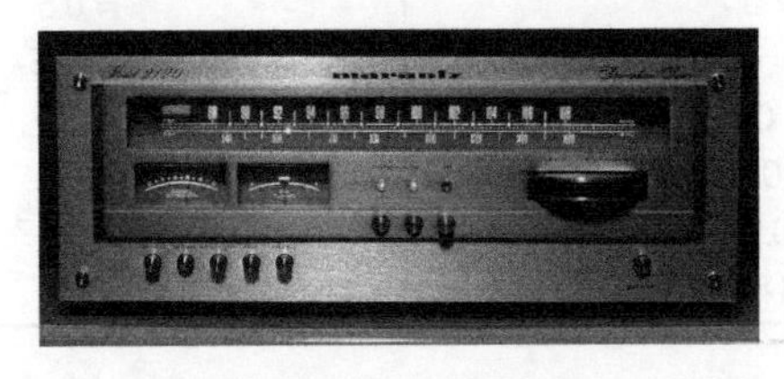

Marantz 2120

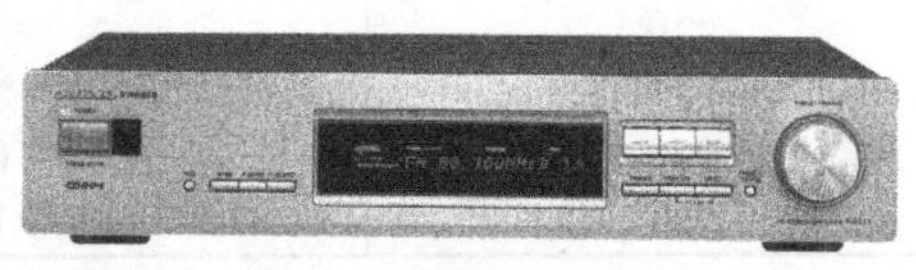

Onryo T-4711

调频广播电台在发送时把信号的高频分量做一定提升，即预加重（Pre-emphasis），接收时采用去加重（De-emphasis），把鉴频后输出信号的高频分量予以适度衰减，以有效改善信噪比，立体声调频去加重要设在立体声解码之后。预加重及去加重通常以简单的RC高、低通滤波电路实现。中国和欧洲标准去加重网络的时间常数为50μs，美国的为75μs。

高性能的调谐器品牌有Day Sequerra、Quad、Revox、Audiolab、Magnum Dynalab、Tandberg、McIntoch等，日本的Kenwood、Pioneer、Onkyo、Yamaha和欧美产品各擅所长，但声音通常有明显的不同。

80．激光唱机的基本参数有哪些

激光唱机（CD Player）是播放激光唱片（CD，Compact Disc）的音响设备，是音响系统内声源设备中使用最为广泛的一种音乐读取装置，不管它是1bit的还是多比特的，也不论它是低档普及型还是高档顶级型，它们的技术规格几乎处在同一水平，非常接近。然而它们的重播音质和声场表现却差别极大，相去甚远。随着数字音响技术的日益进步，现在有些平价产品亦有令人满意的品质表现。

激光唱机除说明它的数/模转换程式，如比特数、取样频率等外，主要技术参数如下。

频率响应（Frequency Response） 激光唱机的频率响应都在数赫兹至20kHz，偏差 ±0.5dB或更好。

信噪比（Signal to Noise Ratio） 是标称电平的输出信号电压值与叠加在输出信号上的噪声电压值之比，单位为dB。激光唱机的信噪比均大于90dB，一般在94 ~ 120dB。

动态范围（Dynamic Range） 激光唱机的动态范围很大，达90dB以上，通常为92 ~ 100dB。

声道分离度（Channel Separation） 激光唱机的声道分离度均在90dB以上，一般在94 ~ 110dB。

失真度与噪声（THD+N） 由于设备的噪声很小，低于信号电平90dB，所以把

失真与噪声结合起来测量。实际上绝大多数谐波失真测试仪是将谐波失真和残留噪声一起读出。

81．盒式录音座的基本参数有哪些

盒式录音座（Cassette Deck）是家用音响设备中的磁带录音机，本身不带功率放大器和扬声器，有单卡和双卡之分，高性能、高音质和多功能、使用方便是它们各自的特点。在录放电平为−20dB时频率响应已突破20Hz ~ 20kHz，即使在0dB时仍能达到20Hz ~ 18kHz（±3dB）。杜比降噪系统的引进，大幅改善了信噪比并扩展动态范围到60dB以上。

由于录放简便，高性能的盒式录音座和高质量的录音磁带在节目源中仍占有一定地位。盒式录音座的高频音色特别是弦乐的音色柔和而富感情，是低价激光唱机无法表现的。盒式录音座有以音质为主、追求性能指标的单卡录音座和多功能、使用方便的双卡录音座（Double Cassette Decks）两类。双卡录音座具有两个磁带仓，可以方便地进行磁带转录或接力放音。

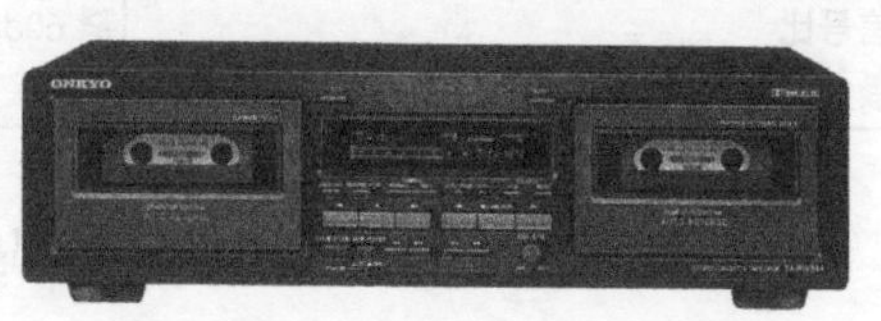

盒式录音座的说明书上除注明磁迹（Track）为4磁迹2声道，带速（Tape Speed）为4.8cm/s，以及使用电动机、磁头等外，主要技术参数如下。

抖晃（Wow and Flutter） 晃动（Wow）是低频的音调改变，抖动（Flutter）是高频的声音改变，抖晃值可看出录音座的声音稳定度，目前已可达0.02%（WRMS），实际上小于1%的抖晃已很难听出。

按IEC386公告规定，当变动频率不超过10Hz时称晃动，变动频率在10Hz以上称抖动。人耳对抖晃的感觉程度随抖晃的频率不同而异，4kHz前后的晃动最易感知，随周期加快或减慢，感觉逐渐迟钝。抖晃是一种调频现象，晃动使声音忽高忽低，抖动使声音混浊。

频率响应（Frequency Response） 盒式录音座的频率响应按不同磁带类型，如普通带（Normal，LH）、金属带（Metal）等分别列出。盒式录音座的频率响应在录音工作状态时，其均匀度有-20dB和±3dB两种指标可提供。高性能盒式录音座应可达15Hz ~ 16kHz（±3dB）（普通带）、15Hz ~ 18kHz（±3dB）（铬带）和15Hz ~ 20kHz（±3dB）（金属带）。

信噪比（Signal to Noise Ratio） 盒式录音座的信噪比可分带杜比降噪及不带杜比降噪两项。以60dB为高标准，带杜比B可提高10dB，带杜比C可提高20dB。

失真度（Distortion） 与录音电平成比例，也与所用磁带有关，高级录音座在0 VU电平和1kHz，失真度可低于0.5%（金属带）。

声道分离度（Channel Separation） 在1kHz时应高于35dB，40dB即属优秀。抑制左、右声道信号进入对方的能力则称串音（Crosstalk），一般在1kHz测量，高标准应在65dB。

82．什么是高保真磁带录、放音设备的最低电声技术指标

国际电工委员会（IEC）规定家用高保真磁带录音及放音设备的最低电声技术指标为IEC 581-4标准。

参　数	IEC 标准
规定带速平均偏差	≤1.5%
抖晃率（计权）	≤0.2%
综合信号噪声比（不计权）	≥48dB
综合信号噪声比（计权）	≥56dB
左、右声道不平衡度（放音）	≤2dB
相邻非相关磁迹间隔离度	≥60dB（1kHz）、≥45dB（500Hz ~ 6kHz）
相邻立体声磁迹间隔离度	≥26dB（1kHz）、≥20dB（500Hz ~ 6kHz）
综合有效频率范围	250 ~ 6300Hz（±2.5dB），100 ~ 12500 Hz（±2.5 ~ 4.5dB）
信号与被消残留信号比	≥60dB（1kHz）
达到额定带速的最大启动时间	<1s

83．声频放大器的基本功能有哪些

声频放大器可分前/后级放大器（即前置放大器和功率放大器）及合并放大器。在中国台湾地区，声频放大器被称为扩大机。前/后级放大器统称分体放大器（Separate Amplifier），是前级放大器和后级放大器采用独立机箱分体设计形式，可消除两者间的相互干扰。

前置放大器（Pre Amplifier）也称前级放大器或控制放大器（Control Amplifier），它具有各项标准输入选择和控制功能，是重放声音的控制中心，作用是获得足够的增益，控制信号源输入及音量，以取得希望的信号输出电平和修饰美化作用。前置放大器对系统有举足轻重的功用，好的前置放大器可以提升系统的音乐表现能力。但市场上好的前置放大器大多价格不菲，价格较低的大多性能欠佳，选择空间很小。

功率放大器（Power Amplifier）也称主放大器（Main Amplifier），它将来自前置放大器的低电平信号放大到具有足够的功率输出，用以驱动扬声器系统。好的功率放大器有足够充沛的功率储备，驱动能力强，平衡、生动、活泼、少声染，动态不压缩，速度利落，控制力强。

合并放大器（Integrated Amplifier）又称综合放大器，是前置放大和功率放大合并设计并共用电源置于同一机箱的结构形式，特点是体积较小、结构紧凑、价格较低，是一种颇为流行的放大器形式。

声频放大器为了与系统中其他器材连接和运作，应具备一些基本功能，如电源开关、音量控制、平衡调整、输入信号选择、录音输出选择、高音和低音调整等。当前对于各种控制功能的设置，有两大倾向，一种是以繁多的功能吸引消费者，然而并不实用，对音质更无好处，另一种则取消了音调控制等功能，达到几乎不能再少的程度，理论上对音质有利，已成绝对主流。现就其用途及操作进行阐述。

电源开/关（Power ON/OFF）　控制放大器的电源通或断，大部分放大器在接通电源后，需经数秒钟时间后，继电器方将扬声器接通，以避免开机时的脉冲发出噪声。电子管放大器接通电源后需要十几秒钟预热时间。前、后级分体放大器在操作时，应先开前级再开后级，关机则应先关后级，再关前级。

输入选择（Selector）　也称声源（Source）、功能（Function）或输入（Input），通常包含唱头（Phono）、激光唱机（CD）、录音座（Tape）、调谐器（Tuner）和辅助（Aux）等声源设备，还有视频设备（Video）。当声源设备与放大器后背信号输入插座正确连接时，用此钮即可选择声源设备放音。

录音输出选择（Record 或 Record Selector）　此选择开关可在录某一声源时播放另一声源而不相互干扰，其选择内容通常与输入选择相同。

音量控制（Volume）　也称电平控制（Level），用以控制信号，使输出音量大小适于聆听，有平滑变化和步进变化两种控制形式。大多数音量控制是左、右声道同时由一个旋钮同轴控制，也有同轴但可分别独立控制两个声道音量的形式，就能省去平衡调整。

平衡调整（Balance）　通常应置于中间位置，在左、右声道音量不平衡或需要某一声道音量增减时使用。

高音（Treble）、低音（Bass）调整　可用以补偿重放声音中高音或低音的比重，一般情况下均置于中间位置，以保证频率响应的平坦。

直通（Direct）　也称音调失效（Tone Defeat），是跳过音调控制电路，以使信号不受音调控制电路影响，保持平直频率响应的开关。

前置输出（Pre-out）、后级输入（Main-in）　仅在合并放大器中设置，平时以专用插头跨接。拔下插头时前置放大部分与后级放大部分分离，就能各自独立使用。亦可在此两对插座间插入其他信号处理设备，如下图所示的频率均衡器。前置输出端也可外接另外一台功率放大器作双功放驱动工作。

Jadis DA30

Mark Levinson No.383

84．声频放大器的基本参数有哪些

音响器材说明书上都会列出技术规格，这些数据虽不能表示音质的好坏，但可作为估评性能的参考，因为规格低劣的产品肯定不会有高明的表现。

声频放大器的规格可分为前置放大器和功率放大器两部分，下面择要介绍。

输入灵敏度/阻抗（Input Sensitivity/Impedance）对于前置放大器，此参数是指在某一负载阻抗下的某电平输入可驱动至额定输出电平。例如，动磁唱头（MM）此参数为4 mV/47kΩ，高电平信号（Aux等）此参数为150mV/47kΩ。对于功率放大器，此参数是指在规定负载阻抗时，能驱动至满功率输出时的输入电压，一般为0.5 ~ 1V/20~50kΩ。

最高输入电平（Maximum Input Level） 通常是指拾音器（唱头）输入过载电平（Phono Overload），此值越大越好。拾音器的输出电压对音乐信号而言，应按20倍峰值电压考虑，输出4mV的拾音头应按80mV计，实用上应取150 mV。

额定输出电平/阻抗（Rated Output Level/Impedance） 一般前置放大器额定输出电平/阻抗为1.5 ~ 2.0V/100~470Ω，录音额定输出电平/阻抗为150mV/600Ω。

最高输出电平（Maximum Output Level） 表示在一定条件下前置放大器能提供的最高输出电压，高性能产品可达10V以上。

总谐波失真（THD，Total Harmonic Distortion）、互调失真（IMD，Intermodulation Distortion） 谐波中的奇次（3、5 ……）谐波与基音不和谐，使人感觉刺耳；偶次（2、4、8 ……）谐波是基音的倍数，可增听感的甜美丰润，此种声染可取悦不少人，但过多会造成声音肥厚混浊。大部分放大器的总谐波失真低于0.1%，听感好的放大器的2次谐波总远大于3次谐波。谐波失真如只给出中频（如1kHz）一点的值，则实际意义不大，应标出整个有效频率范围内的失真。放大器的互调失真的值与总谐波失真接近，越低越好。互调失真和音质有较大关系，而且不易降低，测量又麻烦，所以不少厂家干脆不提供。

谐波失真并不必然恶化听感，但高次谐波即使很少，也能影响听感。故总谐波失真对判定放大器性能的优劣并非绝对，因为它是用单一频率测量的，原信号中的谐波常大于非线性失真产生的谐波，使人耳对谐波失真难以觉察，实际上谐波失真并不能被人耳感知为全是失真。不同放大器间存在的大部分主观差别，并非完全因失真所致，放大器的高频谐波电平造成的影响就可能比微小的谐波失真影响更大。

频率响应（Frequency Response） 前置放大器可能列出3个频率响应，动圈唱头和动磁唱头的频率响应，是经RIAA规定的均衡后产生的偏差，如20Hz ~ 20kHz（±0.3dB），高级机的均衡频率特性与标准频率特性的偏差应为±0.1dB。高电平信号频率响应有更宽阔的频率范围，如10Hz ~ 100kHz（±1dB）。现在功率放大器的频率响应均非常平坦，变化都在1dB以内。那种没有标明不平坦±dB值的频率响应是没有实际意义的。频率响应可用频率特性曲线表示，通常这曲线的水平轴用对数尺度表示频率高低，垂直轴表示放大器的输出电平或增益，如图2-21所示。

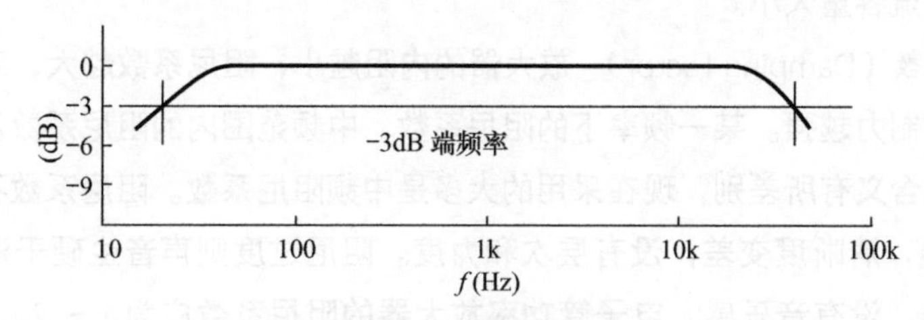

图2-21　频率特性曲线

声道分离度（Channel Separation） 是相邻通道信号分离的程度，即左、右声道的信号不相互混合串扰的程度。人的听觉对15dB的分离度便会觉得左、右声道的信号已完全分开。对于高保真声频放大器要求声道分离度大于40dB（1kHz）。

信噪比（Signal/Noise Ratio） 前置放大器大多采用IHF-A Weighted（美国Hi-Fi工业协会A计权）标准，对于采用额定输出电平下噪声低于信号若干dB的信噪比测量方法易产生误导。信噪比越大越好，但比较时应为相同测量标准，优良的前置放大器信噪比可达67dB（MC，250μV）、85dB（MM，5mV）、105dB（CD、Tape、Tuner、Aux）。功率放大器的信噪比是指在输入短路时测得的信噪比，大多在100dB以上。由于功率放大器的信噪比与功率大小有关，越是输出功率大的放大器越要求高的信噪比。

音调控制（Tone Control） 表示音调控制的范围及特性，如低音在100Hz，高音在10kHz时可提升或衰减8dB（±8dB），该控制范围并非越大越好。

额定输出功率（Rated Output Power） 指在20Hz ~ 20kHz频率范围内，总谐波失真在规定值时的连续正弦波输出能力，采用RMS（Root Mean Square，平方根）输出功率或连续输出功率，通常以8Ω负载为标准。一台晶体管功率放大器从它在不同负载阻抗时的输出功率可大致看出它的供电能力，当供电裕量充足时，负载阻抗降低一半，输出功率将增加一倍。当输出功率仅指输出1kHz

时，数值将比全频带高。动态功率（Dynamic Power）即瞬时输出功率，因电源变压器、滤波电容及其他电源电路的裕量不同，一般比额定输出功率大10% ～ 30%。

功率放大器需要多大的输出功率没有统一的标准，一般按使用条件、用途由使用者决定。鉴于语言和音乐节目的最大瞬时功率与平均功率之比一般在10dB左右，为使功率放大器在重放节目动态范围内工作不致过载而失真，就要求功率放大器具有充分的功率储备量。对晶体管功率放大器，储备量可取10倍或更大，电子管功率放大器的失真机制不同，可取较小储备量。不过功率放大器的输出功率并非越大越好，考虑到音质，还是大小适当为宜。对于一般家用而言，晶体管功率放大器的输出功率不宜小于40W。

连续输出电流（Continuous Output Current） 指在规定负载阻抗时，能提供的连续输出电流能力，电流越大，则驱动低阻抗扬声器的能力越强，该值亦可显示出放大器的电流容量大小。

阻尼系数（Damping Factor） 放大器的内阻越小，阻尼系数越大，对扬声器锥盆运动的控制力越强。某一频率下的阻尼系数、中频范围内的阻尼系数及全频带的阻尼系数的含义有所差别，现在采用的大多是中频阻尼系数。阻尼系数不足时，低频拖尾发混，清晰度变差，没有层次和力度。阻尼过度则声音生硬干涩，缺乏泛音，少韵味，没有音乐感。电子管功率放大器的阻尼系数应为4 ～ 20，晶体管功率放大器的阻尼系数在40以上是必要的，通常大多在100以上。

转换速率（SR，Slew Rate） 这是表征放大器对瞬间变化信号跟随能力的参数，通常仅有Hi-Fi放大器才给出该指标，单位为V/μs。放大器的转换速率越快，它的高频响应越好，对音色的保真度越高，一般要求功率放大器的$SR \geqslant 20$V/μs为好。放大器的转换速率高时清晰度和层次感好，重现细节多，音色纤细透明；转换速率慢时声音虽较甜润，但会缺乏应有的细节和层次。

FM Acoustics FM268

Jeff Rowland

85．什么是高保真声频放大器的最低电声技术指标

国际电工委员会（IEC）发布了IEC 60581-6标准《高保真声频设备和系统最低性能要求，第6部分：放大器》。该标准适用于前置放大器、均衡前置放大器、功率放大器和组合放大器。

参数	IEC标准
有效频率范围	40Hz ~ 16kHz（±1.5dB），如有录音均衡，则偏离小于 ±2dB
增益控制	可降低46dB（250 ~ 6300Hz时），偏差量≤ 4dB
总谐波失真	≤ 0.5%（前置或功率放大器），≤ 0.7%（组合放大器）
额定输出功率	≥ 10W（每声道）
左、右声道串音衰减	≥ 40dB（1kHz时），30dB（250Hz ~ 10kHz时）
两输入端间串音衰减	≥ 40dB（250Hz ~ 1kHz时），50dB（> 1kHz时）
宽带信噪比	≥ 58 dB（前置放大器、组合放大器），≥ 81 dB（功率放大器）
计权*信噪比	≥ 63 dB（前置放大器、组合放大器），≥ 86 dB（功率放大器）
平衡控制	8dB（应对左、右声道均可改变增益）

*由于人耳对1 ~ 5kHz的灵敏度最高，对低频分量很不敏感，从听觉上评价噪声大小时，有必要根据听觉频率特性对噪声的各频率分量相应地加以计权。即在测量噪声时，需先使其通过一个与听觉频率特性等效的滤波器。

86. 音箱如何分类

扬声器系统（Speaker System）俗称音箱，在中国台湾地区被称为喇叭。就目前的Hi-Fi音响系统而言，音箱在技术上仍是一个相当薄弱的环节。音箱作为一种尽可能忠实再现艺术作品的器材，其忠实再现应是第一位，但就目前的技术来说，忠实再现还只能是个相对的定义，这也是不同品牌的音箱都有自己声音特点的原因。音箱由扬声器单元（Unit）、分频器（Dividing Network）、箱体（Enclosure）及附件（接线柱、导线等）组成。当前绝大多数扬声器单元是电动扬声器（Electrodynamic Loudspeaker），也称动圈式扬声器（Moving-coil Loudspeaker，美国用Dynamic Loudspeaker）。

当今世界上的音箱品种繁多，但性价比高的却并不太多，更没有十全十美的音箱。从总体上看，大部分美国音箱力度好，气势恢宏，适于重放流行音乐；大部分英国音箱柔和细腻，极富音乐感，适于重放古典音乐；丹麦、德国、法国等国家生产的音箱则介于两者之间。

音箱可分高效率、中效率和低效率3类，通常把灵敏度在90dB/W/m以上的称为高效率音箱，在85dB/W/m以下的称为低效率音箱，在85 ~ 90 dB/W/m的则称为中效率音箱。

小型音箱原是供流动录音时监听而制造的，随着居住环境趋于小型就逐渐流行起来。书架型（Bookshelf）音箱原系尺寸相当于杂志大小，容积在9L左右，放在书架上的小型扬声器系统，它们的高、低频单元辐射的声波浑然一体，辐射图形大致呈球面波，所以小型音箱的声辐射更接近理想的“点”声源，这就改善了立体声重放的定位感和声场感，而且小型音箱瞬态反应好，体积小巧，摆位容易。可见小型音箱特别适宜在小居室作近距离聆听，播放动态不大的弦乐、人声和古典小品。但一般小型音箱的低频表现与大型音箱是有差距的，低频量感不足是普遍存在的问题，特别是要求动态气势的场合，只要环境条件许可，不应考虑使用小型音箱。

落地型（Floorstander）音箱大多使用口径较大的扬声器单元，如口径165mm、200mm、250mm的，在大房间里它可发挥低频浑厚、气势磅礴的特点，所以大型音箱富有真实的现场感。但它在小房间里使用时会有问题，因为在聆听距离较近的情况下，标准声压的驱动功率就需减少，这样音箱的气势就出不来，反而有低音不足感；当聆听距离较远时，房间内墙面、家具等反射造成的非直达声又较多而干扰直达声，反而影响音质。

大口径低频扬声器的锥盆在复杂运动中，会产生高次谐波和对某些短促的声音产生瞬态失真，现代音箱为了克服这个不足，常以几个小尺寸的扬声器单元代替一个大口径的扬声器单元。

一些高度在0.5m左右，介于小型和大型音箱之间的中型音箱，在国外称座架型（Standmount）音箱，需放在适当的脚架上使用，它们的表现介于小型和大型音箱之间而兼有它们的长处，富有一定特色。

有些低效率的昂贵书架型贵族音箱（以难推闻名，在中国港台地区被称为“大食音箱”），对功率放大器的要求很高，不仅要求输出功率足够大，还要求输出电流足够大，并且阻尼特性好，否则其效果往往还不如一般音箱，这点是要有充分认识的。属于这类的音箱品牌有Dynaudio Acoustics（丹麦“丹拿”）、Avalon、Morel、ATC、Lynnfield及Ensemble等。有些高档的高灵敏度（90dB或更高）音箱，并不好驱动，光是功率大的放大器，如若电源裕量不足，照样无法发出足够饱满的中频及低频声音，而声音发虚，还是需要大电流的功率放大器。

还有一点人们往往会忽略，就是音箱的效率越高，要求放大器的素质也越高，否则放大器的缺陷会一览无遗。

音箱不可能完美，难免会存在一些不足和缺陷，但如有低频不足、高频夸张、声场营造能力差、不该有的声染色等情况，那就属于明显缺点。高、中、低频的表现应以平衡的量感为准则，某频段的突出表现只是特性之一，不能作为评判的依据。此外，音箱在大声压级时不能产生声音含混，甚至低音拍边现象。总之，音箱大多具有个性，也就是说每种音箱都有某种特殊的音色，这在选择时是一定要加以注意的，因为往往只存在个人爱好问题，而不是优劣之分，而且在商店的环境下，对音响器材的音乐性、声像定位和立体感的差别又很难听得出来。不同音箱的表现会有不同特质的美，可说各有所长，声音之美与其他艺术一样，随着拥有者的美感认知而展现出不同的美感。

若以音箱的用途来分类，有下列几大类。（1）家用音箱，用于家庭音乐欣赏，外形美观，灵敏度一般在82 ~ 95dB，声音悦耳细腻、层次丰富、分析力高。（2）专业音箱，用于专业场合声音重放，外形不太美观，但坚固结实，灵敏度一般较高，在95 ~ 110dB，声音偏硬，但力度好，指向性强。（3）监听音箱，用于控制室、录音室节目监听，失真小、频率响应宽且平坦，极少修饰，能真实重现节目原貌，分析力好，但声音的动听度一般较差。（4）舞台监听音箱（返送音箱），一般为斜面形置于地上，在舞台或舞厅里供演员或乐队监听自己的声音，以免听不清相关声音而配合不良，影响演出效果。

自扬声器（Loudspeaker或Speaker）被发明以来，人们一直在为它的频率范围向两端延伸而努力，高频上端现在应用小口径轻质振膜等手段而得到了较好的解决，但低频下端的重放仍需借助于笨重的箱腔。在低频端，重放声的声压级与扬声器振膜所能推动的空气量有关，体积流速度是振膜辐射速度与面积的乘积，所以较小的振膜如有较长的运动距离——冲程，同样可得到大锥盆一样的低频声压级，发出深沉有力的低音，这种扬声器被称为长冲程扬声器（Long Travel Loudspeaker）。其磁路系统的磁隙特别长，而且有均匀的强磁通密度，为口径相对较小、低频下限较低的扬声器，而且灵敏度相对较高。为获得最佳低音性能，低频扬声器需要借助一个箱体才能正常工作。音箱的外形五花八门，常见的大多是长方形，箱体结构主要有密闭箱、反射箱、传输线、无源辐射器、耦合腔和号筒等几类。

扬声器单元在工作时，锥盆前后所辐射的声波相位相差180°，如将扬声器单独置于空间放声，则由于声短路现象使锥盆前后的声音抵消，声压变小，尤其是低频。为防止锥盆前后声波干涉，可把扬声器单元置于一块无限大的平板中心，这就是障板。

障板(Baffle)是直接把扬声器单元安装在平板上向半个空间辐射声音的装置，实用上只使用有限障板，以尽量减小扬声器单元向后辐射声波与向前辐射声波产生的声短路现象。平面障板的低频截止频率由障板边缘与扬声器之间的最小距离决定，障板会使低频特性发生变化，一边的长度在$L=170/f_0$（式中，L为障板半径，单位为m；f_0为扬声器最低谐振频率，单位为Hz）以下即可。尽管障板很大，也不可能重放出比扬声器f_0低的频率。平面障板的扬声器不要安装在对称中心，否则特性曲线会出现显著的峰谷，可偏离中心安装，大多在高度上偏离中心。为防止障板发生共振，障板应尽可能使用高密度的材料或作增强处理。

敞开式音箱(Open Enclosure)这种最简单的音箱，是将障板弯折成后面敞开的箱体，曾广泛使用于收音机和电视机。后面敞开式音箱可比平面障板的低频重放下限更低，但内部若产生驻波会引起共振，箱体尺寸比例不能取整数倍。

密闭式音箱（Closed Enclosure）是结构最简单的扬声器系统，如图2-22所示，

1923年由Frederick提出，由扬声器单元装在一个全密封箱体内构成，它能将扬声器的前向辐射声波和后向辐射声波完全隔离，但由于密闭式箱体的存在，增加了扬声器运动质量产生共振的刚性，使扬声器的最低共振频率上升。密闭式音箱的声音有些深沉，但低音分析力好。使用普通硬折环扬声器时，为了得到满意的低音重放，需要采用容积大的大型箱体。

20世纪50年代，美国AR公司推出f_0和Q_0值适当的锥盆折环、定心支片软而振膜质量大的高顺性扬声器和较小箱体的新式密闭音箱，利用封闭在箱体中的压缩空气质量的弹性作用，确保低的共振频率，尽管扬声器装在较小的箱体中，锥盆后面的气垫会对锥盆施加反驱动力，这种小型密闭音箱被称为气垫式（Air Suspension）音箱。

低音反射式音箱（Bass-reflex Enclosure）也称倒相式音箱（Acoustical Phase Inverter），如图2-23所示，1930年由A.L.Thuras发明，它箱体的一个面板上有一个出声口开孔，开孔位置和形状有多种，但大多数在孔内还装有声导管。箱体的内容积和声导管孔的关系根据亥姆霍兹共振原理，在某特定频率产生共振，称反共振频率。扬声器后向辐射的声波经声导管倒相后，由出声口辐射到前方，与扬声器前向辐射声波进行同相叠加，它能提供比密闭式音箱更宽的带宽，具有更高的灵敏度、较小的失真，在理想状态下，低频重放频率的下限可比扬声器共振频率低20%之多。音箱声导管的声辐射口不能小于某一最小尺寸，否则会因空气流速过大而产生噪声，而且摩擦损失也大。这种音箱用较小箱体就能重放出丰富的低音，是目前应用最为广泛的音箱类型。

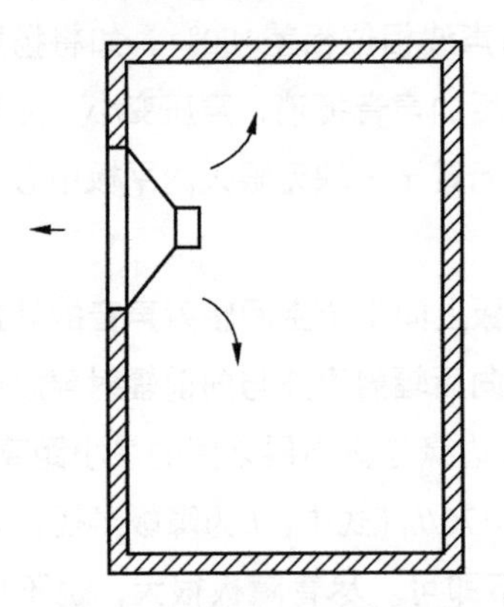

图2-22 密闭式音箱结构示意图

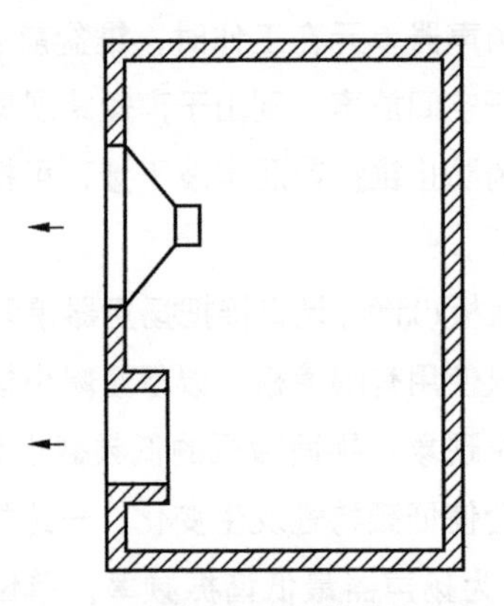

图2-23 低音反射式音箱结构示意图

低音反射式音箱与密闭式音箱特性的比较如图2-24所示。

声阻式音箱（Acoustic Resistance Enclosure）实质上是一种倒相式音箱的变形，它将吸声材料或结构填充在出声口导管内，作为半密闭箱控制倒相作用，使之缓冲，以降低反共振频率来展宽低音重放频段，如图2-25所示。这种音箱具有密闭式和低音反射式音箱之间的特性，低频重放下限虽不太宽，但可获得平直的低频特性。声阻材料可用毛毡、醋酸纤维布等。

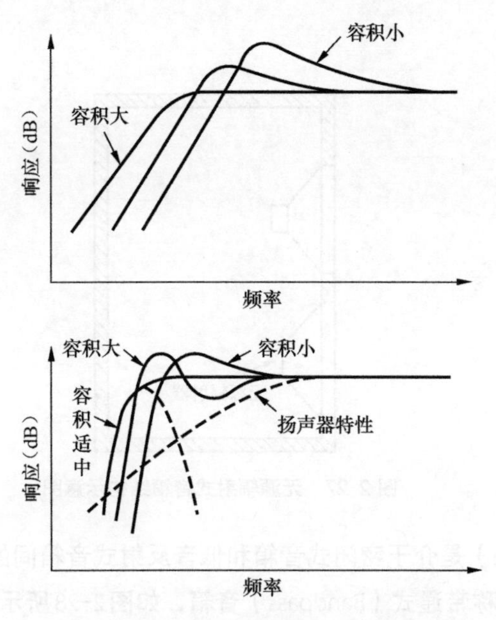

图2-24　密闭式音箱与低音反射式音箱的比较

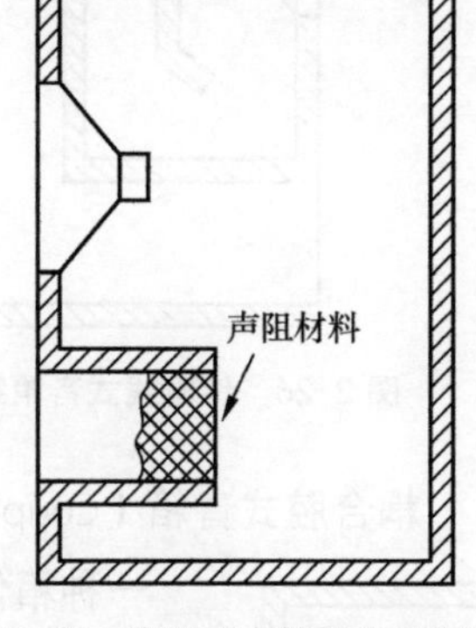

图2-25　声阻式音箱结构示意图

传输线式音箱（Transmission Line Enclosure）1936年由Olney和Benj发表，是以古典电气理论的传输线命名的，在扬声器背后设有用吸声性壁板做成的声导管，其长度是所需提升低频声音波长的1/4，如图2-26所示。理论上它衰减由锥盆后面来的声波，防止其反射到开口端而影响低音扬声器的声辐射，需要大量的阻尼。但实际上传输线式音箱具有轻度阻尼和调谐作用，增加了扬声器在共振频率附近或以下的声输出，并在增强低音输出的同时减小冲程量。通常这种音箱的声导管折叠成迷宫状，所以以前它被称为声迷宫式（Acoustic Labyrinth）或曲径式音箱。这种音箱箱体谐振小，低频下潜及阻尼好，非线性及声染小，低电平分析力强。虽使用小口径单元也可获得延伸的低频，但与用大口径单元制作的音箱比较，低音在速度上通常较慢，冲击力也有所不如。这种音箱效率较低，与气垫式音箱相仿。此外音箱成本高，而且设计困难。

无源辐射式音箱（Drone Cone Enclosure）是低音反射式音箱的分支，又称被动辐射器（Passive-radiator，PR）音箱或空纸盆音箱，如图2-27所示，于1954年由美国的Olson及Preston发表。它的开孔出声口由一个共振频率很低（10Hz左右）、没有磁路和音圈的高顺性空纸盆（无源锥盆）取代，无源锥盆振动产生的辐射声与扬声器前向辐射声处于同相工作状态，利用箱体内空气和无源锥盆支撑元件共同构成的复合声顺和无源锥盆质量形成谐振，增强低音。无源锥盆的口径原则上可以任意大，口径加大能使它的振幅减小，改善低频段的线性，即扩大低音动态范围，提高低音频段的分析力，但实际上由于箱体尺寸的限制，只能采用与扬声器单元口径大致相等的尺寸。这种音箱的主要优点是避免了反射出声孔产生的不稳定的声音，即使容积不大也能获得良好的声辐射效果，所以灵敏度高，可有效减小扬声器工作幅度，驻波影响小，声音清晰透明。

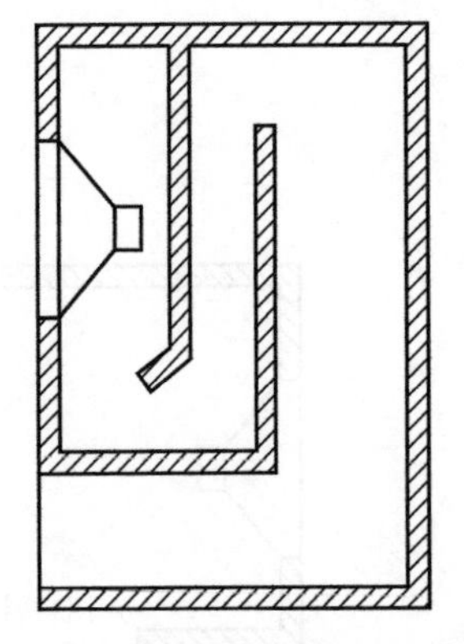

图 2-26　传输线式音箱结构示意图

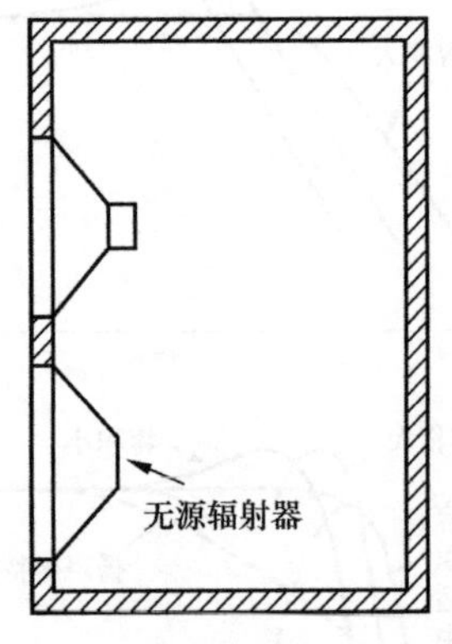

图 2-27　无源辐射式音箱结构示意图

耦合腔式音箱（Coupler Enclosure）是介于密闭式音箱和低音反射式音箱间的一种箱体结构，也称带通式（Bandpass）音箱，如图2-28所示，1953年由美国的Henry Lang提出。箱体由两个腔体组成，扬声器置于密闭腔体侧，锥盆前方激发产生亥姆霍兹共振，声波通过腔管向外辐射，这种音箱的优点为低频时扬声器所推动的空气量大大增加，由于耦合腔是个调谐系统，在锥盆运动受限制时，出声口输出不超过单独锥盆的声输出，展阔了低频重放范围，所以失真减小，承受功率增大。由于只能辐射很低的频率，这类音箱只能用于产生低音的场合，适合制作超低音音箱。1969年日本Lo-D的河岛幸彦发表的A•S•W（Acoustic Super Woofer）音箱就是一种耦合腔式音箱，适于用小口径长冲程扬声器不失真重放低音。

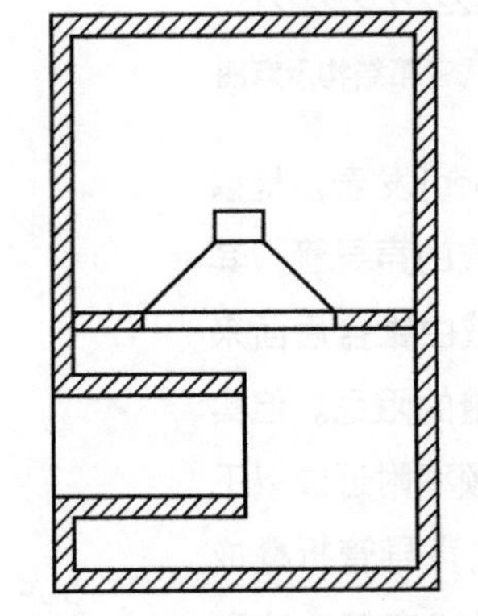

图 2-28　耦合腔式音箱结构示意图

号筒式音箱（Horn Type Enclosure）有前负载式号筒（Front Loaded Horn）和背负载式号筒（Back Loaded Horn）两类。对家用型来讲，为使过长的号筒长度达到能允许的程度，多采用折叠号筒（Folded Horn）形式，如图2-29所示，它的号筒扬声器口在口部与较大空气负载耦合，驱动端直径很小，这种音箱的背面是全密封的，箱腔内的压力都加至扬声器锥盆的背面上。为让锥盆前后压力保持平衡，倒相号筒装置于扬声器前面。尽管号筒式音箱的低音重放的透明度非常好，失真很小，而且效率是普通音箱的数倍，能得到高声压，但要同时获得线性的频率特性很困难，声波在号筒通道中行进常会产生“号筒声染”，使音质劣化，没有声染的号筒式音箱实际很少。

前负载式号筒的低频特性曲线常有较大峰谷，低频重放下限频率较高，但因小振膜辐射的声波经过截面逐渐增大的号筒再进入空间，振膜与空间能有良好匹配，效率较高，所以常单独用作公共扩声用扬声器。反射式号筒俗称高音喇叭，由振动系统（俗称音头）和号筒两部分构成，具有方向性强、功率大和效率高的特点，低频响应较差、频带较窄是其不足，广泛应用于会场、田间、广阔的原野等公共场合。

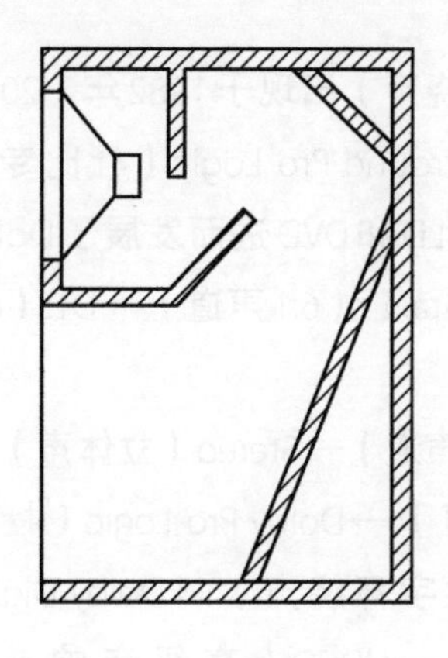
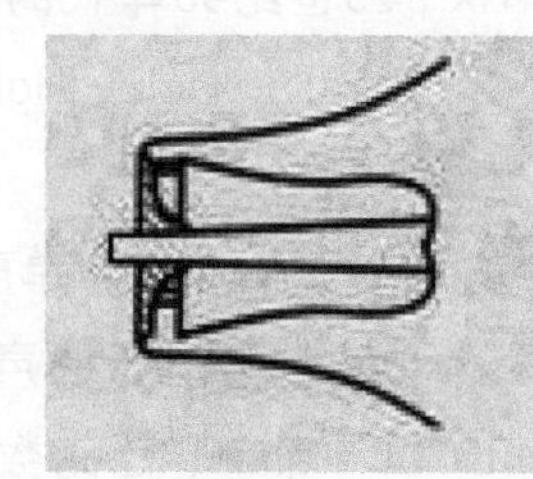

反射式号筒

图 2-29　号筒式音箱结构示意图

无指向性音箱出现于1958年前后，结构上可分两类：（1）将若干扬声器组合形成无指向性声源；（2）在扬声器前面装置声扩散器，把声音分散为无指向性声源。无指向性音箱可获得音质良好的无指向性重放。

87. 什么是高保真扬声器的最低电声技术指标

国际电工委员会（IEC）发布了IEC 60581-7标准《高保真声频设备和系统最低性能要求，第7部分：扬声器》。该标准制订于1986年。

参数	IEC 标准
频率特性	50Hz ~ 12.5kHz（+4dB、-8dB）；100Hz ~ 8kHz（±4dB）
指向性	偏差≤ ±4dB（水平面 ±30°，垂直 ±10° 内，频响曲线与轴向相比）
左、右声道不平衡性	≤ 2dB（250Hz ~ 8kHz 内，每倍频程内平均声压之差）
总谐波失真	≤ 2%（250Hz ~ 8kHz），≤ 1% ~ 2%（1 ~ 2kHz），≤ 1%（2 ~ 6.3kHz）
阻抗	大于或等于额定阻抗 80%（20Hz ~ 20kHz 时）
允许使用功率	≥ 10W

88. 音响技术是怎样演变的

高保真音响技术的演变始于20世纪40年代确立的模拟（Analogue）阶段，采用单声道（Monophonic）录音技术，使用78r/min SP唱片；20世纪50年代中期进入双声道立体声（Stereophonic）时代，采用RIAA均衡录音的Vinyl Long LP唱片，转速33.3 r/min及45 r/min的立体声高保真唱片，直至20世纪60年代；20世纪70年代出现4声道（Quadraphonic）系统，但未得到进一步发展；20世纪80年代出现数字立体声（Digital Stereo）录音，LP、CD并存；20世纪90年代出现HDCD高分析力数字录音、杜比数字环绕声等，CD几乎一统天下。

单声道系统在重放时，通常使用一个放大器通道和一个扬声器系统，仅从一个位置发出声音。立体声系统是指立体的或“三维”的声音，以两个或多个分离的通道组成，比单声道更为清晰，有更多的乐器音色，能对真实音乐做出高保真的模拟。

家庭影院系统的演变：Dolby Surround（杜比环绕声）出现于1982年；20世纪80年代激光影碟（LD）的出现，发展了Dolby Surround Pro Logic（杜比专业逻辑，4声道）→LUCA SFILM THX；20世纪90年代的LD和DVD进而发展了Dolby Digital（AC-3，5.1声道）→DTS（5.1声道）→Dolby Digital EX（6.1声道）→DTS（6.1声道）→THX Surround EX（7.1声道）等。

家庭音响的发展可分为两个进程：（1）Mono（单声道）→Stereo（立体声）→Hafler Matrix（矩阵）→Dolby Surround（杜比环绕声）→Dolby Pro Logic（杜比专业逻辑）→DTS→DTS ES→Dolby Digital（杜比数字环绕声）→Dolby Digital Surroundex（THX SOURROUND EX）；（2）Mono→Stereo→HDCD（高级音响High-End Audio）→DTS（数字环绕声音响）。

89．什么是MTV

MTV最早纯粹只是一种电视媒介手段，是利用电视画面来介绍歌手的一种方式，有时还配合一些与歌词有关的画面。在20世纪七八十年代流行音乐迅速膨胀，这种作为传播媒介的MTV形式得到了很快的发展，并成为一种电视音乐片形式。

新MTV则是摇滚文化的产物，在20世纪90年代初，摇滚音乐又在世界范围内卷土重来，但这种超前卫摇滚与20世纪60年代的摇滚不同，它更注重技巧，而且更依赖影视手段，奇特的影视手段成为激发灵感的形式语言。

在MTV里，乐手们藏在烟雾、昏暗的灯光后面，通过画面剪辑和节奏处理，与摇滚乐融为一体，摇滚信息就在影视的只言片语和剪辑跳跃中传播。

90．什么是背景音乐和前景音乐

背景音乐简称BGM（background music），原系为增强电影、电视及广播节目的情景效果而根据节目内容配置的一种音乐，现在这种艺术构思已引入人们的经济生活，广泛使用在餐厅、咖啡厅或旅店、宾馆、商场等公共场合。它可以提供一个优雅的音乐环境，并对背景噪声起抑制作用，还能保证人们谈话的私人性，使谈话不致传到邻桌区。

背景音乐采用小于65dB低声压级的平面声，不需声场定位，以达音乐与环境融为一体的效果。背景音乐的扬声器一般装饰在天花板等隐蔽的地方，背景音乐的响度不能太高，音乐的旋律大多缓慢、平和，没有强的节奏和旋律。

前景音乐一般在酒吧的柜台前等较醒目的位置播放。扬声器的选型应让人感觉到它的存在，吸引人们的注意。采用的音乐应较明亮。前景音乐也出现在广告场合。

91. 什么是专业音响器材

专业（Professional）音响器材通常指适合录音棚、广播电台、电视台、音乐厅、影剧院、歌舞厅（包括卡拉OK厅、迪斯科舞厅、一般歌舞厅）等专业场合使用的音响器材，以及宾馆、体育场馆、厅堂扩声系统专用器材。

专业器材是严格按IEC、FCC、IHF等标准进行生产的，它们的外表通常极朴实，一般不甚美观，但坚固结实，音色偏硬，力度好，长时间耐用性及可靠性较高，相对讲价格也贵，但并不一定适合家庭使用。如录音棚、演播厅等使用的监听音箱，要求能忠实反映原声，而不是迎合人们的喜好，不能有自己附加的音色，极少修饰，有平坦的频率响应和大的动态范围，常要用较大功率驱动，音量较大时才能合乎设计的音色和频率响应，这些基本要求即专业器材与家用音箱的根本区别。

专业功率放大器中除定阻功放外还有定压功放，定阻功放的输出阻抗为4～16Ω，直接与扬声器连接，定压功放则输出100V或70V电压，适合远距离传输，通过匹配变压器降压后连接扬声器。

在空间较大的广场可采用声柱，声柱由同相位直线排列的一定数量扬声器单元和柱状箱组成，声柱能将声音传得更远，而且不同点的音量较均匀，指向性在*XY*平面很尖锐，在*XZ*平面则相当宽，垂直轴上的方向性与单只扬声器相似。

专业音箱中，20世纪80年代出现的线阵列音箱是一组排列成直线、间隔紧密的辐射单元，并具有相同的振幅与相位，特别适合远距离声辐射，一般用于大型演出，能提供非常好的垂直覆盖面的指向性，取得良好的声效果。

早期家用音响器材的性能和质量远比专业器材差，现今不少家用音响器材的性能、质量和可靠性已可与专业器材相媲美。

92．音响器材如何定位

选择音响系统时，对器材的定位应该以什么为基准呢？通常可按预算及喜爱的音乐类型考虑，在允许范围内选择适当器材组成。不过音响器材最好尽量一次到位，选性能较高者，以免很快不满意而换机，造成损失，玩音响忌频频换机。

一般喜欢摇滚音乐、迪斯科等流行音乐的人们，追求的并非是音质如何，而是它重播音乐的节奏和气氛，而且要有很高的平均声压级的音量。所以实际上除音箱外，其他器材用一般的组合即可，重要的是气势力度和动感刺激，要求有冲击力的大音量低音，可选低频反应快而输出声压高的音箱和放大器，分析力等方面要求则可放宽。

欣赏古典音乐或爵士音乐，要求从低频到高频都能平衡重播，音色温暖圆润，应选好的Hi-Fi器材组合才能满足要求。对器材讲求的是平滑流畅的重播特性，声场的立体层次感，音准，乐器的质感、定位及临场感。要避免为了追求某种音色或追求名牌而选低档型号，以免造成功率放大器功率过小等不足。

主要用来欣赏歌曲或演唱卡拉OK，器材的档次应在上述两者之间。不过演唱卡拉OK为主的音箱和Hi-Fi音箱不同，卡拉OK音箱主要考虑对人声的反映，而Hi-Fi音箱要对整个节目具有较平衡的重播性能。

每台音响器材都有其优缺点，必须通过认真的搭配、调试，使它的长处得到发挥，短处得到补偿，获取好的效果。关于搭配，牵涉人的艺术修养等很多学问，总之以最少的投资求取最好的效果，才是Hi-End的真谛，音响重要的不在器材的高档，更非花钱多少，而是营造好的声音。但声音的好坏与听感有关，因人而异，有极大的离散性，难有绝对一致，这一点不能忽视。

至于多声道器材的选择，首先应明确自己的目的。纯粹用来观看影片作家庭影院，只偶尔听音乐，则对器材的纯音乐表现并不需要十分讲究。除常看影片外，也常听音乐，则对纯音乐表现的要求也不可低。大部分时间用以听音乐，仅偶尔看影片，则对影片的声音效果不必有太多要求。

93．怎样购买音响

自己搭配一套音响系统，有较多自由度，可在预算范围内选择适当器材去满足你的要求，搭配组合可从相同或不同品牌的产品中考虑。但要防止为了追求虚荣的名牌心理，预算不够而选名牌中便宜的低档型号。选购音响器材时，一定要保持冷静的头脑。

（1）明确自己喜欢何种音乐及喜欢何种音色。再备几张自己熟悉的CD，作为选购试听工具。但由于不同内容的CD有不同的声音特点，所以要多带几张内容不同的CD作试听。

（2）多方汲取亲朋好友的意见，或寻求专家咨询，不迷信名牌。但切记那些意见仅供你参考，不能代替你的决定。

（3）搜集有关器材的评价参考资料。优先考虑用家口碑好及获专业杂志好评者。

（4）多走几家专业销售商店，尽可能多聆听一些音响系统和不同的组合，但购买音响器材，不要受产品价格和名牌虚荣心的影响。

（5）到总代理指定的国内特约经销商及信誉好、有一定规模的商店处购买，以确保品质和完善的售后服务。

（6）切记音响是为你服务的，选定的音响器材必须自己亲耳听过，以感到适合自己并觉得满意为准，别人说什么全无关系。

对音响组合的重放声音应注意4个要领。

（1）要追求准确的声音，不要重蹈20世纪七八十年代寻求口味高于一切之风，要选没有明显缺点和过分声染的准确声音，不要选声音太亮和偏薄的音响器材。

（2）要正视全频的表现，不要刻意追求如高音特别靓，低音特别劲，中、高、低音均衡的声音才是耐听的。

（3）要考虑环境的条件。听音环境对重放声的影响极大，软、硬调不同环境条件对器材有不同要求。房间对重放声的影响是不容忽视的，大空间宜用大音箱，小空间宜用小音箱。

（4）要适合自己的口味。每种器材都有其自己的个性，只有合理搭配，方能扬长避短，适合自己欣赏习惯非常重要。

不少刚踏上“发烧”之路的爱好者对器材存有一些误解，如凡是电子管放大器就有好音质，纯甲类放大及采用大量所谓“补品”元器件的晶体管放大器就是好机等。须知一台音质好的放大器需要经过周密设计，并有严格品质管理，并不是用简单的一张电路图、一些高档元器件就能制造出来。一台好的放大器必然有高的完成度（Manufacturer's Performance）、稳定性（Stability）及可靠性（Reliability），还要外形好看而且使用方便。

94．什么是“煲机”

“煲机”源自英语Break-in，具体操作是让新的音响器材连续工作一段时间，以期器材充分发挥性能、改善音质，就像内燃发动机的磨合。这个问题大家也许谈得不少，但大多忽视了一个情况，就是“煲机”并不是对每一台新设备或新器材都能奏效，它并不存在普遍性。但对某些器材是非“煲”不可，“煲”前“煲”后音质的变化可使你大吃一惊，在这里并没有什么规律可循。不过有一点可肯定，那就是可靠性差的器材，可能会越“煲”越差。但大多数中、高档次的新音响器材进行“煲机”后都会收到较好效果。“煲机”最好用音乐节目自然去“煲”，一般应以正常音量“煲”48h以上；“煲”音箱的时间更长，甚至需要数百小时。“煲机”的效果主要表现在高频圆润度、低频控制力、细节表现等诸多方面。

SL-6Si是Celestion公司在20世纪90年代凭多年经验和英国传统音响概念制造出来的一款经典中价音箱，打开包装可见附有检测人员亲笔签名的音箱测试曲线，箱体制作严谨细致，使人放心。但新箱试听却使人大失所望，尽管声音平衡，分析力不错，速度良好，就是少一份感情，声音也发紧放不开，好像睡梦未醒般，无奈之下，只能求助于“煲”，连续输入较大功率信号数小时后，感觉上有所改善，于是将两只音箱面对面放着“煲”，免得吵人。经过数天的努力，重新摆位试听，一听之下始知这对音箱的好处在于声音流畅而不松散，质感细腻，高音明亮而十分悦耳，大音量时气势宏伟，低音富有震撼力而仍有较高分析力，具有一种艺术魅力，耐听而有回味是它的最大特点，一扫开箱时那种使人失望的腔调。此是笔者亲身经历，亦是“煲机”之说的一个例证。

有些新功率放大器的声音有尖硬感，放声似有一层云翳，经一段时间通电工作后，高频会趋向平顺，而且力度更足。又如某些激光唱机也需播放数十小时后，才能真正听到好声音。总之，“煲机”对不少音响器材而言，确有成效，甚至有意想不到的效果，但“煲机”时间有长有短，更有不少器材对“煲”并无反应，万机一“煲”并非灵药。

95. 什么是音响的“黄金搭配”

一个音响系统通常由激光唱机、盒式录音座、声频放大器、音箱和声频连线等组成，一般有两种组合形式：一种是由同一厂家固定组合的套装机，称为组合音响；另一种是由用户对不同国家或厂家的音响器材进行搭配组合，称为音响组合。前者追求的是多功能和系统化，但往往不能达到最佳音质；后者追求的是单纯功能的高质量声音重放，是以有限投资通过精选来达到提高音质目的的手段。

音响组合靠用户自己搭配，所以如何搭配是十分关键的。鉴于音响器材各有个性，故而并非所有高档的器材随意组合就能获得优良的重放音质，只有通过正确的搭配使器材的性能扬长避短，互为补充，让性能充分发挥，方能做到物超所值，等于使你的投资得以节省。由此也就产生了不少音响器材的所谓“黄金搭配”。可见器材的搭配实质上是个艺术再创造过程，其搭配好坏取决于个人的艺术修养。

放大器与音箱搭配得好，就能获得好的效果，重放出优美的声音，重现出逼真的声场。然而一台高品质的放大器却不可能使它驱动的所有音箱都有好声音；同样，一对高档音箱也并不是用任何放大器都能推好。放大器只有与音箱配合得当，才能充分发挥它的优良品质；音箱也只有在适合它的放大器推动下，才会表现出它的档次价值。可见对不同种类、品牌的音响器材进行科学的搭配，使它们的配合能起互补作用，才能获得优良的重放效果。“黄金搭配”即已经实践证明，多数人认可的性价比高而重放音质好的一些音响器材的优化组合。

最基本的高保真音响系统搭配方案包含激光唱机、合并放大器和音箱，当然还可以增添盒式录音座和调谐器，甚至模拟唱盘来扩大信号源。搭配的首要原则是各器材的性能应在同一水准。随着音箱性能的升级，为充分发挥音箱的潜力，要相应配以性能更好的放大器，价格常要超过音箱。在这里要提醒大家一个问题，一台4000多元的激光唱机和价格高一倍的机器在音质上相差可能不大，但同样价格差的音箱却可能有极大的音质差别。

在音响系统中，只要一个环节薄弱，就将影响整体水准，它的总体性能受到最弱环节的制约。恰如供水系统中，只要某个部位管径细小，水流量就会受其制约一样。音响系统中某台设备性能特别高并非一定能提升系统整体水准，但某台设备性能低下，肯定会成为系统的“瓶颈”。在音响系统中，若有某一器材（如功率放大器或音箱）品质欠佳或有限，则此器材前的不同器材（如前级放大器或激光唱机）之间的区别将变得不明确，甚至难以分辨。这在组合音响系统或做器材比较时必须注意，以免误判。

96．“水货”有什么不好

“水货”即从海上走私的商品，也常是原厂生产的，照理质量应该没有差别，而且由于逃避了关税等因素，价格要低不少，但购买“水货”并非明智之选，因为它没有品质保证，不能得到代理商提供的免费售后服务及保修，维修时也就不能更换原厂优质零部件。特别是一些专供国外销售的器材，由于电网电压与国内不符，经销商要对“水货”进行电源改装，但他们缺乏专业技术，工艺更成问题，电源变压器等部件的品质难以保证，常带来不少后遗症。

“水货”看似便宜，如若发生质量问题或损坏，常会没有售后服务而使你蒙受损失。所以购买进口音响器材，最好找代理商或指定的经销商，以免造成不必要的损失。“正货”器材在包装箱显眼处通常都附有代理商的保修卡。

97．如何选购二手音响器材

所谓二手音响器材，有下面几种。

（1）升级换代替换下来的旧器材。这类器材因来源不同而在品质上有极大差异。

（2）代理商过时或剩余的库存器材。这类器材实质上是进行处理销售的全新商品。

（3）古董器材。这类器材是由特别渠道收集而来的，大多是著名品牌的电子管放大器和音箱，由于有些元器材年代久远，已老化或失效，需考虑维修问题。

选购二手音响器材时，要注意下列问题。

（1）放大器：检查电源电压是否符合当地标准，外观是否完好，信号插座是否锈蚀，打开机盖检查有没有修理过，通电试机，看各控制钮功能是否正常，是否有噪声或失真等。电子管放大器如是早期产品，应注意电子管、电容是否有相等新品可替换。20世纪五六十年代由于技术条件所限，当时生产的电子管放大器的性能，特别是在频率响应的两端延伸、瞬态响应等方面的表现，并不能满足现在的技术要求。年代较久的放大器，其电容可能已有漏电、老化等情况，会影响性能，碳质电阻变值可能超出允许范围，使工作状态发生变化；变压器可能绝缘能力降低，甚至漏电，会有安全隐患。

（2）音箱：检查外观是否完好，锥盆有否变形，折环有否老化，大、小音量放音时是否有异样噪声或失真，有没有修理或改装过。较老的早期产品由于时间久远，扬声器折边可能已老化或变形，纸盆可能已老化发脆，磁钢可能已严重退磁。

（3）激光唱机：检查电源电压是否符合当地标准，外观是否完好，信号插座是否锈蚀，通电试机各控制钮是否正常，工作时是否有机械噪声，播放时有没有停顿现象，读盘是否顺畅。数字音响器材日新月异，较老的早期产品由于技术原因，性能较差，尤其是在声音表现方面。此外，旧激光唱机的机械运动部分如有磨损，运作时会有不正常噪声，老产品还要考虑其机芯、光头等是否有更换品。

（4）模拟唱盘：检查电源电压及频率是否符合当地标准，外观是否完好，传动带是否老化变形，通电转动时是否有机械噪声，转速是否准确、平稳，是否有适当唱头可更换。一般皮带驱动唱盘的音质要优于直驱唱盘。

98．什么是器材的 C/P 值

在选购商品时，经常听提到的性价比(C/P，cost performance)，就是性能价格比，它是反映物品可买程度的一种量化的计量方式。人们在购买某个商品的过程中或多或少需要了解商品品质好坏、价格高低和性价比高低。所以，许多人把性价比看作选购商品的重要指标。但产品的性价比应该建立在相同的性能基础上，如果没有相同的性能作为比较基础，得到的性价比也没有意义。

例如，一些海外音响杂志中，常见到对某器材的C/P值评价，性价比高的器材就是超值器材，尽管它的性能或许并非最好，但在合理的价格下，却有上好的表现，往往物超所值，广受音响爱好者的青睐。

99．什么是 OEM 产品

OEM代表Original（或Other、Outside）Equipment Manufacturer，表示从A公司卖给B公司而以B公司商标行销的商品，通常要符合B公司提出的规格和要求，也就是“代加工”，或定牌（贴牌）生产的商品（OEM为代工生产，还有CDM为设计生产，CKD为大件组装，SKD为散件组装）。

国际上有些音响公司自己并无直属工厂，产品全是定点OEM。例如，我国有不少工厂就为国外著名音响公司OEM器材，包括放大器、音箱及其他配件，技术和品质并不逊色，所以追求所谓原装并无实际意义。

ODM代表Original Design Manufacturer，即原始设计制造商。是指一家公司根据另一家公司的规格来设计、生产的产品。OEM和ODM两者最大的区别不仅是名称。

OEM产品是为品牌厂商量身定制的，生产后也只能使用该品牌名称，绝不能冠上生产者的名称再进行生产。而ODM则要看品牌企业有没有买断该产品的版权，如果没有，制造商有权自己组织生产，只要没有企业公司的设计识别即可。ODM方式往往更注重合作，而OEM方式，购买方基本不参与产品的具体规格设计。

100．什么是分立元器件

分立元器件（Discrete Device）是指完整、单个的电子元器件，如电阻（Resistor）、电容（Capacitor）、二极管（Diode）或晶体管（Transistor）等，不包括集成电路（IC，Integrated Circuit），它们是单个制造，并能单个测试、装配和运输的。由分立元器件构成的电路，就称为分立电路。

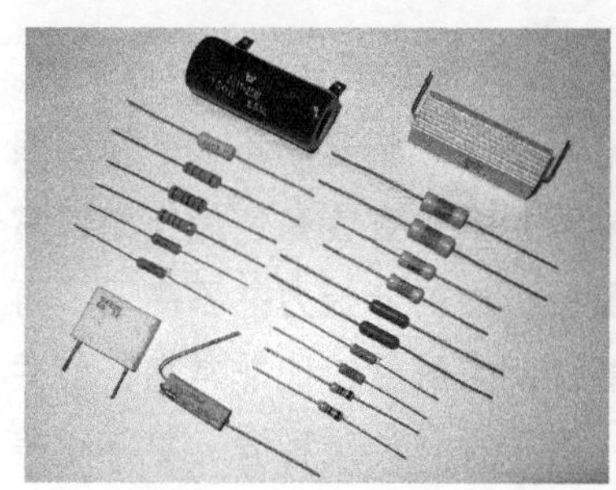

101．元器件高档的器材一定音质好吗

对于一台音响设备来说，它的性能好坏不仅取决于使用元器件质量的好坏，在更大程度上还决定于它的电路设计和制作工艺合理与否。更何况元器件的性能要求对不同场合往往有所不同。例如，同是电容，由于其介质的不同，可分为不少种类，其价格相差极大，某电路用哪类电容就有个合理问题，并非只要是聚丙烯电容就一定有顶级效果，不同制作工艺也会有很大的差别。某些放大器的音色冷清，就可能是用了结构不适合的聚丙烯电容器之故。所以说一台音响设备采用什么等级的元器件，中间有不少学问，极难以一般认为的档次定好坏，更难与其音质好坏直接联系。可见，什么使用“发烧级”元器件等，都是广告用语，实际意义不大，否则一用好元器件就有好声音，岂不是满世界都是好器材了？缺乏元器件的知识，就会选错元器件，造成失误。要知道世界上并不存在所谓最好的元器件，只有最适合的元器件。

102．环形变压器的优缺点

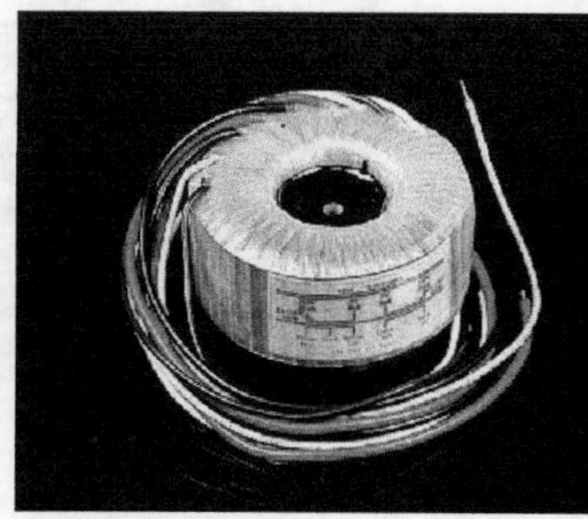

环形变压器在结构上的特殊之处在于它的铁芯没有接缝，磁力线不会由接缝处泄漏出去，所以无漏磁，不会影响机内电路，产生噪声等，而且失真小，变压器的效率也较普通变压器为高。因而，在英国制造的放大器中普遍使用环形变压器。但环形变压器也有个缺点，就是容易饱和，为此在高保真器材中使用就需增大铁芯，致使它的体积超过矩形变压器，使成本增加。此外，环形变压器在电源接通时，有很大的电流浪涌。

103．广告词后面还有什么信息

在现代商业社会中，绝大多数商品被刻意地进行了包装，包装当然少不了广告。

广告对消费者的影响是极大的，它除了能给你不少启示和知识外，也常引发你的购买欲。然而广告毕竟是广告，它是报喜不报忧的，某些音响产品的广告词可说是一种典型，它极尽了人间的赞美词汇，对于器材讨好人的一面大肆宣扬，好像世界非它莫属，还用一些脱离具体背景的评论迷惑你，常使得不少初涉此道的人面对着广告宣传资料如入云里雾中，难辨真伪，结果买下后一试满不是那么回事，后悔莫及。

其实冷静、客观地对广告词进行分析，还是能在其背后悟出一点门道来的。如广告宣称某功率放大器的低音如何强劲出色，对中高频则避而不谈，那么很可能那台机器的中、高频并不见得如何；又如某激光唱机宣传音色如何如何富有音乐味，对分析力则只字不提，那么很可能那台机器的分析力并不高明；再如某小型音箱在某国被评为最佳购买产品，只能说明它的性价比非常高，但并不表示它的性能非常好，何况地域、民族不同，由于文化传统相异，更不能表明它一定适合我国消费者的要求。

104．套装组合音响为什么不受爱好者欢迎

套装的组合音响以其漂亮的外观和齐全的功能吸引着消费者，故而也曾几乎风光地一统过音响市场。但时至今日，套装组合音响已在音响爱好者心目中没有了立锥之地，“发烧”浪潮让他们将目光转移到了自己组合的音响产品上。套装组合音响最大的问题是对音乐的再现能力和音色不佳，它的功能虽多，但其中许多功能根本不实用，等于花钱买浪费，精美的外观需要花钱，众多的功能需要花钱，在同样价位上，钱就不可能用到最需要的性能上去，所以套装组合音响的质量通常都不高，性能更是一般，而且限于功率放大器和音箱的素质，它不可能升级，损坏后的维修也较困难，这就难怪对音质要求高的音乐、音响爱好者都不屑一顾了。

被音响爱好者所不屑的套装组合音响，在21世纪到来前后，由于世界消费群的年轻化，却有复苏重生之势，它结合了家庭影院功能，不再是单纯的音响产品，而且趋向小型化、薄型化，外观新颖，还有多种色彩可选，此即融入生活中去的Life Style（居家风格）。这种有着与过去不同外观设计及操控功能的组合系统，正成为年轻人崇尚的时髦商品。它们的共同特点是：（1）外观造型和色彩能与家居环境搭配相融；（2）体积适度；

（3）价格中等；（4）操作控制功能适合AV而不过分复杂；（5）适合女性观感。在快节奏的现代社会，这类迷你组合可满足最低限度的音乐欣赏要求，其实用性已被规模生产厂商所正视。

105．什么是CE标记

CE标记是欧盟国家销售家用电器的一种新的安全和电磁兼容测试合格标记。凡符合CE标准的音响器材必须达到下列4点。

（1）器材不得产生电磁波和射频干扰，不得造成污染及影响其他器材的正常工作。

（2）器材的电源线及插头，不能将机内的电波干扰及射频噪声由器材泄露而污染电网。

（3）器材需能抑制外来电磁波和射频干扰。

（4）机壳不得产生和附有过高的有害静电电荷，引起接触机壳时发生电击。

CE标准是欧盟国家以法律限定必须合格才能销售的电器安全规格，主要针对劣质产品电磁波和射频干扰导致的电气环境严重污染问题，目的是净化电源。为此，不少器材成本相应增加，甚至电路也需重新设计。CE标记如图2-30所示。

图2-30　CE标记

106．IHF代表什么

IHF（Institute of High Fidelity Manufacturer）是美国高保真设备制造者协会的缩写，成立于1958年，是在高保真度领域内的制造工厂和有关部门的协会，也称高保真协会。协会制订、公布高保真设备的规格和标准。由于IHF标准的内容集中在表示高保真产品特性时必要的一些项目上，极为实用，所以广泛地为市场所援用。

107．世界上最具影响的音响杂志有哪些

本节简要罗列一下世界各地知名的音响杂志，供发烧友们参考学习。

美国的音响杂志有：*Audio*（《声频》，已停刊）、*Stereophile*（《立体声爱好者》，也称《发烧天书》）、*The Absolute Sound*（简称*TAS*，《绝对音响》，已停刊）、*The Magazine of Music & Sound*（《音乐与音响杂志》）、*The Audiophile Voice*（《音响爱好者之声》）、*Audio Video*（《视听》）、*Home Theater*（《家庭影院》）、*Widescreen*（《大屏幕》）、*VIDEO*（《视频》）、*Stereo Review*（《立体声评论》）、*Audio Video International*（《国际视听》）等。

英国的音响杂志有：*What Hi-Fi？*（《什么是高保真？》）、*Gramophone*（《留声机》）、*HI-FI CHOICE*（《高保真选择》）、*Hi-Fi Review*（《高保真评论》）、*Hi-Fi WORLD*（《高保真世界》）、*HI FI NEWS & RECORD REVIEW*（《高保真新闻与唱片评论》）、*Home Cinema Choice*（《家庭影院选择》）等。

德国的音响杂志有：*Audio*（《声频》）、*Stereoplay*（《立体声》）、*SOUND CHECK*（《音响检验》）、*Hi-Fi Choice*（《高保真选择》）、*Hi Fi Vision*（《高保真梦幻》）、*Hi Fi-Preis*（《高保真价格》）、*HiFi Test*（《高保真测试》）、*Audio & Video*（《声频及视频》）等。

法国的音响杂志有：Diapason D'or、Hifi Video（高保真视听）等。

日本有名的音响杂志有：*Stereo Sound*（《立体声》，季刊）、*HiVi*、*Sound Designer*（《音响设计者》）、*Sound & Recording*（《音响与录音》）、《MJ 無線と實驗》等，《無線と實驗》《電波技術》《ラヅオ技術》（《无线电技术》）等杂志也有一定篇幅涉及音响。

中国的音响杂志有：《高保真音响》《音响世界》（已停刊）、《视听前线》《现代音响技术》《视听技术》（已停刊）、《实用影音技术》（已停刊）、《家庭影院技术》《音响技术》及《家电大视野》《无线电与电视》（已停刊）等，还有在香港地区发行的《新音响》《音响技术》《发烧音响》《HiFi音响》《音响天地》等，在台湾地区发行的《音响论坛》《高传真视听》《音乐与音响》《PRIME AV新视听》等。

音响杂志主要集中在美国，影响力最大的是号称“发烧天书”的*Stereophile*，它由J. Gordon Holt创办于1962年，是权威音响月刊，专注于高端声频设备及相关信息，其每年推出的器材龙虎榜有分级推荐，在行业内和发烧友中有极高关注度和参考价值。创刊于1947年的*Audio*是适合一般人士阅读的畅销元老音响杂志，文风严谨，评价中肯，但由于经济原因已于2000年2月停刊。*TAS*创办于1972年，几乎是纯技术性刊物，印刷精美，讲究而朴素，已停刊，其主要栏目有编者述评/读者来信、TAS日志、硬件的技术测试、音乐软件等，其唱片评论极具权威，人称TAS榜。

英国的*What Hi-Fi?*是权威性音响杂志，影响力极大，购买指南栏目对众多中、低价位音响器材进行评价，除简短评语外，更以星级形式对器材的声音、方便性或兼容性、结构做出评定，并有综合判定，优秀机种还授予最佳购买、特别推荐奖项，对选择音响器材具一定参考价值。*HI-FI CHOICE*也是主流音响杂志，有器材评价和推荐，评论严谨客观，对器材要求比较苛刻，有自己独特的评价方式，也从全年测试的各类器材中评选出不同价位的“年度最佳器材”，有参考价值。

德国音响杂志地域色彩浓厚，权威杂志是*Audio*，它在德国是发行量最大的音响杂志，设有器材排行榜和“金耳朵”大奖。

日本音响杂志品种很多，并有专门的影音和DIY（自制）杂志。最有名的是1967年创刊的*Stereo Sound*，可说是日本Hi-end的代言人，专业季刊，主要介绍最新的Hi-Fi、信息、组合、解决方案、器材评测，由日本音响协会专业编辑编写。*HiVi*是日本关于音响、影音发行量最大、最权威的月刊，内容以介绍高质量音响、影音产品为主，除有关音响器材、影音器材的最新消息外，还有关于对制品的画质、音质的验证、使用技巧、组装系统的方法等方面的报告和心得体会，积极为发展家庭影院文化提出多方面的建议。《MJ 無線と實驗》月刊，每年对该年度杂志上所出现的音响器材进行测试、评选。

中国音响杂志中，最早的是广州1992年创刊的《音响世界》，是音响/音乐/影视三位一体的综合性刊物，当年极具影响，2009年停刊。还有上海1958年创刊的《无线电与电视》，具有数据性、系统性特点，2014年停刊，是当年较有影响的影音刊物。影响最大的当推1994年创刊于北京的《高保真音响》，为带光盘月刊，栏目众多，图文并茂，介绍高级音响器材和音乐为主，2018年改版为《高保真音响

Plus》，在图书市场和网络书店销售。上海的《现代音响技术》创刊于1995年，面向音响和音乐爱好者，报道国际最新音响发展轨迹、国内外最新音响产品及音乐软件情况，主编为张国梁先生。《视听前线》是以音响音乐介入生活的原创媒体，主编为张戈先生。《新音响》创刊于2002年，主编为赖英智先生，报道国内外影音信息和业界动态，推广音响知识。专门的影音杂志，有1998年创办于广东的《家庭影院技术》，它是以家庭影音、娱乐为主题的杂志，内容丰富，信息及时。《音响技术》月刊，内容分专业音响和发烧音响两部分。香港地区音响杂志大多有浓厚的商业气息，在华人世界有较大影响，《音响技术》（*AUDIOTECHNIQUE*）创刊于1981年8月，是香港地区权威影音杂志，主编为大草先生，内容有影音器材测试、新产品速递、市场动态、登门造访发烧友之家、世界各地影音展报道、专题特稿、影音软件评介等；《发烧音响》（*AUDIOPHILE*），主编为陈瑛光先生，内容有测试、比试、灯胆、发烧、试听、调校、人物、摩机、二手市场巡礼、音乐知识、唱片经等。台湾地区音响杂志最早是《音乐与音响》，文字隽永、内容丰富；现在以1988年刘汉盛先生创办的《音响论坛》（*Audio Art*）人气最旺；1976年创刊的《高传真视听》（*HI-FI & HI-VI MONTHLY*）是偏重技术的视听专业刊物，总编为蒲鸿庆先生，2017年停刊。

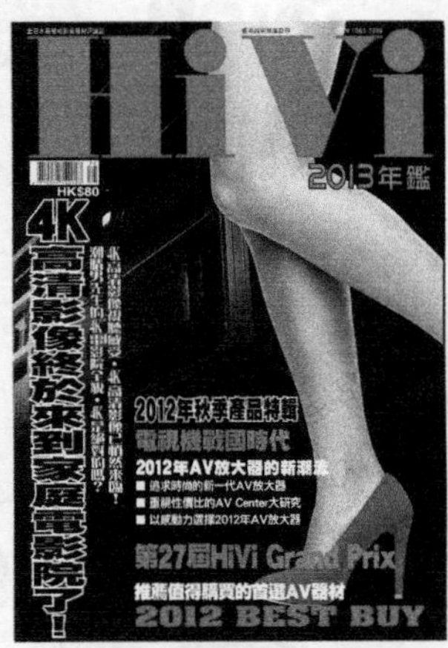

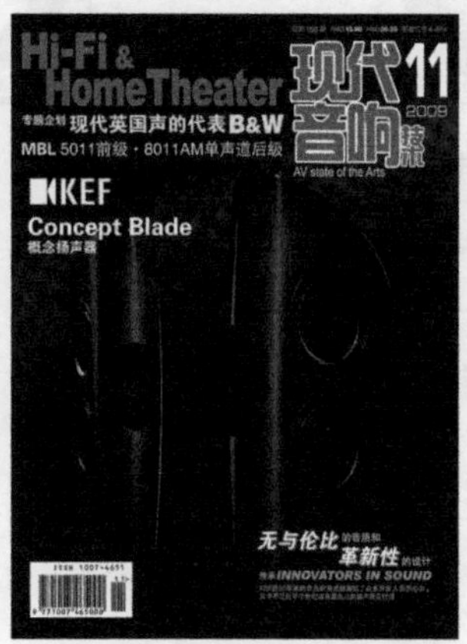

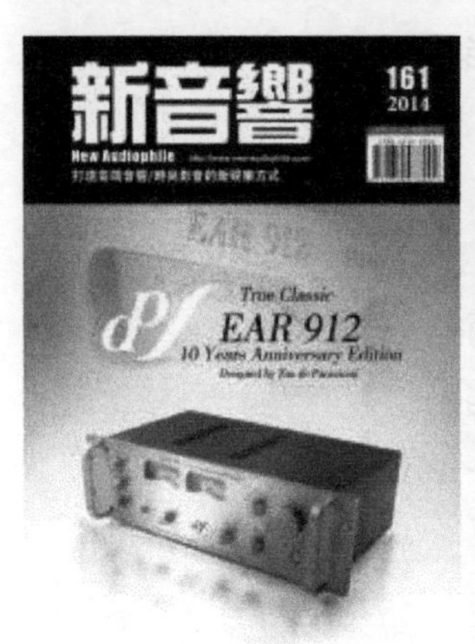

108．英国 *What Hi-Fi?* 杂志的星级含义是什么

What Hi-Fi? 是英国出版的一本权威性音响杂志，它的购买指南栏目经常对众多的中、低价位音响器材进行评价，除简短评语外，更以星级形式对器材的声音（Sound）、方便性（Facility）或兼容性（Compatibility）、结构（Build）做出评定，并有综合判定（Verdict）。对一些优秀的机种还授予“最佳购买”（Best Buy）、“特别推荐”（Highly Recommended）奖（见图2-31），对选择音响器材具有相当参考价

值，其标记如图2-31所示。

黄五星——超级测试的优胜者。

红五星——性价比出众的器材。

四　星——值得拥有的器材。

三　星——普通水准的器材。

二　星——不能令人满意的器材。

一　星——使人不感兴趣的器材。

（a）最佳购买奖

（b）特别推荐奖

图2-31

该刊对器材分类如下：

CD机（分100～600英镑及601英镑以上两档）；

多碟CD机；

CD转盘；

DAC；

模拟唱盘；

盒式录音座（分100～300英镑及301英镑以上两档）；

数字接收机；

调谐器；

放大器（分100～500英镑及501英镑以上两档）；

前置放大器（分100～1000英镑及1000英镑以上两档）；

功率放大器（分100～800英镑及800英镑以上两档）；

音箱（分50～500英镑、501～1500英镑及1501～2700英镑3档）；

扬声器线；

耳机；

家庭影院；

录像机；

组合音响（分100～350英镑、351～600英镑、601～1000英镑及1001英镑以上4档）。

109．什么是格兰披治大奖

格兰披治大奖是由美国著名音响杂志《视听》（*Audio Video*）评选的每年一度的

"Hi-Fi器材格兰披治大奖"（Annual Hi-Fi Grand Prix Awards），以定位准确、分类严密、评选公正而著称。

奖项分大奖和特别荣誉奖两种，分类如下：

接收机（带收音的合并放大器）；

AV放大器；

THX功率放大器（THX后级）；

THX控制中心（THX前级）；

合并式放大器；

后级功率放大器：（1）200W以上级（含200W）；（2）200W以下级；

AV前级放大器；

前级放大器；

环绕声处理器；

全尺寸落地式音箱；

中型落地式音箱；

THX扬声器系统；

AV扬声器系统；

超低音/卫星扬声器系统；

书架式音箱；

中置音箱；

环绕音箱；

内嵌式音箱；

超低音音箱：（1）12英寸以上级（含12英寸）；（2）12英寸以下级；

单碟CD机；

转盘式多碟CD机；

片匣式多碟CD机；

片库式多碟CD机；

盒式录音座；

调谐器；

单碟台式组合音响；

多碟台式组合音响：（1）45W以上级（含45W）；（2）45W以下级；

AV落地式组合音响；

便携式CD机；

标准型盒式磁带；

高偏磁盒式磁带；

金属盒式磁带；

耳机；

线材；

附件；

年度进步奖。

110．美国 *Stereophile* 杂志上榜器材如何分档

美国权威音响杂志*Stereophile*《立体声爱好者》（中文版称《发烧天书》），有个栏目叫“音响器材龙虎榜”（Recommended Components），其所列举的上榜器材是该刊认为在4个等级中属最好并极力推荐者，在每款之后附有简短的介绍。

A级：接近真实音乐而不感觉到任何人为修饰的器材。不需任何实际考虑，是能买到的最好器材，音乐性方面几无妥协。对音箱来说，要列入A级必须是全频段的。

B级：除顶级之外最好的器材，大部分B级器材仍然相当昂贵。列入该级的音箱分全频段和低频有限两部分。

C级：音乐性远胜一般家用器材，C级器材品质高，但价位并不太高。列入该级的音箱分全频段和低频有限两部分。

D级：令人满意的富有音乐性的器材。在性能上有所妥协，但可由D级器材搭配而得到使人满意的音响系统。

E级：只包含音箱和唱头，是入门级器材。属低价的超值器材，可重现令人满意的音乐。

K级：尚未评鉴或未完成评鉴，但有理由相信是具有优异性能的器材。上榜的推荐器材品种如该刊尚未介绍过，则注明NR（尚未评论）。

当一器材物超所值时，将被授以“$$$”标记，而“☆”标记则表示该器材在某些方面有突出表现。《发烧天书》是世界上最具影响力的专业音响杂志之一，其推荐榜单对读者有一定参考价值。

111．技术指标的后面还说明了什么

音响器材说明书后面大多附有它的技术指标，而这个技术指标有的很具体、详细，有的则很简单，甚至整本说明书上根本没有提供技术指标，这实际上暴露了该器材在技术性能上的一些情况。

正规的技术指标应该给出测试条件，如采用的是国际或某国标准测试方法，则应注明所采用的标准名称或代号。假若技术指标仅给出指标而不提供测试条件，那么很可能那台器材的测试条件放得很宽，其数据的参考价值就值得思考。而不给指标的器材，基本上可以肯定它的技术指标不会高，甚至很差。

例如，功率放大器的频率响应不给出偏差dB数，失真指标只给出中频一点（如1kHz）的，实际意义不大。

112．音响设备使用前要注意些什么

一套音响设备购置回家后，由包装盒中取出，应放置在表面平坦而且稳固的地方，切勿放置在过冷、过热、潮湿及多尘的环境里，不要让阳光直射，并远离取暖器等热源。擦拭表面灰尘时，必须使用不起毛的柔软干布。

设备上不要放置花瓶或其他液体容器，切忌液体流入机内。不要堵住功率放大器等的通风口，机后留以适当空间，以利散热。也不要让杂物落进设备内。

各个连接线的连接应正确，连接线插头插入、拔下时要垂直进行，切忌摇晃，也不要随意将插头拔插，以免影响最佳接触状态。

使用进口设备前，一定要特别检查其电源电压是否和使用地区的电网电压一致，以免造成不可挽回的损失，因为有些国家和地区的电网电压是100V或110V，我国电网电压是220V。电源线不要缠绕在一起，将电源插头从插座中拔下时，一定要握住插头，不要拉拽电线。电源插头应与插座匹配。连接电源前，应使电源开关置于关（OFF）的位置，音量或电平控制置于最小或较小位置。

当然，为了确保设备的正确使用，仔细阅读设备说明书是十分必要的。

113．音响设备上一些常见标记的含义

在音响设备的后面板上，除产品型号、生产厂商等说明外，通常还标有几种警告性的标志及其标记，如图2-32所示，它们的含义分别如下所述。

（1）黑色三角形标记，中间有一带箭头的白色闪电：设备里有未经绝缘处理的裸露部分，有对人体造成伤害的危险电压，使用者千万不要随意打开外壳，如图2-32（a）左所示。

（2）黑白长条形标记，上半部为白底黑字“CAUTION”（小心），下半部为黑底白字“RISK OF ELECTRIC SHOCK DO NOT OPEN ”（电击危险，切勿打开）：标志附近的盖子仅供专业维修人员在维修时使用，用户不要打开，如图2-32（a）正中所示。

（3）黑色三角形标记，中间有一个白色感叹号：随机所附文件中，有重要的使用与维修说明，如图2-32（a）右所示。

（4）回字形标记，表示该设备采用双重绝缘设计，如图2-32（b）所示。

（5）安全标记，如CE、UL、CCC等，见第119问。

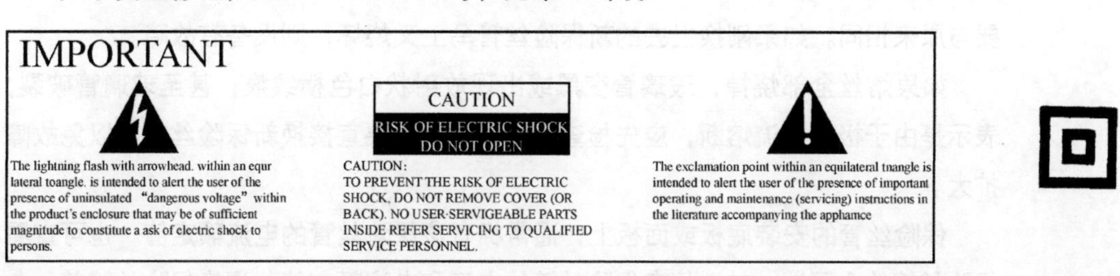

（a）　　　（b）

图2-32　常见标记

114．音响器材如何保养

音响器材使用或保管不当，会缩短寿命，降低性能，所以在使用过程中必须予以适当保养，以延长寿命，保持性能。

调谐器　大体上没有需要特别保养的地方，只要经常开机工作即可。唯一可能需要保养处理的只有后背的天线端子及RCA插座。

磁带录音座　保养有3大重点：（1）磁头及压带轮的清洁，可使用专用清洁剂或无水乙醇，需注意的是清洁剂不要用得太多，以免侵入电路；（2）传动皮带，如果老化变形，应及时更换；（3）磁头要定时消磁，消磁应使用专用的消磁器。

CD/DVD播放机　需注意防尘散热，避免放置于高温（35℃以上）或高湿（湿度90%以上）之处。对激光头透镜进行清洁，可使用专用清洗片进行，严禁使用乙醇等有机溶剂。

LP唱盘　通常需注意防尘，保养重点在机械部分。唱针尖的清洁和转盘的干净也是保养的重点。

晶体管功率放大器　大致并无特殊之处，一般只需放置于通风、散热良好的环境即可。需清洁外表及后背的接线柱及RCA插座。不常用的开关最好经常拨动一下。

电子管功率放大器　通风散热最重要，工作偏压、管座接触需定期检查，还得避免振动。

音　箱　单元锥盆及振膜积有灰尘时，可用软毛刷等轻轻掸去，切忌使用吸尘器去除尘埃，以免损坏锥盆、振膜。在使用过程中，注意经常检查接线柱端子是否有松动。

线　材　主要注意端子接点的氧化，只需进行擦拭即可，高级线材不要多弯折。

遥控器　防止撞击和摔落，勿混用新旧电池。

115．保险丝管烧掉怎么办

保险丝管用以保护设备以防过载，当电流超过一定值时，它发热熔化而截断电路。

音响设备如若出现保险丝管烧断情况，可先检查已断保险丝管的外观，如果玻璃壳外表完整无异，管中熔丝仅一点断裂，两端均有剩余的熔丝可见，大致只要更换保险丝管就能恢复工作。操作时一定要注意，更换上去的保险丝管的电流额定值要与原来相同。如果刚换上去的新保险丝管马上又烧坏，则设备有故障。

如果熔丝全部烧掉，玻璃管变黑或出现放射状白色横纹痕，甚至玻璃管破裂，表示是由于极大电流熔断，应先检查有无故障，不要直接换新保险丝管，以免故障扩大。

保险丝管的安装底板或面板上，通常标有该保险丝管的电流额定值。也可查看保险丝管的金属端，其上标有保险丝管的电压和电流额定值。调换保险丝管前，务必先拔掉电源线。由于保险丝管会直接影响放大器的音质，在换用时需注意。

116．什么是电路的检测点

不少电子设备都备有检测点（TP，Test Point），可以临时连接仪器、仪表进行测量。由于电路是具有一定功能的元器件的组合，其中每个元器件都有自己特定的作用，假如某个元器件出现故障，电路的功能必将发生变化。电路功能的变化也会产生相应参数的变化，依据这些参数变化可以判断故障的原因。通常电压是重要的检测参数。

117．怎样以“耳朵收货”

常有人说音响器材要以“耳朵收货”，也就是耳听为凭，那么什么才是好声音呢？对初入门的人来说确实是个难题，请人参谋又怕品位不同而买错，一个简单的听音方法可以为你排除顾虑。

将音响器材重放几段你所喜爱的那类音乐，仔细辨别就可以方便地为你解决。首先重放声不管是什么内容，小提琴、大提琴、钢琴还是人声，都不能有尖锐刺耳之感。其次，不管是哪种节目内容，声音的整体感都应该是开阔明朗的，而且重放声音还应该带有些甜润、丰满，富有弹性的感觉。如果符合上面一些条件，那么它的音乐表现就错不到哪里去了。但需要特别说明的是，一台好的音响器材，不单听起来声音好，它的技术指标也应该在水准以上，否则就不能算真正的高性能器材。初听非常满意，较长时间（0.5h 以上）试听后如有不舒服、易疲劳等感觉，那套器材就不耐听，不能收货。例如，短时间初听感到低音或高音特别好的音箱，它的整体表现常有欠缺，时间稍长往往容易产生听觉疲劳。又如不同音量下音响器材可能有不同的表现，小音量时不错、大音量时发混，大音量时不错、小音量时单薄等，不少音箱都有这种缺陷。可以说能久听不厌的声音就是好声音。

当然，单靠耳朵收货也常会出现偏差，如稍暗而带甜的声音是非常讨人喜欢的，而通透清爽的声音又会吸引很多人，如果带着错误的经验，只凭主观去定优劣，忽视器材对乐器音色的正确反映，必然产生不正确的判断。同时，光靠耳朵“验收”，忽略器材的技术指标也是不科学的。一个好的器材不单听感好，它的技术指标也必定会在水准以上。鉴于心理等多种因素，爱好者单凭耳朵收货常会得到错误结论。

118．值得收藏的古董音响有哪些

国外有人收藏古董音响，如日本的音响爱好者就有搜集、收藏Hi-Fi名机的癖好，其对象多数是早年的名厂产品，举例如下。

（1）放大器：Western Electric、Marantz、McIntosh、Altec、Fisher、Scott 等。如 McIntosh C 22 电子管前置放大器，Marantz 7 电子管前置放大器，Western Electric Model 86、91-A、124 电子管放大器，McIntosh MC 240、MC 275 电子管功率放大器，Marantz 9 电子管功率放大器，Leak TL 12 电子管功率放大器，Quad Ⅱ电子管功率放大器，Dynaco ST 70 电子管功率放大器，Quad 33 晶体管前置放大器，Accuphase E

306功率放大器等。

（2）直流名“胆”（电子管）：801、805、811、845、211、WE 300B、RCA 2A3、45、50、6B4G等。

功率电子管：GEC KT66、KT77、KT88、GE及Tung-Sol 6550、6CA7、Mullard、Philips及Telefunken EL34等。

名牌双三极管：6SN7-GT、RCA 5692、6SL7-GT、6DJ8、12AX7、12AU7、12AT7、ECC801S、A2900、6189、ECC83、7025、ECC803S、6CG7、E88CC、6922、5687等。

（3）旧传声器头：尤其是广播级的，以RCA、Altec、Western Electric、General Electric等名厂产品为主。

（4）优质元器件：如油浸电容（Vitaman Q等）、名厂制作的电源及输出变压器（VTC、Western Electric、Peerless、Altec……）、瓷质电子管座、军用电容等。

（5）电子管测试器、古董收音机、军用仪器及名厂（Altec Lansing、JBL、Jensen、Tannoy、Western Electric）扬声器。

（6）名厂的历史文献、图片及音响电路图（用于研究及在著作中引用）：以Western Electric及RCA为首选。

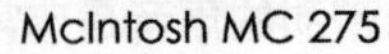
McIntosh MC 275　　ARC SP-10

119. 各国的合格电子产品标记有哪些

世界上有很多国家都有合格（合乎标准）产品的标记，标上该国家认可的统一标记的产品，就表明这个产品是合乎标准的，可予以信赖。

对于电子产品，除对常规电性能、可靠性、耐久性、维修性进行认定外，还要对它的安全性进行认定。对电子产品和电器产品，世界各国的电磁干扰兼容及安全规格的权威认证机构有FCC、UL、CSA、BZT、TUV、VCC1、MPR Ⅱ、DOC、CE、DHHS及EPA等。凡符合测试标准的产品，即得到安全规格认证而标以标志。

例如，UL是美国保险公司实验室（Uroberwriters' Laboratories，Inc.）的缩写，它的安全技术标准在当今国际上对电子产品保证使用安全方面，具有相当高的权威性，是全球最严格的认证之一。美国和有些国家明文规定不取得UL安全标志的产品，不准投入市场。

FCC是美国联邦通信委员会（Federal Communications Commission）的缩写，是重要的测量电磁干扰的标准。

CSA是加拿大标准协会（Canadian Standards Association）的缩写，是世界上著名的认证机构之一。

DIN是德国工业标准协会（Deutsche Industrie Normenausschus）的缩写。

EIA是美国电子工业协会（Electronic Industries Association）的缩写。

MIL是美国军用标准（Military），适用于美国陆、海、空军。

RMA是原美国无线电制造商协会（Radio Manufacturers Association）的缩写，现在为EIA。

NAB是美国全国广播工作者协会（National Association of Broadcasters）的缩写。

RIAA是美国唱片（录音）工业协会（Recording Industry Association of America）的缩写。

IEC是国际电工委员会（International Electrotechnical Commission）的缩写。

ISO是国际标准化组织（International Organization for Standardization）的缩写。

AS是澳大利亚包括电器和非电器的各种优质产品标志，由澳大利亚标准协会（SAA）管辖，英联邦商务条例对其保障，国际通用。

JIS是日本工业标准（Japanese Industrial Standards）的缩写。

部分IEC成员国及相应的试验机构的认证标记如图2-33（a）所示，其中认证机构挪威（NO）是NEMKO；丹麦（DK）是DEMKO；瑞典（SE）是SEMKO；德国（DE）是VDE，其中安全合格标志是GS，电磁兼容和干扰合格标志是EMC；瑞士（CE）是SEV；荷兰（NL）是N.V.KEMA；奥地利（AT）是OVE；比利时（BE）是CEBC；意大利（IT）是IMQ；日本（JP）是IECEE Council of Japan C/O JMI Institute；英国（GB）是British Electrotechnical Committee（英国电工委员会）、British Standards Institution（英国标准学会）。

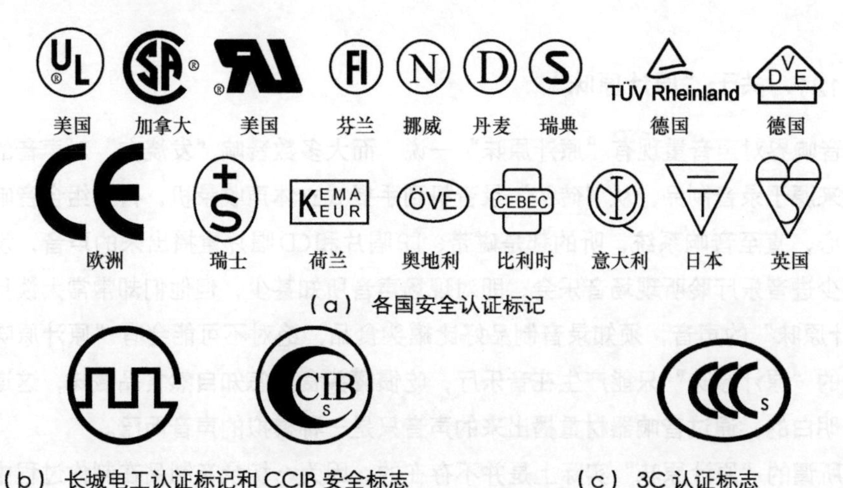

（a）各国安全认证标记

（b）长城电工认证标记和 CCIB 安全标志　　（c）3C 认证标志

图 2-33　各国的合格电子产品标记

按中国电工产品认证委员会（CCEE）的规定制造的产品的质量标志是长城标记，同时获有CCEE安全证。凡进口到我国的电子、电器产品均需经中国国家进出口商品检验局检定，并获得进口商品安全质量许可证及CCIB安全标志，如图2-33（b）所示。

自2002年5月1日起，我国实施3C认证（China Compuisory Certification），为“中国强制认证”的英文缩写，3C认证标志如图2-33（c）所示，原有的产品安全认证制度和进口安全质量许可制度（“长城”标志和CCIB标志）自2003年5月1日起废止。在认证标志基本图案的右部标出认证种类标志，如S代表通过安全规格认证，S&E代表通过安全与电磁兼容认证。

关于音响器材的标准，大致可分为以下3类。

（1）由各国代表集中组成的国际组织发行的标准，如IEC、ISO。

（2）各国自己发行的国内标准，如EIA、JIS、EIAJ（日本电子工业协会）、DIN。

（3）各行业发行的标准，如NAB、RIAA、MTS（日本磁带工业协会）。

120．在音乐厅里听到的是什么声音

在音乐厅里欣赏音乐时，进入聆听者双耳的声音由3部分组成。

（1）从乐队发出直接传播到聆听者双耳的直达声。它的传播时间通常为数十毫秒，对双耳产生的强度差和时间差，对声音的定位起决定性作用。

（2）经音乐厅内各个表面多次反射后，到达聆听者耳际的反射声。它们到达双耳的时间比直达声要晚十几到数十毫秒，其中初始反射声（第一个反射声）与直达声间的时间差，对听觉判断空间大小起决定性作用，对聆听者的心理也有重要作用。

（3）大量反射声在音乐厅内经各边界面和物体的多次反射，形成无方向弥漫整个空间的混响声。其混响时间的长短对音质和清晰度具有重要作用。

由上列初始反射声、混响声及其时间差的共同作用，综合形成环境音响的气氛。

121．关于“原汁原味”

音响界对声音重现有“原汁原味”一说，而大多数音响“发烧友”对声音的感觉却来源于录音制品，从“砖头”录音机到手提式立体声收录机，再到组合音响音乐中心，直至音响系统，听的都是磁带、LP唱片和CD唱片重播出来的声音，没有或甚少进音乐厅聆听现场音乐会，即对现场声音所知甚少，但他们却常常大谈什么“原汁原味”的声音，须知录音制品好比罐头食品，绝对不可能会有“原汁原味”。音乐的“原汁原味”只能产生在音乐厅，吃惯罐头食品怎知自然食品滋味，这道理是很明白的，通过音响器材重播出来的声音只是一种模拟的声音而已。

所谓的“原汁原味”实际上是并不存在的，因为一切录音制品在制作过程中都已经过录音师的处理、修饰，最好的音响器材也不可能再营造出音乐厅原来的声音

来。不少爱好者往往忽略了音质的好坏，应该是以真实音乐为标准，以尽量接近现场声音为目标。否则，离开了“真”的声音标准，追求的就必然是“假”的声音，在目前科技水平的音响器材和软件中，没有绝对纯的东西，更没有什么“原汁原味”，你可以追求，但只能近似而不可能等同。

孙子说过“为将者需役物而不役于物”，音响器材是为提供音乐欣赏用的，又不可能百分之百与现场音乐相同，所以对器材过分斤斤计较、追求枝节，稍有不满就想方设法换机，恐有吹毛求疵之嫌，我们不宜提倡这种“发烧”态度，音响“发烧”之真谛应为在音乐中求得喜悦与享受，而不是舍此而盲目地做音响器材的奴隶。

122．什么是“皇帝位”

双声道立体声方式仅在左、右音箱的两个平面声场狭小的重叠部分存在一个最佳听音区，这个最佳听音位置，在音响界常被称为“皇帝位”。偏离了“皇帝位”，不仅声像不准，还将丢失离听音位较远那一声道的部分信息，从而影响整体的空间感及方位感。最佳听音区狭小是双声道立体声的不足。

123．为什么大部分唱片定位感并不强

在音响圈中，常听到关于定位的有关话题，其中颇有一些脱离现实去追求所谓“定位”的现象发生。

须知在实际现场音乐会上，大型交响乐根本没有明显的乐器定位可言，实质是众多乐器的和谐之声，否则也就不叫交响乐了。只有歌唱中的主歌手、乐曲中的主乐器才会有较明确的舞台位置，使你感到定位的存在。太过明确的定位感影响真实的现场感，也必然会影响音乐感，音乐特别是古典音乐的定位感并不明显。一些定位极好的流行音乐唱片，不过是录音师有意加工的结果。

可见在欣赏音乐时，没有明显的定位感是极为正常的，硬要在音乐中寻找什么定位，实在是一种欣赏中的误区。事实上在众多唱片中，在播放时定位感好的实在不多，切不要误信那些不负责任的定位之说，去追逐虚无的定位而忽略了音乐的内涵。尽管在追求声场、定位感的时候，也能得到乐趣，却失去了许多欣赏音乐的乐趣。

124．室内家具对音质有何影响

改变室内家具的布置，能在相当程度上改变聆听室的声学特性，使音质发生变化。如挂帘能改变室内中、高频音质，较厚的挂帘能吸收大量的中、高音，从而增加声音的柔顺，并减少混响；改用较薄的挂帘则可使声音死实的中、高音变得生动。大型家具能影响室内的低频响应，特别是席梦思床垫、大型软沙发等的位置变动，能明显改变室内的低音效果。放满书的无门书架能对声音产生散射，对室内声

音的平均分布有好处。

125．音乐欣赏与视觉环境

人类通过不同的感受器官接受外界信息，大脑组合来自不同感官的信息以提高获取信息的准确性和完整性。研究表明，不同感官获取到的信息存在相互影响，视觉和听觉作为人类获取外部信息的主要通道,同样存在着相互影响。环境色彩也会对听觉感知能力产生影响，行为学结果表明视觉空间变化的刺激可以影响听觉响度判断，并且刺激时间间隔对这种现象有显著影响。

人类的听觉到目前为止还了解得并不多，人的听觉是一个相当复杂的与大脑活动相联系的综合思维过程，由于声音具有主观属性，人类对声音的感受也是个相对主观的行为，它与人们的生理特点和心理特点有着十分密切的关系。因此，即使声音的客观参量相同，也会出现一些影响主观音质的客观参量差别，其中一个十分重要的因素就是视觉因素的差别。

人们在欣赏音乐时，视觉环境中的色彩变化、光线亮度及室内装饰等都会对人的主观听觉——音质产生影响。人对色彩的感受除是一种生理现象外，还有一定的心理因素影响，故而色彩感觉由于生理和心理因素的关系，最终对人的音质主观评价会产生影响。每种色彩都有一定感情因素使人产生联想，这是长期生活实践造就的，所以环境色彩对音质的主观评价影响较大，为此在实际听音时应避免色彩的有害干扰作用，并利用色彩提高主观欣赏音质的目的。如明快的暖色调能给人以热烈、兴奋、温暖之感，使人愉快、清新；灰暗的冷色调则给人以宁静、幽雅、冷清之感，使人肃漠、忧郁。

光线对人的情绪也产生影响，强光使人焦躁不安，弱光使人平静安详，所以光线的强弱对人类主观听觉的影响很大，在柔弱亮度下欣赏音乐时，视觉干扰少，容易投入，产生联想；在强烈光线下，人会感到不安，不适宜进行音乐欣赏。这也是音乐会很少在白天或照明极亮的场合举行的缘由，柔弱的光线环境、视觉干扰少的场合适于欣赏音乐。

布置室内装饰时必须注意色彩、光线等对人类主观听觉的影响。如窗帘、灯饰对光线强弱的影响，墙布、家具色彩的影响。同样，室内器具的摆放整齐与否，墙、地清洁与否，这一切都会对人的主观听觉感受产生一定影响，不容忽视。减少视觉干扰能使你获得更优美、舒适的音乐享受。

126．正方形房间怎么办

对于正方形房间作听音室，因为驻波的关系，很难得到好的效果。如果将聆听位置放在一个角上，由于两侧墙壁不再平行，室内的驻波将可降低。再对对面一个角采取声波扩散措施，然后在两面墙上挂一些吸声的装饰物。通过这样的处理，大体已能解决驻波的问题。

声波扩散可用凸弧形或平面斜板，里面填充一些软的吸声材料，它可以吸收相当多的低频和高频。吸声装饰物可用纸板或泡沫板做成，它具有很强的高频吸收作用，而且不会发生共振。

127．怎样寻找近反射声的反射点

室内过多的反射声会使声音模糊，破坏声音的定位。为此需要对反射声进行衰减，而以对近反射声进行衰减最为有效，所以要在音箱两侧墙上找到它的反射点。

利用声波入射角等于反射角的声学原理，使用镜像法可以方便地找到近反射声的反射点。方法是在音箱高频单元位置上用一只手电筒向侧墙照射，在侧墙上靠墙用一面镜子前后移动，至聆听位在镜子中能看到手电筒时，镜子所在位置即近反射声反射点所在。用同样方法再找出另一侧墙上的反射点，然后以另一只音箱重复进行找到另两个反射点。最后在那4个位置上设置适当的吸声物质——通常尺寸宽在1m以上、高约2/3墙高，室内的反射声就可以大大减少。

128．如何判断房间混响时间是否适当

作为听音室的房间，它的混响时间适当与否极其重要。适当的混响时间会使声像定位清楚，富有真实感。混响时间过短，反射声少，只能听到直达声，声音小，但各部分乐器的声像定位感和深度感清楚。混响时间过长，声音响，声场感觉宽阔，但声像模糊，定位不清楚。家庭听音室的最佳混响时间应在0.4s左右。判别房间的混响时间长短，可利用自己的声音做实验。

在房间内以不同响度讲话，如果混响时间恰当，那你会觉得说话很轻松，而且中音饱满清晰。如果在房间内讲话觉得有些吃力，那是混响时间过短的表现。另外也可以用拍手法进行混响实验，在房间内各处拍掌，若掌声饱满而不拖长，则可认为适当；若有拖长，则为混响时间过长的表现。

129．如何判断房间声音扩散是否均匀

房间的声音扩散特性的均匀与否关系到室内声场的均匀与否。在室内使声音突然停止，在短暂时间内如能听到忽大忽小的声音，就是声场不均匀的表现。特别是在发出猝发声时，如有“嗡……”声不绝于耳，如同洞穴里的拖尾音效果，也是声场不均匀的现象。当然，最典型的声音扩散特性不均匀是产生回声。

130．何谓“活”（“死”）的房间

在音响系统重放中，混响多的状态称为“活”（Live，或活跃）。具有满意的混响时间的房间就是“活”的房间，这时反射声为直达声的20%～30%。房间的反射声少、吸声强，混响时间短的状态，称作发“死”（Dead，或静寂）。“死”的房间，反射声仅为直达声的5%～10%，几乎全被吸收。在“活”的房间里听

音，会感到音量感强，声音活泼。在“死”的房间里听音，声音会失去音乐的和谐性。

在听音房间里拍一下手，就可判断出它是“活”的，还是“死”的房间。最佳混响的房间，反射声一般为直达声的10% ~ 20%。

131．房间与低频重放有什么关系

在封闭的房间里，声波由音箱发出后，在辐射途中会遇到各种障碍物，除吸收外，还有反射、折射和衍射。当声波在两个相对墙面间来回反射时，在一定条件下，如强度足够，会激发出许多共振，这就是房间共振模式（Room Mode），也就是驻波（Standing Wave）。在浴室里唱歌，声音更浑厚、圆润、有力，就是小房间里存在共振效果的例证，共振作用使某些频率的声音得到加强，而这些固有频率和房间尺寸有关，房间内存在3个共振基频，一个与长度有关，一个与宽度有关，第三个与高度有关。

声波在空间传播时，只有空间足够大，至少能形成半个波长，人耳才能分辨出它的音高。若要听到某个频率的低频声音，则在此房间中至少有一个无障碍的直线距离需大于这个频率的半波长。对于听音房间来说，大总比小好，房间越大，越能听到频率低的真实低音，因为大房间里的低频共振容易受到适当控制。

房间的共振频率取决于各平行面间的距离，当这个距离为声波的半波长时，就会产生驻波。对14 m^2的房间来说，最长墙面若以4 m计，根据

$f=\frac{c}{\lambda}$（式中，f为频率，单位为Hz；c为声速，单位为m/s；λ为波长，单位为m）可算出共振频率约43 Hz，当然还有较短墙面间和顶、底间的共振频率49 Hz和61 Hz。在这个房间里，低频引发的驻波会导致室内声压分布不均匀，使某些低频增强而带上严重的染色。房间越小，低音越容易得到增强，但由于小房间里的低频共振难以受到适当控制，声染色影响很大，声压分布难以均匀，所以低音效果不会太理想，小房间里低音的重放，主要是质量问题。大房间的低音增强从更低频率开始，有更均匀的低频分布，但大空间需要更大的能量，共振区的峰值也不会太突出，低音的重放效果就更好。因此，在小房间里低频的量感可以很足，但无法沉得很低。低频若无高的分析力、快的速度、好的瞬态，就不能表达正确的细节，对低音的要求首先是质量。

132．多大的音量好

多大的音量好，这与个人聆听习惯有关，但为了很好地表现音乐，家庭中以最大声压级80 ~ 90dB，平均声压级为70 ~ 80dB为宜。

经大量研究证明，音量过大对健康有害，如听力下降、心血管系统和神经系统异常。为此美国职业安全与卫生管理局（OSHA）对工业环境下每天暴露在各种强度声音下的最长安全时间制订了规定，见附表。

声压级（dBA）	每天最长听音时间（h）
90	8
92	6
95	4
97	3
100	2
102	1.5
105	1.0
110	0.5
115	0.27

当然，偶尔超过规定并不会造成听觉的永久性损伤，但多次重复则会产生不可逆转的听力减退。所以经常在大音量下听音乐和长期使用耳机者，听力受损伤是肯定的，为保护你的耳朵听力和身体健康，在日常生活中的声音安全声压级应远小于上述规定值，不要贪图一时感官刺激而影响健康。音量适当的音乐才是优美的，方能陶冶情操，延年益寿。

实际考虑到习惯和邻居等原因，不能将音量放得太大时，就需寻求在小音量下能营造足够气氛的音响系统。

欧盟SCENIHR（新兴及新鉴定健康风险科学委员会）2008年发表的《便携个人音乐播放器和音乐手机带来潜在的健康风险》报告显示，除在工作环境中引起的听力损伤外，个人音乐播放器（包括MP3播放器、CD播放器、MD播放器、iPod）的迅速兴起可能带来另一种潜在的健康风险，有可能是引起青少年在休闲生活中受到不同程度听力损伤或耳鸣的主要因素。报告还指出，即使将声压级降低为适中的55～65dB（A加权），不恰当使用音乐播放器仍然可能会导致青少年的一些非听力损伤，妨碍记忆，降低学习能力。

133．不同结构房间在声学处理上需注意什么

由于房间的结构不同，它的建筑声学特点也不同，在做声学处理时就要不同对待。如软性房间，就怕吸声过量，包括高频或低频都容易产生吸收过多的问题，声学处理应着重于声波的平均扩散。硬性房间，怕的是高频及低频反射过度，高频反射过量时声音刺耳，中低频反射过量则产生的驻波难以解决，声学处理需要的不仅是适量的吸收和扩散，还需以音箱摆位及聆听位置来避开中低频的驻波，必要时要使用凸圆弧扩散声波，降低中低频驻波的影响。

134．扩散板有什么作用

大多数听音房间内的声场会被室内来自各个方向的反射声弄得非常混乱，还会产生各种驻波，尤其是中低频驻波危害更明显，所以对室内的声反射进行适当控制，将有助于音质的改善。控制室内声反射的方法是在室内适当位置放置扩散板或吸声板。

扩散板也叫衍射板，是美国RPG公司发明的一种用硬木板制成的表面高低起伏的条状校声器材（见图2-34），它的特殊外形可使反射的声波产生散射，能有效改

善听音房间内低频区的音质，使低频非常干净。扩散板面植有一层绒布样的材料，使它除了扩散作用外，还有少量高频吸收，使高频平顺而不壅塞。扩散板一般放置在音箱后中间的墙面及聆听位后面或两侧。该公司还生产一种按新的设计格式制作的RPG扩散板，称为TRAC（Total Room Acoustical Conditioning）。

图 2-34　扩散板

扩散板是利用20世纪80年代初数学家Richard Schroeder提出的声学扩散理论——二次方程式余数（Quadratic Residue）制作的。扩散板高低起伏的表面按二次余数规律进行排列，其有效扩散范围可比原频率延伸半个倍频程，而且使声波扩散更均匀，向上可影响到原先频率的$N-1$倍（N为格栅数）。

扩散板主要用于中高频驻波的扩散，消除反射声干扰，通常这类扩散板可以置于聆听室的天花板上，也可置于音箱后墙或聆听位的后面。侧墙，特别是近反射声的第一反射点处，则以吸声为主。

自制二次余数声音扩散处理器，可根据下列公式进行。

$W=\lambda/2$，式中，W为格栅的宽度，λ为声波波长。例如，1kHz的波长是34cm，故W=17cm。

$h_n=(\lambda/2N)S_n$，式中，h为格栅的深度；n为某一格的序数0、1、2……；N为设定格数（如7），S_n为n^2除以格数N后的余数。例如，第1格深度h_0=0cm，第2格深度h_1= 2.5cm，第3格深度h_2=10cm，第4格深度h_3= 5cm，第5格深度h_4= 5cm，第6格深度h_5= 10cm，第7格深度h_6=2.5cm。

135. 音箱放在房间的宽边还是窄边

音箱的摆位极为重要，如果房间是长方形的，那就出现一个音箱到底放置在宽边好还是窄边好的问题。根据经验，如果房间较大（在20 m²以上），音箱应该放置在窄边，取其摆放空间大，也利于调整的灵活性，这种传统摆法对取得声场的深度感有好处，由于声波传送距离较长，重放音乐的整体真实感也较好。

如果房间较小（在16m²以下），两侧墙间距较小，通常将音箱放置在宽边较好，这对取得较好的声场宽度有利。而且侧墙反射对声音的影响较小，声像较清晰。但这种近声场听法的音箱向内倾的角度要大于传统摆法，两音箱的距离则大于音箱与聆听者间的距离。如果重放声的中、低频量感欠厚，声场中间的音量偏低，应将两音箱的间距缩小。

136．几个不易理解的音质评价用语

阅读音响刊物中对音响器材的评价文章时，我们经常会遇到一些描述音响器材重放声音的语言，其词语令人费解，无法领悟其真正含义。这种不规范乱用词现象造成了一定的混乱，影响了听音者对音质的评价，更使不少初涉音响的爱好者大感困惑。

松香味　弦乐评价用语，应是一种弓与弦相擦时特有的轻微噪声，伴随琴声一起发出，形成弦乐器特有的一种音色。

空气感（Bloom）　这是一个极为抽象的词语，形容大型音乐演奏的那种大场面微妙的空气波动感觉，也用以泛指木管、铜管乐器等吹气的质感。

堂音（Ambience）　实质就是现场感，是声音发出以后在空间的反射声，即包围在听者周围的音乐细节。除要求重现混响外，还要求声场再现分析能力强及定位明确等。

控制力　通常指对低频的控制力。低音松散无力、缺乏弹性为控制力差，低音富有弹性、结实有力则称控制力好。

冷、暖　这是评价音色的用语。偏硬的音色称冷，偏软的音色称暖。

高频去得尽　这个评价用语是形容高频的延伸极好，即高频发挥到尽头之意。

低音脚软　指低音不够强劲，缺乏力度，通常由系统反应速度过慢、瞬态特性不良等原因造成。

颗粒感（Grainy）　高音评价用语，即高音粗糙，犹如颗粒状，不细腻，颗粒感有时也会在中音出现。

质感（Quality）　视觉、听觉或触觉对不同物态（如固态、液态、气态）的特质的感觉。听觉上的质感，特指音乐欣赏时的一种自然真实感。

解析力（Resolution）　包括分解力和分析力，是指器材对声音细节的表现能力，虽然高解析力的声音容易吸引人，但过高会造成声音夸张，使真实感下降，而且细节过度突出的声音易于使感官疲劳。

透明感　声音澄澈而柔和，久听不疲劳。透明度差的声音像蒙上一层雾。

中　性　没有特别偏向的声音，但并不等于没有魅力的音色。

活生感（Liveness）　这个评价用语是指声音的活泼生动程度，就是生动感。通常有较多的高频反射、少量的低频吸收，有较多的中频（500Hz ~ 2kHz）混响，可使声音生动。活生感差的声音听起来比较呆板。

亲切感（Intimacy）　这是指听感上的自然、亲切印象，即听者与演出者接近程度的感觉，也就是交流，由早期反射声的总体引起。亲切感好时，即使最细微的声

音细节也能听到，乐器泛音丰富。

临场感（Presence）这是给人以声音犹如直接由演员或乐器发出的逼真感觉。

声音纯 这是指能使你如在安静环境下听音乐的干净感觉，乐器在大音量时不出现毛糙的感觉，不会使人心情浮躁。

137．盲目A/B比较有何不足

音响器材在盲目条件下，进行A/B音质比较实验，即参与评判者不知道被测器材的身份的音质评价，在国际上一直有所争议。不少人认为这种判别好坏的方法安排不易，那种即时结论极易出现误差。短时间的A/B试听最大的问题在于它给参与的人很大压力，不能在探究器材的同时产生情绪反应。A/B试听也称ABX测试，方法是先随意听A和B，想听多久都行，如果认为它们有不同之处，可以要求听X，而X其实就是A或者B其中之一（由双盲系统随机决定的），允许随时对A/X或B/X进行比较，多少次均可。然后决定X=A还是X=B。

不少实践操作证明，在事后确实存在差异，这说明一个经过盲目测验的结果是会有出入的，在试验条件下往往不能发现某些问题，因为在试验过程中一些额外的无法控制的因素会混淆实验结果。由于在试验时器材无法由主观加以判断，只能通过间接感觉效果来进行判断，而所使用的音乐本身会随着切换时间而失去记忆，加上与平时聆听音乐的条件氛围完全不同，在试验过程中不可避免地就存在一定心理压力，这又是造成误差的一个因素。还有即使感觉到了某个问题，但由于不能确认，时间又不允许做更进一步聆听，结果将只是一些线索，并不能代表最终结果。比较短的时间常不能把声音的细节或较微妙处的差别听出来，因为这些需要先对声音进行熟悉才行，时间过短常会影响到结果的可靠性，故在作比较试听时，最好把试听节目内容固定，让听者熟悉。

可见，如果上述造成误差的因素能够克服，则盲目A/B比较是客观的。否则，盲目A/B比较就难免会出现差错，造成误判，但短时间的试听可提供第一印象。盲目比较虽不适合音质相差不大的器材，但可在价位相差极大的器材中发掘出超值器材来，因为较低价器材中音质与较高价器材相差无几，甚至更好者确有存在。对器材的评价，短时间的比较只能勉强提供粗略感觉，只有经过较长时间的试听，才可能做出正确的判断，任何草率的结论，对评判的结果是极其有害的。

138．录音制品是原声吗

大凡录音制品在制作过程中，先要进行录音及混合编辑，它是决定录音质量的关键。大量音乐磁带和激光唱片并非一次录音而成，录音素材需经混合编辑进行信号处理来完成。在录音制作过程中，除极少数例外，其余都是由录音师根据他们所希望的效果经调音台处理过的。由于不同监制、录音师有不同的审美和艺术修养，这就造成不同唱片公司拥有不同的录音风格。

对信号最常用的处理有：(1)均衡(EQ)，改变各声道信号的频率响应，以求得各种声音的清晰、自然；(2)声像移位(Paning)，改变声像的位置，增强立体感；(3)人工混响(Artificial Reverberation)，制造空间感，增加真实感；(4)压缩(Compression)，减小动态范围，常用于歌曲录音，增进效果。最后，把经艺术加工、润色处理的录音进行剪辑、合成。

通过前面的一些加工，对声音进行润饰、美化，可使录音的音色十分完美，但毕竟少了一些真实和感情，更失去了最可贵的个性，也就谈不上什么原声了。这也是许多在声学特性极好的演播厅里一次录成，不经技术处理，或只经过很少技术处理的录音制品的可贵之处。它们既无夸张，也无润饰，如实反映了演奏者的艺术水准。高保真是优秀音响效果的必要条件，但最佳音响效果和高保真难以两全，此即鱼与熊掌不能兼得也。

139. 盗版唱片和正版唱片有什么区别

正版激光唱片价格高，不少人考虑到经济因素，便去买价格极为便宜的盗版唱片，以为激光唱片是数字记录的，是高科技产物，盗版只是逃版税，质量不会有过大差别，以致一度盗版唱片猖獗。

实际上，盗版唱片这种非法音像制品质次量差，物不所值。只要在略有些档次的音响系统中重放，就会听出与正版唱片的区别，普遍表现在高音较粗糙、中低音质感差，尤多漏码、错码而致放唱出现跳槽、停顿，甚至不能搜索、放唱。由于盗版唱片多系粗制滥造、偷工减料产物，其表面保护层不合标准，所以不能长期保存，经一段时间后会出现各种问题，甚至不能读唱片。更有甚者，由于镀膜对激光束反射效率低，对激光唱机的使用寿命是不利的，会加速激光系统的老化。

鉴别盗版唱片可从外观着手，通常盗版唱片的外盒较粗糙，边缘不光洁；封套印刷字迹及画面清晰度较差，图案色彩灰暗，封面仅有两面彩页，没有具体内容介绍或内容说明(可为一本薄薄的册子)；片基用料差，较单薄，镀膜层对光检视有漏孔，甚至呈透明状，保护层有气泡或水渍，印刷字迹不清，缺少版权编号。正版激光唱片的版权编号为内圈激光刻的IFPI码。

140. 杜比研究所有多少种标志

杜比研究所Dolby标志的共同特征是一个方框加左边的双D标志，它代表了杜比公司，还说明了授权使用的机能。凡获得授权生产的制造厂商，在其产品上均需附加相关的Dolby标志。鉴于Dolby专利技术很多，下面4张图是各类标志及含义，由标志上可直接辨认出该机拥有哪一型的杜比系统。如图2-35所示，AC-3标志仅有AC-3而无Surround字样者表示其为1或2声道的杜比AC-3解码器，Dolby 3 Stereo AC-3表示仅有左、中、右声道而无环绕声道，无Pro Logic字样者为纯AC-3解码器，AC-3 RF Out表示仅有杜比AC-3的RF信号输出。图2-36中的标志全是供磁带录音机使用的。图2-37所示都是模拟环绕声标志，有Time Link字样者表示具有数字延时功能，有Pro Logic标志者表示内含方向性增强电路。图2-38所示是供电影业使用的各类杜比立体声标志。

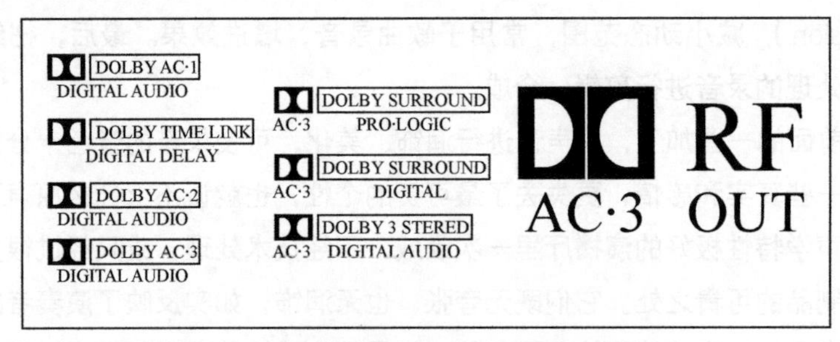

图 2-35　杜比数字音响环绕系统标志群

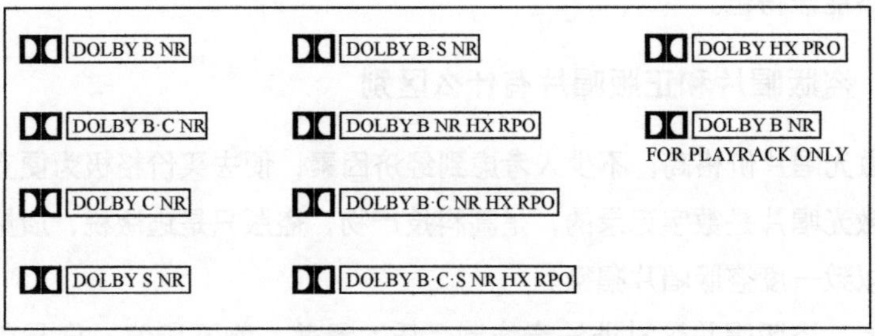

DOLBY B NR
DOLBY B·S NR
DOLBY HX PRO
DOLBY B·C NR
DOLBY B NR HX RPO
DOLBY B NR
FOR PLAYRACK ONLY
DOLBY C NR
DOLBY B·C NR HX RPO
DOLBY S NR
DOLBY B·C·S NR HX RPO

图 2-36　杜比降噪系统标志群

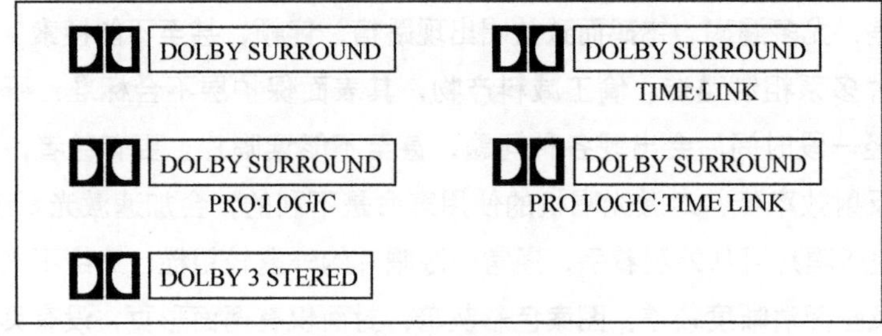

图 2-37　杜比环绕系统标志群

	胶片尺寸	声迹类型	信号处理	声道数
DOLBY STEREO	35mm	光学	Dolby A Type（模拟）	左、中、右、环绕声、超低音
SPECTRAL RECORDING DOLBY STEREO SR	35mm	光学	Dolby SR（模拟）	左、中、右、环绕声、超低音
70MM 6CH TRACK DOLBY STEREO	70mm	光学	Dolby A Type（模拟）	左、中、右、环绕声、超低音（立体声环绕输出）
DOLBY STEREO DIGITAL	35mm	光学	Dolby AC·3（数字）	左、中、右、左环绕、右环声、超低音

图 2-38　杜比电影用环绕系统标志群

141．音视媒体知多少

目前，音视媒体继VHS（录像带）、S-VHS（高清晰录像带）、LD（激光影碟片）、

DCC（数字微型盒式磁带）、MD（微型唱片）和CD（激光唱片）等之后，已出现了CD-I、CD-ROM、CD-V、VCD和DVD等，足以使人眼花缭乱，如图2-39所示。下面就这些音视媒体做一简介。

CD-I（CD-Interactive）：对话式CD，原本是为静止画面设计的规格，目前已成为为全活动画面而设计的一种制式CD-I FMV（CD-I Fall Motion Video），可记录声音及活动图像、图文信息，与计算机连接可进行人机对话，并迅速检索出必要的信息。

CD-ROM（CD-Read Only Memory）：只读存储CD，与计算机配合作为计算机的外部存储器，可有效利用CD的记录容量，具有广泛的应用市场。

CD-V（CD-Video）：带图像的CD，但记录声音仅20min，记录图像仅5min。

CD-G（CD-Graphics）：图形CD，在音乐用CD的辅助编码范围的空置部分记录静止图像，主要用作卡拉OK。

VCD（Video CD）：CD视盘，按MPEG 1活动图像压缩标准，最长可记录74min的数字图像和数字声音，并可与CD兼容。

DVD：数字视盘，按MPEG 2压缩标准处理信号的高密度媒体，可应用于视听和多媒体，能记录133min的高质量数字图像及数字环绕立体声声音。

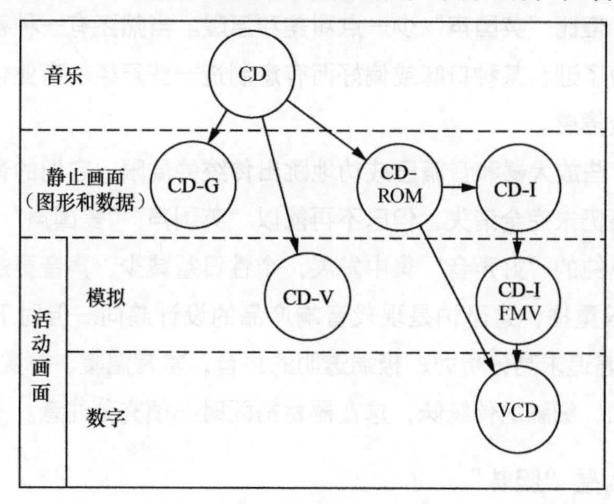

图2-39 CD家族衍生示意图

玻璃CD（Extreme Hard Glass CD）：这是Fine N&F的声频工程师福井末宪花了10年时间，于2006年研制出的以玻璃作记录载体的唱片，具有优异的物理、光学特性，不会弯曲变形，音质比塑料CD更好，能提供绝佳的听音感受，可永久保存，因为完全靠手工制作，产量很低，价格昂贵，是普通CD的80~120倍。

玻璃CD

BD（Blu-ray Disc）：即蓝光DVD，采用波长为405nm的蓝色激光，用于存储高画质的影音及高容量数据。只有声频声道，和DVD-Audio唱片类似的一种格式，在欧美称为Pure Audio Blu-ray，中文名称为“纯声频蓝光唱片”“纯声频蓝光盘”。由于盘片容量极大（25GB/50GB），所以一般采用的主要声

声频蓝光唱片标记

频技术是蓝光播放机强制声频编码24bit/192kHz的2声道的LPCM技术，或根据LPCM音轨进行无损压缩的可选声频音轨杜比TRUEHD和DTS-HDMA。日本SONY推出的Blu-spec CD（蓝光CD、BSCD），并不是声频蓝光唱片，它本质上仍是CD。真正的声频蓝光唱片是Blu-ray Audio，只能用蓝光DVD机播放，CD机不能播放。

142．“英国声”“美国声”“欧洲声”有何区别

音响界长期流传着“英国声”“美国声”“欧洲声”等说法，其实这种提法很不确切，各国生产的音响器材并非如此，多的是例外。造成不同风格声音的原因在于以往技术水平限制了声音的精确重放，器材特别是音箱的设计只能权衡利弊、有所取舍。

对这些不同类型的声音特征，通常是“英国声”温暖纯美，通透平衡，声染小，细腻而富有音乐感，但低频稍欠气魄，适于重播古典音乐；“美国声”速度快，动态宏大，线条明晰。“美国声”又分两种，“美国东岸声”注重声音的精确重放，近似于“英国声”；“美国西岸声”爽朗活跃，动态大，声压高，讲求气势力度，但稍欠细腻，特别适于重播摇滚音乐及大动态节目。“欧洲声”朴实无华，注重声音准确和低声染，但比“英国声”少一点甜美和温暖。当然还有一种初听极具吸引力的声音，那是为了迎合某种口味或偏好而有意制造一些声染的商业化产物，所以长时间聆听易生疲倦感。

近年来，有些放大器和音箱已成功地跳出传统的局限，它们的音色已有全新的发展，虽然风格仍未完全消失，但已不再能以“英国声”“美国声”“欧洲声”来形容，总体已向单纯的“好声音”集中发展，个性日益减少，声音更趋真实，更适合多种类型的音乐重播，这恐怕是现代音响产品的设计趋向。但时下音响器材，尤其是CD机，普遍追求高分析力、极端透明的声音，常常温暖、厚实感不足，偏亮，少了一些有内涵、细腻的传统味，这在器材搭配时必须充分注意。

143．什么是“胆味”

“胆”味是电子管放大器特有的一种音色，听起来非常悦耳、甜甜的、平滑而泛音丰富。这种音色是一定量的2次谐波修饰造成的，加上大多数电子管放大器难以提供良好的线性，输出变压器铁芯的磁滞作用又降低了瞬态响应，就提供了这种2次谐波造就的泛音，实质上是电子管改变了原来音乐的色调。“胆味就是失真”的说法则是错误的。

老式电子管放大器的声音温暖柔和，但稍显朦胧，有些软绵绵，而且低频延伸不足，控制力差，高频上限亦有限。现代电子管放大器的声音有较高透明度、良好的声场、较少的电子管声染色，常见不足是低频速度虽快却有偏硬倾向，高频虽透明却有过度强调之嫌，还有中频偏瘦。

典型的电子管放大器例子，是直热三极管单端功率放大器，由于单端放大的不

对称性而有较大二次谐波失真，有较浓“胆味”，深受一些音响爱好者的热爱。单端放大器都有一个很大的输出变压器，以避免铁芯饱和。推挽放大器会抵消部分二次谐波，“胆味”可能淡些。

以低档CD机或DVD机作为信号源的用户，总为其高音毛糙而烦恼，若与电子管放大器配合，电子管特有的高频平滑的音色，刚好弥补了它们音色上的缺陷。

144．有哪些著名的音箱摆位方法

常见的音箱摆位方法有多种，一种是彼得•沃克（Peter Walker）提出的将房间的对角线三等分，其中一等分的长度就是音箱距后墙的距离。

国际电工委员会提出的IEC SC 29-B标准，如图2-40所示，是参照欧洲家庭听音室制定的音响摆放与听音位置比例关系，推荐房间的基本形状为矩形，也可以是稍呈梯形的四边形，房间不宜太长、太窄，也不宜为正方形，推荐的高、长、宽比例为1∶2.4∶1.6，面积不可太小，最好在20m²以上。这种摆位法有利于立体声声像展阔和响度感，但对声像定位和防止声染色不利。

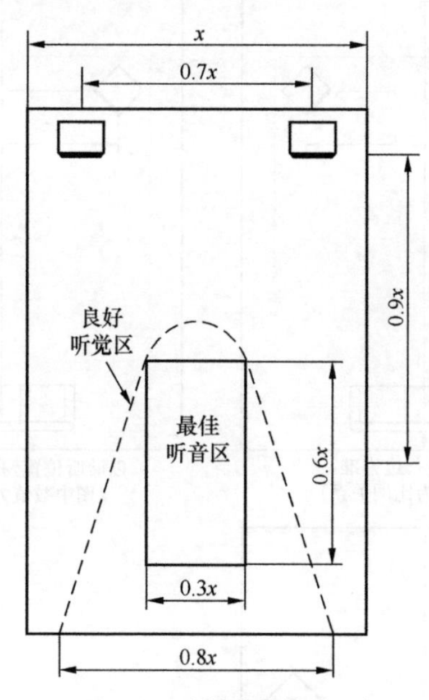

图2-40　音箱的摆位（一）

高度	2.75m±0.25m	内部装饰	音箱前的地面无地毯，音箱背后、天花板呈反射性，音箱对面呈吸声性
长度	6.6m±0.4m		
宽度	4.4m±0.4m	混响时间	100Hz　0.4 ~ 1.0s
房间容积	$80m^3 \pm 20m^3$		400Hz　0.4 ~ 0.6s
尺寸比	1 ∶ 2.4 ∶ 1.6		1kHz　0.4 ~ 0.6s
			8kHz　0.2 ~ 0.6s

另一种是乔治•卡戴斯（George Cardas）以音响工程学会（AES）的“黄金比例法”算出的距离，即天花板高度乘以0.618就是音箱距后墙的距离。

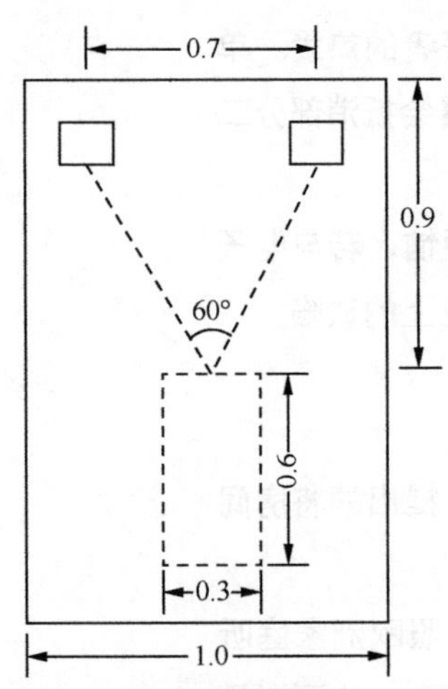

图 2-41　音箱的摆位（二）
（图中数值为比例关系）

著名声学家奥森（H.F.Olson）推荐的音箱摆位及最佳听音区如图2-41所示，最佳听音位置与一对音箱分别处于等边三角形的3个顶点上，即与两音箱的张角成60°。

还有一种是刘汉盛先生提出的“三一七比例法”，具体有3种摆法，如图2-42所示。第一种适合一般使用，音箱放在房间长度1/3处。第二种适合大房间使用，音箱放在房间最长对角线的1/3处。第三种适合聆听位置靠墙的情况使用，音箱放在从聆听位置起到音箱后墙的1/3处。该方法中的“七”是指音箱中线到聆听位置距离的0.7倍长度为两音箱间的距离。

任何一种音箱摆位法都是概括性的，只能提供给你一个大概的摆放位置，还需进行细致的微细调整，以改变声音在室内的反射角和行进路线，最终取得最为满意的效果。

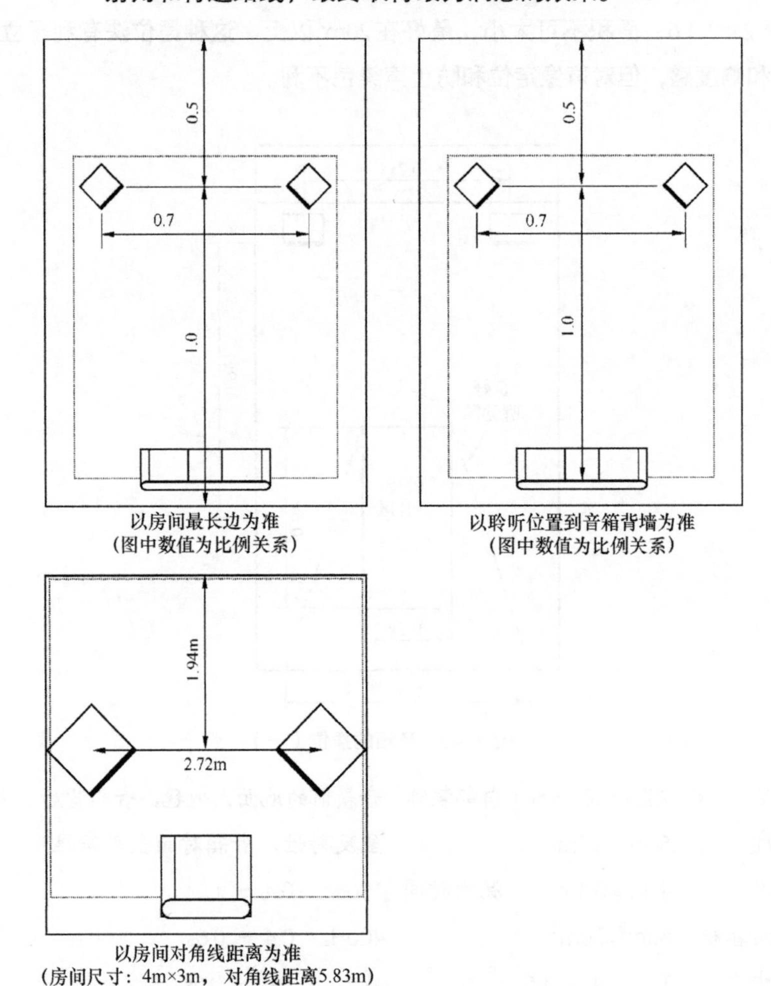

图 2-42　音箱的摆位（三）

145. 特殊音色好不好

音响爱好者对声音的要求，并非都是满足于“与现场一样”，他们不是一味强调逼真，而是更注重情感，要求能产生激情。但有些标榜分析力特别好的音响器材，实际上是分析力过分表现，细节过度分明，在高音区总使人特别感到其存在，这种高音被强调的过亮声音，会造成高频区音乐与整体音乐脱离的不自然音质，使人容易倦怠。

音色特别暖或甜，突出的高音或低音，实质上都是器材有较多的声染色所致，这种似乎讨人喜欢的音色，实际上的声音特性表现并不均衡，也就难有真实的音乐表现能力，声音浑浊、缺少冲击力也就难以避免。高、低音突出的声音虽然抢耳惹听，但不耐听，必然少了份音乐味。

低音在重放音乐时被一般人误会最深，认为低音越多越好是普遍现象，但欲求良好的低音并非容易，那种过度、不精确、模糊的低音会使音乐无法正确重现，甚至节奏失控，肥厚及轰轰然的低音还不如稍为清瘦的低音。良好的低音应是富有弹性、纯净、正确、饱满充实的，低频中的细节可闻，速度快、瞬态好，有冲击力而不过分。

146. 音响系统的频响范围要多宽

人耳实际能听到的高频上限约为16kHz，实验证明，由高频截止而可觉察音质发生变化的频率在15kHz左右。又据统计，音乐信号中实际含有频率低于30Hz的信息很少。对于所有乐器而言，只要平坦的频率响应范围达到40Hz ~ 16kHz，即使将它上下频率截去，通常也不会使人感到音质产生了什么变化。由实践可知，频率响应的–3dB低频在50Hz以下的实际表现可为绝大多数人所接受，感觉轻松愉快。重放声中高频如有失落、过载或不平衡，将因缺乏高频而感到低音过量，高频过多则感到低音不足。

透明度关系到声音信号频率范围的高端再现是否完美，声场定位是否准确，要求音响系统具有优秀的宽带信号处理能力。

为了真实重现音乐波形，除基波和二次谐波外，还应包括整数倍高次谐波之和，否则就难以保持原音音色。可见提高音响设备的频率响应上限还是有实际意义的。如频率响应平滑地扩展到100kHz时，声音质量更会给人以满意的感受。

注：语言的音量范围为40dB，高保真重放语言的频率范围为100Hz ~ 8kHz。音乐的音量范围为70dB，音乐的频率范围为40Hz ~ 14kHz。

147. 什么是40万法则

“40万法则”是盛行于40余年前的概念，指一个音响系统在重放音乐时的低频下限频率与高频上限频率的乘积要达到400000，方可能保证高、低频的对称平衡和听感动人。任何高、低频的过分延伸，都会恶化听感，也就是音响系统的频率响应必须保持对称平衡，高频的延伸必须有等量的低频延伸。

不过随着音响技术的进步，研究表明，如果低频下限频率与高频上限频率的乘积取640000，能得到更好的频响平衡和听感。即如低频下限为40Hz时，高频上限应为16kHz。可见，片面提高低频端响应的下限或高频端上限，都将使系统的频响失去平衡。低频或高频特性不良时，音乐的均衡感会被破坏，降低保真度，仅低频或高频的特性良好，都是无意义的。

148．音响系统中有哪些失真

失真（Distortion）也称畸变，是信号波形中不希望有的波形变化，或信号中夹杂的虚假成分。音响器材的失真阻碍了高保真重放，失真类型很多，它们通常由相互调制和（或）谐波失真所产生，引起相位的变化和（或）幅度失真，造成在工作频率范围内输出不能和输入成比例地变化。失真用失真系数表示。

（1）线性失真（Linear Distortion）：指幅度失真，是系统随频率而有不均匀的衰减或增益所造成。在这种失真中，输出信号和输入信号的包络不成比例，但含有相同的频率分量。线性失真限制了有效重放频率的范围，使重放声的频率响应不平坦。

（2）谐波失真（Harmonic Distortion）：这是由于系统的非线性造成的输出有谐波产生，其大小是输入信号大小的函数。以幅度失真造成的谐波电压用基波电压的百分数表示，通常测试方法所得为总谐波失真（THD），它是各谐波电压有效值的平方之和的平方根除以基波电压的有效值，这种失真中含有放大器的噪声电压。谐波可分偶次谐波及奇次谐波，如图2-43所示。谐波失真使放大器的声音变硬、发燥、发破，或沙哑颤抖。

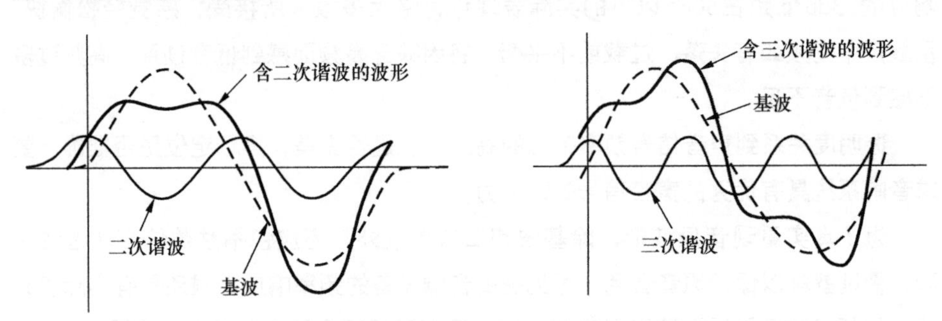

图 2-43　偶次谐波和奇次谐波

（3）互调失真（IMD，Intermodulation Distortion）：这是由于两个或更多个同时存在的信号相互作用而产生的不需要的信号，以输出端出现的频率等于输入信号中各种频率分量的整倍数的和频及差频所表征的非线性失真。互调失真使重放声清晰度变差，声音不谐和，层次变差，出现声染色，使人感到不愉快而很快疲劳。

（4）相位失真（Phase Distortion）：这是传输系统中，规定频率范围内最大和最小的传输时间差。指所需传输频带内，相移和频率不成正比时所产生的失真。低频的相位差可以听出来，高频的则难以听出来，但相位失真会降低重放声的声像定位准确性，还会使放大器的工作不稳定。

（5）瞬态失真（Transient Distortion）：这是由于系统不能线性再现或放大瞬态信号而造成的失真。信号瞬态分量的失真由谐振和阻尼不足造成，产生过冲或在信号快速上升侧出现一种衰减振荡。瞬态失真可使重放声失去特有的音色，出现声染色，层次变差，甚至声音颤抖。瞬态失真通常用转换速率（SR，Slew Rate）表示。

（6）瞬态互调失真（TIM，Transient Intermodulation Distortion）：在负反馈放大器中，当有快速上升的瞬态输入信号加到放大器时，可能产生一个内部的过冲电流。若该电流足够大，将使放大器饱和，造成瞬时过载削波，出现一种动态振幅非线性失真。以前认为大环路负反馈是造成晶体管功率放大器TIM的元凶，但学术界近年认为并非如此。转换速率是影响瞬态互调失真特性的重要因素。瞬态互调失真使放大器重放声的高音分析力变坏，层次变差，声像模糊，不透亮、欠圆润。

（7）交越失真（Crossover Distortion）：这是在推挽放大器中，两个器件转移特性交叉点处的弯曲，使输入信号越过零基准点时，在零位附近出现的失真。交越失真将使放大器产生高次谐波而致重放声音质变坏。

（8）开关失真（Switching Distortion）：这是放大器中输出晶体管交替导通与截止瞬间，在很高频率时由于晶体管载流子的存储效应跟不上波形的变化所引起，在高频段使输出信号零点连接处产生波形异常及脉冲尖峰的失真，包含许多高次谐波。开关失真使放大器输出波形不能平滑衔接而损害音质。

149．输出功率有哪些表示方法

声频放大器的输出功率（Output Power）可以有多种表示方法，同一放大器在不同测试方法下的输出功率值可差10倍之多，所以如果不标明其测量方法，其功率大小并无太大意义。

高保真声频放大器的额定输出功率是指它在允许非线性失真范围内的正弦波连续平均输出功率：

$P_{ave}=\frac{V^2}{R}$（式中，P_{ave}为连续波平均输出功率，单位为W；V为负载两端有效值电压，单位为V；R为负载阻抗，单位为Ω）。

真正的有效值功率（RMS，Root-mean Square），在计算时要将瞬时功率平方后再积分，然后开方：

$P_{rms}\approx 1.225P_{ave}$

放大器的最大输出功率称峰值功率（Peak Power），是根据正弦波的峰值测得的：

$P_{max}=\sqrt{2}\frac{V^2}{R}$

放大器工作于音乐信号时，可能供给的短时间输出功率，称动态功率

（Dynamic Power）或音乐输出功率（MPO）。它是放大器在直流电源电压值保持零信号电平时的值不变的条件下，所测得的满信号正弦波连续输出功率。该值在给定的失真度时，视负载及电源稳定度可获得比正弦信号大的输出功率，达1.2 ~ 1.4倍。如不考虑失真，放大器能输出的音乐功率的最大峰-峰值，称为峰值音乐输出功率（PMPO，Peak-to-peak Musical Power Output）。

$P_{PMPO}=P_{max}=8P_{rms}\approx 9.8P_{ave}$

峰值音乐输出功率并无实用价值，但在组合音响产品中广泛使用，作为广告宣传吸引消费者。

输出功率也可用功率分贝（dBW）表示，它是以1W功率为零电平基准，以dB表示的输出功率对数值。

dBW	W	dBW	W	dBW	W
−1	0.79	0	1.00	10	10.0
−2	0.63	1	1.25	11	12.6
−3	0.50	2	1.6	12	16
−4	0.40	3	2.0	13	20
−5	0.32	4	2.5	14	25
−6	0.25	5	3.2	15	32
−7	0.20	6	4.0	16	40
−8	0.16	7	5.0	17	50
−9	0.13	8	6.3	18	63
−10	0.10	9	8.0	19	80

选择、比较声频放大器时，在对其额定功率做比较之前，必须先弄清说明书提供的是RMS、max还是其他功率，还要注意得到这个测量数值时的阻抗，因为负载阻抗不同时，晶体管放大器的输出功率并不相同。通常著名的制造厂家公布的功率值是可靠的，大多具有良好素质，不知名公司、厂家列出的放大器最大输出功率则常不能全信。

放大器的输出功率，可由负载两端的电压测量值算出。

$P=V^2/R_L$（式中，P为连续波平均功率，单位为W；V为负载两端交流电压，单位为V_{rms}；R_L为负载阻抗，单位为Ω）。

150．模拟唱片有何魅力

模拟唱片（Phonogram）是人类历史上最早用来存储声音信号的载体，百余年来，技术的进步使它在频率响应、动态范围、失真度、串音和信噪比等性能上达到相当完善的境界。模拟唱片目前都是密纹唱片，使用直径10英寸或12英寸的乙烯基树脂圆盘形载声体，转速有33.3 r/min和45 r/min两种。45 r/min唱片中每面录一支曲子的称SP唱片，每面录两支曲子的称EP唱片。33.3 r/min唱片有长的放音时间，称LP（Long-play Record）唱片，使用最为普遍，也就是常说的黑胶唱片。20世纪70年代，高保真音响的声源是密纹唱片（LP）独领风骚，到了20世纪80年代，数字声频唱片（CD）兴起，出现了共存与竞争的局面，促进了技术的发展，结果还是CD被普遍接受而使LP产量急剧下降，几乎退出历史舞台，但一些爱好者并未放弃。

因为普通CD唱片重播系统在音乐表现上存在音色不够圆润、泛音有所不足、弱音细节不够丰富等缺陷，少了一些音乐的韵味，特别是在与优秀的模拟音响系统对比时，那种缺陷更明显，所以一些对音质要求极为苛刻的人士认为CD的综合音质逊于LP，使高档LP唱机及唱片至今在Hi-Fi界仍保有一席之地。LP宽松、自然、甜美，富有人情味，有宽广的空间感和生动的临场感，是普通CD所欠缺的。20世纪90年代，性能超卓的器材，如瑞典Forsell的气动轴承唱盘，使LP音乐重播的音质再度登上高峰。

音乐感和细节表现是LP胜过CD的两个方面，混响的透明度及拨弦的瞬态特性尤为出色，它能使你享受到音乐的深层韵味，尤以对室内乐的欣赏为甚。可以说若要从唱片听到真实的音乐，至今仍非LP莫属。那些发行于LP辉煌时代的唱片，演奏或录音至今依然动人，LP以其美好温馨让人们对模拟音响留下深深的回味。

尽管LP本身具有不少缺点，如体积大、不易储放、容易磨损，使它难有翻身之日，但这似成“古董”的黑色唱片，仍以其高超的音质、富有感情的音色，着实迷住一些“发烧友”，即使它那独有的“噼啦”样噪声也能引发人们的怀旧之情，LP的保存价值不断升高。

欧美杰出的重刻180g LP唱片投入市场，由于效果好，销售量增长极大。近年美国Classic Record公司重造了绝版20多年的RCA公司的Living Stereo和Mercury公司的Living Presence模拟唱片，Wilson Audio公司重新制作了EMI模拟唱片，许多经典珍贵的录音重获新生，使老辈“发烧友”如获至宝。新制作的LP唱片全面优于以前，如增加厚度防止翘曲。现代电唱盘大多采用皮带驱动转盘、3点支撑悬浮避振、特别强化分离设计的电动机电源、石英晶体正弦波交流供电系统、新材料唱臂等。现在在国外，尤其是西欧，Hi-End音响器材商店大多经销电唱盘，品牌、型号大大多于前几年，为数不少的厂商在与LP有关的器材上又在继续发展，如SME、Roksan、J.A.Michell、Linn Sondek、Wilson Benesch、Ortofon、Van den Hul电唱盘，EAR、Audio Innovations唱头放大器，从“发烧级”到普通产品一应俱全，2006年后一股模拟复兴潮流悄然而至。

151．MM、MC 唱头的优缺点

唱头（Cartridge）是把唱针的机械运动转变为电信号的换能器，它与唱臂（Tone-arm）组合成拾音器（Pickup），对唱盘重放音质有极大影响，制约了唱盘的性能。

每种唱头由于工作原理和结构的不同，都有其先天的长处与不足，所以它们的音质、音色表现会有不同。

动圈式（MC）唱头是唱头中的高级品，音质优美，它的优点是分析力强、高频响应好，能拾取到的声音细节多，多为爱好透亮清澄音色者采用，但循迹能力较差、输出电平小（0.2～0.5mV）、价格高昂是其缺点。有些动圈唱头还有高频过分强调的缺点。

动磁式（MM）唱头在唱头中是主要的一种。因为它循迹能力强、输出电平高（2～5mV）、动态范围大、频率响应平坦、更换唱针方便，加之制作精良的动磁式唱头的音质、音色并不比动圈式唱头差，所以使用最广泛。唱头外形如图 2-44 所示。

	动圈式（MC）	动磁式（MM）
频率响应（Hz）	10～20000	10～20000
输出电平（mV）	很低（0.05～0.5）	低（2～5）
唱针动作	柔软	柔软
分离度（dB）	好（≥30）	好（≥30）
均衡电路	要	要
前置放大器	要	不要
唱针更换	难	容易
针　压	轻	轻
音　色	清澄	丰满而有力度

典型的MM式唱头如舒尔（Shure）V15VxMR，该唱头价格较低，品质在同级中表现突出，容易调校，采用微脊形（Micro-ridge）钻石唱针，减低了对唱片声槽的摩擦力，铍管（Beryllium）制针杆使高频信号循迹更准确，重放声更真实细致。频响范围为10Hz ～ 25kHz，声道平衡 ± 1.5dB，声道分隔>-25 dB（1kHz）、>-18dB（10kHz），输出3mV$_{rms}$（1kHz），负载47kΩ，额定阻抗1000Ω DC，循迹重量1 ~ 1.25g，重量6.6g。

图 2-44　唱头

152．唱针有哪几种

唱针（Stylus）循着唱片的声槽运动，尺寸极小，是唱头的重要元件。

唱针以人造宝石和钻石（Diamond）为材料。目前高质量唱盘使用的唱针基本上是用钻石制作，它们比所有其他类型的唱针都要优越，唯一缺点是脆弱，轻微碰撞就易折断。

钻石唱针的寿命与其他材料的唱针的寿命相比，因制造和使用方法而有差别，如果使用得当，工作寿命可达500 ~ 1000h，可以满意地播放数千次。

唱针从针的断面形状区分，有圆锥针、椭圆针及超椭圆针，如图2-45所示。圆锥针最易加工，但接触不到唱片V形90°角的声槽底部，对高频率、大振幅信号不能很好跟随声槽复杂的调制，针尖会浮在声槽上，造成失真。椭圆针能接触到更细微的声槽底部，对声槽底部循迹甚好，可进行全频的充分拾取。超椭圆针是在椭圆针的两翼予以精密加工使其更薄，故能接触更高频的声槽底部。因此，从高频重放性能看，圆锥针最差。但越是针尖薄的唱针，如果调整不当，更易产生噪声、定位不良及造成唱片磨损。

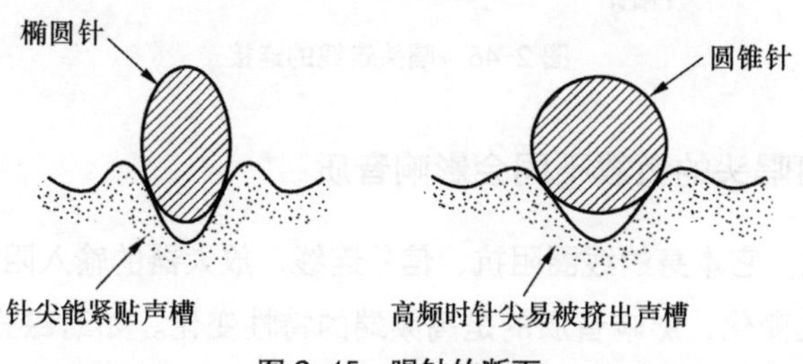

图2-45　唱针的断面

153．如何保养唱针

唱针在使用时会沾上灰尘和污物，切不可用擦拭、摇动或吹气等方法去除掉这些灰尘，因为那样做不仅难以除尽灰尘，还有可能损坏唱针。

唱针保养的最重要一点是要经常清除沾在唱针尖上的污垢和灰尘。清除方法为用羊毫毛笔由背面向针尖顺着针杆方向朝自己刷，但切记不能反方向或在侧面或前面向背面刷，以免弄断针杆。也不得使用酒精等溶剂进行擦拭，以免破坏针尖与针杆的粘接。

在维修或不工作时，要把唱针护盖装好，以防止碰坏唱针。

154．如何正确连接电唱盘

电唱盘（Stereo Turntable或Record Player）与放大器的连接并不困难，但若马虎从事也会出现问题。唱头有3根连线，其中两根是左、右声道信号输出线，一根是接地线，首先确认唱头类型（MM式或MC式），除左、右声道插头不能接错外，还需注意接地线，如果接地点不当或接地不良，将会引起交流声，可参考图2-46。

此外，如果电唱盘信号线插头与放大器插座接触不良，常会引起噪声，所以要注意接点的接触良好。当电唱盘的接地端与前置放大器间的接地端未接、断线或接得不好时，人手触及唱盘或转盘时，会出现交流声的变化。

对没有接地线的电唱盘，可在L通道信号线的屏蔽层端由0.01μF电容与机壳相接作为地线。

注：电唱盘唱头输出软线通常用颜色表示，一般左（L）声道正极（+）为白色，负极（–）为蓝色；右（R）声道正极（+）为红色，负极（–）为绿色。如果正、负极性接反，声像定位就不在正中而显模糊。电唱盘的接地线则与电动机相连。

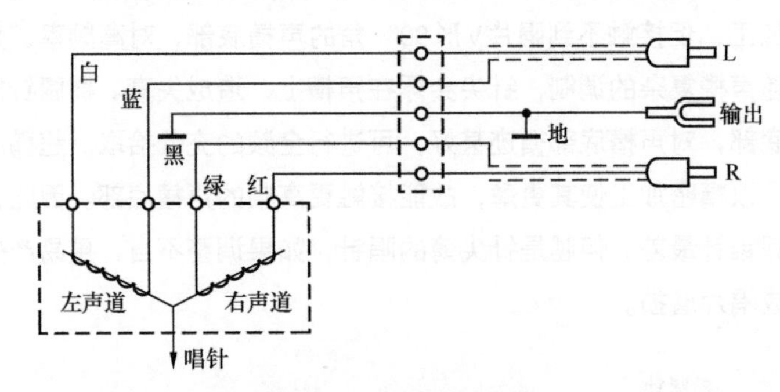

图 2-46 唱头连线的连接

155. 为何唱头的负载不同会影响音质

对唱头来说，它本身的线圈阻抗、信号连线、放大器的输入阻抗及其分布电容都会使音质产生变化，影响音质的是高频端的特性变化。如动磁式（MM）唱头的标准负载是输入电阻50kΩ和负载电容100 ~ 200pF，若负载变化，由于唱头线圈的高频电感和负载电容使谐振频率发生变化，它的输出特性和频率特性会随之改变。当放大器输入阻抗过大时，谐振电平就过高，高频端产生峰值，使高频提升过度。不论何种唱头，都有给定的最佳负载阻抗值，所以必须在放大器输入端采用已经确定的输入阻抗。

动磁式唱头对负载电容的变化较敏感，会影响高频响应。动圈式（MC）唱头由于本身阻抗很低，对负载阻抗值的变化较敏感，如放大器输入阻抗高过唱头本身很多倍，高频端响应会上升，最佳在8 ~ 10倍。除负载电容值和负载电阻值不同会引起唱头频率特性变化外，唱头的不同和唱机到放大器连接线的种类、长度的不同也会使音质发生变化。

156. 针压大小有何影响

现代唱臂的质量很轻，运动灵活，在装上唱头后质量仍较小，所以对唱臂的平衡要求很高，针压同样十分重要。

唱头唱针必须要有一定的向下压力来保证唱针跟随声槽调制规迹运行。它的最佳针压随唱头的不同有很大差别，针压不适当会造成声音失真。最佳针压值通常在产品说明书中提供，称为适当针压范围（如0.75 ~ 1.5g）。调整针压可转动唱臂后部的平衡重锤，至循迹力刻度盘上指示出适当的数值，此数值即唱针针压值。

大音量时，唱片声槽刻纹变化大，若为高音，针尖振动就非常快，唱针容易产生跳针而脱槽，所以要正确调整针压，以取得最佳音质和不出现跳针。实际上针压值一般宁可调节在规定上限值，即唱针针压置于比中等针压值稍大时，能给拾取系统以最佳动作条件。

针压过轻，唱针对声槽的循迹变差，高频失真，音质变坏，还因针尖浮起使与声槽接触不良出现噪声，严重时会跳针。过轻的针压并不会延长唱片寿命，反而对音质不利。针压过重，高频不足，并因摩擦加大而影响唱片使用寿命。

157．什么是超前距、循迹能力及内侧力

播放模拟唱片时，唱针是以唱臂的支点为中心做圆弧运动，因此而产生的角度偏移叫作循迹误差（Tracking Error），结果产生失真。为了减少这种角度偏差，必须将唱针位置超越转盘中心向前伸出一段长度，这就是超前距（Overhang），如图 2-47 所示。通常为使循迹误差最小，唱臂的摆动弧线将唱针始终稍超出唱片的中心，就是唱头先确定补偿角和超前值，通常补偿角为 20° 左右，超前距为 10 ～ 15mm。

循迹能力（Trackability）是表示唱头唱针在唱片上循迹程度的术语，用以判断唱头的循迹能力好坏。

在唱片旋转、唱针循迹时，唱片的声槽与唱针尖之间会产生向心力，把唱针拉向唱片中心，这个力被称为内侧力（Inside Force）。内侧力的存在会使唱针尖对声槽的循迹能力变差，失真增大，分析力和声道分离度变差。

为了消除内侧力的影响，在唱臂上设有内侧力消除器，它可使唱臂受到一个与内侧力大小相等而方向相反的力，从而抵消内侧力。由于内侧力随着放唱片时的针压而变，为针压的 10% ～ 15%，故而在更换唱头后，必须将针压指示值调整到相应的刻度。调整针压的方法是前后移动平衡锤至所需针压位置。

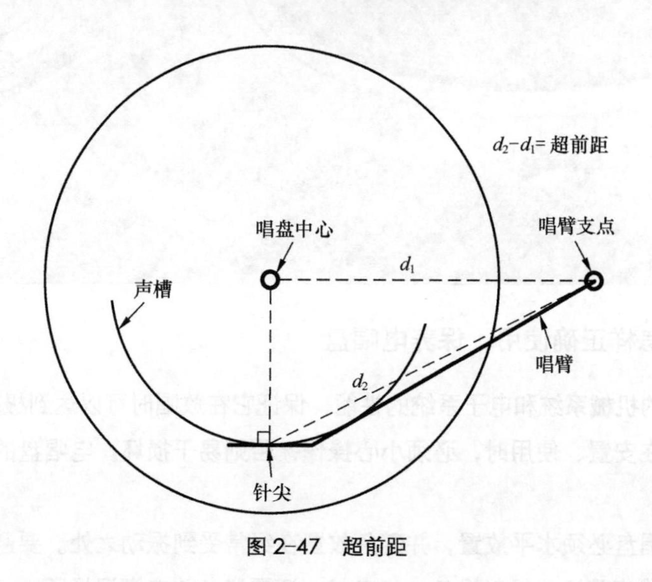

图 2-47　超前距

158. 怎样调整电唱盘

电唱盘拾音头唱针的工作寿命随唱针所受压力的增大而缩短，所以应调整针压到合适的值。通常钻石唱针工作寿命可达500 ~ 1000h。

唱臂的作用是使拾音头处于唱片上方，唱针能精确地循唱片上的声槽移动。唱臂的水平平衡器用于抵消压在唱针上的绝大部分的唱臂重力，以保证适度的唱针压力。循迹误差是拾音器转动轴与唱片声槽切线间形成的夹角，它对唱片和唱针的磨损甚大，并可增大失真和噪声。

拾音器唱臂的水平平衡调整　首先置防滑控制于“0”位，如果是自动唱盘，则向身边方向压下放唱杠杆（Cueing Lever）。去掉拾音头的唱针盖，将唱臂从搁架上脱开，这时唱臂将上下摆动或斜向一边，注意这时务必防止损伤唱针。转动平衡锤使唱臂前后移动，取得水平平衡，将唱臂严格平衡于水平位置并固定。此时，唱臂循迹力为零，唱针不受力。

循迹力的调整　转动平衡锤细调，至循迹力刻度上指示出适当数值，此数值即唱针针压值，拾音头处于最佳工作状态。针压值通常宁可调节在规定的上限值，因为太小的针压会失去对声槽的循迹而损坏唱片，较大而不超出规定值的针压仅稍稍增加唱片的磨损。

拾音器要求能良好地消除内侧力，如内侧力较大，会造成轻微失真，加重唱片磨损和左、右声道的不平衡，为此设置了防侧向滑动装置。

防滑控制调整　调整防滑控制（Anti-skate）旋钮到标记线对准与针压相同数值的指示值即可。这时唱针的内侧力被抵消，就能可靠地跟踪声槽。

159. 怎样正确使用、保养电唱盘

电唱盘的机械系统和电子系统的性能，保证它在放唱时可以达到极高的保真度。

电唱盘在安置、使用时，必须小心操作，否则易于损坏。电唱盘的使用注意事项如下。

（1）电唱盘必须水平放置，并避免放置在经常受到振动之处。要避免曝晒在直射阳光下，或者靠近热辐射设备，如电炉。还要避免放在潮湿场所。

（2）唱针要经常清洁。唱针上的灰尘或污物不能用擦拭、摇动或吹气的方法去除，应将特制细毛刷或羊毫毛笔由背面向针尖方向刷去，不能在侧面或前面往背面方向刷，以防止针尖损伤。

（3）电唱盘外壳表面的灰尘要用柔软、干燥的布擦拭，不能用化学溶剂擦拭。底板上的尘埃和污物可用清水擦拭，但要避免在阳光下晒干。

（4）转盘上的橡胶软垫应保持清洁，清洗时可以使用酒精或肥皂水，用软布或软刷擦拭。

（5）电唱盘不能放置在音箱的顶部，也不要与音箱靠得太近。

（6）电唱盘的电动机轴承及转轴轴承在长期使用后，需添加适量轻质润滑油，如是含油轴承则一般不用加油。

（7）如果传动带表面变得溜滑，可用酒精擦拭，除去表面油膜。

（8）电唱盘不使用时，应将速度选择置于空挡，以免中介轮变形。

（9）搬动电唱盘时，应将唱臂加以固定。

160．如何正确使用、保养LP唱片

LP唱片的使用寿命与维护有很大关系，如能细心维护、正确使用，可使其寿命大大延长。

对LP唱片而言，在潮湿的环境下很容易发霉，导致唱片损坏，聚氯乙烯片基极易产生静电，所以灰尘也是它的大敌。霉菌会深入唱片内部，即使能将霉菌清洗干净，由此引起的噪声也消除不了。灰尘虽小，但落在唱片槽内，除产生噪声外，严重时还会引起跳针，加速磨损。为此，对LP唱片的维护保养显得分外重要。

（1）不得在电唱盘转盘上放置两张或更多唱片，以免打滑，甚至擦伤唱片。

（2）不得在放唱时关闭电唱盘电源，放唱时不能触碰唱臂，以免损伤唱片。

（3）要时常检查唱针磨损情况，磨损的唱针会严重损伤唱片声槽。

（4）拿取唱片只能接触唱片边缘和中央曲名标记区，以免手指上的油污污损唱片。从转盘上取下唱片时，应用双手端下。

（5）存放唱片最正确的方法就是竖直放置，也可平放，但叠放不宜超过5张，切记不可斜放，以免唱片翘曲，翘曲的唱片是无法恢复平坦的。薄膜唱片应平整放置。

（6）唱片不使用时，应放入封套，封套要保持清洁，以防止尘埃侵入。

（7）唱片在取出及放入封套时，应缓缓地进行，以免产生过多静电荷，吸引灰尘附着到唱片表面。

（8）要消除唱片表面的静电，可在转盘上放置导电软垫或喷以抗静电剂。

（9）禁止使用酒精、汽油等溶剂擦洗唱片。

（10）唱片怕热，绝对不能放在阳光直射的地方，也不要放在发热体（如功率放大器、取暖器等）附近。唱片也不要存放在灰尘多的地方，还要防止摔跌。

英国Rega（君子）公司认为唱片保护应注意以下几点。

（1）唱片转动时，不要使用任何清洁工具，不要使用含水和溶剂的清洗剂。

（2）用唱片封套保存唱片，要避免接触唱片表面，避开所有水和液体，清洗是不必要的。

（3）不必担心唱片表面可见的灰尘，放音时唱针会把它们刷到一边去，累积在唱针上的灰尘很容易吹掉。

161．怎样清洗LP唱片

旧LP唱片需要清洗，洗掉霉点，清除尘埃，恢复清洁，特别是对地处南方、有雨季地区的爱好者，清洗唱片必不可少。

LP唱片发霉和尘污后，至今没有完善的解决办法，使用唱片清洗机虽较有效，但因售价不便宜，也较麻烦，无法普及。

唱片在使用过程中，其表面极易产生静电荷而吸附灰尘，导致放音时出现“噼啦”样噪声，还会加速唱片磨损。鉴于唱片片基是绝缘性能极好的聚氯乙烯，由于静电吸附作用，其表面的灰尘极难去除。

清除唱片表面尘埃最方便的方法莫过于使用唱片刷。市场上有一种老式的绒布唱片刷，除尘效果极差，如果使用它，不仅刷不掉灰尘，反会因绒布与唱片摩擦产生大量静电荷，使灰尘附着得更牢，可以说越擦越糟，千万用不得。

碳纤维静电刷是比较好的唱片刷，由导电的碳纤维制作，通常由两排碳纤维刚毛组成。其功能是消除静电荷，去除微细灰尘。碳纤维静电刷的使用方法如下。

（1）将唱片放置在转盘上，并开启电唱盘。

（2）握住静电刷把手金属部分，或将唱片刷接地，将刷子轻轻地垂直置于唱片声槽，让转盘转动数圈，刷子刚毛顺着声槽运行，直至灰尘完全被收集到刷子上为止。

（3）仍将刷子放在唱片上，小心地把刷子朝外拖出，尽可能不丢失已收集到的灰尘。

（4）为确保碳纤维收集到的微细灰尘能最大限度被清除，应重复上述步骤。

（5）最后弹掉碳纤维刚毛上的灰尘，并将刷子转到金属把手内保存。

使用碳纤维静电刷时应注意，不要用手触摸碳纤维刚毛，也不要对碳纤维刚毛做任何过度的弯曲和提拉，碳纤维静电刷不能水洗。

对于LP唱片霉点，除使用专用清洁剂清洗外，可以用蒸馏水加中性洗涤剂洗，先将有霉点的唱片放在清洁剂中，浸3分钟后用极软的刷子刷洗；也可用传统1cm×3cm软牙刷（不要上尖下宽的那种）刷洗。刷洗时要边转动唱片，边顺着声槽进行。观察霉渍已清除后再放到干净的蒸馏水中冲洗干净。把洗好的唱片吊起来，用清洁的纯棉毛巾吸去剩余的水分，最后用吹风机将唱片两面稍吹一下，让它干透，注意操作吹风机时不能靠唱片太近，也不能吹得太久，以免唱片被热风吹软弯曲。清洁过的唱片应放进清洁的唱片封套里。

洗片机的使用方法可参看原厂说明书，洗后以吸湿巾吸干唱片面上水分，然后竖着、夹着或者吊着阴干，不要用阳光曝晒。

162．CD机为什么要采取高比特和超取样

高比特和超取样是改善激光唱机音质的重要手段。超取样可以减缓低通滤波器的衰减特性，降低相位失真，高比特则能减少超取样数字滤波器带来的信噪比下降。

在激光唱机中，数字信号经数字/模拟转换器（DAC）转换后虽得到了模拟声频信号，却存在多余的44.1kHz整倍数的寄生频率成分，为此要用一个衰减特性很陡峭的低通滤波器加以滤除，但只要后级中稍有非线性，寄生频率与有用信号互相调制就将产生严重失真。而且衰减特性好的低通滤波器相位失真也大，同样会影响激光唱机的音质。因此，在DAC前插入数字滤波器进行以取样频率4、8倍等频率的超取样，寄生频率便被转到更高频率，就能采用衰减特性较平缓的低通滤波器滤除，从而大大改善相位失真。不过数字滤波器的引入将产生运算误差，造成信噪比的下降，采用高比特DAC能减小信噪比的劣化，如20 bit的DAC就能使信噪比的劣化减至忽略不计程度。

163．激光唱机有哪些数字输出接口

激光唱机备有数字输出接口的目的在于外接数字/模拟转换器（DAC），方便升级。激光唱机的数字输出接口有3种类型。

光纤输出　优点是几乎不受外界干扰影响，特别是中、低频电磁干扰，而且传输频带较宽、损耗小，还能防止由信号线产生的无用电磁辐射。光纤输出可分Toslink塑料光纤和AT&T（ST）石英光纤两种，它们的区别在于传输接口标准及光纤材料不同，不能通用。Toslink是由东芝公司研制，并经日本EIAJ认证的一种通用光纤输出标准，质量轻、截面小、抗电磁干扰能力强，但易受射频干扰。AT&T是由美国AT&T公司所制定的标准，主要设计用于通信系统，它的工作速度、信号容量和频带宽度都优于Toslink。

上述两种接口均属S/P DIF（Sony/Philips Digital Interface Format）标准。

同轴输出　75Ω同轴接口有BNC和RCA两种规格。一般使用通用的RCA规格同轴接口，这种输出接口的表现要好过Toslink光纤输出。

平衡输出　即AES/EBU标准输出使用的XLR接口，这种输出仅在顶级、专业器材中使用，特点是可靠性好，拆装容易。

AES/EBU为美国音响工程师协会/欧洲国家广播公司联盟（Audio Engineering Society/European Broadcast Union）的缩写。

164．哪种数字传输接口好

数字音响设备中，数字信号在传输、转换过程中，在数字声频界面会引发时基

误差（Jitter），这个时基误差与界面的频带宽度有关，而时基误差是导致数字音响音质不良的重要原因，所以数字音响设备传输接口性能的好坏，应以引起时基误差大小为衡量标准。一般多比特DAC为达到应有性能，它的时基误差要低于500 ps，但1 bit DAC达到同样噪声水平，它的时基误差可放宽达20倍。

数字音响设备的数字信号传输接口有3种类型，各有优缺点，以75Ω同轴式数字传输最完美，由此而产生的时基误差最小，其中BNC插头座的表现又优于RCA插头座，时基误差低于100ps。110Ω平衡式AES/EBU卡农插头座虽有可靠性高的优点，但工作频带宽度较窄，时基误差率较高，约为BNC的10倍。最常用的两种插头如图2-48所示。

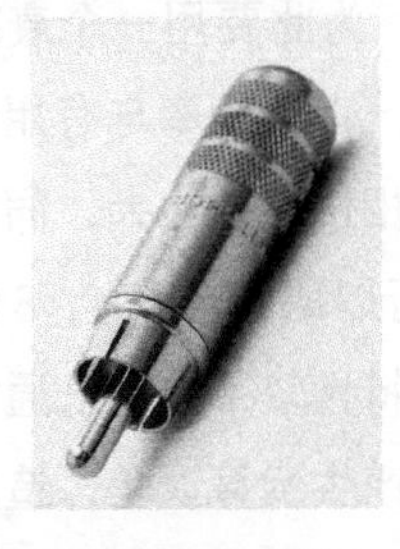

图 2-48　BNC（左）与 RCA（右）插头

BNC是带卡口锁定的高频同轴插头座，最高使用频率可达4GHz，比RCA插头座更有利于传输3MHz以上信号，其与导线的屏蔽层的接地也更紧密。数字设备如附有BNC-RCA转换头，可将RCA头转换成BNC头，也必有好的效果。

光纤中的AT&T石英光纤虽是理想的数字传输方式，但它的电-光发射部分和光-电接收部分却是产生时基误差的元凶，时基误差常高达2000ps，约为BNC的20倍。Toslink光纤的性能排在最后，这是因为它的光学界面缺乏足够的频带宽度（6MHz），不宜传输高品质的数字声频信号。

165．哪种数字连线好

在音响系统中，数字设备间可以使用优质石英光纤或同轴数字线连接。但使用品质差的Toslink光纤，会使声音冷硬、干涩；使用品质差的同轴线，会使声音细节减少、密度降低。

数字信号线的质量非常重要，不容忽视，不良的数字信号线将引发时基误差，造成极易听出的音质劣化，如细节、密度、延伸等，可以说CD转盘与DAC的表现在很大程度上依赖于所用的数字信号线。不少感觉效果不好的DAC，实际大多是由于使用了劣质数字传输线。

数字信号线的特性阻抗要匹配，否则将使信号在线缆中反射，引起数据出现时基误差。S/P DIF的标准阻抗是75Ω（±5%），AES/EBU的标准阻抗是110Ω（±20%）。

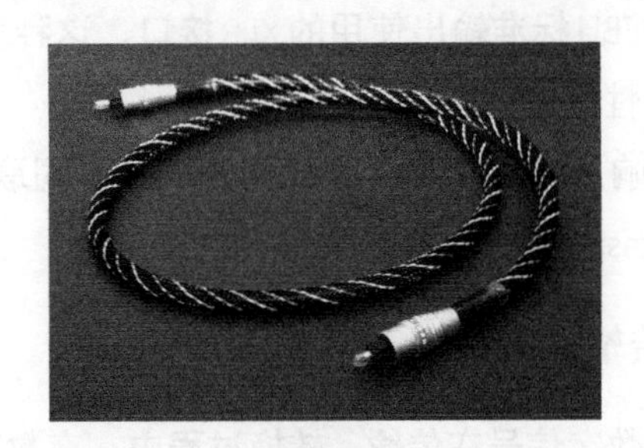

石英光纤

166．什么是S/P DIF接口

S/P DIF全称是Sony/Philips Digital Interconnect Format，是Sony与Philips公司联合制定的一种数字声频接口。由于被广泛采用，成为事实上的民用数字声频格式标准，大量的消费类声频数字产品，如CD机、DAT、MD机、计算机声卡数字口等都支持S/P DIF，在不少专业设备上也有该标准的接口。

S/P DIF接口常用的有两种，一种是RCA同轴接口，另一种是Toslink光缆接口。其中RCA接口是非标准的，优点是阻抗恒定、有较宽的传输带宽。在国际标准中，S/P DIF需用BNC接口和75Ω电缆传输。

167．何谓D/A转换器

D/A转换器即数字/模拟转换器（DAC，Digital/Analog Conversion），通称解码器，是数字音响设备中的数字处理系统，包括控制系统、数字声频运算处理、数字/模拟转换等。独立的DAC更能充分发挥数字技术的优异性能，使激光唱片的重放效果提高到更高层次，音乐重放质量可达与高级模拟唱盘极为相似的水准，尤其是对微弱信号中声音的重现。利用激光唱机的数字输出接口加置DAC，是升级激光唱机的途径。

由于转盘的振动对音质有极大影响，它的机械精度关系到激光读取的信号完整程度以及错码率，所以应避免使用低档转盘的CD机去配合高档DAC，否则DAC的性能不能充分得到发挥。还有，一根高素质的数字信号线也是不可少的。

美国*Stereophile*杂志曾探讨过数字/模拟转换器的输出阻抗问题，DAC的模拟输出电平（RMS）大小并不会改变声音，但要注意高输出声源最好不要搭配高增益前级，否则前级容易过载。一般认为输出阻抗大的数字/模拟转换器声音比较饱满。

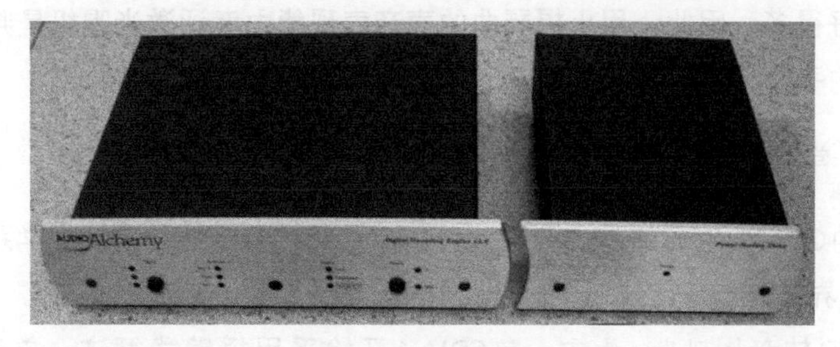

Audio Alchemy v3.0

168．D/A转换器电源为什么要常开

大部分数字/模拟转换器的生产厂家都建议让数字/模拟转换器一直接通电源，长期开着不要断电，使器材保持一定的工作温度而能随时以最佳状态投入工作。这样才可保证数字/模拟转换器随时提供最佳重播效果，因为使数字/模拟转换器的

声音达到最平滑流畅，往往需要数小时以上的通电才能实现。长期开着只不过机壳微热，停机后再开机又要等数小时后才能有好的声音，而且常开不关还能减少内部元器件因开关机带来的额外负荷，对使用寿命不无好处。数字/模拟转换器若要有最佳重放效果，最好长期接通电源，切忌时开时关，连续开关机常会造成损坏。

数字电路在电源插头插进插座时，很容易因瞬间接触不良所引起的浪涌而损坏，故而建议在插座前装设一只开关，以备插、拔电源插头前能先快速断开电源，保护D/A转换器。

169．何谓数字接口处理器

数字接口处理器（DIP，Digital Interface Processor）是一种串接于CD转盘、DAT或DCC与数/模转换器（DAC）之间的设备。它具有各种数/模接口的转换功能，如将转盘的光纤输出转换成S/P DIF同轴数字输出或AES/EBU平衡式数字输出。但它最主要的功能是运用相位锁定环路来修正时基误差（Jitter），就是使转盘的时钟脉冲与解码器保持同步，增加数字信号的精确度，使数据分析能力得到提高，同时对所传输的数字信号起净化及增强作用，有助于提高音质，增强音乐感，尤其是使弦乐的表现更真实，更从容，有更多的低电平信息，细节分析力和空间感更佳，声场的深度及定位的层次感有明显改善。这种改善对低档转盘尤其明显，常见的数字接口处理器品牌有Audio Alchemy、Theta、Monarchy等。

170．为什么用小提琴声的表现考评CD机

常有人用小提琴声作为激光唱机的考评信号，原因是小提琴所发声音的波形是乐器中最复杂的，含有极丰富的泛音，所以对小提琴录音是最不容易录好的，在重放时不同的激光唱机对小提琴声的表现确实存在很大的差异，容易出现声音含糊、高音粗糙、声音发毛、没有亲切感、缺乏真实感等情况，而对其他乐器的表现则要好得多。因此，用小提琴曲的声音表现能力考评激光唱机是判别其重放音质好坏的手段。

171．常见的CD转盘系统有哪些

常见的CD转盘有欧系和日系两大系统。高级转盘中的传动及光学系统几乎是Philips的世界，其余用TEAC或Pioneer的亦不少。

欧系CD转盘以Philips为主，自CDM-1开始采用摇臂式循迹、单光束设计。CDM-3是全铝铸造，有左、右平衡设计的传动机构，Krell的转盘曾用过，日本Luxman D500也使用。CDM-4是使用最广的转盘，分普通型和专业型（Pro）两种，大部分欧洲厂家都使用普通型，Merldian及Mission、Mark Levinson、Jadis及Philips、marantz的高级转盘使用专业型。CDM-9原开发用于计算机，带有避振装置，大量用于Philips中低价CD机，Pro型采用霍尔电动机、玻璃镜片、铝铸全悬

浮结构，受到Krell、Vimak、Forsell、Theta、PS Audio、Restek、Burrmaster等厂商欢迎。CDM-12改用直线循迹、三光束设计，结构进一步简化。CDM-12.1是普及型，附有完整的驱动伺服电路，高级的CDM-12.4则需使用者开发某些控制组件，专业型为CDM-12Pro，广泛使用在MBL、Mark Levinson、Oracel、Burmester、Sonic Frontiers等厂的产品中。

日本大厂大都独立开发CD转盘，但以Sony和Sanyo为主要供应商。大部分随身听转盘都是Sanyo转盘。Accuphase、NAD、M.F.使用Sony转盘。有名的转盘则有Denon开发的三重避振系统CD转盘；Pioneer的倒置Stable Platter转盘，唱片信息面朝上放置，并在惯性很大的高刚性承片座上敷有吸振材料，激光信号由上方直线寻迹读取；TEAC的VRDS（Vibration-Free Rigid Disc-Clamping System）无振式转盘，它有一个与唱片尺寸相同的碟状压片盘，由下方的承片座将唱片上顶，使与压片盘紧密贴合，传动电机位于压片盘上方；Nakanichi的Acoustic Isolation声音隔绝式转盘，它整个转盘结构都密封隔绝，能阻止外界所能带来的所有振动；还有CEC的皮带驱动系统等。

激光唱机转盘曾走过追求重量的误区，由于CD唱片工作于高速旋转状态，自身的动惯性较大，而且工作在恒线速度的变速状态，若采用重量级的转盘，反会因变速困难造成跳跃播放速度慢和重播音质下降，所以CD唱机并非越重越好。

172．常见的DAC方式有哪些

DAC（Digital to Analogue Convertor）即数字/模拟转换器的缩写，是激光唱机的重要组成部分，常见的方式有飞利浦比特流（Philips Bitstream）、多比特（Multibit）、多比特和比特流混合技术（Hybrid）、1 bit型（Single bit，如MASH、PWM等）等。

最成功的D/A芯片有Philips的1 bit DAC TDA1547、20 bit的Burr-Brown PCM 63P及Ultra Analog的D 20400 DAC，这3款芯片只要应用得法，极具潜力，能做成水准相当不错的解码器。

目前Δ-Σ（Delta-Sigma）非常流行，常被用作多比特与1 bit间的转换，是现代1 bit技术的核心，它包括两部分：Δ电路将量化后的信号与初始信号进行比较求差，这些插值信号再进入Σ电路，与量化前的信号相叠加，然后再进行量化。这种方式对元器件精度的要求可以降低，性价比很高。芯片有Crystal公司的CS4390、CS43122，日本NPC公司的SM5842及高级型SM5865。现在主流是24 bit/96kHz数/模转换芯片，如Crystal公司的CS4390为Σ-Δ方式128倍超取样，Burr-Brown公司的PCM1716和PCM1728为Σ-Δ方式8倍超取样数字滤波，以及高档单声道芯片PCM1704等。

173．为什么高档CD机要用片夹压住唱片

激光唱机中的CD片在工作时以200～500r/min悬空状态高速旋转，会出现严重

的波状起伏或晃动现象。由于激光唱机配备了强力的伺服系统，所以CD片在晃动时仍能正确拾取信号，但CD片旋转时的晃动将产生时基误差，对音质会有极大影响。因此在高档激光唱机中，都增设了稳定措施。采用片夹和稳定器等，就是一种靠增加重量来改善防振效果的常见方法。

174．升频能提高 CD 片重播音乐的音质吗

所谓升频，就是把16 bit/44.1kHz的数字信号提升到24 bit/192kHz，或者把PCM数字信号转换为1 bit/2.8224MHz DSD数字信号，这种重组出新的高规格数字信号的方法，并非一般简单的取样频率提高。

对于数字录音制品，不管其录制时规格有多高，都受制于最后的软件规格，如CD规格为16 bit/44.1kHz，即使录音时采取24 bit/192kHz规格或DSD方式，但最终制成CD母版时，仍要降低规格到16 bit/44.1kHz，否则就制不成CD片。

可见CD片的音乐信息量受制于16 bit/44.1kHz规格，不可能有真实的增多。数字信号源采取24 bit/192kHz处理或将PCM信号转为DSD信号，并不会创造出更多没有被录进CD片的原始音乐信息，真正的细节不会增多。由于高比特和超取样对电源精度的要求相应提高，升频虽使声音有所变化，但不一定会真正改善声音的品质。处置不好反损真实感。

175．I^2S 接口有什么好处

I^2S（Inter-IC Sound Bus）是一种数字声频设备之间传输信号的总线标准，用以直接把转盘拾取的声音信号分别用时基信号与数字信号分开传送到数字/模拟转换器，因而可有效降低时基误差到10ps（一般S/PDIF传输可能会有100ps），使声场更真实，立体感更好，细节更多，更自然。

176．怎样改善 CD 片音质

对一些挑剔的爱好者，总想对CD唱片的音质加以改善，最好的办法当然是使用音质更好的激光唱机。下面介绍的方法会有些效果，但不会太明显。

为了提高CD片的音质，唱片表面必须保持清洁。另外，有报道称用绿色油性记号笔将CD片内、外圈边沿的垂直面涂以绿色，减少红色激光的散射和折射，可提高低电平分析力。

对CD片进行静电消除，有报道称可能改善声音的丰满和清晰程度，以及声场和定位。

177．什么是CD-R

CD-R（CD Recordable）可录激光唱机是一种操作不需要专业技术，可在家里自己录制光碟的激光唱机。它可以使用仅可录制一次的CD-R碟片及可供多次抹录的CD-RW碟片，还能播放CD唱片。

CD-R可对CD、DCC、DAT、MD及数字声频广播等数字信号进行转录，对不同取样频率进行自动识别并转换为44.1kHz。模拟声源信号也能自动进行A/D转换，直接录成光碟。由于CD-R不采用信号压缩技术，信息保真度好，故以CD-R录制的光碟，音质要比用MD转录的好，特别是音乐感方面。通常CD-R还具有多次分段写入（Multi Session）功能，碟片可在分隔的时间内进行录制，直至存储空间用完为止。

使用CD-R时应注意，必须采用带有“For Consumer Use”标志的碟片，这是生产商已交纳过版权费供个人使用的碟片。

一次性可录CD-R光碟采用碳纤维片基，镀以金属膜及有机染料层，比MD磁碟要便宜许多。

178．刻录的CD-R为什么音质会下降

不少爱好者都用计算机刻录机复刻CD片，但发现刻录的CD-R片的音质明显比原来的CD片要差。其原因是专门的CD刻录机在数字信号进入刻录光头之前，有一个时基校正电路，一般计算机刻录机则没有，而且计算机采用分时模式工作，CD播放则是实时模式，时基误差会造成爆破音，从而劣化音质。

复制过程中如果出现时基误差，会对音乐本身造成不可逆转的伤害，故而正版CD唱片无法复制，转录的光盘里有很多误码。

179．什么是DVD-Audio

DVD-Audio（简称DAD）采用线性脉冲调制MLP无删减压缩方式、24 bit/192kHz格式（可兼容多种数字声频格式）单面单层或双层结构，系两片0.6mm基片黏合而成，有12cm（标准）和8cm（小型）两种尺寸，其单层唱片的容量为4.7GB，约是CD的7倍，数据传输速率为10Mbit/s，频率响应上限可达96kHz。除存储声频信号外，DVD-Audio还可存储其他数据或资料的信息。DVD-Audio采用“电子水印”技术防止盗版。

DVD-Audio与DVD-Video、DVD-ROM标准是兼容的，与信息技术的兼容性使DVD-Audio唱片能在计算机上发挥作用。

注：MLP（Meridian Lossless Packing Compression Technology）是无删减可逆式

压缩编码技术的缩写，是1998年英国Meridian公司研制的一种无删减可逆式压缩录音技术，能增加数据存储容量而完好无损地保留原始声频信息。

MLP技术的特点是：(1) 具有串联特性 (Cascadable)，数字声频信号经MLP多重编码及多重解码后，能完整恢复原始的声频信息；(2) 具有健全性 (Robustness)，有很强的纠错能力，可在2ms内迅速实时纠正传输的错误数据。

180．什么是 SACD

SACD (Super Audio CD，超级声频CD) 是以Sony/Philips为首，成员包括Accuphase、Aiwa、Denon、Kenwood、Marantz、Nakamichi、Onkyo、Sharp及TEAC的组织使用的音乐光盘格式，采用CD/HD单面双层结构，底层记录传统的CD信息，中间HD高密度信息层采用比传统PCM简单直接的Δ-Σ 1bit (2.8224MHz超取样) DSD (Direct Stream Digital) 直接数字流编码技术，其标记如图2-49所示。解码器免除数字滤波器，只使用模拟低通滤波器，不但减小了信号的流失，重整的输出信号波形更接近模拟输入信号。SACD的容量为CD的4倍，高频可平直延伸至100kHz，动态范围达120dB。SACD除能记录立体声和环绕声声频信号外，还能存储诸如目录、图像等附加数据。

SUPER AUDIO CD

图2-49　SACD标志

为了加强SACD的版权保护，SACD采用了先进的防盗版及防复制加密保护措施，如“数字浮水印”及防复制编码。

无论是SACD还是DVD-Audio，这两种格式至今都不是市场主流，恐怕都难以取代CD，尤其是软件缺乏更是致命，这与CD刚推出时硬件与软件大量推出全然不同，今后发展难料。

181．盒式磁带如何分类

在数字音响相当普及的今天，作为载声体的模拟盒式磁带 (Casstte Tape)，其音质能否算高保真，大多数人恐怕不是一下能说得清楚。盒式磁带价格低廉及可以自录自放的特点，使它不像模拟唱片那样一下成为明日黄花。目前在线音乐和数字下载盛行，一股盒式磁带的复古风又在稍然掀起。

盒式录音带的频率响应、信噪比、动态范围等指标，还有它的音质，远比一般人所想象的要好得多。以听感来评价，则它的柔顺悦耳，远非普及型CD机所能比拟。

盒式磁带中的普通带 (Normal) 即 I 型带。其早期产品性能只适合作语言录放之用，但现在普通带中某些高品质型号可比铬带而毫无逊色，远胜低价的铬带，特别是中低频的表现更胜一筹，足敷一般音乐录放之用，所以通常推荐使用高品质普通磁带。普通磁带在采用杜比C、杜比HX Pro录音后，频响及信噪比更大为提高，致使价高而且磨损磁头的金属磁带的销量日益下降。

铬带 (CrO_2) 根据国际电工技术委员会 (IEC) 的分类，属于 II 型带。由于铬带固有的缺点即极硬，易磨损磁头，真正的铬带已极难觅，已由含钴氧化铁带 (Co-

$\gamma \cdot Fe_2O_3$）所取代，但习惯上仍称之为"铬"带。含钴带既保有铬带的优良电磁特性，又没有铬带那种高硬度，而且录音灵敏度更高，扩展了动态范围，还改善了低频失真和中频音色，性能超出铬带甚多，是一种优良的高保真磁带。

金属带（Metal）是盒式磁带中的极品，属Ⅳ型带。金属带在频率响应的高低频延伸、信噪比、动态范围及信息量方面，与其他类型磁带相比具有绝对优势，代表着盒式磁带的最高境界。它的最大输出电平MOL值和输出饱和电平SOL值都是最高的；如MOL高于Ⅱ型带2~3dB，所以其录音电平、信噪比和动态范围更高；SOL更是优秀，即使遇到大量高电平的高频信号，仍能保持线性状态而不饱和，容量之高也非其他类型磁带所能望其项背的，具有极高的分析力。

选用盒式磁带前，可先查看盒带外包装纸，从上面提供的一些性能指标和曲线，可以判断它的录音性能。由于不同的盒式录音磁带具有不同的录音偏磁电流和灵敏度，所以为获最佳录音特性，在进行录音操作时，必须根据使用磁带的特性，仔细对录音偏磁电流进行微调，使磁带处于最佳偏磁状态，并通过手动电平控制对录音电平进行调整，以取得最宽的频率响应、最小的失真。当然，正确使用杜比降噪也属必要。在此需要注意的是，如果使用杜比方式录音，它的基准电平不能超越录音座电平表上的杜比电平界限。

182．录音座哪种磁头耐磨

盒式录音座的用户常为磁头（Tape Head）磨损导致的性能下降而烦恼，所以在档次较高的录音座中常采用一些耐磨的磁头来延长其使用寿命。

盒式录音座使用的耐磨磁头有采用高密度铁氧体、铁硅铝合金及非晶态材料等制作的磁芯。其中抹音磁头使用高密度铁氧体，录、放磁头则使用铁硅铝合金或非晶态材料。普通坡莫合金（Permalloy）磁头的维氏硬度在130左右，铁硅铝合金磁头的维氏硬度可达500左右，耐磨性是普通坡莫合金磁头的3倍，非晶态磁头（Amorphous Head）的硬度可达700以上，其寿命可比坡莫合金磁头长5倍，几乎不受磁带的磨损。非晶态磁头另一重要优点是改善高频动态范围多达2 ~ 2.5dB（在14kHz）。

注：非晶态合金是20世纪70年代问世的新材料，是利用超急冷技术，使液态金属快速凝固，直接制成的软磁合金，具有高导磁率、高电阻率、高磁感、耐腐蚀和高硬度等优异特性。

183．怎样利用自己编辑的盒带

对于热爱音乐的人，软件是必不可少的，但在作为商品的一盘盒带或一张唱片中总不可能全是自己特别喜爱的节目。

在此盒式录音座就能充分体现它的优越性，人们可以利用CD唱机和盒式录音座，从CD片中自由地进行选曲、编辑，将自己喜爱的曲目归纳收录在一起，欣赏自己制作的盒带，放在随身听中边走边听，放在汽车音响中欣赏，可说别有一番乐趣。还能使你熟练地运用音响设备，丰富音乐、音响爱好的趣味，体验音响世界的深奥情趣和喜悦。

184．杜比降噪系统有哪些

对于家用盒式磁带录、放设备，杜比降噪系统有B、C和S三型，都是互补型的。针对磁带录音的本底“咝咝”噪声，利用人耳听觉的掩蔽效应，在录音时将低电平信号强化，重放时则衰减，正常操作时，可发挥明显的抑制噪声作用，使盒式磁带的动态范围进一步得到展宽。

杜比B型（Dolby B）降噪系统是1969年杜比研究所（Dolby Laboratories）研制的以掩蔽效应为基础的家用降噪系统，它的压缩和扩张只在小信号的高频段进行，在5kHz以上频率，降噪效果可达10dB，对高电平信号不进行处理，在低电平处理方面仅采用一个可变带宽的高通滤波器，它能随着信号电平的提高而扩展截止频率，故能防止接近截止频率的高电平信号产生调制现象。杜比B型降噪系统普遍使用在家用盒式磁带及录、放设备中。

杜比C型（Dolby C）降噪系统是1980年由杜比B型发展而来的。其噪声处理采用低电平旁通的双通路系统，由高电平和低电平两个系统串接组成。这种系统同样不对声频范围内的所有噪声进行抑制，只对部分频段的噪声做抑制，在录、放过程中对1kHz以上高频约可产生20dB的降噪效果，并可将最大输出电平改善8dB（15kHz）。由于杜比C型降噪系统可将盒式磁带的噪声近乎完全消除，还减小了高频损失和失真，所以是一种业务级的二段降噪系统，是高级家用盒式磁带录音座不可缺少的设置。

杜比S型（Dolby S）降噪系统是于1989年采用专业SR（Spectral Recording）技术及A型降噪系统结合杜比B、C型降噪系统等相关技术衍生出来的。其降噪性能在低频范围内为10dB，高频范围内则可达24dB，还有降低失真、增进线性的作用，可实现更宽广的动态范围，并能在较高电平下进行录音，还可减少传输频带误差造成的寻迹误差现象，使听感更好。杜比S型降噪系统应用在准专业级等高级家用盒式磁带录音座上。

带有杜比降噪的软件和硬件上，都有一个双写的D作为标记，如图2-50所示。

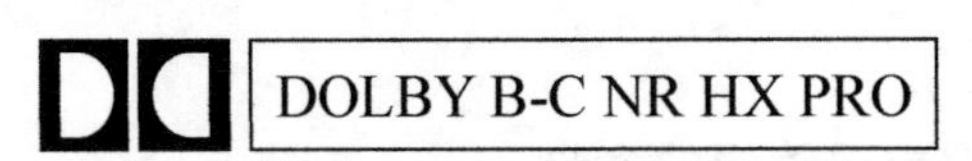

图2-50　盒式录音杜比标记

185．录音座上MPX FILTER钮有什么用

MPX FILTER是多工滤波器的英文。此多工滤波器钮在使用杜比降噪系统进行调

频广播录音时采用，它能滤除调频立体声广播导频（19kHz）信号，防止它混入录音信号而对杜比降噪系统造成误动作。

在录制调频广播节目时，如果串进了19kHz信号并被录下来，重放时就会有这个信号声音，而且它还常与录音偏磁振荡频率产生差拍，使录音偏磁振荡器频率受到影响。为防止这些信号和差拍，就要接入MPX滤波器。

186．杜比 HX 和杜比 HX Pro 有什么功用

高级盒式磁带录音座中都采用杜比HX或杜比HX Pro系统，以提高其录音的高频性能。众所周知，通常的录音方式是将高频偏磁信号和声频信号混合而进行录音的，但每一个声频频率都存在一个最佳的磁带偏磁电平。由于录音信号的频率越高，所需的偏磁越小，而且信号对其自身也起一定偏磁作用，即自偏磁，当声频信号以固定偏磁录音时，其频率响应由于自偏磁作用将引起声频信号高频部分的瞬间变化，这个变化不仅影响了高频响应，还会导致磁饱和现象。

杜比HX系统是杜比研究所研制的一种高保真录音辅助电路。HX是Headroom Expansion的缩写，它将持续不断监控上述偏磁作用，在馈给磁头的信号是高频时，电路会相应降低偏磁电流，使高频易出现的自偏磁效应降到最小，从而使低、高频都达到最佳偏磁点。它能显著拓宽录音的高频响应，尤其在高电平时的作用更大，当与杜比B降噪系统并用时，可进一步扩大任何一种盒式磁带的动态范围，除高频有显著扩展外，中、低频也有改善，可使失真、信号失落、调制噪声等保持在最佳状态。

杜比HX Pro系统即有源伺服偏磁，它是杜比研究所1981年开发的动态余量扩展系统，与杜比HX系统基本设计思路相似，采用可变频率均衡电路和可变偏磁电路，根据各声道信号本身所含高频成分与电平，分别独立地自动调整有效偏磁和录音频率均衡量，将录音状态控制到最佳状态，从而有效地提高了高频的峰值储备，失真进一步得到控制，使10kHz以上的高频特性有很大改善。也就是在录音信号中已含有大量高频成分时，就在录音过程中减少偏磁电流，且有毫秒级响应速度。该系统不仅能改善静态特性，还能改善动态特性，而且不会改变原信号的频率特性，其整体音质有较高的透明度。

187．高档录音座为何要用三磁头

在普通盒式录音座中，使用的都是录/放音两用磁头，它的录音和放音是由同一磁头完成，加上消音磁头，通称二磁头。在高档录音座中，录音和放音磁头是独立分开设置的，如图2-51所示，加上消音磁头，就是三磁头结构。

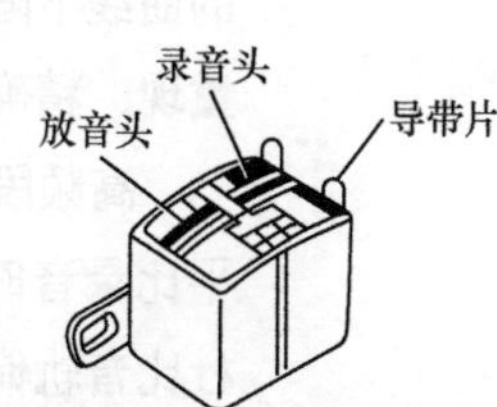

图2-51 录放磁头组件

采用三磁头的原因主要是为了达到最佳效果。录音磁头和放音磁头的工作缝隙尺寸要求并不相同，录音效果最好的磁头放音时效果并不理想，反之亦然，所以录/放

两用磁头不得不做出一定的妥协，求得一个折中的缝隙尺寸两相兼顾，当然性能上难免有所下降，这是不得已的做法。而且在录音时，二磁头结构不能对录音效果做实时监听。采用了互相独立的三磁头结构，录音和放音就能各司其职，不仅能取得最佳的录音和放音效果，还可对录音进行实时监听，当场对录音质量进行监控。因此，在高性能的录音座中，普遍采用三磁头结构。

188．什么是最佳偏磁

在磁性记录时，为使输入信号工作于磁化曲线的线性区，就要在录音磁头中加入偏置电流，这种方法就是偏磁（Bias）。被录信号同时取得失真小、输出大、高频特性好的偏磁电流值，就是最佳偏磁（Optimum Bias）。

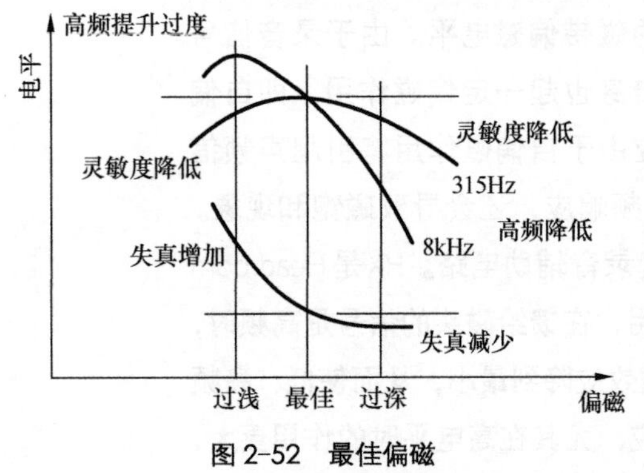

图 2-52　最佳偏磁

只有所加偏磁的大小适当，磁带的性能才可以充分发挥，如图2-52所示，不同的磁带有不同的最佳偏磁值。为此一些较高档次的录音座都设有偏磁调整，调整时先输入一个恒定信号（如1kHz）录音，然后由小逐渐加大偏磁电流，至放音输出值最大，再继续增大偏磁电流，到输出值比最大值下降1dB，此时即为此磁带的最佳偏磁值。

189．影响盒式录音音质的因素

盒式录音的音质通常受3个重要因素影响，即磁头方位角、杜比音轨偏差和抖晃。只要录音座的磁头机构和磁带配合得当，CD和它的盒带拷贝很难听得出音质上的差异。在最好状况下，盒式磁带录音是能令人满意的。

对于磁带录音而言，任何磁场上的误差都会使双声道的高频信号无法维持同相关系，而使声场变差，造成高频响应曲线的下降现象，使钹声和铃声干涩。对录音座来说，它中等程度的高频下降会造成杜比B降噪系统很明显的音轨偏差，使音质有较大的劣化，造成2kHz前后横跨3个八度音阶的响应曲线下降，破坏了铜管频率中段和女声的表现，尽管只有0.3dB的音量跌落，但能清楚分辨出来。这种大范围的曲线下陷，几乎改变了各类音乐的音程平衡状态，使得音乐媒体原有的现场原音重现、精确、清晰、空气感的特质荡然无存。

高频段响应的下降并非杜比降噪音轨偏差的唯一原因，若音乐重放时的信号电平比录音时通过杜比电路的信号电平低几分之一dB，也会造成音轨偏差现象。如杜比音轨偏差在两个声道不相同时，就会产生立体声声像不平衡、定位和深度丧失等情况。

190．如何确定合适的录音电平

不管是现场录音还是翻录磁带，必须注意录音输入电平的调整，否则重放时就会出现噪声或失真。

调整录音电平可一边看录音座的VU表，一边进行调整，如果录音电平过低，会因出现噪声而使录音的信噪比变差；如果录音电平过高，将造成失真增大和高频响应跌落。应使VU表指针摆动的中间值为实际录音电平，盒式录音座VU表指示值对录制音乐来说，最大音量时在−2～0VU；录制语言时，则在−10～−5VU；最低音量时只要指针有轻微摆动，就能在允许信噪比下录好音。若是峰值指示器，则在+3～+6VU范围，以发光管刚闪亮为准。

对于带有杜比降噪系统的盒式录音座，为使杜比降噪系统对消除磁带的高频噪声更有效，要减小录音时电平的误差，应将录音输入电平置于电平表的杜比标记的电平处。当然，在录制FM广播节目时，为了防止立体声导频信号使杜比系统出现误动作，应将录音座的多工（MPX）滤波开关置于ON位。

191．如何正确使用、保养盒式磁带

盒式磁带如果使用、保管不当，就会降低性能，缩短寿命，所以在使用及保管时应遵循下列几点。

（1）新磁带首次使用时，应先快速走带两次。

（2）磁带宜竖直放置，储存环境以温度20℃、湿度50%为适中，注意防尘、防潮，避免阳光直射，以免磁带变形、发霉和带基老化。

（3）不要用手指摸触磁带表面，并远离一切磁场。

（4）应在常速运行后储存，不要在快速卷带后长期储存，以免张力过大使磁带伸长变形。每半年至一年要走带一次。

（5）做永久保留的磁带，应把带盒左上角的安全片剔去，以防误操作而抹掉录音。

（6）录音座累计使用满30h后，应及时进行消磁，以免磁头上的剩磁波及磁带上已录节目的质量。

（7）不要在节目中间位置直接按下放音键放音，也不要在某一节目处反复重放，以免损坏磁带。

（8）高质量录音的关键是信号电平和偏磁，必须调至最佳值。

192．怎样判别磁带的寿命

盒式磁带如若出现下述情况，则表明其寿命已终了。

（1）带基出现卷曲、不平、扭歪，或边缘呈海带状。

（2）磁粉有明显脱落现象。

（3）轧带频现，盘芯转动不灵活，或出现带鸣现象。

193．什么是调频和调幅

调制（Modulation）是为了传送信息，使载波（Carrier Wave）的某种特性随另

一个波的瞬时值而变化的过程。在无线电传输技术中，调制指载波的幅度或频率随要传输的信号——调制信号变化。

调频（Frequency Modulation）即频率调制，缩写为FM，是一种使载波频率按照调制信号的瞬时值变化的调制方法。这种正弦载波的调制方法，它的瞬时频率偏离载波频率的值与调制波的瞬时幅度成正比。也可理解为调频是使载波的频率随声频信号变化。调频用于甚高频波段的无线电广播和大多数电视广播的伴音中。它的重要特点是载波幅度不受调制的影响，使调频接收机在接收信号时不受信号幅度变化的影响，从而消除了不少干扰。与调幅广播相比，调频广播具有好的频率特性和信噪比。

调幅（Amplitude Modulation）即幅度调制，缩写为AM，是一种使载波的幅度按照调制信号的瞬时值变化的调制方法。可理解为调幅是使载波的振幅随声频信号变化。这种调制方式应用很广，如用于长波、中波、短波的无线电广播及电视广播的图像信号中。

194．什么是多径失真

接收调频广播时，当高层建筑、小山等物体对甚高频调频信号电波产生反射时，接收机便不仅收到直接传达的直射波信号，还能接收到稍迟于直射波的反射波信号，于是就会像电视重影那样出现多径干扰，造成多径失真（Multipath Distortion），导致高阶的谐波失真，并使立体声的分离度变坏，产生噪声和蜂音。通过设置调频专用天线，这种干扰可以得到改善。

195．调谐器中的新功能 RDS 是什么

RDS是英国广播公司（BBC）开发的一种特殊的无线电广播，称为“无线数据广播系统”（Radio Data System），它是在调频广播发射信号中，利用副载波把电台名称、节目类型、节目内容及其他信息以数字形式发送出去。通过具有RDS功能的调谐器就可以识别这些数字信号，变成字符显示在显示屏上。在收到节目的同时，通过RDS可知道接收到的是哪个电台、它的发射频率，并给出该电台其余的频率，由此再使用“切换频率”按钮来保证所接收的信号为最强的频率。RDS无线数据广播文件可显示接收到的节目名称及其他资料。RDS功能可按节目类型决定取舍，寻找到符合你要求的电台。RDS还能用来自动控制接收机，使流动工作的汽车收音机一直保持最佳接收状态，及时收到紧急交通报告，有利于交通安全。

RDS除使收音机自动化、高档化外，还可在城市交通管理中发挥作用，其使用领域尚在拓展中。

196．接收调频广播为什么要装天线

无论调谐器的性能多好，没有一副良好的天线（Antenna）配合，就将毫无意

义，因为接收调频广播时，只挂一根塑料电线充当天线，在电波稍弱的地区接收就会不稳定，也得不到好的音质，所以一副性能好的天线是不可缺少的。当然，在电波较强的城市地区，使用随机的简易FM天线，甚至一根垂直挂起的1.5m长导线，或使用优质室内天线，并调整到适当方向，也能获得满意的效果。城市中的有线电视，多半附有FM广播插口，利用该插口可以满意接收该城市转播的FM广播电台节目。

一般来说，安装在室内的天线以面对窗口方向为好，因为通过各种反射从窗口进来的无线电波，要比从广播电台方向传来而被建筑物墙壁吸收后的电波强。

在接收广播时，信号很弱并伴有噪声，或在某特殊位置受干扰，就应加接外接天线。FM广播在某些信号可能会引起严重的多径（Multipath）干扰，造成失真、声音模糊，左、右声道分离度下降。

随机的FM天线有T形、平行线型及单线型3种。T形天线通常用平行馈线制成，呈T字形，调整方向后，一般有不错的收听效果。平行线型天线由两股平行的导线制成，在导线的端头相接，如图2-53左所示。单线型天线只是一条导线，尾端与调谐器的75Ω天线插座连接。常见的商品天线有室内和室外两类。室内天线有碟形天线（Dish，抛物面天线）、心形天线及触角状鞭形天线（Whip Antenna），室外天线有八木天线（Yagi Antenna，引向反射天线，如图2-53右所示）、相位差天线等，效果不一，但必须考虑到天线架设位置、角度、高度诸因素都会影响接收效果。

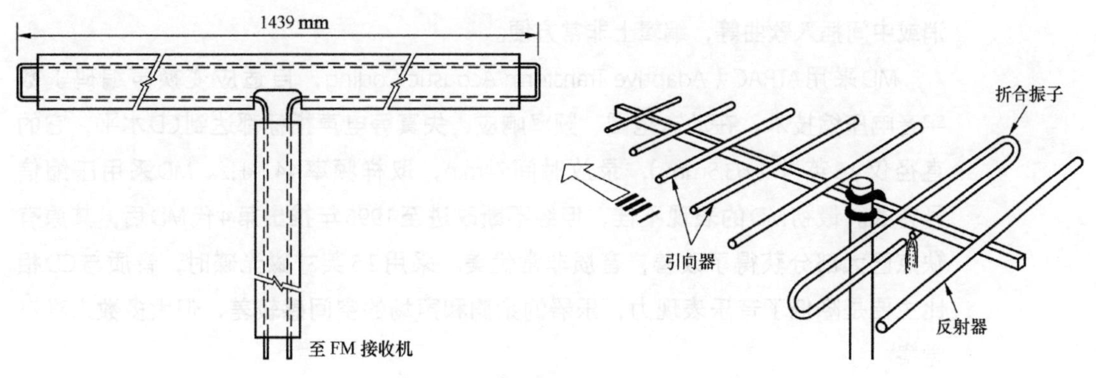

图2-53　调频天线

197．什么是国际米波段

在短波广播波段中，广播电台的分布极不均匀，某些频率段内广播电台的分布特别密集，那就是“国际米波段”，其他区域则很少有短波广播电台。故对短波频率刻度连续的接收机，必然有某些区域电台密集而某些区域电台很少的现象，并造成电台密集区的调谐困难。所以在全波段收音机中，为了调谐的方便和可靠，就常以频率并不连续的国际米波段来划分短波波段，略去广播电台极稀少的频率段，这样每个波段所包含的频率范围较窄，都在广播电台分布密集段，如49m段、41m段、31m段、25m段、19m段、16m段、13m段等，大大改善了调谐电台时的操作性，甚至可像中波波段那样方便地调谐电台，接收的可靠性也相应提高。下表列出了短波广播各米波段的频率范围。

波长段（m）	频率范围（MHz）
120	2.300 ~ 2.495
90	3.200 ~ 3.400
60	4.750 ~ 5.060
49	5.950 ~ 6.200
41	7.070 ~ 7.350
31	9.500 ~ 9.775
25	11.700 ~ 11.975
19	15.100 ~ 15.450
16	17.700 ~ 17.900
13	21.450 ~ 21.750
11	25.600 ~ 26.100

198．什么是MD

MD（Mini Disc，微型唱片）是Sony公司于1992年开始发售的一种能录能放的数字音响系统，所用碟片有两种，一种是重放专用的磁光碟，另一种是录音专用的磁光磁。碟片重放时可随意前后搜索选曲。录音专用碟则可随意改变歌曲顺序，取消或中间插入歌曲等，编辑上非常方便。

MD采用ATRAC（Adaptive Transform Acoustic Coding，自适应变换声编码）数字音响压缩技术，在动态范围、频率响应、失真等电声指标都达到CD水平，它的直径仅2.5英寸（63.5mm），录放时间74min，取样频率44.1kHz。MD采用压缩信号方式。最初MD的表现不佳，但经不断改进至1996年推出第4代MD后，其原有缺点已大部分获得了改善，音质非常优美。采用2.5英寸磁光碟时，音质与CD相比主要是降低了音乐表现力，乐器的余韵和声场的空间感较差，但大多数人难以觉察。

Hi-MD是Sony公司对现行MD规格的扩展和延伸，在存储容量和可扩展性等方面进行了改进。

199．碟片上的THX代表什么

THX表示：（1）电影软件制品在声音品质上的控制与认可程序；（2）电影院音响器材的选用与调校标准；（3）家庭THX器材选择与调校标准；（4）将电影软件转为激光影碟时，声音的品质控制与检定。

可见在激光影碟片封套上印有THX字样，并非此碟片加上任何特别效果，也不表示该片某方面效果特别好。此THX字样仅表明该片通过了Skynalker Ranch的品质检定，保证是由电影胶片转成影碟的版本。

200．什么是S-VHS

VHS是世界上最普及的录像机标准，日本JVC公司于1987年正式公开的S-VHS则是其高画质化录像机的规格。S-VHS录像机以提高图像质量为目的，采用了很多新技术，展宽了视频信号频带，由VHS的3MHz增大到5.4MHz；改善了信噪比，由VHS的43dB增大到46dB；亮度调频信号白峰电平的调制频率从4.8MHz提高到7MHz，频偏由1MHz提高到1.6MHz，从而使水平分辨率由VHS的250线提高到430线。为了充分发挥高画质，它还采用了梳状滤波器或数字滤波器分离亮度和色度信号的S端子，采用数字时基修正（DTBC）补偿录放信号的时基误差，使用了高性能非晶态金属视频磁头以及数字声频技术。

使用S-VHS标准的录像机所录制的图像更清晰，画质非常好，整机性能指标达到或超过专业机水准。

201．什么是W-VHS和D-VHS

W-VHS是日本JVC公司在1993年发表的一种将新旧媒体巧妙结合为一体的录像制式，是继VHS、S-VHS之后出现的VHS家族的一个新媒体版本。它采用与VHS相同的盒式录像带和机械系统，却可记录高清晰度电视信号，能一机两制，既可同时录放两个同一制式或不同制式的节目，又可在重放某一节目时记录另一节目，还可录制立体电视信号。由于采用模拟方式，信号不经人为压缩，画面非常自然逼真。

W-VHS的优点：（1）向下兼容，可使用传统VHS磁带；（2）性价比好，与VHS的基本结构没有变，不需新的生产设备，故价格并不高；（3）适应21世纪电视，它是从NTSC制式向HDTV过渡的VHS；（4）平行记录，不仅可记录高清晰度的图像，还可同时记录两个NTSC制式的图像。W-VHS将取代S-VHS而填补21世纪VHS的位置。

D-VHS录像机是从2000年开始发展市场的使用MPEG 2 HS模式编码/解码进行数字记录的高清晰度录播放机，它能直接录制BS数字高清晰1080i广播的HS模式，经过MPEG 2压缩的图像画质亦很好。

202．影碟机、激光唱机、VCD机不能检索的对策

激光影碟机、激光唱机或VCD机等使用一段时间后，常会出现一种极具普遍性的现象，即对碟片的目录不能做出检索，开机后碟片进入并旋转，但稍后即显示“NO DISC”（无碟片）。这种现象的出现大多是因为激光影碟机（CD机、VCD机）内激光头透镜上积灰太多，使聚光不良，造成检索能力变差。排除方法是，打开机箱，细心地清洁激光头透镜，这项工作最好请有关专业人员进行，以免造成激光头损坏。清洁时可用清洁羊毛笔、擦镜纸等工具，但绝对禁止使用酒精等有机溶剂，以免损伤透镜上的镀膜层。

203. 什么是 DVD

DVD原指数字视盘（Digital Video Disc），现指数字通用光盘（Digital Versatile Disc），其标记如图2-54所示。它是跨越且结合影视、音响、计算机这3个领域的唯一产品，投放市场后为消费电子产品产业带来美好的前景。它的问世是历史的必然，因为自LD（激光影碟机）出现后，要对占领市场长达10余年的LD进行挑战，首先其画质和音质要能超过或等于LD及S-VHS，图像和声音的记录时间应达到CD的两倍左右，还得有超出几级的功能。而采用数字压缩技术的VCD的图像和声音质量明显逊于LD，当然就难以与之匹敌并替代了。

图 2-54 DVD 标记

随着MPEG 2标准的发表，高密度数字视盘DVD标准的竞争随之开始，开发过程中形成索尼/飞利浦和东芝/时代华纳两大集团，在计算机制造业和电影娱乐界的直接介入下，两大阵营分别做出巨大让步，终于在1995年9月15日达成了统一技术标准。统一标准后的DVD以其与CD相当的12cm尺寸，由两张厚度各为0.6mm的基质层相互粘贴而成，组成单片单层和单片双层使用的光盘。激光波长为650/635nm。单面记录时间在133min以上，采用MPEG 2图像压缩方式，水平分辨率在540线以上，实现能与播放原版带相媲美的广播级高画质，达到演播室水准，超过LD的质量。声音采用5.1声道杜比数字（AC-3）方式的高音质环绕立体声，或同时带有线性PCM的MPEG声频系统。DVD可有8种不同语言配音和最多32种字幕，以及众多的功能，如可根据需要选择宽高比为4 ： 3或16 ： 9的画面，可容纳同一部电影按不同剪辑而成的不同版本供选看，或提供不同的观看角度等，使其超越电视、音响、计算机各自的范围而成为新一代的高密度媒体。DVD与传统光盘的最大差别是它的存储容量大，单面单层盘的存储容量相当于CD的7倍（4.7GB），双面双层盘可达CD的25倍（17GB），其高容量使它在功能上具备压倒性优势。

为防止DVD-Movie（电影用）软件的大量盗版，DVD电影软件都含有“防止连续复制识别系统”，而且对各合法销售及发行地区加上地区码，如北美为1，日本及西欧为2，东南亚、中国香港为3，中南美洲、新西兰、澳大利亚为4，非洲、俄罗斯、东欧为5，中国内地为6。某地区销售的DVD播放机只能播放在某地区合法发行的DVD软件，但可向下兼容，如2区机可兼容3 ~ 6区的碟片，国内销售的DVD播放机有些是不设区域码的。用“ALL”（全码）的软件，也不受地区识别码限制。

第二代DVD产品的音像质量有了明显提高，如采用新一代大规模集成电路，集成化程度更高，总片数下降至5 ~ 6片，在视频电路采取10 bit量化、27MHz取样的视频D/A转换器，重新量化了原先以8 bit、13.5MHz取样的数据，提高了图像清晰度，细节表现更细腻，图像及色彩更稳定，信噪比更高，使画质更上一层楼。在声频电路方面也有改进，使用24 bit、96kHz解码。它还有新型的色差输出端子、屏显图示操作等功能，使产品更加实用。

第三代DVD产品在画质和音质方面有进一步改进，功能普遍增强，它们的主要特征是必须备有色差视频信号输出、DTS数字输出等，它们的视频D/A转换系统采取10 bit/27MHz，声频D/A转换系统采取24 bit/96kHz，大多带有虚拟环绕声处理装置。第五代DVD的特征是逐行扫描与10 bit/54MHz视频处理、DTS/Dolby Digital双解码与DVD-Audio（或SACD）播放功能。

普及型DVD播放机的电路设计虽与上级机基本相同，但都做了一些简化，通常画质差异较小，音质则较差。随着DVD技术的成熟，产品价格不断下降，高新技术已进入普及机型。

DVD播放机的标准功能，在图像方面都能保证水平清晰度在480线以上；既能播放单层（Single-layer）DVD片，又能播放双层（Dual-layer）DVD片；能兼容播放CD和VCD片；具有立体声声频输出、复合视频输出及S–视频输出，还有杜比数字比特流输出。其他标准功能还有母源控制（Parental-control），用户可根据制作者的编码选择影片的多种结局或多种摄影角度；有32种不同字幕、8种不同声音对话；可根据盘片编码选择不同屏幕长宽比，如传统4：3模式、4：3信箱模式（Lotterbox）和不失真的16：9宽屏模式。

DVD的图像画面无噪点，色彩饱和，鲜明生动，轮廓清晰，细部层次丰富，对比柔和，声音效果出色。DVD和AC-3的结合改变了AV世界，已成为新世纪最重要的家用娱乐工具。

204. 买CD机好还是DVD机好

DVD影碟机能兼放激光唱片，对于多数配置家庭影院的人，大多舍弃激光唱机而选购影碟机，因为一台稍好些的激光唱机的售价远比一般影碟机要贵，这就提出了一个问题，在组合音响系统时，到底选激光唱机还是影碟机。

影碟机和激光唱机虽然都能播放激光唱片，但在音质方面两者是有差别的，尽管不少影碟机播放激光唱片时能相当真实地重现钢琴等音色，声场和定位都不错，动态范围也大，但在重放音乐时却总少一份音乐感。而激光唱机的音质则较细腻圆润，音乐味更足，长时间聆听不容易疲劳。

因此，如果你对音质并不苛求，而且是以欣赏流行音乐为主，那么从节约投资角度出发，选购影碟机不失为好主意。如果你是讲究音乐情感的爱好者，特别是喜欢听古典音乐的人士，则选购一台稍为好些的激光唱机才是上策。

205. 怎样用DVD播放数字环绕声音乐

DVD播放机在播放杜比数字（DD）或DTS环绕声音乐时，不管该播放机是否带有环绕声解码器，都应先将声频选择设定到“AC-3”（DD）或“DTS”，若设定错误，则无法实现相应的解码工作。播放杜比专业逻辑环绕声音乐时，要设定到“ANALOG/PCM”，这时后置是单声道。

206．什么是比特速率

DVD碟片的声频和视频信号都经压缩，所以就有比特速率（即码率，Bit Rate）。它是每秒钟时间记录在碟片上的压缩声音或图像的数据量，通常声音用kbit/s（千比特每秒）、图像用Mbit/s（兆比特每秒）表示。此值越大，则数据量越大，通常制作质量较高的碟片有较高的比特速率。DVD碟片的比特速率可在播放时在屏幕下方显示。

207．DVD 有哪些信号拾取系统

DVD必须兼容CD及VCD，但因为它们的信号记录有着本质的区别，所以DVD的信号拾取系统（俗称光头）并不能读取CD或VCD信号，如DVD的信息读取激光束波长为650nm，而CD、VCD的则为780nm，为此必须配置两套拾取系统，不同的方案各有所长，也各有所短。

（1）单激光头双透镜方式。由东芝提出。系统使用单个激光头和两组孔径不同的聚焦透镜，能读出质量较高的信号，但读片速度较慢，有可能机械故障率稍高。

（2）单激光头单透镜方式。松下使用最多。系统使用全息综合透镜，是单镜头双聚焦光学拾取方式，对同一激光束可形成两个不同聚焦深度与直径的识读光束焦点，有较快的读片速度和较长的使用寿命，但CD及VCD读片精度稍差，也不能读取CD-R及CD-RW。

（3）双激光头双透镜方式。索尼使用最多。系统使用两套独立的捡拾系统，有最佳的信号质量，但机械结构复杂，成本最高，读片速度稍慢，机械故障率也可能会高些。索尼现在采用Precision Drive精确驱动系统的拾取系统，比它的双激光头双透镜方式有更快的读片速度，成本也低，其倾斜伺服系统对有损伤的碟片都能顺利读取。

（4）双激光头单透镜方式。先锋使用较多。系统使用780nm和650nm两个不同波长的激光发生器，有较好的读片质量，读片速度快，能读取CD-R及CD-RW，使用寿命较长。

双激光头拾取系统的弱点是机械结构复杂，成本较高，可靠性相对较差，寿命也较短，而且伺服系统设计难度高，所以随着技术的发展，它逐渐退出舞台。第3代之后的产品都已采用读片能力更好、兼用能力更强的高性能单激光头拾取系统，寿命可达数万小时。

还有一些廉价DVD播放机采用计算机DVD-ROM驱动器的拾取系统，由于性能上的不同，普及型中央处理器无法满足DVD-ROM的要求，故稳定性差，易死机，读片及纠错能力较低。

208．如何正确使用、保养光碟

激光唱片（CD）和影碟片（DVD）都是光碟，它们在使用或保管不当时，会造成损伤，使重播质量下降。

（1）取用碟片时，应以手指拿取碟片的中心孔与边缘，手指不要触到碟片表面，以免指印和其他污物影响重放音质或图像。

（2）碟片表面不能与硬物接触，防止表面划伤而影响重播质量。

（3）碟片用毕，应从播放机中取出，放在外盒或封套中，并竖直放置，不要倾斜地叠放在一起保存，以免翘曲变形。

（4）碟片不要放置在潮湿处，也不要放置在发热体附近。

（5）碟片表面如有灰尘，可用柔软、洁净的干布轻轻地由内侧向外缘以放射状进行擦拭，不能沿圆周方向擦拭。对指印等不易擦掉的污物，可用柔软的布蘸以1 ：5或1 ：6稀释的中性洗涤剂拧干后擦除，再用干布擦干。不能用汽油或涂料稀释剂等挥发性溶剂清洁碟片，以免碟片表面受到损伤。

（6）翘曲变形的碟片，可夹在清洁的纸内，然后放在两块玻璃板之间。再在玻璃板上压以4 ~ 5kg重的书籍等重物，经一天左右，碟片通常可校平。

209. CD片的寿命

CD唱片、DVD碟片的寿命，实际上并不如制造厂商宣称的100年那么长，有些碟片虽然保护得很好，但还是会无法播放。究其原因，是数据携带层受到慢性损伤，主要是生产质量所致，由于用以反射激光的铝层表面的保护层气密性不良，造成铝层氧化，反射效率下降，最终无法播放。

CD-R等碟片同样不好长期保存，因为其光敏层比其他光盘的金属反射层更容易退化。

为了延长光盘的寿命，不要把光盘堆放在一起，不要让光盘互相摩擦，不要让光盘标签层上有划痕，不要在光盘上乱贴标签，应垂直存放，使用时只拿边缘，存放处要阴凉干燥。

210. 传声器如何分类

传声器（Microphone）俗称话筒，音译作麦克风，中国香港地区称为咪，是一种声－电换能器件，可分电动式和静电式两类。

静电传声器是以电场变化为原理的传声器，常见的有电容式和压电式两种。电动传声器是以电磁感应为原理，以在磁场中运动的导体上获得输出电压的传声器，常见的有动圈式和带式两种。目前广播、电视和娱乐等方面使用的传声器绝大多数是动圈式和电容式。

动圈式传声器以悬浮于磁路系统中的音圈切割磁力线而产生电压输出。它的结构牢固，性能稳定，电声性能良好，能承受强音而不失真，价格较便宜，是一种耐用的传声器，广泛应用于一般音响系统。

带式传声器的振动系统是一条悬挂在强磁场中的波状合金箔。它的频率响应极好，特别是瞬态特性好，音色柔和自然，指向性为双向，但输出电平极低，而且防风耐振性差，易损坏，不宜在室外使用，目前除特殊用途外，已很少使用。

电容传声器以振膜与后极板间的电容变化通过前置放大器变换为输出电压。它能提供非常高的音响质量，频率响应宽而平坦，是高性能传声器，但这种传声器制造工艺复杂，价格高，需外加60～200V的极化电压源，一般在专业领域使用较多。

驻极体传声器是利用驻极体材料制作的电容传声器，音质接近电容式，无须极化电压，阻抗变换用前置放大器采用低噪声场效应管，由电池供电。这种传声器结构简单，电声性能好，体积小，耐振动，价格较低，有较广泛的应用。

压电传声器利用压电晶体的压电效应制作。它的输出电平高，价格低，但稳定性和频率响应不理想，不适于高质量工作，已遭淘汰。

传声器按其与音响设备的连接方式，又可分有线传声器和无线传声器两类。

211．如何选用传声器

传声器应根据使用目的，如会议扩声、卡拉OK、演播室或现场制作等，以及使用环境，如室内、室外及特殊场合等进行选用。

传声器的主要特性参数有灵敏度、频率响应、指向性和输出阻抗。灵敏度是指1μbar 1kHz声音信号激励所产生的输出信号电压大小，以dB表示，取1V电压为0dB基准水平。频率响应是指信号电平比正常输出电平低3dB的极限频率范围。指向性用极坐标方向图表示，有全向、单向和双向3类，其图形如图2-55所示。全向传声器在所有方向上所拾取的声波基本相等；单向传声器的方向图呈心形，对背面声音的灵敏度极低，两边较高，正前方则最高；双向传声器的方向图呈8字形，对前面和背面来的声音敏感，对来自两侧的声音不敏感。输出阻抗大致可分低阻和高阻两种。

传声器的指向性对音质有很大影响，应根据不同使用目的和声源等条件选用适当指向性的传声器，如全向传声器不宜在环境噪声大的场合及扬声器附近使用。

卡拉OK用传声器有一些特殊要求，如大的动态范围、特殊的频率响应特性、良好的指向特性、适中的灵敏度，以及防风、防气流冲击性能等。可选择带网状保护罩的手持式专用动圈传声器，它设有通断开关。

传声器能承受的最大声压级为动态范围上限，对专业级而言，要求动态范围上限值在120～134dB，普通级达到120dB即可。动态范围下限由传声器固有噪声的等效噪声级确定，专业级应小于24dB，普通级应小于34dB。传声器频率响应范围过窄，中频响应不平坦，有大的峰谷都会明显降低音质。卡拉OK用传声器的频率响应范围要求在150Hz～14kHz，家用上限取10kHz即可，而且在150 Hz以下要求有6dB/oct的衰减，150Hz～2kHz要平坦，3～10kHz要有6dB提升。低频端的衰减可有效抑制低频噪声，是传声器的窄带效应，高频端的提升可改善声音的清晰度。心形或超心形指向性传声器适于演唱者手握着它在舞台上做大范围的移动，而传声器两侧面和背面的指向性可抑制环境噪声及消除偏轴声染色，获得清晰的声音传输，不易产生声反馈啸叫，取得更高的声音增益。卡拉OK用传声器的灵敏度可比普通传声器稍低些。

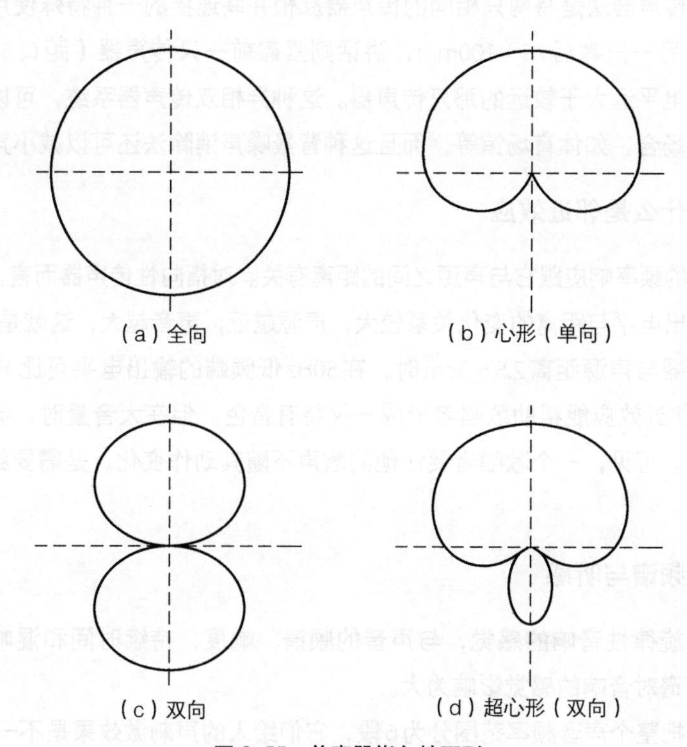

图 2-55　传声器指向性图形

212．怎样正确使用、保养传声器

对于传声器的日常使用和维护保养，通常可遵循下列几点。

（1）不得用手指对传声器敲击或向传声器吹气，以防振膜损坏。

（2）不要扭曲和过度弯折连接馈线，也不要用力拉拔。

（3）传声器馈线太长，会使高频特性恶化，600Ω阻抗的馈线长度一般在20～25m以内为好。为防止拾取噪声，要使用屏蔽性能好的馈线，并采用平衡接法。

（4）传声器与它后面连接设备的输入阻抗应匹配。

（5）传声器应在干燥凉爽处使用及存放，防止受潮、过热、振动，注意防尘，严禁摔跌。

（6）传声器前的网状保护罩可减低呼吸声、“呼呼”声和“隆隆”声。不要在传声器外面包裹绸布等，以免高频响应变坏。

（7）一般传声器的使用距离以30cm以上为宜，卡拉OK传声器的使用距离以10～20cm为宜。过近会造成低频响应过度而失真。传声器一般以45°角对人嘴较方便，这时的频率响应较圆滑、平坦，直对人嘴时高频略有提升。室外使用应加合适的防风罩。

213．什么是异相双传声器法

异相双传声器法是将两只相同的传声器反相并联连接的一种特殊使用方法，其中一只要比另一只靠后75～100mm，讲话则紧靠前一只传声器（距口50～75mm）使它的输出电平远大于较远的那只传声器。这种异相双传声器系统，可以用于背景噪声很大的场合，如体育场馆等，而且这种背景噪声消除法还可以减小声反馈。

214．什么是邻近效应

传声器的频率响应跟它与声源之间的距离有关。对指向性传声器而言，在较低频率上，其输出电平与距离的变化关系较大，声源越近，声音越大，这就是邻近效应。

当传声器与声源距离2.5～5cm时，在50Hz低频端的输出电平可比1kHz时高出7倍之多。邻近效应能帮助歌唱者形成一种特有音色。但在大音量时，会使歌词的可懂度下降。可见，一个歌唱者要让他的歌声不随其动作变化，是需要经过一定训练的。

215．频谱与听感

人对非旋律性音响的感觉，与声音的频谱、响度、持续时间和混响特征等有关，尤以频谱对音响的感觉影响为大。

通常可把整个声音频率范围分为6段，它们给人的声刺激效果是不一样的。

（1）16～60Hz，甚低频。人对该频段的感觉要比听觉灵敏，能给音乐以强有力的感觉。但过多强调该频段，会使乐声混浊不清。

（2）60～250Hz，低频。该频段包含着节奏声部的基础音。改变该频段会改变音乐的平衡。80Hz附近频率在高响度时能给人强烈的声场刺激，而且不会使人不舒服。80～125Hz频段对人的刺激较强，且会引起不适感，所以响度不宜过大。100～250Hz频段可影响声音的丰满度，使声音圆润甜美，但过多会引起乐声浑浊，增大疲劳感。

（3）250Hz～2kHz，中频。该频段包含大多数乐器的低次谐波，提升太多会出现电话样音色。500Hz以下，明显衰减会使声音缺乏力度感，感到单薄；提升500Hz～1kHz这一倍频程，会使乐器声变为似扬声器样声音，过多时使人有嘈杂感；提升1～2kHz这一倍频程，会发出金属声。

（4）2～4kHz，高中频。该频段提升会掩蔽话音的重要识别音，导致声音口齿不清，该频段对声音的明亮度影响最大，一般不宜过多衰减，以免降低明亮度；但提升过多，特别是在3kHz附近人耳听觉灵敏区，容易引起听觉疲劳。

（5）4～6kHz，高频。该频段为临场感段，能影响说话声和乐器声的清晰度。适当提升该频段能使声音明亮突出，有利于提高声音的清晰度和丰富层次。5kHz以上如有明显衰减，会使声音暗哑无色彩。该频段响度过大会产生使人难忍的刺耳感。

（6）6～16kHz，最高频。该频段给人清新宜人之感，能控制声音的明亮度和清晰度，特别在12kHz处，但过于强调该频率，会使语言产生齿音。该频段提升太多，易造成设备过载使声音发毛。

216．音乐欣赏与视觉环境

人类的听觉到目前为止还了解得并不多，人的听觉是一个相当复杂的与大脑活动相联系的综合思维过程，由于声音具有主观属性，人类对声音的感受也是个相对主观的行为，它与人们的生理特点和心理特点有着十分密切的关系。所以即使声音的客观参量相同，也会出现一些影响主观音质的差别，其中一个十分重要的因素就是视觉因素的差别。

人们在欣赏音乐时，视觉环境中的色彩变化、光线亮度及室内装饰等都会对人的主观听觉——音质产生影响。人对色彩的感受除是一种生理现象外，还有一定的心理因素影响，故而色彩感觉由于生理和心理因素的关系，最终对人的音质主观评价会产生影响。每种色彩都有一定情感因素使人产生联想，这是长期生活实践造就的，所以环境色彩对音质的主观评价影响较大，为此在实际听音时应避免色彩的干扰作用，并利用色彩提高主观欣赏音质的目的。如明快的暖色调能给人以热烈、兴奋、温暖之感，使人愉快、清新，灰暗的冷色调则给人以宁静、幽雅、冷清之感，使人肃漠、忧郁。

光线对人的情绪也产生影响，强光使人焦躁不安，弱光使人平静安详，所以光线的强弱对人类主观听觉的影响很大。在柔弱亮度下欣赏音乐时，视觉干扰少，容易投入，产生联想；在强烈光线下人会感到不安，不适宜进行音乐欣赏。这也是音乐会很少在白天或照明极亮的场合举行的缘由，柔弱的光线环境、视觉干扰少的场合适于欣赏音乐。

鉴于色彩、光线等对人类的主观听觉的影响，室内装饰必须予以注意，如窗帘、灯饰对光线强弱的影响，墙布、家具对色彩的影响。同样，室内器具的摆放整齐与否，墙地清洁与否，这一切都会对人的主观听觉感受产生一定影响，不容忽视。减少视觉干扰能使你获得更优美舒适的音乐享受。

217．音响组合中要不要用均衡器

音响系统中使用图示均衡器（Graphic Equalizer）可以对声频中的某些频段进行提升或衰减处理，它的原意是为了修正房间声学特性和音箱幅频特性的缺陷，或者

对声音进行润色加工，以适应个人的爱好和增强现场感。

图示均衡器曾风行一时，成为音响组合的必备部件，但现在几乎无人问津。原因是多方面的，首先大部分商品家用图示均衡器的品质欠佳，对重放声会产生可辨的额外失真和噪声，降低了整体音质。其次如果使用不当，常使重放声的平衡受到破坏，造成重放声低频过度而浑浊，中频欠缺而晦暗，高频过量而毛糙。

这些对于追求音质的爱好者来说，都是不能容忍的，所以随着音响的普及、认识的提高、声源的进步，家用图示均衡器也就逐步退出了家庭Hi-Fi舞台。

218．如何用均衡器进行音响效果补偿

有些家用音响设备，为了取得听感的舒适，设置了一些能产生特殊效果的频率补偿处理，营造适宜于播放不同乐曲的音响效果，如ROCK（摇滚乐）、POP（流行乐）、JAZZ（爵士乐）、CLASSIC（古典乐）等。对声源进行频率补偿的原则是不能影响其旋律演奏的响度，即使音量很大，也不能使人感到不舒服。

增益 频率 / 乐种	1kHz	1.6kHz	2.5kHz	4kHz	6kHz	10kHz	15kHz	20kHz	Hz
ROCK	–3	0	0	0	+3	+6	+9	+6	dB
POP	+6	+3	+3	+3	+3	0	–3	0	dB
CLASSIC	0	0	–3	0	0	+3	+5	+3	dB
JAZZ	–3	0	0	0	+3	+3	+3	0	dB

摇滚乐效果　适宜高响度重播，有强劲而富弹性的低频、十分清澈的高频效果。

流行乐效果　有良好现场感。

古典乐效果　有极宽的声场效果，发声类似厅堂。

爵士乐效果　有比古典乐丰富的低频和更明亮的声音效果。

219．频率补偿不当会造成什么后果

在频率响应的某一频段出现峰谷时，特别是在3～5kHz和200～300Hz，将引起音质的明显变化。如在频率响应曲线低频段和中低频段出现+5dB以上峰值时，会使音色浑浊，甚至出现特定频率的“嗡”声，中高频段出现峰时将有“金属声”，峰值出现在高频段时将有“呲”声。频率响应曲线出现谷时，要在–10dB才会有音质变化。

低频段对声音强度影响极大，如超过5dB，声音会变得浑浊不清，严重时出现“嗡”声。200～500Hz中低频段决定声音力度，如超过5～10dB，声音变得模糊，清晰度下降；下跌6～10dB，声音缺乏力度而显单薄，音色硬而窄。1～3kHz中高频段对明亮度、清晰度和临场感有重要作用，此频段超过3～5dB会使声音变硬，

超过5～10dB会出现金属声，下跌3～5dB会使音色失去明亮感，下跌5～10dB会使声音发闷不清晰。5kHz以上频段是声音特色的反映，如高频6～7kHz超过6dB，声音变得尖锐刺耳，语言中齿音严重；下跌10dB以上，音色明显变暗。

均衡器可对频率响应进行补偿，使某段频率加重或减弱，但如果使用不当，会造成音质变坏，如：

浑浊——500Hz以下频率提升过度；

闷、不亮——2kHz以上频率衰减过多，或2kHz以下频率提升过多；

毛刺——5kHz以上频率提升过度；

单薄——500Hz以下频率衰减过多；

缺乏临场感——1～4kHz频段衰减过多；

干、硬——1～3.5kHz频段提升过度。

220．频率均衡电路有什么功用

频率均衡（Frequency-response Equalization，也称均衡Equalization（EQ）或校正均衡Corrective equalization）电路，它是在音响系统中，为了得到平坦的总频率响应，对某些信号进行校正或调整传输频率特性的一种网络电路，它能以对各种频率采取区别对待的方法，得到平坦的总频率响应。如模拟唱片唱头放大中的RIAA均衡电路，就是典型的例子。在磁头放大、录音放大等电路中，也都有不同的频率均衡电路。

221．前后级放大器有何接口要求

前置放大器与功率放大器之间的接口连接，对于同一品牌配套的放大器而言，当然不会有什么问题产生。不过如若将不同品牌的设备进行组合，就会牵涉它们之间接口的适配问题，如阻抗、电平及接口方式的适配。

为了获得好的配合，功率放大器的输入阻抗应大于前置放大器的输出阻抗5～10倍，否则前置放大器将由于负载过重而造成输出电平降低、失真增大和音质劣化等不良后果。前置放大器的额定输出电平应比功率放大器的额定输入电平稍大，以免激励不足而达不到额定的输出功率值，但前置放大器输出电平也不能过大，否则功率放大器输入级过载削波会引起严重失真。最后，两机的接口方式要一致。

222．数字音量控制有什么不足

在一些带有遥控功能的音响器材中，使用了数字音量控制电路，理论上说数字音量控制应是最好的，因为信号不必经过机械触点等环节，没有继电器，是一种直接驱动后级的方式，传输损耗将最小。但实际上，普通数字音量控制常会破坏音质，因为一般低档数字音量控制在工作时会使器材的分析力减低，可达每衰减6dB，失去1 bit分析力，尤其在小音量时特性更差。

223．甲类、乙类和甲乙类放大器有何不同

甲类（Class-A）放大器的输出晶体管（或电子管）的工作点在其特性曲线线性部分中点，如图2-56左所示，不论信号电平如何变化，它从电源取出的电流总是恒定不变的，它是低效率的，用作声频放大时由于信号幅度不断变化，其理论最高效率是50%，实际效率难以超过25% ~ 30%，可单管或推挽工作。甲类放大器的优点是低电平区无交越失真和开关失真，而且谐波分量中主要是偶次谐波，在听感上低音厚实、中音柔顺温暖、高音清晰利落、层次感好，十分讨人喜欢。但它一直因为耗电多、效率低、容易发热和对散热要求高而未能在大功率的放大器中得到广泛应用。由于元器件长期工作于大电流、高温下，容易引起可靠性和寿命方面的问题，设计不易，而且整机成本高，所以制造甲类功率放大器出名的厂家，现在已大多停止生产晶体管甲类功率放大器。

乙类（Class-B）放大器的偏置使推挽工作的晶体管（或电子管）在无驱动信号时，工作点在其特性曲线接近截止点处，为低电流状态，如图2-56右所示；当加上驱动信号时，一对管子中的一只在半周期内电流上升，而另一只管子则趋向截止，到另一个半周时，情况相反，由于两管轮流工作，必须采用推挽电路才能放大完整的信号波形。乙类放大器的优点是效率较高，理论上可达78.5%，实际为50% ~ 65%，缺点是失真较大。

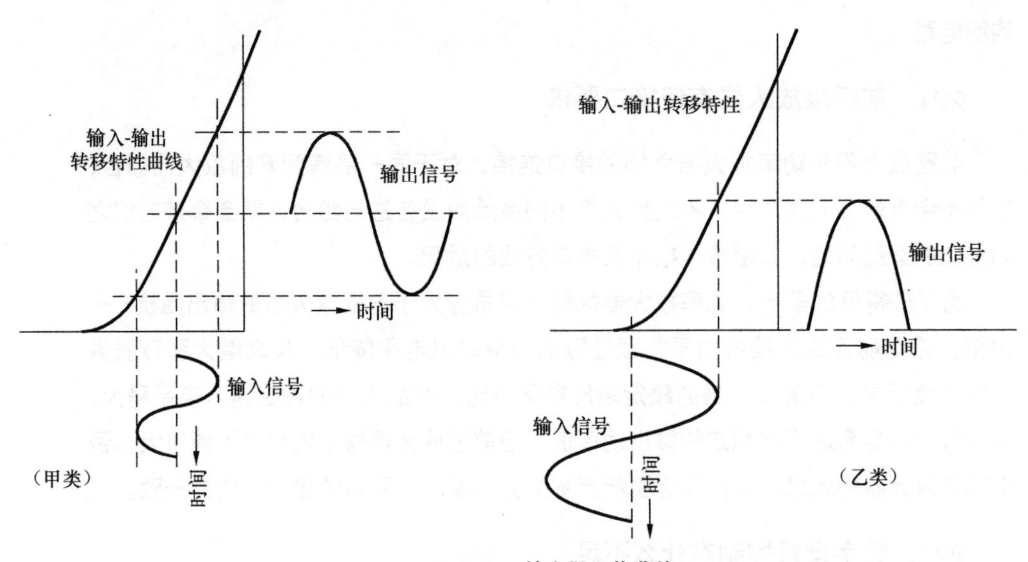

图 2-56　放大器工作曲线

甲乙类（Class-AB）放大器的偏压取得使在低电平驱动时，放大器为甲类，当提高驱动电平时，转为乙类。甲乙类放大器的长处在于它比甲类放大器提高了小信号输入时的效率，随着输出功率的增大，效率也增高。虽然失真比甲类放大器大，但甲乙类放大器至今仍是应用最广泛的晶体管功率放大器形式，趋向是越来越多地采用高偏流的甲乙类放大器，以减少低电平信号的失真。电子管甲乙类功率放大器可分为

无栅极电流的甲乙$_1$类（Class-AB$_1$）和有栅极电流的甲乙$_2$类（Class-AB$_2$）。

224．什么是纯甲类放大

纯甲类（Pure A C1ass）应该是工作时没有开关动作，而且工作电流不随信号而变化的甲类放大状态。它有别于那些在工作时虽无开关动作，但工作电流随信号而变化的“超甲类”“新甲类”及“无开关动作”等滑动偏置的准甲类放大。

纯甲类放大的特点是没有开关失真，这对开关失真明显的低速功率晶体管的好处当然是显而易见的，低效率能换来高音质。但随着功率放大器件频率特性的改善，对特征频率在50MHz或更高的高速功率晶体管来说，即使工作在甲乙类状态，在可闻频率范围，其开关失真也已低至可忽略程度。因此，从技术角度看，用高速功率晶体管作纯甲类工作就显得毫无必要，当前国际上不仅纯甲类机的生产日益减少，连20世纪80年代日本热极一时的那些无开关失真的准甲类放大方式也已失宠。可见，除了商业宣传，痴迷纯甲类恐怕还是一种情感上的追求吧。

225．什么是AA类放大器

AA类放大器是1986年日本松下公司推出的以A类电压控制放大器与B类电流驱动放大器构成电桥，使电压控制放大器工作在等效于无负载状态下的分立式放大器，如图2-57所示。在这里小功率的A类放大器负责进行电压控制，负载的电流由大功率电流驱动放大器负责供给，使A类电压控制放大器工作在无负载状态而与负载阻抗及其变化无关。常规放大器则是由同一个放大器供给电流并控制电压。故而这种放大器即使接以很重的负载，也仍能工作在理想的A类状态，从而给出最佳特性，降低了总谐波失真。

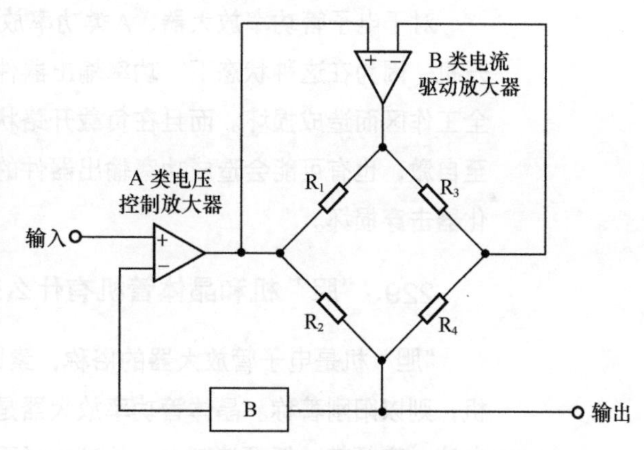

（$R_1/R_2 = R_3/R_4$时，电压控制放大器的输出电流为零）

图2-57　AA类放大器

226．什么是D类放大器

D类放大器又称开关放大器，是一种数字放大器，由丹麦TacT Audio研发，它以PWM（Pulse Width Modulation，脉冲宽度调制）方式将模拟声频信号调制成一串等幅度而不同宽度的方波，即改变脉冲宽度的脉冲时间调制（也用Pulse-duration Modulation表示），再进行放大，D类放大器也称PWM放大器，它的优点是效率极高，可达80%以上，节能，热量小。

227．放大器的信号输入端子如何连接

前置放大器或合并放大器的后背都排列有不少信号输入端子，它们都成对

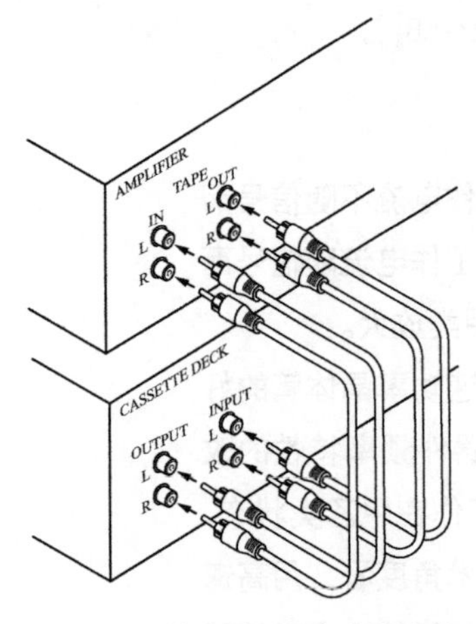

图 2-58　放大器与录音座的连接

分为左（L或白）和右（R或红）排列。使用时只要把相应信号源设备的左、右声道输出端子分别用信号线连接到相应的信号输入端子即可，如TUNER（调谐器）、CD（激光唱机）、TAPE（录音座）、AUX（备用）、PHONO（电唱盘）等。

实质上，放大器的输入端子除PHONO挡外，其他TUNER、CD、AUX、TAPE等的输入电平及阻抗特性等性能几乎完全相同，所以如果有必要，它们之间是可以互换的，效果完全一样。当然，不少放大器的TAPE挡具有双向性能，即放大器和磁带录音座的工作是可以双向进行的。REC（录音）是放大器的输出端，应连接到录音座的输入端，PLAY（重放）是放大器的输入端，应连接到录音座输出端，如图2-58所示。

228．功放是否一定要接负载后才能开机

一般来说，功率放大器应该在接妥负载以后，才能接通电源开启机器，否则容易造成损坏，特别是在有输入信号时，接通电源而又不接负载，危险性更大。如在大功率运用时，若负载开路超过几秒钟，就会造成输出功率管损坏。

对于电子管功率放大器、A类功率放大器更是严格禁止在负载开路情况下通电开机，因为在这种状态下，功率输出器件将承受最大的功率耗散，有可能超过其安全工作区而造成损坏。而且在负载开路状态下，常会导致放大器的工作不稳定，甚至自激，也有可能会造成功率输出器件的损坏。此外，负载开路时还会造成输出变化器击穿损坏。

229．“胆”机和晶体管机有什么差异

“胆”机是电子管放大器的俗称，素以声音阴柔见长。晶体管放大器俗称“石”机，则以阳刚著称。晶体管功率放大器是当今功率放大器的主流，它的长处在于大电流、宽频带，低频控制力，处理大场面时的分析力、层次感和明亮度等要比电子管功率放大器优越。但电子管功率放大器的高音较平滑，有足够的空气感，具有一种相当一部分人所喜欢的声染色，甜美润厚，尽管声音细节和层次少了些，但那种柔和的声音是美丽的，特别是中频段更是柔顺悦耳，所以电子管放大器得以在20世纪70年代末东山再起，与晶体管放大器分庭抗礼，当时，早期CD机的声音较冷硬，正需这种放大器做补偿。于是人们开始寻觅20世纪五六十年代的经典电子管放大器设计，并成为再度热门。但是晶体管也能制成线性度很高的放大器，它具有极高的指标，而效率则更高。电子管放大器的复出始于1970年美国Audio Research公司在一个Hi-Fi展中的Dual 50和SP-1、SP-2。

晶体管放大器的谐波能量的分布，直至10次谐波以上几乎是相等的量，其高次谐波量减少极小。电子管放大器的谐波能量的分布则是2次谐波最强，3次谐波

渐弱，4次谐波更弱，直至消失。可见，电子管放大器引起的主要是偶数的2次谐波，这种谐波成分非常讨人喜欢，恰如添加了丰富的泛音，美化了声音，而晶体管放大器产生的谐波中，奇次谐波分量相当大，这就会引起听感的不适。当放大器处于过载状态，发生削波时，电子管放大器的波形较和缓，而晶体管放大器的波形则是梯形的平顶状，造成声音严重恶化。

另外，电子管功率放大器输出端的输出变压器，由于铁芯的磁滞作用，会降低放大器的瞬态特性，丢失部分声音细节，使它的重放声变得比较甜美温暖。

电子管的内阻大，晶体管的内阻极小，故电子管放大器的阻尼系数远比晶体管放大器低，对扬声器的控制能力较差，对低音表现不利。此外，电子管放大器需用高压电源、效率低、热量大、抗振性差、体积大、成本高、瞬态反应慢、低频及高频上段较薄弱、寿命较短等都是它的致命弱点。电子管放大器的通病是有味无力，“胆”味不足，声音粗糙，好的电子管放大器则具有醇厚的“胆”味、明快的速度及宽阔的频率响应。

电子管放大器还有一个独特的好处，就是换插以不同品牌和不同时期生产的电子管，会有不同的音色表现，可尽享玩“胆”乐趣。

电子管放大器和晶体管放大器孰优孰劣是个见仁见智的问题，它们各有所长，也各有所短。但真正性能好的“胆”机价格也极其昂贵，远不是一般人士所能承受的。当今世界上能雄踞一方的电子管放大器有Jadis、ARC、CT、VTL、Conrad Johnson等品牌。

230．如何选用电子管

电子管的选用实际包括两大内容，购买时的选择及设计时的选择，前者要选择品质的优劣，后者要选择适当的型号。

当今购买电子管可有3种选择。

（1）库存新管，即通常所谓NOS（New Old Stock）管，指电子管全盛时期生产的电子管库存至今的新管，不少名管随着库存量日少，价格逐年上升，NOS电子管的价格常因存货量而定，价高并不代表声好。电子管的外包装有供市场流通的单只盒装和供单位批量购买的多只大盒插装两种，单管外盒分彩色印刷盒及白盒两种，白盒通常是军用管包装。市场上有少数无良商家用一般品牌管冒充名牌管，以及用旧管冒充新管出售的情况，购时要弄清真伪。

当年不少电子管厂家有向其他厂家加工订制部分电子管，以弥补自己生产不足的情况。Mullard、Brimar及Amperex等在商标下会标明产地，或注明Import（贴牌）或Foreign Made（外国制造）做识别，但大部分厂家则并不做出标记。

（2）现生产新管，当今还在生产电子管的国家主要是俄罗斯和中国，这是最容易买到的管子。俄罗斯还生产一种复制版（Replica）电子管，如Genalex牌的KT88，TUNG-SOL牌的6550、6V6GT、5881、KT66、EF806SG、12AX7，Siemens牌的EL34等。市场上有个别特别低价的新管出售，要防止买到厂家筛选下来的低性能管。

（3）二手旧管，大多来自旧仪器设备，其中不乏名牌名管，但品质良莠不齐，而且从外观及测试均无法准确判别其新旧程度，使用寿命无从保证。通常二手小功率管能有较长剩余寿命，不建议购买二手功率管及整流管，因为它们的剩余寿命比小功率管要短得多。

231．如何判别电子管的新旧

全新小型电子管的管脚应呈笔直状态，外力只会造成倾斜，不会让中间弯曲，而旧管所有管脚由于长期插在管座中导致中间同一部位会有个向内弯曲点。

使用较长时间的玻壳旧电子管，在阴极相对的顶端玻壳上会出现一个黑斑或镜面斑，越旧则斑越大。对于大部分使用较长时间的玻壳电子管，其玻壳的透明度会降低发灰，犹如用旧的电灯泡一般，甚至在电极空隙相对的玻壳上出现黑晕。但是有些电子管仅使用较短时间，它的玻壳就会发灰，透明度下降，某些全新电子管在电极空隙相对玻壳上会有明显黑晕。因此，以玻壳清净与否来判定电子管的新旧很不可靠，在选择二手电子管时，千万不要被它洁净的外表迷惑，因为外观与其使用过的时间并无直接因果关系。

某些小型管的底边玻璃颜色呈灰黑色，或管脚周围有某种痕迹，均属正常现象，是玻璃烧结工艺差异所致，并非使用过的旧电子管。

若电子管玻壳顶部或侧底部银白色或棕黑色吸气剂晕呈暗白色，表示该管已漏气失效。

判别电子管的新旧应该使用电子管测试器，但要注意到电子管测试器提供的被测电子管工作条件，与电子管实际电路中的工作条件很可能并不一样。同样，电子管的配对也不能光凭电子管测试器。放射型电子管测试器（Emission-type Tube Tester）仅以阴极发射是否良好为目标，标明的读数是GOOD（好）和BAD（坏），这种测试器上测得良好的电子管，有时也不一定毫无问题。电子管互导测试器能提供电子管是否合格的数据。

旧小型管的管脚

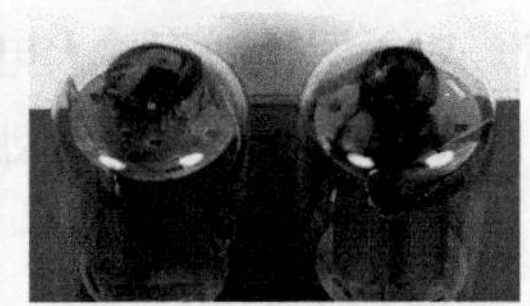
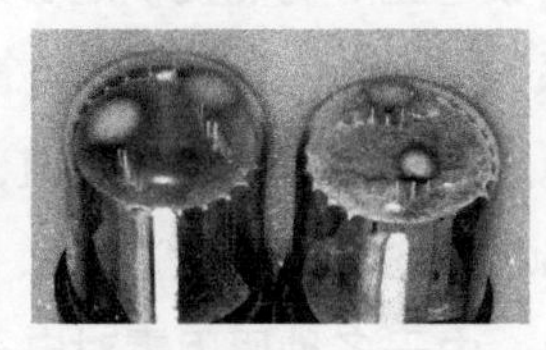
旧管阴极相对玻壳上的黑斑及亮斑

漏气电子管吸气剂晕

232. 电子管怎样代换

各国生产的电子管都有特性相同或类似的型号，所以当设备中某种型号电子管因故找不到时，可以用等效管代换使用。不过电子管音响器材换用不同牌号电子管时，虽然在性能上可以一样，但各厂在材料及工艺等的细微差异会使重放声音有不同音色表现。由于各国的电子管制造厂大多已停产多年，虽仍有不少库存可供选择使用，但名牌管日渐稀少，特别是一些热门型号，价格也相当昂贵，而且现存电子管的价格常因存货量而定，并不是价高一定声好。由于上述原因，现在整机生产厂家只能选用级别较低的现生产电子管，这就为爱好者提供了一个调换优质电子管进行调声、升级的机会。另外，在自己组装音响设备时，也会遇到某个型号电子管无法获得的情况，那就需要寻找替代管。

音响设备中的电压放大电子管只要特性相似者，一般能替换使用，但会有不同的音色表现。电压放大前置级用电子管除适当的增益外，还要求低噪声及低颤噪效应，以提高信噪比。在要求增益较高和输出电压较小的前级，一般采用高放大系数三极管或锐截止五极管，如双三极管（Twin Triode）12AX7/ECC83、6DJ8/ECC88、6922/E88CC、12AT7/ECC81及6N3/6H3п等，五极管（Pentode）6AU6、EF86/6267、6SJ7GT等。作为前置放大的输出级和功率放大的激励级应选用内阻较低的中放大系数三极管，以使在较低电压下，能有较高的输出电压，如12AU7/ECC82、6CG7、12BH7A、6SN7GT及6N1/6H1п等。对要求激励电压较高的深负栅偏压功率三极管的激励放大级，可用功率稍大，互导高，内阻低，栅偏压较高的中放大系数三极管12BH7A、5687、E182CC及6N6/6H6п等。

倒相电子管对剖相式电路宜用中放大系数三极管，如12AU7/ECC82、6CG7、6922/E88CC、6SN7GT等。长尾式电路宜用高放大系数三极管，如12AX7/ECC83、12AT7/ECC81等。自平衡式电路宜用高放大系数三极管或五极管，如12AT7、6AU6等。

功率放大电子管中，特性相近的集射功率管和五极功率管可以互换使用，集射功率管和五极功率管具有相似的特性，它们之间的区别在动态特性，一般集射功率管的屏极电流上升要比五极功率管快，也较陡峭，产生的3次谐波较五极功率管为低，线性也较好，但2次谐波则较高。此外，集射功率管屏极电流随屏极电压变化的区域比五极功率管小，在低屏极电压时可得到较大功率。三极功率管的动态特性平直、线性好、阻尼大，非线性失真也比五极功率管小，但所需激励电压高，效率低，为使在较低屏极电压时仍能提供足够大的屏极电流，能用作声频功率输出放大的必须是低放大系数（$\mu<10$）的低内阻管。对于同类功率放大电子管，一般只要屏极和帘栅极的电压和功耗不超出允许值，调整栅极偏压值后，即可互换使用，如EL34、KT66、6L6GC、5881和6550、KT88、KT90、KT99等。

在音响设备中，由于多种原因需对电子管做代换使用，除不同国家及厂家的等效管可以直接替换外，对类似管的代换应注意有关参数的异同处。当然高级型号及改进型号替换普通型号及原始型号不会产生问题，但不同电子管代换时务必不使某一电极达到极限值，并确认灯丝电压及管脚接续是否相同。总之，电子管在替换代用时，除直接等效的型号外，必须考虑替代管的电气性能及外形尺寸差异。以性能较低的电子管代换原管时，会导致性能下降；外形较大的电子管在空间有限的场合，则会造成无法安装的麻烦。当然在有些情况下，代换电子管的工作状态需做适当调整。

著名厂牌电子管常有其特有的声音特点，但并非某一个品牌所有型号电子管用在音响设备中都能有同样的上好表现，所以对品牌选择绝不能简单地一概而论。不同放大器的最佳适配电子管品牌并无定规，不同品牌电子管搭配使用，常可起互补作用而获得出人意料的效果。

军用、工业用、通信及特殊用途电子管都属特殊品质电子管范畴。它们与普通接收电子管（应用在电视机、收音机等消费类产品中）相比，虽具有寿命长、一致性好、长期工作特性稳定、耐冲击和振动等特点，但特殊品质电子管与普通电子管互换时，由于电气特性基本一致，通常音色并无特别之处。

改进管和原型管一般仅在最大电极电压及最大电极耗散功率等方面做提高，基本参数不变，外形尺寸可能不一样。改进管和原型管在换用时必须注意这些问题。

还有一些高频用电子管虽不是为音响而开发的，但在音响设备中用作电压放大效果不错，如三极五极管6AN8、6BL8/ECF80、6U8A/ECF82，遥截止五极管6BD6、EF92，锐截止五极管FE80、6BH6、6CB6、6AG5等。一些特殊用途的功率管也可用作声频功率输出，如电压调整管6AS7G、6080等，这类三极管内阻很小；原电视机垂直扫描输出管6BX7GT、6BL7GTA等，是很好的声频用功率输出管；水平扫描输出管6BQ6GTB、6CM5及6P13P/6n13c等可用作中等功率输出；一些内阻低的发射、调制用功率管，也可用作声频输出，如807、211、845等。内阻高的功率管，由于动态阻尼小，低频端音质易于变坏，如视频功率五极管6AG7、6П9、6P9P等，就不宜用作声频功率输出。

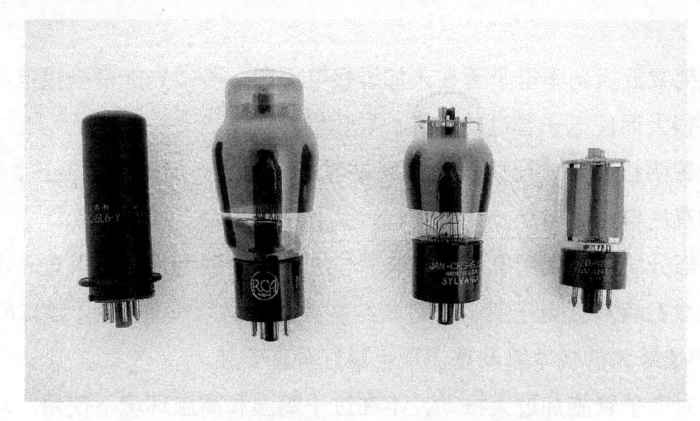

6L6、6L6G、6L6GA、6L6GC外形比较

233. 如何正确使用电子管

应用电子管时，要严格注意下列问题，否则将影响使用寿命。

（1）电子管的灯丝电压应按规定供给，灯丝电压的变化在额定值的±5%内时，对工作及寿命都没有影响，若超过±10%，寿命就会缩短。如额定电压6.3V者最好工作在5.9～6.6V，不能超出小于5.7V或大于6.9V。过低会造成阴极中毒，过高则造成阴极过热，都会缩短电子管的寿命，尤其是功率管及整流管。

（2）任何电子管的运用值都不可超出最大额定值。用到极限值的参数不能多于一个，即使是短时间超出极限值，也将影响使用寿命。

屏极电压和帘栅极电压均不得超出它们的最大允许值。屏极电压是指加到电子管屏极的实际电压，并不是电源直流供电电压。电子管各极电压的基准点是阴极，直流直热式电子管各极电压的基准点则是灯丝的负极端。

屏极损耗功率和帘栅极损耗功率均不得超出它们的最大允许值。前者超出会使屏极赤热，阴极损伤而显著缩短电子管寿命，后者超出同样会因过热而缩短寿命。A类放大的最大屏极损耗功率是发生在无信号输入时，B类放大的最大屏极损耗功率实际则可能发生于任何输入信号电压时。A类放大的最大帘栅极损耗功率发生在输入信号的峰值等于栅极负压时。

（3）功率放大管的栅极电路直流电阻值不得超出特性手册给出的最大值，以免栅极发射现象引起逆栅电流，造成工作不稳定。一般功率管在自给偏压时的栅极电阻在500kΩ或以下，固定偏压时的栅极电阻大多在47～100kΩ。

（4）接地的灯丝和阴极间的电位差不能超出电子管的灯丝-阴极峰值电压。这在阴极有较高电压的电路，如阴极输出器、长尾对电路、级联电路等中，要引起重视，并选用适当管型，一般电子管的灯丝-阴极峰值电压只有90V。

（5）整流电子管在采用电容输入滤波电路时，滤波电容的电容量大，屏极峰值电流也大。所以滤波输入电容的电容量过大，如5Y3GT在40μF以上，必须增大屏极电源阻抗值到特性手册所示值以上，5Y3GT为50Ω，以限制屏极峰值电流在额定值内。

（6）集射或五极功率电子管在未加屏极电压前，不得先加帘栅极电压，否则帘栅极电流将很大而使电子管过热发红，导致损坏。

最好设置阴极预热，让阴极加热到足够温度，并先加栅极负电压，再加屏极、帘栅极等的高压电源，以防止阴极受损，延长使用寿命。

（7）大部分接收放大用电子管的装置位置并不受限制，不论垂直、水平还是倒装都可，但少数直热式电子管，因灯丝结构关系，必须垂直安装，如2A3、5Y3GT、5U4G等。热量较大的功率管及整流管也最好垂直安装。

（8）不对电子管施加过大振动，不在过于潮湿和高温环境下使用。环境温度升高，管壳过热，会促使电子管芯柱玻璃发生电解，使电子管过早损坏，并破坏消气剂的工作。功率管、整流管必须有足够的通风，以利散热。

（9）采用优质管座，尤其是小型电子管的管脚不能受到过大力，要使用柔软的多股线连接管座，插拔电子管时要垂直于管座平面。

（10）推挽放大电路等场合，要求特性非常相同的配对电子管，故而应选用同一制造厂同一时期生产，而且特性一致的电子管。

（11）电子管的早期故障率，要比以后几百小时的故障率高得多，此乃生产缺陷所致，所以最好进行48小时老化，以便发现问题。

234. 电子管的寿命有多长

电子管的性能随着使用时间的增长会逐渐衰退，当衰退到某一标准时即为其寿命期，这个标准通常是该电子管屏极电流或输出功率值下降到额定值的80%。可见电子管的寿命是指其正常工作寿命，寿命终止时电子管只是衰老而不是丧失工作能力，只是性能已明显降低，如果要求不高还能工作很长时间。

普通电子管因其高度复杂的机械、物理、化学性质，很难确定预期的故障率和寿命，电子管的寿命还与其使用状态及环境条件有很大关系。电子管超过额定值运用，是寿命缩短的主要原因。功率放大电子管若降低屏极耗散功率到其最大值的80%，就能延长电子管的寿命近一倍。小功率前置放大电子管，因实际工作屏极电流、电压较低，寿命会有好几倍延长。通风、散热不良，管壳过热是造成电子管过早损坏的另一原因，尤其是整流管和功率管等发热量较大的电子管。在标准运行状态下，普通电子管的寿命，国产管和俄罗斯管大于等于500h，美国管和西欧管大于等于1000h；长寿命电子管的寿命，国产管和俄罗斯管大于等于5000h，美国管和西欧管大于等于10000h。但电子管的实际寿命要远远大于厂家提供的500～1000h。

235. 电子管为什么会红屏

当电子管工作时，在较暗的环境下，如看到屏极中间的灰黑色部分逐步变成暗红色，这种现象就称“红屏”，如果不马上关机，暗红色范围将慢慢扩大直至灰黑色部分烧穿熔化，管身玻璃也可能会因高热而变形，甚至造成电子管内部电极互相触碰。

电子管红屏说明其工作不正常。造成红屏是因为电子管的屏极电流过大，超过了电子管的最大屏极耗散功率。原因有栅极负偏压过小，导致屏极电流太大；或栅极电阻太大，产生逆栅电流使栅偏压变小。电子管发生红屏，即使时间很短也会缩短其寿命。

236. 电子管内产生辉光和打火是什么原因

电子管工作时，管内会有辉光闪动，或者电极间产生打火，这都是电子管不好的现象。

当电子管慢性漏气时，真空度降低，工作时就会在管内产生辉光。粉红色辉光是漏气的特征，紫红色辉光是较严重漏气的现象，都是氮气电离所致。电子管过热时，电极将释放出气体，管内就会产生淡青色辉光，若是产生蓝色辉光则较严重，此乃电极等释放出来的少量氧气电离所致，说明管内吸气剂失效。电子管真空度正常时，电子和气体发生碰撞的机会极少，辉光极微，电子管内残留气体越多或工作电压、电流越高，辉光越强烈。正常功率管等的管壁上出现随信号闪动的轻微蓝色辉光，当属正常现象。

当电子管（尤其是整流管）的真空度稍差时，它在工作时容易出现极间打火现象，火花呈黄白色，阴极将很快氧化失效。

还有一种常发生于功率管管内电极与管壳的局部空间，大小随屏极电压而变的深蓝色辉光，有的管子并不明显，这属于正常现象，是脱离电极的高速电子撞击管内剩余气体分子引起的辉光，由于这些电子仍会返回屏极，不会影响电子管的性能。

237. 如何提高“胆机”信噪比

电子管放大器内电子管的输入阻抗高，比较容易产生交流声，造成信噪比恶化而使整体性能下降，产生交流声的主要原因通常有以下6方面。

（1）屏极电源滤波不完善，产生100Hz交流声。

（2）放大器第一级电子管性能不良，如灯丝与阴极间绝缘不良或阴极的热惰性不够，产生50Hz交流声。

（3）电源变压器、滤波扼流圈等的泄漏磁场干扰。

（4）放大器第一级中的高阻抗元器件未能很好屏蔽。

（5）灯丝接地不对称，或借用底板作为灯丝电源连线之一。

（6）前级放大电路的接地或屏蔽不良。

如若采取下述措施，会使电子管放大器的信噪比得到提高。

（1）改善屏极电源滤波质量。

（2）高增益放大的前级电子管的灯丝最好采用直流供电，以防止出现灯丝交流磁场引起的交流声。如采用交流供电，不能把灯丝一端接地，应使电源变压器灯丝绕组中心抽头接地，或者设置交流声平衡电位器（Hum-balancing Pot），即在灯丝电路两端并接一只50～100Ω电位器，将动臂接地，通过调整提供平衡中点。前级电子管的灯丝对地若加以20～40V的正电压，使阴极对灯丝为负，可减小电子管灯丝与阴极间漏电等原因引发的交流声。此外，必须注意不能把灯丝电压用得过高。

（3）为抑制脉冲噪声，可在电源变压器的初级侧或次级侧并联耐压足够的0.1μF薄膜电容，滤除效果以在次级侧并联更完善。

（4）采用一点接地，各接地线分别连接，使各点接地成为同电位。

（5）在结构和装配上采取措施。如电源变压器远离怕受影响的前级，必要时对变压器采用导磁材料处理做电磁屏蔽；前置电子管加屏蔽罩；前级屏极电阻加大功率；合理安排耦合电容的安装位置；高阻抗电路引线要用屏蔽线等做静电屏蔽；妥善接地并适当屏蔽，防止电磁感应和静电感应引起的交流声和噪声。

（6）选用优质整流电子管，性能差的整流管会引起轻微交流声及“吆吆”噪声。

238. “麦景图”功率放大器有什么特殊装置

麦景图（McIntosh）是建厂已50余年的美国著名音响厂，其功率放大器以独特的优美音色闻名天下，声音以自然为主，平衡度极高，音质纯厚，动态及分析力俱备，持久耐听。该厂特别重视稳定性和高可靠性，以独特的绕线技术制成的输出变压器以及负反馈技术解决了功率与音质无法兼得的问题。

麦景图的晶体管功率放大器的特殊之处是都采用自耦变压器（Autoformer）输出方式，尽管当前世界各国的功率放大器采用的大都是OCL输出方式，但麦景图在其一系列功率放大器中仍采用自耦变压器输出方式（输入点定在5.76Ω）。采用自耦变压器输出方式能得到温暖的音色且使声音富有音乐感，并使输出功率和阻抗更稳定，还能有效地保护输出功率管，这些对OCL输出方式都是难题。但这个输出变压器的性能对功率放大器的整体性能具有举足轻重的影响，而高性能输出变压器的制作不仅成本高，技术难度更高，这也是功率放大器变压器输出方式不能被普遍采用的原因。麦景图则在电子管时代即以特殊的高质量输出变压器而闻名于世，成功解决了AB类放大的开关失真，使设计大功率后级成为可能，它采用C形铁芯及双线并绕（Bifilar Winding）技术，拥有6项专利。

麦景图功率放大器另一个独特之处是它的保护电路。它的专利过载保护系统（Power Guard Protection）采用输入和输出信号波形比较，防止放大器进入削波状态，对超过0.3%的总谐波失真，其橙色指示灯发光，失真再增大，输入信号逐渐被衰减，对+14dB的过载及出现削波时，失真依然维持在2%以下。Sentry Monitor电路则用以防止极低负载阻抗或短路时输出功率管过热。在任何声道输出有直流电压出现时，保护系统立即启动截止，使放大器输出级和扬声器得到有效的保护。麦景图全电子保护电路并不对正常信号产生影响，能够在确保系统安全的同时不影响重放声音的表现。

此外，麦景图古典的外表是其风格，它自成一派，具有透视式的功能照明指示全玻璃面板，快速、准确显示输出电平和功率的峰值功率表。麦景图湖蓝色指示表及荧光字可说世所独有。麦景图的音色厚实温暖，极有韵味，但稍显浓郁，现在已增加了透明度和平衡度，更趋向纯正，有更多的层次感和分析力。

239. 什么是EDP电路

EDP电路是NAD公司的专利电路，包括气囊功率电路（Power Envelope）和动态功率自动调控电路（Extended Dynamic），使用双重电源供应，除一组较高电压作为主要电源外，另一组较低电压作为储备应付大动态音乐信号，快速提供充裕电流，可在瞬间（0.2s）有效输出大功率。具有EDP电路的放大器，标称不失真输出功率虽并不大，但其对音乐重播的表现常比功率大得多的一般放大器要好，故而带有EDP电路的NAD低价放大器受到广泛欢迎。

柔性剪峰（Soft Clipping）电路是NAD公司功率放大器专利保护电路，可轻松使AB类放大满功率输出时声音不刺耳而音色甜美，类似电子管机般柔和耐听。

240．什么是 DFT 技术

电动扬声器的非线性失真非常大，使它成为整个音响系统里最薄弱的环节，于是减小扬声器在工作运动中的动态失真成为大家努力的目标。

DFT（Distortion-free Technology）消失真技术是美国人利用新概念发明的改善电动扬声器动态性能的技术。DFT把放大器和扬声器作为一个整体系统，通过DFT数学模型对电动扬声器的运动状况分析，综合运用电子学、物理学和数学方法，在不改变扬声器结构和不在扬声器端设置传感器的情况下，实时地变换放大器的驱动电压，用一个主动的校正驱动电压实时纠正扬声器运动系统的运动失真，从而有效降低扬声器的动态非线性失真，使整个音响系统的瞬态失真降到最小，令重放声更真实。

241．如何延长电子管放大器的寿命

电子管放大器自20世纪70年代复出、重登音响舞台以来，已占有一定市场，但目前的电子管音响产品中，电子管（包括欧美电子管在内）引起的故障，并不少见，使人产生一种电子管寿命短的看法。然而这却往往并非电子管本身的问题，而是电路设计存在缺陷和使用上的问题。须知品质良好的电子管还得有正确设计的电路、充分的散热、周到的避振。

在使用上，电子管要有良好的通风、散热，过热必然缩短电子管寿命，所以要尽可能使电子管保持较低的温度。电子管怕振动，所以采取防振措施、尽量避免振动也是很重要的。若做到这两点，电子管的使用寿命至少可提高一倍。为此，电子管设备的周围要有适当的空间，尤其是它的上方，以便有良好的对流通风，可能的话可用风扇帮助散热。

电子管阴极在尚未达到要求温度即加上高压电源时，将受到损害，同样会缩短电子管寿命。因此，电子管设备若有预热装置的话，一定要使用，如先开灯丝低压电源预热，后开高压电源。假如没有预热装置，那你不要急着将输入信号接入，可将音量关到最小，待先开机20～30min进行热机后再使用。如果使用旁热式整流管供给整机高压，那正好提供了简单又有效的高压延时。另外，在正常使用时，不要频繁开关电源。

当然，如果对电子管电路进行正确设计，避免错误运用，就能使电子管不致

“英年早逝”，电子管即使使用几千小时也是正常的，电压放大电子管的实际使用寿命则更长。电路设计中最常见的错误有电子管灯丝与阴极间的电位差过高、电子管屏极或帘栅极电压运用至最大值、电子管灯丝电压过低或过高、电子管安装位置不当造成电极过热、高压电源没有延时装置等。

VTL IT-85

242. 什么是双功放驱动

双功放驱动（Bi-amping）又称双功放分音，是指将前置放大器的输出配以两台后级功率放大器，去驱动双线分音的音箱，使两只功率放大器的两对音箱连线分别连接到一只音箱的高音及中低音接线端，让高音和中低音的驱动功率放大器完全分开，如图2-59所示。因此，这种双功放方式不仅可使低音扬声器实际驱动功率增大，而且低音扬声器锥盆振动时音圈产生的反电动势不会干扰中、高音重放，从而提供更好的音质，彻底消除中、高音及低音信号间的干涉因素，互调失真进一步降低，使双线分音的效果得以充分发挥。双功放驱动听感上的最大区别是声音轻松而有余地，非常舒服，声场的宽度和深度增加，高低频延伸更好，低频的弹性和冲击力、高频的透明度都有明显改善。

双功放驱动与电子分频相类似，但它的输出是全频带的大电流信号，适用范围更广，对音质的改善也比普通单纯的双线分音连接要大。双功放驱动能提高音箱的低频控制力，改善清晰度，使声音更富有活力，声场定位更为明确，改善明显而出人意料。音箱以双功放驱动还可减小对放大器的功率要求，如60W的双功放驱动效果会好过120W的单功放驱动。

双功放驱动的前级放大器必须具有两组输出，内部不能是简单的并联，应串接入一个100Ω左右的隔离电阻。两台后级功率放大器的输入阻抗要接近，增益要相同，两台功放的输出相位要一样。经济的双功放驱动方案是用功率较小的合并放大器驱动高音单元，而用功率较大的功率放大器驱动低音扬声器，在这里功率放大器要有各自的音量控制做平衡调整。适于做双功放驱动的放大器品牌有美丽安（Myryad）、雅俊（Arcam）等，建议以单独的后级功率放大器推动音箱的低音单元，以合并放大器推动音箱的高音单元。

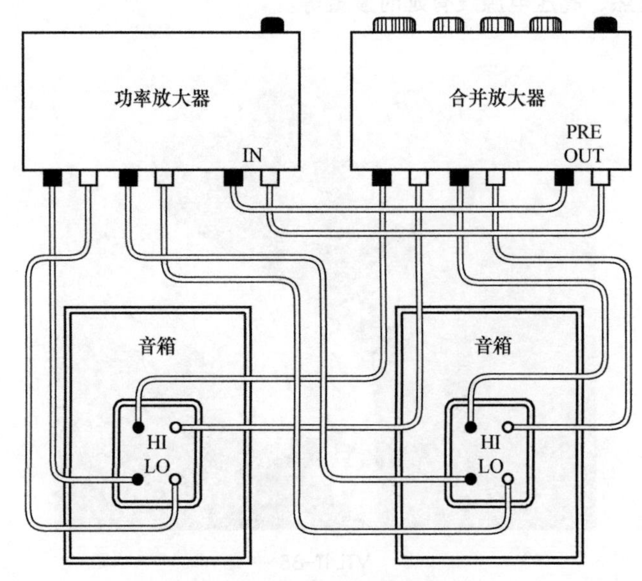

图 2-59　双功放驱动的连接方法

243．功率放大器怎样桥接

有些双声道功率放大器具有桥接（Bridged）功能，可用于单声道大功率放大，桥接是一种平衡驱动方式，也就是BTL接法，即在两个功率放大器的输出端之间接入扬声器，使效率提高，获得更大输出功率。通常桥接后的输出功率可达原每声道功率的3倍左右。但功率放大器桥接后的音质会稍有下降，声音变粗，低阻抗负载承受能力降低，用于家用高保真重放并不适合。不过对于普通立体声放大器，并不能把它的两个声道进行桥接，除非在其说明书中注明，切记不能把放大器随便做桥接，以免造成损坏。

功率放大器桥接时，一台放大器接一只音箱，一般是输入接R，音箱+接R红，音箱-接L红。

244．功率放大器的阻尼系数有何作用

阻尼系数（Damping Factor）是功率放大器的一个重要技术参数，它能对扬声器提供一个电阻尼，使扬声器的机械运动系统获得良好阻尼，改善扬声器的瞬态响应。也就是阻尼系数表示功率放大器对负载扬声器的控制能力的强弱。阻尼系数在扬声器的工作频率范围内特别是低频段，与音质密切相关。

对于扬声器系统来说，它自身的机械阻尼不足以使其锥盆立即停止运动，使瞬态响应变差，如图2-60所示。扬声器都有一个最佳阻尼系数，它与扬声器的品质

因素Q_0有关，扬声器装入箱体后Q_0值将有所上升而为Q_i，由于Q_i=0.7为扬声器的临界阻尼，瞬态特性和低频响应最好，低频清晰有弹性，显得很圆润，所以对Q_i<0.7的音箱，功率放大器的阻尼系数不必太大，否则阻尼过度，低频特性将无法延伸到最大，尾音被切而声音发干，显得生硬，没有弹性，泛音缺乏，反使失真增大。但Q_i>0.7时，低频将呈峰值，扬声器锥盆振幅增大，使瞬态特性变坏，失真上升，低音发浑有拖尾，出现“轰鸣”低音，使清晰度变差，缺少层次和力度，就要求功率放大器具有大的阻尼。因为无法预知配接音箱的Q_i，一般情况下阻尼系数还是大些为好。

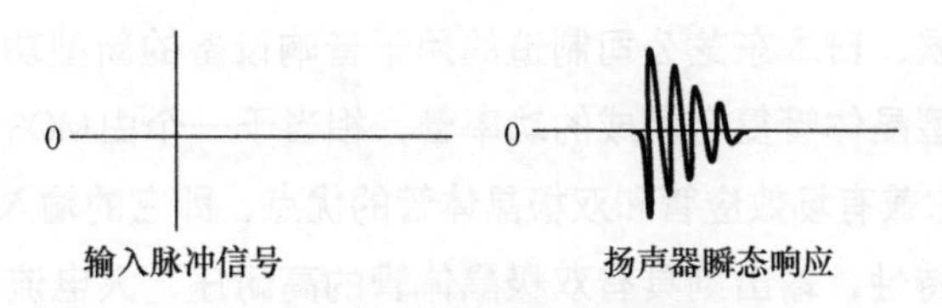

图 2-60　扬声器的瞬态响应

功率放大器的阻尼系数DF=负载阻抗R_L/输出管内阻rp，其中负载阻抗对电子管放大器来说是它的输出变压器初级的阻抗值，输出管内阻对推挽放大而言是两管值相加。

通常电子管功率放大器的阻尼系数要求在2以上。若达到10以上，对大多数音箱的低音重放影响已可忽略。晶体管功率放大器的阻尼系数一般认为有必要达到100以上。

提高阻尼系数只能从减小功率放大器的内阻及连接线电阻着手，在放大器及音箱已确定的情况下，唯一影响阻尼系数的是音箱连接线和连接端子的接触电阻。

245．场效应功率管一定音质好吗

MOS场效应功率管具有频率响应宽、无二次击穿及电压驱动等一系列优点，而且它能大幅度减小非音乐性的谐波失真，音色与电子管极为接近，可说兼有晶体管和电子管的优点，所以它吸引了越来越多的人。

目前，MOS场效应功率管的种类很多，但大多数是作为工业用开关器件进行开发的，有较大的偏置电压和变化急剧的互导曲线，而且输入电容很大，并随输入信号做非线性改变，还难驱动，并不适合用于高保真声频放大。因而并不是所有MOS场效应功率管都能用作声频放大器的输出级，一定要使用声频专用的电流容量大、互导线性高、导通性能缓慢的管型。

MOS场效应功率管的输入特性接近平方律，产生的失真以偶次谐波为主。为了充分利用它的平方特性，必须有相当大的静态电流（200～300mA）。当静态电流为最大输出电流的1/4时，已能保证工作在A类状态。但在一定程度上，MOS场效应管的传导低、线性差、导通电阻大，故效率不太高，输出阻抗较高，容易产生寄生振荡，这些都是其固有不足。

1975年，美国Siliconix半导体公司发明短沟道的垂直导电MOS功率场效应管（简称VMOS），可以用电压信号驱动，具有优越的线性放大特性和高频工作能力，与普通MOS器件和双极性器件比较，是更理想的线性功率放大器件。

专为声频开发的功率场效应管不多，大电流开关用场效应管大多并不适合用于声频线性放大。目前声频用大功率场效应管中，2SK182、2SK183系列较好。

246．什么是IGBT功率晶体管

IGBT功率晶体管是绝缘栅双极型晶体管（Insulated Gate Bipolar Transistor）的简称，是由美国发展、日本东芝公司制造的用于音响设备的新型功率器件，是MOS场效应管和双极型晶体管复合而成的功率管，相当于一个由MOS场效应管驱动的厚基区晶体管。它兼有场效应管和双极晶体管的优点，即它的输入具有场效应管的高速和电压驱动特性，输出则具有双极晶体管的高耐压、大电流和低饱和压降特性，而且工作极为稳定可靠。在电路及电源电压相同时，IGBT管的输出功率要大于同级双极型晶体管或MOS场效应管。不过现在IGBT常用于电源控制、变频、开关电源等工业用途，仅少数音响厂商将其用于声频放大器。

247．音响设备中的运算放大器

虽然有大量的运算放大器型号，但专用于声频放大的型号很少，大部分用于其他领域——如工业设备、航天航空技术、仪器仪表、医疗设备等，还有一些特殊规格与性能的高等级放大器。

适合声频使用的运算放大器有早期日系的NJM4558系列（包括性能更好的NJM4565、NJM2068，专业级设备采用的NJM4580）、早中期欧美系的NE5532系列、中期高性能的OPA604系列、近期的LM4562系列等。

适于做前级电压放大的运放有OPA627、OP275、OPA2134、OPA2228（增益必须大于5）、OPA637（增益必须大于5）、OPA2604。适于在CD播放机里做I/V转换的运放有OPA627、OPA2604、OPA2134。适于接成BUF输出的运放有OPA2107、LM4562、OP275。适于做平衡/非平衡转换的运放有LM4562、OPA2134、AD712。

运算放大器在运用微弱信号时，要特别注意电源去耦。运算放大器电源与数字电路共用时，数字电路产生的开关噪声会影响模拟电路。运算放大器在音响电路中应用的电源电压，一般不宜低于15V，电压不同时有不同的声音表现，电压过低则分析力变差，过高则声音偏冷硬，可在最大电压之下选定最佳值。

在运用高频、高速运算放大器时，应注意是否有轻微的高频自激存在，这是影响音质的重要原因。安装高频、高速运算放大器时最好不用插座，以免影响带宽及引起自激，同样，贴片封装电路也不要用转接座安装。

运算放大器在电路图中的符号，按惯例通常不绘出电源接入，包括 ± 电源。

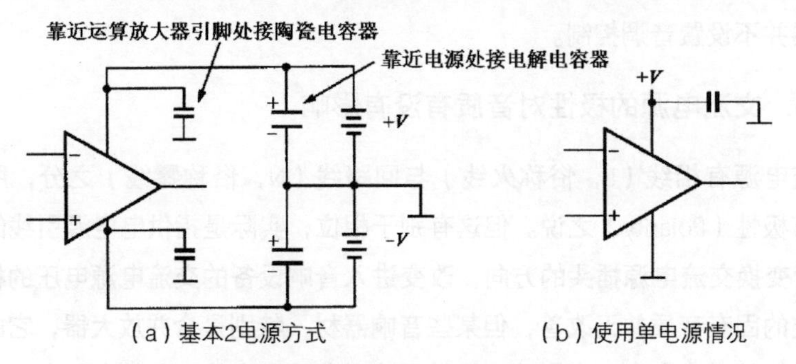

（a）基本2电源方式　　（b）使用单电源情况

运算放大器电路符号及电源接入

248．响度控制开关的不足是什么

人耳对不同声压级声音各频率的感受呈现非线性，声压级越低，听觉的频率响应越窄；声压级越高，听觉的频率响应越宽，只有在声压级达到86dB水准以上时，听觉的频率响应才趋于平坦。因而在小音量听音时，由于对高音和低音的听觉灵敏度降低，会感到声音欠厚实，层次变差。

响度（Loudness）控制开关就是对小音量听音时，提升低频和高频含量做出补偿的一种设施。响度控制开关曾一度在声频放大器中流行，但这种简单的弥补方法存在不少不合理之处，现在已被市场淘汰。其最主要的缺陷在于重放声的音色补偿应该以原始声压级作为参考，再根据等响度曲线做出频率均衡，但实际使用中由于音箱灵敏度、输入信号电平、听音房间尺寸等诸多因素无法确定，造成基准点不对，它的补偿就无法准确，其重放声也就不均衡，反而降低保真度。

249．音调控制有必要吗

音响界中有一种说法，就是“不带音调控制的前级才是Hi-End前级”，不少“发烧友”们也以此为原则而广为流传，认为是进行“原汁原味”聆听之最佳选择。但这种看法未免有失偏颇，造成了一定的误解。须知对音质具有不良影响的实际上是那种质量欠佳或设计不当的音调控制电路，它将引起失真，增加噪声。而且从整个音响系统看，少了音调控制有时反而难以达到应有的综合声音效果。例如，音箱及听音环境常常是不理想的，它的综合声音频率响应并不平坦，需要做适当补偿，甚至修饰，所以说音调控制只要运用得当，对实际使用还是有好处的，这也是不少高级音响器材均设有音调控制功能的原因。但音调控制的控制作用有限，也不能滥用，在使用中应学会正确运用的方法。只要性能够水准，使用得当，音调控制确实是家用音响设备中一种有用的功能。时下的音调控制大多能加以直通取消，可见音调控制的有无与放大器的档次根本扯不上任何关系。

音调控制在单声道时代曾普遍采用的原因，是单声道放音给人的感觉是丰满度和动态有所不足，带宽明显变窄，要给出良好音质十分困难，为了弥补，只能诉之音调控制。在如今的立体声时代，音调控制就不是必需的了，故而相当多的现代前置放大器并不设置音调控制。

250．交流电源的极性对音质有没有影响

交流电源有相线（L，俗称火线）与回路线（N，俗称零线）之分，所以交流电源就有极性（Polarity）之说。但这有别于相位，实际是指供电电源引线的属性。

尽管变换交流电源插头的方向，改变进入音响设备的交流电源电压的极性，对音响系统的固有音质并无改善，但某些音响器材，特别是合并放大器，它的电源插头的连接极性对声音有一定影响，极性正确时背景更宁静，分析力更高，声音更干净。原因是器材在连接电源的不同极性时，电源部分会产生不同的交流感应，波及前级放大部分，而一般音响设备的信号传输采用不平衡方式连接，所以这个交流感应信号会干扰正常信号，从而发生互调作用，造成某些细微部分声音模糊、背景交流声增大等音质劣化影响。由于不同的感应会有不同的互调，遂造成电源极性对音质的影响。如果使用了电源滤波器，由于滤除了电源脉冲性杂波，交流电源的极性对放大器的影响就能明显减小。

音响器材的交流电源线现在大多采用可拆卸的有接地脚的三脚构造电源插头。可是当多件器材，如信号源、功率放大器、电视机等同时工作时，就会发生高电平噪声的麻烦，原因是各设备电源线接地脚都与器材各自的底板（地）相通，造成那些器材的底板都连接到地线而形成环路，遂发生极大噪声。解决的方法是切断电源线插头的接地脚。两脚电源插头不会造成接地环路问题。

在某些器材的背板上，有一个电源相位检知指示，它以灯的亮灭显示告知其电源极性是否正确：灯亮表示正确，灯灭就得反过来接。

电源极性正确与否的判断方法为：可先将整个音响系统各设备间除电源线外，全部接妥，然后把各设备逐个插上电源插头，开机，用交流电压表测量机壳与电源回路线（N）间的感应电压，再变换电源插头方向，改变电源极性，并重新测量，以读数较低一次的接法为正确，分别做好标记。在此要注意测量应每台设备单独进行，其他设备电源插头要拔去，以免发生意外，而且测量时电源排插的接地线应断开。

251．电源滤波器有何作用

在人们生活的这个高科技社会里，电器是生活中不可缺少的，工厂内的大型电

机，大楼中的电梯，家庭中的空调器、电冰箱、洗衣机、油烟机、电风扇、日光灯、计算机、无绳电话机、游戏机，以及多制式大屏幕电视机、激光影碟机、录像机等，都将以不同形式产生一些脉冲性的噪声电流，这些电源火花及外来干扰污染了市电电网。另外，数字音响器材中的时钟脉冲也会干扰市电电网。这些噪声沿着电源线进入千家万户，影响着连接在这个电网里的高保真音响器材，产生像炒豆样的噪声。外来的射频干扰窜入电源，会使放大器重放高音变粗糙。由电网来的噪声杂波进入放大器电源后，其剩余部分将通过电路与声频信号产生调制，使声音不干净，甚至发浑，降低分析力，电源对高保真重放音质的影响不容忽视。

为了纯化电网电源，就需将市电电网中的“垃圾”清除，滤去随电网混入的各种射频干扰（RFI，Radio Frequency Interference）及电磁干扰（EMI，Electro Magnetic Interference），还有各种尖峰（Spike），以免对音响系统带来不良影响。典型的电源滤波器（AC Power Filter或AC Line Filter）由尖峰吸收电路和两节低通滤波电路组成，可用以抑制共模干扰，滤除对称性及非对称性的干扰，以及过高的尖峰电压，如图2-61所示。对于高保真设备的电源插座安排，应将数字设备、低电平模拟设备分开，将它们的电源插座分别接到独立的电源滤波器（其中数字设备电源插座常开，不必另接开关）。这样除可隔绝随电源从数字设备而来的数字噪声外，更可隔离模拟设备电源，有效改善重放质量。电源滤波器适用于用电稳定、功率消耗小的器材，功率放大器通常不建议接入电源滤波器，将功率放大器的电源线，无论是随机的普通线，还是另置的专用电源线，直接插到墙上的插座上，跳过普通的电源滤波器，反能得到更好效果。因为功率放大器在使用电感式电源滤波器时，由于电感本身对交流电的阻碍作用会引起电源内阻的增大，使功率电流的动态响应速度下降，使动态压缩，反会劣化放音质量。

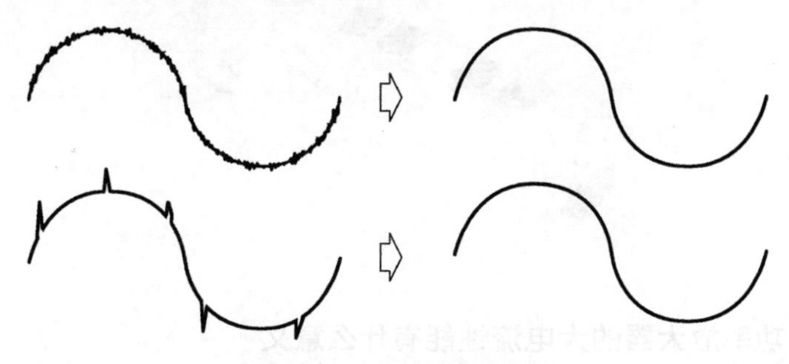

图 2-61　电源滤波器的作用

电源滤波器对音响设备有可听得出的改善，如背景噪声降低、弱音细节更清晰、声音更干净、分析力改善等。对数字音响设备的改善效果是能使声场的透明度、清晰度提高，更具层次感，定位更好。对电视机的画面噪波、线纹干扰、质感和色纯度有改善，还能使色彩饱和度、亮度范围得到提高，暗部细节的层次更清楚。

电源滤波器的使用方法很简单，只需将市电接到标有LINE的输入端，把设备插接到LOAD负载端，并且把接地端（G）妥善接地（千万不要接到市电的零线上）。良好的地线是电源滤波器发挥性能的前提，当然相线（L）与零线（N）位置也不能有误。电源滤波器并非万能灵丹，不可能解决电源的所有问题，最好针对电源干扰性质，如尖峰、射频干扰、电磁干扰，选择相应的电源滤波器，做针对性的处理，以期发挥最大效果。音响用电源滤波器的负载电流应在20A以上，以提供足够电流。

此外，电源插座的品质非常重要，如果欠好，纵使更换高档电源线，其改善亦极有限。品质优良的电源插座接触电阻极小，瞬间大电流应付自如，而且经久耐用，又不会引发噪声。典型电源插座的连接如图2-62所示，最右边是我国国标电源插座。

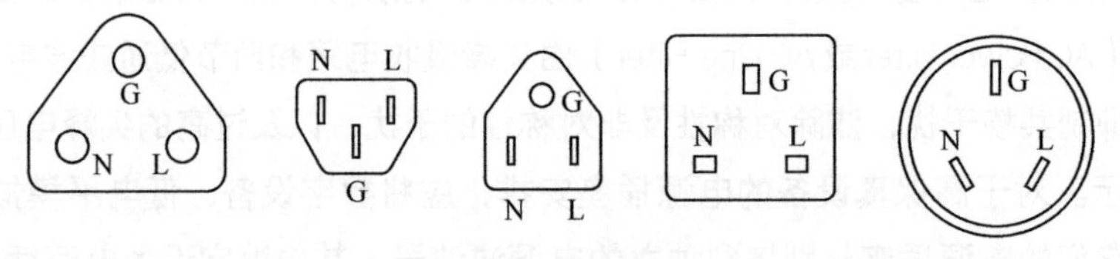

图 2-62　电源插座

对于纯化电源，还可采用隔离变压器。隔离变压器的频响宽度很窄，能用于隔绝电源中的杂波信号干扰，这种变压器除在初、次级间设置静电屏蔽层外，还在其外面围有一层电磁屏蔽层。隔离变压器可消除电源、日光灯启动、射频杂波及电源开关瞬间的尖峰等。不过隔离变压器和电源滤波器对杂波的处理范围有所不同。

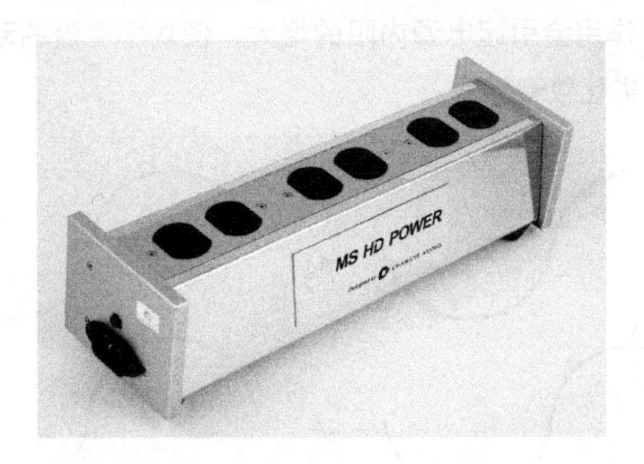

252．功率放大器的大电流性能有什么意义

功率放大器的大电流性能，只有在驱动阻抗很低的音箱负载时，才会体现出来。因为一般晶体管功率放大器的输出电压基本上是恒定的，它的输出功率为负载电流的平方与负载阻抗的乘积。当负载阻抗减小时，由于输出功率要上升，就会增大输出电流的要求，如果该放大器不能提供那样大的电流，就将不能承受而出现过载，使失真增大，输出减小，甚至超出安全工作区而造成损坏。低阻抗音箱，能从功率放大器取得较大的功率输出，但需要放大器提供更大的电流。

功率放大器的大电流性能的重要性体现在对音箱的驱动能力上，也就是对低效率、低阻抗音箱能够提供足够电流去推动进入最佳状态的能力（主要是低频段，因为数十到数百赫兹的低频段是扬声器阻抗最低点）。一般功率放大器在与阻抗符合额定值的音箱匹配工作时，通常不大会出现问题，但在负载阻抗很低时，或者当音箱在某频段阻抗降低极大时，具有大电流性能的功率放大器才能应付自如，当然大电流输出必须依靠稳定而充裕的电源供电、功率输出管的充分电流容量和良好的散热条件。

253．电源变压器与负载能力有何关系

晶体管放大器的负载能力，通常是指其驱动低阻抗负载并获得更大输出功率的能力。负载能力极强的放大器，当负载阻抗降低一半时，可获得加倍的输出功率，并可正常承受2Ω或更低的负载阻抗。

通常晶体管功率放大器实际使用的电源和功率器件、散热条件等限制了输出电流的可能值，以及安全工作能力。因而实际放大器供给4Ω负载的功率通常为8Ω时的1.65~1.95倍，供给2Ω负载的功率为4Ω时的1.35~1.65倍，达不到两倍。

晶体管放大器的输出功率主要取决于电源电压，故电源变压器的容量大小对放大器性能有着较大的影响。鉴于放大器的电源变压器实际很少处于满功率运行状态，所以一些廉价放大器出于成本考虑，采用容量小于理论标准的电源变压器，并以较高的空载供电电压获取足够的标称不失真功率输出。但由于它的电源内阻较大，这种放大器虽有较大瞬时输出功率，却不能长时间工作于满功率，而且负载能力不强、负载阻抗降低时，相应的输出功率增大不多，无法驱动阻抗较低的负载，音质的降低更为严重。

为了满足晶体管放大器的满功率工作需要，增强负载能力，放大器的电源变压器容量必须达到理论标准或更大，以减低电源内阻。这种放大器不仅能轻松驱动8Ω和4Ω负载，甚至可驱动2Ω或更低阻抗的负载，并获得更大功率输出。理想的电源变压器容量应为电源所需提供能量的3倍，而AB类放大器的电源必须有能力提供3.5倍于持续输出功率的能量，A类放大器则需提供5倍。所以说电源变压器对放大器的输出负载能力有着举足轻重的关系。

254．电源变压器通电后为什么会产生叫声

电源变压器特别是环形变压器，通电后有叫声，中国港台地区称其为“牛叫”。这种由机械振动造成的噪声，形成原因有两个：（1）变压器通电后有时叫有时不叫，是电网中含有直流成分，使变压器出现磁饱和现象所致；（2）变压器只要通电就一直叫，是变压器品质不良所致。

根据德国科技人员研究，电网中只要含有100mV的直流成分，电源变压器就会发出叫声。电网交流电压波形的上、下两个半周不相等，就是电网中存在直流成分。通电电源变压器时叫时不叫，是电网中存在直流成分的重要特征。环形变压器

容易磁饱和，所以更容易由于电网中含有直流成分而产生机械振动噪声——“牛叫”。

255．什么是“直驳”和无源前级

多年前，在音响界曾流传一种“直驳”理论，认为将CD机等高电平信号源不经过前置放大器直接接入功率放大器，能取得最好的声音效果，中国港台地区称其为“直驳”。同时更有无源前级出现，即所谓无源前置“放大”器，实质就是一个只有电平衰减器、信号选择开关及内连线的装置，并无放大作用。据说这种无源前级能把声音调到最好音质。

实际上音响系统如果没有前置放大器，信号源很可能不能驱动信号线、无源元件和功率放大器而造成一些不良后果。事实上只有使用了前置放大器，信号才能有快速起落的速度感，才有更大的动态，才更细致透明，才有更好的瞬态表现和控制力。前置放大器是音响系统中不可缺少的一环。不用前置放大器最大的缺点是缺乏音乐感，容易产生声音不饱满的感觉。当然，在这里应该排除那些性能低劣的前置放大器，如偏暗、偏亮、修饰过多、速度感慢的等。不用前置放大器的直驳连接和无源前级，虽可得较清晰的声像，但其他方面的表现则大见逊色，如重放声欠速度，常使你觉得音乐中似乎少了些什么，还极容易产生频率响应延伸不足和缺乏动态起伏之感，这在后级输入灵敏度较低时，遇到大动态信号就会显现出来。无源前级的电平控制可能会减小某些系统的动态对比和使低频变松弛。但一台性能好的前置放大器，不是单靠电路设计就能搞好，它要求设计者必须具有一定的音乐修养，并能进行系统分析，再做调声，制作较复杂，买价当然不会便宜。

256．放大器的 AUX 端子有什么用

AUX端子是声频放大器输入信号端子中的备用端子，是Auxiliary的缩写，指外接输入插口，它具有与调谐器、激光唱机、磁带重放等端子同样的输入灵敏度及阻抗。当模拟唱盘以外的输入端子不够用时，可以接入此AUX端子。备用端子一般输入电平-20～0dB，阻抗47～100kΩ。

257．放大器上的 MODE 键有什么用

当你在欣赏音乐的时候，忽然有电话打入等情况发生，对于设有MODE（方式）键的放大器，你可按下该键，这时放大器的增益会减小20dB，使重放音量即时减轻，就不致干扰通话，而音响系统的工作并不中止。事毕只需再按下此键，马上可恢复到原来响度，继续欣赏。可见这是一个非常有实用价值的功能键。

258．线材与音质有何关系

音响器材设备之间需要由导线连接，这些信号线（Interconnect Cable）、扬声器线（Speaker Cable，又称音箱线、喇叭线）统称线材。线材与音质在音响界曾是争论不休的话题，有的认为与音质密切相关，有的认为对音质影响不大，为了弄清

它，大家执着地研究了20多个春秋，对物质的微观结构进行探索，终于有了成果。

线材对声音的影响，最先是由英国著名音响杂志*Hi-Fi News & Record Review*在1977年8月提出的，它翻译刊登了法国音响大师J.Hiraga的*Can We Hear Connecting Wires*？（《究竟我们能听出连接导线否？》）一文。该文对导线做了全面研究，还提出一些新概念。线材对声音的影响机理由此被认识并得到研究，音响界又开创了一门使很多人投入大量心血的新学问。

线材对音质产生影响的因素主要有下面几个方面。

（1）并联电容：会使信号的谐波频谱分布改变。对高内阻的信号源，信号线的并联电容会造成高频的衰减。

（2）串联电感：会使信号的谐波频谱分布改变。对某些扬声器，扬声器线的串联电感会造成微妙的高频衰减。

（3）串联电阻：扬声器线的串联电阻对扬声器的阻抗特性和阻尼特性会产生影响。

上面3项基于宏观的传输理论，但由于音响线材长度不长，它们对音质的影响较小。以材料科学而言，银的导电性最好，铜次之，但铜是制作音响线材的主要材质。

（4）线材纯度：金属材料中的杂质会影响其导电性能，高纯度的铜材可能对晶格结构具有积极影响。铜的纯度常用多少个9（N）来表示，如5N（即99.999%）已是较高纯度铜。由于高纯化理论上可使导电品质更高，故音响专用线材通常最少是4N的，但N数多少并不能表示其声音的好坏。4N以上的高纯度铜，通常称为无氧铜。

（5）晶格结构：线材内部晶格的不同会使音质产生变化。因为金属材料并非是完全的各向同性晶体物质，内部含有不连续的结晶体区，其间的界面就会发生二极管整流效应，影响自由电子流动，在信号通过时将导致非线性失真而产生谐波。长结晶无氧铜LC-OFC是将铜在冷却时处理成结晶数很少的状态，再加热软化拉成线状，结晶同时被拉长，使导线中的结晶界面很少而提高导电性能。

（6）绝缘材料：绝缘材料除防止导线短路外，还决定导线的电容，它是介质，其介质吸收因数DA和耗散因数DF将影响线材的电特性。

铜线对高、中、低频的传输较均匀，但普通铜TPC（Tip Pitch Copper）结晶多，杂质也多，不宜制作音响信号传输用线材。20余年前日本使用无氧铜OFC（Oxygen Free Copper）制作线材，由于杂质减少，声音趋向清晰透明，但对低频不利。随着冶炼及退火方法的改进，又出现大结晶无氧铜LCOFC（Large Crystal Oxygen Free Copper）和单晶无氧铜PCOCC（Pure Crystal Ohno Continuous Casting Process，连续铸造纯结晶铜）等，使用它们制作线材，声音更平衡。

由于银线对高频的阻抗低，所以对高频的传输比铜好，但有时会过度，低频表现则较差。纯银线不仅价格昂贵，而且容易氧化，所以大多采用含有其他金属的银合金。

镀银线的理论根据是趋肤效应（Skin Effect）和银的最佳导电性，但电子未必会全部趋向导体表层，而且电子在穿越银与铜的界面时，导电品质可能会变坏，如果镀银素质不高，反不如纯铜线。金属信号线性能的劣化源自化学反应，所以用化学镀银方法制作的导线是不好的，以机械方式在铜线外包银的导线较好。

导线由于导体尺寸、形状及排列的不同，在相同横截面积的条件下，它的频率线性度并不相同。尽管对于声频而言，其趋肤效应可忽略，但还是会对音色产生微妙影响。因此，两个横截面积相同的同材料单根导线和多股导线，导电面积和直流阻抗虽相同，其声音并不相同。

绝缘材料会影响线材的电容。为了减小线材的电容，要选用介电常数低的材料，所以音响线材都采用比PVC更优良的绝缘材料，如聚乙烯、聚四氟乙烯等。为了降低绝缘材料的介质吸收率和增大柔韧度，还要对绝缘材料进行特殊的化学处理。

信号线及扬声器线的长度一般远小于信号的波长。由于线材与设备间阻抗不匹配引起的信号衰减较小，常可忽略不计，一般情况下也就不必考虑阻抗匹配问题。但信号线必须阻绝外来电磁场及射频的干扰。

同轴数字线在所有线材中，由于工作频带极宽，彼此的差异较信号线、扬声器线更为明显。

音响用线材有信号线、数字线、扬声器线及电源线，对它们的使用必须注意下列事项。

（1）音响专用线材都有传输方向性，使用时应予以注意，要按信号流向连接，不能搞错。线材传输方向除以箭头标志表示外，也有依字母排列顺序表示的。

（2）对于6N以上无氧铜线材，在使用时切忌过分弯折扭曲，应尽量减少弯折，以免金属疲劳使导体内部晶体断裂，界面增多而影响性能。

（3）信号线在低电平使用时，应避免受声音振动影响，因为绝缘材料受振动变形时，变形两端由于压电效应会产生振颤噪声电压，影响低电平前置放大器工作。

（4）信号线、扬声器线忌卷成圈放置，并需远离电源线。

（5）保证声频线的插头洁净非常重要，可以减小触点损耗。

（6）音响系统性能越好，线材的作用越明显。

电源线对音响器材声音的影响，不少人都不以为然，以为短短的一段电源线不会有多大作用。然而尽管电源线的长度相对于电网而言非常短，但一般连接墙上电源插座的电网布线截面较大，而普通随机电源线内导体的截面较小，导线中间任一部分的直径（截面）细小都将成为整个回路中最薄弱的环节，成为制约电源供应的因素，所以电源线的品质确实会对一定水准以上器材的音质产生影响，其影响主要在声场大小、动态范围上，专用电源线都带有多层屏蔽。

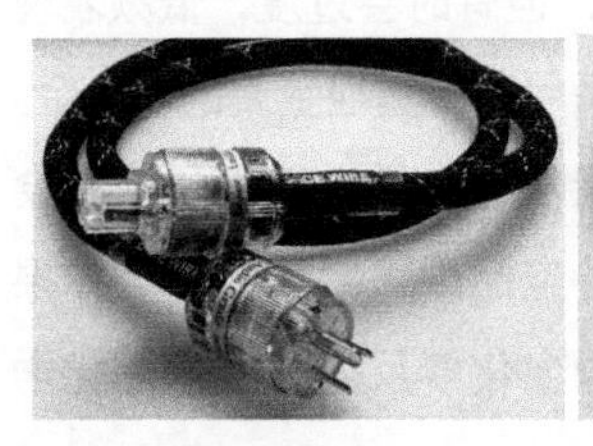

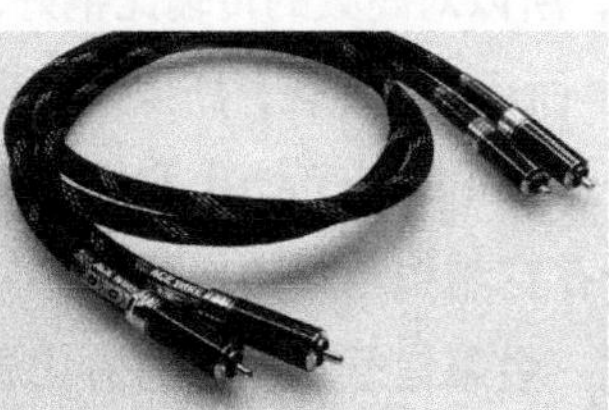

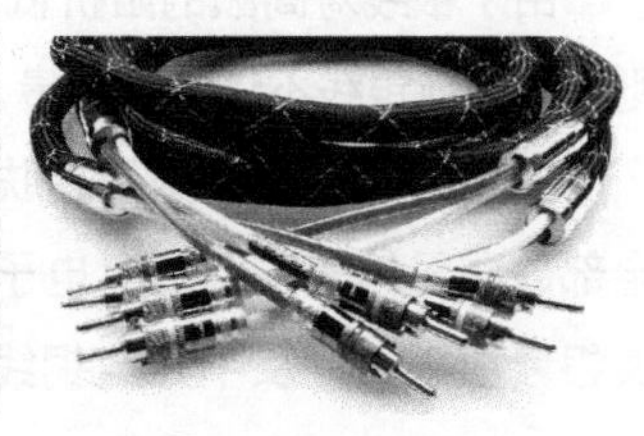

259．如何选用线材

一个音响系统的重放声音质量除器材本身及组合搭配外，还与听音环境的声学特性、线材和附件（即钉、垫等）及音箱的摆位等诸因素有关。

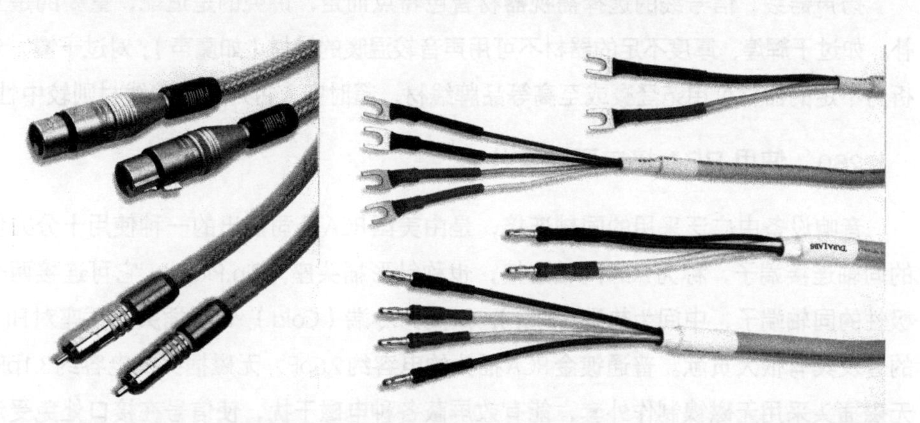

市场上信号线、扬声器线、数字线等“线”的品种不少，各种广告宣传更使人眼花缭乱，加上心理因素的作用，难免出现一些误解。不少“线”更被神话化，使人对“线”抱有太多幻想，不管自己器材情况和听音环境，一味迷信所谓“线”的威力，以为只要换了“好线”，便可骤然升级，实则不然。某些消费者的心态也不正常，总认为非高价的线材不好听，每换“线”必然换更贵的，须知“线”贵不等于适合你。诚然不同“线”对声音的表现是有差异的，“线”对器材整体组合的声音表现能做出一定微调，使其有更佳表现，但有些“线”可能是声染的化身，所以玩“线”切忌为骗人的声染而走入“假声”的死胡同。要知道“线”在整个音响系统中，应该是一个忠实的传递者，所以选择“线”应以声染小、较中性为宜，因为这类线材不会影响其他器材的表现，容易与其他器材匹配，就便于充分发挥它们的性能。有些人夸大了“线”的作用，喜欢用“线”去调校音响系统，以此调低音变高音，实际是强化某个频段（当然是以牺牲相对频段为代价），使频率响应失去平衡，也就失去了玩“线”的真谛。

选择线材应该选择对信号改变最少、最没有声染的，而不能着重于它的带有声染的特质。在选择线材时，不要低音不够去找低频特多的“线”，以免听来听去又觉得高音不足，致使自找麻烦，“线”又不便宜，落得个用钱不少，效果难好。要知道“线”毕竟是无源的信号通道，绝没有放大信号之力，它不会改变器材自身的素质，故而如果器材低音真不够，用“线”根本无法弥补，至于某线用后低音加强，须知这是用衰减高频换来的，只不过是中低频的比例有所改变而已，弄不好反使你的器材整体频率响应变得不平坦，那就得不偿失了。“线”能改善声音的重现质量，但其程度是有限的，不能期望过高，以免失望，线材只有锦上添花之能，低性能器材绝不可能因用了高级线材而升级，要排除对“线”的心理影响，换“线”不会出现奇迹。可见，玩“线”一定要谨慎，不可盲目，最好能试过再买。线材不同于其他器材，它是不分级别的，也没有所谓最好的线材。弄清线材的特性，将线材与器材做出最好的搭配，平价线材一样可出满意的声音。如能合理选用线材，可使器材性能得到充分发挥，起到锦上添花的作用。

扬声器线、信号线的选择需视器材音色特点而定，讲究的是适配，重要的是互补。如过于辉煌、厚度不足的器材不可用声音较温暖的线材（如魔声）；对过于慢、分析力不足的器材可用范登豪或至高等品牌线材，超时空、古河等品牌线材则较中性。

260．使用 RCA 接口要注意什么

音响设备中广泛采用的同轴连接，是由美国RCA公司提出的一种使用十分方便的同轴连接端子，称为RCA同轴连接，也称针形插头座（Pin Plug）。它可连接两个极性的同轴端子，中间为热端（Hot），四周为冷端（Cold）。RCA插头、插座对Hi-Fi的普及具有很大贡献。普通镀金RCA插头的电容约2.6pF，无磁插头的电容约3.1pF。无磁插头采用无磁镍制作外套，能有效屏蔽各种电磁干扰，使信号在接口处免受污染。RCA接口最初用于连接唱机和放大器传输声频信号，现在也广泛应用于传输其他类型信号，如视频、高频信号。

声频信号的连接接口，必须保证紧密连接的可靠性，所以除选用优质的RCA插头外，还要注意不过分频繁地插拔，过多插拔将造成镀层脱落和接触不良，以致产生噪声。作为声频信号传输，对微弱信号及长线，建议采用如图2-63所示的双芯屏蔽线，并在输出端将屏蔽层接地，以免由于接地环路而产生噪声。

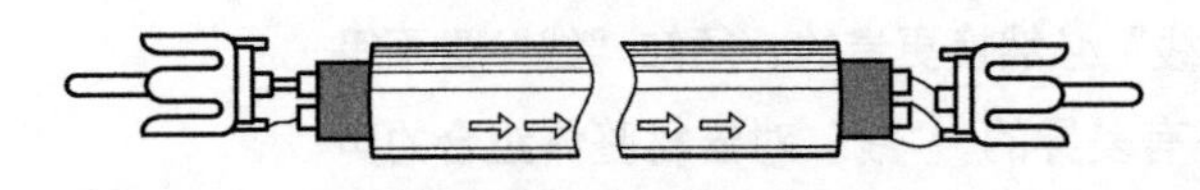

图 2-63　RCA 连线

某些RCA端子信号线另附延伸接地线，这个接地线端应连接到放大器的机壳或唱头输入的接地端子上，可起防止RFI、EMI干扰的作用，有利于降低噪声。

261．使用 XLR 接口要注意什么

XLR是一种平衡式接插件的标准接口，称为卡农（Cannon）头或座，都有公、母之分，它的金属或塑料外壳上有一个供自锁定位的卡榫或孔，使公、母头结合后不会脱落，卡农头的接点有2～7个，一般音响设备使用的是3个接点。XLR连接器是传声器使用者专用的一种标准连接器。一般信号输出端使用公头或公座，输入端用母头或母座。

在XLR标准的3个接点旁有1、2、3编号，1号接点为屏蔽，具有最长的接触片，以使在连接过程中，此接点比信号接点先完成接触或晚完成分离，确保开机状态下插拔信号线不致发生意外的冲击声甚至损坏扬声器。1脚接地，2、3接点分别连接信号的热端及冷端，有两种标准规格，即AES和EBU。它们的接法是相反的，需予以注意。AES为美规，也是IEC268规定的接法，2脚是热端，3脚是冷端。EBU为欧规（日本也采用），3脚是热端，2脚是冷端，如图2-64所示。

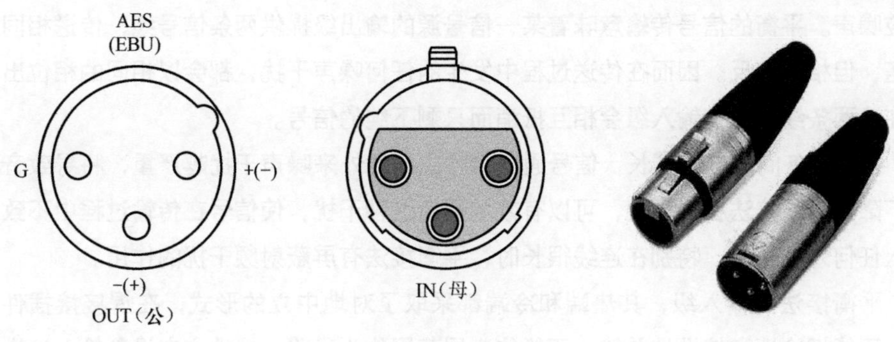

图 2-64　XLR 接口

XLR电缆就是平衡式带卡农插头的信号线，用以传送声频信号时，能较好地表达音乐的质感，因长度较长时对音质的影响很小，所以声频信号的长距离传输应采用XLR方式。卡农连接有锁紧插头的紧固件，使用时不要用力扭动或拔插端子，防止松脱。

262．使用光纤要注意什么

光纤是光导纤维（Optical Fiber Cable）的简称。光纤传输是以光波为载波，以光纤为传输介质的信息传输系统。它具有传输频带宽、传输损耗小、抗电磁干扰能力强、无串音干扰等特点。

光纤按使用材料不同可分塑料纤维、涂塑石英纤维和石英纤维3种，后者的性能及价格均高于前者。光纤适用于带光输出、光输入端子的数字式放大器、激光唱机、激光影碟机、DAT等之间的连接。

音响中使用光纤的优点：（1）因为使用电信号转换为光信息的方式，故不受外来干扰的影响；（2）用地线进行电气隔离，减小了数字部分对模拟部分的干扰；（3）可防止由信号连接线产生无用辐射；（4）光纤芯线的端面采用研磨、热处理、精加工工艺，可实现高传输效率、低损耗。

使用光纤时，必须注意下列事项。

（1）不要折曲或捆束光纤，弯折的曲率半径不得小于25mm。

（2）防止在光纤上加重物或撞击。

（3）不得拿住光纤插拔插头，必须拿住插头本体进行插拔。

（4）光纤的端面切不可弄脏，光纤不使用时，其端子务必装上保护盖。

（5）光纤的端面如被弄脏，可用镜头纸或脱脂棉擦拭，但不能使用酒精以外的有机溶剂擦拭。

（6）Toslink方形插头是日本工业协会（EIAJ）标准，应确认位置后插入，以防错位。

263．平衡接法有什么好处

在专业音响设备上，常采用平衡接法做信号传输的接口，平衡接法能有效降低感应噪声。平衡的信号传输意味着某一信号源的输出级提供两条信号线，传送相同电压，但相位相反。因而在传送过程中发生的任何噪声干扰，都会以相同的相位出现在这两条线上，在输入级会相互抵消而只剩下纯的信号。

音响设备间的连线越长，信号通道中感应到的外来噪声干扰越严重，将导致音质下降。平衡接法在原理上，可以有效地避免这种干扰，使信号在传输过程中不致混入任何外来干扰。特别在连线很长时，平衡接法有屏蔽射频干扰的作用。

平衡接法的输入级，其热端和冷端都采取了对地中立的形式，在焊接接插件时，不能把冷端和接地端并接。不能依靠屏蔽层作为通路，接地应在设备输入端进行。过长的连线不能卷起放置。平衡接法使用XLR标准接口。平衡接法与不平衡接法的转换如图2-65所示。

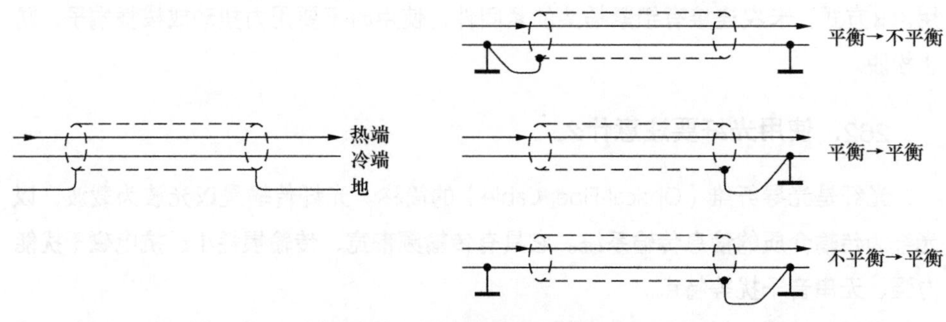

图2-65 平衡接法与转换

真正的平衡接法每声道应该有两组完全相同而相位相反的对称组件，成本很高，所以通常中、低价位放大器极少有平衡设计。

264．音响线材端子头为什么要镀金

对于音响专用的线材，包括信号线和扬声器线，不管导线本身的品质如何优秀，它两端的端子头及其加工都是品质、性能的关键，理想状态应是导线和端子头的材质相同。通常端子头都镀以金或铑，镀金的作用除增强其耐锈蚀性外，还可防止声频信号通过端子头时产生性能劣化，并增加高级感；镀铑的作用则是提高插拔时的耐磨损能力。

265．音响设备上的连线插头采用焊接好还是压接好

音响设备上有不少连线，连线与两端插头间一般以焊接或压接实行接触。

对于终端连接的接头处，如果是非焊接类的压接或铰接，不能简单地拧在一起，应使导线结合得尽可能紧密，但在业余条件下由于无法保证接触处的紧密无隙，导体将暴露在空气中，日久发生氧化，接触处就会形成二极管效应，产生非线性而导致音质变化。一般扬声器的插头在声音的不断振动下，压紧螺丝更容易松动，影响更大。因此，高要求的高保真设备的连接线，一般还是采用焊接为宜，但

必须保证焊接质量。焊接时应确保连接处的温度能充分熔化焊锡，使之流入接头内，方法是先对导线加热，再上焊锡，不能只加热焊锡而滴在导线上。免焊插头用螺钉紧固时，接头电阻为 5 ～ 50mΩ；而焊接良好时，电阻一般能做到小于 2mΩ。

266．信号线用长的好还是短的好

从传统观念说，都认为信号线越短越好，在信号线素质不高时，长线确实会劣化音质。但一些优质信号线的音色非常好，能用以调校音响系统的整体效果，所以在应用得宜的情况下，两对长度不同的同种导线，短的一对不一定会胜过长的一对，长的一对在搭配相宜的情况下，有可能有更佳表现。可见，信号线长好还是短好，不能一概而论。

267．铜线和银线有什么区别

银线通常不宜用作声频信号传输，它会使声音变瘦，低频缺失，缺少力度感，偏亮。铜线在搭配上则没有禁忌，能还原声音的本来面貌，用在信号源或前后级放大器间，具有真实传输，没有过多修饰作用。

268．视频线和数码线有何区别

视频线和数码线都是阻抗为 75Ω 的同轴电缆做成的信号线。信号线的重要性大家都有了解，对 AV 系统中连接视频设备的视频信号线，由于工作频带宽度达数兆赫兹，因而它的质量的影响比声频信号线质量的影响要大得多。特别是使用正面投影机时，视频信号线长达 10m 以上，因损耗较大，影响图像的可能性更大，所以视频信号线的性能不容忽视。

一般视频电缆的阻抗特性为 75Ω±3Ω，如阻抗不正确，信号传输就不理想，图像质量就会下降。视频信号线由于屏蔽层的结构关系，还常因连接方面的不同而使图像质量发生变化，由铜箔或铝箔卷成螺旋状的电缆影响尤大。

数字声频信号是经采样编码后的数据流信号，有高达 100MHz 以上的频率成分，其传输受带宽、码率及误码率的影响，所以无法用传输模拟信号的普通电缆传输，否则由于高频信号的传递失落，将造成音质恶化。

数字信号线从理论上说，只要是标准的 75Ω 同轴电缆即可，但事实它对音质的影响十分明显，千万马虎不得，数字信号线的素质不良，如带宽过窄及接口特性阻抗不匹配，都将会引发时基误差而使音质劣化。

269．扬声器的电气连接要注意什么

在连接任何音箱时，应先关掉功率放大器的电源。音箱背后如有两对接线柱，做双线分音时，下面那一对通常连接低频单元，而上面一对则连接中、高频单元。连接音箱应采用优质扬声器线。

对具有两对接线柱的双线分音音箱而言，在出厂时各有两条高纯铜片或铜线，将两组接线柱并联。如做普通连接，不必拆除连接铜片或铜线，虽只需连接到其中一对接线柱就可，但必须连接到连接低频单元的下面一对接线柱上，以免影响低音重放的效果。

放大器的正极端子要正确接往扬声器正极端子，正极端子有“+”标记或以红色表示，放大器的负极则连接扬声器负极（–/黑色），如图2-66所示。连接接线柱可配以裸铜线或Φ4mm的香蕉插头。

在连接立体声音箱时，必须确定极性。如弄错极性，将导致低音的抵消和不能获得正确的立体声定位，此时只需将任意一只音箱的连线极性对调即可解决。对家庭影院的音箱，连接极性的正确更为关键，因为多个扬声器的声像必须互相协调。

采用双线分音接法，可得到更细腻的低电平音质，并减少各单元之间的相互干扰。

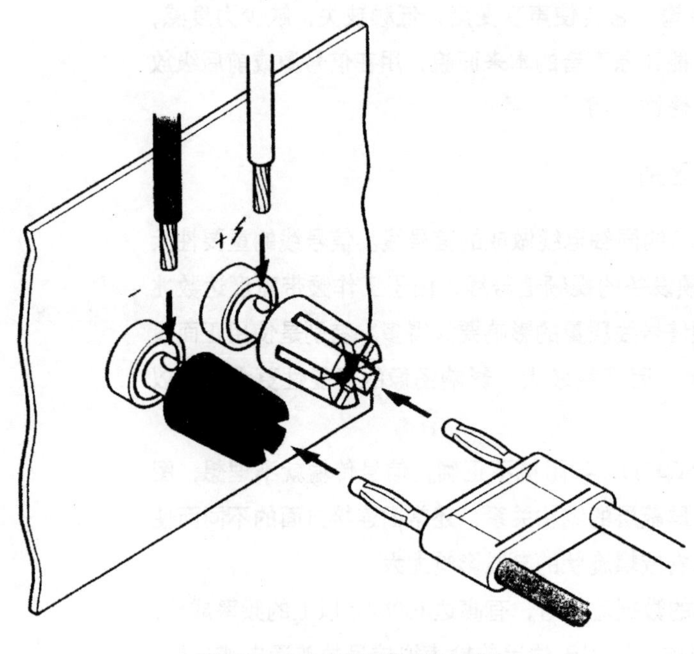

图2-66　放大器与音箱的连接

左、右两只音箱的连接导线应使用长度相同的导线。

连接音箱的导线应避免过长，最好在决定摆位后，才剪断扬声器连线。若用香蕉插头连接，一定要选优质弹簧香蕉插头。必须用手指拧紧连接终端盖，以免引起蜂鸣或“咔啦”声。若用裸线连接，必要时应剪掉旧裸线端，另行剥开绝缘层，抽出新线头再连接。总之，音箱的连接线做机械连接时，应使导线结合得尽可能紧密，它和端子的接触面应大而牢固，端子不能有松动，连线不要过短绷紧，也不要过长盘卷。

270．左、右声道的标记是什么

立体声音响设备及信号线等，不管是信号输入端，还是信号输出端，都分左、右两个声道，在连接时不能弄错，它们的标记除用字母L（左）、R（右）表示外，也采用颜色来进行区分，白色为左声道，红色为右声道。

271．扬声器系统的基本参数有哪些

扬声器系统（Loudspeaker System）——音箱是音响器材中最富个性的一员，对于测试指标相近的音箱，其重播声音的差别甚大。

音箱除结构、使用驱动单元外，还提供基本参数供参考。尽管技术参数并不能与主观评价完全吻合，但正如权威的IEC581-7标准中所指出的："虽然目前人们广泛采用的客观测量技术不可能对扬声器的重放质量做出全面估计，但这种客观测量技术能向人们提供扬声器工作的基本情况"。

频率范围（Frequency Range） 表示实际还音的频率范围，有较大的起伏，即以声压级最高点为基准，向两端延伸，下降规定dB处的相应频率范围。通常以-3dB和-6dB均匀度为标准测定。需要指出的是，不带±dB数的频率范围指标是没有意义的。

音箱的频率响应范围的宽窄并不表示其音质好坏，但频率响应曲线的平坦度，尤其是局部的平坦度与音质的好坏有关。而且频率响应曲线好的并不一定音质好。

灵敏度（Sensitivity） 通常是指输入1W信号时，在1m远的地方所产生的声压值，对8Ω阻抗即是输入2.83V信号时，在1m远的地方所产生的声压值。声压级越高，音箱的灵敏度越高。通常把音箱灵敏度在85dB以下的称为低灵敏度，大于90dB的称为高灵敏度。

音箱的灵敏度和效率是两个不同概念，常被误解、混淆。扬声器把电信号转换成声信号时，驱动扬声器的部分电能变成使锥盆或振膜振动的机械能，在此能量转换过程中，由于音圈电阻有功率损耗，振膜振动变为热量也有损耗，余下的能量才作为声音辐射到空间，故而扬声器的实际效率是很低的，在5%～7%，典型音箱效率在1%～2%。当音箱的阻抗特性越接近纯电阻，也就是变化越小时，灵敏度与效率两者间的值越接近。

标称阻抗（Nominal Impedance） 扬声器的阻抗是其工作频率的函数，如图2-67所示，它的额定阻抗为阻抗曲线上从低频到高频第一个谐振峰后的第一个极小值。音箱的阻抗则由扬声器单元的音圈、分频网络等多种因素决定，远比扬声器的阻抗特性来得复杂。典型的扬声器系统标称阻抗为8Ω和4Ω。

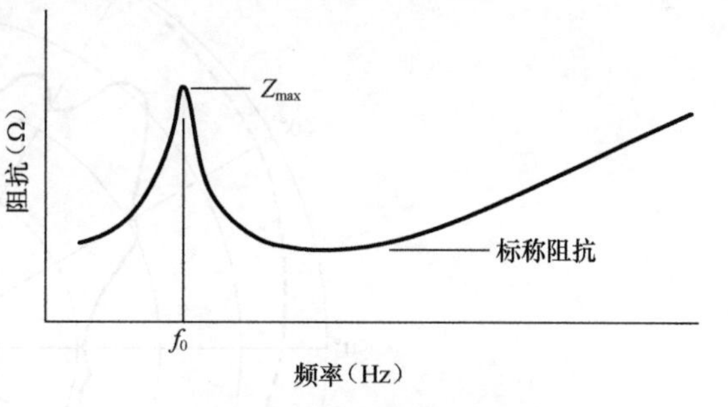

图 2-67　扬声器的阻抗曲线

音箱的阻抗并非纯电阻性，故而加有声频信号后，随着相位角的不同，其电流有可能超前或滞后于电压。鉴于阻抗的相位角随频率而变化，音箱在某些频率的实际阻抗比标称值有可能低很多，甚至低至额定值的1/6。音箱的阻抗特性对其音质及驱动有很大影响。

承受功率（Maximum Power）、适用功率（Power Handling） 承受功率可分长期（Long Term）和短期（Short Term），前者指扬声器能不失真还音的长时间最大安全输入电功率；后者指扬声器能不被破坏的最大短时间输入电功率。适用功率是指扬声器能长时间不超过容许失真度正常工作的输入电功率范围。对整个音箱来说，它的承受功率并非所有扬声器功率值之和，而与低频扬声器承受功率值相同。

分频点（Crossover Frequency） 指将相应频带加到有关扬声器单元的分界频率。分频点频率选择不当，高、低频扬声器单元配合就不好，频率衔接就不平坦，整个扬声器系统的频率响应就不会好。

辐射指向性（Dispersion） 表示音箱向空间辐射的声能分布特性，即声压随方向变化的特性。辐射方向的均匀与否，与声音重放质量有密切关系，正面轴上的辐射方向特性要均匀。正面轴上的指向频率特性是指对水平面0°、30°及60°方向测得的频率特性指标。

描述音箱辐射指向性的图表有3种：（1）频率响应曲线族，它与普通频率响应曲线一样，只是增加了不同聆听角度的声压频率特性响应曲线，如图2-68所示；（2）极坐标响应曲线族，是以典型的若干频率在极坐标上做出的指向性图，如图2-69所示；（3）瀑布图，是一种三维图表，水平轴表示频率，垂直轴表示响度，竖轴表示偏离轴向的角度，由于图形状似瀑布，故称瀑布图，如图2-70所示。

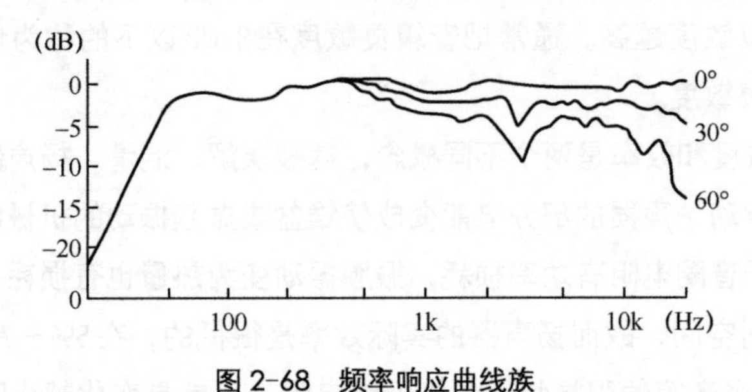

图 2-68　频率响应曲线族

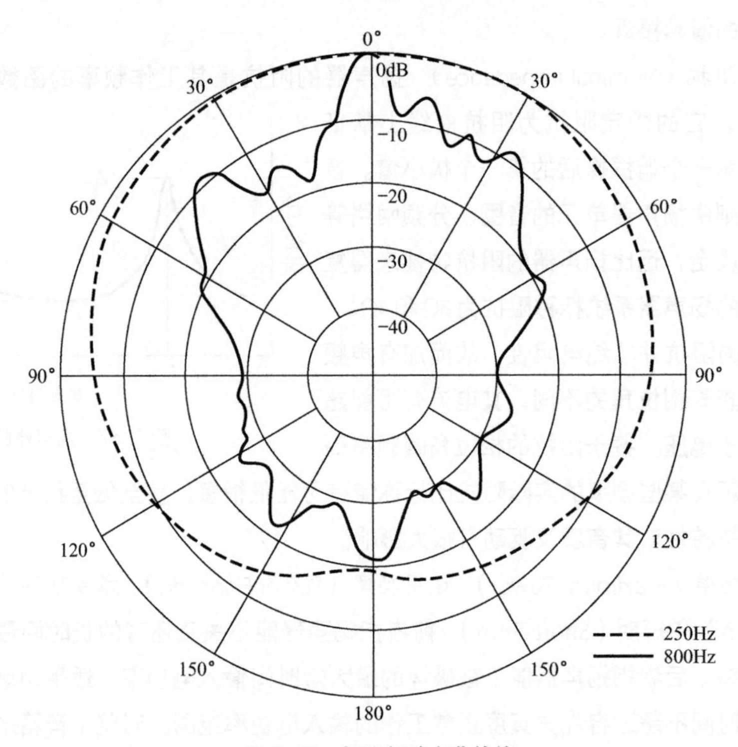

图 2-69　极坐标响应曲线族

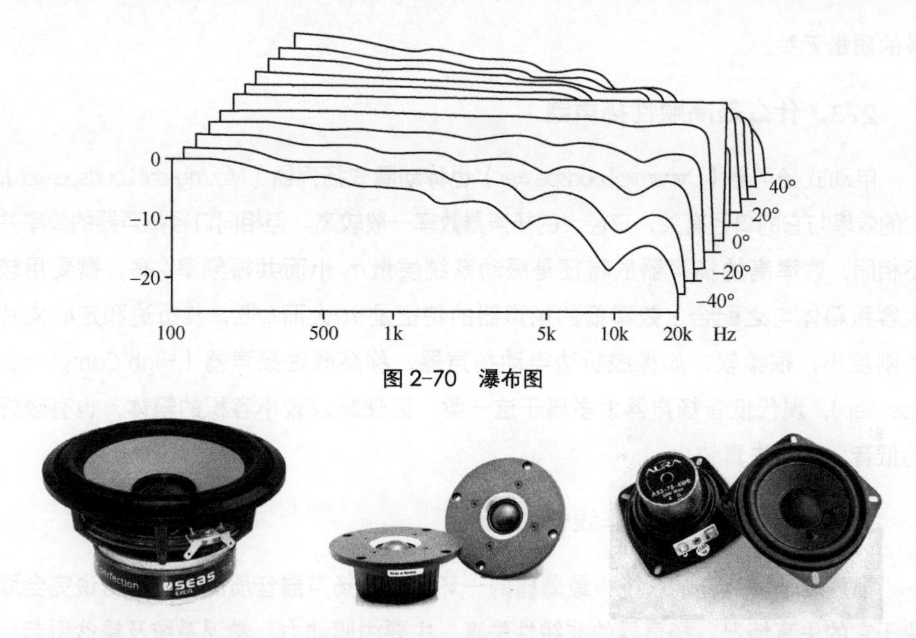

图 2-70　瀑布图

音箱箱体的振动会造成“箱声”，对听感的影响不容忽视。所以音箱结构的机械强度极为重要，应坚固扎实，以免引起谐振，产生声染，造成浑浊空洞的中低音（即箱声）。

272．扬声器的 f_0 和 Q_0 有何意义

音响设备中对音质起主要作用的是扬声器（Loudspeaker），俗称喇叭，一般是电动式的。由于测试扬声器物理特性时的条件与扬声器实际使用时的条件不同，所以物理特性并不能表达实际听到的音质。尽管扬声器的物理特性好是优质扬声器的必要条件，但存在物理特性好而音质并不好的现象，所以选择扬声器应以充分研究前提下的试听来决定，试听的判断标准则应该是能得到与现场演奏同样优美的声音。

扬声器的低频区特性主要由共振频率 f_0 和振动系统品质因数 Q_0 决定。

共振频率（最低谐振频率）f_0 是扬声器阻抗曲线低频段出现的第一个阻抗最大值所对应的频率，与扬声器振动系统的质量、顺性有关。它是电动扬声器有效频率范围的下限，决定了扬声器重放低频的极限值，是了解低频能重放到什么程度的重要指标之一，也是设计音箱的必要条件。

振动系统品质因数 Q_0 是描述共振曲线上共振峰尖锐程度的量。它决定扬声器在 f_0 外的特性。它表示了扬声器在共振时的阻尼程度，Q_0 越高，谐振越不易抑制。但 Q_0 大小对扬声器的重放质量有着决定性的作用，不能过高也不能过低，它有一个最佳范围。原则上 $Q_0 > 0.4$ 的扬声器只能用在密闭式音箱中，$Q_0 < 0.4$ 的扬声器只能用在低音反射式或类似音箱中。

在某特定音箱中，低音扬声器可按 f_0/Q_0 的比例来选择：

密闭式音箱 f_0/Q_0 =40～80Hz；

低音反射式音箱 f_0/Q_0 =80～120Hz。

如果扬声器不能满足上述条件，音箱就得不到满意的低音重放，这与扬声器本

身的质量无关。

273. 什么是高顺性扬声器

电动式扬声器（Dynamic Loudspeaker）也称动圈式扬声器（Moving-coil Loudspeaker），它的效率与它的口径有关，口径大的扬声器效率一般较高。但相同口径扬声器的效率并不相同，效率高的扬声器的特征是振动系统质量m_0小而共振频率f_0高，需要用较大容积箱体与之配合；效率低的扬声器的特征是m_0大而f_0低，其折边和定心支片的刚度小，很柔软，如橡胶折边电动扬声器，称高顺性扬声器（High Compliance Speaker），现代低音扬声器大多属于这一类，即使配以较小容积的箱体，也有较好的低音，而且失真较小。

274. 扬声器有哪些非线性失真

扬声器是目前音响系统中最薄弱的一环。电动扬声器音质的好坏，可说完全取决于它的失真情况。扬声器的非线性失真，主要由驱动力、悬浮系统及锥盆引起。

音圈结构有长音圈短磁隙和短音圈长磁隙两种设计。为了防止音圈在运动时，由于磁通分布不匀引起失真，常采用长音圈（Long Voice Coil）结构。音圈通过信号电流时产生磁通，使构成磁路的磁体磁化，由于磁体磁导率的非线性会产生电流失真，为此常采用铜短路环罩在中心导磁柱外。

折环和定心支片的形状与悬浮系统的线性有很大关系，当折环采用波纹形时，力顺大，有较好线性。折环和定心支片的形状和材料主要对低频段失真影响大。

作为振膜的锥盆，由于其材料及形状的非线性，会产生很大的失真，它的失真主要由分割振动（Distribution Vibration）引起，选择适当的锥盆材料和形状，可扩大活塞振动范围，并使失真减小。分割振动是一种能量转换不一致现象，是信号电流驱动音圈的动作与锥盆本身的振动不一致所产生的。扬声器的低频段，锥盆相当于活塞运动，当频率上升到一定程度时，在振膜的各部分会插入各种各样的振动，这种分割振动使声压特性曲线上出现较大的峰、谷，使重放声失真。扬声器在活塞振动频率范围内瞬态特性较好，进入分割振动频率范围则瞬态特性变坏，如图2-71所示。

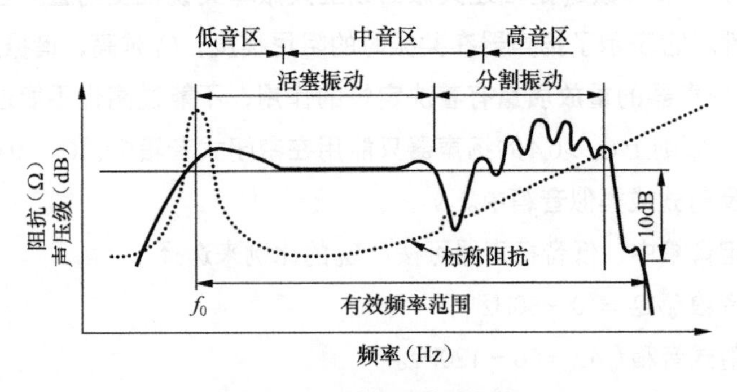

图 2-71 扬声器的特性曲线

锥盆扬声器的谐波失真特点是在f_0附近失真较大，这主要由悬浮系统及驱动力的非线性引起。在中频段某些部分失真增大，是由于锥盆折环的谐振、磁路电流的失真引起的。在高频段的失真主要由锥盆的分割振动引起。

275．扬声器口径与性能有何关系

电动扬声器的口径决定了它的锥盆尺寸，而锥盆是它的振动辐射元件，在一定程度上确定了扬声器的主要电声特性。锥盆由特制的纸、碳纤维或聚合物等材料制作。它只有在低频范围内才整个做活塞样振动，在中频及高频，会出现分割振动，使锥盆表面的各个部分以不同的振幅和相位进行振动，从而在频率特性曲线上出现峰、谷点。

锥盆尺寸大小既影响低频响应，又影响功率容量，一般直径越大，全频分量的功率容量就大，低频响应性能也越好，但若音圈设计不当，锥盆大也不一定有前述好处，一个大纸盆配一个小音圈就不适用于高保真音响。

对许多锥盆而言，最高频率实际只是由音圈本身辐射。所以盆径越大，其面积在高频时的使用百分比越小，即扬声器口径越大，它的高频响应相对越差，而低频响应相对越好。

276．扬声器锥盆形状与频率特性有何关系

扬声器是一种电声换能器件，可将声频信号转换为机械振动——声波。扬声器中使用最广泛的是直接辐射电动式（即动圈式）锥盆扬声器。由于锥盆最早用纸制作，故也称纸盆扬声器。

电动扬声器的振膜（Diaphragm）用以使接触的空气振动，一般呈锥盆状，其材料可为长纤维的纸、聚丙烯、聚苯乙烯硬泡沫、合成纤维（如 Kevlar）或蜂窝状铝，纸制锥形振膜又称纸盆（Paper Cone）。锥盆的形状与其重放高频段的特性有非常密切的关系。典型的锥盆形状有直线形和指数形，如图 2-72 所示，直线形锥盆在高频端不易出现峰点，是最早用于高保真扬声器的一种锥盆，一般中、低频扬声器常采用。指数形锥盆对高频重放有利，这是因为频率越高，锥盆实际辐射面越向盆心收缩，指数形锥盆的辐射面积在高频时使用百分比较大，有利于高频辐射，但由于弯曲强度较低，中频段易出现较大谷点，常用作宽频带扬声器的锥盆。

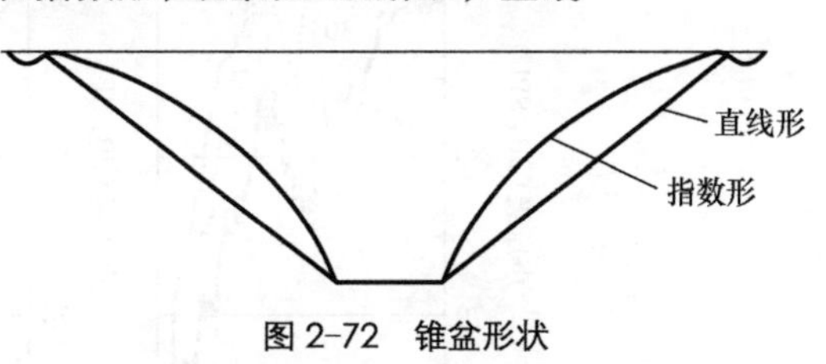

图 2-72　锥盆形状

适当选择锥盆的材料和形状，可扩大活塞振动范围。使用线性好、内部损耗适宜的材料制作的刚性强的锥盆，会使失真减小。如采用更轻、刚度更好的碳纤维、Kevlar、Aerogel、轻金属和合金、陶瓷、CVD（化学气相沉积）钻石及一些复合材料等锥盆材料，用适当的塑料在纸盆上涂覆，可在高频振动时抑制分割振动。此

外，扬声器的指向性与锥盆口径大小和形状，特别是盆的深度都有很大关系，盆越深，高频指向性越尖锐。

277. 扬声器折环和定心支片起什么作用

扬声器锥盆外缘由一圈或几圈同心波纹折环（Edge）支持，用以使锥盆在规定的振动方向上尽量有稳定的弹性。锥盆中心由定心支片（Centering Disk）支持，使锥盆处于悬浮状态，同时把音圈固定在空气隙的中心，并易于在盆的振动方向运动，而与之垂直的方向却有良好的刚性。折环起封闭、阻尼和支撑作用。

折环可以用聚氯乙烯、橡胶、胶合无纺布或泡沫塑料制作，它应具有必要的顺性，使扬声器的振动系统在允许的所有额定负载下振动时，保持劲度的线性，减小非线性失真。定心支片采用浸渍过的织物制作。

折环和定心支片是扬声器的悬浮系统，该支持系统的非线性直接关系到扬声器振幅的非线性，它们的形状和材料主要影响低频段的失真。

278. 防尘罩形状对音质有何影响

为了抑制低音扬声器单元的分割振动和去除不必要的高频段，常把直径较大的凸面（Convex）防尘罩（Cent Cap，Dust Cap）加在锥形振膜中心，但也有采用凹面（Concave）防尘罩的。由于它们的振动面积与锥形振膜相比不能忽视，而且凸面和凹面防尘罩的振动模式不同，它们的声压频率特性就不同。凸面防尘罩的中央部位的共振程度要大些，往往产生大的峰值，所以依据采用两种防尘罩的扬声器的指向特性，采用凹面防尘罩更为理想些，如图2-73所示。

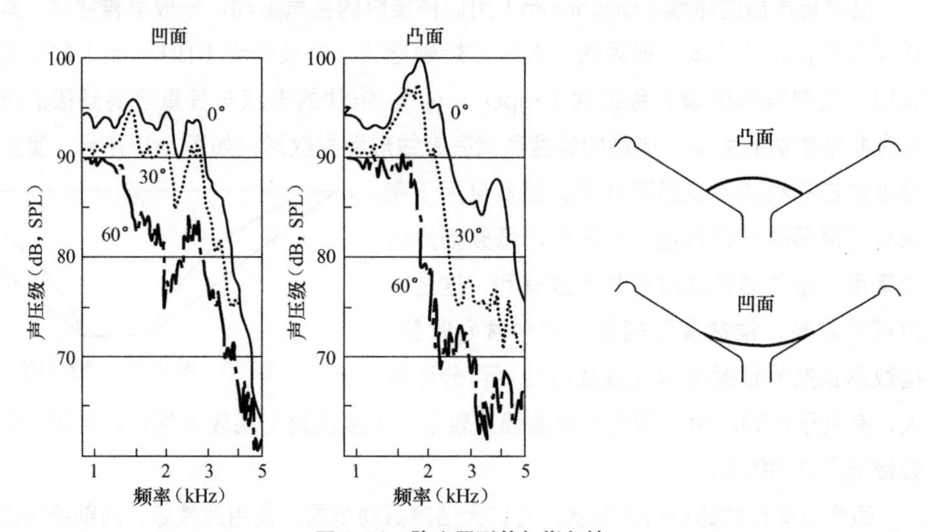

图 2-73　防尘罩形状与指向性

凹面防尘罩扬声器的声音较清晰、清亮，而且润泽。凸面防尘罩扬声器的声音较柔和，但偏浑。

279．磁液有什么作用

磁液由悬浮在液体中的四氧化三铁超微粒子组成。在不少高频和中频扬声器单元中应用，作用是降低音圈温度，提高单元承受功率，抑制音圈晃动。磁液的高阻尼还能控制高频端的共振及限制高频单元的低频位移，对改善音质有明显效果。在此，音圈系统所产生的热量通过磁液冷却，并经磁路系统散逸出去，与磁路系统紧密连接的金属面板也帮助将音圈的部分热量散发。

280．球顶扬声器振膜与音色有关吗

球顶扬声器（Dome Type Speaker）因振膜近似半球形而得名，一般口径较小，重放频带及指向性较宽，瞬态特性和音质较好，广泛使用在高保真扬声器系统中，用于中、高频重放，特别是高频的重放。

球顶扬声器按其振膜类型，可分硬球顶和软球顶两类，它们的输出声压频率特性有很大区别。

硬球顶扬声器（Hard Dome Loudspeaker）的振膜一般多为铝合金、钛合金及铍合金制作，故也称为金属球顶扬声器，特性是在高频上限频率 f_h 的峰前有一反共振的谷，过了 f_h 后曲线急剧下降。金属球顶扬声器的听感较光滑。但普通金属球顶扬声器可能会出现尖锐粗糙感。

软球顶扬声器（Soft Dome Loudspeaker）的振膜多为丝、棉、化纤织物和高分子材料制作，特点是 f_h 频率较低，特性曲线没有很大的峰、谷，曲线下降较缓。软球顶扬声器的听感较柔和细腻。

281．带式高音单元有什么优缺点

在一些音箱中，可以看到采用的是带式高音单元，其声音表现兼具开阔感和速度感且没有声染色，表现音乐中的细节极为迷人。

带式（Ribbon）高音单元的振动元件是薄如蝉翼、轻似鸟羽的铝带，它的发声面积较大，自由振动幅度也大，所以动态、频率响应和失真度都比普通高音单元优越，特别是响应速度快和水平辐射方向宽。铝带扬声器的声音特别清晰，瞬态响应快捷，音色透明爽丽，高频延伸极好，分析力非常高，别有一种美感，可说难逢敌手。缺点是制作成本高，阻抗呈电抗性，而且变化大，需具有大电流输出能力的放大器才能很好驱动，而且工作频率下限受到限制。铝带扬声器中的铝带本身的直流电阻极低，只约为锥形扬声器音圈直流电阻的几百分之一，故必须使用匹配变压器。

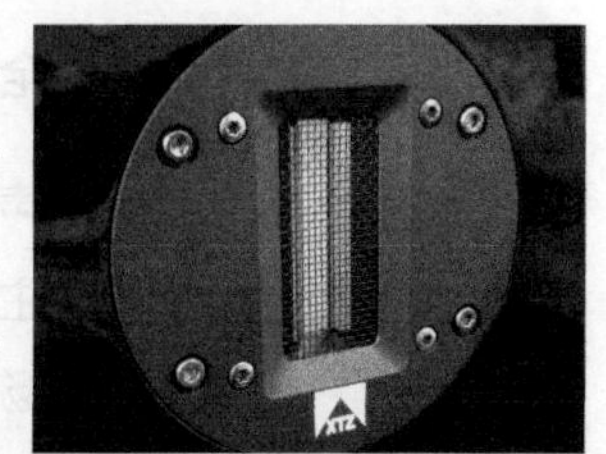

铝带式扬声器单元

铝带式扬声器的阻抗极低，现在还有一种成本相对较低的电磁带式结构，即等磁场平面式（静磁式、等电动式）扬声器。它带有平面螺旋导体的带式振膜，位

平膜扬声器单元

于均匀磁场内，由于分布电感极小，总特性接近于纯电阻，具有非常平直的阻抗-相位曲线，瞬态响应非常好，阻尼特性也极优秀，可在快速脉冲下准确振动放音，实质是一种利用平面线圈分散驱动的电动扬声器，也称为平膜扬声器。这种高音单元的专利出现于20世纪60年代初，由数个棒形磁铁和扁平螺旋形线圈黏合在薄塑料振膜上构成，其驱动力均匀分布在整个振动平面上。20世纪70年代末等磁场平面高音扬声器燕飞利仕（INFINITY）曾独步江湖，随着钕铁硼磁钢等新型磁性材料进入扬声器工业和一些高分子有机材料由杜邦公司研制成功，1997年惠威公司美国研究中心推出了新型等磁场平面高音扬声器。

282．同轴扬声器有哪些优缺点

同轴扬声器（Dual Concentric）一向以点声源的宣传而著称，可减少多只扬声器在障板上产生的声干涉，但实际上除高档品外，一般的同轴扬声器由于结构上的原因，冲程不能很大，还普遍存在声扩散面窄、分析力及层次感较差的缺陷，而且由于高频部分磁体尺寸受到限制而使高频不足，用于古典音乐欣赏，不仅表现细节不够，声音偏硬，且声场较小而不均匀，最佳听音区狭窄。

使用同轴扬声器最著名的有英国的Tannoy和KEF，但两家的同轴扬声器都是独自发展的，声音特性和外形并不相同。如Tannoy的同轴扬声器是在一个磁路系统中安放两个音圈分别驱动高音振膜和低音锥盆。而KEF的Uni-Q（同轴共点）单元的高音单元安置在中、低音单元的轴心中央。

同轴扬声器外观

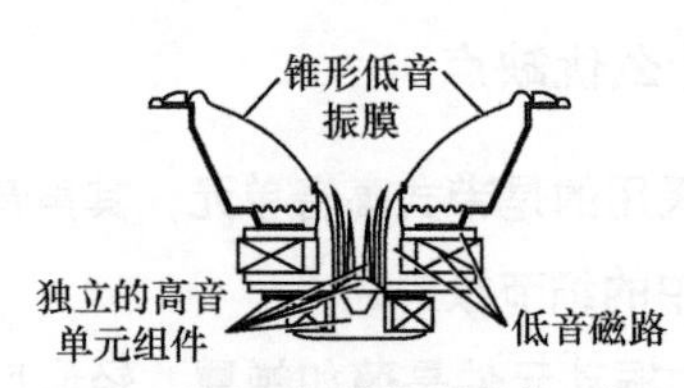

Tannoy后置双路对耦同轴结构示意

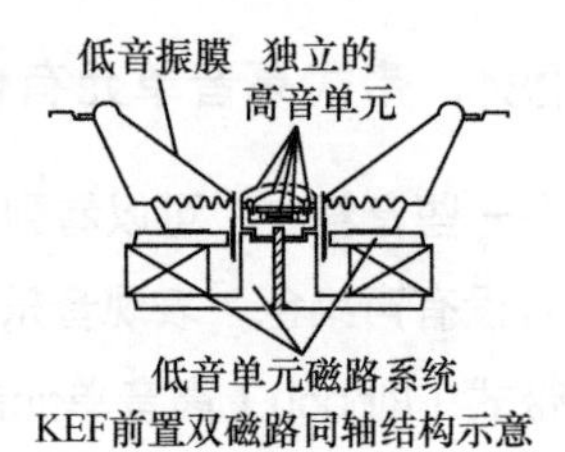

KEF前置双磁路同轴结构示意

283．全频扬声器有哪些优缺点

全频扬声器即全音域扬声器（Full Range Speaker），包含一个用来发出低音和中音频率的主纸盆及一个小的用来发出高音频率的硬结构的辅助纸盆（Sub-cone），也称双纸盆扬声器（Dual Cane Speaker）。

全频扬声器的优点是由于不用分频器而使重放频率内相位失真小，灵敏度较高而易驱动，它的先天不足是动态较小，高音辐射方向性较窄，声音密度差，低音频率下限及高音频率上限延伸不足。故全频扬声器的实际意义仅是可以承担一个声道的放声，并非能完整覆盖全声频范围的放声。

德国 Voxativ ac-3B 全频扬声器单元

284．什么是平板扬声器

平板扬声器是直接辐射式平面振膜扬声器的新发展，它和锥盆式扬声器不同，其振膜是平面的。早在20世纪70年代，平板扬声器原理就已经诞生。平板扬声器还原音质极佳，具有频率范围宽、失真小、瞬态响应好等优点，这些突出的优势展现出极为诱人的应用前景。目前，平板扬声器技术大致可分澳大利亚系统和英国NXT系统两大类，而以1996年英国Verity公司推出的NXT平板扬声器为目前的主流技术。平板扬声器面世多年，虽然在普通领域应用不成问题，但其低音能量不足及频率响应范围较窄的先天不足，使质量很难提高，在Hi-Fi领域发展缓慢。

NXT平板扬声器的特点是超薄超轻，可做到最薄1mm以下，最厚也不超过3mm，面积为25cm^2~100m^2，可挂在墙上。音质通透洁净，清晰细腻，中音清透柔和，非常出色。

285．扬声器单元的声中心在哪里

不少人以为扬声器单元的等效声中心，即发声点在音圈处，其实不然。扬声器因口径不同、振膜锥度不同，它们发声的等效声中心并不在音圈处。根据研究表明，锥盆扬声器及球顶高音扬声器的发声部位，由于空气流的作用，不在音圈处，而在锥盆的1/3处。

286．如何确定扬声器的极性

扬声器重播声音时，它们相位极性必须一致。测定扬声器相位极性的方法为：将扬声器音圈的两端连接至一微安表（50~100μA），当用手向里推动锥盆时，若电流表指针反向偏转；放开锥盆时，表针正向偏转，此时接电流表正极者即为正极。通常扬声器的正极以“+”号或红色标志。

287．如何测定扬声器的固有谐振频率

扬声器固有谐振频率的测定如图2-74所示。R可取音圈阻抗10倍或更大的值，将信号发生器在150Hz以下调节，至毫伏表读数最大，这时的频率即为扬声器的固有谐振频率f_0。

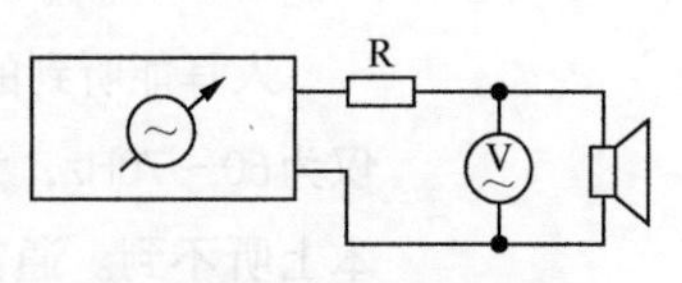

图2-74 谐振频率的测定

这种测量方法同样适用于倒相式音箱倒相孔开口面积或管道深度的调整。先使扬声器谐振于f_0，扬声器锥盆的振动达到最大，用一块硬的平板盖住开口的一部分改变面积，或将紧配的硬纸筒套进管道改变长度，以调整倒相孔尺寸，直至锥盆的振动变得最小。这时扬声器的谐振已被箱子的反谐振所减弱，调整完成。

288．如何测定扬声器振动系统的等效质量

在待测扬声器锥盆与音圈贴接处附近放一块5～10g的小平板配重，并测量加了配重以后扬声器谐振频率的下降值f_{01}。将得到的扬声器加配重Δm前后的谐振频率代入下式，就得到扬声器振动系统的等效质量m_0。

$$m_0=\Delta m/[(f_0/f_{01})^2-1]$$

289．超高音扬声器的使用要点

由于音乐中的高音泛音甚多，加上高音声波能量小而传播衰减大，如果音箱高音不够，对音乐重现的损害极大。而普通音箱的高音表现又并不能使人满意，所以为了拥有重放超高音的能力，可以增设超高音（Super Tweeter）扬声器。增设超高音扬声器对声音重放品质的提高具有极为重要的作用，特别是在声场的扩展和泛音的表现方面极为突出，甚至对中、低音的粗糙感也会有改善，使声音更生动、愉悦。对于号筒高音音箱及同轴单元音箱，由于它们的高频辐射指向性比较狭窄，增设超高音扬声器对整体性能的改善尤为突出。

为了保持原音箱的基本音色不致改变，超高音扬声器的切入点频率要取18kHz、20kHz或22kHz，使它仅用作高音的补充，并与原音箱的重叠频率不致过多而破坏平衡。超高音扬声器的灵敏度调整，切记不能喧宾夺主，过分突出它的音量，应该是感觉得到超高音的效果，但感觉不到超高音扬声器的存在，也就是超高音扬声器的作用并非是强调高音而是延伸高音。

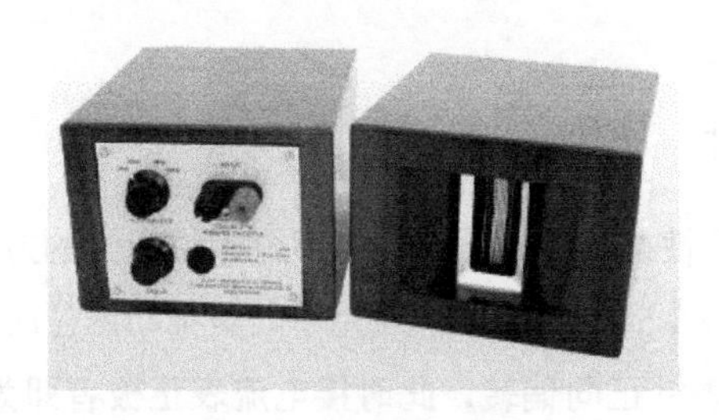

290．欣赏音乐需要超低音吗

人耳能听到的最低音频率是20Hz。一般音箱可听到的重放低音频率，书架音箱仅为60～70Hz，大音箱也在50Hz左右，对更低的频率，因输出声级急剧下降，基本上听不到。通常说的低音只是指100～200Hz的声音，听到的仅是真实低音的泛音，80Hz以下就称超低音。由于音乐中低于30Hz的信息量很少，有人认为超低音

并不影响声音的音质，但这并不绝对正确，因为构成音乐基础的低音乐器的基音就是超低音，缺失了超低音将会使重放声的真实度降低。

鉴于一般音箱无法重放50Hz以下低音，不论播放古典乐曲还是通俗乐曲时，都会使人感到低音乐器的音量感不足，为了得到平衡的重放声音，超低音其实很有必要，它会对声音添加一种现实的氛围。所以为你的音响系统添加一只超低音音箱是很值得的，当然音乐欣赏用的超低音音箱应选失真小、分辨率高的高品质型号，不能用普通AV型。

超低音音箱的切入点频率可选80Hz，使它仅用作超低音的补充，与原音箱的重叠频率不致太多而破坏平衡。调整超低音响度不使其突出，应该感觉得到超低音的效果，但不能感觉到超低音音箱的存在，达到声音平衡。这时的低音接近原声，能给人以一种现实感。需要说明的是，80Hz以下的超低音实际对声像定位不起作用，只放置一只超低音音箱即可。当然有了超低音重放，听音房间可能出现驻波问题，为减小驻波的影响，超低音音箱的安放位置必须避开中心线，在不同位置上试听而后选定。

291．什么是超重低音

家庭影院系统中的超低音（Superwoofer）设置，有助于获取较好的低音效果和临场感。有些资料中把超低音称为超重低音，从而引起了某些误解。实际上重低音是指能给人以厚重轰鸣感的、即使音量较大也不会使人有不适感的80Hz左右的声音。超低音是频带延伸到50Hz以下的一种极低沉的声音。上面两者合在一起即为超重低音，所以超重低音实际是指低音频段，而不是重量级低音分量。

292．家用音箱用大的好还是小的好

大口径扬声器能给人以深刻印象，人们一般的心态是扬声器的口径越大，低音越好，所以有人偏爱采用大口径扬声器的大音箱。然而在十几平方米的房间中使用大音箱，不仅无法得到理想的低音，反倒缺少了清晰的声像定位，因为良好的低音通常并非只由扬声器来决定，环境也有一定影响，可见不能一味追求大口径扬声器。大音箱的声音常会使人感到慢、闷，甚至浑，所以体积小巧的书架式音箱近年来很受欢迎，瞬态反应和定位好是其长处，在小房间及较低音量下可使人相当满意，但是用小音箱重放低音，由于物理条件的限制，都有共同的不足，即低频下限的力度和下潜不够，低频量感不足是难免的，尤其是小型密闭音箱在大音量时，有频带收缩现象，所以现在小型音箱大多采用倒相式、后倒相孔式和窄通道倒相式结构。但好的小音箱各频段平衡，有必要的声音密度。

如果你主要欣赏动态不是太大的弦乐、人声和古典小品，那一对适当的书架式音箱肯定会给你带来无比的艺术享受。如果你时常要欣赏大型交响音乐或其他大动态节目，那么一对适当的落地音箱是不可少的，它的动态范围较大，低音下潜更

深、更清晰，也更轻松，会给你营造出富有气势的现场感。小音箱对小房间布局非常有利，对一定空间而言，过大的音箱并无实际意义，买音箱不能脱离听音环境这个因素，大音箱需要有大房间是一般规律。

293．双线分音能提高音质吗

双线分音（Bi-wire）是一种音箱与功率放大器之间的连接方法，也是一种简单易行并且有效地提高音质的方法。这种接法原以欧洲高档音箱为主，现在则已成为一种标准接法。

可用作双线分音的音箱，具有两对接线柱，中、高音合用一对，低音独用一对。普通连接时，只需把中、高音接线柱和低音接线柱的同相端用连接片或导线并接起来即可，扬声器线则应接到低音接线柱上。双线分音连接时，需将连接片/线除去。

双线分音的实质是分别用独立的两组导线，将中、高频单元和低频单元两组扬声器包括它们的分频网络，分别连接到功率放大器，使中、高频及低频信号各行其道，避免了相互间的干扰，使互调失真得以减小，同时低频单元音圈在振动时产生的反电动势回输到放大器对高频的干涉也能得到抑制，声染色就会降低，而且由于使用了两组连线，传输阻抗的减小使得传输损耗降低，对低频扬声器的阻尼更有利。所以双线分音接法能明显改善高音的通透度和低音的清晰度，使重放音质更加清晰纯正，层次更分明，分析力更好，特别有助于在大动态时的细节表现。

采用双线分音连接时，务必将音箱上的连接片/线全部拆下，使音箱内的中、高音系统和低音系统完全相互独立，即使在音箱端仅有一个连接片/线，也将影响双线分音的效果。双线分音的连线通常以采用两组相同的线材为好。

294．两对音箱能叠放吗

答案是肯定的，如果听音室空间够大时，可将两对音箱叠起来使用，当然要高频单元在上，低频单元在下排列的音箱，才可以叠起来使用，使上下相叠后，高频单元在中间，上下则是对称的低频单元，构成点声源的二合一音箱。这样叠起来使用的音箱，能使声音更雄浑，声场更庞大，气势犹如一对大型音箱。

例如，两只音箱并排摆放或虽上下叠放而是高音、低音单元顺序排列，则由于会发生“梳状滤波器效应”而使频率响应出现不平坦，使音质变坏。这是由于两只音箱辐射的宽频带声波相遇时，出现干涉，因各声波之间存在时间差（即相位差），使某些频率产生振幅相加或相减而出现很多峰、谷，这就是梳状滤波器效应。

295．采用多只小口径低音单元的音箱好不好

一般采用小口径低频扬声器的音箱，它的重放低频可以清晰有力，在中等音量

时能有使人满意的效果，但由于小口径单元的低频输出声压级偏低，若要求它在60Hz以下较低频率做较高声压输出，不仅大动态时容易出现低频失真增大的动态压缩现象，还导致高低频响应的不平衡。

鉴于低音扬声器单元的口径较小（165mm以下），其系统的低频最高输出声压级较小，低频响应的下限也较窄。为此，有些音箱就采用两只以上的多个小口径中低频单元同时工作来达到较高输出声压级。但多只中低频单元垂直排列同时工作会由于各单元声波到达听者距离的不同而产生干涉现象，造成响应曲线呈裂瓣状，使中频垂直指向性尖锐，最佳聆听高度受限制，不同高度时频率响应的平滑程度受影响。改变聆听高度出现音色变化，容易对近距离高保真聆听产生影响。

296．音箱的箱体是不是用以产生共鸣的

有人认为音箱的箱体是用以产生共鸣的，使低音更低沉，其实这是一个极端错误的观念。事实上没有哪种低音音箱的设计，是借助箱体的共鸣使低音更低沉的。相反地，不论是号筒式、传输线式、气垫式还是低音反射式，都要求箱体的共振越小越好。

由于共鸣体的原理是容体的材料与音质相关，所以现代音箱所用材料，早已超出木材的范畴，阻尼好的材料都适于制作音箱，如坚实的夹板和中密度纤维板（MDF）等，箱体本身的共振越少，对音箱音质的声染越少。

297．为什么音箱中要使用分频网络

一只扬声器的重放频率无法覆盖整个声频范围，所以扬声器系统——音箱都将声频频带分割为几段，再按频率范围选择不同的专用扬声器来重放该频段声音，这样用几只扬声器组合覆盖重放声频频带，可以减少互调失真，保证放声优美。为此就要使用将声频频率加以分割的电路，也就是分频网络（Dividing Network，也称分频器）。分频网络由线圈和电容组成，其实质是由一个或几个LC滤波器组成的频率选择网络，将声频频谱分成两个或几个部分馈送到各自的扬声器单元。图2-75所示为某两分频器特性。在分频网络中，还要对灵敏度过高的高频单元进行衰减，并对相位转移进行补偿。

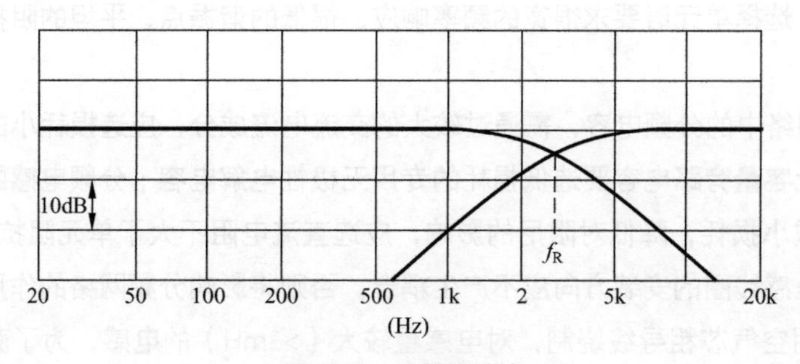

图2-75　分频器特性

音箱使用分频网络，虽能使总的频率特性曲线平坦，非线性及瞬态失真减小，但若分频网络品质欠佳，上述优点会在很大程度上受影响，甚至丧失。

298．如何选择分频器

分频器对音箱的重播性能至关重要，若没有最佳参数的分频网络，即使采用最好的扬声器单元，也不会有好的效果。

扬声器系统中的分频网络多为功率分频网络，对这种分频网络产生影响的有3大要素：（1）扬声器音圈阻抗；（2）分界频率（Cross-over Frequency，即分频点）；（3）分频斜率。常见的分频网络有二分频和三分频两种。

二分频网络由高通滤波器和低通滤波器组成，三分频网络则增加一个带通滤波器。分界频率对二分频取1～3kHz，三分频取400～600Hz及3～5kHz为宜。分界频率的选择应根据扬声器单元的频率响应特性进行，若选择不当，会影响声功率的分配，造成总声压频率特性不平坦。分频点在1kHz以下时，要对相关扬声器单元输出声波的相位关系特别注意，还要尽量避免将分频点设在3～4kHz。分频点不好的分频网络，即使将一般元器件换为顶级元器件，也是没有改善作用的。

分界频率的选取应在低频单元频响的高端与高频单元频响的低端相互重叠区内，并符合高频单元下限频率高至少一个倍频程及低频单元上限频率低至少一个倍频程的要求。由于指向性关系，对二分频网络要求中音区的效率要比低音高1～3dB，故分界频率选得稍低些较有利。另外，由于分频频率的频段衔接处会出现频率叠加，故选择低通滤波器和高通滤波器的分频点时，不能完全相同，以适当隔开使曲线在−6dB处相交为宜。

分频网络采用单元件的一阶分频网络衰减斜率为每倍频程6dB，由两个元件组成的两阶分频网络斜率为12dB/oct。分频网络的分频斜率越陡峭，效果越好，但结构越复杂，由网络产生的相位转移及损耗也越大。一阶分频网络可得很好的相位一致性和清晰的声像，适于中高频用，低频可用高阶分频网络，以保证低频清晰度和控制力。

一阶分频的优点在于两单元之间频率重叠范围内能得到最小的相位差，而重叠范围以外也具有相同的相位特点。由于具有缓慢衰减特性，故对单元谐振点的选择相对重要，选择单元时要求很宽的频率响应、很低的谐振点、平坦的阻抗及高承受功率等。

分频网络中的分频电容，需通过较大的交流电流成分，应选损耗小的金属化薄膜电容；大容量旁路电容要选低损耗的专用无极性电解电容；分频电感的直流电阻要小，以减小损耗，降低对阻尼的影响，应选直流电阻不大于单元阻抗值1/20者，而且各个电感线圈的安装方向应不产生耦合，否则将影响分频网络的作用。分频电感一般采用空气芯粗导线绕制，对电感量较大（>3mH）的电感，为了获得足够低的直流电阻，应采用具有铁氧体磁芯的电感，铁氧体磁芯截面足够大时，即使在大功率时，电感的失真也很小。

299．扬声器为什么要装进箱体才好听

一只扬声器单元如果不装进适当的箱体（障板），它的性能就不能发挥，低音重放不良，声音显得极为单薄，而且失真大，瞬态响应也差。

扬声器是通过振膜振动驱动空气而发声。振膜有正反两面，所以在振动时，将产生两个大小相同，但相位相反的声波辐射出去。由于低频声波的波长较长，振膜背面产生的低音声波会绕到振膜的正面，并与振膜正面产生的低音声波抵消，这就是“声短路”现象。

扬声器在装进箱体后，其振膜背面的低音声波被箱体阻隔，克服了声短路，低音自然就能播放出来了，声音也就变得丰满。而且合理的箱体能利用箱内空气的弹性——声顺性（Acoustic Compliance），与扬声器单元的振动系统匹配，使其Q值受到抑制，谐振频率处的阻抗峰得到抑制，并使整个系统——单元+箱体的Q值调到最佳值附近，不仅减小了失真，还改善了振动系统的瞬态响应特性，使重放声音变得自然而有弹性。

音箱的音质音色，低频部分取决于低频扬声器单元及箱体设计，中、高频部分主要取决于扬声器单元。

300．什么是音箱的功率范围

音箱的产品规格中，有一项“适合放大器功率”，也有标为“功率范围”的，这是要很好地推动这只音箱，功率放大器最少需要输出的功率。如某音箱要求放大器的功率范围为20～150W，就是要求放大器每声道至少有20W的功率才能很好地推动这只音箱。为了取得好的放音效果，功率放大器的输出功率还是大些好。

由于音箱的阻抗是随着工作频率而变化的量，在某些频率下的阻抗值会低于标称值很多，这就是有些音箱的灵敏度并不低，却很难推得好的原因。为此就要求放大器能在低阻抗下提供足够的输出功率，这也是要求放大器能输出大电流的原因。所以对于输出电流很大、电源裕量很足的功率放大器来说，它听感上的功率，可胜过数字大一倍而电源设计差的功率放大器。功率放大器的输出电流越大，越能推动和控制扬声器发声。若推动音箱的功率不足，或功率放大器的输出电流小，重放的声音一定软弱无力。可见音箱对放大器并不是只有单纯的功率要求，还要有内在素质要求。

低音扬声器在音量过大时，音圈骨架与磁路后部会发生碰撞而发出“砰砰”声，这就是拍边（Bottom Out），发生这种情况必须马上减小音量，以免造成低音扬声器单元的损坏。

301．音箱要配输出功率多大的放大器

扬声器系统理想匹配的功率放大器的输出限额均详列在它的特性规格内。然

而，制造商并不可能列出确切数据，因为对于驱动音箱的放大器输出功率多大为好，实际需要根据重播音乐类型、听音室大小及需要声压等因素而定，故而较难定出一个准确值。但通常以配用较大输出功率的放大器为宜，因为只有留有足够的功率裕量，方能提供足够的动态能力。如果放大器输出功率太小，在大音量工作时，在音乐信号峰值的瞬间会出现严重的削波现象，除了引起声音发破、刺耳的失真，还会使传输到高频单元的相对平均能量剧增，造成高频单元音圈发热，甚至损坏。为免峰值时产生削波，晶体管功率放大器至少要有10倍的功率裕量，电子管功率放大器的功率裕量则可稍小。

音箱的灵敏度是要求功率放大器输出功率大小的因素之一。灵敏度高的音箱所需输入功率就小，一般室内聆听要求音箱输出的声压应在90dB左右，考虑到聆听者距音箱的距离可能为3m左右，则要求音箱的声压需达100dB左右，如音箱灵敏度为87dB，则放大器需提供20W以上的输出功率，灵敏度每差3dB，放大器输出功率就要加倍。

音箱的额定功率可稍小于功率放大器的额定输出功率，但在使用中为保证安全，音量控制不能长时间置于过大位置，关机时要养成把音量置于最小位置的习惯。千万不要用小功率的功率放大器去驱动音箱，以免大音量削波时损坏高频单元。

输出声压级（dB）		75	78	81	84	87	90	93	96	99	102	105	108	111	
音箱灵敏度（dB/W•m）	78	0.5	1	2	4	8	16	32	64	128	256	512	1024	2048	音箱输入功率（W）
	81	0.25	0.5	1	2	4	8	16	32	64	128	256	512	1024	
	84	0.125	0.25	0.5	1	2	4	8	16	32	64	128	256	512	
	87	0.062	0.125	0.25	0.5	1	2	4	8	16	32	64	128	256	
	90	0.031	0.062	0.125	0.25	0.5	1	2	4	8	16	32	64	128	
	93	0.015	0.031	0.062	0.125	0.25	0.5	1	2	4	8	16	32	64	
	96	0.008	0.015	0.031	0.062	0.125	0.25	0.5	1	2	4	8	16	32	

例如，输出功率为50W左右的晶体管功率放大器，宜配用灵敏度较高的音箱，以表现出雄浑的气势，若灵敏度较低，在86dB以下，就难以表现太爆棚及大场面的音乐。

功率放大器与低效率扬声器配合时，会产生功率压缩效应，这是音圈电阻受温度影响发生的一种效应，即音圈电阻随温度上升而上升，导致扬声器灵敏度下降。

302．小功率胆机要配什么音箱

输出功率不到10W的小功率电子管功率放大器，如采用300B或2A3等直热式功率三极管的单端输出机种，有不少拥护者，为了营造出迷人的音色和得到充分的音乐感，必须匹配以优秀的高效率音箱，用一般音箱就无法体现300B等电子管的魅力所在。

但有些号称高效率的名牌音箱，实质却要数十瓦以上的驱动功率，方能发挥出应有的效果，也就是说它们效率高但并不容易驱动，并不适用于小功率放大器。另一些高效率的号筒音箱则又需借助房间的声学特性重播低音，也不适合一般家庭环境使用。加上高效率的号筒高频单元重放弦乐常有所不足，所以实际上适合音乐爱好者的高效率音箱实在少之又少，而且价格大多不菲，目前较便宜的高灵敏号筒音箱有Klipsch等品牌。

小功率的直热式三极管单端放大器配以高效率的全频带单元号筒音箱，可以很容易唤起听者的激情，表现出极佳效果，所以才有人十分迷恋，甚至说成是“最高境界”。无负反馈直热式三极管能保持良好线性，不会压缩音乐的动态，号筒式音箱能提供比直接辐射式音箱更好的动态感、临场感及小的谐波失真，缺点是体积太大，频率响应范围较窄，脉冲信号重现和声反射等方面容易出现问题。

303．什么是音箱的频率响应范围

对讲究技术指标的音响爱好者来说，会发现近年新型音箱的频率响应范围的低端很少有低于30Hz或40Hz的，而以前常有低达20Hz者，这是何故？难道音箱越造越差了？

实际上，这是音箱的测试技术标准不同造成的，现行的标准远比多年前的标准来得严格。以往对扬声器系统的有效重放频率范围的标准，是指其平均声压级比中音频下降10dB处的频率范围。而现在重放频率范围的要求已提高到下降6dB处的频率范围，产品提供的频率响应更是在偏差仅±（2～3）dB时的频率范围，无怪乎现在一对频率响应下限仅53Hz的音箱，已可提供极其醇厚、强劲的低音。

由上面分析可知，单纯看一对音箱的频率响应范围并无多少实际意义，一定要注明测试标准的频率响应范围才能有参考价值。以上面频率响应范围为53Hz～20kHz（±2dB）的音箱为例，它的–6dB有效重放频率范围即达40Hz～30kHz，实际已相当不错，难怪实听之下确实如此。

304．什么是扬声器的阻抗特性

电动扬声器的振膜由音圈驱动，音圈是电感线圈，包含电阻和电抗成分，所以它的阻抗会随着工作频率改变。扬声器及音箱说明书上注明的规格是厂方给予的额定值，实际在整个声频频率范围内是不断变化的曲线。

当音圈在磁路中振动时，音圈中会感应出一个与放大器馈给扬声器的电压方向相反的电压，流过音圈的电流就被感应电压削弱，使音圈阻抗随馈送信号电压的频率上升，引起非线性失真。

为使音圈阻抗尽可能不受制于频率，现代电动扬声器采用短路铜环或铜帽罩着中心磁极铁芯，这样流过音圈的电流所产生磁力线就在铜环中产生感应电压，抵消音圈的自感电压，使音圈阻抗只在较高频率时才会缓慢增大。

电动扬声器阻抗变化通常不太大，但静电和平面扬声器的阻抗，尤其是静电扬声器的阻抗变化则较大，如8Ω标称阻抗有时可降到1Ω以下，这就要求驱动扬声器的功率放大器具有极大的负载能力，有极大的电流输出能力，这种扬声器单元难推的原因也就在此。

通常中低频电动扬声器阻抗在谐振频率f_0处最大，在100～500Hz附近阻抗最低，随着频率升高，阻抗也增大。扬声器阻抗的变化会引起重放声相位特性恶化，造成波谷，使音质变差，失真增大，所以许多音箱对扬声器系统中负载阻抗都进行补偿，以防止负载阻抗过快降低。

此外，电动扬声器在输入电平增大到某个程度时，音圈会发热而导致阻抗升高，这时即使再增大输入，音量也不再增大，这种动态失真称动态压缩（Dynamic Compression）。为了克服这种失真，可通过增大音圈尺寸、改变绕制音圈导线的截面形状等来改善音圈的散热。

305．音箱的阻抗要与功放相符吗

功率放大器与音箱的搭配是一个实际而又复杂的问题，除了在音色上的配合外，在技术上还需考虑的主要是阻抗及功率。

音箱的标称阻抗必须与功率放大器相符，这是最容易忽略的问题。对于功率放大器，它的负载阻抗的适用范围是有规定和限制的，特别是晶体管功率放大器，如果音箱的标称值（在实际工作时，某些频率的阻抗可能低好多）低于它允许的最低负载阻抗，就不仅失真增大，由于负载的加重，瞬态特性变差，声音软弱无力，在大功率输出时还会引起自动保护，甚至造成机器的损坏。普及型AV放大器尤需注意，它们的允许最低负载阻抗通常为6Ω左右，如配以4Ω阻抗的音箱，那就难以得到好的效果。对双极型晶体管输出功率放大器的负载阻抗来说，8Ω时的失真总比4Ω时的小。对电子管功率放大器，如果负载阻抗不匹配，将使失真增大。

一般音箱的阻抗为8Ω或4Ω，但阻抗为4Ω的音箱，常需要用具有较大电流输出能力的放大器驱动，方能获得好的放音效果。

306．什么是线性相位音箱

传统的音箱结构中，各个扬声器单元由于锥盆口径及形状不同，它们的发声点

位置并不在同一个垂直平面上，各个扬声器与聆听者之间就存在距离差，即扬声器辐射出来的声音传到听者耳朵有一定的相位差，高音前冲，低音滞后，使原来的声波波形变成另外一种完全不同的波形，而使低频到高频的声压特性不平坦，清晰度下降，这在某种程度上对重放声的临场感会产生一定影响。一种新理论——线性相位（Lin- ear Phase），采用几何相位校正，将扬声器单元的等效声中心排列于同一平面，装置在箱体上，使各发声单元的声平面处于同一平面上，如图2-76所示。采用这种结构的音箱，中、高音单元均比低音单元依次向后移一定距离，各单元的声中心位置处在同一垂直平面上，所以它的相位特性很平坦，改善了辐射方向性，重播声场更完善，更富有立体感。

图 2-76　线性相位音箱

307．什么是双极型音箱

双极型（Bipolar）音箱实际由两组扬声器组成，分别在箱体两侧，一侧负责将声音向前辐射，另一侧将声音向后辐射，它们的输出信号相位相同，具有接近圆形的声辐射图形，呈胖8字形指向性，90° 声压较大，如图2-77所示。

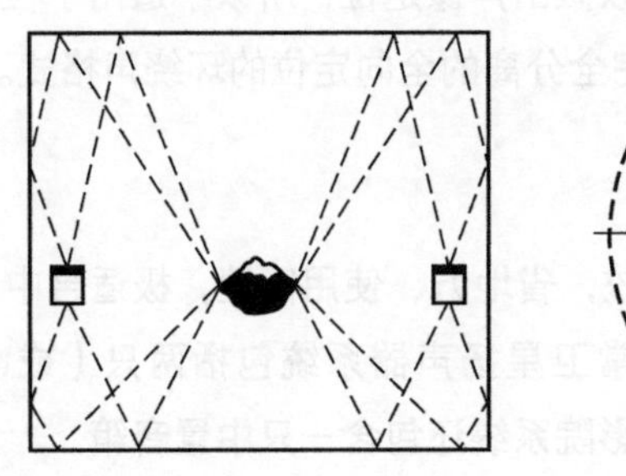

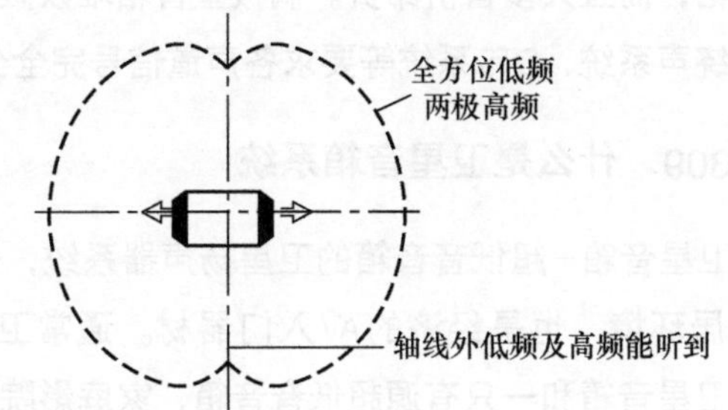

图 2-77　双极型音箱

双极型音箱在极度偏离轴向位置时，仍能获得平滑的响应，它的声场扩散性特别好，指向性较不明显。用作环绕声音箱时，墙壁、天花板及地面等的反射声及音箱产生的直达声可使聆听者产生一种被包围在声音之中，感觉不到音箱摆放位置的感受，而且能提供更深沉、充沛的低频。双极型音箱对摆位的要求不太高，无论将它们安装在侧墙还是后墙上，甚至不对称放置，都能得到较好的听音效果。

308．什么是偶极型音箱

偶极型音箱（Dipole Loudspeaker Enclosure）在同一箱体内装有一对相同，但背靠背、指向相反的扬声器，其前后辐射出的声波有180° 相位差，前后反相的声波在音箱两侧相互抵消，中、高频具有8字形的声辐射图形，全方位没有低频声，中、高频声仅向其前后辐射，在其轴线以外的侧面几乎没有声音，如图2-78所示。如果偶极型音箱摆位正确，声场极开阔，聆听者很难对它进行定位，有一种包围感。所有平面式及后开放式音箱都是偶极型音箱。

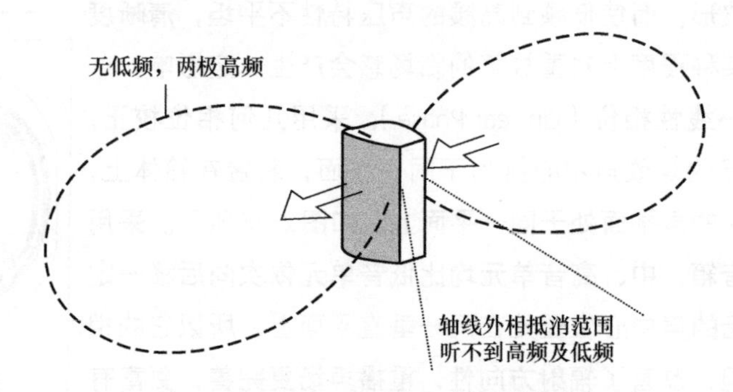

图 2-78　偶极型音箱及其声反射示意图

通常偶极型音箱应安装在1.5～2m高的侧墙上，尽可能减少音箱对聆听者的直达声和近反射声，以墙壁、天花板和地面等产生的反射声包围聆听者，产生较理想的开阔声场。由于偶极型音箱的声场主要由前、后墙间的反射声产生，所以房间声学结构对它的影响比对普通音箱的影响大。这种音箱摆放时允许贴近侧墙而不会发生低频驻波。

偶极型音箱是THX标准规定的环绕音箱系统。这类环绕音箱的缺点是摆位要求较严格，而且大多售价昂贵。偶极型音箱难以做出声像定位，所以不适用于杜比数字环绕声系统、DTS系统等要求各声道信号完全分离的全向定位的环绕声格式。

309．什么是卫星音箱系统

卫星音箱+超低音音箱的卫星扬声器系统，省地方、使用简捷，极适合中、小型家居环境，也是经济的AV入门器材。通常卫星扬声器系统包括两只（或4只）微型卫星音箱和一只有源超低音音箱，家庭影院系统还包含一只中置音箱。

好的原厂配套的卫星扬声器系统可以营造出自然和均衡的声音，发出栩栩如生、气势逼人的音响，在大声压下也不会出现尖刺的失真，全频带曲线没有明显的凹陷或高峰，重放中、高频的卫星音箱能与低频段自然衔接，用于家庭影院效果极为满意，也能用于一般音乐欣赏。这种扬声器系统的难点在于如何做到中频与低频的融和、衔接自然，所以对听音乐而言，大多数全频带音箱要比卫星+超低音的卫星扬声器系统更令人满意。

典型的卫星扬声器系统是美国“博士”（Bose）“悠闲”（Lifestyle）系列家庭影院音响组合，它由5只防磁“骰子”音箱（可旋转角度提供直接/反射声效果）、1只有源超低音音箱（音响气流团）、1个主控中心（包括FM/AM收音、CD播放及专利的影像舞台动向逻辑解码系统）及可穿墙操控的超高频无线遥控器（作用半径20m）组成。这个时尚、微型的悠闲系列至今已推出悠闲12号、悠闲20号、悠闲

25号及悠闲30号等。例如，AM=10 Ⅱ环绕声音箱系统有5组小巧的卫星防磁音箱，低音音箱除采用音响气流团技术外，更有3只低音单元的“低音量倍增”（Adaptive Energy Summing）专利设计，该系统可以连接杜比数字、DTS及杜比定向逻辑等AV放大器。

卫星音箱系统有非常好的影院音响效果、不俗的流行歌曲及流行音乐表现力，但不适宜重放大多数古典音乐。因为大多数交响乐、室内乐和歌剧中并没有极低的低音部内容，使超低音音箱毫无用处，小型卫星音箱又不能再现古典音乐中极为重要的低音部，而流行音乐只要把人声、清脆的高音和超重低音鼓点，特别是强劲的低音表现出来，其他都可忽略。

310. 如何判定左、右声道音箱的连接相位

左、右声道的音箱，应该是同相位工作，故所有音箱与功率放大器的接线端通常都用颜色表明它们的极性，以便正确连接，使每一声道放大器的输出端子都与音箱相应的连接端连接。用听觉判定左、右声道音箱的连接极性，也就是相位的方法为：用一段单声道的信号进行播放，在音箱前方聆听，如两音箱相位相同，声音便像是从两只音箱的中间发出来的；如相位相反，那么声音的定位便模糊不清，不仅低音不足，而且声音很分散。也可将两只音箱面对着放置，如果两只音箱的相位相反，声音由于抵消而变得极小。

对立体声重放而言，左、右音箱的相位反接时，由于两音箱重放的声波存在180°的相位差，声音的能量互相抵消，会导致音量减小、力度变差、低音浑浊，而且声像无法定位，声像位置模糊飘忽，破坏临场感和空间感。

311. 音箱的可调声导管有何作用

有些音箱如B&W600系列音箱，备有3种声导管：一长一短和一只密封盖。音箱背面的反射孔可更换不同长度声导管，甚至完全封闭反射孔，这使用户能根据自己的口味，对低频的质与量做出调整。不同声导管对低音的区别是：短导管的低音量感较强；而长导管的低音下潜较佳；反射孔完全封闭后，音箱由低音反射式变为密闭式，低音速度快而结实，也显得干净。

312．可以使用白炽灯泡做动态扩展吗

动态扩展是把原音乐信号的动态范围予以扩大，使音量变化更大。

白炽灯泡的灯丝在冷态时的电阻值很小，随着灯丝两端电压的升高，流过灯丝的电流就变大，灯丝变热，电阻值相应增大，直至白炽状态时，电阻值可变化达十余倍之多，就如一只正温度系数的热敏电阻一般。早在数十年前，就有人提出过在扬声器两端并联一只白炽灯泡，利用它在不同信号强度时对扬声器的不同分流作用，起到动态扩展效果。当输送至扬声器及白炽灯泡的是弱信号时，由于灯丝电阻值小，分流作用极大，信号增强，灯丝电阻值变大，对扬声器的分流作用减小，所以这时扬声器发出声音响度的变化范围将比信号变化范围要大，也就达到了扩展动态的目的。

上述方法虽然简单有效，但消耗功率放大器的输出功率很大，而且灯泡灯丝冷态电阻过小时，还会引起放大器失真，甚至危及安全，造成烧机。因此，极少有人在家用设备上真的应用，仅在少数专业音箱上偶有使用。

313．音箱内吸声材料多好还是少好

扬声器发出的声波在音箱内产生反射，形成驻波，而音箱内的驻波会引起扬声器单元响应上的幅度变化，所以箱内要填充阻尼材料，即吸声材料，以大幅消除有害的驻波影响，改善阻尼状态，提高分析力。

密闭式音箱内填充吸声材料后，声波的传播速度变慢，有相当于加大箱体容积的效果，但并非吸声材料越多越好，如吸声材料过多，阻尼过大，将反而造成低音不足。吸声材料适当时，可使密闭箱的低频共振频率下降10%，Q值下降20%左右，如图2-79所示。实用上可用小纱布袋填装吸声材料做成枕形，再填入箱内，吸声材料的厚度必须为15～20cm。小型气垫式音箱，基本上应将吸声材料疏松地充满整个箱腔。

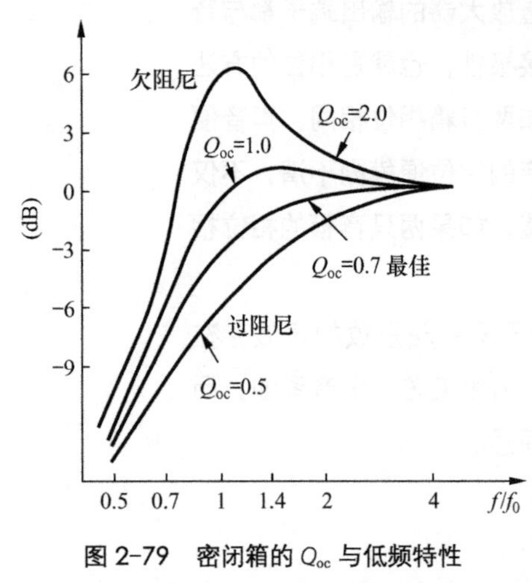

图 2-79　密闭箱的 Q_{oc} 与低频特性

低音反射式音箱内的吸声材料仅用于防止驻波，不宜用得过多，以免影响低音反射效果，阻尼太大会降低音箱的效率，重放声音就会发“干”或很“弱”，一般蒙敷1～1.5cm厚即可，吸声材料的蒙敷以箱体背面最重要，其次是顶部，但安装扬声器的前面板不要蒙敷，蒙敷方法采用平贴即可。

314．音箱箱体形状与频率响应的关系

根据Harry Olson在1951年发表的论文，音箱箱体的形状以球形的频率响应声压级变化最小，为±0.5dB；次之是斜边长方形及斜边正方形，为±1.5dB；再次是圆柱形，为±2dB；长方形为±3dB；正方形最差，为±5dB。

研究结论：(1)正方形音箱箱体频率响应声压级变化最大，其他依次是长方形、金字塔形、蛋形、圆柱形、球形；(2)边缘呈斜边可减小频率响应声压级变化。

315. 音箱箱体尺寸什么比例好

长方形箱体选择适当的尺寸比例，能使箱体内的驻波最小。最常用的比例是Thielc推荐的2.6：1.6：1，建议比例为2：1.44：1和1.59：1.26：1，不推荐制作过长或过窄的箱体。

低音扬声器单元在障板上的位置也会影响箱内驻波，单元装于正中央或低于该点某处，可使箱体高、宽方向的驻波最小。

316. 如何改造倒相式音箱

低音反射式音箱，只要倒相孔设在音箱后背，对摆位的要求就一定麻烦。尤其在房间空间不太大的家庭，音箱若不远离墙壁放置（通常要在0.5m左右），就会产生低频的“隆隆”共振声，严重影响低频的清晰度和声场的扩展，而在不少情况下，音箱远离墙壁摆放却又难以办到。还有一些设计不善的低音反射式音箱，中、低频表现模糊，低频过度，大音量时会出现异常声。为了改善上述情况下音箱的重放声音质量，就需对音箱的倒相孔进行改造。

最简单的方法是干脆用毛巾等材料，将倒相孔紧紧堵死，使音箱成为密闭式。这方法虽可使重放声准确、干净，但音箱的低频响应下限将上升，灵敏度下降。

较好的方法是用一束吸饮料用的吸管，满满地塞足倒相孔，形成一个细长管组成的声阻区，使声波通过倒相孔时的速度加快，提供更好的响应控制。这方法可明显改善音箱的附加谐振，使低频重放无加重失真而显得真实，瞬态特性也有改善，低频的损失却不多。

317. 如何调试分频器

音箱除客观测量外，还要调声，重复修改，对某些分频元件做出调整，以取得良好的声音表现。

二分频系统的调整主要是对高音频的表现进行调整，通常为高音声压处理，若高音频声压太高，音箱低音端会显得没有力度，而且高音过于突出。若高音频声压太低，音箱会显得暗淡，缺乏泛音，声音不活泼。

三分频系统的调整主要也是对高音扬声器单元进行，但由于有中音扬声器单元的存在而变得复杂，就要调整中音和高音的声压，使它们的表现良好，声压增大时会变明亮，声压降低时会变暗淡。调整高音频高通滤波器中的分频电容可以改变对高音扬声器单元表现的强调。调整时必须注意的是中音频分频带通滤波器元件对数值改变比较敏感。

对于音箱的调整应该在较高声压下进行，因为人耳在较高声压下听觉较线性。

318. 自制音箱要注意哪些问题

自制音箱除选择正确的设计图纸、适当的单元及分频网络外，在箱体制作和吸声材料充填上，还要注意下列问题。

（1）对箱体的基本要求是坚实，接合处有充分的机械强度，以使在较大声压下箱体不随声波振动而造成能量损失和失真。

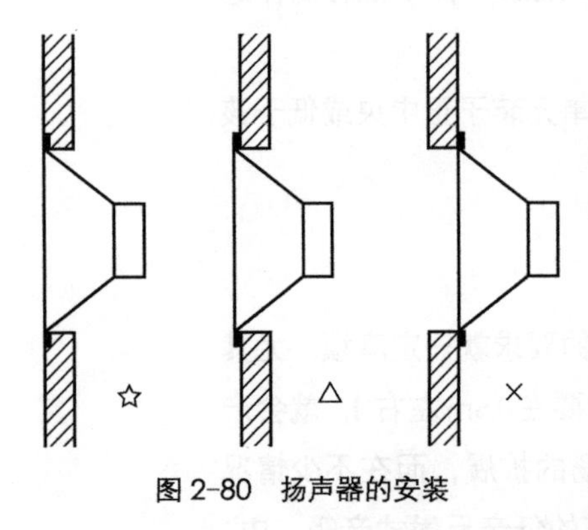

图 2-80 扬声器的安装

（2）扬声器的开孔不可在面板的中心位置，以免对某些频率形成深谷，通常可在高度的2/3处开孔。孔径应为包括折环在内的锥盆全直径，孔径小时，会在声压频率特性曲线上产生附加的谐振峰和谷。扬声器的安装如图2-80所示，以由面板前面向后装置为好，当板厚超过孔径的1/10时，从后面向前安装，面板厚度对扬声器振膜而言，相当于一个前置腔体，将引起前腔效应形成高频声柱，造成中、低频染色，产生波峰，破坏高保真声音的重放，并使指向性劣化。

（3）制作箱体的材料要硬而重，以免产生共振造成声染。考虑到对振动的适当损耗，以纤维质、密度高的木材为最好，如12～20mm厚的胶合板或中密度板（MDF）。除用厚的材料做箱壁外，还可另加补强筋或以不同密度板材做多层复合，以进一步抑制有害的谐振。当以较薄板材制作箱体时，为避免箱壁振动而引起150Hz左右频率特性变坏，可将箱体后背加强条做斜十字安排，就能显著减小共振。

（4）箱体接榫拼合处应紧密无缝，防止空气泄漏，钉合处需先用胶水均匀涂布，并每隔75～100mm以木螺钉旋紧，使拼合处具有高的机械强度和没有缝隙。

（5）扬声器应与面板紧密接合，固定螺钉处应以橡胶圈或泡沫塑料填充好，务必使扬声器锥盆前表面辐射的声波不漏到后面而破坏低频辐射特性。

（6）为有效吸收无用声能，吸声材料应为多孔结构，以借助空气的摩擦作用使声能在其中以热能形式消耗掉。吸声材料可使用超细玻璃棉、粗棉、腈纶棉、软性聚氨酯泡沫塑料等，但不适合采用纯羊毛类物质。

（7）吸声材料要适量，过多会使低频响应变坏，不足会在低频共振时引起峰值。低音反射式音箱的吸声材料只要平贴一层即可，密闭式音箱则需较多吸声材料，小型气垫式箱内应充满松松的纤维，以其松紧程度及数量调整其阻尼程度。

（8）为取得最大的声阻尼，吸声材料可成卷放置或如帘幕悬挂于箱体中心。

（9）音箱内部接线极为重要，应使用优质无氧铜扬声器线，以免影响低频重放性能和质量。低音单元的连线要用截面积为1.5～2mm^{2}的导线。

319. 自制音箱用什么样的分频器好

扬声器系统——音箱使用两只或更多扬声器单元来重放整个声频范围的声音，

为使每个单元得到相应的工作频段，就要使用分频器，分频器性能对整体表现影响很大。为取得频段间良好的平衡度，通常用正确设计的单元加上简单的分频器，常能胜过用复杂分频网络。例如，串联在低频扬声器的电感会引起相位滞后，造成低音迟钝、不明快，影响控制力、清晰度、弹性及延伸等表现。对于LC分频器来说，L、C元件使用越多，相位失真越大，就要采用相位补偿降低这种失真，但若补偿不当，反将造成更为严重的相位紊乱。另外，LC网络在某些频率可能会产生串联谐振而导致等效电阻急剧下降，使阻抗特性变坏，尤其在分频点附近的频率失真严重。这些先天性的缺陷在业余条件下是很难克服的，所以在一般情况下采用简单分频器，反而能使系统的定位及聚焦能力得到提高。

如果使用橡胶折环中低频单元，由于它频率响应高端的衰减陡峭，分频器用最简单的电容和电阻串联电路，就能取得良好效果。这时选电容的容抗在分频点时等于单元音圈在该频率时阻抗，电阻使高频单元得到适当功率分配。

$C=\frac{159}{f_c\times Z_o}\times10^3(\mu F)$（式中，$C$为分频电容，$f_c$为分频频率，$Z_o$为高频单元阻抗）

为了取得平衡的重放频率响应，需对加到灵敏度较高的高频单元的功率做适当衰减。最简单的衰减器是将一只无感电阻串联在回路中。但为了维持系统的总体阻抗，最好采用恒阻抗衰减器，这种衰减器由两只无感功率电阻组成。

衰减量（dB）	R_1（Ω）	R_2（Ω）
1	0.859	66.7
2	1.65	30.8
3	2.33	19.5
4	2.97	13.6
5	3.51	10.3
6	4.00	8.00
7	4.43	6.45
8	4.83	5.26
9	5.16	4.40

R1
R2
8Ω

320．自制音箱的误区

成品音箱的价格相对较贵，特别是音质好的音箱常使工薪阶层人士觉得难以承受，所以对动手能力强的音响爱好者来说，自己制作一对音箱是很有吸引力的。音箱虽是最简单也最容易制作的，但又是最难做好的音响器材，它的复杂性不仅在于箱体、单元、分频器等的物理特性和设计，还在很大程度上受制于莫测的空间电声学条件的配合。

音箱由扬声器单元、障板、分频器及其他附件组成。其中，障板（箱体）和分频器可以自制，在投资相同的情况下，自制可使用更好的扬声器单元和分频器，这样自制音箱足可与工业生产的音箱媲美。但自制音箱有不少误区，常使效果不好。

盲目套用音箱图纸是误区之一。音箱的尺寸是根据扬声器单元的参数计算，并通过大量实验而得的，如果按现成图纸制作音箱，由于不同品牌扬声器单元的参数不可能一样，也就难以取得理想效果，所以不能简单套用。但面板狭窄、体型纤瘦的箱体声场较好，也容易摆位。

低音单元口径越大越好是误区之二。诚然扬声器口径大对低音重放有利，但对家用来说，装有大口径扬声器的大音箱，难以在空间较小的居室内得到合理摆放，而且小口径扬声器的瞬态反应能力要比大口径扬声器好，加上低频响应的好坏取决于其锥盆推动空气体积多少，并非单由口径决定。因此一般家用还是以采用较小口径（200mm或以下）的长冲程低音单元配以小体积音箱为宜。

分频器选用不当是误区之三。影响音箱的性能，扬声器占有首要地位，但分频器的重要性也不容忽视，它对音色、力度及高、中、低各声部的再现都有举足轻重的作用。市售分频器大都品质一般，随意选用会使重放声的声场狭窄、定位模糊、中音欠缺、高音刺耳、低音浑浊。实际上为了减小相位失真及损耗，简单的分频器往往能取得最好的效果。此外，各扬声器的效率不尽相同，其平衡是容易忽视的问题。

吸声材料用量不当是误区之四。音箱内敷设吸声材料的目的对低音反射式音箱而言，是防止箱内驻波的产生，所以一般只需在箱背面及侧壁薄敷一层即可，不能用得过厚，而且要固定在箱壁上。密闭式音箱内的吸声材料用以阻尼箱内空气柱的共振，增大空气压缩力而使刚性减小，所以用量需多些，甚至疏松地充满整个箱体，其用量对效果影响甚大，需由实验而定。

非同一厂家单元不可是误区之五。有些人以为只有采用同一厂家的扬声器单元，音色才好。实际上用同一厂家的扬声器单元但由不同厂家制作出来的音箱，也会有风格迥异的音色，这说明选用的扬声器单元是否为同一厂家的并不重要，倒是单元的配合才是极重要的。

胡乱选用单元是误区之六。一个扬声器系统性能的好坏，在极大程度上取决于单元的选择与搭配。如中低音扬声器的Q值往往受到忽视，一个阻尼不佳的扬声器将使低频失控、中频含混，不同类型的音箱对单元有不同的Q值要求，万万马虎不得；中低音扬声器的频率响应上限和高音扬声器的频率响应下限间应有超过一个倍频程的重叠区，并以此而定分频点，这是十分重要的，自制音箱的中音区不好，往往毛病就出于此；还有音箱的箱体仅对重放声的低频产生影响，中、高频的好坏仅与单元有关。

此外，制作音箱时要选优质的连接线和接线柱，不容马虎。音箱制作好后，耐心细致地调校十分重要，务必做到低音、中音、高音各频段取得平衡，不仅分频器要调，箱体内吸声材料要调，低音反射箱的倒相管也要调，这个最后阶段的工作相当艰巨，但也相当有效。

321．怎样调整倒相式音箱

低音反射式音箱（即倒相式音箱）的调整在于使低音扬声器单元与箱体的配合

最佳，可以用测量音箱阻抗的频率特性的方法来检验。

增加倒相式音箱内空气的顺性和倒相孔内的空气质量，音箱的共振频率就会降低，这可用增加箱体容积来增加箱内空气的顺性、增加倒相孔体积（加大开孔面积或导管长度）达到。但增大开孔面积时，会减小箱内空气顺性，使箱的共振频率升高，这是个矛盾。

倒相式音箱在正确调谐时，它的阻抗-频率特性曲线上出现的两个峰值大致相等，而且对称地分布在原扬声器的共振频率两边。这时原扬声器的共振频率高峰被阻尼而获得较平坦的频率响应，使低频响应得到明显改善，可比扬声器的固有共振频率低 20% 左右。

倒相式音箱的箱体和内装扬声器构成两个互相耦合的共振回路，箱体就是亥姆霍兹共鸣器，它的共振频率可借助倒相孔开口面积或声导管长度来调谐，如图 2-81 所示。倒相管的调整没有绝对准确值，它的最佳值由听音室和个人对声音的爱好而定。长的声导管低音下降平缓，而短声导管上的强低音反射会使瞬态特性劣化。开口面积越大则声波流速越小，产生噪声及摩擦损失也越小，效果越好，不过需较长的导管。但如果声辐射口过小或声导管过长，高频时出现的峰值就会大于低频时出现的峰值。反之，低频时出现的峰值就会大于高频时出现的峰值。对某一规定的声导管的辐射口径来说，若增加声导管长度，声导管的实际有效声辐射口就会相应减小。

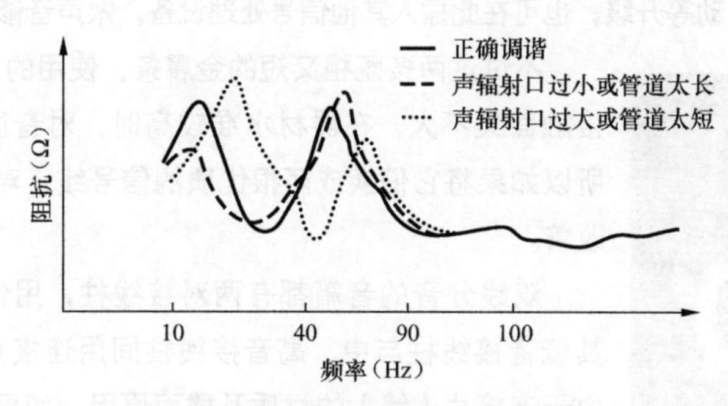

图 2-81　倒相式音箱的阻抗 - 频率特性

实际听音，如低音浑浊、缺乏弹性，可增长倒相管管道长度，增加吸声材料；如声音发干，可缩短倒相管管道长度，减少吸声材料。但太短的倒相管的强低音反射会使瞬态特性恶化，故一般选稍长的管子。

最后利用听觉对平衡进行校正，先切断中、高音扬声器，让低音扬声器单独放声，再接上中音扬声器，细心调整衰减器，使中音与低音取得平衡。高音扬声器的校正方法相同。

322．音箱前的网罩可否取下

音箱前的网罩主要用于保护扬声器锥盆和防止尘埃。网罩对低频没有什么影响，但对中音和高音扬声器的中、高频指向性有较大影响。

如果取下网罩，音箱的中高频指向性会变得比装有网罩时尖锐，声级增大，常给人以音质变好的感觉。但如果音箱是在装有网罩状况下调试到最佳的，那么网罩在使用时最好不要取下，以免使其特性不平坦。

网罩材料宜用薄而轻、透气性好的合成纤维织物，如过厚，中高音被吸收，声音透过率变差，会造成特性恶化。

323．有些音箱为何不用香蕉插口

香蕉插头（Banana Plug）具有香蕉形弹性金属塞头和细长的弹簧片，可保证插入插座时接触电阻很小。

欧洲音箱的接线柱不采用香蕉插口（Banana Jack），其原因在于欧式二脚电源插头正好与音箱香蕉插头的大小及两脚距离一样，并曾发生过因误将音箱连线插进电源插座而导致短路，损坏了放大器，甚至导致了火灾的情况，故出于安全考虑，现在所有CE认证的音箱均已把香蕉插口的孔封上，但也有部分厂家用不易拔掉但仍可除去的塑料粒封上，使用户仍可选用香蕉插头方便地进行连接。

324．放大器的前后级连接插头及音箱接线柱间的连接片会影响音质吗

有些合并放大器带有独立的前级输出（Pre Out）和后级输入（Main In）的RCA插座，两者间以一U形金属插头连接，去掉这个连接插头，可供外接独立的前级或后级，便于做双功放驱动等升级，也可在此插入其他信号处理设备，做声音修饰。

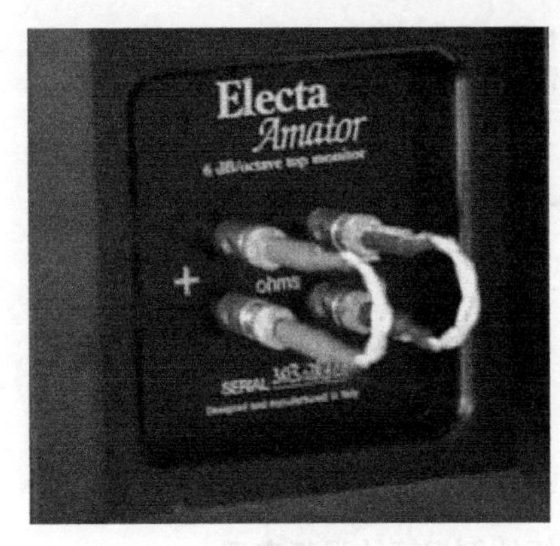

音箱的跳线

不过这两条既粗又短的金属条，使用的只是普通材料，接触面又不大，在器材水准较高时，对音质有一定影响，所以如果将它们换成两根优质的信号线，对音质将有一定改善。

双线分音的音箱都有两对接线柱，用作普通连接时，其低音接线柱与中、高音接线柱间用连接片（线）并接。由于连接片（线）的材质及截面原因，如果将放大器的输出连线接在中、高音端接线柱，对低音重放会产生较明显的影响，所以一定要把音箱连接线接在低音端接线柱上。同样，这里的连接片（线）最好改用优质导线做的跳线。

325．什么样特性的音箱音质好

音箱所有的特性中，以声压频率特性最为重要，特别是30° 方向的声压频率特性极为重要，整体特性平滑，即峰、谷少的音箱音质最好。正面特性平滑曲线与30° 及60° 特性平滑曲线的差别越小，评价越好。但研究表明，扬声器频率响应特性特别平坦并非必要，即使频率响应特性有明显的起伏，也毫不影响优质的音乐重放，但频率响应曲线平坦、圆滑，取得好评的机会要大。

音箱音质要得到好的综合评价，必须具有下列物理特性。

（1）低频段特性稍稍抬起，有量感，对大音量低频段重放应没有明显失真。

（2）高频特性要好，失真小，分析力强。高频段稍有增强上翘，主观听感较好。

（3）音色不能偏硬，在中频（2～6kHz）特性不应隆起。

（4）高频指向性锐度适当，声像定位明确；中频段指向性较宽，临场感丰满。

（5）瞬态特性要好，应能重放出尖锐声音的前沿特性。

音箱使用的低频单元的分割振动大，箱体谐振或分频网络不合单元特性，在响应范围内会造成峰或谷，将使音质降低。低音松散、低音量感不足而高音过度的音箱听感最差，中频响应下凹而中音量感不足的音箱，音乐感差。

326. 关于音箱的一些不为人重视的问题

音乐爱好者都有一整套自己的音响系统，而扬声器系统——音箱，对重播声音的质量起着举足轻重的作用，所以在选择音箱时，都会煞费苦心。除了需要比较音箱的技术指标和听音评价外，音箱还有一些易为人们忽视的问题，与重播声音效果有着不小的关系。

（1）新音箱需要经过一段时间的使用后，方能发挥出它的优良性能，这就是所谓的“煲”。否则，它的重放声音会显得偏硬和过分明亮，或发紧放不开，这个时间过程对不同的音箱可以相差甚巨，从数十小时至数十天不等。

（2）小型书架音箱受物理因素的限制，低音动态范围不可能太大，所以即使它的低频延伸得很低，其现实意义也并不大。可见追求小型音箱的低频下限，实际效果恐难理想，更不适合爆棚音乐的重播。

（3）音箱的标称阻抗常见的有4Ω和8Ω两种。4Ω阻抗的音箱，虽说能使晶体管功率放大器输出更大功率，但由于阻抗较低时，对功率放大器的电流输出能力要求高，一些电源裕量不大的功率放大器往往造成失真增大，而且低阻抗扬声器对阻尼不利，会影响低频控制力。此外，某些扬声器的阻抗在实际工作时，在某些频率可能降低至一半值以下，所以最好还是选阻抗为8Ω的音箱（例如，不少AV放大器的负载阻抗就不能低于6Ω）。

（4）采用小口径扬声器单元的音箱虽可以取得非常好的听音效果，但这种音箱只适用于近距离聆听。对于较大空间的房间，如厅堂，应选择采用较大口径扬声器单元的大音箱，才能取得好的听音效果。

（5）哑铃式（D' Appolito）音箱采用两只相同的中低频扬声器单元，在高频单元上下做对称布局，能取得较好的低频和瞬态响应、较高的灵敏度和功率承受能力，大动态非线性失真较小，但它的中频段综合频率特性往往产生低谷，而且垂直方向性窄，所以它的中音性能应予以注意。不过有些哑铃式音箱的下面一只单元仅用于重放低频，分频点低1oct左右，上面一只单元则重放中、低频，即所谓2.5分频，与二分频的音色虽很接近，但2.5分频垂直响应并不对称，会缺乏声场深度。

（6）双线分音的音箱具有两组扬声器接线柱，如做普通连接，两组接线柱并联，这时扬声器线务必连接在低频单元那一对接线柱上，否则由于两组接线柱并联用的连线或铜片的影响，低频重播的效果大多会损失。对于并联用的连线或铜片，换用优质扬声器线对提高性能会有帮助。

（7）落地音箱是着地摆放的，但常会由于地面的共振而影响重播声音的平衡，甚至造成低音发轰，所以在大部分情况下，脚钉是不可少的。座架音箱则大多需配一副高度合适的脚架，随意放在桌柜上。声波的反射，常会使音箱重播特性改变。对高频单元采用镜像对称设计的音箱（即高频单元不在障板的正中，偏置于障板的一侧，而且两个音箱的高频单元分别位于不同侧），摆位时高频单元要偏向内侧，这样水平指向响应声压级较均匀。

（8）音箱与脚架之间最好用3小块泡沫双面胶，以三角形位置粘在音箱底部，然后再放到脚架上去，这样音箱对脚架就有一定黏着力。否则，使用中不慎碰到音箱，音箱极易滑出脚架，翻倒在地上而跌坏。

（9）出声口开孔设置在音箱后障板上的低音反射式音箱，它与后墙的距离需经调校，才能取得正常合理的低频表现。距离过近，一般会产生低频过多或含混不清的声音；距离过远，有可能使低频不足。出声口在前障板上的音箱可不必顾虑反射孔的问题，即使放在矮柜上亦可。

（10）音箱极易受放置房间声学特性及安放位置的影响。音箱置于不同空间环境中，它的发声效果会不同。即使是同一音箱，并经均衡重放系统使有相同频率响应，只要房间大小不同，则其放声效果也将不同。

327．怎样选用音箱脚架

音箱的放置场所对其音质有一定影响。放在地板上和放在其他箱体上，由于音箱的谐振特性不一样，音质会不同。放在其他箱体上的音箱，听起来低音会特别丰满。

近年来，书架式音箱大为风行，因为其占用地方少，容易在居室内摆放，但实际并不如它的名称般放在书架或矮柜上便可以得到好的效果。大部分小型音箱都需要有一对优质的与之相配的脚架（Speaker Stand），如图2-82所示，让它们有足够的自由空间，方才能使它的性能充分发挥，这一点往往为人们所忽视。脚架也称台脚，其作用在于取得合适的音箱高度和便于移动，并防止出现一些不良的共振和反射。

脚架能提高低音的清晰度。脚架对音箱放声的影响主要是谐振特性，它比反射面的影响更大，加脚钉、灌铁砂都是为了调整谐振频率，脚架的材料、几何形状，对谐振频率都有影响。

重量较轻的音箱在工作时容易产生强烈的振动，如脚架不良，就不能有效导振及控制谐振。脚架要求结构牢固，有一定重量，不易共振。当使用重的脚架时，重播高音可给人一种美好感觉，音质趋向稳定、有力。脚架顶板不能过薄、过小，但也不能大于音箱，还要有一定重量，否则就不能为音箱提供一个稳定的基础，不能导走及吸收强烈的振动，从而影响扬声器本身的表现。脚架立柱宜小，圆优于方。不少欧美品牌脚架的托板常小于音箱底部面积，声音会更活泼。图 2-83 列出了不同音箱脚架的比较。

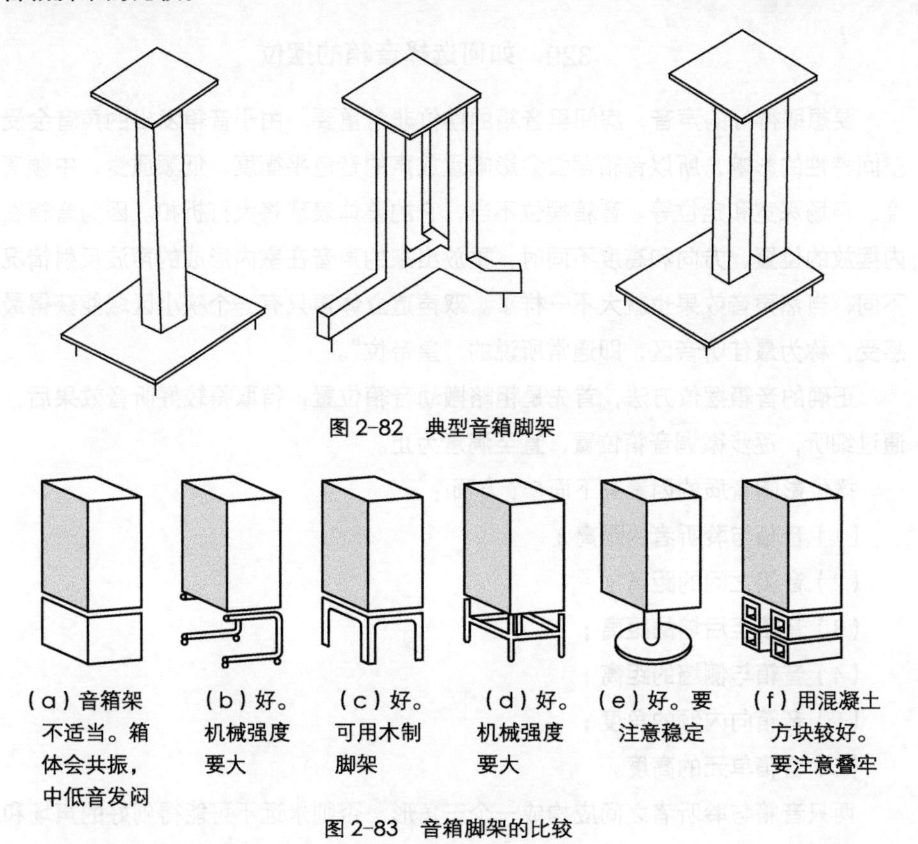

图 2-82　典型音箱脚架

图 2-83　音箱脚架的比较

音箱与脚架之间应垫以软木、橡胶或泡沫塑料隔片，特别是金属制的脚架。脚架的合适高度是音箱放置好后，它的高频单元的对地高度恰与聆听者的耳朵在同一水平高度。

音箱脚架材料有水泥、木材和金属等，不论使用何种材料，都要结实和够重。而且地板也要坚实，否则会使音箱传来的低频振动加强，造成声音浑浊。

328. 如何安装音箱脚钉

落地音箱大多配有可调节的锥形脚钉，目的是在工作时，为音箱提供一个稳固的机械基础，脚钉能穿透地毯而直达坚固的地面，避免损坏地毯的绒面，脚钉与地面的有限接触面能显著减小振动的传递，特别可以防止木质地板因振动而产生声染。音箱没有脚钉，在不平的地面或地板上放置，会出现晃动而影响放声音质。

音箱的脚钉在安装时需加注意。最好在确定音箱摆位后，才装上脚钉。安装脚

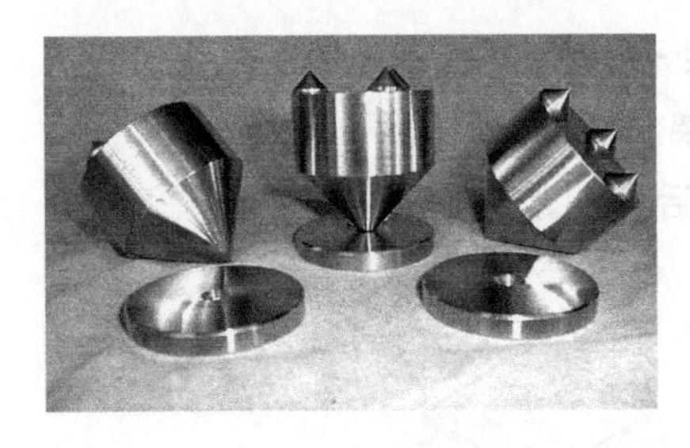

钉时，应先将锁定螺母退尽，把脚钉尽量旋入安装螺纹内，然后调节脚钉至音箱水平，最后再旋紧锁定螺母。为防止脚钉尖损伤地板，脚钉下可垫一带有小凹坑的金属片。对已装好脚钉的音箱，切勿在地面上拖行。

329．如何选择音箱的摆位

要想取得好的声音，房间里音箱的摆位非常重要。由于音箱发出的声音会受到空间特性的影响，所以音箱摆位会影响重放声的音色平衡度、低频质量、中频清晰度、声场深宽和定位等。音箱摆位不当，它的整体表现将大打折扣。因为音箱在室内摆放的位置、方向和高度不同时，重放出来的声音在室内形成的声波反射情况就不同，当然声音效果也就大不一样了。双声道立体声只有一个狭小区域能获得最佳感受，称为最佳听音区，即通常所说的“皇帝位”。

正确的音箱摆位方法，首先是粗略搬动音箱位置，待取得较好听音效果后，再通过细听，逐步微调音箱位置，直至满意为止。

摆位影响音质的因素有下面6个方面：

（1）音箱与聆听者的距离；

（2）音箱之间的距离；

（3）音箱至后墙的距离；

（4）音箱与侧墙的距离；

（5）音箱向内倾的角度；

（6）音箱单元的高度。

两只音箱与聆听者之间应构成一个三角形，否则永远不可能得到好的声场和定位，如图2-84所示。当两只音箱间的距离比聆听者到音箱间的距离略小些时，通常可得到好的定位。两只音箱间的距离与声场的宽度有关，距离越大，声场越宽，但并非越大越好，距离过大，中间声像将减弱变远，甚至消失空缺。从左到右的声场应是连续的，要以中间声像最好而声场又宽为准。调整音箱间距离时，应同时将聆听位置稍作前后移动，一般能找到一个最佳位置。两只音箱间的距离最小也不要小于1.5m。

音箱与后墙的距离对低频有影响。音箱与后墙的距离对反射声的大小产生影响如图2-85所示。房间墙壁对音箱的整体频率响应的平衡度影响很大。音箱与墙壁之间的距离不当，还会使声音频率范围中间出现峰、谷，造成重放声不圆润、低音浑浊、中音单薄。通常音箱距后墙约需0.5m，距侧墙约需0.3m。不少音箱对与后墙及侧墙的距离有最小距离要求，这在摆位时应事先了解，最好参照厂方建议位置开始摆位。

音箱与后墙的距离还与声场有关，一般音箱，特别是大型落地音箱，不能距后墙过近，应有适当的自由空间，否则低频量感虽增加，却绝不可能营造出深宽的声场，还会影响低频的清晰度，很可能会产生低频“隆隆”声，如图2-86所示。

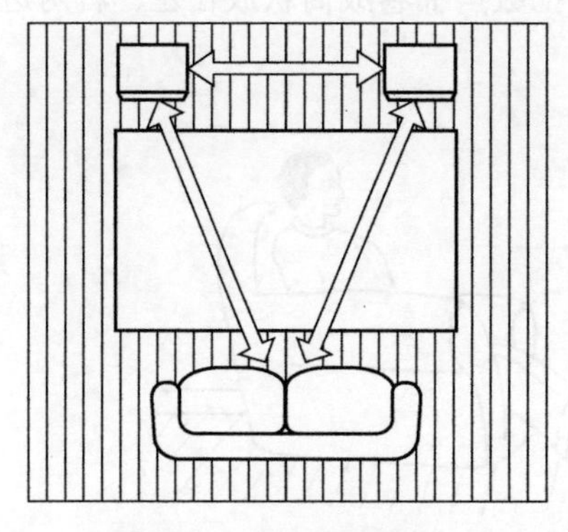
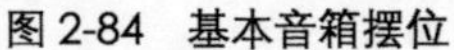
图 2-84 基本音箱摆位

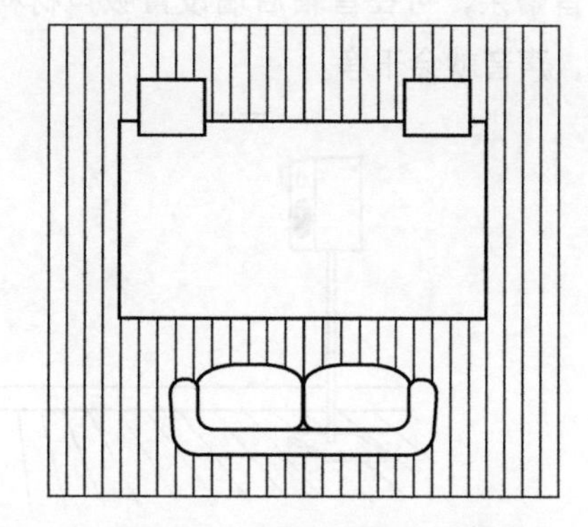
图 2-85 音箱与后墙（正确）

音箱是否要内倾（Toe-in）一个角度，需视具体情况而定，如图2-87所示。内倾可使直达声与反射声的比值增加，音箱内倾着摆放，可对重放声的中高音、声像、空间感等产生影响。当内倾一个小角度，通常为10°～30°时，能增加高音的量感。当房间墙壁的反射声过强时，也可考虑将音箱内倾着摆放。音箱内倾到正对聆听者时，声音会显得太亮和高音过度。所以绝大多数音箱在摆放时，最好有一个内倾角度，从而稍微减小平行墙面驻波的影响，以及声波相位相差180°所形成的抵消作用，能使声音的细节更好，定位更精确，声场表现更好。

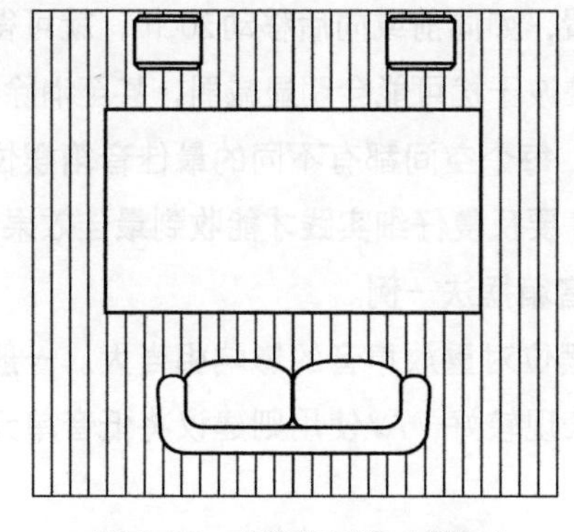
图 2-86 音箱与后墙（错误）

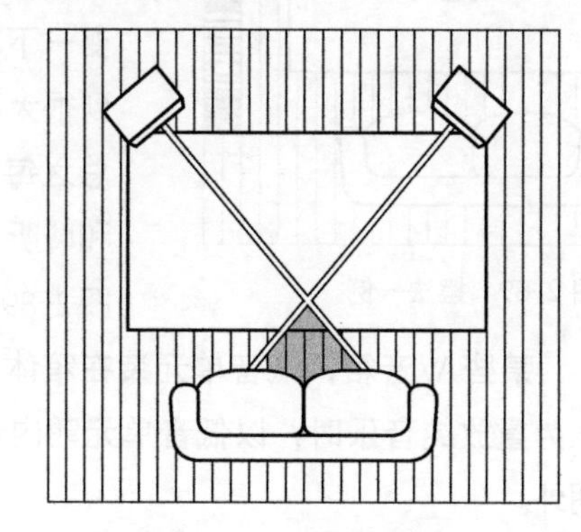
图 2-87 音箱的内倾

书架音箱的低频量感不足是普遍存在的问题，但要求各频段能达到平衡。为求得必要的声音密度，可改变内倾角度，用不同摆位在声场与声音密度间寻找适当的平衡点。

音箱中高频单元的高度会对中高音的平衡产生影响，通常应与聆听者的双耳高度齐高或稍低，这时中高音的表现最好，如图2-88所示。当聆听高度有过大改变时，中高音会有减弱，变化程度则视高频单元特性而异。

音箱与聆听者之间的地面将对声音产生反射，从而影响声像的定位，必要时可在地面铺上地毯。如果聆听者对面墙壁做适当吸声处理，音箱需离后墙多少距离就可不予以考虑，能扩大听音空间。但音箱后墙最好不要有大片的吸声物存在。如果声音嘈杂，可在音箱后墙设置吸声材料，如把吸声棉卷成筒状放在左、右两边墙角，声音就会干净。

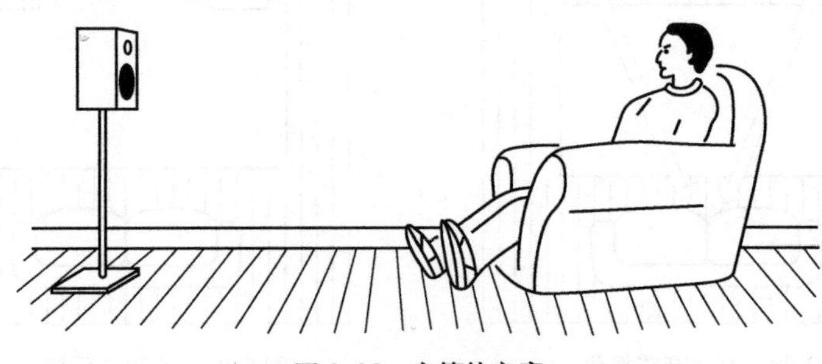

图 2-88　音箱的高度

除配置必要的音箱脚架及脚钉外，还要尽量减小除音箱以外的近距离声衍射，防止对中、高频产生影响。

另外，房间固有的谐振模式会使声音的某个频率出现峰值，这就是驻波，造成声染色。对国内大多数家庭的住房而言，这个频率在80～160Hz的中低频。当音箱与聆听者位置不好时，如音箱放在房间中间，就会引发驻波，使声音含混，清晰度和分析力下降，出现“隆隆”声，甚至天花板、窗玻璃等产生振动，严重影响声音质量。对于驻波的影响，有时只要改变一下聆听位置，如向前或向后移动20cm，就可得到很大改善，驻波干扰可能会明显减弱，甚至消除。总之每种音箱、每个空间都有不同的最佳音箱摆位和聆听位置，需要反复仔细实践才能收到最佳效果。图2-89所示为音箱摆法一例。

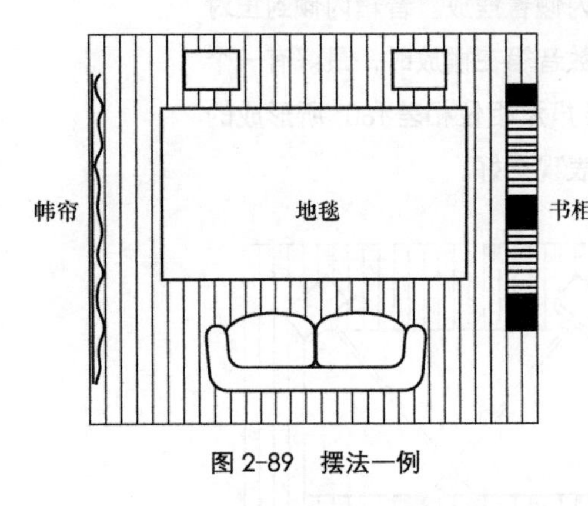

图 2-89　摆法一例

某些AV音箱，低音单元装在箱体侧面，摆位对重放声音的影响相当大。一般认为重放纯音乐时，以低音单元朝内侧摆放表现较好，AV使用则建议将低音单元朝外。

对近场监听的摆位，监听音箱要确保重放声音的准确性，设计音箱的水平辐射指向性较小，聆听以直接声为主，在聆听时希望降低空间反射声的比重，尽量排除不同空间造成的变数。例如，Tannoy建议专业用家采取正三角摆位法，音箱间隔与音箱至聆听者的距离皆为1.3m，音箱需做精确内倾调整，让高音单元直指聆听者。

330．音响设备和机械振动有何关系

对音响设备而言，不论它是放大器、电唱盘、盒式录音座，还是激光唱机，都要避免机械振动及共振的影响。

在声频放大器中，有些元件，如电解电容受到机械振动时，会产生噪声，鉴于放大器内部的电源变压器等都会产生机械振动，外部声波也会引起设备的机械振动，尽管这些机器内部和外部的机械振动是不容易觉察的，但对处理、放大微弱声频信号的放大器而言，都将对音质产生影响，使得分析力下降，失去声音细节，透明度变差，噪声增大。

在电唱盘、盒式录音座和激光唱机等设备内，都有机械驱动系统的旋转部分，由于这个旋转系统是产生机械振动的根源，所以把旋转系统设置于机器的中心部位，并用若干只避振脚支撑，是一种克服振动影响的理想方法。此外，对电唱盘或盒式录音座等模拟设备，在受到设备内部和外来机械振动影响时，机芯或整机受到的振动都将传递到唱片或磁带上，从而对声频信号产生调制作用，使声音变浑浊，并增大失真及噪声。可见这些声源设备受机械振动的影响更大。

另外，音箱箱体振动时会造成共振，而且箱壁辐射的声波将直接干涉扬声器的直接辐射声波，这些都将导致重播声音音质的劣化。

为了防止机械振动对音响设备造成影响，就设备本身来说，主要通过增大整机重量，以及采用对称布局结构，保持重量平衡，取得高的稳定性。在使用上就需采取避振措施，如避免将音响设备重叠堆放。重叠堆放是一种极其普遍的错误放置形式，因为各设备间的振动将交互影响。正确的音响设备放置方法是将各设备分开放置于坚固稳定的器材架上，各层间的搁板对机械振动应具有足够的阻尼，并设置必要的避振脚钉和压板，务求将设备自发及外来的机械振动及共振减至最低。

331．音响器材如何避振

音响器材怕振动，振动会影响音质，这是大家都明白的道理。对音响器材产生影响的振动源有驱动电动机、变压器磁感应、扬声器重放声波等。为了避免振动对器材重放声音产生影响，除器材本身采取的避振、吸振措施外，各种避振器材也就应运而生，而且种类繁多，但大体上有硬质角锥脚钉和软性吸振垫两大类，都能进一步消除振动对音响器材产生的影响。各种不同形状、不同材料制作的避振器材通过传导、隔离及吸收音响器材本身、承载体（地面或台面）及声波中某些频率的振动，从而消除振动对声音产生的影响。

在自然界中，每种物体都有其固有的共振频率，每种材料由于自身密度不同，固有共振频率也不相同，对各振动频率的传导性能也就不同。因此对避振器材而言，所选用的制作材料的物理特性至关重要。目前制作避振器材的材料大致可分5种。

（1）高弹性系数、低阻尼材料，如铝合金、不锈钢及陶瓷等，这种材料的峰形尖锐，在40Hz附近振动传递能力随频率变化而有大幅度变化，在高频时传递能力较软性材料为高。

（2）中弹性系数、中阻尼材料，如木材等，振动传递能力介于金属和橡胶之间。

（3）低弹性系数、高阻尼材料，如橡胶等，在200Hz附近振动的传递能力随频率起伏不定。

（4）超低弹性系数材料，如海绵等，振动的传递能力随频率增高而稳定性下降，对频率的变化影响不大，但对高频振动不易传递。

（5）复合材料，如不锈钢等，对振动的传递能力兼有两者之长。

脚钉、脚架等都是利用适当的介质和几何形状，将音响器材外壳与承载体的接触面减小到最小，造就一个声学高阻抗区，产生隔离作用，或者说是将音响系统的振动“机械接地”。硬质角锥脚钉除可将器材本身的振动导出，还能把器材与外界的振动阻隔，使音响器材内部及外部振动对音质的影响得以减小。一个有效的避振脚钉必须在传导振动的同时，将振动的机械能转换成热能散发掉。不同材料制作的角锥脚钉都有其固定的谐振频率，各具优缺点，这在使用时是应加以考虑的。一些脚钉及吸振垫的外形如图2-90所示。

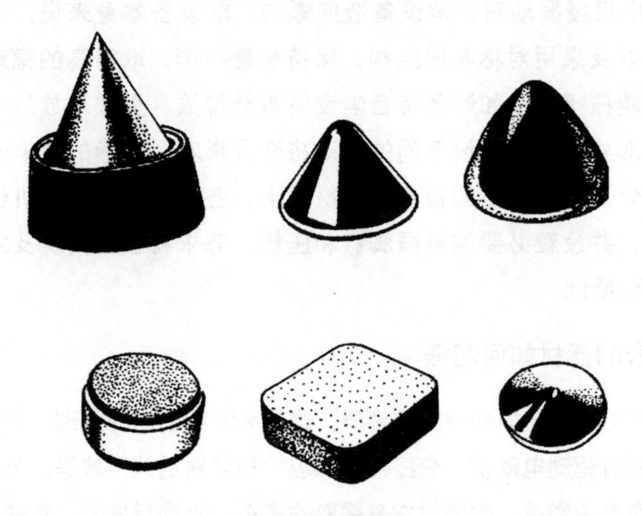

图 2-90　脚钉与吸振垫

吸振垫用以吸收器材的振动，因材料不同可分发泡垫、橡胶垫、塑料垫、绒毛垫等，为取得好的吸振效果，应选择能吸收造成主要干扰频率段的吸振垫，同时要对可闻频率以下的超低频（10Hz以下）予以吸收，以改善声音的清晰度。吸振垫特别适于模拟电唱盘、激光唱机使用，效果可谓立竿见影，如激光唱机下放置吸振垫后，重播音质会有明显提高，低音更紧，声像聚焦更好，人声更清晰。不同材料制作的吸振垫对振动传导的频率及速率均不同，这是选用的关键。如以厚重的石料作为底，再在其上放以软质吸振胶垫，就能有更好的效果。实验证明，把厚10～15mm的发泡硅胶密封垫剪成适当尺寸，用作吸震垫有极好效果。

角锥脚钉和吸振垫组合使用，可兼收两者之长。硬质的角锥脚钉使振动得到有效传导，当振动传导至吸振垫时，由于高阻尼夹层材料分子间相互碰撞而将振动的机械能转化为热能，振动的能量便不会积聚在锥体附近，而且利用不同材料具有不同的共振频率，对不同频率有不同阻尼特性，这种组合能具有较宽频带的吸收和阻尼，从而收到更佳效果。

根据多方经验，因为材料上每一点的振动幅度都不一样，角锥放置在音响器材底部的位置前后移动时，得到的效果也不一样。Stillpoints公司认为，使用4只角锥的效果要好于3只。通常较轻的器材可用3只，较重的器材则用4只。若角锥脚钉使用3枚，以三角形放置，前面两只，后面中间一只，角锥脚钉距器材边大概25mm为宜，并确保平面端直接紧贴器材底面，也可在机身较重的一边放一只，较轻的一边放两只，或用实验方法取得最佳位。角锥脚钉的效果以激光唱机、音箱最明显，可使高音更平滑，低音收得更紧、更细致，提高透明度及定位（聚焦）。对于模拟唱盘，可给它配一个结实的底座，国外普遍推荐安装挂壁的唱盘架，以彻底防止地板不够结实，产生振动传导给唱盘。

在角锥脚钉尚未商品化时，音响爱好者常将倒扣的高脚玻璃酒杯或鼓形大象棋子等置于器材之下用于避振，也可收到异曲同工的效果。

音响器材避振通常可以归结为两种，一种是使用质地坚实的木柜或金属柜放置器材做承架，另一种是利用脚钉、吸振垫或其他东西，将器材与承架，以及承架与地面做隔离。金属脚钉摆放时，尖锥朝下，凹槽底座则在下方。但音响器材的声音特点是设计者所赋予的，所以并不是每种器材都适合使用各种避振器材，采用何种避振方法应视实际情况而定。

音响设备是为重播音乐服务的，调校等附件只是使效果有所改变，但不可能改变本质，要适可而止，不能本末倒置。

332. 耳机听音乐好不好

耳机（Headphone）除用于监听外，因为使用和携带方便，不影响他人，性能指标又高，能以较少投资取得较高的音质享受，用双耳倾听耳机中的立体声重放极具吸引力，所以受到一些爱好者的欢迎。

但耳机发出的声音直接送进聆听者的耳朵，故用耳机重放音乐比用音箱听音乐，距离感较少，声像定位差，低音缺乏真实感，这是因为声音的远近距离感是由声源的直达声和混响声的比例决定的，耳机放声没有房间的混响条件，音质虽好，但声像定位不强，除非使用专为耳机制作的软件。而且听者移动头部时，整个声场随之转动，有置身于声源中心的感觉，使人感到不自然。

此外，长时间用头戴耳机听音乐，特别是大音量，会导致细胞疲劳的蓄积，从而使听觉灵敏度下降，这需要一段时间才能恢复。如人耳长时间处于高声压下，会造成永久性的听力障碍。用耳机听音乐必须控制时间和音量，减轻听觉疲劳。

333. 环绕声与解码器

环绕声源自电影，它的出现深受影视公司及观众的欢迎，在发展影剧院环绕声的基础上，美国杜比研究所（Dolby Laboratory）研制了家用环绕声系统，通过现代影音科技将家中居室或客厅变成影剧院，即使在一个十余平方米的小空间里，也可感受到剧院中的视听效果。

家庭影院系统的核心器材是杜比环绕声解码器，它是一种声频设备，采用杜比研究所开发的4-2-4模拟矩阵编解码技术，它把左（L）、中（C）、右（R）、后（S）4个方向的声频信号在录制时通过编码、混缩合成为双声道。重播时，将已编码的双声道复合信号通过解码器还原成编码前的4声道立体声。4声道立体声能产生三维空间的立体声效果，具有极强的临场感。

1982年，杜比研究所研制的第一代家用环绕声系统为Dolby Surround（杜比环绕声），仅能提供左、右及环绕3个声道，分离度及方向性较差，各声道平衡为手动式，环绕声频率响应在7kHz以内，延迟时间有固定20ms及可调15～30ms。

1987年，杜比研究所推出第二代家用杜比环绕声系统Dolby Surround pro-logic（杜比专业逻辑环绕声或杜比定向逻辑环绕声），增加了中央声道，采用定向增强技术，增大了前置和环绕声道的分离度，临场真实感更好，分离度和方向性都有明显提高，它可测试噪声并控制电平，自动控制各声道平衡。该系统中央声道设有“正常”（Normal）、“幻象”（Phantom）和“宽带”（Wide）3种模式，有较强适应性。由于技术成熟、性价比高，该系统获得很大成功，曾是家庭影院的主流。

杜比定向逻辑解码可通过模拟或数字两种方式进行，所得结果是一样的，并不存在最佳模式。故而在评价每一种环绕声解码器时，都必须从声音质量和经济这两个方面进行。

THX（Tomlinson Holman eXperiment）是在杜比定向逻辑环绕声基础上，由卢卡斯影片公司（Lucas Film Ltd.）确立的一个标准，它对后置环绕声道及超低音声道提出了新的要求，后置环绕声道为模拟立体声，并加强了对低音的再现。为此开发了一系列信号处理系统，使杜比系统达到THX标准，但THX系统成本高，难以在一般家庭普及。

1994年，杜比研究所推出全数字化的杜比AC-3系统（Dolby Surround Audio Coding-3），即杜比数字环绕声系统，它的特殊之处在于它的5.1声道，前左、中央、前右、后左、后右5个全频带声道，用5表示，仅有低频频带的超低音声道用0.1表示，其两个后置环绕声道是全频带立体声声道，独立的超低音声道使它的临场逼真感比THX系统更强，6个各自独立的声道，足以让人达到身历其境效果，使家庭影院进入一个新的更高的视听境界，是环绕声系统发展的主流。

1996年，美国数字影院系统技术研究公司研究开发的DTS（Digital Theater System）家庭影院采用相干声学数字声频处理技术，提供更独特的编码和处理方式，可以完整地恢复原始的声频信息，由于其独特的性能和特点，它与杜比数字系统的5.1声道都已是公认的多声道环绕声标准方式。

2000年6月，杜比研究所推出新一代的杜比环绕声定向逻辑技术Dolby Surround Pro Logic Ⅱ，这种矩阵环绕声系统符合5.1声道，提供5个全频带声道，不仅适于重放各种多声道节目，还可处理任何双声道节目为多声道，不论模拟还是数字录音，均可选择适当模式处理。该技术大大改善了空间感、方向感和声场稳定性，并扩大了最佳听音区。一般DPL Ⅱ具有两种模式：Movie（电影）和Music（音乐）。

THX系统虽是一种高性能的杜比定向逻辑环绕声重放系统标准，但系统整体结构复杂，对所有器材有十分严格的限制，对视听室的吸声、噪声等也有严格要求，一般家庭中很难建立真正的THX系统。

家庭影院最初的环绕声虽说是一大突破，但由于各声道间的分隔度仅几个dB，所以各声像的方向感并不明显，并没有让人觉得声音是随着画面中的运动物体移动的，而是从四面八方而来，不仅不能配合画面动态，反倒影响了电影对白的清晰度。

美国杜比研究所和日本NEC公司合作研制的杜比定向逻辑环绕声，以模拟矩阵处理取得4声道，但仍不能提供完全分离的多声道系统，各声道间的相互窜扰仍未根本消除，声道分隔还不能令人满意，系统环绕声的频带只有7kHz，而且其动态范围也较小，大气势的效果声仍需依仗正面声道的帮助。

1994年底，杜比研究所、日本先锋公司合作研制出杜比数字环绕声（DD，Dolby Digital），即过去所称杜比AC-3（Dolby Surround Audio Coding-3）。AC-3中的AC为声频编码的缩写，它兼有音质高、频谱利用率高和多频道传送能力强等优点，采用全数字的声频感觉编码系统（Audio-perceptural Coding System），其目的就是改善家庭影院的音响效果。杜比AC-3根据音响心理学原理，利用人耳听觉的遮蔽效应，采用效率极高的压缩编码技术，克服了传统杜比环绕声的缺点，使所有5个声道都包括3Hz～20.3kHz（-3dB）整个频带宽度，增强了各声道间的独立性，而且环绕声道为立体声，超低音声道（3～121Hz，-3dB）完全独立，整体音色更悦耳，动态更大，也更逼真。杜比AC-3包含了多种声音效果形式（单声道、双声道、3声道、4声道及5声道等），所以才把原来以AC-3命名的5.1声道名称取消，改以Dolby Digital取代，杜比数字环绕声标记如图2-91所示。

图2-91 杜比数字环绕声标记

杜比数字环绕声系统共有5.1个完全独立的声道。除正面左、中、右三个声道和背面左、右两个声道外，余下一个不是全频带的超低音就是0.1声道，所以声像定位、相位特性和声场重现性更优越，易于在一般家庭环境中取得酷似影院的声音效果。杜比数字环绕声的环绕声道为全频带立体声，并将低音作为一个独立的声道，各声道间的隔离度更高。THX标准的环绕声是模拟成立体声的，其高音区域在制作时经过补正、调校，低音中有很大部分是人为引入而得到加强的，忽视了它的独立性，所以杜比数字环绕声的临场再现能力比THX更强、更真实、更生动。杜比数字环绕声虽与杜比定向逻辑环绕声有所不同，但其硬件及软件是完全兼容的，所以杜比数字环绕声是发展的主流。

5.1声道于1994年被国际电信联盟（ITU）推荐为“通用的、带和不带图像的环绕声系统”国际标准。

正确使用杜比环绕声解码器非常重要，首先要正确选择工作模式，也就是中央声道模式。其次各声道的音量要平衡，通常可利用机内粉红噪声测试，调节到各声道音量平衡为止。最后要有足够响度，以便取得好的临场感。

334．关于虚拟环绕声

随着环绕声技术的发展和应用，现在世界上已形成两大发展方向，即多声道环绕声技术和（双声道）虚拟环绕声技术。双声道的虚拟环绕声通过人头传递函数（HRTF）实现声场空间信息的传输、重放或模拟。

（1）听觉传输立体声系统（Generalized Transaural Stereo）根据听觉传输技术原理，利用人工头拾取，或信号处理方法模拟出声源到双耳的传输，从而得到原声场的空间信息。这种系统的优点是声像逼真自然，两个独立传输信号就能重放三维空间的声像。但这种系统在倾听者偏离理想听音位置时，会导致严重的声像失真，听音区较窄。

（2）三维（3D）环绕声系统是一种后处理系统，利用听觉传输技术原理，在普通双声道立体声重放中，通过模拟空间不同方向到双耳的听觉传输原理，模拟反射声，增加主观听觉上的空间感和包围感。这类系统的代表有SRS实验室的SRS、Spatializer实验室的Spalializer 3D、QSound实验室的Q xpander等。这种对普通立体声信号进行处理，并不对杜比环绕声信号做解码的强制处理方式，结构简单，有一定听觉效果。但由于改变了原立体声信号的频谱及相位，双声道信号的相关性下降，使经3D处理的立体声信号对单独的声像定位较差。它适用于小房间、多媒体等不宜采用多声道系统的非专业场合。

（3）虚拟环绕声系统（Virtual Surround）是多声道环绕声的虚拟重放，鉴于组建多只音箱的多声道环绕声系统有时会有困难，只能采用听觉传输技术中的虚拟声源方法，通过对HRTF的模拟，利用一对音箱虚拟出多声道系统的多个音箱效果，实现多声道声音的两音箱虚拟重放。这类系统的代表有SRS实验室的Tru-Surround、QSound实验室的QSurround和Spatializer实验室的N-2-2等。这种方法是对杜比环绕声信号进行解码，再对环绕声信号进行虚拟化处理的方式，优点是只需两个独立通道，结构简单，声像定位自然，虽然听音区较窄，容易产生前后镜像位置的声像倒置，但极适合因小空间等条件限制而不宜直接采用多声道系统的场合使用。

在大多数家庭环境中，要设置符合条件的5.1声道的音箱相当困难，尽管各种虚拟环绕声系统各有一定缺陷，但由于结构简单、空间感和包围感效果明显，特别适于较小空间的使用，在一般家庭中有着广阔应用前景。

335. 杜比环绕声的音箱设置和调整

家庭影院的目的在于在家里获得电影院的气氛和感受。影片的声音包括对白、音乐和效果声三要素。对白是主角，音乐和效果声都是配角。

家用环绕声放音有多种类型，下面以杜比定向逻辑环绕声为例。在家庭中重放立体声影片的录像带或影碟时，能得到与影院一样的音响效果。杜比定向逻辑环绕声系统利用矩阵方式得到4声道声音信息，通常在前面放置两只立体声前置音箱，后面放置两只单声道的环绕声音箱，前面中央声道一只音箱，主要用以重放对白，增加效果及对白的定位清晰度。如果布置不当，就将影响效果。

前置音箱是主音箱，它的放置原则是位于图像屏幕两侧，分别与聆听位成约45°角。音箱与屏幕之间应保留一定距离，为了避免声像脱离画面过远，左、右主音箱的距离不宜太远。这两只主音箱的中、高频单元的轴线与中置音箱的高度不能相差过多，以0.3m为限，以免降低临场感。另外，主音箱及中置音箱与聆听者之间的距离应相同而在同一弧线上，或将主音箱稍许移近些。

中央声道音箱一般称中置音箱，配置时常会带来一些意外的困难。由于对白的重放质量在很大程度上将影响电影给人的感受，如果中央声道与左、右声道的音色不统一，就会产生不协调感，所以中置音箱应采用与前置音箱音色一致的专门设计的横式音箱，万万马虎不得。不建议用普通的书架音箱或电视机内扬声器作为中置音箱。否则，还不如采用“幻象”模式，将中央声道的声音分配到左、右前置音箱去，效果反要好些。中置音箱和前置音箱要在一条线上，它的最佳摆放位置是电视机顶部或投影电视的屏幕后，应尽量将音箱放置得靠前一些，以减小屏幕引起的声反射，提高声音清晰度。

环绕声后置音箱重放的声音实际是单声道的，直接辐射环绕音箱不能对着聆听者的座位，而应该放置在聆听者的两侧或后方比耳朵稍高处，约高于聆听者耳朵0.9m。它们的声音应该是扩散的，但在一般居室中如果效果不理想，可将它们面朝上或面向墙放置，利用弥漫的反射声取得满意的效果，特别是横向的反射声对空间印象（Spacial Impression）有很大影响。环绕音箱不要对聆听者有太多的直达声，以免影响太明显，但太多的反射声又会影响方向性。双极型环绕音箱应放置在聆听者两侧墙上靠近天花板处。要获得优质的电影声场，必须使用优质的环绕音箱。

低音音箱用以加强气氛，是优质环绕声系统的必备条件。它重放的低频声无指向性，其放置与声音定位无关，可任意放置。但通常不要放置在前方墙角附近，以免产生轰鸣声及引起低音浑浊，一般可放置在墙边，但不要与任何一个墙面平行，以低频扩散平均为最佳位置，这时低音最平稳、深沉而清晰。

杜比环绕声解码器是家庭影院的心脏。对于杜比定向逻辑环绕声有4种模式可供选择：（1）标准模式（Normal），中央声道音箱较小时选用；（2）宽带

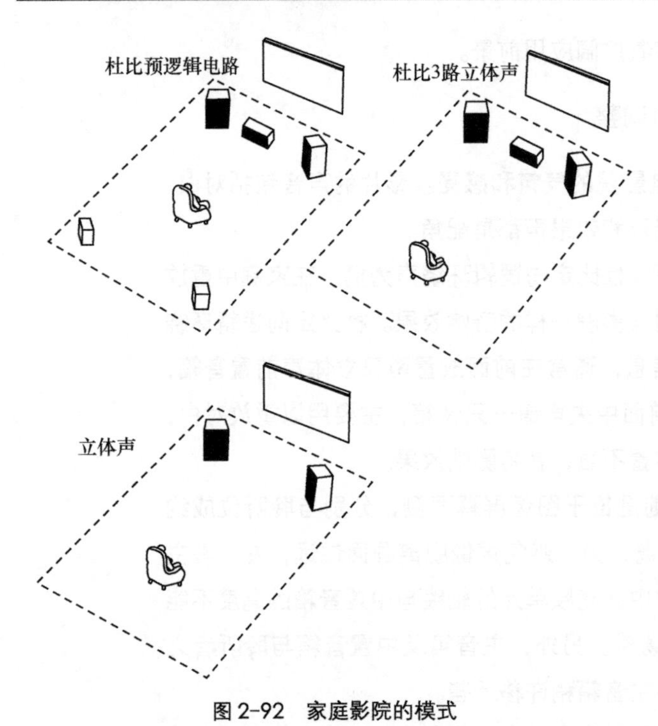

图 2-92　家庭影院的模式

模式（Wide），中央声道音箱与前置音箱相同时选用；（3）幻象模式（Phantom），不使用中央声道音箱时选用；（4）杜比三声道逻辑模式（Dobly 3 ch Logic），不使用环绕音箱时选用，如图2-92所示。

标准延迟时间是20ms，调整范围通常为15～30ms。当聆听位置离前置及环绕声音箱的距离相同时，可采用标准延迟时间。但若环绕声音箱比前置音箱近1m左右时，延迟时间应增加到23ms。

音箱设置妥后，即可调整，主要是调整各音箱的声压平衡，可利用AV放大器中的噪声发生器，只需打开标有Test的开关，它便顺序向每个声道输出经特别过滤的粉红噪声信号。噪声测试信号从一个声道转移到另一声道，只需简单调整平衡，使各声道响度相同即可。左、右声道的平衡应注意，坐在正中的聆听者要觉得对白是从中间发出的，明显来自屏幕。理想的环绕声虽不多见，但它们应该有明显的效果。

最后，所有音箱的极性都应该是同相位的。对于家庭影院的音箱搭配，不推荐把不同品牌的音箱进行组合，以免在声像移动时出现音色不连贯的现象。

对于目前最流行的杜比数字、DTS等数字环绕声的音箱设置，除环绕声音箱需采用全频带外，还一定要配置超低音音箱。其环绕音箱虽为立体声，但布置要点则与杜比定向逻辑环绕声类似。

多声道音箱的布置是听音者位于一个圆的中心，离中置音箱（C）的距离D等于两个前置音箱间的距离B，即$D=B$，左、右前置音箱（L、R）间的距离为2～3m，最大不超过5m，同听音者中心位置的夹角因家庭影院的屏幕较小，故取45°，距听音者的距离为屏幕高的两倍（大屏幕）或三倍（小屏幕），中置音箱放在屏幕后面（屏幕需透声）。环绕音箱（LS、RS）位置偏离中心100°～120°即可，左、中、右音箱的声中心高度为1.2m，环绕音箱可高于1.2m，向下俯角0°～15°。

336．家庭影院中的视频设备

家庭影院系统就是AV系统，它能使你在自己的房间里，用逼真感强的画面来欣赏电影或倾听演奏，仿若置身于影院或音乐厅，给你的生活带来乐趣。

AV系统中的显示器可分直视型和投影型两类，前者的代表有显像管、液晶屏、等离子屏，后者有三管（显像管）投影机、液晶投影机、DLP（Digital Light Processing，数字光处理技术）投影机等。各种方式都有其长处和短处，直视型显像管电视机的短处是尺寸的限制（36英寸）与重量、深度。为了克服显像管缺点，出现了薄型化的液晶（LCD，Liquid Crystal Display）及等离子（PDP，Plasma Display Panel）电视机。投影机中三管投影机设置及调整困难，而液晶投影机由于性能的提高，在市场上非常活跃。

家庭影院系统中用于显示图像的电视机是最基本的设备，因为没有它就看不到画面。但一个使人满意的家庭影院并不一定需要很大的电视屏幕，普通尺寸的电视机加了环绕声音响系统，由于声场的展阔也会加强视觉愉悦感。当然更大的屏幕会获得更接近影院的体验。以国内住房条件而论，以40～60英寸的大屏幕彩色电视机为宜，最好带有S端子或色差输入插座，以取得高的图像分辨力，否则屏幕再大也只有不足300线的彩色图像分辨率。如果房间较小，则建议采用小些的屏幕尺寸为宜，否则画面虽大，但可看到扫描线甚至像素点，反而暴露出画面中的细节缺陷，易产生视觉疲劳。如果房间相当宽敞，则可考虑采用更大尺寸的电视机，这时画面在你整个视野中展现，更可令人体验到一种真实感。与直视型电视机比较，投影电视机在明亮的房间中观看，没有在黑暗的房间中观看效果好。调整投影电视机画面质量时，室内的亮度保持在能看到手指即可。

要想在自己方便的时间观看自己喜爱的节目，必须使用录像机、激光影碟机、DVD播放机、蓝光播放机或硬盘播放机，其中既能录制又能播放的只有录像机。

家庭影院的图像质量在很大程度上取决于信号源，如蓝光的分辨率可达1080P，DVD可达500线以上，激光影碟机能达425线，S-VHS录像机为400线，VCD和普通VHS录像机为240线，电视广播节目一般可达360线左右。为了得到清晰细腻的高质量图像，家庭影院应以蓝光式DVD为主要视频信号源，VCD及普通录像带不宜在大屏幕显示。家庭影院观看电影时，距离屏幕不宜过远，只要扫描线不明显，看起来舒服，还是近些为好，这时从屏幕的表演可获得最大刺激。观看时室内光线不要太强，灯光不能直射到屏幕上，以免破坏画面的黑色部分，这些都是得到最佳图像所必需的。对于电视机的调整，最关键的是不要把对比度调得过高，也不要把色彩调得过浓。

屏幕尺寸与合适视距

屏幕尺寸cm/英寸	最近距离（m）	最佳距离（m）
63/25	1.2	1.9
74/29	1.4	2.2
79/31	1.6	2.4
89/35	1.8	2.7
102/40	2.0	3.0
122/48	2.1	3.8
152/60	2.2	4.5
244/96	3.3	6.0

337. 音乐爱好者的家庭影院

家庭影院（Home Theater或Home Cinema）的兴起使一般家庭在选购音响器材时，优先考虑AV放大器，但对音乐爱好者来说，一般AV放大器的性能实在难以满足他们的听音要求，因为缺少了音乐感，还可能音乐爱好者已拥有了一套不错的Hi-Fi器材。在这种情况下，如何组成自己的家庭影院呢?

AV放大器常带调频/调幅收音功能，故又称AV接收放大器或AV控制中心，是具有环绕声解码、多声道放大、AV选择功能的收音放大器。虽然市场上AV接收放大器品种多不胜数，有良好的电影播放效果，但大部分产品重放音乐的能力，很难令人满意。

对于家庭影院系统来说，为了营造出那种现场效果，产生宽阔的立体感声场及惊心动魄的凌厉动态，比之音质更重要。目前最流行的家庭影院的扬声器系统的基本组合应包括一对前置主音箱、一只中置音箱和一对后置环绕音箱，以及一只超低音音箱。中置音箱主要用于重放语言对白，并表现音响的真实感，应与主音箱协调，通常放置在电视机的顶上或下面，故一定要使用防磁扬声器。前置主音箱是主角，必须具有宽的频率响应范围，如采用小型音箱，必须增添一只超低音音箱以补偿低频不足，若用低频响应好的落地音箱，虽有人认为可不用超低音音箱，但低音的量感和震撼力总有不足，缺乏一份真实感。后置环绕音箱用以获得环绕包围效果，要求有好的中频特性和声扩散性能，大部分小型音箱都能胜任，但杜比数字及DTS环绕声方式需采用全频带的后置音箱。

为了对扬声器系统提供相应的信号，就要有环绕声处理器和相应的功率放大器，以便把来自激光影碟机等的声频信号解码放大，驱动相关扬声器，产生音乐丰满、对话清晰、栩栩如生的气氛和震撼人心的多维音响效果。

鉴于一般AV放大器的音乐感不太理想，对更多时间用来欣赏音乐的爱好者，推荐选购独立的环绕声解码器和单独的多声道功率放大器来组合家庭影院系统，以兼顾家庭影院和音乐欣赏的效果。当然这种兼顾欣赏音乐的家庭影院系统应该采用高性能的全频带音箱作为前置主音箱，不宜用小型音箱加超低音音箱的方式。如果你只是用家庭影院来欣赏故事片，那么一台AV放大器能使你省去不少投资和麻烦。

在这里要提醒大家的是，家庭影院的声音效果不仅与软硬件有关，还与操作有莫大关系。例如，LD影碟片的录音有多种形式，如：(1)标准双声道加Live（现场）处理后做配音；(2)标准杜比定向逻辑环绕声编码后配音；(3)THX配音等。播放不同录音方式的碟片时，应使用不同的声音效果处理模式，如对(1)而言，就不能使用Dobly Pro Logic（杜比定向逻辑）方式，只能用DSP（数字声场处理）的Wide（宽带）工作方式，否则就难以得到完美的音响效果。对（2）而言，则使用Normal（标准）工作方式。还有后置环绕音箱的摆位，也对音响效果有很大关系。通常这两只音箱可放置在聆听者的前侧方或后方，但应使其侧面朝向聆听者，而且以离天花板20%空间高度处为佳。

此外，对空间小的居室环境，可不设中置音箱，但这时应使用Phantom（幻象）工作方式，使中置声道的信息从左、右音箱中均衡放出，这样营造出来的声场较理想，效果也不错。

然而，一个正规的杜比立体声电影院毕竟还有它独特的诱人之处，除图像画面大小不同外，由于欣赏电影的环境不同，心理状态也不同，加上其震撼性声音的气势更有差异，所以电影院凭着极为正确地重现电影制作者精心策划的声音效果，能营造出令人有无穷回味的临场感。如欲在家庭中重现那种体验，杜比定向逻辑环绕立体声只是个起点，更高级的环绕声解码器提供的一些附加处理，影院效果更强。并不是有图像和声音就是家庭影院，家庭影院也有一定的标准规范。况且电影主要是用来看的，没有大画面也就谈不上影院，一个小屏幕加上空间感很好的配音，反而使配音远离画面而不真实。典型的家庭影院组成如图2-93所示，其多声道示意如图2-94所示。

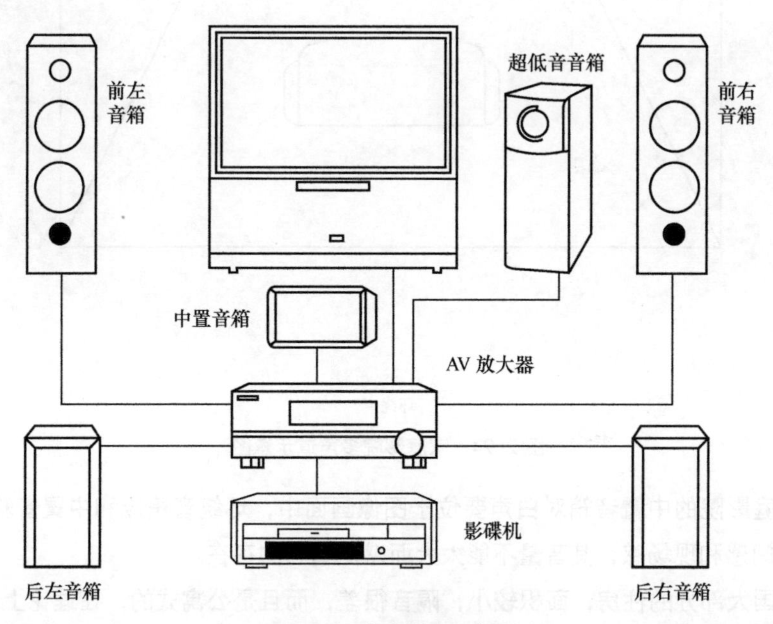

图2-93　家庭影院示意图

最后，家庭影院的整体效果，在很大程度上还取决于房间的大小及声学条件。空间大小确实影响环绕声效果，小房间里的表现要比大房间里的表现差得多。美国工程标准AES推荐的听音室面积不小于40m²，而且要做吸声处理。在25m²以下的小房间里，由于混响时间短，各次反射声间的间隔也短，各种声音混在一起很快消失，就缺少一种清晰、透明的感受，加上小房间里近反射声平均自由程短，直达声中声像定位信息受影响，也降低了空间感。而且在小房间里极易产生声场混乱，使声音混淆不清，小房间里的音量又不能太大，否则时间稍长就会使人觉得非常疲乏，还会影响邻居，然而音量太小、声压不够，又不能营造出必要的氛围来。理想的家庭影院听音房间应比一般生活空间具有更强的吸声能力，即家庭影院需要相对干的环境，如雅马哈手册中“多声道处理的声场产生”一节中，建议“越干越好”（The Deader，The Better），可这种房间并不适合欣赏音乐和会客。对家庭影院来说，这些都是致命而又难以克服的问题，也是家庭影院难以普及的缘由。

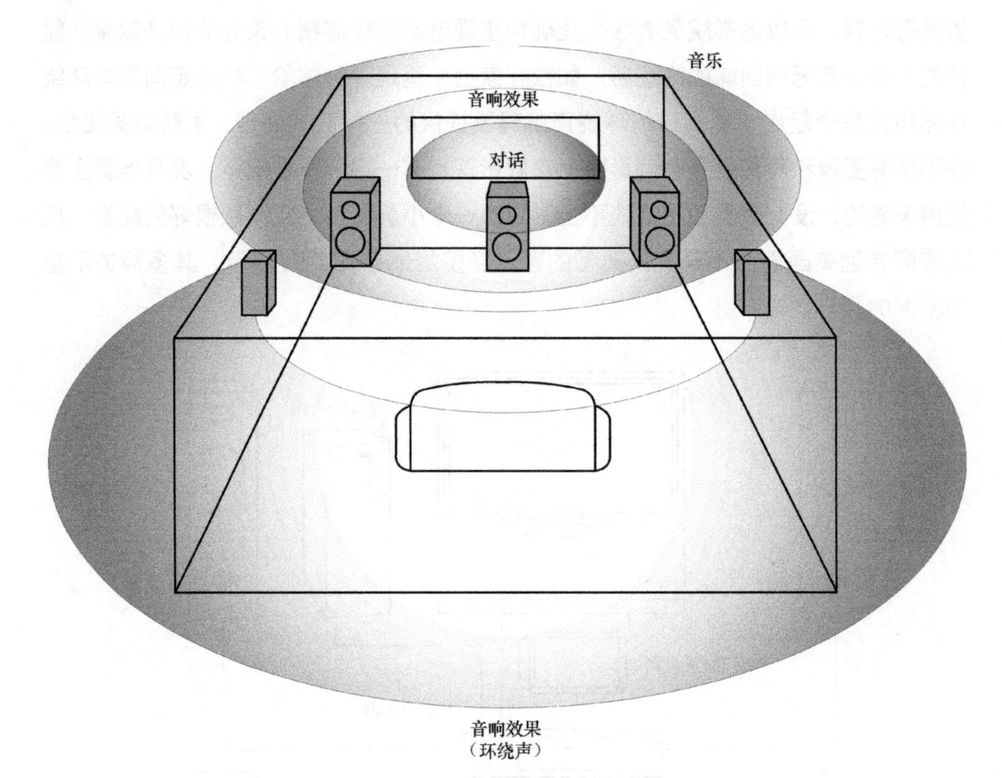

图 2-94　家庭影院多声道示意图

家庭影院的中置音箱对白声要位于图像画面中，环绕音箱应和中置音箱融合，营造空间感和现场感，其音量不能太大而感觉到它的存在。

我国大部分的住房，面积较小，隔音很差，而且是公寓式的，在理论上说就并不适合建立多声道家庭影院。因为实际上难以在那种环境中使响度达到标准水平，一则响得使人受不了，二则影响邻居，家庭影院的魅力和乐趣也就荡然无存了。对于20m^{2}以下面积的空间，由于空间限制无法放置多只音箱，倒是采用一对音箱的虚拟环绕声系统，因为对信号源和听音环境要求不高，方式简单，应用方便，效果良好，反而具有独特的优势。

落地音箱家庭影院实例

338．AV音箱有什么特殊要求

从1984年起，以日本报刊为主的国外报刊出现“AV时代”“AV机器”等词。AV是英语Audio和Video的缩写，A代表声频，V代表视频，AV表示视听结合。AV结合的家庭影院给人们的业余生活增添更多乐趣，但在家庭影院的音响系统中，由于影片中大部分声音来自左、右前置音箱，所以前置音箱将确定重放声音的最终质量。

由于设计理念的差异，一对适合AV用的音箱和高保真用音箱的要求有很大不同。AV用途的主音箱（前置）的垂直扩散要限制在较小角度，以减少从天花板和地板的声音反射，它更注重气势和现场感，快速的瞬态反应和凌厉的动态比音质更重要，对分析力的要求在其次，它面向的是普通大众。高保真用音箱讲究的是保真度，追求的是分析力和平衡，是供音乐爱好者欣赏音乐用的。AV用前置音箱通常要求有较大的功率承受能力，能适应大动态音响效果和爆棚，瞬态反应要好，能对复杂场景声响表现自如，与画面配合能产生逼真的临场感，还要求具有防磁性能，以免对电视机产生影响。

中置音箱主要重放语言对白，除必须防磁外，为了使重放声在整个声场内的音色一致，最好选用与前置音箱同一品牌的，或选择重放音色与前置音箱协调的，否则可能会在声像从一边向另一边移动时，发生音色的变化，破坏真实感。设计不良的中置音箱，由于两只中低频单元并列靠得很近，单元的声波会产生干涉，致使在偏离轴向的频率响应曲线上出现突起和凹陷，响应曲线被分成许多裂瓣，以致声像左右移动时出现前后跳动、不连贯现象。

环绕音箱用以获得声音的环绕包围效果，要求具有良好的中频特性和宽阔的声扩散性能，以便产生更多的环绕气氛，频率范围对杜比环绕为70Hz～8kHz，杜比数字及DTS等5.1声道则要有充分的高频响应。

超低音音箱的重放频率范围通常为上限150Hz或100Hz至25Hz，实际是低音而不是超低音。在重播大动态音乐或电影效果时，超低音音箱的重要性更胜于传统落地式的音箱，因为包含在许多音乐及电影里的特殊声音效果都是低音。

选择AV音箱时要注意的是，自20世纪90年代家庭影院大行其道以来，AV音箱应运而生，但不少品牌的AV音箱是靠大声压的爆棚唬人，重播音乐极为差劲，不是低频过度，就是声音粗糙，选购时不可不注意。

除常规的AV音箱外，AV音箱日趋时尚化、个性化和小型化。其典型是“尊宝”（Jamo）的A4型新概念音箱，包括5只极富现代感的薄型卫星音箱及1只外形简洁的有源超低音音箱，还有外形别致的坐架可供选用，特别适合在不太大的居室里组合数字影院系统，并受到女士及时尚一族的喜爱和欢迎。

1982年美国加州Sonance公司发明了世界上首款民用高保真嵌墙式音箱（build-in series speaker，也称入墙式），改变了音响与建筑的关系，把音箱嵌入墙内或装修在造型内，解决了家庭影院多个音箱与室内装饰间的矛盾。在背景音乐和家庭影院方面，嵌墙式音箱已成为室内设计师的首选。嵌墙式音箱普遍的不足是低频表现稍弱。

339. “雅马哈”YST是什么

YST是由日本Yamaha公司20世纪80年代末发明的有源伺服技术（Active Servo Technology）发展而来的，应用在Yamaha的超低音音箱中。该技术利用亥姆霍兹共鸣器原理，将空气作为振动板，并使其发生效用，代替一般大口径的低音单元，实现“空气低音单元”。这个共鸣器加强了音箱内的声压，使它变成更强的声波输出，其优点在于打破了大口径单元加箱体的规律，音箱极其简洁，低音快速质优，结实而清晰，失真低，能与各种小音箱取得良好匹配。有源伺服技术的局限性在于设计复杂、精确选配单元困难、成本高。YST商品符号如图2-95所示。

图2-95 YST符号

340. 什么是音响气流团音箱

音响气流团（Acoustimass）是美国“博士”（Bose）公司利用亥姆霍兹共振原理研制的超低音音箱，是一种重低音重放技术，结构如图2-96所示。它由两只容积不同的小箱体组成，两只小口径（165mm）的低音单元装置在两个箱体中间部位，前后两个小室连有调谐不同频率的管道，管道的截面积、长度和箱体容积得到一个很低的共振频率，当扬声器锥盆振动时，单元前后两方箱体内的空气被驱动作弹性振动，箱体内的两个管道中就形成音响气流团，具有声学滤波器作用。通过共振把单元的小振幅尽可能地转变为较大的振幅，这个较大振幅由管道驱动声音气流发出，并消除中高音成分及减少谐波。由于声音是通过气流辐射到整个空间的，所以声音传播没有方向性，能形成听觉的包围感，低音重放强劲有力，失真小，音色纯净。

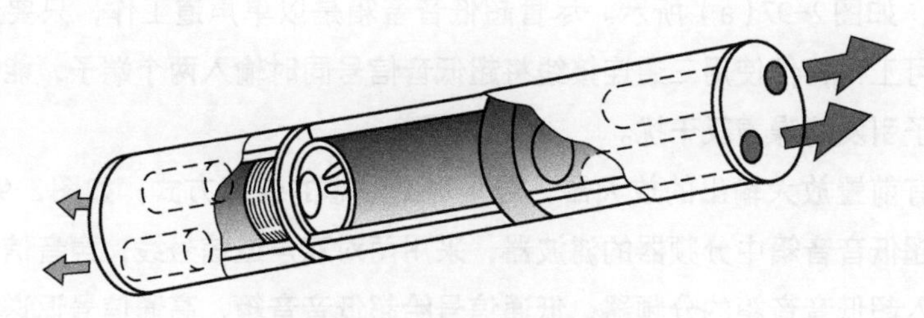

图 2-96 音响气流团音箱结构

341．如何选用超低音音箱

家庭影院的扬声器系统，应包含一只超低音（Subwoofer）音箱，用来取得良好的爆炸声、炮声及其他巨大声音的超低音效果，以其低音的力度和弹性对临场感产生影响。超低音音箱可分有源（Active）和无源（Passive）两类，前者自带驱动放大器，需供给电源方能工作，后者只要与前置音箱连接即可。理想的超低音音箱应能重放声压级可达 103dB 的 25～50Hz 强劲低音。

有源超低音音箱（Powered Subwoofer）设有音量控制，可对超低音进行调整，一般能取得较好效果。无源超低音音箱内部设有分频网络，与前置音箱使用同一台功率放大器驱动，由于无法进行调校，较难与前置音箱取得和谐搭配。超低音音箱应和前置音箱的个性很好配合，使超低音音箱和前置音箱间有自然的过渡衔接，如若配合不好，就会造成整体音色的不和谐。一些质量低劣的超低音音箱声音含混，失真很大，那就用比不用还差了。

从实用角度看，要优先选用有源超低音音箱，避免使用超低音音箱的分频器。超低音音箱的摆位只要分频点在 80Hz 以下，位置可自由，但最好避免将开口平行朝向任何墙面，以斜放为宜。低音音量调整应为似有若无，不要贪多。超低音音箱的连接相位极重要，它不仅影响超低音音箱与前置音箱的衔接，还影响声音性质，如果相位不对，会使声音模糊不清，有拖尾感，严重时甚至抵消前置音箱的低音。

对于超低音音箱重放的低音，不同品牌出入颇大，应以深沉、丰厚的低频效果产生一种气势，营造出一种临场感，其重放频率下限应在 40Hz 以下。目前市场上体积较小与卫星音箱配套的部分超低音音箱，在 30～50Hz 只能输出较小声压，不是真正的超低音音箱。有名的超低音音箱品牌有 Velodyne Servo FSR 系列、Mirage BPS 系列、JM Lab SW 系列、JPW SW 系列及 Dynaquest DQ 系列等。

342．如何连接有源超低音音箱

在 AV 放大器具有一个独立的超低音输出端的情况下，超低音音箱的连接十分简单，只要使用一根三通连接线将相同的超低音信号输入有源超低音音箱的两个输入端即可，如图2-97（a）所示。尽管超低音音箱是以单声道工作，只要连接一个输入端就可工作，但使用三通连接线将超低音信号同时输入两个端子，能充分防止未连接端子引发的噪声及干扰。

对具有前置放大输出的放大器，可采用更理想的连接方式，如图2-97（b）所示，利用超低音音箱中分频器的滤波器，采用两对双声道信号线，声音信号由前置放大器输入超低音音箱的分频器，低通信号给超低音音箱，高通信号返送到功率放大器，再驱动左、右前置音箱。

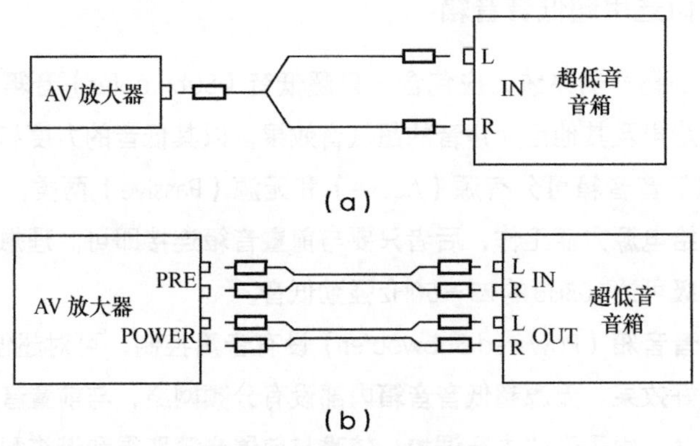

图 2-97　超低音音箱的连接

343. 使用超低音音箱易犯的错误有哪些

许多电影中都含有如爆炸等强劲的低频效果声，它能将你更深地吸引到银幕上的情节中去，所以在家庭影院中添加超低音音箱是有好处的。

使用超低音音箱时，最常见的错误是超低音音箱的分频点定得过高，以及超低音音箱音量过大。

超低音音箱本为补充其他音箱无法重放出的超低音成分而设，所以它应该与其他音箱频率响应的低端平滑地衔接，合成一个平坦的全频带响应，这完全取决于超低音音箱分频点的选取，如图2-98所示。如分频点定得过高，低频区重叠过多，就会在分频点区域产生一个“峰”，低音浑浊、少细节。在此特定低频频段的声音，将被加强数倍而无法控制。通常超低音的低通分频点可设定在80 Hz或以下。衔接不好产生的后果有中低音过度、中低音浑浊、反应速度慢、偏软、不活泼等。

超低音音箱音量调得过大，将使低音过多，失去平衡感，缺乏分析力。它的最佳电平由主观听音确定，建议以管弦乐节目试听而不用电影配音，并注意聆听低音部，务必使人听不出超低音是独立的声源，还不能有发轰的现象。要使超低音与前置音箱的声音融为一体，感觉不到超低音音箱的存在。超低音虽无方向性，但其音箱并非可以真正随意放置，最好放在前置音箱的同一轴线上，不要正对前置音箱放置，以免影响重放声的质量。在放置超低音音箱时，要避免放在墙角和距两壁对等处。

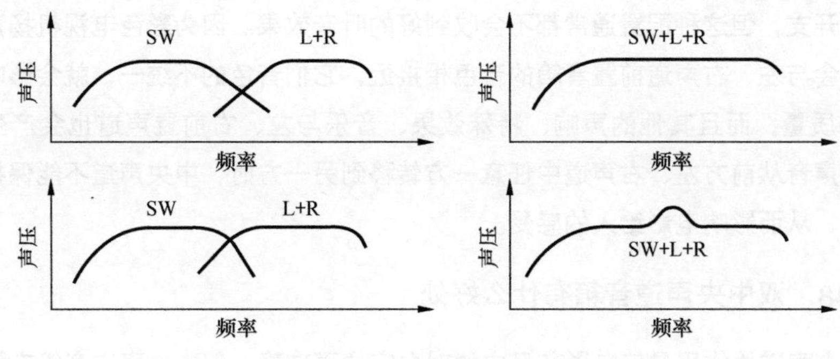

图 2-98 不同分频点的响应

344．有超低音音箱的家庭影院系统要注意什么

在配置有超低音音箱的杜比环绕声家庭影院系统中，它的中央声道的模式只能使用Normal（正常）或Phantom（幻象），不能使用Wide（宽带）模式。因为如果使用“宽带”模式，声音中的低频部分将被环绕声解码器大部分分配到中央声道，从而造成过载，产生严重失真。采用“幻象”模式时，环绕声解码器将原分配给中央声道的低频部分，分配给左、右声道，最终仍可输入超低音音箱。

345．使用环绕音箱应注意什么

环绕音箱在家庭影院系统中的作用是通过声反射、混响及环境噪声提供环境暗示，产生临场感，并重放一些高响度的间断性声响。因此对它的要求是良好的中频特性和声扩散、足够高的灵敏度。使用环绕音箱时应注意下列事项。

（1）摆位正确，两音箱所产生的声场要对称，以环绕声场平稳、分布均匀、声音平衡为准。

（2）音色应与主音箱和中置音箱相近。

（3）不能正对聆听者，以防止过多的直达声影响效果。

（4）不要有过大的音量。

（5）不能放置在三墙面交界的墙角，以免破坏系统总的声平衡。

346．环绕音箱有哪些非常规摆法

环绕音箱的摆位除常规的置于聆听者两侧或后方比耳朵稍高处外，还有一些非常规的摆位方式可供采用。

（1）面向后墙，高挂在侧墙上。

（2）面向天花板与后墙交界处，置于后墙上。

（3）面向天花板与墙的交界处，放在后墙角地上。

347．为什么不能用电视机作为中置音箱

有些爱好者将彩色电视机中的扬声器当作中置音箱使用，既不占地方，又能省

去一笔开支，但这种配置通常都不会收到好的听音效果。因为彩色电视机扬声器的音色不会与左、右声道前置音箱的音色相接近，它们音色的不统一，就会影响对白重放的质量，而且其他的声响、特殊效果、音乐与左、右前置声道也会产生不协调，当声音从前方左、右声道中任意一方转移到另一方时，中央声道不能保持音色的一致，从而影响电影给人的感受。

348．双中央声道音箱有什么好处

中央声道的作用是使电影节目中的对白定位更准确，但中央声道音箱在摆位时常会遇到困难，即不便将中置音箱放置在电视机的上方或下方。因此双中央声道方式就应运而生，将两只音箱分别放置在电视机的两侧，由于前置主音箱可向左、右两侧分别移出一个位置，所以双中央声道音箱方式不仅保证了对白在画面中的声像定位，还扩展了立体声声场，特别在采用“宽带”模式时，更能发挥出杜比定向逻辑的魅力。双中央声道音箱方式的具体操作方法是把两只音箱并联或串联以后，再接到放大器的中央声道输出端。

需要注意的是，不能把双中置音箱分开得过多放置在屏幕两侧，以免声波相互干涉而降低清晰度。

349．为什么大部分 AV 放大器重放音乐并不理想

AV的重点在图像，图像将吸引人们80%以上的注意力，使对音质的敏感程度大大降低，因而在AV器材工作时，人们不容易感觉到音质的不好。所以，对AV放大器的要求就与对以重放音乐为主的高保真放大器的要求不同，它要求的是反应快速、冲击力好、动态足够，不能太过温暖柔和，以便充分表现影片的声音效果。高保真放大器与AV放大器用途不同、要求不同，各司其职，方能扬长避短，取得好效果。

在AV接收放大器的激烈市场竞争中，厂商们各出奇谋，争取更高的市场占有率，致使出现同价位互斗功能的现象，由于成本所限，在恶性竞争中，强调功能和输出功率的AV放大器的声音品质越加受到忽视。AV放大器重放音乐效果不好就不足为奇了。

350．AV 功放在听 CD 时，如置于环绕声模式因何音质会变差

以杜比定向逻辑环绕声（Dolby Pro Logic）为例，须知它是一种通过编码和解码取得环绕声信息的系统。如果软件是没有环绕声信息的CD，当接通AV放大器的Dolby Pro Logic解码电路时，信号经过解码处理就有不少原有信息损失掉，造成高频跌落、层次丧失、电平下降的后果，当然音质就变得很差了。

351．AV 放大器的视频输入端有什么用

AV放大器对视频信号实际上并不做任何处理，它的视频输入端子的用途只是

为了方便多个视频信号源之间的相互切换。某些机型还可以把声频信号自动地切换到有视频输入端的挡位，方便了操作。

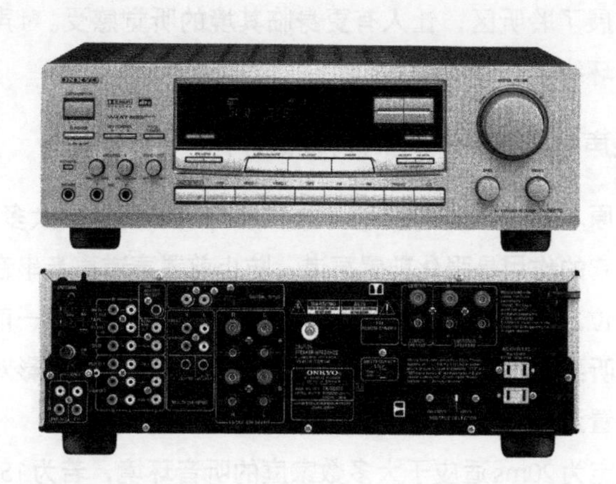

352．如何决定中置模式

在杜比环绕声家庭影院的音响系统中，中央声道极为重要，所以杜比定向逻辑环绕声解码器都设有中央声道的处理状态控制。

（1）正常（Normal，简写为NRML）。将100Hz以下的低频分配到左、右前置音箱。这种状态一般可获得令人满意的效果，只需要使用小的中置音箱，还降低了对中置声道的功率要求，只需左或右声道功率的一半左右即可。

（2）幻象（Phantom，简写为PHNTM）。中央声道的所有信息都分配给左、右前置音箱。这是程序逻辑解码器最有用的功能之一，能在左、右声道间产生一个中央声道的幻象。这个模式是为没有中置音箱的情况而设的，可防止没有中置音箱时出现的声场中央“空洞”现象。该模式在使用杜比3声道立体声时，一般不允许与之组合。

（3）宽带（Wide，简写为WD）。整个声频频带范围都给予中置音箱。如果中置音箱是全频带时使用，这时中央声道的功率应与左、右前置声道相等。

353．带环绕声的彩电能代替家庭影院吗

有些新型大屏幕彩色电视机具有环绕声功能，有较好的声音效果。但它们的环绕声绝大多数只是将主声道的信号加以移相、延时等处理后取得的模拟环绕声，所以音响效果就无法与真正的环绕声系统相比。想获得较理想的家庭影院音响效果，光凭彩色电视机的音响系统是远远不够的。

354．杜比环绕声和杜比定向逻辑环绕声有何区别

杜比环绕声（Dolby Surround）系统中，前方左、右声道是不经过程序处理的普通立体声信号，环绕声道是由较简单的被动式矩阵解码器（Passive Matrix Decoder）中得到的环绕信号。3个声道为左（L）、右（R）与环绕（S）声道。

杜比定向逻辑环绕声（Dolby Surround Pro Logic）系统中，使用了与电影院中

专业杜比立体声处理器一样的方向增强系统，具有一个独立的中央声道，以保证对白及其他中央声音固定于屏幕中间位置，还为系统提供更高的分离度和更精确的声音定位，大大扩展了聆听区，让人有更身临其境的听觉感受。4声道为左（L）、中（C）、右（R）与环绕（S）声道。

355．环绕声解码器中的延时有什么作用

杜比环绕声原本不含延时，但AV放大器和环绕声解码器大多设有一个20ms左右的延迟时间，它的作用是强化前置声道，防止前置声道声音串音，从环绕音箱发出而影响声像定位。根据哈斯效应（Haas Effect），当相同声音一前一后紧接到达人耳时，人耳仅能听到前一个声音。这种短时间的延时可免除电影对白由于环绕声道的串音而发生位置漂移。

延迟时间固定为20ms适应于大多数家庭的听音环境，若为15～30ms可调，则在你的聆听位距环绕音箱过近或过远时，可通过调节得到补偿。不过这个延迟时间实际可接受的范围较宽，不必追求精确。

当然，延时与环绕声的产生无关，更不是杜比环绕声解码的必要条件，所以如果环绕声解码器的分离度够好，环绕声道中没有前置声音信号成分，就不需要延时，还可减小延时所带来的额外失真。

356．杜比环绕声与 DSP 有何不同

杜比定向逻辑环绕声与DSP所追求的虽都是临场的真实感，但它们的工作原理和应用目标不尽相同。杜比定向逻辑环绕声原是为电影声音效果而研制的，其应用重点在与剧情有关的特殊声音效果上，并在编码时予以控制；而DSP则以设定的空间信息（反射声的强度、时间延迟、混响及频率特性等）来营造临场感，创造不同的音乐聆听环境。

DSP环绕声模式能营造出宽深的空间感，可创造出各种不同大小、特性的音乐厅中的演奏效果，在聆听纯音乐时较刺激，但那种自然的音乐感却有欠缺。

357．什么是 SRS 处理器

SRS（Sound Retrieval System）是声音恢复系统的缩写，由美国加州大学IRVINE物理实验室的阿诺德·凯尔曼（Arnold Klayman）开发，休斯（Hughes）飞机公司拥有专利，后转让给SRS实验室（SRS Labs，Inc.）。1992年上市的称为SRS 3D Sound的一种用两只音箱即可营造出三维空间（3D）环绕声声场的系统，1996年被美国CES（Consumer Electronic Show）消费电子大展授予“设计和工程荣誉奖”，被AEA（American Electronics Association，美国电子协会）授予“技术创新奖”。它将普通立体声处理过程中丢失的空间信息加以恢复，将环绕声恢复为大脑能理解的方向信息。由于它与信号源的制作无关，所以可用任何声源，通过一个SRS处理器获

得类似点声源的音箱“消失”，达到使用普通的双声道立体声系统，再现3D环绕立体声场。经过发展，SRS提供的TruSurround XT、TruSurround HD、TruSurround HD4广泛应用于电视机、AV放大器、DVD播放器、机顶盒及音箱。

SRS的基础是心理声学和仿生学，利用听觉与人耳声像定位原理，建立耳廓效应的数学模型——人头传递函数HRTF（Head Related Transfer Function）。这个传递函数与声音的音量和方向等有关，尤其是相对于人耳的传输方位角不同时，将得到不同的传递函数曲线。如声源在空间移动，其频谱成分将发生变化，以声音的频谱、相位及电平的细微变化，让人脑根据人耳特有的传递函数规律，对主要时间及电平方面的信息进行辨认，判定声音的来源及空间距离，便可判断出声源的原始位置。简而言之，SRS是将立体声的左、右声道信号（L、R）相加减、差分，得到一个和信号及两个差信号（L+R、L–R、R–L），和信号作为直达声，差信号作为反射声及混响声，分别反映中央和环绕声场，造成人耳听觉的空间感及方位感。

SRS处理器几乎能适应任何音响系统，不仅能以两只音箱取得3D环绕声效果，还能增强任何多声道环绕声系统的音响效果。经实际聆听，单声道系统加置SRS处理器后能取得相当好的环绕包围感效果；双声道立体声系统加装SRS处理器后，则有空间范围很宽的环绕声效果，听觉的包围感很强，清晰度优于多声道环绕声，而且不受环境的限制，不管你走到哪里，都可领略活灵活现的环绕声效果，不存在“皇帝位”。对任何类型环绕声编码的立体声信号输入，都能在两只音箱再现真实的环绕声场，使平面声场成为具有空间感的三维声场。SRS是一种声增强器材，能改善节目信号源的信噪比，实际听感可接近多声道杜比系统，声场开阔，特别是前方声场较好，尽管后方声场不如多声道杜比系统，定位的准确性稍差，但价格低廉，性价比优异，还可省去中置、环绕音箱等的投资，对音箱的摆位无特殊要求，不占地方，特别适合广大小居室家庭及近距离聆听使用。SRS产品的声音效果立体的准确性、现场感、环绕感、对听音环境的适应性、对各类节目的兼容性方面，都优于其他同类产品，所以正受到越来越多的家庭影院爱好者和多媒体爱好者的关注。

SRS的空间环绕控制（Space）可改变整个声场中的空间信息量，用以取得适当的声像空间特性，即声像的宽度及深度，但不能过度，以免使声场定位不准。中央（Center）控制可使幻象中央声道的定位准确性提高。通常Center可置于12点钟位置，Space置于3点钟位置，再依据节目类型、视听环境和个人喜好略做调整。SRS处理器应设置在信号源与放大器之间。

图2-99　SRS标记

凡经SRS Labs, Inc. 认证并授权生产的产品，均带有图2-99所示标记。

358．什么是Spatializer 3D

Spatializer意为空间处理器，也是史蒂芬·W.德斯潘（S. W. Desper）创立的

Desper Proclucts公司的注册商标。

Spatializer 3D Sound技术是利用双耳效应的时间差和强度差对立体声声场进行处理的技术，它使用相加电路（Adder Circuit）衍生出L+R信号（即单声道的相加信号），形成幻象中置声道信息，提供稳定的中央声像定位，以相减电路（Subtractor Circuit）衍生出L-R信号（即含有双声道空间信息的相减信号），再返回处理强化原有的声像定位感，并扩展声场的规模，利用心理声学原理，增强衍生的空间信息，使聆听者能感到两侧，乃至左、右后方的声像定位，几乎围绕聆听者四周达270°，产生身临其境的效果。以传统立体声放大器和两只音箱即可造成一个环绕着聆听者的声场，给人以被声场包围之感，在不便于设置多只音箱的场合，更能体现出其价值。

Spatializer和SRS都是用相似理论和技术对声音进行处理的，借助一对音箱营造模拟3D环绕音响效果，建立可媲美6个音箱的立体空间，Spatializer在音乐还原方面可能比SRS稍有优势，它对原声音的音色、平衡等的影响更小些，对于多种类型的音乐都有良好增强效果。该技术同样可以处理杜比数字环绕声、杜比定向逻辑环绕声及MPEG环绕声，但对单声道信号几乎不起作用。它的授权制造商使用的标记如图2-100所示。

图2-100 Spatializer标记

359．什么是QSurround

加拿大QSound实验室（QSound Labs，Inc.）开发的以QSurround系列算法处理的多声道虚拟环绕声技术（三维声音处理技术），能使双声道立体声系统产生最大的空间效应，获得逼真的环绕声听觉效果。它被广泛应用于消费类电子产品中，包括个人计算机声卡、笔记本电脑、DVD播放机、电视机、移动式立体声音响（汽车音响）和家庭影院系统，产品制造商包括爱华、飞利浦、RCA、夏普、三洋和东芝等。产品QSurround HD是专为双声道扬声器系统设计的多声道虚拟环绕技术；QSurround 5.1用于多扬声器系统的多声道虚拟环绕，扬声器可以是传统放置或前置式放置；QSound Headphone是专为耳机设计的多声道虚拟环绕技术，使用了特殊的用于头戴式耳机的HRTF算法。

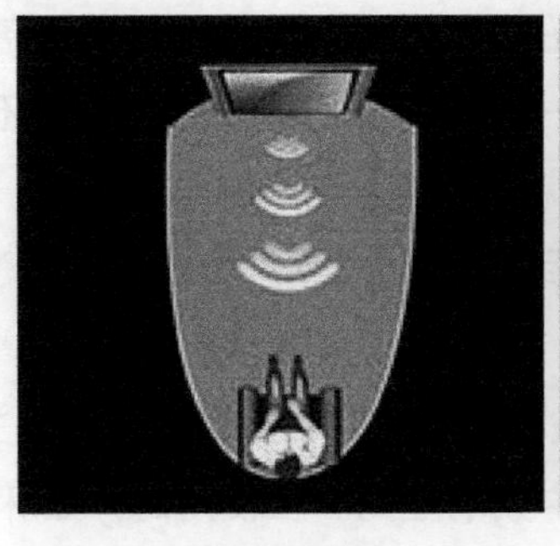
普通立体声

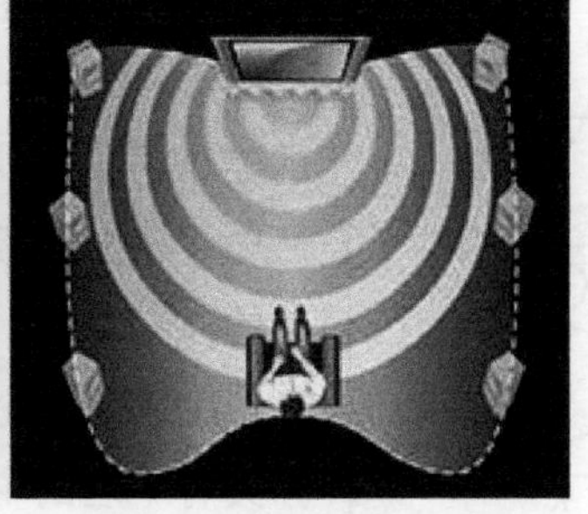
HD扩展的声音效果

360．什么是虚拟杜比环绕声

虚拟杜比环绕声（Virtual Dolby Surround）是一种能对用杜比矩阵或杜比数字编码的4声道或5.1声道声频信号进行解码切换，由两只音箱再现完全环绕声场的技术。其原理是将解码后的左（L）、中（C）、右（R）、环左（SL）、环右（SR）各声道信号中的环绕信号作“虚拟化”处理后，馈给前方音箱。中央声道则由前方音箱以幻象方式产生。营造的环绕声场几乎可乱真。

虚拟化技术就是用被动矩阵电路按HRTF传递函数对环绕信号进行处理，使两只音箱营造出的虚拟环绕声源有来自聆听者后方或侧面的感觉。不同的虚拟化处理技术，除杜比研究所外，还有SRS实验室的Tru Surround技术、Spatializer声频实验室的N-2-2技术、QSound公司的QSurround技术、JVC公司的3D-Phomic技术、Aureal半导体公司的A3D技术、Harman国际公司的VMAX技术、Matsushita的Virtual Sonic技术等。杜比以VDS和VDD对这类技术认证，VDS适于4-2-2编码的软件，VDD适于杜比数字编码的软件，但产品常标有实验室各自的标记。

虚拟杜比环绕声能使杜比环绕声原来平面的声场成为具有空间感的连续性的三维声场，更有真实感。而且声源间的掩蔽效应小于多声道系统许多，清晰度较高。虚拟杜比环绕声的声场比SRS有明显改善，足可与多声道杜比系统媲美，仅声场宽度较多声道杜比系统窄，故虚拟杜比环绕声特别适用于面积小于20 m²的小型居室使用，加以结构简单，前景广阔。在大空间环境中使用，效果则逊于多声道杜比系统。

虚拟杜比环绕声产品需经杜比实验室认证、授权生产，其标记如图2-101所示。

图2-101　虚拟杜比环绕声标记

361．什么是无源环绕声解码

环绕声是用双声道录音的，其环绕信息包含在两声道信号之差的分量中。所以从立体声信号中，可以很简单地检出环绕声信号，有效地营造出杜比环绕声的空间感来。方法是在左、右主音箱的“+”端分别引出，连接到一对“-”端相串接的环绕音箱。也就是将左主音箱“+”端连接到环绕左音箱“+”端，右主音箱“+”

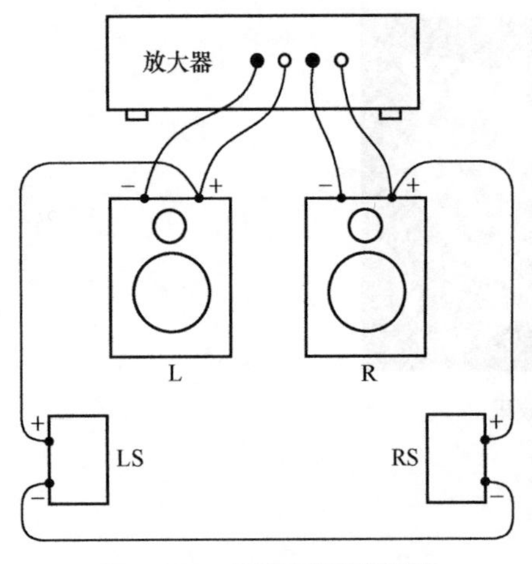

图 2-102 无源环绕声解码法

端连接至环绕右音箱“+”端，再把两环绕音箱的“-”端相接，如图2-102所示。这样环绕音箱将还原出左与右的差信号，这就是无源环绕声解码。此时，当左、右信号电平不同及相位不同时，环绕音箱就会发出具有包围感的声音。

在这种系统中，环绕音箱要选择音色与主音箱相近，并具有平坦的中频响应的。在使用时，如环绕声音量过响，可在电路中串接适当的电阻进行衰减。这种系统的缺点是环绕声与正面音箱的声音几乎同时到达聆听者耳朵，环绕声容易成为分离的声源，而不是正面声音的加强，而且由于声道间的分离度低，声像的方向感不明显。

362. 什么是 OPSODIS

OPSODIS（Optimal Source Distribution，理想声源分配）是由英国南安普敦大学与日本鹿岛建设株式会社共同研发的一种新型前环绕声播放技术，能用前方两组多声道的声音模拟出具有包围感的环绕声效果，可实现准确的声像定位及平滑、连贯的声像移动。以往的一些类似技术，大都需要利用墙壁的反射，环境变化会对效果产生很大影响。而OPSODIS处理技术特别强调无须利用墙壁的反射，在任何房间中均可获得相同的效果，不受环境影响。该技术还宣称在垂直方向的声音定位感也相当优良，同时还能忠实地播放双声道模拟信号，在播放纯音乐软件时表现优良。

采用OPSODIS播放技术的前环绕系统，不仅能感受到声音的强弱、音调的高低和音色，还可领略方向与距离等方面的空间信息。OPSODIS 技术通过其独创算法的运算处理，从扬声器输出对这些因素进行设计的声音，可让人从其后侧听到由设在前侧的扬声器所发出的声音效果，感受到清晰的声音移动感和包围感。

例如，Maranz ES 700一体化环绕声播放系统实现了空间优化且操作简单，其一体的3路扬声器系统由高、中、低频共6个扬声器组成，均由专用的数字功率放大器驱动，机箱采用高刚性铝材。该机的包围感和后方声场虽稍逊于正统多声道系统，却是客观存在并能真切感受得到的。这种系统特别适合空间较小场合使用，与平板电视机配合以壁挂式安装，会带来无可比拟的便利性。

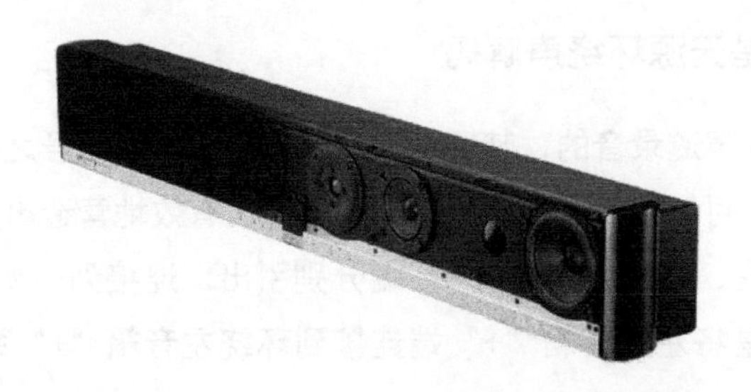

363．什么是声音棒

Sound Bar声音棒是一种新的前环绕声系统的扬声器排列方法，它构成的扬声器群组合，在重放环绕声时有非常好的临场感，在听者两耳间可形成纵深开阔的距离感，如图2-103所示。

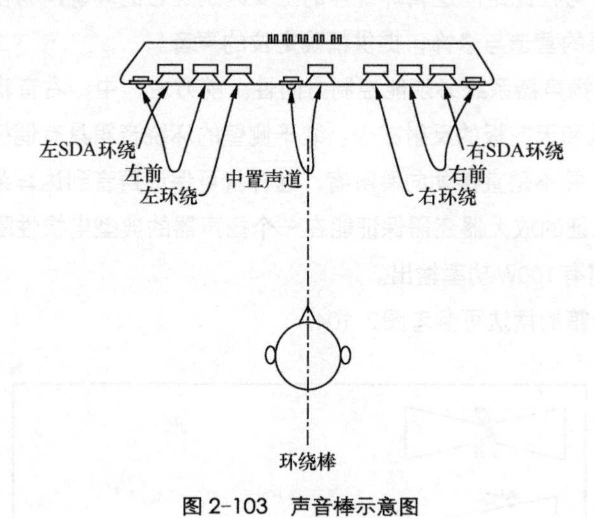

图2-103 声音棒示意图

364．什么是Air Surround Xtreme技术

这是Yamaha（雅马哈）独创的家庭影院前方环绕声系统——数字投音机（Digital Sound Prjector），基于心理声学和仿生学，利用听觉与人耳声像定位原理，以Yamaha自创的24kHz HRTF耳廓效应数学模型运算处理，从前方的两声道扬声器获得具有包围感的环绕声效果，实现准确的声像定位及平滑、连贯的声像移动。

例如，Yamaha YAS-81前方环绕声系统具有音乐、电影、运动和游戏4种环绕声模式，可选择正常或宽阔的收听区域，每声道由两个低音单元和一个高音单元组成，由左、右及超低3个70W功放驱动，能兼容Dolby Digital、DTS和Dolby Pro Logic Ⅱ，还能兼容iPod/蓝牙（A2DP），具有黑色时尚、紧凑的外观设计，中间单元具有挂墙式设计，低音音箱可以垂直或者平躺放置，内置FM。

365．家庭THX是什么

THX（Tominson Holman Xperimant）不是产品，也不是方法，而是由卢卡斯影片公司（Lucas Film Ltd.）技术专家卢卡斯（Lucas）和汤姆林森·霍尔曼（Tomlinson Holman）研究确立的电影院声音性能标准的认证程序。THX是杜比立体声的延续和优化，目的在于得到认证的影院中的重放声音，十分接近录影棚中所听到的声音。家庭THX（Home THX）是一套由卢卡斯电影公司制定的家庭影院标准，包括了技术、硬件性能及兼容性等方面的指标要求，避免一切非必要的音响效果，声音更像高级影院那样逼真。

家庭THX处理器采用再均衡（Re-equalization）对频率响应进行修正，使声音按影片发音要求重放，并可补偿房间与影院环境的差别，抑制在电影后期制作中人为提升的中高音。音色匹配（Timbre Matching）电路校正主音箱和环绕音箱音色上的主观差异。去相关（De-correlation）使左、右环绕声信号分离，避免造成单声道效果。家庭THX与杜比定向逻辑环绕声的主要区别是它的环绕声为模拟立体声，并加强了低音效果的营造与修饰，提供精确定位的声音。

THX认证的扬声器系统必须能控制方向性。前方左、中、右音箱具有狭窄的垂直辐射，使地板和天花板的反射减少。装于侧壁的环绕音箱具有偶极形式，一个向前、一个向后，并不是直接朝向聆听者，这样就可保证声音到达耳朵前已分散在房内四周。THX认证的放大器还需保证能在一个扬声器的典型电抗性阻抗上产生足够的功率，至少需有100W功率输出。

家庭THX音箱的摆法可参考图2-104。

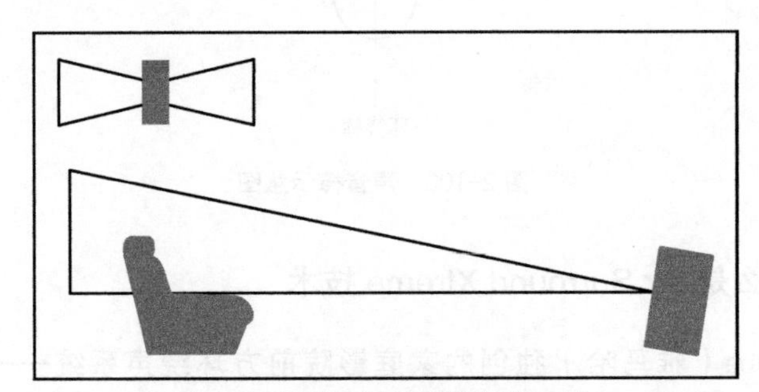

（前面声道的音箱应直接向着聆听者，
而环绕声道应放在听者的头顶上）

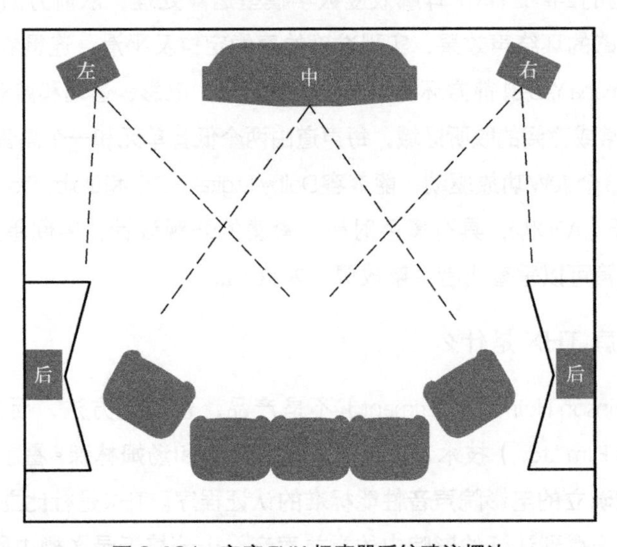

图 2-104　家庭 THX 扬声器系统建议摆法

就家庭影院而言，THX的6个标准为：

（1）对话的清晰度；

（2）精确的声场定位；

（3）扩散性好的环绕效果；

（4）精确、平坦的频率响应；

（5）足够的动态范围；

（6）平滑的声像位移。

适合家庭影院的THX标准有两种：THX Select（THX选择认证）和THX Ultra（THX超级认证）。前者适用于价格较低的基本型家庭影院器材，后者适用于高级家庭影院器材。THX制订了Hi-End家庭影院标准。凡经THX认证授权生产的视听器材都有明显标记，如图2-105所示。

图2-105　THX标记

366．THX系统有什么特点

20世纪90年代THX标准移植到家庭，使居室内可享受到真正影院的音响魅力。THX标准的音响系统与杜比专业逻辑环绕音响系统相比，其最明显的优点是声音更为自然，对白更清晰，立体感和声像定位准确，而且能产生全部动态范围和频率响应，降低了失真。

THX处理器中先由杜比逻辑系统解码，然后经再均衡程序，补偿不同环境空间下声音的不平衡，消除刺耳、尖锐、沙哑的嘶声，使对白自然。然后由去相关干扰电路（De-Correlation Circuitry）将环绕声分为两个不相关的输出，驱动左、右环绕声音箱，以产生包围的声场和无位置的声源，防止前声道的声像定位受影响，产生包围效果。为保持完整的声场效果，通过时间匹配（Timbre Re-matching）将音质信号完全原样传输，使声音由前面到环绕区都保持音色不变，确保前、后声音联系平滑。

THX放大器采用6声道功率放大输出，它必须准确、稳定、可靠地放大处理器输出的信号，提供高电平、低失真的必要功率，以驱动特定左、中、右3个声道音箱和两个环绕声音箱，以及超低音音箱。

THX系统的前置音箱水平辐射方向宽阔，但垂直辐射方向较窄，以避免地板和天花板的反射干扰。80Hz～20kHz平直的频率响应、大动态、低失真、高承受功率是THX音箱必须具备的性能。THX环绕音箱具有偶极形式，频率范围为125Hz～8kHz，要求能提供高声压。THX超低音音箱用以加强低音效果，应具有产生105dB或更大声压的能力，频率范围为20～80Hz。搭配THX系统一定要挑选注有THX标记的音箱，才能确保理想的音响空间。

367．什么是DTS

DTS（Digital Theater System，数字影院系统）是1996年8月面世的数字环绕声系统，是AV发展中的一个突破，曾轰动纽约Hi-Fi '96大展，它集音响技术之长，采用全频带的6个独立声道，以高取样比、低压缩率，用20 bit在48kHz频率下工作，运算速度比杜比AC-3要快近4倍，压缩率则只有其1/4，以4~6个声道录音制作软件。DTS的长处是可得到最高质量的360° 环绕声效果，其开发目的是重现真正剧院式的视听，具有立体化和三维空间的现场感，音色更清晰透明，既可观赏电影，又可欣赏高质量音乐，重播音乐的质量比普通CD好，分析力和音乐感能接近LP唱片的，故是高保真的多声道音响系统。DTS需使用专用的解码器处理特殊的DTS软件，不能与其他制式兼容。但DTS解码器可在任何具有数字输出接口的激光影碟机上使用，其标记如图2-106所示。

图2-106 DTS标记

DTS和杜比数字环绕虽都是全分离的5.1声道系统，但杜比数字环绕的编码思想是利用音响心理学与人耳听觉的遮蔽效应的原理，用大幅度压缩方式精简信息，DTS则是一种弹性运用的数字声频编码技术——连贯声学编码（CAC，Coherent Acoustics Coding），可以存储较多信息，没有采用大规模的信号压缩技术，保留了更多的细微信息，所以在音质上可接近CD等声频媒体，要比杜比AC-3略胜一筹。

实际试听并与杜比数字环绕比较，DTS系统重放声的声道分离、清晰度及定位等均优于杜比数字环绕系统，特别是临场感的逼真程度更明显好，层次更分明，包围效果更强，细节更多，听来有身临其境之感。它将是杜比数字环绕的有力竞争对手。

	DTS	杜比数字环绕
应用载体	CD/LD/DVD	LD/DVD
最多声道数	8.1ch	5.1ch
最高 bit 位	24bit	24bit
最大取样率	96kHz	48kHz
数据传输率	32~4069kbit/s	32~640kbit/s
典型压缩比	3 ：1	12 ：1

DTS系统和杜比数字环绕系统这两种5.1声道技术主要区别在于信号压缩比及数据传输率。但杜比数字环绕系统可完全向下兼容其他杜比环绕系统，DTS则不能兼容。

DTS的解码过程不会影响音质，而且任何DTS编码改进只是在压缩编码处理技术方面的修改、升级，不需在解码方面采取任何软件或硬件方面的修改。

368. DSP的由来

DSP是Digital Sound field Processing的缩写，应译为“数字声场还原”。它通过改变信号的频率响应曲线和混响时间来达到改变原来声音特性的目的。

一般的DSP（Digital Signal Processor）称为“数字信号处理器”，也可产生多种环绕声场特性，模拟出演出场所的音响效果，如音乐厅（Hall）、体育场（Stadium）、爵士俱乐部（Jazz）等模式的混响效果。

雅马哈（Yamaha）1986年开发的DSP环绕声技术（Digital Sound effect Processer，数字声场还原系统）将在著名的音乐厅、剧院、体育场、教堂等场地实地测得的声场特性通过计算机分析和处理，并将那些特性参数存储在DSP集成电路芯片中。通过由DSP集成电路构成的环绕声放大器，就可以逼真地模拟出那些场所声场的音响效果。雅马哈获得专利后，将其命名为Cinema DSP（剧院数字声场处理器），其标记如图2-107所示。

图2-107　DSP标记

雅马哈DSP的核心是模拟厅堂的反射声波，大厅堂的平均自由程长，近反射声来得迟。但由于小房间里房间的近反射声来得很早，所以对使用DSP的环境必须加强吸声处理，否则墙壁吸声不够，模拟厅堂的DSP效果，将被房间的反射声所淹没，那么各种厅堂的音响效果也就荡然无存、难以分辨了。

雅马哈DSP具有多种数字声场程序供用户使用，其中有模拟世界著名的音乐厅、教堂、俱乐部、体育场馆、剧院等的程序，其数据非常真实，听感也相当逼真。DSP程序由遥控器操作，共12个键，一个键可按两次，所以共有12×2个数字声场程序，如图2-108所示。

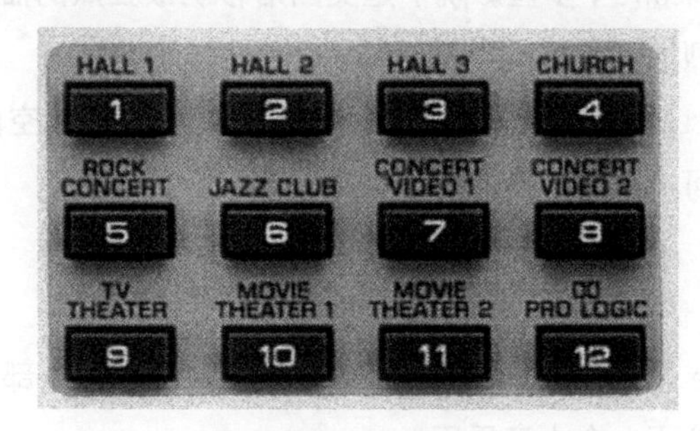

图2-108　DSP程序

在雅马哈AV放大器的遥控器上，还有一个直接读取DSP功能，通过它可以遥控读取任何一个DSP模式，并可关掉DSP效果，使用极为方便。

1. CONCERT HALL 1（音乐厅1）

（1）Hall A in Europe（欧洲音乐厅A）。这是2500座位的普通欧洲音乐厅，内部为木板结构，具有细腻、优美的混响效果。

（2）Hall B in Europe（欧洲音乐厅B）。这是不足2400座位的纵深较大的木板结构音乐厅。舞台上方的木板有较强的近反射声，增强直达声。其声音结实有力，混响较强。

2. CONCERT HALL 2（音乐厅 2）

（1）Hall C in Europe（欧洲音乐厅C）是带立柱和雕塑的1700座位的传统中等古典音乐厅。在所有方向上产生非常复杂的反射声。具有相当丰满的混响效果。

（2）Hall D in U.S.A（美国音乐厅D）是接近欧洲风格的2600座位的大型音乐厅。反射简单，中低音混响丰富，中高频穿透性较强。

3. CONCERT HALL 3（音乐厅 3）

（1）Hall E in Europe（欧洲音乐厅E）是圆形的2200座位的古典音乐厅。中心附近的混响很丰富，声场感明显。

（2）Live Concert（现场音乐会）是具有非常丰富环绕声的圆形音乐厅，有接近舞台中央的声场感。

4. CHURCH（教堂）

（1）Tokyo（东京）是具有适度混响（2.5s）的普通教堂，非常适合重播管风琴类音乐。

（2）Freiburg（夫来堡）是现代的周围带有圆柱并有高尖顶的教堂，内部能产生很长的混响（4.0s）。

5. ROCK CONCERT（摇滚音乐会）

（1）The Roxy Theatre（罗丝影院）是美国洛杉矶最狂热的摇滚乐俱乐部。适合重播活泼而动感强烈的摇滚乐。

（2）Warehouse Loft（乐富仓库）是一个由混凝土封闭的空间，来自墙壁的相对较明显的反射声可产生极丰富的声场效果。

6. JAZZ CLUB（爵士俱乐部）

（1）Village Gate（乡村俱乐部）是纽约著名的爵士乐俱乐部，在宽大的地下室内，其反射图案类似于一个小音乐厅。

（2）Cellar Club（地下俱乐部）是天花板较低的小型轻松的爵士乐俱乐部，声音较亲密、靠近。

7. CONCERT VIDEO 1（音乐会录像 1）

（1）Classical/Opera（古典/歌剧）使歌声显得非常深厚，整体感极清晰。重播歌剧时，舞台上的歌声及管弦乐队里的乐声有三度空间感，原乐器的音调平衡十分顺畅自然。

（2）Recital（独奏/独唱）使音响清晰明朗，表现出卓越的舞台深度感。

8. CONCERT VIDEO 2（音乐会录像2）

（1）Pop/Rock（流行/摇滚）使你如置身于音乐会中，演唱及吉他独奏与屏幕配合良好，而你则被观众的活力与热情所重重包围。

（2）Pavilion（中型体育馆及表演场馆）整体感浩大空阔，但仍让歌声响彻云霄。带来中型体育馆及表演场馆独有的现场感受，使演唱会更逼真动人。

9. TV THEATER（电视剧场）

（1）Mono Movie（单声道电影）适于播放单声道录像节目，如早期的电影或一般电视节目等。经DSP处理的中置及环绕声道协助配合对白，使单声道的声音再现较强的现场感。

（2）Variety/Sports（综合性/体育节目）适于收听体育节目和立体声广播，评论员的声音将在中央，而观众的声音则往侧面散开，可增强电视音乐及综合性节目音响效果。

10. MOVIE THEATER 1（电影院1）适于重播带杜比环绕声解码图形标记或“DOLBY SURROUND”字样的影碟、录像带和其他软件

（1）70mm Spectacle（70mm历险巨片）专为表现历险巨片的大场面气氛而设计，声音效果极具空间感，而对白不失其清晰明朗。

（2）70mm Musical（70mm音乐片）来自鞋匣状音乐厅，能使陈年音乐片“焕然一新”，让你享受新鲜热辣的音乐电影。重播效果极尽清晰及深刻。

11. MOVIE THEATER 2（电影院2） 适于重播带杜比环绕声解码图形标记或“DOLBY SURROUND”字样的影碟、录像带和其他软件

（1）70mm Adventure（70mm动作片）结合杜比定向逻辑和前置环绕DSP声场，可正确重现音响效果，使聆听者四面八方都有震撼的三度空间感，整体感觉清晰而雄浑有力，对白则定位于屏幕上。

（2）70mm General（70mm剧情片）声音较柔和，声场深广。对话场所的细微差异极易重现，对白与音乐的声音效果发挥得淋漓尽致。前方DSP控制对话的混响务求达到最高清晰度，并提供动听的后方背景音乐。环绕声场包围观众，把他们引入电影现场。

12. DOLBY PRO-LOGIC SURROUND（杜比定向逻辑环绕声）适于重播带杜比环绕声解码图形标记或“DOLBY SURROUND”字样的影碟、录像带和其他软件

环绕声系统与杜比环绕声系统是兼容的，能产生极好的环绕四周的声场环境。

（1）Normal（常规）提供高分离度的平滑而精确的声音，产生稳定的电影声场。

（2）Enhanced（增强）是常规模式的补充，近似模拟多声道的35mm电影院的环绕声效果，能提高重播声场的密度。

369. 杜比 AC-3 有什么不足

杜比数字环绕声（即AC-3）系统已成为影音视听标准，它的优点不容置疑，但它是作为AV系统发展的，声音品质就不是第一位。声音信号压缩得很厉害，导致重放声音品质下降，对于音乐重现就不够好，不太适于重播音乐。

此外，由于杜比数字环绕声系统对5个声道都有相同的要求，故音箱的投资大、摆位复杂、环境要求高。

370. 什么是 Dolby Digital EX / DTS ES / THX Surround EX

数字环绕EX即Dolby Digital-Surround EX，所谓EX即表示Extenion（扩展之意），1999年5月由杜比实验室和卢卡斯影片公司共同开发，是Dolby Digital的延伸，在原有5.1声道基础上增加一个后中央声道，以改善声像松散、定位模糊的不足，这里后中央声道由左、右环绕声道以矩阵方式解码取得，只要配以软件及有EX解码的环绕中心，再加一只后中央声道音箱，就能享受到真正的360°全周定位的崭新包围效果。这种6.1声道系统的好处主要是补充5.1声道系统在后方声场定位感的不足，使整个后置包围感更强烈，前后声场定位更连贯。

家庭杜比数字环绕EX系统除直接使用带EX扩展功能的AV放大器外，也可用5.1声道的杜比数字环绕AV放大器加上一个矩阵2-3解码器组成，这时两路环绕声信号接到模拟杜比解码器，后置左、中、右声道信号由解码器提供。

DTS ES（DTS-Extended Surround）是在杜比数字EX推出不久，2000年由DTS公司开发的6.1声道扩展型环绕声模式，它强化了DTS多声道功能，在解码器内设数字4声道频段均衡电路，可分别设定ES模式与非ES模式。增加的后中央声道强化了环绕声的动态定位感，使后方声场能向后扩展，与前方声场形成真正360°全方位包围感，改善了5.1声道不够逼真的不足。

THX Surround EX是杜比实验室和卢卡斯影片公司THX分部联合开发的一种后处理系统，并不是另一种环绕声模式，它将Dolby Digital EX与DTS ES的6.1声道环绕声加以处理，扩充成7.1声道，使环绕声的包围感更好，除可对应6.1声道格式外，还有THX系统所提供的独特声音效果处理技术，使声音效果表现更符合标准影院表现。

371. 什么是 BBE 技术

BBE处理技术即高清晰度声频处理技术，来自美国专利，其标记如图2-109所示，通过对声频信号的相位和幅度的补偿，改善语言和音乐的清晰度，使重放声更真实，使未经杜比编码的声音更有感染力。

图2-109 BBE标志

杜比数字、MPEG等数字音响处理技术，普遍存在相位高频成分的延迟，并且扬声器的重放声在到达人耳时，其高频成分比低频成分的时间有延迟，会造成瞬变声的模糊不清。采用BBE系统可以调整声频信号中的低频、中频及高频的相位关系，以先进的延迟方法变换高次谐波在信号中的位置，并对高频衰减进行补偿，此外还进行低音提升实现频率平衡。经BBE处理的重放声音圆润自然，无论对何种声源及不同档次的声频重放设备都能增强临场感、清晰度，远胜普通音调控制或均衡器的简单提升。

372．什么是DCS

DCS是数字影院音响（Digital Cinema Sound）的缩写，是日本索尼公司以好莱坞专业影片音响制作为基础研制的家庭影院概念，标记如图2-110所示。其中心是制片厂模式（Cinema Studio Mode）和虚拟三维模式（Virtual 3-D Mode）。如SDP-EP9ES解码芯片，以24 bit/88MHz运作，目的是为了在家居中营造一个可媲美电影院环境的音响空间。

图2-110 DCS标记

家庭影院的声场特性与电影院有很大区别，制片厂模式的目的是重现电影录音棚的声场特性。

虚拟多维空间（Virtual Multi-dimension）数字影院音响使用两只后置音箱，利用人头传递函数（HRTF）将来自目标虚拟定向的信号与声源信号重叠，造成感官错觉，实现虚拟声像定位，使聆听者觉得在两只音箱范围内外还另有声源，产生虚拟的多个后置音箱音响效果，比传统的平面环绕声效果更丰富，更具空间感。

373．有几种环绕声播放技术

环绕声播放技术目前主要有两类。

（1）多声道环绕声播放技术，有5.1声道、6.1声道和7.1声道等方式，通过AV放大器及多只音箱完成，但要达到真正好的效果，除对房间有严格声学要求、投入资金较大外，还由于系统需设置6~8只音箱，存在破坏装修整体美观问题，常给用户带来很多烦恼，特别是已装修好的房间，环绕音箱的连线成为问题。现代家庭装修崇尚简洁，传统家庭影院中的环绕音箱，即便是体积很小的卫星音箱也会使客厅空间显得局促，造成不协调，影响美观。

（2）前环绕声播放技术，这种新型技术不用环绕音箱，用前方两组多声道的声音模拟出具有包围感的环绕声效果，实现准确的声像定位及平滑、连贯的声像移动。该技术在垂直方向的声音定位感相当优良，同时还能忠实地播放双声道信号，在播放纯音乐时表现优良。这种系统与平板电视机配合以壁挂式安装，有无可比拟的便利性，并能融入室内装修而不破坏整体美观，可大大优化空间。

目前高清平板电视已成主流，但其音质却不尽如人意。通常有两个解决方案：

（1）小型5.1声道套装形式的HTIB（Home Theater in a Box，高度集成家庭影院），是以蓝光播放机为基础，将功放系统、收音系统有效组合为一体的多功能消费电子产品；（2）一体化前环绕系统的条形音箱。前者的配置复杂，有很大的选择空间，环绕声效果较好；但对于不强调环绕声效果的用户，非常简单的后者是最佳选择。

374．什么是嵌墙式音箱

嵌墙式（In-wall）音箱也称嵌入式音箱，它是嵌入墙壁内的一种音箱形式，除了有个小面板外，并无箱体，扬声器等都是裸露的，它们的工作依据的是无限障板理论。家庭影院采用嵌墙式音箱，使音箱入墙，可以在保证音响效果的同时，最大程度地节约空间，达到和家居融为一体，简洁时尚。

嵌墙式音箱在一些公共场合应用得较多。嵌墙式音箱可以应用在卧室、儿童房等场所，重放背景音乐用。背景音乐共享系统能给你更加舒适惬意的居家享受，目前已经成为现代家装的一种新风尚。嵌墙式音箱用于音乐重放，对少数高要求的音乐爱好者而言，未必会完全满意、认同，但其对家庭娱乐的多种用途是十分称职的，所以必将在现代家庭中得到广泛欢迎，它正成为提高生活舒适水平和高雅文化品位的新宠，可说前程似锦。

375．家庭影院效果为什么不好

家庭影院流行，各种档次的家庭影院套餐层出不穷，不少消费者为了追求时髦，盲目地购买了价格不菲的家庭影院系统，但实际使用后，却觉得效果并不理想。造成效果不好的原因，排除器材素质低劣之外，主要有两个方面。

（1）听音环境。听音环境主要指房间及其特性，为实现较佳的家庭影院听音效果，需要较大的房间并做吸声处理。美国工程标准AES推荐的听音室面积应不小于$40m^2$，而吸声处理则是为了防止声音的二次反射影响声场效果。当然大音量放声的房间还必须考虑隔声处理，以免影响邻里的安宁。但上述条件，对大多数人来说是难以达到的，所以现实地讲，我们几乎无法在公寓房里组建真正意义上的家庭影院，在普通房间里只能实现质量不太高的AV效果，实在没有必要去追求高档器材和6.1声道、7.1声道，因为环境条件不够反而造成画虎不成反类犬的结果。

（2）合理配套。最典型的不合理搭配是只注重两只前置音箱，马虎地配一套低价中置和环绕音箱，造成各音箱音色差异太大，使重放声在声像移动时出现不连贯的跳动而显得不真实。

376．DVD机和AV放大器中的杜比数字解码器哪个更好

以DVD作为家庭影院的信号源，对于组成杜比数字（即AC-3）家庭影院系统而言，就可有两种方式，一种是带杜比数字解码功能的DVD播放机加具有多声道输入的AV放大器，另一种是用不带杜比数字解码功能的DVD播放机加具有杜比数字解码功能的AV放大器。

鉴于DVD播放机中采用的杜比数字解码器的规格、性能，除顶级机外均低于使用在AV放大器中的杜比数字解码器，故其解码处理后的信号的信噪比、动态和分析力等都要稍逊。

杜比数字家庭影院的最佳组合方案应是不带杜比数字解码功能的DVD播放机加具有杜比数字解码功能的AV放大器。这种配置还可把HDTV（高清晰数字电视）、DAB（数字声频广播）、DBS（直播卫星）等信号引入，用同一AV放大器中的解码器进行解码，从而避免杜比数字解码器的重复投资。而且一般低价的带多声道输入的AV放大器，也难以满足杜比数字家庭影院对信号处理和声场处理的要求。

377．如何判断视频信号的质量

为了比较、评价视频信号源提供的视频信号质量，可从两方面进行。

（1）图像中有鲜红色物体的画面可评价其图像质量。质量低的信号，红色物体会变成一团轮廓不清晰、渗透边缘的鲜红色。质量高的信号则在图像中可看出红色物体内细节，而且其边缘清晰。

（2）观看图像中人物的眼睛可评价其细节分辨率。低分辨率的信号眼睛内的细节模糊，难以区分。高分辨率的信号能分出眼睛的眼白和瞳孔，以及阴影的细微变化。

378．什么是电视机的水平分辨率

彩色电视机的清晰度一般是指水平清晰度，即水平方向上的分辨率。显像管电视接收机的水平分辨率由电视画面能显示出多少条垂直线表示，它是指一行水平线上最多能表示出来的像素。

水平分辨率主要取决于显像管电视机的通频带宽度，水平分辨率=52.48×3/4×2×*Bw*（式中，3/4为4：3屏幕，若是16：9屏幕则应为9/16；*Bw*为通频带宽度，单位为MHz），近似等于通频带乘以80（16：9屏幕则乘以60），29英寸以上电视机的水平分辨率已可达800线以上，甚至1500线。

上面所说的水平分辨率是电路理论值，实际人眼所能看到的水平分辨率受显

像管荧光屏各部分的质量和图像影响而下降，如显像管的中心聚焦最好，四角最差，又如没有彩色干扰的黑白图像最清晰。通常电视接收机的水平分辨率是指屏幕中心测定值，而且是以黑白图像为准。因此实际彩色电视机整体的水平分辨率要按5 ～ 7折计。

彩色显像管的分析力是图像清晰度的保证。若彩色显像管只有400线，信号分辨率再高也无用。而彩色显像管即使有1000线以上的分辨率，由于现行彩色电视系统信号的水平分辨率的极限仅为500线，也只能在两条线上反映同样的信号而已，仅图像感觉更细腻。

数字电视及平板电视机的图像清晰度并不以电视线作为标准，而以点显示的分辨率表示，如DVD节目的分辨率为720像素×480像素、数字有线电视为720像素×576像素、高清节目为1920像素×1080像素。

点显示方式在理论上，一个像素最多可显示一条线，如一台屏幕分辨率为1920像素×1080像素的电视机在理想状态下可显示1920条黑白相间的线，也就是1920线，但实际上显示的清晰度并不能达到这么高。液晶电视机由于响应速度原因，其动态画面的清晰度降低更多。例如，同为1920像素×1080像素分辨率的图像，某高清等离子电视机的动态清晰度可达900线以上，而液晶电视机一般仅能达600线。

379．什么是色温

根据CIE（国际发光照明委员会）规定的白光标准D 65，视频监视器在输入白色（零彩色信号）视频信号时，显示的正确色调为6500K，这就是大家说的色温。这种6500K的白光类似直射阳光和漫射阳光的混合，比钨丝白炽灯发的3300K橙黄白光要蓝。由于人们喜欢稍微偏蓝的白色，所以不少电视机厂为了适应市场而设定白光的色温为9000K，甚至更高。

380．16 ：9 屏幕好不好

以前的电视屏幕比例是4 ：3，后来兴起16 ：9的宽屏幕电视机（Wide TV），气派豪华，画面宽阔，极适合观看宽银幕电影的影碟。

以16 ：9宽屏幕播放4 ：3幅比的图像信号，将使图像产生失真，由于水平方向拉长了33%，使人物变得矮胖，圆变椭圆，很不协调。如果水平方向不拉长，以4 ：3模式显示，则屏幕两边将有空缺，使有效屏幕大为缩小。

4 ：3屏幕电视机的水平视角为18°，眼睛自然聚焦时，屏幕外的景物会影响视觉的投入，而16 ：9屏幕电视机的水平视角为27°左右，比较接近人的自然聚焦视角范围（28°～30°），眼睛不需要在图像画面上强制调节视觉焦点，图像就自然充满整个视野，现场感较强。

381．扫描线倍增器有什么用

一些新型大屏幕彩色电视机和投影机都采用了不少新技术来改进图像质量，其中有一项是扫描线倍增器（Line-doubler/Scan Converter），也称倍线器，它可以将扫描线的线数加倍。也就是一般所称的数码100。

扫描线倍增器也称双倍场频扫描，它将普通电视机50/60Hz（PAL/NTSC制）的隔行场扫描速度加倍为100/120Hz的逐行扫描，在一帧时间内比普通电视机多显示一幅画面，也就是把一条信号扫描二次，使扫描线更细腻，图像的水平清晰度虽无明显提高，但消除了画面的闪烁现象，大大提高了图像的稳定性和流畅感，增强了透亮度，使长时间近距离观看图像的，眼睛的视觉疲劳程度得以减低，保护观看者特别是儿童的视力。

382．大屏幕电视机有哪几种

电视机要大屏幕化，显像管（CRT）由于先天所限，已无法在现有基础上进一步减薄，同时还受制于体积和重量，使其屏幕向大型化发展受到限制。因此目前大屏幕电视机市场基本上由投影电视机、平面化的液晶（LCD）和等离子（PDP）电视机三分天下。

DLP数字光学处理技术是先把图像信号经过数字处理，再把光投影出来。DLP与LCD投影技术相比，其优势在于高解析度及高亮度，图像更清晰锐利，黑色和白色更纯真，灰度层次更丰富，体积小和重量轻。

投影电视机有3种类型：（1）三基色CRT显像管投影电视机；（2）固定像素的LCD液晶显示投影电视机；（3）固定像素的DLP等离子体显示投影电视机。一般而言，对无法控制环境光线的场合，选择LCD或DLP投影电视机为宜。

383．有哪些新型平板显示技术

SED表面传导式电子发射显示（Surface-conduction Electron-emitter Display）是日本东芝公司与佳能公司合作开发的新一代平板显示技术。SED发光原理与阴极射线管（CRT）相似，都是通过电子轰击荧光粉显示图像，但结构完全不同。SED没有巨大的电子枪、偏转线圈和金属荫罩，它通过许多与面板像素一一对应的特殊材料微型电子枪阵列发射电子，并通过电子发射器开、关控制像素显示。SED由上下两层玻璃基板构成，上基板有透明电极，内壁涂有红、绿、蓝3色荧光粉，下玻璃基板上是发射器，两基板间保持真空。

SED兼有CRT显示色彩艳丽、视角宽广、响应速度快等特性，又有LCD液晶显示全平面、无聚焦、无会聚优点，同样尺寸SED的能耗只有LCD的1/2、PDP的1/3，亮度、对比度更远远领先PDP和LCD，可轻松达到1920像素×1080像素高清分辨率。

AM OLED主动式有机发光显示由韩国三星显示器公司等研发，根据有机材料在电场作用下发光的原理进行图像显示，有望在未来替代液晶显示技术。

BSD纳米结晶硅电子表面发射显示（Ballistic Election Surface-emitting Display）是日本松下公司在PDP玻璃基板上开发出的高画质显示器新技术。

384．什么是3D影音

现在影院和电视3D盛行，几乎成了平板电视机的标准配置。人们进影院观看3D电影，在网络获取3D片源，用蓝光机播放3D碟片，在计算机上安装3D显卡通过3D显示器观看3D影音节目，通过数字高清电视广播传送和接收3D信号。

3D图像处理和播放技术有很多，目前常见的大体上有3类。

（1）Anaglyph补色式（也称色差式、红蓝式），技术最原始，效果较差，已日趋淘汰。

（2）Passive Polarization偏光式（也称偏振式），平板电视机中常称不闪式或隔行式，由于技术限制，用户看到的图像垂直分辨率只有原始的一半，但实际观看时并不会降低图像的亮度和清晰度，可视角较小。这种方式观看时完全无闪烁。偏光眼镜完全敞开而透光量充足，这种眼镜价格低廉，佩戴舒适。

（3）Active Shutter快门式（也称时分式），每帧画面都完整通过3D眼镜，能保持画面原始分辨率，可使用户得到连续的3D图像，并提供更宽的可视角度，在明亮环境下有很好的对比度。这种方式存在闪烁，长时间观看会诱发晕眩、头疼及视觉疲劳。快门眼镜一半时间是关闭的，透光性差而使图像偏暗，而且这种眼镜价格较贵。

上述（2）（3）各有优缺点，偏光式画面清晰无重影，显示及相关处理设备没有特殊要求，减少了购买费用。快门式显示设备和眼镜售价昂贵，而且佩戴不舒适还有充电麻烦。综合而言，两者都并不存在明显缺陷，业内流传的一些说法，都是商业炒作的夸大之辞。

385．怎样调整投影电视机

投影电视机的大画面对AV爱好者是极具魅力的，画面不仅赏心悦目，还能让人产生一种投身其中的兴奋和冲动，这便是难以忘怀的大画面魔力。理想的家庭影院，投影电视机是不可少的，但不论哪种投影电视机，都需要有一定观看距离，最少3m以上，才能获得较佳视觉享受。

对于家用投影屏幕来说，主要使用45～100英寸的。投影机目前主要有液晶、DLP和三管3类。液晶投影机（LCD）安装方便，操作极简便，几乎只需调整聚焦和亮度即可，重量轻，价格低。但画面粗，对比度及清晰度较差，细节欠深度，暗镜头图像稍弱，黑白对比表现的强烈感不及三管投影机。但液晶投影机的体积小、亮度高确定了它比三管投影机有更广泛的用途，而且在同等分辨率情况下比三管投影机要便宜得多。

三管投影机（CRT）暗部和层次的再现性极出色，分辨率高、清晰度高、亮度均匀、色彩还原好、对比度高是它的优点。但价格高，安装不便，需进行动态聚焦调整。对图像质量挑剔的玩家当是首选。

投影机可分正面投影和背面投影两种。背面投影机画面尺寸较小，但亮度高，可在较暗而有光的环境观看。正面投影机画面尺寸调节自由，室内空间利用合理，视角宽，唯价格与质量相差甚大，需多加比较。欲在较小空间获得大画面，采用正面投影系统反而节省空间。过去背面投影机品质较差，现在其画质已大为改善，并实现薄型化，厚度与普通电视机相仿，单位面积价格和普通电视机相近。

使用投影机除噪声问题外，还得注意风口会不会直接指向屏幕，屏幕若被风吹动，会使画面模糊不清。

三管投影机必须进行细致调整，才能取得预期的画面质量。三管投影机的调整主要是白平衡、三基色（绿、蓝、红）的会聚和图像的失真，及G、B、R（绿、蓝、红）的Size（尺寸）、线性、Zone（区域）等的调整，这些作业最好在开机30min到1h后进行。有时这些调整对非专业人员是极为困难的。

将G、B、R信号全部很好重合后，不应有偏色和几何失真，不要让红蓝色的线露出来。画面中央部分聚焦调整后，周围部分的聚焦也应十分正确。

调整聚焦应使用非磁性体的塑料或树脂制作的螺丝刀，并可用竹筷削制代用，效果甚佳。

房间内墙壁如果是白色的，来自投影电视机的光将发生反射，使图像的对比度变坏，为此，可在侧墙挂上深色或黑色的幕，排除对屏幕的反射。

投影机关机，必须遵循如下原则：一定要用遥控器关闭，机上总电源开关要待散热风扇停转后才可关闭，否则会造成损坏。

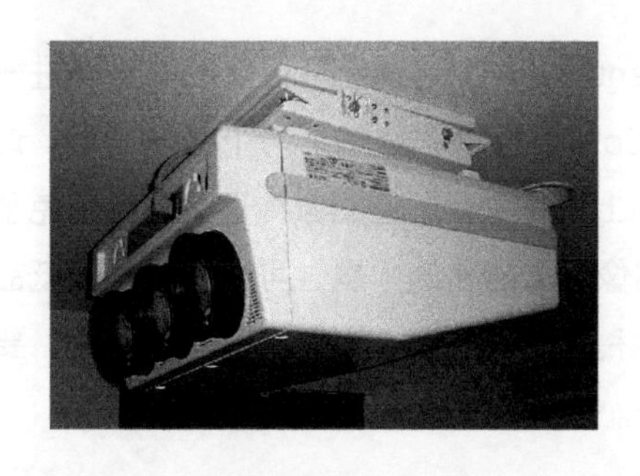

386．S端子有什么好处

全电视视频信号中，包含亮度信号和色度信号两种成分，其色度信号附在亮度信号的高频端，在普通电视机中以频率分离法分离这两种信号并不彻底，易造成串扰，而且高频的损耗使图像清晰度下降。

在视频设备上，常有S-Video即超级视频（Super-Video）标志的输入或输出端子，这是一种视频标准接口，广泛应用于AV设备，如影碟机、AV放大器、彩色电视机等中。S-Video简称S端子，S是Separate的缩写，它是为了改善并确保图像信号质量而研制的Y/C（亮度Greyscale/色度Colour）分离接口。由于将普通复合视频信号中的亮度信号和色度信号采用数字动态梳状滤波器实现了分离传输，图像信号不必经由复杂的调制-解调过程，因此亮度信号和色度信号间的串扰大为降低，减少了不少失真，使串色和模糊现象减少，提高了图像分辨率，水平清晰度可大大超过400线，达600～700线。

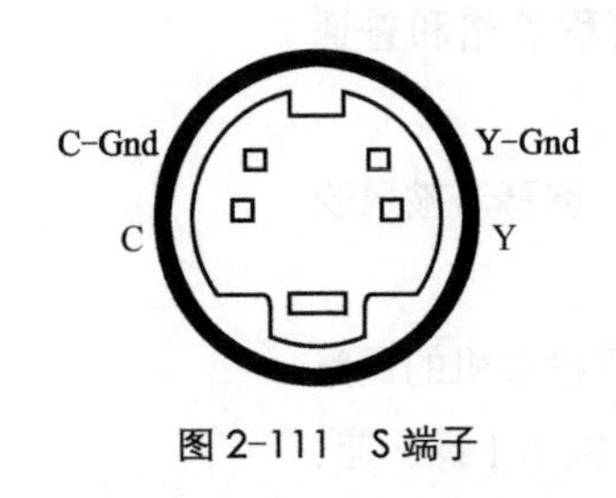

图2-111　S端子

S端子的连接必须使用专用电缆，称S端子线，其端子为由Y、Y-Gnd、C、C-Gnd 4个信号量组成的专用插头，如图2-111所示。使用S端子连接视频设备，能使图像质量得到明显改善，但彩色电视机内需设有性能好的梳状滤波器，也就是内部具有性能好的Y/C分离电路，否则在使用长电缆及影碟机时，用了S端子反而图像质量下降，还不及用视频同轴线来得好。而且信号源质量很差时，即使采用S端子连线，也无法提高图像的清晰度。

彩色串扰：彩色电视信号中的亮度信号和色度信号的分离非常困难，如果亮度通道中出现较多残留彩色信号，就是彩色串扰，将明显降低彩色画面的清晰度。采用高质量数字梳状滤波器的电视机，彩色串扰较小。彩色分离度差的电视机，在字幕及细节部分，会有彩色爬行情况。

387．什么是色差输出

彩色电视的视频信号由亮度信号和色度信号混合而成。为了提高彩色图像的重现质量，S-Video将亮度信号与色度信号分开传输，以减小两者间的串扰引起的串色现象。但独立传输的色度信号对解调电路的相位极为敏感，仍然难以将色彩成分完美复原。

色差输出也称分量视频输出（Component Video Out），就是将色度信号做进一步分离为R-Y（Cr，红色色差信号）、B-Y（Cb，蓝色色差信号）两个色差信号。这种一个亮度分量（Y）、两个色差分量（Cr、Cb）的专业彩色图像传送方式，避免了两次复杂的调制转换过程所引起的许多使图像质量劣化的问题，可减少中间降低品质的信号转换过程，故而画质要比S-Video好。当然，有色差输出端子的设备，要求电视机具有相应的色差分离视频输入端子。

388．什么是高清1080p与1080i

高清是高清晰度电视（HDTV，High Definition Television）的简称。HDTV技术源于DTV（Digital Television，数字电视）技术，HDTV技术和DTV技术都采用数字信号传输，HDTV技术属于DTV的最高标准，拥有最佳的视频、声频效果。HDTV有极高的清晰度，分辨率最高可达1920像素×1080像素，帧频高达60Hz，屏幕宽高比16：9，声音系统支持杜比5.1声道。DTV技术还可分低清晰度电视LDTV（Low Definition Television），图像水平清晰度大于250线，分辨率为340像素×255像素，采用4：3的幅型比；标准清晰度电视SDTV（Standard Definition Television），图像水平清晰度为500～600线，最低480线，分辨率为720像素×576像素，采用4：3幅型比。各国家和地区定义的HDTV的标准分辨率不尽相同，目前有3种显示分辨率格式：720p（1280像素×720像素，逐行）、1080i（1920像素×1080像素，隔行）和1080p（1920像素×1080像素，逐行）。

隔行扫描（i，interlace）需要两个场（Field）的画面才组成一个完整画面，每秒显示25幅画面（N制为30幅）。逐行扫描（p，progressive）产生的都是完整画面，每秒能显示50幅画面（N制为60幅）。隔行扫描由奇数扫描线和偶数扫描线合成完整画面，免不了有闪烁感，画面的稳定性及物体图像移动时的轮廓边缘圆滑性不如逐行扫描。

389．怎样组合的卡拉OK效果好

对于自娱自乐的家庭卡拉OK设备，通常有3种组成形式。一是带卡拉OK功能的激光影碟机加放大器及音箱，二是普通激光影碟机加卡拉OK放大器及音箱，三是普通激光影碟机加混响器、放大器及音箱。

这3种组合形式只要搭配得好，都能取得相当好的卡拉OK效果，但从音响效果而言，使用带卡拉OK的多功能激光影碟机的第一种组合整体效果，通常总要稍逊一筹；而使用卡拉OK放大器的第二种组合，因为它能对传声器（话筒）进行音调补偿，效果较好；使用独立混响器的第三种组合的卡拉OK效果则由混响器的性能决定。

可见，如果你的音响设备主要是为了用于卡拉OK娱乐，那你应该采取上述第二种组合，但卡拉OK放大器一定要选数字混响的优质机。如果你要兼顾卡拉OK和音乐欣赏，则最好选第三种组合，但要注意混响器的选择。

390．怎样使你的卡拉OK效果好

要取得良好的卡拉OK效果，达到自娱自乐，除一套性能好的音响设备外，适当的调整十分重要，关键主要是歌声音量大小的平衡及混响时间的长短。

卡拉OK伴奏音乐与演唱者歌声之间的音量平衡非常重要，演唱时，调整歌声音量应以别人听到的效果为准，歌声不能太响。

混响的好坏直接影响演唱效果，适量的混响能使歌声丰满、圆润，并掩盖演唱者发音中的缺陷以及噪声等，使声音变得动听。调整混响的通病是过度混响，使混响成为回声，混响要以别人的舒适听感作为标准，不可以演唱者自己的感觉作为标准。

391．什么是MP3

MP3的全称是Moving Picture Experts Group Audio Layer III（MPEG Audio Layer 3）

是MPEG 1第三层声频压缩模式的简称，1997年发源于美国，是时下计算机界颇为流行的一种声频文件格式，针对人耳的特性，利用心理声学中的听阈特性、心理声学中的掩蔽效应等，采用相应技术减少声频数据量，主要用以制作和存储音乐节目。由于MP3具有高压缩比，加以Internet上有丰富的节目源，它迅速为大众接受而成新一代的大众音乐节目载体。

MP3压缩比高达1：12，音质尚好，取得途径容易，存储流传方便。丰富而价廉的节目源使MP3播放机成为市场热点，是计算机玩家和一般爱好者的福音。但因其声音单薄，缺乏层次，还少丰厚圆润及细节，音质难与CD相比，在“发烧”圈中恐怕难成气候。另外，MP3还牵涉版权问题。MP3是一种非常好的网上快速交流音乐文件的方式。

现在有音质比MP3更好的音乐文件新格式——a2b和VQF。a2b又称MP4，是美国AT&T公司开发的，VQF是日本电报电话公司NTT和Yamaha公司开发的，它们都能防止非法复制，是MP3的竞争对手。

2017年，发明MP3格式的德国夫琅和费集成电路研究所（Fraunhofer Institute for Integrated Circuits）宣布，已经终止某些MP3相关专利的授权，该机构不再对这种格式继续提供支持，因为2017年已有诸多更好的音乐存储和播放方式出现，高级声频编码AAC格式已成为“手机下载音乐和视频等内容的实际标准”。

392. 什么是 iPod

iPod是苹果（Apple）计算机公司推出的一种大容量携带型多功能数字音乐播放器，具有简单易用的用户界面，采用闪存作为存储介质，外观独具创意，是能横跨PC和Mac平台的硬件产品之一，除了播放MP3音乐，iPod还可作为高速移动硬盘使用，可以看电影、电视，存放图片，还可以显示联系人、日历和任务，以及

iPod Touch 4

阅读纯文本电子书和聆听Audible的有声电子书及博客（Podcast）等。

393. 怎样使用遥控器

遥控器外形各异，种类繁多，但实质上各厂家的设计大同小异，只要了解其中的共通处，就有规律可循，操控并不困难。

大部分遥控器上都有上、下、左、右键，以及ENTER（进入）键，这是最重要的操作控制键，一般上、下键用于上、下移动指示标，当指示标移到欲选项目时，按下ENTER键确认选取该项目。接着以左、右键选项目的各种设定参数，选定后再按ENTER键确认。这是一般的操作程序。

至于进入选项调整，可按MENU（菜单）键，屏幕上会显示菜单，一般为主菜单。主菜单中会有许多选项，这些选项又可分出副菜单。顺着主菜单进入副菜单，再按ENTER或EXIT（退出）键退出副菜单回到主菜单，这是一般主、副菜单的进出方法。

遥控器使用日久，由于按键导电橡胶的表面污染，会出现接触不良现象，造成控制失灵。解决办法是用95%的酒精清洗导电橡胶表面。

394. 什么是学习型遥控器

学习型遥控器是一种智能型多功能遥控器，它的学习记忆系统通过“学习”，即可操作各种具有遥控功能的设备，如激光唱机、放大器、电视机等，具有使用简单、控制方便的优点。一只学习型遥控器可以集中完成所有带遥控功能设备的遥控操作，免除同时使用多只遥控器带来的诸多不便。

在使用学习型遥控器前，首先要将原遥控器的遥控编码信息存入学习型遥控器，方法是将原遥控器的发射窗对准学习型遥控器的发射窗，相距50～100mm，按下学习型遥控器的学习键LEARN，再按下欲遥控设备功能名称键，如CD、TAPE、TV、VCR、DVD等，然后分别按下两只遥控器所有相对应的键，至此学习型遥控器已具备了原遥控器的相应遥控功能。当将欲遥控设备的原配遥控器的遥控编码信息写入学习型遥控器后，就可利用学习型遥控器对欲遥控设备进行遥控操作。所存入的遥控编码信息，若日后不适用，可随时取消。

还有一种Mastor Works万能遥控器，亦为智能多功能遥控器，它的预入记忆系统具有无须“学习”即可操作任何欲遥控设备的功能，使用更简易、方便。

395. 什么是PC-HiFi

PC Hi-Fi(Personal Computer High Fidelity)，是指个人计算机高保真系统，兴起于2005年前后，能播放更多格式、更高规格的声频文件，特征是声源由CD播放机转换成了声卡或硬盘播放器。PC Hi-Fi使用方便，还可以编制播放清单，随时查找曲目。典型的PC Hi-Fi构成为计算机(PC)+解码器+放大器+音箱，就是以计算机为声源，解码器可以选独立声卡、USB声卡、声频解码器。

一种高品质声卡

396．多媒体计算机能代替 AV 中心吗

尽管多媒体计算机具有AV功能，但并不能代替AV中心，因为不管是在音质方面还是画质方面，多媒体计算机的效果都比真正的AV器材要差很多。如声音缺乏层次、显得生硬，图像的层次和细节表现较差，还容易出现画面破碎现象。

这是因为为多媒体计算机设计的专用音箱，受计算机两侧摆位的限制，效果必然受到影响，所以如果不通过音响系统，单靠声卡和有源音箱，能取得的音质和效果是极其有限的。

397．如何净化多媒体计算机的视听效果

多媒体计算机的视听功能有着横生的趣味，但对音响爱好者来说，总有着太多的遗憾，声音不仅生硬、少层次，还有不少背景噪声，图像中波纹和亮点干扰不断，更有甚者，计算机还会干扰附近的视听设备。这在组装的兼容机中尤为突出。

究其原因，不外乎是数字系统的固有干扰、开关电源干扰及抗干扰措施不足。为了净化多媒体计算机的视听效果，首先要加用电网电源滤波器，以阻止本机对交流电网的污染，抑制电网中高频干扰对本机的影响；其次对主机箱的面板、盖、底板及内支架等的电气连接进行检查，不仅要保证它们之间的电气接触，还需可靠接地，同时主机与其他设备相连的接插件要确保可靠性，以免屏蔽性能下降；当然最好能加一只隔离变压器，再对多媒体计算机供电，这对隔离与其他设备间的高频串扰大有好处。

398．什么是 USB 接口

USB（Universal Serial Bus）是通用串行总线的英文缩写，1994年底由英特尔（Intel）、康柏（Compaq）、IBM、Microsoft、NEC等联合提出，应用在PC领域连接外部设备，现已成为计算机上应用最广泛的标准扩展接口。

USB 数据线

带USB接口的音响器材，以前都是些数/模解码器，但目前这个接口后面可以是模拟与数字间的互换、大量信息的输入/输出和保存、各种数字信号格式的兼容等。以此传统音响与计算机音响之间多了个桥梁，使纯音响能融入高速发展的多媒体娱乐中。

随着PC Hi-Fi的流行，USB接口成了计算机与解码器之间最常用的接口，接口间的连接使用USB数据线。这种普及的数据线由于导线材质和屏蔽方式的不同，会产生音色差异，而且这种差异十分明显，差的USB线声音干硬、呆板，缺少细节和层次。Hi-Fi USB线就应运而生。

目前主流USB数据线有USB 2.0和USB 3.0两种标准，两者的主要差别是数据带宽，后者是前者的10倍。USB数据线只有4根线：红色的为1（电源，VCC），白色的为2（负，DATA －），绿色的为3（正，DATA+），黑色的为4（地，GND）。

新型Type-C USB接口与当前的USB 2.0 Type-B连接器大小类似，开口规格为8.4mm×2.6mm，适用于USB 3.1标准，可以将传输速度从USB 3.0的5Gbit/s提升到10Gbit/s，可传输达100W的电力，几乎适用于所有chipset和SoC，而且不论正接、反接都可正常运作，不怕插反。

399．什么是 HDMI 接口

HDMI（High Definition Multimedia）高清晰度多媒体接口是由日立、松下、Philips、Silicon Image、索尼、汤姆逊（Thomson）、东芝7家公司成立的HDMI组织制定的专用于数字视频/声频的传输标准，可在一根电缆内传送无压缩的声频及高分辨率视频信号。HDMI采用一条电缆保证最高质量传送影音信号，最远可传输15m，最多可取代13条模拟传输线，大大简化了系统的安装。

HDMI接口发表至今，已有多种版本（HDMI 1.1、HDMI 1.2、HDMI 1.3、HDMI 1.4等）。在2012年1月1日后，除线缆以外的其他HDMI设备应去除所有版本号标识。在此之前，厂商应在明确显示所使用技术的前提下应用版本标识，如“HDMI v.1.4 with Audio Return Channel and HDMI Ethernet Channel”（HDMI 1.4版支持ARC声频反馈通道和HEC以太网通道），但严禁使用笼统的“HDMI v.1.4 Compliant”（兼容HDMI 1.4）。HDMI 1.4版线缆共有5种类型，规范的标识方式为Standard HDMI Cable，中文规范名称为标准HDMI线（最高支持1080/60i）；Standard HDMI Cable with Ethernet，中文名称为标准以太网HDMI线；Standard Automotive HDMI Cable，中文名称为标准车用HDMI线，High Speed HDMI Cable，中文名称为高速HDMI线（支持1080p、DeepColor、3D）；High Speed HDMI Cable with Ethernet，中文名称为高速以太网HDMI线。

HDMI 1.4a标准有5种类型：（1）HDMI A是最常见的标准类型，一般用于电视机、显示器；（2）HDMI B是双链路HDMI标准；（3）HDMI C是Mini HDMI，接口较小，用在便携式设备，如DV、数码相机上；（4）HDMI D是Micro HDMI，接口更小，用在智能移动类设备，如手机、MP4播放器上；（5）HDMI E是Automotive HDMI，用于汽车等晃动较强或环境较差的地方，公头接口上有倒钩卡扣，线材有较好的耐高温、高压能力。

除HDMI E之外，其他HDMI接头均不用插到底，HDMI A、B插入大于2mm，HDMI C插入大于1.2mm，HDMI D插入大于1.0mm即可。

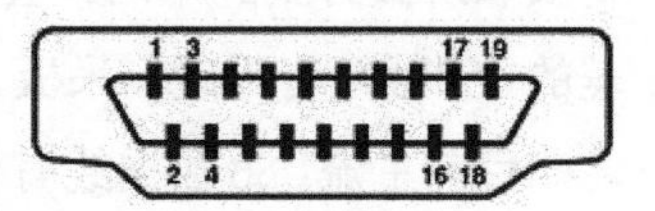

三种HDMI接口对照图

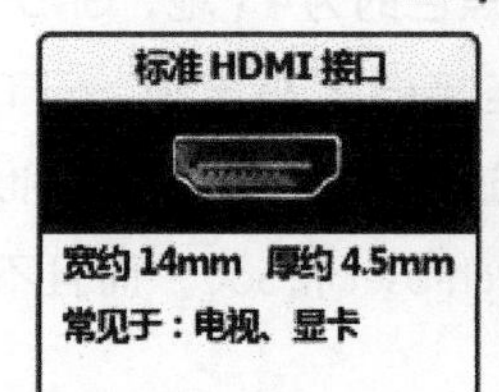

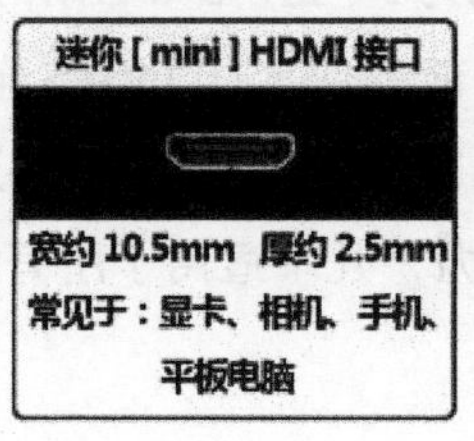

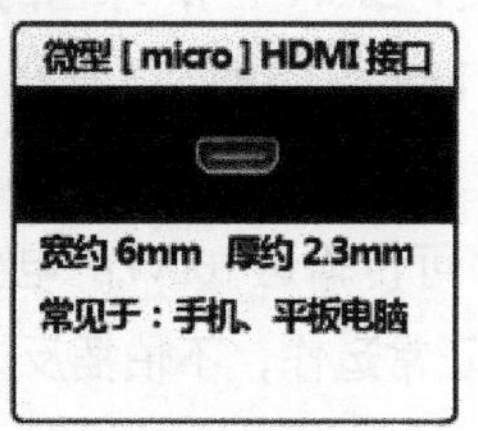

400．什么是蓝光光碟

2006年，索尼、先锋、三星等公司都发布了其蓝光技术与蓝光产品。2008年，蓝光光碟战胜HD-DVD成了下一代存储光碟。

蓝光光碟（Blu-ray Disc，缩写为BD）是DVD光碟的下一代格式。它在人们对多媒体的品质要求日趋严格的情况下，用以存储高画质的影音及高容量的资料。Blu-ray由其采用的激光波长405nm，是光谱中的蓝光而得名（普通DVD采用波长650nm的红光，CD则采用波长780nm的红光）。

在技术上，蓝光刻录机系统可以兼容此前出现的各种光盘产品。蓝光产品的巨大容量为高清电影、游戏和大容量数据存储带来了可能和方便，将在很大程度上促进高清娱乐的发展。目前，蓝光技术得到了世界上170多家大型游戏公司、电影公司、消费电子和家用计算机制造商的支持。8家主要电影公司中有7家（迪士尼、福克斯、派拉蒙、华纳、索尼、米高梅、狮子门）予以支持。

一个单层的蓝光光碟的容量为25或27GB，足够录4h的高清影片；双层光碟容量可达到46或54GB，足够录长达8h的高清影片。而容量为100或200GB的蓝光光碟，分别是4层及8层。目前TDK公司已宣布研发出4层、容量为100GB的光碟。

蓝光光碟联盟（Blu-ray Disc Association）说明：所有获得授权的蓝光光碟播放器均可向下兼容，包括DVD、VCD及CD，但部分CD在一些蓝光光碟播放器中无法播放。

蓝光光碟使用CDFS格式，可以用蓝光烧录机写入资料，分为BD-R（单次烧录）及BD-RE（多次烧录）格式。索尼公司开发了两种蓝光碟XDCAM和Prodata。前者主要用于存储广播和电视节目，后者提供商业数据存储方案（例如，为服务器数据备份）。

蓝光光碟的最大竞争者是HD-DVD，也称AOD，由东芝和NEC公司生产。在DVD占据光介质市场之前，HD-DVD的工艺就已经成熟。HD-DVD的最大优势在于其制造工艺和传统DVD一样，生产商可使用原DVD生产设备制造。存储容量方面，HD-DVD和蓝光不相上下，一张可写入的单层HD-DVD可存储15GB数据，双层的可存储30GB，三层的可存储45GB；而双层蓝光碟可存储27GB，三层的可存储50GB。只读格式下，两种介质的存储容量差别非常小。而且，HD-DVD也提供交互模式。

Sony公司在2008年底推出的全新高音质CD，是把部分Blu-ray Disc蓝光技术应用到CD碟片中，采用蓝光光盘材料和生产工艺制造的CD，可直接用现有的激光唱机播放，称为Blu-spec CD。由于高分子聚乙烯的透过率非常优异，接近玻璃CD的特性，播放机能够更精确阅读碟内的数据，播出绝佳音色。通过Blue Laser Diode制造技术刻制母盘，和高级光纤传导配合，使信息轨道坑点、轨道凹槽更精确，盘面更平整，不良折射减少，能比普通CD唱片实现更高的压片精度和更高的稳定性。因此激光唱机在播放Blu-spec CD的时候时基误差很低，需要纠错电路介入的信息减少，从而使声音精度大幅度提升。Blu-spec CD唱片封面左上角会有“Blu-spec CD”标志。

Blu·spec CD

注：玻璃CD是由Fine NF Japan公司限量生产的用特种光学玻璃物料制造的高质量CD唱片，可提供非常清晰的声音细节表现，没有寿命限制，但售价极其昂贵，且难大规模生产。

401. 什么是网络下载无损音乐格式

APE是一种无损压缩声频格式。APE常被用作网络声频文件的传输，因为被压缩后的APE文件容量要比WAV原文件小一半还多，能节省传输时间。通过解压缩还原得到的WAV文件与压缩前的原文件可以完全一致，所以APE被誉为“无损声频压缩格式”。APE目前在互联网上很流行，在很多下载网站都可以下载。

WAV也是一种声频文件，它是用EAC这类抓轨软件从音乐CD上抓取的与原版CD保持一模一样音质的声频文件。但它的文件很大，如一张80min的CD，直接用软件抓轨得到的WAV文件有800MB左右，如此巨大的文件尽管音质好，但不利于在网络传输。于是出现各种压缩技术，最有名的当数MP3，还有RM、WMA等，这些压缩是对某些片断进行取样而成，属于“有损压缩”。320kbit/s的MP3尽管号称音质接近CD，但在音响系统中使用，高音飘忽、低音混浊的缺点非常明显，不能达到高品质的音乐重放。APE可以用CD-R刻录成接近原CD音质的CD，在普通激光唱机上播放或者直接保存在计算机里用软件播放，同样可以“Hi-Fi”。

目前，随着高清电影的风靡，越来越多的人迷上了高清，首当其冲的就是高清视频的画质表现，其丰富的细节表现，只要显示设备不是瓶颈，画面表现力甚至比电影院还好。喜欢高清视频者应该了解，目前一部完整HDTV大片的体积在30～40GB，实际码率为20～40Mbit/s，但是很多人往往过分注重视频画质而忽视了声频流的音质，没有想过新一代“高清”声频的码率都有可能超过40Mbit/s。

402．什么是次世代声频

“次世代”源自日语，是杜比公司（Dolby Digital）和DTS公司（Digital Theatre System）的声频最新格式，即杜比公司的True HD技术和DTS公司的DTS-HD技术，可传输7.1声道或以上更高品质的声频。

声频的发展是声道数和码率的提高，从2声道发展到4.0、5.1、6.1、7.1……从kbit/s发展到Mbit/s、10Mbit/s……从有损压缩编码发展到无损压缩编码、无压缩编码，“次世代”声频就是无压缩编码。

作为高清的衍生物，次世代声频可谓带来一次硬件革命，让DVD高清有更广阔的舞台，实现真正的7.1声道数字输出，声音表现素质再次提升，带来前所未有的高品质视觉、听觉享受。由于配备HDMI接口，次世代声频还革新了Hi-Fi产品的传输接口。

403．激光唱机的新趋向

出于多种原因，近年来在激光唱机的构成上，有些厂商采取了新的设计理念。

（1）采用DVD转盘，数字声频信号采取奇偶校验高倍预读，先存储在内存中，再进行数模转换处理，在数模转换之前，数字信号已经传输并校验完成，传输过程中没有损失。例如，英国Meridian。

（2）转盘与数模转换之间采用多线传输方式，并使用高频信号，在传输数字信号的同时传输时钟信号，最大限度减少传输的时基误差。例如，美国Mark Levinson。

（3）转盘与数模转换之间采用特制的双线传输方式，分开传输数字声频信号及时钟信号。例如，英国Chord。

404．CD目前会被淘汰吗

CD唱片发明至今已30多年，目前已走向衰落，CD唱机还有生命力吗？基于CD

唱片巨大的社会拥有量，目前高保真级别的数字音乐仍是以CD方式发行，除非唱片公司直接发行数字音乐文件，现在CD的音乐文件只能通过CD抓轨的方式获得。

唱片公司通过网络下载销售音乐文件，与传统CD唱片的发行相比较，鉴于抓轨的文件无法和CD唱片一样，仍未形成产业链，目前所能获取的软硬件音质水准还逊于CD，所以CD唱片和唱机在相当长一段时间内，仍然会是高质量音乐重播的手段。

405．什么是DAB

DAB（Digital Audio Broadcasting）是数字声频广播的缩写。1986年由德、英、法、荷、丹麦等国政府及广播机构与电子产业界共组Eureka联盟，并制定Eureka-147 DAB规格，1994年Eureka-147被国际标准采用。DAB是继调幅（AM）、调频（FM）广播之后的第三代广播技术，是一个全新的数字化广播体系。目前世界上DAB系统大致可分为：欧规Eureka-147、美国IBOC（In-band On-channel）、法国DRM（Digital Radio Mondiale），还有部分国家自行发展DAB系统。我国目前试播采用Eureka-147系统。

DAB采用先进的数字技术——正交分频多任务技术（OFDM），能以极低的数据传输率及失真传送高质量的立体声节目，除具备数字信号传输的抗噪声、抗干扰、抗电波传播衰落、适合高速移动接收等优点外，还可提供CD级立体声音质及附加数据服务，且在一定范围内不受多径干扰影响，可保证固定、携带及移动接收的高质量。因DAB能接收多媒体信息（包括文字、数据、图片、影像，甚至实时信息的更新），更可推动广播迈向多媒体广播（DMB）的世界。

接收DAB节目或信息必须使用DAB专用的接收设备。DAB接收设备大致可分车用型、家用型、随身型及计算机接收卡。

406．什么是硬盘播放器

硬盘播放器（Hard Disk Player）是指可把计算机硬盘、移动硬盘、SD卡、U盘等存储设备中的音乐、电影、图片等在电视机、显示器、投影仪、幻灯机播放的设备。例如高清硬盘播放器，常指可以播放720p、1080i、1080p格式视频文件的硬盘播放器。

407．关于移动硬盘播放器

移动硬盘播放器是移动硬盘的延伸产品，是可以将移动硬盘里面的内容在电视机或显示器上播放的工具，是DVD播放机、数码相框等电子产品的换代产品。

硬盘播放器支持大多数影像格式。一般的播放器可以支持MP3、MP4、VCD、DVD、DivX、XviD、WAV、Flash、各类图片、文字资料等常见的格式，有的还可以播放从网络下载的RM格式电影。硬盘播放器除具有播放功能外，还有录制功能，可即时录制计算机或电视中正在播放的节目。

硬盘播放器有普通家用小型（掌中宝）系列、汽车专用座机系列、车用，家用两用系列。而车用播放器不仅具有一般播放器的功能，还具备收音、卡拉OK功能，还备有可接导航仪、后视仪等设备的接口。

硬盘播放器具备移动硬盘的所有功能，扩展功能有可插接SD/MMC/MS卡（即可以插入数码相机的存储卡同时播放）。它们都支持USB 2.0式3.0接口。有的播放器还支持OTG功能，硬盘播放器都支持从计算机上复制资料。

408．什么是高清多媒体播放机

高清影片——电影的片源，一种是文件格式的影片，主要来自网络下载；另一种是光盘格式的影片，目前DVD、蓝光格式的影片仍是主流，不过DVD影片是480p标清影片，而BD影碟就是标准的720p或1080p的高清影片，并且基于BD碟片的超大容量，全新的互动体验其他影碟或下载文件无法比拟。无论是下载的文件还是各种影碟，想看就要有播放器或播放软件。

下载影片的好处是基于互联网，能拥有近于无限的片源；缺点是下载的影片格式种类繁多，常规播放器往往无法识别某些特殊的文件格式或编码方式。

所谓的高清多媒体播放器，使用方法与DVD机差不多，不同的是，高清多媒体播放器是通过硬盘、存储卡等产品存储声、视频文件，然后再通过显示器或电视机播放。用户可以直接从网络上下载各种影片、视频存储在硬盘或存储卡中，然后用显示器等相连播放高清画面。有了这种高清多媒体播放器，用户可以不必守在计算机桌前，而自由、舒服地观看高清影片；不必再购买昂贵的碟片而是直接从网络上下载，省时、省力、还省钱。

作为一套完整的家庭影院方案，多媒体播放器可在电视机上播放视频、电影和照片，提升用户欣赏数字多媒体的体验。在它的帮助下，用户通过电视机或投影机屏幕（而非计算机显示器）即可轻松观赏存储的数字影音资料。只需将多媒体播放器放在电视机旁边，连接移动硬盘，对准播放器并按下按钮，就能以高清视频加环绕立体声的方式欣赏存储的内容和喜爱的电影。

FreeAgent Theater 高清多媒体播放器

409. 什么是HDTV

HDTV（High Definition Television）即“高清晰度电视”，源于DTV（Digital Television，数字电视）技术，属于DTV的最高标准。HDTV采用数字信号传输，从电视节目的采集、制作到电视节目的传输，以及到用户终端的接收全部实现数字化，因此HDTV给我们带来了极高的清晰度，分辨率最高可达1920像素×1080像素，帧率高达60帧/秒。由于运用了数字技术，信号抗噪能力也大大加强。和模拟电视相比，数字电视具有高清晰画面、高保真立体声伴音、电视信号可以存储、可与计算机完成多媒体系统、频率资源利用充分等多种优点。

HDTV规定视频必须至少具备720线非交错式（720p，非交错式即逐行）或1080线交错式（1080i，交错式即隔行）扫描（DVD标准为480线），屏幕纵横比为16 ：9。声频输出为5.1声道（杜比数字格式），同时能兼容接收其他较低格式的信号并进行数字化处理重放。

HDTV有3种显示格式，分别是：720p（1280像素×720像素，非交错式，场频为24、30或60Hz）；1080 i（1920像素×1080像素，交错式，场频为60Hz）；1080p（1920像素×1080像素，非交错式，场频为24或30Hz）。对于真正的HDTV而言，决定清晰度的标准只有两个：分辨率与编码算法。其中网络上流传的以720p和1080 i最为常见，而在微软WMV-HD站点上1080p的样片相对较多。

美国的高清标准主要有两种格式，720p/60Hz和1080i/60Hz；欧洲倾向于1080i/50Hz。其中以720p为最高格式，需要的行频支持为45kHz；而1080i/60Hz的行频支持只需33.75kHz；1080i/50Hz的行频要求更低，仅为28.125kHz。

在高清信号的3种格式中，1080i/50Hz及1080i/60Hz虽然在扫描线数上突破了1000线，但它们采用的都是隔行扫描模式，1080线通过两次扫描完成，每场实际扫描线数只有一半（1080/2=540线）。一幅完整的画面需要两次扫描来显示，这种隔行扫描技术在显示精细画面尤其是静止画面时存在轻微的闪烁和爬行现象。而720p/60Hz采用的是逐行扫描模式，一幅完整画面一次显示完成，单次扫描线数可达720线，水平扫描达到1280点，由于场频为60Hz，画面既稳定清晰又不闪烁。

经常看到HDTV分辨率是1280像素×720像素和1920像素×1080像素，如果分辨率再提高，已很难在现有的显示器上获得更加出色的画质。对于32英寸以下屏幕而言，1920像素×1080像素分辨率基本已经达到人眼对动态视频清晰度的分辨极限，再高的分辨率只有在更大屏幕显示器上才能显现出优势。

除分辨率外，HDTV的编码算法基本可分为MPEG2-TS、WMV-HD和H.264三种，不同的编码技术在压缩比和画质方面有区别。MPEG2-TS的压缩比较差，而WMV-HD和H.264更先进。

410. 什么是桌面音响系统

桌面音响系统也称底座音响，内置功率放大器和扬声器，可以直接连接iPod、

iPhone等数字设备，或通过Line-in接口连接计算机和随身听设备进行放音，适于卧室使用。

411．什么是音乐服务器

音乐载体数字化使越来越多的爱好者选择将计算机作为高保真音响系统的信号源。与传统唱片载体相比，高格式数字音乐文件具有无损播放、大量存储、快捷管理、成本低廉等优点，PC Hi-Fi就应运而生。PC Hi-Fi系Personal Computer 及High Fidelity两词合成，又称CAS（Computer As Source或Computer Audio Source），即计算机声源。

音乐服务器是把PC Hi-Fi的全套系统组合在一起的设备，通常采用嵌入式硬件平台，操作系统基于Linux平台开发，具有线性电源、高精度时钟及解码电路，丰富的输入、输出接口有很好的数字传输性能，使用非常方便，通过触摸屏遥控器实现各项功能。

412．常用的无损声频下载格式有哪些

全球的无损资源可分4大区：欧美区、日韩区、新加坡区及中国区。前三区FLAC和WV是绝对无损主流，PCM的WAV次之，APE虽已被淘汰，但在国内还是主流。

APE由Monkey's Audio软件压缩得到，是一种无损声频压缩编码。该格式的压缩比远低于其他有损音频格式（即压缩文件比有损压缩的文件大），但能做到真正无损，同时其提供的开源开发包使得播放器开发者较容易让播放器产品支持APE格式。在现有无损压缩方案中，APE是一种性能不错的格式，有非常好的压缩比及可以接受的压缩和解码速度，在我国应用非常广泛。

Wav Pack不仅是一个无损压缩格式，还能同时作为有损压缩格式。在其独特的Hybrid模式下，Wav Pack可以压缩成WV文件（有损压缩格式，大小相当WAV文件的23%左右）+WVC文件（修正文件，大小相当WAV文件的41%左右）的组合。有了对应的WVC文件，有损压缩格式的WV文件就变成无损格式，播放时和普通无损压缩格式完全一样。如果为了减少文件大小，可以去掉WVC文件，这时WV文件就成有损格式，播放起来和高比特率的MP3完全一样。Wav Pack是目前主流无损压缩格式之一，编码速度和算法都较APE要好。

FLAC（Free Lossless Audio Codec，无损声频压缩编码）是著名的自由声频压缩

编码，特点是无损压缩。不同于其他有损压缩编码如MP3及AAC，它不会破坏任何原有的声频信息，可以还原音乐光盘音质，现已被很多软件及硬件声频产品支持。

从技术角度看，FLAC比APE更有优势，因为：(1) FLAC完全开源，许多播放器能自由地将FLAC解码功能内建在自己的解码器中；(2) FLAC有广泛的硬件平台支持，绝大多数采用便携式设计的高端解码芯片能支持FLAC格式的音乐；(3) FLAC优秀的编码能力使得硬件在解码时只需采用简单的整数运算，大大降低硬件资源占用，解码速度极快，这是硬件播放器对FLAC支持更好的原因。

413. 无线影院系统的组建

组建一套家庭影院，除非音箱线装修时已预先埋好，否则对已装修好的环境，最麻烦的就是音箱线布线问题，因为布线入墙不大现实，穿天花板难度太大，走明线又难看，所以用一套不需要音箱线的音箱将是最好的方案。

例如，采用丹拿XEO无线音箱就可以完全不用扬声器线，不受空间限制组成一套多声道的家庭影院。小房间可用XEO3，大房间可用XEO5，再配一台播放器和一台AV功放就解决了一切。特别是环绕音箱采取无线方式可以减少很多麻烦。

414. 一些易为大家忽略的问题

置办了一套音响器材，不管器材的性能如何，都要有一个合适的聆听环境，否则就不能充分享受其中乐趣。因而在欣赏之前，不妨先环顾一下室内环境，看是否有什么地方要改善。玩音响遇到问题，一定要从客观角度研究，以科学方法解决，不要由于缺乏有关知识而去盲从某杂志、某人。

空调在工作时发出的噪声会影响欣赏的完美。为了保持安静的聆听环境，最好不用空调，若用空调应选分体式，室内机要安装在远离聆听位的一端。聆听音乐时要紧闭门窗，阻挡外界噪声干扰，提高声音密度。开着的门窗会使声音传到外面，影响四邻，而且声音不外泄还能提高声音密度，隔离外来的噪声，营造一个安静的环境是十分必要的。

排除音箱、脚架与地板间的空隙所造成的摇晃。用手推动音箱时，不能感到有晃动，这对低音力度及微细的声音变化有利，能使声音更好。地面与脚架之间、脚架与音箱之间可垫以适当薄片，如薄毛毯，以消除空隙引起的摇动。器材架要选牢固的，以防止振动的影响。

两只音箱中间不要放置大型物件，如电视机柜等，以免破坏声像的连贯性，影响声场表现及临场感，当物件相当大时会严重影响听感。

听音室要使用白炽灯进行照明，不要使用日光灯和劣质LED节能灯，它们会对电源产生脉冲性污染，带来电磁干扰噪声。听音室内的音响设备最好不要和大电流或大功率的家用电器接在同一电源支路上。功率放大器的开机电流较大，最好插在单独的电源插座上。听音室的电源与电冰箱、洗衣机等家用电器是同一回路时，电源必然会有污染，所以听音室的电源最好用单独的回路。为了消除噪声干扰，可使用电源滤波器，不过功率放大器通常以不接入电源滤波器为宜。也可以试一下电源插头的极性对音质是否有影响。

如果条件许可，最好由电源进户处单独引一路电源供音响设备使用，而且由导线直至电源插座都要采用电流容量足够的优质产品，特别是电源插座不要用普通品，实践证明这对音响设备的声音重现有明确的正面影响，在低频表现、动态、密度及冲击力方面会有提高。

电源排插的质量常被忽视。目前市场出售的电源插座，质量普遍达不到要求，接触片弹性差，经常发生接触不良，难以向功率放大器提供瞬间充足的电流，影响音质不可谓不大。另外这种排插所带的保险丝管装置，也是个影响性能的根源，可用粗铜线将其直通。过长的电源线、不必要的电源插座板应予以避免，以免影响音质。有些放大器背后备有电源插座，供其他音响设备取得电源，使用虽方便，但为音响系统连接中之大忌，不宜使用。

在做系统调整前，请先检查各线材的连接是否良好，如电源线，包括插头与插座的连接、插尾与设备的连接。

小心保管CD片，不要因指纹等使音质劣化。虽说CD受污染很少会造成不能重放或产生噪声，但还是会对音质带来一定损害，所以要经常检查，及时清洁。清洁方法是用软布由中心向外呈辐射状擦拭，去除指纹及污垢，千万不能作同心圆环状擦拭，以免划伤表面，甚至造成损坏。CD片盒中的泡沫片或软纸垫将吸收潮气，与唱片长期接触，会损伤唱片，为了延长唱片寿命，最好取出丢掉。

模拟电唱盘应水平放置，并离开音箱合适的距离，以防止声反馈的发生。电唱盘若放置在直接受到扬声器声波影响的位置，由于声反馈会产生调制噪声而劣化音质，如声像模糊、声音失真，严重时甚至引起啸叫。

盒式录音座的磁头要定期清洁和消磁。磁头沾有磁带上脱下的磁粉和其他污物时，会使重放声缺乏高音，电平降低，严重影响录音性能。所以要经常检查磁头是否清洁，并定期进行清洁。磁头使用满30～40h后，由于长期使用后的剩磁积存等原因，逐渐受磁化，使本底噪声增大，中、高频出现衰减，所以要进行消磁。

音响设备若不正规连接，易于拾取令人讨厌的干扰，特别是低电平输入端，更易受交流声和射频干扰的影响，故而信号线的屏蔽层必须很好接地，并远离交流电源线。高电平输入端一般受影响较小。

信号线的接线端子应清洗干净，以免污染氧化而产生接触不良，造成音质下降。音箱插头经常会由于诸种外因而松动，特别是以螺纹压紧连线的非焊接连接，更易产生接触不紧密引起的问题，如接触时好时坏、接触电阻变大等，这些都会造成音质变坏，所以应经常检查音箱插头是否正常。

尽可能不用普通家用电源插线板，其对功率放大器性能的负面影响尤其严重。

放大器应在所有连线接妥后才打开电源开关，它的输入和输出插座在系统电源接通时，不能断开或插接。电源接通后，不要用手指触摸放大器输入电路的开路端试验系统是否工作，以免造成放大器或扬声器损坏。

不要频繁开、关音响设备，频繁地开与关会影响电子元器件的寿命，特别是对某些数字集成电路而言，开、关机时的电流冲击极易造成损坏。

音响器材的外壳不能随便接地。如某些声频放大器的电源插头是带有接地端的三线式，工作时外壳接地，当音响系统由多台器材组合，特别是多信号源时，常会由于各机接地端间存在的环路电位差而引起交流声，甚至出现更大的故障现象，这时将放大器的接地端与大地断开，故障即能消除。整个系统中的设备，只能有一台接地是原则，如功率放大器，其他设备的电源插头只能用二线式插头。在与电视机等显示器组成的AV系统中，如果放大器的电源插头是带接地的三线式插头，常会引发明显的交流声，只要去掉接地脚即可解决。

书架式音箱只是一种叫法，实际使用时一般需另置脚架，而不宜直接把它摆放在书架或组合柜上，以免过多的声反射影响声场、定位，造成声染色，也可避免产生共振。

当使用不同款式放大器组成AV系统时，如纯功放加解码器，必须进行相位校正，因为每款放大器的输出相位并不都是一样的，有的同相，有的反相，视设计而定。

欲使音响系统处于最佳工作状态，必须先行热身，也就是通电预热。通常器材在预热15～30min后即入佳境，仅少数器材需预热1h左右，当然这里所说的预热不是指“煲机”。

音响器材重叠堆放，简单易行，但器材的振动会相互影响，常会带来一些对音质的影响。所以要尽量避免重叠堆放的形式，而采用适当的器材承架（Series Equipment Rack），将器材分层放置，如图2-112所示。声频放大器等器材的4只机脚不能有一只悬空。

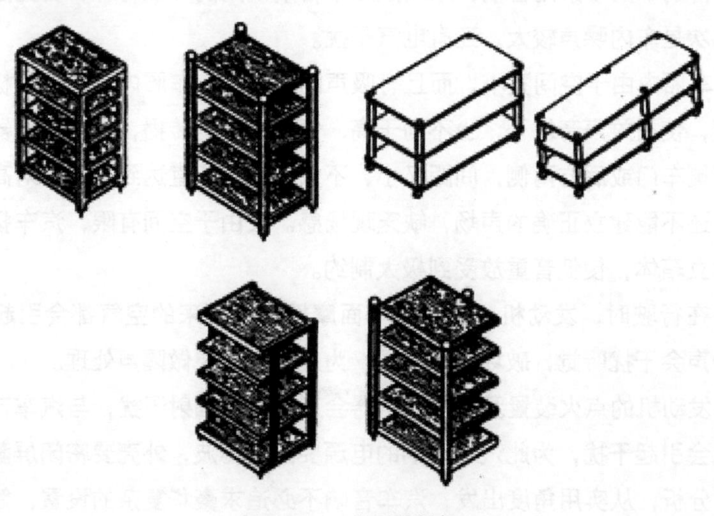

图2-112　多层器材架

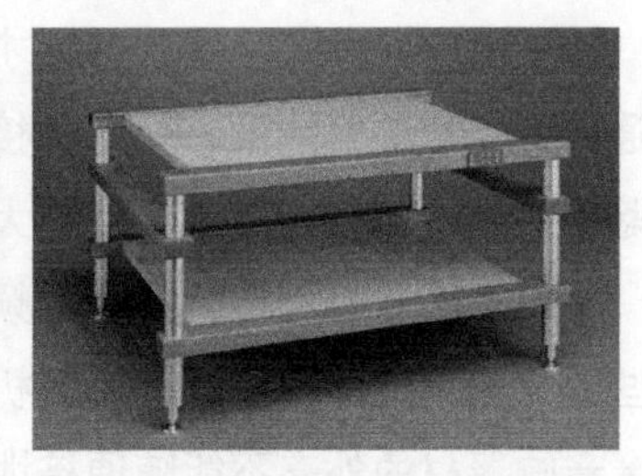

理想的器材架要尽可能水平、低谐振，而且摆放在尽可能远离振动源的位置。落地器材架放在坚硬的混凝土地面会有更好的效果，器材架如果放在木地板上，则模拟电唱盘就会受到走路脚步声的干扰，建议考虑装置专用的挂墙架。注意，尽量不要把器材架放在两个音箱之间，虽然比较对称、好看，但确实会影响放声的声场和结像。

415．汽车音响的由来和特点

说起汽车音响的起源，要追溯到20世纪30年代出现的轿车车载收音机；到20世纪40年代，电子管汽车收音机已相当成熟；随着科技的进步，20世纪50年代汽车收音机由普通高压电子管发展为专用低压电子管，再由半导体晶体管发展为集成电路，功能上也由单一调幅中波广播接收而成调频/调幅广播接收；20世纪70年代进而兼有盒式磁带放音功能，再到具有CD唱片放音功能，并由单声道发展为二声道立体声及多声道系统；现已发展到集视、听，电视娱乐，通信导航，辅助驾驶等多功能于一体的综合性多媒体车载电子系统，成为未来汽车不可缺少的部分。

通常汽车音响是指小轿车和商务车的音响系统，不包括货车和大客车。由于汽车的运行环境恶劣，如振动、高温、噪声、电磁干扰等都会影响到音响设备的正常运行，所以汽车音响从设计到制造都与家用音响不同，其安装和调整也复杂得多，家用效果好的音响搬到汽车上去，并不能解决问题。

汽车音响不同于家用音响，原因是汽车音响使用的环境特殊，首先是车内空间狭小，其次是车内噪声较大，还有电气干扰。

汽车车厢内由于空间狭小，而且有吸声的软座椅，车厢内声学特性极差，混响时间极短，使播放声音发干，也不利于高、低频声音的传播，加上扬声器通常装置在前方两侧车门或后方两侧，间距又小，不仅声音不能直达到人耳，对高音传播极为不利，还不能建立正确的声场，缺乏现场感。又由于空间有限，汽车扬声器不可能带有独立箱体，使低音重放受到极大制约。

汽车在行驶时，发动机、轮胎与地面摩擦及迎面来的空气都会引起不小的噪声，而噪声会干扰听觉，破坏音响效果，为此对车厢要做隔声处理。

汽车发动机的点火装置及其他用电器会产生电磁辐射干扰，与汽车音响共用的蓄电池也会引起干扰，为此汽车音响的电源要进行滤波，外壳要密闭屏蔽。

综上分析，从实用角度出发，汽车音响不必追求豪华复杂的设置，简单、高品质才是正途。汽车音响在声场定位和音乐重现方面与家用音响有很大差距，但可求得一种使人愉悦的感受，能给人以舒缓、放松的感觉，减轻旅途疲劳。

416．如何选择和改装汽车音响

对于中、低档轿车而言，由于成本关系，原装的音响系统只是汽车的附属设备，一般仅能达到会响的水准，其主要存在的问题为功率放大器输出功率偏小和原装扬声器品质过差。

选择汽车音响有4个方面需予以注意：（1）设备的安装尺寸；（2）设备的避振性能；（3）设备的音质；（4）设备的抗干扰性能。

汽车音响如何改装，对不同的音质与成本的要求，会有不同的改装方案，但原则是针对对音质影响最大的瓶颈部分进行。例如，低端汽车音响的扬声器品质极低，是改装的重中之重，效果可立竿见影。加装超低音扬声器补充低音时，不要调得太响，若有若无即可，低音扬声器太响，会破坏声音的平衡感，正确的声音应是低、中、高音均衡，过分突出某一频段并不会改善重放音质，更不能强调低音。

汽车音响用功率放大器的输出功率并不是越大越好，实际只要能推动扬声器达到适当的响度，感觉自然即够。输出功率过大，会使扬声器过载而发出难听的声音。

改装汽车音响时，使用的电源线不能太细，多个功率放大器的电源要单独用电源线供电，与蓄电池的连接端要清洁、牢靠。在电源两端并联专用储能电容修补瞬间大电流时的电压下降。电源线不能与音响的信号线靠近平行布线。汽车音响的接地线的连接处必须清洁、牢靠，音响系统的各接地线要集中于一点接地。扬声器的安装要牢固，防止安装面板在工作时产生振动。

改装汽车音响时，如能降低车厢内的噪声，可提高有效动态范围，降低对功率放大器的功率要求。降低车内噪声，一是从噪声源进行治理，二是在噪声传播途径上做隔声、吸振。改装时主要针对的是后者，如进行车体密封、车体减振及车厢内吸声，但要注意不轻易改变原车体结构。

可对车门、地板、行李箱等加装减振件，对车体加固减振，降低产生振动的可能。在加强车门后，由于扬声器安装面板刚性增大，对音响效果也有好处。提高车体的密封隔声性能，可改善车门及行李箱盖的紧密性，堵塞缝隙及孔洞，就能大大降低汽车在高速行驶时产生的噪声。降低车厢内的噪声不仅能提高汽车音响的效果，减小功率放大器的功率要求，还能提高驾驶的安静性和舒适性。不过必须注意，车体的密封不要过度，以免造成车内缺氧，引起安全问题。

417．什么是“摩机”

“摩机”一词源自英语Modify的谐音，意为修改、修饰，专指音响爱好者对商品音响器材进行修正改造，提高性能的活动。

“摩机”确可改变音响器材的声音表现，但改善并不是随便换一些元器件就能奏效的，更不是任何人都能胜任的，“摩机”需要条件，一旦“摩“不好，可说是赔了夫人又折兵，花了钱还弄坏了机器。不过通过自己精心操作改造，使器材性能有所改善，那种喜悦是难用笔墨形容的，这也是“摩机”的魅力所在。

首先，“摩机”者需具有相当电子技术、电声技术和相关的基础知识，以及音乐欣赏能力，还得有一定动手能力，否则无的放矢，胡乱进“补”，必然出现画虎不成反类犬的后果。没有前述条件者，谨慎动手，不然风险太大，后果堪忧。

其次，对“摩机”应有正确的认识，之所以有“摩机”之余地，是因为工厂批量生产的音响器材由于成本、工艺等原因，难免存在一些不足，这才可以通过“手术”进行改善，但对这种改善切不能寄予过大期望，由于器材基本素质所限，“升级换代”是不可能的。同样高级机的“摩机”余地就很小。“摩机”要注意不能偏颇，正确的音质、音色是原则，过度追求某种悦耳的音色常会失去真实。

再次，“摩机”有个方法问题，总括一句是要科学“摩机”，“摩”之前，需对欲“摩”器材进行仔细试听，找出不足之处，并进行认真分析研究，以便对症下药。须知“摩机”并非只是换换元器件而已。“摩机”实乃让器材自身潜力充分发挥，换元器件也应有分析，要了解元器件的性能，不可盲目认为只要价高就必有好处，否则岂不是造出一台好机太简单了么？要知道有些场合用了不恰当的所谓高档元器件，反会导致音质劣化，譬如钽电容器就不能用作耦合电容器，否则失真增大；又如精密的块金属膜电阻就不适合用在音响设备，这里面有经验和知识问题，对此很难用几句话说得清楚。特别要注意，声音有改变并不等同于有改善。

对于大多数普及型音响器材而言，电源部分通常较简陋，裕量又小，是“摩机”的第一去处。可采取改用大型电源变压器、结面积大的整流管及频率阻抗特性优良的滤波电容等方法。如电源变压器可增大功率容量、加电磁屏蔽罩减小漏磁，电源变压器要有静电屏蔽层，减小初次级绕组间的电容性耦合带来的电源干扰；整流用半导体二极管，可选用高速管型，但快恢复整流二极管在大电流工作时压降大幅增大，不适合晶体管功率放大器电源的大电流整流使用；半导体整流管由于存储效应，在导通进入关断瞬间会产生十几kHz的脉冲，劣化音质，所以要在二极管的两端并接0.005～0.01μF、耐压足够的电容；滤波电容可改用更高质量的，以多个小容量电容并联取得大电容量，可得较低交流阻抗，提供较大的瞬态电流，若电容质量一般则对音质并无好处；在大电解电容上并联几个逐渐递减电容量的电容（如47μF、1μF、0.1μF等）或一个小电容量的电容，以降低电源的高频内阻，但须注意，不能影响声音的平衡，此小电容量电容要就近接入电路，而非与大电解电容并联在一起，如附图示。当电源变压器的功率裕量不足时，换用大容量滤波电容，反会劣化音质。对大多数DAC（数模转换

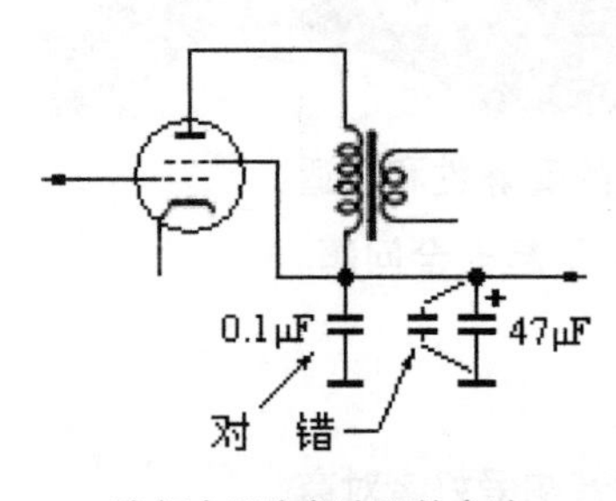

降低电源高频内阻的方法

器）的电源，加大电流容量，会使音质得到极大的改善。注意大电流整流桥一定要加一定数量的散热片。

在不少放大器和激光唱机中使用着RC4558、MC1458、M5218等运算放大器，由于转换速率过低，仅有0.5～1V/μs，对音质尤其高频表现十分不利，可用适当的低噪声、高速、宽带运算放大器置换，但不要盲目选高频率的型号，有些高频运算放大器并不适合在声频工作，还要掌握输入阻抗匹配和供电电压的要领，忽略了这些条件“进补”，就难以达到改善音质的预期目的。使用高频、高速运算放大器时，要防止轻微高频自激劣化声音，尽可能不用插座及转换座。防止微自激的方法如附图所示。

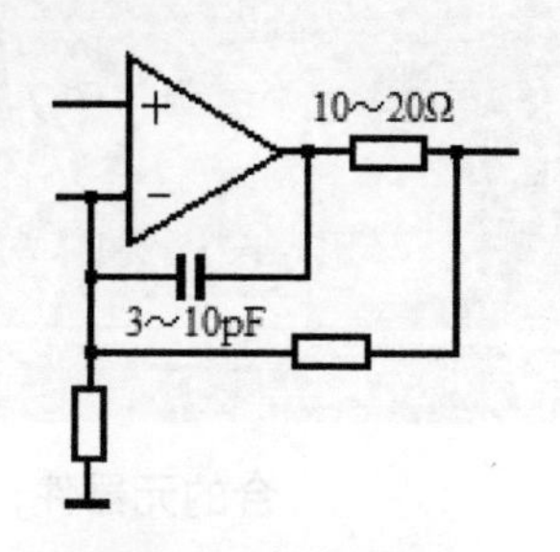

运放电容性负载微自激的防治

电容在音响电路中，它的介质损耗可引起声频信号的谐波失真，不同电容由于介质吸收（DA）的不同，对音质、音色有一定影响。耦合电容必须选用没有直流漏电流、绝缘性能好而损耗小的，它对音色的影响较明显，但并非价格越高越好。滤波及退耦电容的性能对音色也有影响。电阻对信号是等量衰减的，除个别场合，如信号通路等外，一般不会对音色产生明显影响，在相同条件下，功率大的电阻所引起的噪声要比功率小的电阻低，故前级电路中的相关电阻的额定功率应有足够的裕量。

薄膜电容由于具有优良的特性而被大量应用在模拟电路中，薄膜电容是以金属箔为电极，以低损耗塑料薄膜为介质，重叠卷绕成筒状的电容。在介质薄膜上直接蒸发金属层的电容称为金属化薄膜（Metallized Film）电容，不仅体积小，还有自恢复作用（Self Healing Action）。根据塑料薄膜种类的不同，薄膜电容又可分为聚对苯二甲酸酯（俗称涤纶）电容、聚丙烯（PP）电容、聚苯乙烯（PS）电容和聚碳酸酯（PC）电容等。在音响电路中，使用最多的薄膜电容是金属化聚丙烯（MKP）电容、金属化聚对苯二甲酸酯（MKT）电容，以及聚苯乙烯（MKS）电容。

对耦合电容而言，信号电平越高，电容质量对失真的影响越大，相同介质、不同制造工艺的电容对声音表现也有相当大的区别。对反馈电容而言，应选稳定性好，而且漏电流尽量小的。电源滤波电容最好选用专用的电解电容。聚丙烯电容性能在音响电路中品位最高，低电压下工作性能稳定，介质损耗低，不易老化，绝缘电阻高，但超高频特性不太好，适宜用于耦合，但不宜使用在DAC输出滤波等部位。聚苯乙烯电容性能优良，损耗很小，稳定性很高，受频率影响较小，有高的绝缘电阻，而且超高频性能好，能使用在对电容量要求高精度和稳定的场合，但这种电容不耐高温。一般电路中使用聚对苯二甲酸酯（即涤纶）电容即可，它有很宽的电容量和电压范围，体积小，耐热性好，但不适于在高频工作，作为耦合用声音较暖而分析力差。在需要大电容量的场合，可选用音响专用的铝电解电容，钽电容由于具有半导体效应，非线性失真大，不宜在音响电路中使用，特别是耦合电路，但适于作为数字集成电路的电源旁路。

电解电容使用时间长了，其电解液会干涸而失效，即使没有失效，其品质、寿命也难保证。所以最好换掉一些老设备中的电解电容，也不建议使用所谓古董电解电容。换元器件是最简单也可能是最困难的一种“摩机”方法，单就换元器件本身并不需要什么专业技能，会用电烙铁就成，但从调声角度看就要求有丰富的经验了，控制并协调到平衡，没有过多的染色。不能盲目迷信所谓“补品”发烧元器件，因为世上只有最适合的元器件，不存在最好的元器件，关键处使用适当的元器件才是成功之路。

418．关于“焊机”

音响爱好者有“换机派”和“焊机派”之说，前者以商品音响设备的优化组合为乐，后者以自己动手装配为快。“焊机”实际上就是装机，包括电路设计、装配工艺、外形结构等，对具有一定电子和机械基础的爱好者而言，自己动手制作音响设备——“土炮”是莫大的乐趣。当取得成功时，不仅可以提高技艺，积累经验，还能节省资金，外加获得无尽乐趣。

不少爱好者为了“焊机”，直干得废寝忘食，还不惜工本购买优质元器件，恨不得试遍各种新奇电路，可谓“烧”得不亦乐乎，其中苦乐难用笔墨形容。但“焊机”爱好者必须明白，“焊机”首先要具备必要的相关基础知识，否则文章宣传什么便相信什么，不加客观分析、比较，极容易步入走火入魔的死胡同而不能自拔。因为时下有些杂志发表的文章虽说得天花乱坠，但往往实际效果平平。还有一些几十年前名噪一时的名机，现今被媒体写手捧得上天，但限于当时的技术条件，其实际性能实在已难于满足现在的要求，进行仿造必然难以达到你的期望，将会大失所望。所以“发烧”莫忘科学分析，对流行刊物的介绍千万盲从不得，以免上当。

一台优质的音响设备，除了电路设计和零部件外，制作工艺是第三要素，它将直接影响设备的性能和品质。因此合理的电路、适当的元器件及细致的装配工艺缺一不可，盲目使用所谓“顶级元器件”不可能获取真正的好声音，也不要迷信特殊电路。

419．关于升级的问题

音响爱好者是永不知足的群体，他们对器材的满足常是相对的，所以他们中间流传着升级之说，就是通过更换器材或者其他措施，使音响系统的性能有所提高，音质更上一层楼。当然在追求更好声音的同时，首先要静思器材的潜在性能是否已得到充分发挥，改善音质绝不是简单的换机。

器材到了一定档次后，欲升级换器材，就多了几分踌躇，心情非常复杂。面对着那些花了不知多少精力、心血方才购置下来的器材，就此割舍，确有不少留恋。对音响设备加架、加钉、换线等，即使变化较明显的线材，那些变化和效果也达不到升级程度，而且还有不少前提和制约因素。下决心换器材吧，换下来的器材如何处理？那笔不小的投资如何筹措？实际效果呢？“发烧友”毕竟大多数是工薪阶层，花钱总想用得其所，物有所值，买错了器材，可要吃后悔药了。

对于具有一定整体水准的音响系统，升级的最佳方案当是添置一台多比特的D/A转换器（DAC），相信这是中档音响系统花最少投资取得最明显音质提高的办法，那种耳目一新的感受将使你喜出望外。不过欲使DAC充分发挥潜力，一根优秀的数字同轴线是必不可少的，原激光唱机的转盘素质要好，否则效果将大打折扣。对于分体电源DAC而言，将电源升级，提高裕量及精度具有积极作用，不仅对动态，还对细节重现能力有改善。

对于使用落地音箱的系统，低音的表现常有清晰度不足的浑浊感，为了改善整体声音水准，如果使用的是前后级分体放大器或备有前置输出端子的合并放大器，则可添加一台功率放大器，采取双功率放大器驱动的工作方式，高音和低音扬声器由独立的放大器驱动，就会对低音控制力及整体声音品质有明显的提高，特别是对清晰度及空间感的改善上，以及在爆棚时的从容程度上、对动态和力度的改善上，能收到出人意料之效，这是一种有益无害的升级方法。通常双功放驱动工作方式采用两台功率输出相同的放大器，但若在双功放驱动前置放大的输出端，或后级功放的输入端，其中有一路可做调节，就能在连接时进行精确的电平匹配，取得更好的效果。

420. 世界著名顶级音响器材品牌录

在世界范围内，音响器材中的名牌有很多，下面是海外一些主要生产高档器材的厂家/品牌简介。

金嗓子（Accuphase，日本） 它于1972年作为高级分体放大器的专门生产厂而诞生，以高性能和精良的制作而倍受好评，作为高级放大器生产厂商确立了稳固地位，今日制作的产品已不只是分体放大器，还有高级合并放大器、激光唱机等。

Accuphase

奥特蓝星（Altec Lansing，美国） Western Electric（西电）公司1937年成立奥特蓝星公司，1939年它被简称为Altec，负责电声产品的研发和推广，是北美最负盛名的声频产品制造商。自创办之日起，它就走在高质量音箱的前列，为声音技术民用化的发展做出了巨大的贡献，先后创立了剧院、Hi-Fi、多媒体、基座声频的标准，在20世纪四五十年代是顶级专业音箱的代名词，至今“剧院之声”号角扬声器系统、经典的同轴扬声器仍为全球发烧友所津津乐道。

ALTEC
LANSING

AUDIO NOTE（英国） 充满神话的英国公司，以电子管放大器闻名于世，以纯甲类、单端直热式输出、无负反馈为特点，采用优质零件，如纯银输出变压器、AG foil（金银箔）电容器、Tantalum银钽电阻、纯银接线等。

ATC（Acoustic Transducer Company，英国） 声学换能器公司创立于1974年，以独自的技术进行监听系统用的单元开发，以专门制造监听音箱而驰誉世界，在各国录音室博得极高评价。产品除单元外，还有录音室用有源音箱及家用音箱。富于鲜活动力的优质声音，使其拥有众多的狂热爱好者。

audio research（ARC，美国） 建厂于1970年，以产品的声音素质、制作水平和精密设计著称于世，尤以制作电子管机驰名世界，并开创了电子管/晶体管混合运用的新领域。旗下产品有连贯的外形风格：拉丝厚铝面板，边角修圆，中间镶嵌黑底白字醒目商标，两侧设有圆滑的黑色手柄。它制作的电子管和晶体管放大器声音甜美，驱动力强大。

盟主（Avalon Acoustics，美国） 建厂于1985年，美国顶级音箱制造厂。音响性与音乐性相互融合和谐，在发烧友心中有举足轻重的地位，旗下产品无论外观设计还是声音表现都非常强大。

喇叭花（avantgarde，德国） 德国Hi-end音响制造商，创立于1991年，其

“球面号角”式设计突破传统音箱外形束缚，独树一帜，几个圆圆的大号角，造型、色彩、线条充满工业设计的美感，极具视觉冲击力。

柏林之声（Burmester，德国）1978年创立于柏林，“重质不重量”是厂方的特色之一，厂房占地约1300m^2，雇用工人仅20位。认真并追求精确的精神确立了它在世界Hi-end厂商中的地位，它是世界上最受推崇的高质量音响系统制造厂家之一。

西洛（Cello，美国）Mark Levinson自创之顶级品牌，诞生于1985年，以高水平的音响爱好者为对象，目标是开发高级放大器。产品数量不多，但均设计精良，以高质量元器件精心手工制作，不仅声音好，制作的精湛、巧妙均拥有高度评价，以分析力驰名，高频有迷人的韵味，其鲜明的Hi-End形象已深入人心。

诗醉（conrad-johnson，美国）始建于20世纪70年代，埋头设计好声电子管放大器，代表作数不胜数，有独特的电路校声技术，元器件选配独到，具有不变的音色。其口号为“It just sounds right”。它的产品是20世纪最具代表性的美国电子管放大器。

conrad-johnson

汇点（COUNTERPOINT，美国）1976年设立于明尼苏达州，一贯坚持电子管放大器的制作，但由现代化的设计充分发挥电子管的魅力，早年以电子管功率放大器、电子管/MOSFET混合功率放大器闻名。它的前置放大器、功率放大器等产品，在高级放大器群中，极富个性，素以富有独创性著称。公司因运作失败，1998年关闭。

帝瓦雷（DEVIALET，法国） 这个来自法国的高端音响品牌，诞生于2007年，其产品设计理念超前，以强烈的家居属性赢得无数发烧友的好评，以非常现代的功能设计加上可挂在墙上的功率放大器吸引了无数消费者的关注。它拥有专利ADH低功耗模拟混合放大技术、SAM主动式扬声器匹配技术，近年来得奖无数，在Hi-Fi界备受关注。

丹拿（DYNAUDIO，丹麦） 它是世界首屈一指的扬声器单元及音箱制造厂，以单元制造工艺精湛驰名。20世纪80年代初，它以小体积高质量音箱树立了还原标准，经不断改良创新，发展出不少优秀的系列，执着追求真实、自然、完美的音乐还原性。正确的瞬态和相位反应、无压缩的动态、高超的分析力、自然而平衡的音色是丹拿音箱的特点。2014年，它被山东歌尔声学股份有限公司收购。

EAR（EAR-Yoshino，英国） EAR（Esoteric Audio Research）创立于1978年，从事家用与专业音响器材的设计与生产。灵魂人物Tim de Paravicini是音响界的传奇，媒体称其为“电子管之王”，他在录音专业领域更享盛誉。EAR器材拥有一贯的音质与音色走向，而且具备很高的声音辨识度。EAR的电子管机电路有创意而不复杂，各种变压器是其中的关键，常采用稀奇古怪的特殊规格电子管，不用大环路负反馈，大都是自创电路，不是市场上最贵的器材，但声音表现有极高评价。

爱因斯坦（EINSTEIN，德国） 这个品牌诞生于1987年，它的放大器直至1991年方输出到国外，以坚实、清晰之美，音质活鲜的高性能，成为令人瞩目的品牌而为世界各国认知。近年来它又推出激光唱机、唱盘、音箱等多种产品。

EINSTEIN

爱诗特浓（estelon，爱沙尼亚） 这是来自爱沙尼亚的Hi-End音箱品牌，创立于2005年，创始人Alfred Vassilkov有近30年设计经验，早年在苏联最大的国营扬声器企业工作。音箱外观线条流畅、优美，有细腰花瓶般的妖娆外形，受人瞩目，非常吸引眼球，声音质量极高，是声学与美学的完美结合。

FM ACOUSTICS（瑞士） 它由Manval Huber创立于1973年，原系广播级专业音响生产商，进军Hi-End领域，以人工精密制造，视器材为艺术品，该公司的广告历来都是“音响中的劳斯莱斯”，其产品的最大特点就是“贵”。但并不是所有用户都认为它贵得没有道理，而以拥有它为荣。

高文（GOLDMUND，瑞士） Michel Reverchon领军的顶级品牌，原为法国的高级唱机系统而受瞩目，1985年初本部迁至瑞士，产品则以前、后级放大器为中心进行开发，走高价、精致的产品路线，品种并不多，以特有的透明音色、优雅的声底、精美的外观，作为新颖高级机获得极高评价。它所开发的激光唱机在欧洲也是屈指可数的高级产品，闻名遐迩。

GOLDMUND
SWISS MADE

贵丰（GRYPHON，丹麦） 1986年Felmming E.Rasmussen创立的Gryphon Audio Designs公司是极品级放大器的生产厂，一向以制作巨无霸功放而驰名。其产品以双单声道A类工作、重量级电源大电流设计、可调偏压、模块化设计，极尽专业化标准之能事，巨大的外形及工作时发出的高热使人难忘。产品外形高贵典雅，风格自成一派，声音质量细腻，深受用家欢迎，在短期即稳占极品级功放中一个重要地位。

HOVLAND（美国） 俗称“浩龙”，以生产Music Cap薄膜电容、纯银接线和精密步进式音量电位器等元器件而闻名，后自行生产Hi-End电子管放大器，用料优良，外观华美，充满传奇色彩。

HOVLAND

杰迪斯（Jadis，法国） 自1982年创建以来，作为拥有30余年历史的电子管放大器品牌，它为大众所认知，特别引人注意。甜润丰美的声音、豪华的变压器及金光灿烂的外观处理更添豪华为其特色。

JBL（美国） 1946年成立于洛杉矶，它是全球最大的专业扬声器生产商，从原材料开发、扬声器单元的设计和生产、音箱的设计和生产全盘控制在自己的手中，服务范围非常广泛，专业领域包括电影院、大型音响工程、大型流动演出、录音室监听、乐队用，以及娱乐场所，如歌舞厅、卡拉OK、酒吧；民用方面，从最高级到最流行的家庭影院组合。但20世纪90年代中后期，美国哈曼国际公司在重组哈曼·卡顿公司时，将JBL产品的方向定位为民用器材(Home Audio)，真正的JBL王国逐渐消失，曾经创造了4344、4425、K2奇迹的JBL(JBL PRO)不复存在，这些产品因绝版而成全球发烧友珍藏的对象。

杰夫罗兰（JEFF LOWLAND，美国） 俗称“乐林”，是1980年创建的放大器生产厂，是美国年轻生产厂的代表，以高水平音响爱好者为对象，不涉非专长领域，坚持质量第一。产品采用先进的电路设计，精心制作，具有重装甲的外壳及造型，并以其醇美快速、柔润动听的声音而享有盛名。它以高质量、富有音乐味，高稳定性、高可靠性，加上简洁漂亮，使人一见倾心，是工艺和技术的结晶。

劲浪（JM Lab，法国） 它于1980年创立于法国Saint-Etienne，是全球知名的高级音箱制造商，因独特设计构思而扬名，获国际赞许，权威杂志*Stereophile*多次将其产品列入A级榜十大最佳扬声器，被推崇为欧洲最高档次扬声器系统。扬声器单元及元件以Focal命名，音箱以JM Lab命名，被认定为Hi-End顶级扬声器中音乐和艺术的化身，结合其专利技术和完美造型，成为国际级旗舰产品。

JR Transrotor（德国） 它号称“德国黑胶盘王”，成立于1973年，是德国最大的LP唱盘生产商之一，其产品是世界公认的性能和造型工艺最出色的唱盘，其独家研制的FMD无损磁驱和TMD磁浮轴承技术蜚声业界。每件产品都称得上艺术品，大多采用压克力材料转盘，是全球最昂贵的LP黑胶唱盘。

克莱尔（KRELL，美国） 又称“奇力”，设立于1974年，以生产具有高超驱动能力的固态电路功率放大器而载誉，还有前置放大器、数字设备等产品。它作为美国的高级机品牌，确立了坚实稳固的地位。它坚持A类放大电路、全平衡对称设计，造型威武，重量十足，其经营哲学是以最佳工程技术生产音响器材，致力创制极品级的音响产品。它的产品声音特点是节奏明快、分析力强，其低频控制力强和动态强劲可说举世无双。

莲（LINN，英国） 1969年诞生之初，它是模拟唱机的专门生产厂，现以高级机为目标，生产小型放大器、扬声器以及激光唱机等，以小巧系统化及对音乐美感的重放而拥有众多的支持。产品不强调个性，坚持以音乐为本的信念，外形设计简单，声音自然、不抢耳，近年还兼顾音响以外的AV产品的发展。

力士（LUXMAN，日本） 创建于1925年，最初以生产广播收音头起家，第二次世界大战后成为著名的电子管放大器设计生产厂家，以高级、高贵、高雅著称，以独特的声音表现力闻名，拥有多项专利。Luxman是日本音响发展史的缩影，传奇般的生产历史和享有的荣誉使力士的很多型号成为收藏家追逐的对象。2010年，

IAG国际音响集团有限公司将Luxman纳入旗下。

麦克莱文森（Mark Levinson，美国） 俗称“马克”，MADRIGAL公司自20世纪70年代初，一直坚持使用高价元器件及配件求得高性能，在美国已成屈指可数的大规模高级机生产厂家。著名的Mark Levinson品牌不论在放大器领域，还是在激光唱机领域，均属实力派高级机而名扬世界。它的大部分产品采用插卡式设计，为日后升级预作准备，以使不致落伍，声音中性、纯净、无声染，威猛而富有冲击力。其AV产品以Proceed（谱诗）品牌出现，同样具有干净、明快的个性，别出心裁的外形自成一格。

mbl（德国） 它是1979年由Wolfgang Meletzky在柏林创立的Hi-End厂，绝大多数产品在市场上获得成功，以巨无霸前、后级放大器而闻名，黑色烘漆钢板机箱与金色铭牌构成富丽堂皇的外观，手工精巧，用料讲究，采用全平衡电路。其设计理念不仅在音响美学上，更强调必须凭借优秀的重放系统构筑出音乐与聆听者间微妙完美的互动关系。

麦景图（McIntosh，美国） 它是1949年创建的美国高级音响厂，1963年开始研制合并式放大器，以大输出、高性能，以及富有特色的玻璃面板设计为特点，这种面板的质感和颜色十分典雅，在高级机中，作为特别豪华而又值得信赖的产品而受到广泛支持。声音厚实温暖，极有韵味，产品遍及放大器、扬声器、CD机、调谐器等，声音自然平衡，恒久耐听，气派雍容。

McIntosh

英国宝（MERIDIAN，英国） 又称“子午线”。诞生于1975年的这家音响厂，以其独特、新颖的外形及高素质而受到音响界好评，近年来创造了许多不同凡响的数字技术，积极展开充满原声风格的未来商品生产，是英国获奖最多的数字产品制造商，曾5度夺得Italian Design Anard及British Design Council Award奖项，部分产品甚至荣为美国Museum of Modern永久展品，显示出产品素质超群。

BOOTHROYD STUART
MERIDIAN

纳格拉（NAGRA，瑞士） 它俗称“南瓜”，是瑞士著名专业音响厂，专注生产专业级录音及广播器材已达50余年，以生产精密的专业便携式开盘录音机起家，生产专业录音产品为主，其Hi-End音响产品参照专业录音产品标准制造，质量极高。产品包括盘式录音机、数字录音机、CD播放机、DAC、CD转盘、唱头放大器、电子管前级放大器、电子管功率放大器、晶体管前级放大器、晶体管功率放大器、数字功率放大器等。它承袭瑞士极致工艺美学，外表精致，内部没有由庞大、复杂的芯片主宰的主板。

八度（OCTAVE，德国） OCTAVE Audio是著名Hi-End胆机厂商，由霍夫曼先生于1968年创立，最早从事变压器绕线业务，20世纪70年代霍夫曼先生认识到电子管绝佳的音乐性，放弃晶体管放大器发展，开发电子管放大器，于1986年成功开发出第一款电子管放大器HP500。

PMC（英国） 1991年成立的Professional Monitor Company（PMC），是专业监听音箱厂，坚持使用传输线式箱体结构，在专业监听领域有很好声誉。家用型号的出色透明度、平衡而放松以及其流畅的感觉十分著名。它是一家制造高质量专业监听音箱及Hi-End家用高保真音箱的英国公司。

美诗（PS Audio，美国） 这是1978年创建于加利福尼亚州的音响制造公司，以高音质解码器著称。

翩美（PRIMARE，丹麦） 它诞生于1986年，以水平先进的崭新设计而引人瞩目，其产品以放大器开始，以音质之高、设计之优而吸引人，最新的放大器系列更是设计前卫，成为热门话题。

REVOX（瑞士） 它1948年创建于瑞士苏黎世，以专业盘式录音座起家，定位于高端录音器材，使用STUDER商标，今日以数字技术的应用闻名于世。20世纪50年代中期，它以REVOX商标进入民用音响领域，完美、自然的音乐重放是目标，产品富个性化、多元化，包括CD机、LP唱盘、收音调谐器、放大器、音箱，以及系统声频服务器、模块化多房间娱乐系统、智能化信号源管理系统等。

世霸（Sonus faber，意大利） 1979年Franco Serblin成立Sonus faber音响公司，以不同材料及形状设计音箱，惯用原木制造及黑色皮革装饰，全手工制造，工艺精湛，富有创意，经典型号有火车头Extrema、大情人Electa Amator、小情人Minima Amator、小名琴Guarneri Homage、小精灵Minima FM2，每一时期产品都有很大特色。

天朗（TANNOY，英国） 1926年，塔尔萨米尔制造公司（Tulsemere Manufacturing Company）在伦敦成立。1932年3月，天朗音响创始人Guy R.Fountain将TANNOY注册为商标。20世纪30年代末，它开始生产话筒和放大器。第二次世界大战期间，天朗为英国皇家空军提供通信系统，陆军和海军也征用了类似设备，军队用天朗设备相互联络，天朗成了扩声系统的代名词，1948年被收入《牛津英语词典》。20世纪40年代后期，它研发出第一个同轴驱动单元，其单元高频声压通过一个大低音锥盆的中心扩散。天朗的同轴驱动单元被誉为使那个时代音箱的音质得到不同寻常的改进，标志着天朗从此进入赫赫有名的高保真声音再现市场，在整个20世纪60年代和70年代，天朗的同轴单元音箱得到了无数录音棚的青睐。

TANNOY

超奥（THIEL，美国） 它是现代扬声器泰斗Jim Thiel领导的品牌。1977年创办于肯塔基州的扬声器厂THIEL AUDIO PRODUCTS，一向坚持追求忠实的原声重放，一贯秉承其优良传统和独有风格，1983年以来用倾斜式前障板，即连贯性声源(Coherent Source)方式设计，成为同类扬声器系统的翘楚，通过单元设计、音箱结构及分频器等的不断研究、改良，以声音准确、分析力卓越、动态充分、瞬变快速的中性音箱而成为举世公认的高级音箱品牌。各款音箱都只设一对接线柱，厂方认为无须借助双线或三线分音来提高表现。

THIEL

多能士（THORENS，瑞士） 设立于1883年，它的历史可以说就是模拟重放的历史，随着时代，它的产品不断进化。在LP唱片时代，它作为高级唱机品牌而确立了地位。从普及机到超高级机型，都拥有众多产品，产品均产自法国，凭借素有定评的皮带驱动式机械，威名远扬。

THORENS

Threshold（美国） 这是Nelson Pass与Rene Besne于1974年创立的放大器生产厂，以先进电路的积极开发姿态而广为人知。滑动偏压电路是它的专利，大量采用IGBT功率器件，产品以针对高水平音响爱好者的高级分体放大器为中心。特别是高音质、高效率的功率放大器格外引人注目，确保了它的高级放大器品牌地位。

Threshold

VAC（Valve Amplification，美国） 1988年创办，专门生产电子管放大器，该公司拥有精湛的电路技术和巧妙的设计经验，特性极佳，采用模块化分体设计，多款产品深受“胆迷”推崇，受到Hi-End市场好评。

VTL（Vacvuum Tube Logic，美国） 这是专门从事研发、制造电子管放大器的厂家，质量稳定，由录音工程师David Manley1980年创建于南非，研发录音室用专业放大器，1983年在英国建立家用放大器工厂，1989年在美国南加州Chino市建立总厂。VTL强调恶劣条件下的长时间工作可靠性。

瓦迪（Wadia，美国） 它俗称“怀念”，成立于1988年，以数字音响为目标，进行高性能D/A转换器的开发，不断创新，以高技术引领品牌发展，多项专利技术始终保持数字声频领域领先。它的产品均是引人注目的热门机，多年来经典产品不断，已成为高级激光唱机的代表。2000年12月，它已由Audio Video Research公司接手。

西湖（Westlake Audio，美国） 这是创建于1970年的美国专业音箱制造厂，以生产监听扬声器为主。其代表产品均采用大箱体设计，采用强劲低音单元与号角高音组合方式来营造逼真的还音。1980年后，它开始开发家用音箱。

威尔逊（Wilson Audio，美国） 它俗称“威信”，是美国顶级音箱制造厂，由Dave Wilson创建于1974年，以“现场再现”为依据，具有标志性的外观风格，结构和用料与众不同，是音响奢侈品的象征品牌之一。

金驰（Wilson Benesch） 这是1989年创建于英国的高端品牌，以高科技材料碳纤维LP唱盘起家，后推出复合碳纤维唱臂，还有曲面A.C.T.One复合材料（多层碳纤维、蜂巢Nomex和合金）箱体的音箱，开创Torus次声发生器，依托创新和高科技，以微型公司规模屹立，是音响界之异数。

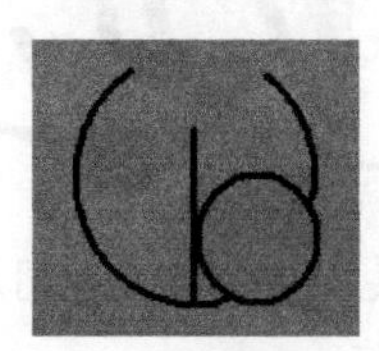

威士顿（WISDOM Audio，美国） 这是专门从事Hi-End家庭影院及Hi-Fi系统开发与生产的厂家，号称“喇叭之王”，创办人Tom Bohlender和David Graebnerde使用核心技术Planar-Magnetic Transducers（平面电磁振膜技术）制造扬声器，一向以

外形巨大的顶级音箱闻名音响界。产品包括音箱和音响设备，为现代家居设计，可根据用户需求进行部件选购及安装，属于高端级别的定制安装产品。它是全球最昂贵音箱品牌之一。

YBA（法国） YBA隶属于法国Phlox电子集团，由Yves-Bernard Andre组成，宗旨是以最简单的电路及最短的路径而求超群表现，其作风、路线与风格极具个性，如特厚防磁底盘，3只坚实金属脚作3点避震，设于机底或机背的电源开关等在抗谐振方面极下功夫。YBA产品不多，却件件都认真制作，主要生产放大器和CD机，非圆形双C形变压器电源供应极为充裕，YBA的放大器不仅输出功率充足，而且音色清秀甜美、晶莹通透、表现出色。主力的放大器系列更提供多个不同衍生型号，如单电源变压器、双电源变压器、Phono card、高电流等。

第三章　音乐与欣赏

·音乐在语言穷尽之处开始——舒曼

·音乐是人类表达爱的语言——美国《读者文摘》1990 年 3 月号

人类创造出来的优美音乐，总能自然地叩动人们的心扉。可以说人们都是喜爱音乐的，但也常有人自称没有音乐细胞，不能理解音乐。其实真正对音乐辨别力极差的人少之又少。音乐发展历史漫长，曲目广泛，体裁繁杂多样，音乐本身也逐渐形成完善的艺术表现规律。音乐知识积累越多，欣赏音乐的能力越强，对音乐的兴趣也就越浓。

人们欣赏音乐的角度不尽相同，喜爱的音乐类型也多种多样，所以欣赏音乐也会有不同的方式，有单纯为了音乐美的纯感觉方式，有陶醉于音乐丰富情感的方式，有投入音乐所创造的意境遐想中的方式，有以音乐的旋律和节奏寻求刺激的方式，还有以理性鉴赏音乐作品的结构、技巧和演奏手法为主的方式等。听音乐而不解其语言的音乐爱好者，只有感受，没有了解。为了理解音乐，我们必须了解一些音乐基本知识，知道一些乐曲的背景，这是非常重要的，“知而后听”才是音乐的真正鉴赏方法。

对音乐的欣赏应是一种追求美的行为，用你的直觉去听音乐是一种感知方式，以音乐对听觉产生的刺激引发情绪听音乐，又是一种感知方式。欣赏音乐的方法，会对欣赏者了解音乐产生重大影响，欣赏音乐首先要用心聆听，全身心投入地听，从头到尾地听，一遍又一遍地听，直到熟悉，这是欣赏者培养欣赏能力的基础。聆听大型音乐作品时，最好辅以一些相关知识。经过若干时日的训练，如能听出不同演绎者对同一乐曲表现的差异，并能体会作曲家的情绪，那你已经踏入音乐殿堂的大门了。

3.1　从作曲、演绎到聆听

每种音乐都由作曲、演绎、聆听这三部分构成，缺一就不称其为音乐。

音乐始于作曲家，通过演绎者介绍给聆听者，音乐其实是为聆听者服务的。为了真正聆听音乐，我们不仅要知道如何聆听，还要了解作曲家和演绎者在给你音乐感受上所做的贡献。

音乐作品是作曲家最深刻的个性表达，这种个性由作曲家天生的个性和他生活的时代影响构成。个性和时代的相互作用形成了作曲家的不同风格，所以说聆听音乐时对作曲家作品风格的正确了解是很重要的。

演绎者是作曲家与聆听者的桥梁，但音乐与小说、戏剧、美术、雕塑、舞蹈等其他艺术不同，音乐作品无法与聆听者直接接触，聆听者所听到的是演绎者对音乐的理解，而不是作曲家的原始乐思，所以音乐是需要重新解释的艺术。可见，演绎者虽是为作曲家服务，但乐谱并不能完全忠实地反映作曲家的乐思，演绎者必须运用他们的智慧进行理解，并可能对速度和力度等作些改变，所以演绎是一种再创造性劳动，不同的演绎者乃至同一演绎者在不同时期会有对作品的不同认识。尽管每一部音乐作品都有自己特有的风格，演绎者必须忠实表达，然而每一个演绎者都有自己的个性，所以我们听到的音乐作品在风格上很大程度溶入了演绎者的个性，由于个性上的差异，他们对生活的哲学观点、对事物的感情表达方式都将不同，这就是同一作品出现不同演绎方式的原因。

要理解音乐，必须先喜欢音乐。这就要求聆听者把自己充分投入音乐中，为此，只听一种类型的音乐是不够的，应该不带偏见地聆听各种类型的音乐，包括古典的、现代的、新的、旧的。扩大自己的兴趣范围，就能不断加深自己对音乐这门艺术的理解。想要更好地理解音乐，再也没有比用自己的全身心去倾听音乐更好的办法了。

聆听音乐是一个完整的审美过程，是一种主观因素非常强烈的心智活动，这种活动的价值在于能给人美感。有人说作曲家的作曲是第一次创作，音乐家的演绎是第二次创作，聆听者的倾听是第三次创作，虽然听音乐随着个人的文化素质、艺术修养以及生活环境等的不同而有不同的感受，但作曲家在其作品中留有大量艺术空白，让音乐家乃至聆听者去填补、去理解，从而产生情感冲动。音乐没有“懂”与“不懂”之分，只要产生那么一点情感上的共鸣，有所感受就行，音乐的艺术形式依存于音乐本身，它是人们的情感追求。

3.2 器乐与声乐

使用各种乐器演奏的音乐，统称为器乐。

根据使用乐器的多少和种类，器乐又可分为独奏、重奏和合奏三种形式。由一人单独演奏乐器，称为独奏（Solo）。同一乐曲由不同或相同乐器同时进行演奏，称为重奏，如二重奏（Duet）、三重奏（Trio）、四重奏（Quartet）、五重奏（Quintet）等。把二声部以上不同的旋律其各部分以两种以上的乐器演奏，称为合奏（Ensemble），如弦乐合奏、管乐合奏、管弦乐合奏等。

乐器大致可分为弦乐器、管乐器、打击乐器和键盘乐器四类。

弦乐器是借弦之振动而发声的乐器总称，其中以弓摩擦弦而发声者称为擦弦乐器，如小提琴、中提琴、大提琴、低音提琴等；以手拨弦而发声者称为拨弦乐器，如竖琴、吉他、曼陀铃等。

管乐器是用吹的方式使空气在管子中振动而发声的乐器总称，可分为木管乐器和铜管乐器两种。使用自由振动簧片的管乐器为木管乐器，如长笛、短笛、萨克斯管、双簧管、单簧管、低音管等。不用簧片而以嘴唇振动空气发声的金属乐器为铜管乐器，如小号、长号、圆号、低音号等。

打击乐器是以敲击或摇晃产生振动而发声的乐器总称，如木琴、木鱼、定音鼓、小鼓、响板、铙钹、三角铁、铃、中国锣、钢片琴等。

键盘乐器是具有键盘的乐器的总称，如钢琴、管风琴等。

不管有否乐器伴奏，只要是由人声歌唱组成的音乐，统称为声乐。

根据声域可分女声和男声，如女高音（Soprano）、女中音（Mezzo Soprano）、女低音（Alto）、男高音（Tenor）、男中音（Baritone）、男低音（Bass）。根据唱法技巧又分为音色华丽，以急速走句、华彩乐段、颤音等方式演唱的花腔女高音（Coloratura Soprano）；音色柔和、感情细腻的抒情女高音（Lyric Soprano）及抒情男高音（Lyric Tenor）；嗓音强劲有力、音色对比强烈、感情起伏大的戏剧女高音（Dramatic Soprano）及戏剧男高音（Dramatic Tenor）。

声乐的形式有独唱、齐唱、重唱和合唱。独自一人的演唱，称为独唱。同一旋律由二人或更多人按同一声部唱出，强调旋律的演唱，称为齐唱。同一乐曲按不同声部分由不同的人同时演唱，称为重唱，如二重唱、三重唱、四重唱等。二声部以上不同的旋律由不同的人群演唱，称为合唱，如女声合唱、男声合唱、混声合唱等。

3.3 音乐四要素

音乐由四个基本要素组成，即节奏、旋律、和声及音色。想要对音乐内容得出较完整的概念，就要对节奏、旋律、和声及音色有所了解。

节奏（Rhythm）是音乐的起源，也是音乐的第一要素。它是音乐在时间上的组织，涉及音乐中有关时间方面的所有因素，包括拍子、重音、小节、拍子中的音符组合、小节中的拍子组合、乐句中的小节组合等诸多效果。音乐作品中的节奏特点是音乐风格的主要标志，节奏对人们产生的效果是直接的。当演奏者将各种因素加以艺术处理，聆听者就能体会到节奏感，它可以是自由的，也可以是严格的。拍子以有规律的2拍或3拍的节奏组合，或以二者联合。这种节奏组合或组合的联合间隔用小节划分，小节可以构成更大的节奏组合——乐句。节奏由声音运动的长短、强弱组织而成，是乐曲结构的基本要素。

旋律（Melody）是音高不同的一连串音符有组织地连续进行，顺序发声。旋律的性格和效果决定于其调式、节奏及音高布局。调式（Key）是在乐曲中各音以一个音为中心，组织在一起形成的体系，主要有大调（major）和小调（minor）两种，它的表现力很丰富，如大调雄壮明朗，小调柔和暗淡。旋律的重要性仅次于节奏，一个旋律的音符不变而大幅改变节奏，这个旋律将变得难以辨认。民族的情感本身也强烈地表现在旋律中，特定的音阶、音程和节奏则是特定民族音乐的典型特征。旋律的表情性质会引起听者的情绪反应，可见节奏使人们联想到形体动作，旋律则使人们联想到精神情绪。旋律是音乐中最能表达感情、最有感人力量的要素。

和声（Harmony）指和弦的结构、功能和关系。和弦（Chord）的定义是指以任何方式联合起来的若干音的同时发声，即几个不同的音同时发声，也可称为纵向的音乐；相对于横向的音乐，即一个独立声部附加在另一声部上，这种纵向音乐也称为对位（Counterpoint）。若干旋律线条交织在一起是构成对位的因素，一个个和弦的连接是构成和声的因素。对位包含和声，但和声不一定包含对位。与节奏、旋律相对照，和声是三者中最复杂的要素。节奏和旋律是自然产生的，而和声则是由理性概念发展而来。

音色（Timbre）是不同乐器或不同人声所发声音的不同特性，音乐总以某种特有的音色而存在。音色是一种极为吸引人的要素，如何将不同音色有效地结合是配器法的主要内容，一个音的音色决定于组成此音的泛音多少、发声体的选择和声音的相对强弱。

3.4 音乐的形态和结构

音乐主要有三种形态：单声部音乐、主调音乐和复调音乐。

单声部音乐（Monophony）没有和声和对位旋律，仅有单独的旋律线，与复调音乐和主调音乐相对，是最古老的音乐形态。中国、印度等东方民族音乐以及古希腊、古代教堂音乐都是单声部形态的音乐。在西方音乐中，最好的例子就是无伴奏的旋律。这种只有旋律没有独立或衬托性伴奏的单声部音乐是所有音乐形态中最清晰、也是最容易听懂的音乐。除单声部音乐外，音乐形态还有多声部的主调音乐和复调音乐。

主调音乐（Homophony）中的各声部同步进行，而不是展示各自节奏的独立性和不同旨趣。很多现代的赞美诗旋律都是主调性的，但巴赫的德国众赞歌及亨德尔的许多合唱曲是复调性的。

复调音乐（Polyphony）指几个同时发声的人声或器乐声部对位性地结合在一起的音乐，相对于只有一个旋律的单声部音乐和一个声部是旋律、其余声部为伴奏的主调音乐而言，复调音乐时代特指13～16世纪，但复调音乐在1700年后仍然存在。最重要的复调体裁有经文歌、轮唱曲、复调弥撒曲、卡农、复调尚松、坎佐纳、利切卡尔和赋格。

音乐的结构有以下几种。

音乐的织体（Tessitura）即应用音域，指一首乐曲所用的经常出现的音高，与嗓音或乐器的音域有关，乐曲是根据它们音域的高、中、低写成的。

旋律（Melody）是音乐的灵魂，是音高不同的一连串音符的连续进行，具有经过组织的、可辨认的形态，旋律组成的音符顺序发声，而和声中的音符则同时作响。

节奏（Rhythm）是旋律中极为重要的因素，大幅度改变节奏将使旋律变得难以辨认。

和声（Harmony）是音乐的风格，指和弦（Chord）的结构、功能和关系。和声的单位是和弦，和声至少由两个和弦构成。和弦是一种多音同时发声的组合，通常指同时响出的3个或3个以上的不同音。

对位（Counterpoint）是指两个或两个以上独立声部在和谐的织体中的结合。多声部在旋律和节奏上都有独立性。一个独立声部附加在另一声部上，就是其对原声部的对位。对位是用于音乐写作的独特技法，但更通常的用法则是同时进行的几个声部的组合。

人们可以很快辨别节奏、旋律，甚至和声，但要辨别一首大型乐曲的结构就不太容易了。音乐和其他艺术一样，它的结构是艺术家对素材的紧密组织，但音乐素材是相当抽象的，对于音乐欣赏者来说，理解特定的曲式和作曲家独立于这种曲式之间的关系是非常必要的。

音色（Colour）是音乐的色彩，由泛音的不同强度而产生的音质变化造就，可传达乐曲的情绪。

曲式（Form）是音乐的架构，也就是音乐模式。它可激发作曲家的想象力，是一种活的有机体。决定曲式的是音乐的内容，在音乐中曲式的基本要素是重复、变奏、对比（素材、速度或力度）。

曲式在分类上大体有：单二段体（Simple Binary Form）、三段体（Ternary Form）、复二段体（Compound Binary Form）、回旋曲式（Rondo Form）和主题与变奏（Air with Variation）。其中，二段体亦称奏鸣曲式（Sonata Form）。

单二段体不适合写成很长的乐曲，1750年后这种曲式就很少使用了。

三段体是短小乐曲最常用的曲式，它包括完整独立的第一段，音乐材料及调性与第一段形成对比的第二段，然后反复第一段。

奏鸣曲式这种音乐结构，常用于奏鸣曲、交响曲或协奏曲，以及其他类型的作品的第一乐章，也用于其他乐章。它通常包括3个部分：（1）呈示部（Exposition）即陈述部分，此部分常有反复；（2）展开部（Development）即发挥部分；（3）再现部（Recapitulation）即重述部分。

回旋曲式是三段体的扩展。回旋奏鸣曲式（Sonata-Rondo Form）是复二段曲式与回旋曲式的联合。

主题与变奏包括一个主题，在第一次以简单形式出现后，再经加工后多次反复，每段变奏都有其自身特点。

有许多作品有不同的名称，但这种名称不代表曲式而是一种风格，这些作品在曲式上都属于前述曲式之一，如夜曲、加沃特、船歌、音乐会曲等。

附：乐音体系与十二平均律

人类在长期实践中总结形成了乐音体系，乐音体系的自然音阶是do、re、mi、fa、sol、la、si。八度音根据频率可均等地分为十二个半音，这就是十二平均律：C、#C、D、#D、E、F、#F、G、#G、A、#A、B，在十二平均律中，有些音是等音关系，转起调来非常方便，所以受到广泛采用。

音名是表示音高的符号，西方乐制中7个基本乐音的名称为C、D、E、F、G、A、B，为了区别大、小调音阶，小调用小写字母表示，大调用大写字母表示。鉴于C大调自然音阶所有的音都在键盘乐器的白键上，使用最方便，故将C音定为音名序列之首。

唱名在演奏或演唱时使用，按首调唱名法C、D、E、F、G、A、B的发声是do、re、mi、fa、sol、la、si，其中第7音在有些欧美国家也有人唱为ti。

3.5 音乐的体裁

音乐用声音在时间中塑造出能感觉到的形象，音乐作品的成功和完美，不光在其内在本质，还有其表现形式。音乐遵循着一定的规律，通过不同的结构方式，组成互不相同的诸多形式，并根据不同内容的需要，形成不同的体裁。

音乐作品包含多种体裁形式，其中不少音乐是交叉、共容的，对其分类，不一定科学，但大致可按声乐、器乐和戏剧音乐划分。

声乐（Vocal Music） 按音域高低可分为女高音、女中音、女低音、男高音、男中音、男低音，按唱法可分为美声唱法、民族唱法、通俗唱法，典型的欧洲声乐有宗教音乐、歌剧、艺术歌曲等。

宗教音乐（Church Music） 宗教音乐实质就是用宗教歌词谱写的歌曲。中世纪，欧洲罗马教会的作曲家创作了不少宗教歌曲，后来逐渐世俗化。宗教音乐可分为清唱剧（Oratorio）、弥撒曲（Mass）、安魂曲（Requiem）及受难曲（Passion Music）。

歌剧（Opera） 歌剧是音乐与戏剧的综合艺术，它以歌唱为主，以管弦乐队伴奏。在管弦乐队的序曲之后，按戏剧内容演唱宣叙调、咏叹调、重唱和合唱，中间依需要而演奏间奏曲。歌剧虽有多种类型，但歌剧音乐个性鲜明的特征是共同的，歌剧音乐是塑造角色形象的主要手段，即使脱离了舞台的戏剧表演，也可供人欣赏。所以歌剧选曲比歌剧剧情更为人们欢迎。歌剧音乐可分声乐及器乐。

艺术歌曲（Art Song） 此名称由浪漫主义音乐大师舒伯特的作品而确立，是19世纪浪漫主义音乐的一种独特艺术表现形式。

器乐（Instrument Music） 器乐按演奏形态可分独奏、重奏、合奏，器乐曲由其性格形成各具特色的体裁，有序曲（Overture）、前奏曲（Prelude）、间奏曲（Intermezzo）、小夜曲（Serenade）、夜曲（Nocturn）、即兴曲（Impromptu）、练习曲（Etude）、摇篮曲（Berceuse）、进行曲（March）、诙谐曲（Scherzo）、幻想曲（Phantasy）、狂想曲（Rhapsody）、田园曲（Pastoral）、幽默曲（Humoreske）、船歌（Barcarolle）、交响诗（Symphonic Poem）等。多乐章的器乐曲有奏鸣曲（Sonata）、组曲（Suite）、协奏曲（Concerto）、交响曲（Symphony）等。音乐所表现的方式可分纯音乐（Absolute music）、标题音乐（Programme music）两大类，纯音乐是单纯的器乐音乐，即非标题音乐，无任何方式解释、说明，标题音乐是讲述故事、表现文学概念或描绘画面、场景的器乐作品。

交响曲、交响诗、序曲、协奏曲、组曲等为交响音乐。抒情歌曲、器乐小品（如夜曲、幻想曲、练习曲、摇篮曲、进行曲等）为音乐小品。小步舞曲（Minuet）、波尔卡（Polka）、圆舞曲（Wa1tz）、波洛奈兹（Polonaise）、探戈（Tango）等为舞曲。

中国的民间器乐曲历史悠久，源远流长，种类繁多，主要体裁有独奏曲（如笛子独奏曲）、重奏曲（如筝、高胡、扬琴三重奏）、合奏曲，民乐合奏又可分江南丝竹、广东音乐、福建南曲、吹打音乐、浙东锣鼓、潮州大锣鼓、河北吹歌等。

流行音乐（Pop Music） 也称通俗音乐，指近百年来源自美国，风行世界的爵士乐、摇滚乐和迪斯科这类音乐形式，现在特指非古典音乐，如甲壳虫、滚石、阿巴等音乐表演者们所演唱的歌曲，流行音乐表演者通常是演唱者、吉他手、鼓手及打击乐手，有时加入复杂的电声效果。流行音乐花样繁多，传播迅速，但生命力短促，来去匆匆，评价也褒贬不一。

中国流行音乐的风格与形态主要受欧美影响，并在其基础上逐渐形成本土风格。

3.6 怎样欣赏音乐

音乐是寓于声音的艺术，它通过人的听觉器官引起多种情绪反应和情感共鸣。音乐没有视觉形象，也没有明确的语义性，但它可以抒发人的思想感情和对生活的感受，可以描绘大自然中人和物的景色、形象以至某种意境，具有极其深刻的内涵。音乐欣赏的能力，与聆听者的知识、文化修养有着密切的关系。

音乐艺术通过作曲——演绎——聆听这个“三位一体”的创作过程来完成。音乐聆听者想要理解作品表现的内容和情感，必须先学会欣赏音乐的方法。

美国著名作曲家和指挥家A.科普兰在《怎样欣赏音乐》（*What to Listen for in Music*）专著中，把倾听音乐的全过程分为3个阶段：（1）美感阶段；（2）表达阶段；（3）纯音乐阶段。实际上人们在倾听音乐时，这3个阶段是相互联系的，并不能机械地把欣赏过程分出阶段。但这样假设的阶段，可以对倾听音乐的方式有个明确的概念。

倾听音乐最简单的方法，是没有任何思维，纯为乐趣而倾听，也就是美感阶段。那可以是一种沉浸在音乐中，一面做着别的工作，一面任由音乐感染力将你带到一种无意识、却又富有魅力的境界。音乐的4个要素都能激发人们的情绪，其感染力是极为强大的，所以美感阶段在音乐欣赏中占有非常重要的地位，它能带你进入联想的世界，使你得到安慰或解脱，但你不能让它成为一种习惯，因为音乐的价值不仅在于能给人美感，而是要采用有意识的倾听方式，得到音乐的真谛。

倾听音乐需要了解音乐作品的含义，这就是倾听音乐的第二阶段，即表达阶段。音乐的含义是表达情感和情绪，音乐的材料是音，它不能像文字、绘画等艺术明白地表达悲或乐，作曲家通常不能用具体的言词来表达情感，也不能与某种明确的事物相联系，只能用声音来引起人们的情绪，因此，一首曲子在不同时间聆听的感觉也会有微细差别。这种含义构成了音乐作品的内容，使你激动，与你共鸣。音乐能以它的表现力使你产生情绪的想象与联想，或兴奋，或喜悦，或悲哀，或安详……但不必用具体言词去说明那含义是什么，也没有必要去找那些具体的言词。即使欣赏标题音乐，也不能过分拘泥，受标题的束缚，标题只是帮助想象力的发挥。

音乐除了使人觉得愉快的声音和它所表达的感情之外，还存在音符和对音符的处理等形式，这就是倾听音乐的第三阶段，即纯音乐阶段。对于实际的音乐素材，必须通过旋律、节奏、和声、音色以及一定音乐曲式原理组成一个作品，所以对一个聆听者来说，必须具有并加强自己对音乐素材及其发展情况的意识，懂得音乐曲式的原理，去追随作曲家的思路，去理解作品的思想内容，辨别主题，认清特征，随着音乐的变化及展开，进一步了解乐曲的全篇布局，这才是欣赏音乐的最高境界。

当然，欣赏音乐不仅是倾听，还要有所想象和联想，倾听音乐重要的是理解音乐作品。理想的音乐欣赏者应是既能进入音乐又能超脱音乐的，就像作曲家那样，在欣赏音乐的同时具有主观和客观的态度，为它陶醉，对它批判，以积极的态度去聆听，否则就不能加深对音乐的理解。

维也纳爱乐管弦乐团，指挥为卡拉扬，女高音为凯思琳·巴特尔

3.7 管弦乐团巡礼

管弦乐团（Orchestra）由不同乐器演奏者混合编成，是专门演奏交响性或其他管弦乐曲的组织。

管弦乐团又可分多种类型，如交响乐团（Symphony orchestra），一般在90人以上，能演奏精致、复杂的音乐作品；室内乐团（Chamber orchestra）构成与交响乐团相同，但人数仅为15～45人；弦乐团（String ochestra）仅有弦乐器；剧院乐团（Theatre orchestra）规模中等，仅供音乐剧等演出之用。

管弦乐团的标准模式是由弦乐、木管、铜管和打击乐器4部分组成，交响乐团的标准座位一般如图3-1所示。弦乐组（Strings）包括小提琴、中提琴、大提琴、

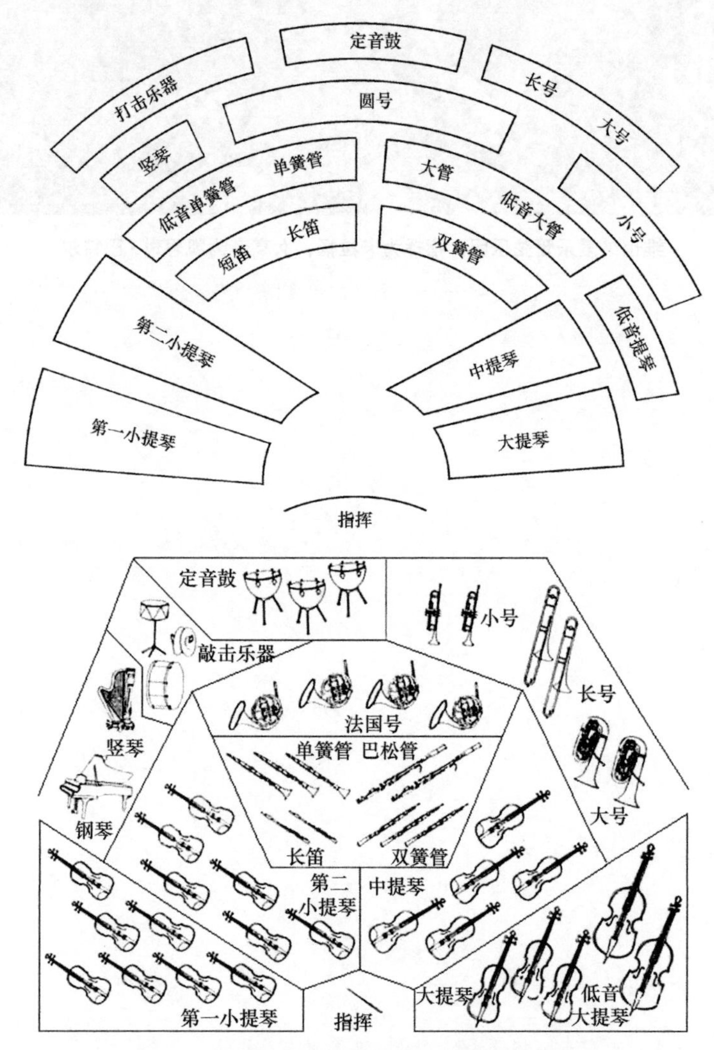

图3-1　交响乐队的位置排列与现代交响乐团编制

低音提琴、竖琴、钢琴等。木管组（Wood winds）包括短笛、长笛、双簧管、单簧管、低音双簧管、英国管、大管、萨克斯管。铜管组（Brass）包括圆号、小号、长号、大号等。打击组（Percussion）包括定音鼓、大鼓、小鼓、铃鼓、三角铁、响板、铙钹、锣、木琴、钟琴等。

弦乐组中小提琴分为第一小提琴和第二小提琴两群，加上中提琴、大提琴和低音提琴共5部分。弦乐是乐队的基础，第一小提琴在指挥的左侧，第二小提琴在第一小提琴之后，指挥左侧离得最近的一位是首席小提琴，负责管弦乐曲中的小提琴独奏部分。中提琴担任强化管弦乐低音的任务。管弦乐中弦乐部分的配置形式比较现代化，为达到内部平衡，第二小提琴不再朝舞台后面辐射，而赋予大提琴和低音提琴以更多丰满度和临场感，故特意把它们前移。

木管组中所有的管均为二支者，称为二管编制；均为三支者，则为三管编制。管数增加时，为保持平衡，弦乐组必须相应增加人数。

一个乐团中各种乐器的数目变化非常大。大型交响乐团往往需要大约30把小提琴，约10把中提琴、10把大提琴、4~8把低音提琴。木管乐器大多成对，如2支长笛外加1支短笛、2支双簧管外加1支英国管、2支单簧管外加2支大管。铜管通常包括2只小号、2~4只圆号、3只长号和1只大号，另外按需要配置一定数量的打击乐器。

世界上大型管弦乐团——交响乐团不少，各有其突出的个性，有的弦乐强，铜管稍差；有的铜管虽好，木管稍逊，表现完美的管弦乐团其实并不多见。

维也纳爱乐管弦乐团，指挥为卡拉扬

室内乐队　适于在家庭环境中欣赏古典音乐作品的小型乐队，乐队或是四重奏组，或是小型管弦乐队。

交响乐队　大型乐队，根据所演奏的音乐节目，现代交响乐队的演奏者大约可达100人。

轻音乐管弦乐队　其规模和组合各种各样，演奏的曲目从古典轻音乐到流行乐曲都有。

舞蹈乐队　也称伴舞乐队，是速度严格的舞蹈伴奏乐队。它通常包括一组铜管（小号和长号）、一组簧管（萨克斯管、重叠单簧管），以及一组节奏乐器（包括钢琴、吉他、低音乐器和鼓）。

爵士乐队　一种没有固定规格的器乐演奏组合，通常包括一个提供节奏背景的打击乐器组。拨弦的低音提琴和钢琴也可以分担节奏组的功能，钢琴也可用作独奏乐器。木管和铜管乐器的比例参差不一，独奏乐器趋向于单簧管、萨克斯管、小号和长号。

流行音乐乐队　演奏民间音乐的乐队主要由非电子乐器担任，一般有吉他、铃鼓，也许还有长笛或其他木管乐器；相当多的流行音乐是电子音乐，而且绝大多数声音从扬声器发出，这类乐器有电吉他、电子琴，有时还有声音电子合成器，所有非电子乐器和声音都会通过话筒放大。

铜管乐队　由铜管乐器和鼓组成的乐队。

军乐队　由各种管乐器混合组成的乐队，故有时也称管乐队，原先只指军队中的乐队，但现在已不限于在军队中使用。军乐队与铜管乐队的区别在于铜管乐队不用木管乐器。军乐队的组成因国家不同而不同，甚至同一国家内也可能大不相同。

民乐团　中国近代发展出的一种以中国民族乐器为基础，学习西方交响乐团编制的乐队类型，在中国称为民乐团或民族乐团，在新加坡称为华乐团，有人认为更准确的名称应该是现代中华管弦乐团（Modern Chinese Orchestra），以显示和中国传统合奏的区别。

3.8 乐器的音色

管弦乐器通常被视作规范乐器，它们单纯的音色混合后，可形成各种乐器组合的音色。对于乐器的认识，不仅要知其形态，还要辨其音色。各类乐器绝大部分的能量集中在中频，只有极少数乐器的能量能延伸到频段的两端。

小提琴（Violin） 是大家最熟悉的持于臂上演奏的4条弦的弓弦乐器，其音质具有非凡的表现力，音色具有抒情性和歌唱性，适于表现温柔、热烈、轻快、辉煌乃至富有戏剧性的强烈感情。当用手指拨动琴弦时，可产生稍似吉他样的效果，如用手指轻触琴弦而不是按在琴弦上时，可产生特别优美的长笛般的音色。小提琴在器乐中占有极重要的地位，是交响乐队的支柱，有“乐器皇后”之誉。

中提琴（Viola） 最易与小提琴混淆，外形、持法和演奏法很相类似，仅体积稍大，音质则较低沉、压抑，具有一种庄重而富有表情的洪亮音色。中提琴在室内乐，尤其是弦乐四重奏中能充分发挥它的魅力。

大提琴（Cello） 由演奏者坐着支撑在两膝间，具有广阔的音域，它的音域比中提琴低一个8度，音色严肃、流畅，类似男中音，几乎总在表达某种感情。大提琴能奏出旋律性很强的乐句，是独奏和重奏的重要乐器。

低音提琴（Double bass） 又称倍大提琴、倍低音，是最大的弓弦乐器，必须站着演奏，基本上用于拨奏，它的音域比大提琴低8度。低音提琴能为整个音响结构提供坚实的基础，与大提琴共奏旋律，不仅能使声音增加浓厚程度，还能使节奏更加鲜明。

长笛（Flute） 旧称横笛，是用银或其他金属制作的一端为闭口的圆柱形横吹管乐器，它拥有一种柔和、超然、流畅、好像羽毛般的音色。长笛是管弦乐队中最为迷人的乐器之一，是木管乐器中最灵活的乐器，在管弦乐队中占有重要地位。

短笛（Piccolo） 是音高比长笛高8度的短小长笛，多为木制，在演奏力度非常强时，可发出尖锐而嘹亮的音色，能盖过其他乐器，具有很迷人、纤细的歌唱性。短笛常用于铜管乐中欢欣鼓舞的热烈场面，在管弦乐中主要是在高8度位置重复长笛及其他乐器的声部，在乐队中一般不设专职短笛手，往往由长笛手兼任。

双簧管（Oboe） 一种直吹的木管乐器，管身为木制的圆锥形，下端是牵牛花状的管口。双簧管在木管乐器中最富表现力，有种鼻音效果，具有田园音色，充满温暖感。双簧管特别适合演奏宽广抒情的牧歌式曲调，常担任乐队中独奏性的旋律部分。

竖笛（Clarinet） 又称黑管或单簧管，是一种直吹的圆柱形单簧木管乐器，有流畅、开阔、几近空洞的音色，竖笛音色比双簧管冷漠、平静，但更辉煌，不管什么旋律都能吹得很美。单簧管的表现力丰富而自由，是交响乐中最富表情的声部，也是最重要的乐器之一。

大管（Bassoon） 也叫巴松管，双簧族系的低音成员，吹嘴装在一条长而弯曲的铜管上，是个多面手。大管在高音区有一种哀伤的特殊音色，在低音区也有相当分量，常用来加强沉闷的低音共鸣，表现戏剧效果及忧郁。大管那种极富戏剧性的特殊音色，给不少作品增添了异样光彩。

萨克斯管（Saxophone） 是木管乐器类乐器，用单一簧片，但指法和双簧管相近，声音非常柔顺并富变化，能与木管或铜管两种乐器结合，既有长笛般的柔和，又有弦乐器般的丰满，并有金属质的粗粝。萨克斯管有极强的表现力，音色又异常丰富动人，强奏时可产生使人激昂兴奋的情调，是爵士乐的主角。

圆号（French Horn） 也叫法国号，是盘成圈状的铜管乐器，有可爱圆润、柔和流畅的音色。圆号具有丰富的技术性和柔和的歌唱性，常在乐队中担任旋律演奏。

小号（Trumpet） 也称小喇叭，是圆柱形管膛的金属乐器，发声刚劲、嘹亮、尖锐，是作曲家在高潮时使用的支柱。小号是铜管乐器中音域最高的乐器，适于表现节庆的欢快、凯旋的喜悦，以及战争的进行，是军乐队和爵士乐队中的主要乐器。

长号（Trombone） 也称伸缩号、拉管，以U字形的双套管，改变管身长度发出高低不同的声音，是唯一可吹奏滑奏的非移调铜管乐器。长号具有崇高、宏伟的音色，音质与圆号类似，但更响亮、圆润。长号用于表现戏剧性效果，其强力、庄重而丰满的音色是其他乐器无可替代的。

大号（Tuba） 是管身很长的乐器，也是低音铜管乐器类乐器，具有严肃而沉重的音色。它的作用主要是加强低音，很少用来吹奏旋律。大号一般用作支撑乐队和声的基础低音。

打击乐器大多没有固定的音高，通常用以加强节奏效果，加强高潮感，增加色彩。在打击乐器中，以鼓声最为突出，能产生节奏与噪音，定音鼓是管弦乐队中最重要的打击乐器，也是唯一有明确音高的乐器。能提供音色而非噪音或节奏的打击乐器，有钢片琴、钟琴、木琴等。

三角铃（Triangle） 又称三角铁，是有一角不衔接、弯成等边三角形的铁条，没有固定的音高，声音非常清脆透明，极富穿透力，能产生鲜明精美的音响效果和明丽辉煌的色彩。

钢片琴（Celesta） 外表很像一架小风琴，琴槌敲击安置在共鸣箱上的钢片而发声。钢片琴具有明确的音程，音色清亮甜蜜，和铃声相似。

木琴（Xylophone） 由长短不同的硬木片用线安置于水平木架上，用两根木槌敲响的乐器。木琴音色明亮清脆，穿透力强，演奏灵活，能奏出颤音、滑音及各种急促的乐句。

钟琴（Chimes） 由长短不同的钢管，并排挂在框架上的打击乐器，又称钢管琴。它具有明确的音程和宽广洪亮的振幅，能发出教堂钟声般的效果。钟琴在乐队中，常用来模仿教堂的钟声。

小鼓（Snare Drum） 这种没有明确音程的小鼓，就是军乐中使用的小鼓，鼓身用木材或金属制成，上、下鼓面蒙以皮革，下面蒙皮上张有响弦，敲击时有沙沙作响的效果。小鼓具有强烈、明晰而多样的节奏效果，通常用在雄壮的音乐中，或用以产生戏剧性效果。

大鼓（Bass Drum） 又称低音鼓，没有明确音程，鼓身很大，鼓槌的槌头以绒布包扎，其音响低而沉重，能发出雷鸣般的声音。大鼓可通过鼓皮松紧的调整、鼓槌敲击的位置和轻重控制音高，常用以制造海涛、狂风、大炮等效果。

定音鼓（Timpani） 能调律成一定的音程，鼓身用铜制成，形似碗，鼓面牛皮以金属环固定，周围有6个螺丝可调音高。定音鼓是管弦乐队中最重要的有固定音高的打击乐器，用以衬托节奏、色彩，渲染气氛。

钹（Cymbals） 两片中央凹陷的圆形铜片合击的打击乐器，没有一定的音程，音色清脆明亮，其金属性响亮的声音可造成戏剧性高潮，或形成乐句的色彩基础。

竖琴（Harp） 坐抱膝前，双手拨奏，一共有47根弦，半音由踏板控制，声音虽小，却是最典雅的乐器。竖琴每个音都像涓涓水珠，优美动人。竖琴音色清澈柔美，音域宽广，能胜任快速乐句、滑音、琶音、和弦的演奏。

吉他（Guitar） 是一种指板上有弦品的拨弦乐器，中世纪时由摩尔人传入西班牙。现代吉他有6根弦，背板是平的。夏威夷吉他（Hawaiian Guitar）弦的调音独特，用一条短小的金属杆按弦，横压在所有弦上滑动，使其发出有特色的表情滑音效果。吉他的音色柔和甜美，演奏技巧丰富，但在管弦乐队中使用极少。

钢琴（Piano） 主要作为独奏乐器使用的键盘乐器，可以代替包括乐队在内的各种乐器，在不踩踏板时，它的音只能维持在弹奏者手指压在键上的时间内，钢琴的音强随着奏出的瞬间开始减弱。它是共振琴弦的集合体，不仅能发出优美如天鹅绒般柔和的声音，还能发出明快、尖锐而密集的声音。钢琴音域宽广，发音洪亮，音色优美，和声丰富而且可自如控制强弱，是最重要的独奏和合奏乐器之一，有“乐器之王”之称。

管风琴（Organ） 是最古老的键盘乐器，用手和脚演奏，利用压力使气流通过一系列音管发声。

中国民族乐器中的弦乐器与西洋乐器相比，高音较多，中低音较少。胡琴类的音色较单薄、尖锐。弹拨乐器的音量较小。吹管乐器的音域比西洋乐器的音域窄，音色较不明亮；唢呐音色尖锐而响度高；笙虽有独特音色，但与乐队融合感差。所以民族管弦乐队演奏大型作品时，声音偏高较单薄、中低频不丰富，各乐器之间融合不足；但用于演奏轻快活泼、宁静柔美的曲目时，具有独特的迷人魅力。

表 3-1　常见乐器的频率范围

声源	频率范围（Hz）（基音＋泛音）	不影响音色的最小频率范围（Hz）
小提琴	200~16000	250~9000
大提琴	65~16000	90~8000
低音提琴（倍低音）	40~10000	60~7000
长笛	250~17000	250~13000
短笛	500~18000	500~9000
双簧管	250~12000	250~10500
竖笛（单簧管、黑管）	150~15000	150~8000
大管（巴松）	60~13000	80~9000
低音萨克斯管	58~14000	80~8000
圆号（法国号）	90~8000	160~6000
小号	180~10000	180~8000
长号（拉管）	80~7000	130~7000
低音大号	40~8000	60~6000
钢琴	27~12000	27~12000
定音鼓	45~5000	65~3000
钹	300~18000	400~14000
男声	100~9000	120~7000
女声	150~10000	200~9000
拍手声	150~10000	200~9000
脚步声	100~9000	120~7000

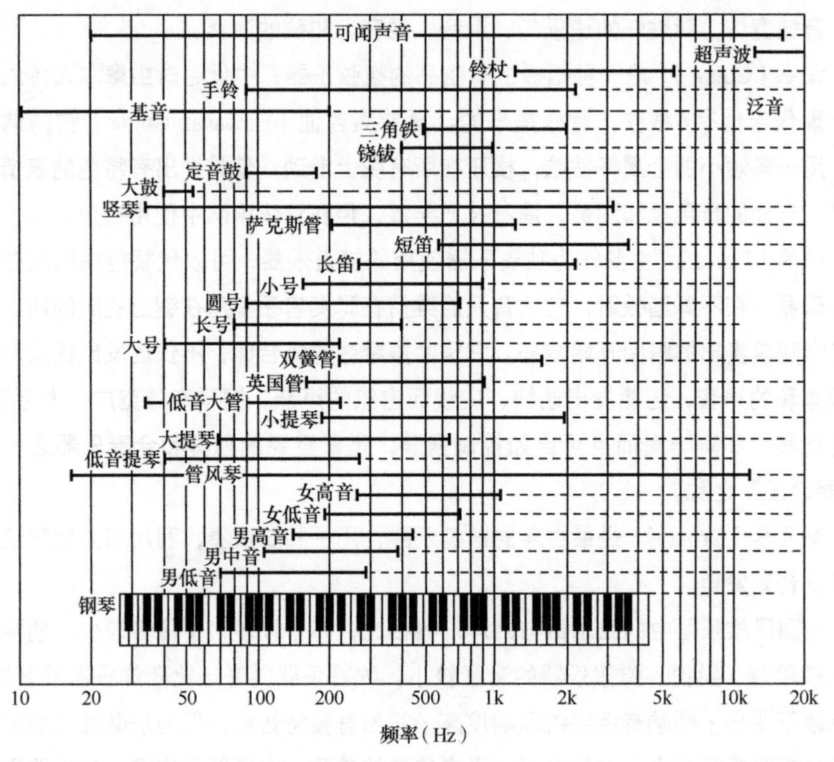

图 3-2　乐器的频率范围

3.9　CD录音技术

近年来，CD在平衡度，音色的自然度，以及声场等方面都有了明显改善。归根结底，CD的改进可能都源于A/D转换方面的改善，因为A/D转换是录音的第一关。

DG公司的“4D”录音，是以高比特录音为主导的新型录音系统，即数字录音、数字混音、数字制作的3D加Dimension的4D，“4D”录音由4个关键技术组成：（1）传声器扩配器（HA）靠近传声器，可遥控操作，免除了各种电子干扰；（2）采用21 bit 64倍取样A/D转换器实现数字变换；（3）传声器扩配器和A/D转换器组件化的舞台箱（Stage box），放置在演奏者附近；（4）由舞台箱变换后的数字信号送往数字混音台（Mixing console），利用真实比特成像（ABI，Authentic Bit Imaging）独特技术将21 bit信号压缩为16 bit并记录。“4D”从传声器到录音机的线路都实行了系统化，而且现场录音、编辑和制作等后期操作同样实现了系统化设计。“4D”录制的CD唱片，在音乐表现力方面有所增强，分析力和现场感更好，其音色圆润饱满，音域宽阔，信噪比在低频端也有所延伸。

SONY公司的超比特变换（SBM，Super Bit Mapping）是应用高分析力声音的20 bit技术制作母带，其重点在于20 bit到16 bit转换程序，可使信号更接近原信号，从而复现更多的声音细节，音质比同价其他CD更佳。

R&R（Reference Recordings）的高分辨率兼容数字（HDCD，High Definition Compatible Digital），能提高分析力至和30 IPM开盘母带一样。在录音时HDCD唱片以20 bit的方式记录，然后以音响心理学为出发点，通过11个DSP-56001芯片的高速运算，去除一些不重要的信息，再把余下的信息填在16 bit规格的CD声轨与辅助编码指令轨中。HDCD唱片在空间感的微妙变化，低电平时的分析力，动态的余裕上都有所改善。

TELARC公司的20 bit（128倍取样）录音特点有：（1）使用Ultra Analog公司的128倍超取样20 bit A/D转换器；（2）屏蔽低频段量化的噪声；（3）过滤高频段失真；（4）在20 bit转化为16 bit过程中，采用Apogee的UB-22静噪系统，只取20 bit中不产生失真和噪声的部分；（5）选用音滞谐振腔（Freeze Catcher）解决高比特数字录音产生的录音现场背景噪声。该公司向来走的是偏暗柔的格调，是一家最讲求低频爆炸力的公司。

DORIAN公司的20bit方法与TELARC的20bit方法有微小区别。该公司以20bit的录音转为16bit制式制作成的CD唱片，在分析力和分隔度方面都有非常不错的效果。

Chesky公司的128倍取样A/D，实际上只是采用更高取样频率。

PHILIPS公司的24 bit录音，先采用24 bit A/D转换器实现数字变换，以保留更多细节，再用特制的处理器，将24 bit信号压缩为16 bit信号，最后制版压模。这种高比特录音制作的CD唱片，重放时的柔和与细致非常明显，表现通透甜美，其层次、细节、逼真度及临场感均优于传统16 bit录音。

JVC公司开发的XRCD（Extended Resolution Compact Disc）采用K2接口，包括Mastering设备、制造工序、硬件与理论等多方面成果。该公司在CD唱片制作的各个环节都以独创的主时钟系统对时基进行控制，使CD制版的时基误差及玻璃母模的组误差系数有大幅降低，制版精度相应提高，保证了CD制作中的保真度。K2超级数字编码器采用20 bit 128倍超取样模/数转换器，可提供108 dB的动态范围、±0.05 dB的频响曲线，并极大消除了低电平信号的谐波失真，XRCD号称完美的16 bit，不需要任何附加设备，在任何唱机上都能表现出它在透明度、高频的圆滑延伸、立体感、质感及背景的宁静等方面都要胜过普通CD。XRCD共经历了3代发展，分别为XRCD、I998年的XRCD 2和2003年的XRCD 24。

JVC公司2004年开发的K2HD Mastering母带处理技术可以在CD的规格里，承载频宽高达100 kHz、分析度高达192 kHz/24 bit的高密度数字信息。K2HD的声音活泼生动、从容自然，密度、清晰度、空气感都很好。

3.10　世界著名音乐制品公司

音响器材需要“软件”，即音乐制品的唱片、磁带，才能进行音乐欣赏。随着音响设备的日益普及，音乐软件的需求也越来越大，琳琅满目的唱片和盒带，常使人眼花缭乱、无所适从。下面就对世界上著名的唱片公司进行简介。

（一）宝丽金（国际）唱片有限公司（PolyGram Classics）

这是一家跨国经营的唱片公司，1972年由德国德意志留声机公司（DGG，Deutsche Grammophon Geselkchaft）与荷兰飞利浦唱片公司（PPI，NV Philips Phonografische Industries）合并成立，现已被环球（Universal）集团收购。下属公司包括德国DGG、英国DECCA、荷兰PHILIPS及POLYDOR，是世界上最大的音像制品出版商。出版商标有德意志（Deutsche Grammophone）、宝利多（POLYDOR）、迪卡/伦敦（DECCA/LONDON）、飞利浦（PHILIPS）等，该公司生产及发行世界流行音乐、歌曲、古典乐曲、爵士乐曲、富有地方色彩的音乐、民歌和世界各地不同语言歌曲的录音制品。

DGG德意志留声机公司是宝丽金集团的龙头公司，是一家专门制作古典音乐，不设流行音乐部门的机构。它录音严谨，制作认真，但音乐并不十分华丽辉煌，演奏阵容强大，乐队有柏林爱乐乐队、维也纳爱乐乐队，指挥有富特文格勒、卡拉扬、伯恩斯坦、阿巴多等大师，演奏家有肯普夫、吉列尔斯、阿格里奇、霍洛维茨、克莱曼、帕尔曼、米盖朗基里等。该公司的古典音乐制品都有一个优雅的带有郁金香图案的长方形黄色商标。

DGG公司的激光唱片编号中，GH为正价版，GM为中价版，GR为廉价版，GTZ为特价版。

Archiv是创立于1947年的DG品牌，主要出版中世纪和巴洛克时期的古典乐曲。

荷兰Phonogram公司使用PHILIPS商标，录音品质严格，其口号是“提供全世界最美的音乐”，该公司积极开发曲目，推荐新人和提高唱片音质是它的一贯原则。演奏阵容包括阿姆斯特丹管弦乐队，指挥海丁克、科林·戴维斯，演奏家阿劳、布伦德尔、谢霖、格鲁米欧、内田光子等。

PHILIPS的激光唱片编号中，PH或Digital Classics（数字古典）为正价版，PM为中价版，PC为廉价版，PCC为特价版。

MERCURY（水星）原系1945年成立于芝加哥的唱片公司，该公司以动态庞大被誉为当时天碟，196l年被PHILIPS收购，后将当年录音以“Living Presence”系列用CD再版，广受欢迎。

英国DECCA公司在美国使用London商标，它对新技术的开发不遗余力，录音效果非常华丽。主要演奏阵容有指挥家索尔蒂、梅塔、马泽尔等，演奏家巴克豪斯、阿什肯纳齐、郑京和等，声乐家帕瓦罗蒂、萨瑟兰等。DECCA除录制了一批著名指挥家的作品外，还重点出版了意大利歌剧作品。

DECCA公司的激光唱片编号中，DH为正价版，DM为中价版，DX为廉价版，DFZ为特价版。

Argo是DECCA的子公司，圣马丁乐队即属该公司，该公司的激光唱片中，ZH为正价版，ZM为中价版。

（二）EMI，电气和音乐工业有限公司

EMI是英国唱片业巨子，即百代唱片有限公司，该公司拥有闻名遐迩的注册

商标——混血狗Nipper凝视留声机喇叭，辨别“他主人的声音”（HMV His Masters Voice），由于该公司在美国不能使用HMV商标而改用Angel（天使）商标。该公司录音讲究原汁原味、丰满圆润、朴实无华。演奏阵容有指挥家巴比罗利、普列文、穆蒂等，演奏家梅纽因、杜普蕾等，声乐家卡鲁索、卡拉斯、施瓦茨科普夫等，歌剧是该公司的强项。在EMI的目录中，几乎囊括了20世纪前半期主要演奏家和歌唱家的作品。

EMI公司的激光唱片编号中，CDC为正价版单张唱片，CDS为正价版套装唱片，CDM为中价版单张唱片，CMS为中价版套装唱片，CDH为历史性录音，CDZ为廉价版。

（三）SONY/CBS，索尼/哥伦比亚录音公司

CBS（哥伦比亚唱片公司）是横跨欧美的最大唱片公司之一，现被日本SONY财团收购。SONY/CBS主要演奏阵容有指挥家塞尔、梅塔等，演奏家斯特恩、马友友、佩莱希亚、古尔德、林昭亮等。

CBS公司的激光唱片编号中，Masternorks（大师系列）为正价版新片，CBS CLassics（CBS古典）系列为中价版再发行唱片，Embassy Classics系列为廉价版。

（四）BMG，贝图斯曼国际唱片集团

BMG/RCA的总部在美国纽约，下属唱片公司包括以下公司。

RCA　美国广播唱片集团，以几个超级演奏大师为主力，推出的唱片系列也以此为核心。主要演奏阵容有指挥家托斯卡尼尼、莱纳、奥曼迪、詹姆斯·列文，钢琴家霍洛维茨、鲁宾斯坦，小提琴家海菲兹，长笛大师高尔韦等。RCA公司的激光唱片编号中，Red Seal（红印记）为正价版新片，Gold Seal（金印记）为中价版新片或再发行唱片，Camden Classics为廉价版或二张套轻音乐唱片，Victrola为廉价版。联属公司有ERATO（法国），ACANTA、MOTOWN（美国）。

ARISTA　德国阿里斯塔唱片公司。

ARIOLA　阿里奥拉唱片公司，联属公司有SUPRAPHON（捷克）、EURODISC（尤罗迪斯唱片公司，德国）。

HANSA　汉萨唱片公司。

HNH　西曼唱片公司，包括Naxos（拿索斯）、Marco Polo（马可·波罗）、Yellow River（黄河）、Donau（多瑙河）、Middle Kingdom（国乐英华）、HNH（西曼）、Amadeus（阿玛迪斯）、White Cloud（白云）和HK 9个品牌。

CURRENT　现代唱片有限公司。

DEUTSCHE　HARMONIA　MUND　德国哈里蒙亚·蒙迪唱片公司。

（五）华纳古典国际集团

华纳古典国际（Warner Classics International）是1997年合并而成的集团，旗下两大古典重镇是德国的TELDEC和法国的ERATO。

ERATO除传统历史性作曲家的曲目外，法国作曲家的音乐作品更是它的招牌产品。发掘具有音乐才华的新一代加入它的阵营是其发展方向，今日ERATO的曲目更多元化，涵盖范畴也更全面广泛。

TELDEC公司的前身是Ultraphon，易名TELDEC其实是记录了伦敦迪卡（DECCA）和德律风根（TELEFUNKEN）曾经合并的历史，取各公司最前三个字母。该公司确立至今只二十余年，但其历史源流能追溯到20世纪20年代末的德国，可说历经悠久，其传统也使该公司更国际化。TELDEC唱片的录音，率先采用不少录音新技术，如NEUMANN SM2立体声CONDENSER传声器等，更重视追求音乐的自然真实感，讲求Hi-Fi 重现音乐的美观和自然声音（Natural Sound），并以生产高素质唱片而享誉全球。该公司录音曲目多样，尤其注重室内乐作品，其重新发行的许多历史性录音，爱乐者也甚感兴趣。

（六）著名“发烧”唱片公司

CHESKY RECORDS　切斯基唱片公司（美国），因重制《读者文摘》公司的古典音乐作品而一跃成名。该公司在爵士乐、拉丁音乐、乡村音乐及声乐曲上有特有的风格。

TELARC　泰拉克国际公司（美国）成立于1980年，一向以制作高品质的劲爆发烧片和效果片著称，并以其品质特高的录音而驰名世界，该公司很早就在唱片中采用双声道环绕声处理技术，使音乐更有个性和活力，现在采用的是20 bit录音技术。

Sheffield Lab　谢菲尔德实验室（美国）成立于1969年，它出品的唱片商标是一朵牵牛花，俗称“喇叭花”。20世纪70年代该公司以直刻版LP领先，1995年开始采用20 bit→16 bit Ultra Matrix Processing（数字编制程序）对母带进行重新处理，压片制作采用24K金涂膜片基压制，缩小了CD与直刻版LP声音效果的差距，这种唱片声音均衡，临场感、定位及分隔度极好。制作的测试唱片以悦耳的音乐贯穿其中，“喇叭花”唱片常被“发烧友”用作音响设备的“试金石”。

Klavier　这家以花体大写K字为商标的美国公司，俗称“老K”，最早以购买EMI录音母带，重新刻片而闻名于世，选曲既重艺术性又兼及可听性，每张唱片都精心策划、制作。

DORIAN　多利安是创立于1988年的美国发烧小公司的商标名，录音强调音乐性，采用20 bit、128倍取样模拟/数字转换技术，声音自然、逼真、温暖、细腻。专事古典音乐作品制作，得到欧美音乐杂志普遍赞誉。

R&R　Reference Recordings公司出版的唱片，俗称“双R”，都采用HDCD技术制作，以分析力高超、空间感细致、泛音充足、声音透彻为特点、但目前曲目较少。

Dmp　Digtal music products（数字音乐制品）是美国“发烧”唱片品牌，以制作高品位爵士乐和现代打击乐为主。

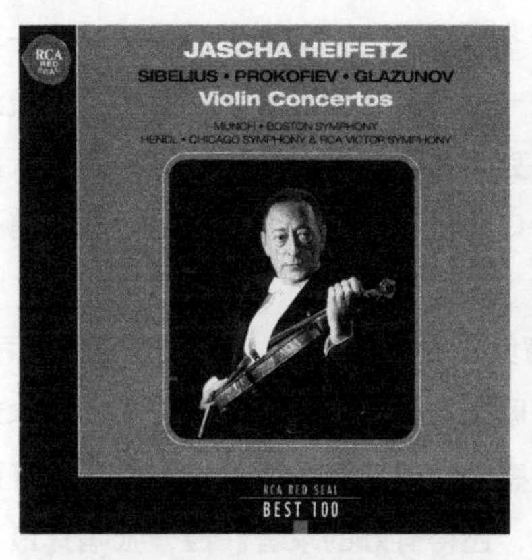

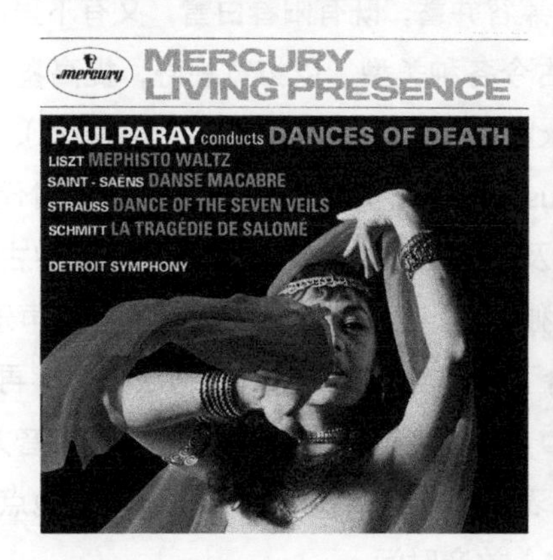

3.11 宁缺毋滥 择己所爱
——购 CD 要旨

在浩瀚的激光唱片世界中，挑选一张自己满意的唱片，是桩既麻烦又诱人的事，书刊广告、他人推荐总难适合自己的鉴赏要求，再加上音乐欣赏又是一项主观色彩极浓的精神活动，是否是精品难有统一标准，更何况音乐还有体裁、流派、种类之分，如交响曲、室内乐、歌剧、巴洛克、古典、浪漫、现代等，每个人的爱好也不尽一致。上榜唱片，专家推荐，不合口味也属枉然。所以选购唱片的第一条是自己喜爱。

音乐作品，特别是古典音乐作品的演绎是一种再创造，不同指挥、不同乐团、不同演奏者会有不同表现，也就产生了不同版本。因此，同一曲目不同版本就会有不同风格的诠释和演奏，使人们有不同的感受。所以选购唱片的第二条是好版本。

有了好的作品，加上好的乐团和指挥，还得有好的录音。但一张唱片最主要的是将演奏（唱）的原貌保留得如何，而不是在后期制作中润饰得声音多美妙。通常一张录音平衡、层次丰富、声音通透、动态适宜的唱片就是好的，没有必要去过分追求什么特殊效果。夸张的音色反而会降低唱片的音乐性，太过完美的录音也缺少些人情味。所以选购唱片的第三条是好录音。

世界上音乐作品之多，人们不可能全部拥有，但在购买时最好有一个范围，再根据个人需要做出抉择。对于准备购买的唱片，特别是自己喜爱的曲目，不经考查试听，不要急于购买（收集不同版本除外），为了凑数而买演奏或录音不理想的唱片，是很不明智的，好作品不怕今后买不到好版本。所以选购唱片的第四条是宁缺毋滥。

对于初入门的音乐爱好者，可选演奏、指挥、录音俱佳且通俗易懂、广为流传的作品作为入门引导。听音乐要多种题材兼容并蓄，既有阳春白雪，又有下里巴人，也不要单纯局限于古典音乐，可选中外古今各种类型，以拓宽视野，提高鉴赏力。

激光唱片的分类，一般是摇滚乐（Rock and roll）、通俗音乐（Pops Music）、乡村音乐（Country Music）、爵士音乐（Jazz Music）、民间音乐（Folk Music）、新时代音乐（New Age Music）、试音片（Sound track）及古典音乐（Classical Music），其中古典音乐包括交响曲、协奏曲、歌剧、管弦乐、独奏曲、芭蕾音乐、室内乐及经典声乐。

在每一张唱片的封底说明中，常包含下列内容：（1）录音和初版时间，再版时间，Ⓟ×××× 表示录音和初版年份，©×××× 表示再版年份；（2）录音方式，用AAD、ADD、DDD以及STEREO、MONO表示；（3）制造地点；（4）录音地点和录音师；（5）公司隶属和版权转让情况；（6）放音时间。

1. DDD与ADD

激光唱片大多标有录音方式的代号，以A表示模拟，D表示数字，如DDD为数字录音、数字混音、数字制片；ADD为模拟录音、数字混音、数字制片；AAD为模拟录音、模拟混音、数字制片。目前市场上的激光唱片主要有全数字制作的DDD和模拟录音、数字制作的ADD两种。有人以为DDD方式才是唱片最高品质的体现，事实却并非如此简单。

许多指挥大师和演奏大师的顶峰期，都在数字录音出现之前，他们的绝大多数录音是以模拟方式录制，而模拟录音技术在20世纪六七十年代已达到极为成熟的地步，在此期间出现的大量精品LP唱片，都被音响界奉为经典，其音质、音色、定位、平衡感和现场感都是一般数字录音所无法比拟的，用这种原版录音制作的ADD 方式CD片，声音流畅自然，大多是高音质唱片，也就毋庸置疑了。当然，部分取自20世纪50年代甚至更早的历史性录音制作的CD片，限于原始录音的水准，是个例外。

用DDD方式制作的唱片也并非尽如人意，尤其是一些20世纪80年代中后期的数字录音，声音生硬，缺乏层次，高频夸大，有“金属味”，缺少现场感。近年来数字录音技术取得了很大进步，克服了以往存在的一些不足，听感已较真实自然，特别是一些著名唱片公司都采用了一些录音新技术，大大提高了音质，使人有耳目一新之感。

2．全曲与集锦

购买和收藏CD片，应以完整曲目为主，但适当购买一些著名乐曲片断的集锦片也未尝不可。这类唱片集乐曲精华片断于一碟，可弥补由于时间关系不能欣赏全曲的不足，但要选曲目标明乐队、指挥、演奏者及录音时间等内容的才是。有些唱片公司的有声目录就是一种集锦CD片，如MERCURY的442　541-2“*YOU ARE THERE!*”就包含各种体裁和时代的22个古典作品片断；还有PHILIPS的446 370-2“*WELCOME TO 1995*”等。集锦片是由过往录音中选辑重新包装、翻制，发挥剩余价值的录音制品，常将不同名家的精彩录音合在一碟，加上售价以中低价位为主，选曲大众化，因而大受欢迎。还有一种示范片（Sampler），是制片商把一些人们耳熟能详的曲目集在一起，是乐曲的演绎录音，非常适合入门爱好者聆听，如福茂唱片公司的《迪卡之声示范天碟》（DECCA　444　315-2），就是在100张DECCA唱片中精选出29段代表作制作的双片集锦CD片。

3．高价与低价

激光唱片有正价、中价和廉价版之分，它们的价格上下起伏很大，同样曲目，不同公司的价格差可达百元以上，高价唱片大多是世界著名唱片公司，如DECCA、DG、PHILIPS、EMI、RCA、Chesky等的产品，以及专出“发烧唱片”的公司，如RR、Mercury、TELARC等的产品。低价唱片除一些小公司的产品外，还有大公司的廉价版。这中间高价唱片并非都是演录俱佳，低价唱片也决非全是平平之作。但著名唱片公司的最新版本一般都为价格较高的正价版，因此，工薪阶层为买得价廉物美的唱片，可选著名公司再发行的旧版，以及套装双片系列，这些都是优秀版本中价格较低的中价和廉价版唱片。当然，有些公司所出的唱片也有价格较低而质量不错的，如德国CLASSIC、美国MCA以及CBS/Sony等公司的唱片。

DG公司中价版中的“画廊系列”（Galleria）是正价版中精品的再版，有几百品种，可作首选系列之一。“原版系列”（THE　ORIGINALS）是模拟时代LP名片的CD版。“大师系列”（MASTERS　SERIES）是近年来新的数字录音版。廉价版中的“回声系列”（Resonance）有不少上榜名片，十分超值。“古典图书馆”（Classikon）共100张，是入门的普及系列，每张唱片介绍一位作曲大师。

PHILIPS公司的“双片精装系列”（DUO Series）推出后，英国*Gramophone*杂志特别两度报道该系列是收藏者无法抗拒的最佳选择，除只卖一片价格外，录音精良、曲目完备也是其特点。“古典玩家系列”（Solo series）收录的皆是古典音乐的大曲目，该系列中有不少名片，录音品质及音乐美感俱佳。“发烧天碟系列”（Mercury Living Presence）为LP时期录音翻制的CD片，当年的密纹唱片以其著名的录音技术和35mm母带，在20世纪五六十年代曾轰动全球，该系列都是录音名片，均以“Mercury”（水星）为商标。

DECCA公司的中价版唱片很多，最著名的是“喝彩系列”（Ovation），其中有不少名著演绎。“古典之声”（Classic Sound）则是该公司在LP时代录音的精华所在，几乎张张精彩。廉价版的“双片系列”（DOUBLE）中也有不少值得选取。

RCA公司最风行的是“现场立体声系列”（Living Stereo），都是20世纪五六十年代该公司的LP所翻制，以强烈的动态、宽阔的声场及准确的定位著称。

EMI公司中价版“参考系列”（REFERENCES）均为名家大师的历史性录音，是具有收藏价值的珍贵录音制品。廉价版“艺术家肖像双片系列”（ARTIST PROFLLE）亦具收藏价值。中价的“经典歌剧系列”“歌剧红伶系列”（La Nuova Series）和“歌剧选粹系列”（Opera Highlights）是极佳的歌剧入门唱片。

4．双片系列

PHILIPS、DG、DECCA、EMI都有双片形式包装的2CD系列唱片，这种唱片在一只片盒中装有2张唱片，但价格仍按一张计，即“2 CD for the price of 1”。它们都是古典音乐，囊括各种体裁，制作者颇具匠心地以多种角度进行选曲，既有作曲家作品的全集，又有作曲家作品的精选，以及各家作品的选萃，为爱乐者提供了丰富的选择天地。

2CD双片系列不仅作品选自名家泰斗，演绎者也大都是当代著名大师，乐曲由名指挥、名乐队、名演奏家诠释。而且录音大多取自模拟录音的黄金时代，精湛的录音保证了效果，加以双片系列的售价低廉，所以广受欢迎，屡获大奖。

各大公司相继推出的双片系列有DG公司的“Compact Classics”“Double”（双像系列）“Original-Image Bit-Processing”（数字原音再生系列），PHILIPS公司的“Duo”（双片精装系列），DECCA公司的“Double”系列，EMI公司的“Seraphim”（天使）系列，以及EMI公司的“Forte”系列，这些重新制作的唱片，并未因价廉而降低质量，而且曲目和演绎俱佳，实在是爱乐者的福音。PHILIPS的“双片精装系列”几乎收入了该公司历来最著名的录音版本，名家众多，曲目丰富，执各唱片公司之牛耳，自进入市场后，极受爱乐者的欢迎，购买踊跃。

低价激光唱片中，还有一种称为环保包装（或称绿色包装）的，其在硬纸盒里面袋装多片大套系列，内容都是深受好评的经典名版。如EMI公司的“小天使”系列是4套唱片，每套以一位作曲家为中心，名家演绎，曲目精彩，价格低廉。宝丽金公司除发行再版套装片外，还有中、高价位的首版全集的环保包装套装片发行。

5．关于“天碟”

所谓“天碟”，原指20世纪60年代出版的，历经时间考验的，一些广被爱乐者认同的最优秀LP密纹唱片，它们都是脍炙人口、充满音乐感染力的极品级LP，其演奏对音乐内涵和情感做了充分表现，音响效果亦拔萃超群、真实动听。

随着激光唱片和数字录音的出现，又有了“CD天碟”，但其中有一种音响效果片“天碟”，它以凌厉、强烈的气势和动态取胜，能强烈刺激感官，追求的是表面效果，却缺乏内涵。除了震天撼地的声响，完全失去了音乐的意境，也就背离了音乐欣赏的原旨。对爱乐者而言，“天碟”应并非是以凌厉动态，而以逼真现场感、丰富层次和良好质感闻名，因为音响效果的乐趣不会持久，只有音乐才是永远的享受。

当然还有不少小公司制作的所谓“发烧天碟”，它们实际上仅在制作时做了夸张的润色加工，强调了某些细节或效果，但对音乐的内涵破坏殆尽，其演奏更是毫无真实可言，并不值得收藏。

6. 如何选择版本

著名作曲家的主要作品都有不同乐团、不同指挥、不同录音的各种唱片，从而产生了不同版本。大师们的作品版本，少则几十种，多则上百种，这让初涉古典音乐的人士产生了在众多的版本面前难以做出取舍的问题。

为了选得最佳版本，首先要选指挥家和演奏家最擅长的曲目。如卡拉扬指挥曲目极广泛，但最擅长指挥德奥作曲家的作品；阿巴多擅长指挥罗西尼、威尔第等作曲家的歌剧及普罗科菲耶夫、斯克里亚宾和斯特拉文斯基等现代作曲家的作品；普列文以指挥拉赫玛尼诺夫、肖斯塔科维奇等人的作品见长；马泽尔以指挥格什温、普罗科菲耶夫、柏辽兹等人的作品而深受好评；比彻姆以指挥海顿的交响曲著称；穆拉文斯基则是柴可夫斯基和肖斯塔科维奇作品最权威的诠释者。又如当代钢琴泰斗鲁宾斯坦以演奏肖邦及贝多芬、舒伯特、舒曼、勃拉姆斯等浪漫派作品著称；肯普夫演奏曲目较广泛，但演奏贝多芬、舒伯特和舒曼的音乐最传神，被认为是解释贝多芬钢琴作品的权威；小提琴大师阿卡多演奏曲目从巴洛克时代作品到现代作品极其广泛，但最擅长演奏帕格尼尼的作品，是其当代最佳诠释者。

其次是乐团的风格。不同国家、不同民族的乐团演奏风格有着很明显的差异，尽管他们演奏的曲目相当广泛，但最擅长的往往是他们本国或本民族作曲家的作品。如柏林爱乐乐团以演奏德国音乐作品著称；纽约爱乐交响乐团的演奏具有典型的美国风格；波士顿交响乐团以演奏维也纳古典乐派和浪漫乐派作品为主；维也纳爱乐乐团注重德、奥音乐典雅的传统风格。

最后要考虑的是录音效果。不同唱片公司的录音风格并不一致，也就有不同的音响效果，有的追求大动态、宽声场，有的追求平衡、柔顺，这应根据各人的喜好做出抉择。如美国水星公司（Mecurry）的Living Presence（再现真实现场演奏）和RCA公司Living Stereo（立体声真实再现）就追求现场演奏的音响效果；美国TELARC公司则更注重录音的大动态。

音乐的感受是十分主观的，每个人对音乐的理解和欣赏习惯各异：有的喜欢摇滚，有的对通俗歌曲情有独钟，马勒式的激荡起伏、莫扎特的安详平和各有相知。年龄和人生经历、地域文化诸方面因素也都综合地影响着欣赏者的喜好。所以，任何选择必先以适合自己为前提，再按自己直接或间接的经验去比较和挑选演绎、指挥、录音的版本。

多版本唱片的收集，对资深爱乐人士而言是必要的，因为通过对比欣赏，对不同风格的诠释和演奏会有不尽相同的感受，能加深对作品的理解，提高鉴赏能力。当然，多版本的收集应该在你对主要作曲家的主要作品大体收集齐备后再进行，否则就本末倒置了。

3.12 唱片评论的权威——“发烧天书”兼及其他

当今世界上的唱片评论权威性书刊，有《TAS榜》《企鹅唱片指南》和《唱片艺术》等。在版本如此繁多的唱片中，如何购买可永久保存的好唱片，是否有可供参考的指南手册，是广大爱乐者所企盼获知的。

《TAS榜》的原文是*The Absolute Sound*，意为“绝对音响”。出自美国，该刊印刷精美，考究而朴素，主要栏目有：（1）编者述评/读者来信；（2）TAS日志；（3）硬件技术测试；（4）音乐软件。

该刊“TAS日志”的内容有基本知识，也有试验报告，不仅论述新器材，还介绍厂商、录音公司的历史与相关著名录音。“硬件技术测试”的内容包括厂商的介绍和TAS编辑部专家、总编的评价。“音乐软件”的内容有以录音和音响角度的唱片评述、录音介绍及唱片介绍，内容不仅包括古典音乐，还包括流行音乐、电影音乐以及各种特别的唱片。TAS总编Herry Pearson的点评称为HP点评，主编Frank Doris的点评称为FD点评，音乐评论员Auther S.Pfeffer和Michael A.Fox点评称为AP和MF点评。从内容看，该刊几乎是纯技术性的期刊。该刊对唱片评论的不足之处，是过分考虑录音效果，以致使许多优秀唱片榜上无名。

《企鹅激光唱片/音乐磁带选购指南》的原文是*The Penguin Guide to Compact Discs and Cassettes*，由英国企鹅出版公司发行，每年出版一次新版本。该书有3位音乐专家对当年及已发行的世界上主要唱片公司的优秀古典音乐制品进行评价推荐，是当今世界销量最大、影响最广的唱片类工具书。

该书主要撰稿人是爱德华•格林菲尔德，另两个作者为罗伯特•雷顿和伊凡•玛切。该书宗旨是主评演绎，兼顾录音，以严谨的态度用“星级评比”对唱片做出评论，评论严格，选题严谨，不迷信权威，也注重发现新秀，指引读者购买“物有所值”和“物超所值”的CD唱片。

★★★（三星）为全面衡量演绎及录音皆为上乘者；★★（二星）为按当前一般的高标准要求，演绎及录音皆出色者；★（一星）为演绎不错，录音尚可或良好者；对于有所保留的则分别加上括号，这就是通称的半星；对一些演绎极具特色，对作品理解深刻，充满魅力，以及质量特别好的唱片，则在三星之外，另加一朵小玫瑰花，这是最高奖。但《企鹅激光唱片/音乐磁带选购指南》的最高奖三星带花评定是按各厂商所定价位对唱片分类进行，是同价位里的物超所值最高奖，并非评鉴绝对标准。

《唱片艺术》（ュンパクト　ディスク）是日本音乐之友社发行的一本唱片评论书，主编为志鸟先生。它集中数十位音乐专家的推荐，历经十余年时间累积而成，

先后推出300首名曲、500首名曲和1000首名曲。该书推荐的全是大师指挥、演奏的录音，基本上以名家的诠释为择片标准。

我国也出版了几本较好的CD唱片指南性质的书，如《唱片圣经》《名曲名片500》《CD圣经》《音乐圣经》等。

《唱片圣经》由《音响论坛》总编刘汉盛先生等编著，包含三大内容：一是美国《绝对音响》历年推荐的TAS榜，二是英国《企鹅唱片指南》所推荐的三星带花唱片，三是日本《唱片艺术》评出的古典音乐唱片。该书附有大量黑白唱片封套照片及唱片的短评，几乎囊括了20世纪最优秀的唱片，是一本极为实用的参考指南。

《名曲名片500》由邵义强教授编著，分上、下两册。内容包括从17世纪到现代的80余位作曲家的作品，按字母排列，查阅极方便。该书对每首曲目都有几种优秀版本推荐，并对演奏者、乐队及指挥的演绎做出评论，重点为解释音乐及演绎艺术，不仅对选购唱片，对欣赏音乐也有所帮助。唯一不足是书中以LP唱片为主，CD唱片较少。

《CD圣经》由《发烧音响》的陈煐光先生等编写，内容分古典音乐、爵士音乐、流行音乐、电影及舞台音乐、中国音乐及其他。该书对在亚太地区较易购到的500多张唱片做了评价，不足之处是过分注重录音效果，某些评语个人色彩较重。

《音乐圣经》由林逸聪先生编写，内容参考了《唱片圣经》《CD圣经》等书，列出了TAS榜、企鹅推荐唱片和音乐期刊等入选的300余首曲目，还对作曲家及音乐作品作有简介，使用极方便，不足处是缺少唱片封套照片。

上列书刊向大家推荐了大量优秀唱片，作为选购参考，确有指点迷津之功效，但真正购买时，大家大可不必受其束缚，还是以自己的聆听鉴别为准，只有自己认为好听和喜爱的唱片才是值得你购买的唱片。何况未曾入选和上榜的唱片未必不好，漏掉的上乘之作并不少见，入选上榜的唱片中也不乏实际效果平平者。另外，唱片的售价不完全取决于质量，廉价唱片不等于录音或演奏的档次较低。

3.13 乐曲的编号和代码

作曲家的作品多数被后人按曲目类型及发表年代编辑成目录。

例如，奥地利的克歇尔（Köchel）在《编年主题目录》一书中，为莫扎特的作品编以克歇尔编号，用K.或KV.表示。有些作曲家则在出版作品时，自己按顺序进行了编号，如OP.××No.××即作品××号之××。

BWV——J. S.巴赫作品索引的缩写（Bach Werke-Verzeichnis），现已成为巴赫作品的标准编号。

D.——舒伯特的作品编号（多伊奇编）。

F.——维瓦尔第的作品编号（安乐尼奥·凡纳编）。

Hob.——海顿的作品编号（霍博肯编）。

K.——莫扎特的作品编号（克歇尔编）。

K.V.——莫扎特的作品编号（同K.），K.V.是德文Köchei-Verzeichnis的缩写。

L——D.斯卡拉蒂键盘作品编号（隆戈编），还有K、P两种编号。

P——维瓦尔第的作品编号（平谢尔编）。

Z.——珀塞尔的作品编号（齐默尔曼编）。

OP.——Opus的缩写，拉丁文原义为作品，如同一作品有2个版本或形式，常在编号之后再加字母，如OP.18a、OP.18b。

3.14　名曲指引

为了更好地欣赏音乐，对音乐史、作曲家及其作品应有一定了解，所以笔者参考了大量有关专著编撰了这部分资料，希望能对大家走进音乐之门有所帮助。

（主要参考文献：《牛津简明音乐词典》（*The Concise Oxford Dictionary of Music*）、《科林斯音乐百科词典》（威斯特勒和哈里森合著）、《音乐史欣赏》（上田昭著）、《古典音乐鉴赏入门》（结城亨著）、《名曲鉴赏入门》（野宫勋著）、《交响曲浅释》《管弦乐浅释》《独奏曲浅释》《协奏曲欣赏》（以上4本均为邵义强著）。

1. 巴洛克音乐

巴洛克音乐（Baroque Music）中的“巴洛克”一词原指17、18世纪德国、奥地利装饰华丽的建筑风格，借用来描述1600—1750年，直到巴赫和亨德尔逝世这段时间发展起来的可与之比拟的音乐。这是个随着强调对比而使和声变得越来越复杂的时期，在此期间，人们对歌剧的兴趣从宣叙调转移到了咏叹调上，教堂音乐的各种独唱、合唱以及管弦乐队的对比也有极大发展，器乐方面出现了奏鸣曲、组曲。

巴洛克音乐大多使用持续低音，特点是严谨、庄重、富丽、和声丰富,在这一时期，器乐音乐得到很大发展,声乐也达到十分成熟的地步。代表人物为维瓦尔第、巴赫和亨德尔等。

维瓦尔第（A.Vivaldi，1678—1741）　意大利作曲家、小提琴家，被称为协奏曲之父、大协奏曲大师。他的音乐洋溢着新鲜的美感，具有高度表达力，以优美动人而闻名于世，不少器乐曲显示出活泼而富有生气的想象力，作品虽多却不落俗套。他留下的近500首协奏曲中，以4部小提琴协奏曲（总称《四季》）最受欢迎，这4部小提琴协奏曲也是巴洛克音乐的代表作。

大协奏曲《四季》套曲（*La quattro Staggioni*）Op.8

《四季》大约创作于1723年，包括“春”“夏”“秋”“冬”4个协奏曲，每一个协奏曲由快、慢、快3个乐章组成，描绘了威尼斯郊外四季的田园风光，充满诗情画意，各曲中美妙地运用了合奏与独奏交替的技巧，一呼一应，极具情趣。如果想领略弦乐合奏的神韵与妙趣，可听这首深受世人热爱的曲子，曲中描绘四季不同情景的手法，极为鲜明率直、清澄纯朴，任何人听了亲切感都会油然而生，这也正是巴洛克音乐最大的魅力。且每曲均附有描写情景的十四行诗，更增聆听的亲切感，被认为是标题音乐的始祖。

“春”，E大调。第一乐章，小鸟在和煦的春风中歌唱，快乐地报知春天来了。一度乌云密布、雷电交加，之后阳光再现，更添春之喜悦。第二乐章，温暖的阳光下，群羊在草场打盹，牧羊狗悠闲地陪伴在旁。第三乐章，随着笛声，水精灵与羊群在田间共舞。

“夏”，g小调。第一乐章，炎热的夏天，人和动物不断喘气，懒洋洋地在树下休息。只有杜鹃与青鶄在森林中婉转娇啼，北风突起，带来了不安。第二乐章，农民在工余欣喜起舞，留意着远处的雷声。第三乐章，疾风雷雨使农作物饱受摧残。

“秋”，F大调。第一乐章，农民因丰收而歌舞，畅饮美酒，喜气洋洋，庆典后，昏昏欲睡。第二乐章，高歌欢舞后，秋夜的景色非常美丽，人们进入宁静的梦乡。第三乐章，秋是狩猎季节，黎明猎人吹着号角，勇敢地追逐猎物。

“冬”，f小调。第一乐章，树林枯萎，天气变得寒冷非常，人们瑟缩于寒风中。第二乐章，熊熊的火炉前，诗人凝视着不停飘落的雪花。第三乐章，人们兴奋地在冰上追逐，春之脚步渐近，南风吹拂冰面，冬的呼啸已趋尾声。

巴赫（J. S. Bach，1685—1750） 德国管风琴家、作曲家，被称为音乐之父，现代音乐的先驱，巴洛克音乐的综合者。他的最高成就是复调音乐，其音乐描绘生动，热情奔放，既富于他那个时代的特点，又适合所有时代，为全人类所喜爱。他的作品浩如烟海，有当时流行的各类音乐，凝聚了崇高圣洁的情感，更体现了浓厚的人文主义色彩，使音乐逐步脱离教会的思想控制，走向平民化。巴赫的主要作品有管风琴曲《变奏圣咏曲》《赋格曲》，2集《平均律钢琴曲集》，3首小提琴奏鸣曲与3首小提琴组曲，6首大提琴组曲，合唱曲《马太受难曲》《b小调弥撒曲》，室内乐《赋格的艺术》和6首管弦乐《勃兰登堡协奏曲》等。

《G弦上的咏叹调》——D大调管弦乐组曲
（*Ouvertüre No.1—4*）第三号，BWV1068

此乃古今名曲，在冥想中深深的虔敬与感动呼之欲出。巴赫的这套组曲以体现皇室的庄严为特征，由两只双簧管、三只小号、一对定音鼓和弦乐合奏组成。组曲第3号包括：（1）法国式序曲；（2）咏叹调；（3）加沃特舞曲；（4）布列舞曲；（5）吉格舞曲。其中第2段旋律极为悠扬婉转，小提琴家威廉密（Wihelmj）后来把它改编成举世闻名的《G弦上的咏叹调》（*Air on the G string*），乐曲分两大段落，开头徐徐奏出的旋律质朴而富于歌唱性，具有巴洛克后期的夜曲风格。其伴奏声部有弦乐器的拨奏效果，衬托了主旋律柔婉如歌的特点。第二个大段落篇幅较大，情绪起伏比前段显著，在低音部有规律的伴奏音型上，舒展的旋律使人荡气回肠。乐曲最后在延长的主音上轻轻地结束，形成余音缭绕、情趣无穷的意境。

《勃兰登堡协奏曲》（*Brandenburg Concerto*）BWV 1046～1051

此曲由巴赫创作于1719—1721年间，题献给勃兰登堡大公克里斯蒂安·路德维希。6首协奏曲具有不同乐器组合，是巴赫一生中密度最高、最快活生动的作品。第2、4、5首是真正的大协奏曲，有对比乐器组的传统风格。

第一曲，F大调。包括：（1）活泼的快板；（2）柔板；（3）活泼的快板；（4）小步舞曲。这个协奏曲突出高音小提琴，是整套协奏曲中最辉煌动人的一首。

第二曲，F大调。包括：（1）活泼的快板；（2）行板；（3）极快。这个协奏曲突出高音小号，是整套协奏曲中最流行的一首。

第三曲，G大调。包括：（1）活泼的快板；（2）充满柔情地；（3）活泼的快板。这个协奏曲突出拨弦古钢琴，是整套协奏曲中被演奏次数最多的一首。

第四曲，G大调。包括：（1）活泼的快板；（2）行板；（3）急板。这个协奏曲突出古老的直笛。

第五曲，D大调。包括：（1）活泼的快板；（2）充满柔情地；（3）活泼的快板。这个协奏曲突出拨弦古钢琴。

第六曲，降B大调。包括：（1）活泼的快板；（2）歌唱般的柔板；（3）活泼的快板。这个协奏曲突出两把中提琴的独奏。

《马太受难曲》（*St. Matthew Passion*）BWV 244

巴赫在这部受难曲中，将宣咏调与众赞歌各个声部按不同曲调和音响组合，从而表现出戏剧性变化，通过死亡与葬礼音乐、临终乐曲、晚间音乐看到永存的生命。这部作品是作者宗教音乐的最高成就之一。

《音乐的奉献》（*The Musical Offering*）BWV 1079

此曲创作于1747年，是巴赫晚年根据腓特烈大帝所给的主题而创作的一个曲集，包括两首《赋格曲》、数首卡农和一首由长笛、小提琴与羽管键琴演奏的奏鸣曲。该曲原为巴赫访问波茨坦时应邀即兴演奏而作，后来发表时题献给腓特烈大帝。该曲以英雄颂歌方式，充满庄严、雄伟的气氛，他的创作技巧在此曲中达到顶点。

d小调《托卡塔与赋格》

（*Toccata and Fugue in d Minor*）BWV 565

巴赫担任魏玛宫廷风琴家时，是他的创作高峰期，此曲的创作正值此时，这是他的管风琴作品中最脍炙人口的曲子。开端慢板导入不强烈的下行音型与和弦后戛然终止，再进入三连音型急如风暴的最急板，使人荡气回肠。这是一首驱使壮烈的不协和音，具有光辉的经过句、富于魄力的腾跃、雄健简洁而紧凑的结构、自由奔放的即兴性格、热情澎湃、富有朝气的音乐。

亨德尔（G.F. Händel，1685—1759） 出生于德国的英籍作曲家，他与巴赫同为巴洛克时代的压轴人物。亨德尔的作品风格都较宏大，与巴赫过于纤细的技巧不同，他从当时盛行的复音音乐，开拓到以和声为主的主调音乐。他的音乐具有意大利风格流畅的旋律，并有极富戏剧性的表现力，听起来光彩照人，效果极佳。亨德尔的主要作品有管弦乐《水上音乐》《皇家焰火音乐》，清唱剧《弥赛亚》，室内乐有古钢琴曲《快乐的铁匠》、6首小提琴奏鸣曲及10首木管奏鸣曲。

《水上音乐》组曲（*Water Music*）

此曲是亨德尔1717年在泰晤士河上为一次皇家巡游而作的管弦乐组曲，这部脍炙人口的管弦乐曲，原曲约由20首小品组成，今天我们听到的这首乐曲是由英国汉密尔顿·哈蒂爵士将其中的6首改编而成的组曲，明丽轻快，古典优雅，灿烂壮丽，全曲以组曲形式，由各种舞曲或曲调配列而成，其中以圆号和小号的音响最为光辉。

第一曲，序曲。先是典雅的极缓板，进入快板主部时，由两把独奏小提琴呈现出生动的赋格主题，然后由独奏群与总奏有趣地交替进行。

第二曲，慢板与断奏。在弦乐和弦上，双簧管奏出装饰风的曲调，但在断奏处双簧管退隐无踪。

第三曲，快板。圆号与管弦乐华丽地交替高鸣，这是一段壮丽的音乐。

第四曲，小步舞曲。主题颇为爽朗，圆号相当活跃。

第五曲，曲调。这是全曲中最著名的，“曲调”是指器乐曲中不具有舞曲性格，而旋律性较强的音乐。

第六曲，小步舞曲。主部由圆号分解和弦般的旋律开始。

第七曲，布列舞曲。以飞跃音程作成的曲调，前后共反复3次，先是弦乐，再是双簧管，最后是总奏。

第八曲，号管舞曲。这是一首苏格兰的水手之舞，曲趣生动愉快。

第九曲，中庸快板。这是F大调第一组曲的终曲，是一段以木管为独奏群的大协奏曲。主题先由双簧管和低音管呈示，经过总奏反复后，再以赋格模仿进行。

第十曲，快板。由小号开始，庆典性格较为强烈。

第十一曲，号管舞曲。主部中铜管乐器颇为活跃。小调的中段由弦乐和木管演奏。

第十二曲，小步舞曲。由开头跳跃般的旋律构成。

第十三曲，曲调。曲中长、短音的对比颇富情趣。

第十四曲，缓板。这是将小号和圆号分别形成一组，平行进行的乐曲，是中段使用木管群与弦乐的小调音乐。

第十五曲，布列舞曲。先由弦乐奏出，再是双簧管与低音管，最后是含有铜管的总奏。

第十六曲，小步舞曲。由小提琴、中提琴与数字低音的三声部，以和声风进行。

第十七曲，小步舞曲。主部由跳跃般激烈的旋律作成，中段为对比鲜明的大调乐段。

第十八曲，快板。此曲的特色为八度音的跳跃，以及附点与三连音的进行。

第十九曲，如歌的。此曲引接了前曲的附点与三连音进行。低音管曲调较为突出。

第二十曲，点奏。开头同音反复，顺序渐进的旋律伴着铜管音响威风堂堂地展开，形成豪壮有力的结尾。

《皇家焰火音乐》组曲（*Royal Fireworks Music Suite*）

《为皇家焰火而作的音乐》是此曲的常用曲名，此曲原为管乐队而作，1749年在伦敦的绿色公园演出，作为庆祝艾克斯拉沙佩勒的和平条约而燃放焰火的伴奏。后来亨德尔又加上弦乐部分，供音乐会演出之用。各乐章依次为：序曲、布列舞曲、“和平”“欢庆”、小步舞曲Ⅰ、小步舞曲Ⅱ。

此曲由壮丽雄大的序奏揭幕。引导出激烈跃动的、光辉灿烂的快板——第二部分，此后定音鼓与小号和其他管乐器狂啸呼应，并于欢乐华丽的气氛中结束。序曲后，相继奏出只由簧管乐器群三重奏的布列舞曲，壮丽、飞跃、富饶的西西里舞曲“和平”，光辉华丽的“欢庆”等3个乐章，然后以一首华丽的小步舞曲与一首高贵的小步舞曲结束全曲。

清唱剧《弥赛亚》（*Messiah*）

亨德尔创作于1741年，1742年在都柏林首演，并由此使亨德尔蜚声世界，《弥赛亚》至今仍是英国最受欢迎的清唱剧。

2. 古典音乐

古典音乐（Classical Music）通常专指1750—1830年间创作的音乐，包括古典交响曲和协奏曲的发展。海顿把初期交响曲的形式加以完整化，创造了交响曲的典型范式，莫扎特和贝多芬又把海顿所完成的形式加上了个性内容，这3人前后相互影响，且都有独特的风格，是古典乐派的代表，他们使那个时代更丰富、更充实。

古典音乐的特点是均整的形式，以明快调性为基础，作成综合性的形式美。

海顿（**F.J.Haydn，1732—1809**） 奥地利作曲家，他确立了奏鸣曲形式和交响曲形式，对后世音乐有极深远的影响，被称为交响曲与室内乐之父。海顿的音乐源于大自然，非常清新宜人，他一生共留下104首交响曲、83首弦乐四重奏以及其他各种乐曲，其作品充满创意，风格独树一帜，以结构紧密、色彩丰润、和声和节奏具有活力而著称，是古典风格的基础。海顿的著名作品有交响曲《惊愕》《奇迹》《军队》《时钟》《大鼓》《伦敦》《告别》《牛津》《D大调古钢琴协奏曲》《D大调第一号大提琴协奏曲》，弦乐四重奏《F大调小夜曲》《鸟》《云雀》《皇帝》，清唱剧《创世纪》等。

升f小调第四十五号交响曲《告别》（*Farewell Symphony*）Hob.45

这是海顿完成于1772年的早期作品中最著名的交响曲作品，系对埃斯特哈济亲王暗示其乐队的音乐家应该得到一个假期探望亲属的愿望，乐曲充满哀愁，进入第四乐章后，圆号、双簧管、低音管、倍低音管、大提琴、第二小提琴依次退场，所有演奏者每次两个吹灭各自的烛火离开房间，最后只剩两把装有弱音器的小提琴演奏。现在演奏这一作品时，听众仍能注意到当初演出时的微妙之处。

G大调第九十四号交响曲《惊愕》（*The Surprise Symphony*）Hob.94

这是海顿最后12部交响曲之三，作于1791年。这部交响曲的第二乐章开头处，在宁静中突然有一个最强音的全奏，传说是海顿为吓醒正在打盹的听众而作，使每个人都觉得很惊愕，这就是“惊愕”之名的由来，《惊愕》交响曲又称《击鼓》交响曲。海顿在此曲中，首次使用了单簧管。

第一乐章，如歌的慢板。徐缓而流畅的序奏开始，先由木管和弦乐器奏出高贵缓慢的主题，旋律极为优美。甚快板的主部，由分量均等的两个主题，以奏鸣曲式构成，是明朗轻快的乐章。

第二乐章，行板。就是著名的“惊愕”乐章，首先是“do. do. mi. mi. sol. sol. mi”优美的八小节行板，主题乃简单的民歌风格，并反复一次，第二次的最后瞬间，出人意料地突然响出强劲有力的和弦和定音鼓的颤音，爆发为欢快的总奏。之后又再度是平稳而悦耳的旋律，乐曲在安详宁静的气氛中结束。

第三乐章，小步舞曲甚快板。这段音乐具有一种独特的诙谐气氛。

第四乐章，快板。这是生动活泼的终曲，第一主题是民歌风单纯轻快的曲调，这个主题反复多次并加以展开后，出现具有舞曲性格、由木管提示的第二主题，最后结尾色彩新鲜，充满魅力。按评论家的说法：这个乐章的最终效果，像一个讲得很生动的轶事，结束在爆发的笑声中。

F 大调弦乐四重奏（*String Quartet in F major*） OP.3-5

弦乐四重奏是由两把小提琴、两把中提琴和一把大提琴演奏的形式。这首弦乐四重奏曲，是海顿28岁左右时所作，属创作初期作品，全曲明朗愉快、悠然自得，充分反映出海顿特有的气质，在第二乐章中包含了著名的《小夜曲》。

第一乐章，F大调，急板。第一小提琴在第二小提琴的引导下急速开始，奏出生动的第一主题。第二主题伴着第二小提琴出现，极为活泼。

第二乐章，C大调，行板。装置弱音器的第一小提琴奏出甜美的旋律，在第二小提琴等的拨奏伴奏下静静地流泻出高雅的小夜曲。这取材自当时维也纳街头非常流行的卖唱歌曲。

第三乐章，F大调，小步舞曲。这是由夹着中段的3个部分所组成的，有力的乐念与优雅的中间部成为对比。在此中段中提琴休息变成三重奏：第一小提琴奏旋律，第二小提琴奏琶音，大提琴拨奏。这个小步舞曲是海顿的佳作之一。

第四乐章，F大调，谐谑乐章。快节奏使人感到非常活泼。

清唱剧《创世纪》（*The Creation*）

海顿的这个清唱剧于1798年在维也纳首演，全曲包括三部34曲。该剧与亨德尔的《弥赛亚》及门德尔松的《伊利亚》并称为“世界三大神剧”。

莫扎特（W. A. Mozart, 1756—1791） 奥地利作曲家，被称为“音乐神童”。他的音乐是超国界的，融意大利、法国、奥地利和德国的因素于一炉。他的音乐表面上明朗欢乐，却潜在有一股阴暗忧郁的情绪，因而其作品总是体现出一种矛盾心理，发人深省。一位评论家说“莫扎特就是音乐”，作曲家大多同意此说法。音乐从他笔下涌泻而出，莫扎特惯于把一个完整乐章酝酿成熟，然后记写下来。他既有生动的想象力，又擅于立即摄取其他作曲家的风格精髓，使之化作自己风格的一部分。莫扎特一生受他人音乐的影响，但又高出于他人之上。技巧的得心应手、布局的平衡妥帖，再加上强烈的戏剧意识，使他成为一位戛戛独造的古典音乐大师。莫扎特最伟大的作品是临终前3年写的三大交响曲《第三十九交响曲》《第四十交响曲》《第四十一交响曲》，以及对后世影响极大的三大歌剧《费加罗的婚礼》《唐璜》《魔笛》。

g 小调第四十号交响曲（*Symphony No .40 in g Minor*） K. 550

这是1788年莫扎特在不到两个月的时间里创作的3部最伟大的交响曲之一，这部作品温情脉脉，抒情而又略带伤感，但也洋溢着激奋与热情。乐曲时而不安焦躁，时而安慰希望，这种对比手法象征着人类坎坷艰难的命运，充分表现了探索人生的悲哀，是艺术史上少数几件完美的作品之一。

第一乐章，g小调，甚快板。伴着中提琴的和弦，小提琴倾诉了人生的美妙。

第二乐章，降E大调，行板，奏鸣曲式。平静而保守的心情，有如看到了安慰与希望。

第三乐章，g小调，小步舞曲，快板。乐章由绝望与否定两个主题构成。

第四乐章，g小调，很快的快板。绝望哀愁的第一主题与平静的第二主题形成对比，进入发展部，有如倾诉人类内心深处的纠葛，第一主题以对位性的缠绕交织成命运的纹路。

C大调第四十一号交响曲《朱庇特》

（*Symphony No. 41 in C Major, "Jupiter"*）K. 551

此曲和《第三十九交响曲》《第四十交响曲》都是莫扎特在1788年的7个星期中写成，是一部宏伟灿烂的作品。与《第四十交响曲》相比，此曲显得明朗活泼而乐天，肯定了刚毅坚强的生活意念，充分表现了雄大壮丽、赞美崇高的精神美。因其具有庄严雄大的气魄，被后人称为《朱庇特交响曲》。此曲显示了莫扎特晚年成熟的作曲技巧，是他器乐作品的最高峰。

第一乐章，C大调，活泼的快板。没有导入部，以堂皇威严的主题开始，发展部使用对位手法，是喜悦愉快的乐章。

第二乐章，F大调，如歌的行板。装有弱音器的小提琴奏出平静美，洋溢着田园的诗情画意。

第三乐章，C大调，小步舞曲，小快板。流畅优美的旋律展开优雅的小步舞曲。从洋溢着温柔感情的主题开始，中段的节奏非常轻快。

第四乐章，C大调，终曲，甚快板。这是莫扎特交响曲中，以赋格形式作终曲的名作。他用精妙的技巧交织4个主题，精彩辉煌的对位手法诚属旷世奇构。

g小调第四十号交响曲

（*Symphony No. 40 in g Minor*）K. 550

这是1788年莫扎特在不到两个月的时间里创作的三部最伟大的交响曲之一，这部作品温情脉脉，抒情而又略带伤感，但也洋溢激奋与热情。乐曲时而不安焦躁，时而安慰希望，这种对比手法象征着人类坎坷艰难的命运，充分表现了探索人生的悲哀，是艺术史上少数几件完美的作品之一。

第一乐章，g小调，甚快板。随着中提琴的琶音，小提琴倾诉了人生的美妙。

第二乐章，降E大调，行板。平静而保守的心情，有如看到了安慰与希望。

第三乐章，g小调，小步舞曲，小快板。乐章由绝望与否定两个主题构成。

第四乐章，g小调，很快的快板。绝望哀愁的第一主题与平静的第二主题形成对比，进入发展部，有如倾诉人类内心深处的纠葛，第一主题以对位性的缠绕交织成命运的纹路。

d小调第二十号钢琴协奏曲

(*Piano Concerto No. 20 in d Minor*) K. 466

莫扎特27首钢琴协奏曲中，仅2首是小调的，这是第一首，1785年完成于维也纳。此曲堪称杰作中的杰作，其真正价值正如贝多芬所说："我写不出这么美的音乐"。曲中感情极为丰富，流露出浪漫色彩。音乐气势的升腾，虽主要靠管弦乐部分，但独奏钢琴却以华丽灿烂的技巧加以修饰。

第一乐章，d小调，快板。低深忧郁的音乐表现出痛苦的叹息，第二主题由长笛和双簧管交替演奏出表示安慰的对话，独奏钢琴的加入，充满了悲剧交响曲般的音响。装饰奏后，由管弦乐结束。

第二乐章，降B大调，浪漫曲。在钢琴独奏下乐章开始，优美的主题是历久难消的旋律。中段较为激动的g小调产生鲜明对比效果。

第三乐章，d小调，很快的快板。上升音的主题倾诉深刻的悲哀，华丽的技巧打动听者的心扉，后半部变成D大调，构成华丽的高潮，管弦乐和钢琴一起高奏光辉奋昂的结尾。

D大调第二十六号钢琴协奏曲《加冕》

（*Piano Concerto No. 26 in D mgjor, "Coronation"*）K. 537

该协奏曲作于1788年，该曲的附题《加冕》，据传是因1790年莱奥波德二世举行加冕典礼时莫扎特曾在法兰克福亲自演奏此曲而得名。此曲表现了纯真的喜悦和庄严的威容，是一首优秀的钢琴协奏曲。

第一乐章，D大调，快板。清晰而轻快的第一主题典雅地迎向高潮，A大调的第二主题如闲谈般表现出明显的对照。

第二乐章，A大调，小广板。以钢琴主奏，弦乐伴奏展开无尽之美，无比清纯而又天真烂漫。

第三乐章，D大调，极快板。轻快的回旋曲把主题逐次交织成鲜艳、华丽的条纹。

C大调长笛与竖琴协奏曲

（*Concerto in C Major, for Flute and Harp*）K. 299

此曲由莫扎特于1778年在巴黎创作，在优美的旋律装饰下，长笛与竖琴充分发挥了其音响特色，是非常辉煌灿烂的协奏曲。此曲虽名为《长笛与竖琴协奏曲》，但实际上以长笛为主奏，竖琴仅是分解和弦的装饰。全曲既华丽又充满情感与色彩。

第一乐章，C大调，快板。两个主题由管弦乐提示后，再由两支独奏乐器反复。展开部中长笛的a小调旋律与竖琴二重奏相互呼应，交织成无与伦比的美。

第二乐章，F大调，小行板。这是温和安详而又典雅的牧歌式乐章，此处虽是奏鸣曲式却无发展部，主题提示部终了时，以竖琴为中心的短乐句后，紧接着出现主题再现部为其特征。全体结构以力的均衡为主。

第三乐章，C大调，回旋曲，快板。此乐章虽指定是回旋曲，却以其变体的形式呈现。回旋曲主题和副主题均以两个一组的形式出现，曲中丰富的曲思和巧妙的器乐法为其特征。

G大调弦乐小夜曲第十三首（*Eine Kleine Nachtmusik*）K. 525

小夜曲一般被认为是情人的音乐，但这首小夜曲并非是为情人在窗边演奏的音乐。窗边小夜曲是16—18世纪盛行的歌唱音乐，器乐小夜曲则含有社交意味，用于贵族园游或庆祝会，轻松愉快，华丽优雅。

莫扎特一生创作了13首小夜曲，这首极为著名，是他最后一首同类作品，也是古典奏鸣曲中形式最整齐的作品。该曲作于1787年，原为弦乐合奏，后改为弦乐五重奏和弦乐四重奏，其中弦乐四重奏最为流行。这首乐曲与交响套曲、室内乐重奏曲的形式结构相近，曲中洋溢轻松、柔和、甜美的气氛，沁人心脾，撩人欲醉。

第一乐章，G大调，快板。明朗欢乐的第一主题和优美轻盈的第二主题形成鲜明对比，随后是简短明快的展开部。短小精悍的结尾部在跃动性的绚丽音符中充满优雅的魅力。

第二乐章，C大调，浪漫曲，行板。甜美的小提琴旋律随着缓慢的二拍子奏出如歌的浪漫曲调，旋律温柔恬静，犹如轻舟荡漾，充满绵绵情思。

第三乐章，G大调，小步舞曲，小快板。这是典雅的小步舞曲，构成完美而严密，节奏鲜明，旋律流畅，充满青春活力。中间部主题舒展亲切，带有较强的歌唱性，连绵流畅的旋律，蕴含着无限的欢乐。最后以重现第一部分结束全乐章。

第四乐章，G大调，回旋曲，快板。一开始，回旋曲主题具有快频舞曲特点，旋律清澈、华丽，跳荡着无忧无虑的情感，象征着幸福完美的爱情。这个主题在乐章中多次出现，使整个乐章统一在明朗欢快的情绪中。第二主题同样具有舞曲特点，但更轻快。强弱有致的处理，使乐曲具有灵巧柔美的色彩。最后，全曲在欢乐的情绪中结束。

A大调钢琴奏鸣曲第十一号《土耳其进行曲》
（*Piano Sonata No. 11 in A Major*）K. 331

这首钢琴奏鸣曲创作于1778年，是莫扎特17首同类作品中最有名的。此曲的终乐章因附有“土耳其风”（Alla Turca）标记，遂被称为《土耳其进行曲》，与贝多芬《雅典废墟序曲》中的《土耳其进行曲》齐名。

第一乐章，A大调，优雅的行板。由主题与6段变奏曲组成，主题是优美迷人的民歌风旋律，典型的变奏曲形式充分发挥了莫扎特独有的风格。

第二乐章，A大调，小步舞曲。这是一首华丽的小步舞曲。中段变成D大调，与前后段的小步舞曲有着鲜明的对比。

第三乐章，A大调，小快板。土耳其风带来异国情调，莫扎特把此印象以法国回旋曲的形式处理成更悦耳的音乐。乐曲开始就出现轻快的主题，然后在低音部以八度音奏出象征鼓队节奏的副题，最后以强有力的和弦结尾，形成华丽、雄壮的高潮。

四幕歌剧《费加罗的婚礼》（*Die Hochzeit des Figaro*）K. 492

这是莫扎特众多歌剧中最著名的一部，作于1785—1786年。作品剧情取自法国剧作家博马舍的同名喜剧，在富于机智的活生生的大众化舞台中展开，讽刺了法国上流社会的腐化堕落。这部作品包括4幕和一个序曲。

d小调《安魂曲》（*Requiem*）K. 626

这是莫扎特的最后作品，也成为他为自己作的安魂曲，实际上该曲并没有完成，最终由他的学生苏斯梅尔根据留下的手稿续完。这部《安魂曲》形式传统，并使用拉丁文歌词，是一部真挚动人的杰作。这部庄严的宗教音乐，与威尔第、弗雷的《安魂曲》并称世界三大安魂曲。

贝多芬（L. V. Beethoven，1770—1829）德国作曲家、钢琴家，被称为“乐圣”。他在音乐史和音乐发展中的作用是巨大的，他解放了音乐艺术，使之民主化，他出于内心需要创作，而不是将音乐作为炫技的材料。他以精湛的结构技巧和高超的调性关系技巧为基础，对奏鸣曲式的处理加以革新。他充分显示出交响曲是作曲家乐思的宝库。而在弦乐四重奏和钢琴奏鸣曲方面，贝多芬也大大提高了乐器的技巧和表现性能。贝多芬的创作并非一挥而就，他总是不厌其烦地修改直至满意为止。他的许多作品，特别是中期作品反映出他激烈狂暴的性格，但这往往也反映出他对现状的不满。贝多芬在中期创作了许多杰作，大部分是倾诉激烈热情的动的音乐，如第三交响曲《英雄》、第五交响曲《命运》、第六交响曲《田园》，第十四号钢琴奏鸣曲《月光》、第二十一号钢琴奏鸣曲《华尔斯坦》、第二十三号钢琴奏鸣曲《热情》、第二十六号钢琴奏鸣曲《告别》等，第五号钢琴协奏曲《皇帝》，第九号小提琴奏鸣曲《克鲁采》等。后期作品充满冥想与幻想，表现主观与个性，如第九号交响曲《合唱》，D大调庄严弥撒曲，钢琴奏鸣曲第二十八号、第二十九号、第三十号、第三十一号，弦乐四重奏第十二号、第十四号、第十五号、第十六号《降B大调大赋格》等都是他的杰作。

降E大调第三交响曲《英雄》
（*Symphony No. 3 in E Flat Major, "Eroica"*）OP. 55

这首贝多芬1804年完成的交响曲，原打算献给他心目中的英雄拿破仑，但不久他因知悉拿破仑称帝而感到十分愤怒和失望，就将写有《波拿巴》（*Bonaparte*）的乐谱扉页撕毁。后来，贝多芬把此曲改成“为纪念一位伟人而作——英雄交响曲”。这首交响曲气魄宏伟，如狂风疾雨，尽是一片热烈澎湃的情感怒涛，在音乐中有史以来第一次出现黑暗与绝望中勇气与抗争的疾呼，以及光辉荣耀的胜利。

此曲共分4个乐章，第一乐章描述英雄的奋斗与功绩，第二乐章是为战斗中牺牲的战士们所作的挽歌，第三乐章表现人们在战胜黑暗势力后欢欣的心情，第四乐章是对英雄的崇拜和赞美。

第一乐章，降E大调，辉煌的快板。由管弦乐总奏的激烈主和弦开始，导入大提琴明净率直的第一主题。随后以木管和弦乐交互奏出的优美曲调为第二主题。精彩的展开部以第一主题为中心，经例行的复示部后，进入一段较长的结尾。

第二乐章，c小调，葬礼进行曲，极慢板。主部的主题极为悲凉，中段的旋律则洋溢慰藉与静谧之美。最后分解了的小调旋律，有如唏嘘啜泣。

第三乐章，降E大调，谐谑曲，活泼的快板。这个明朗轻快的乐章，具有清新蓬勃的曲趣，与前面庄严的曲调形成强烈的对比。双簧管先柔和地导出一段短小快乐的曲调，中间部由圆号奏出清晰的狩猎号角声，弦乐器则柔和地应答。

第四乐章，降E大调，极快板。由一连串自由发展的变奏曲组成，是雄大壮丽的终曲。急躁激动的序奏后，弦乐器弱奏的拨奏呈示出主题，随后成为各变奏曲的低音部分。经过13段巧妙的变奏后，进入奥妙深思的结尾。

c小调第五交响曲《命运》
（*Symphony No. 5 in c Minor*） OP. 67

第五交响曲不仅演奏次数最多，它的声望和受欢迎程度也是首屈一指，堪称永恒的交响曲。关于此曲的开头动机，贝多芬曾说“命运来敲门的声音就是这样的”，故而这首交响曲也被题名为《命运》交响曲。全曲完成于1808年，是贝多芬在跟残酷的命运搏斗后，用热血和眼泪凝结成的史诗，曲中将与命运的悲壮苦斗、坚毅地战胜逆境、最后高唱胜利凯歌的情景，都描写得淋漓尽致，讴歌出与命运搏斗的最后胜利。

第一乐章，c小调，灿烂的快板。“达达达达——”4个音符形成极简洁有力的第一主题，不久优美的第二主题反抗似地出现。但第一主题的片断仍不停穿梭其间，具有对照性的两个主题，表示了不能逃避的残酷命运以及向命运挑战的精神力量。

第二乐章，降A大调，流畅的行板。富有神秘深沉之美的旋律，使人感到一种不可思议的和平与慰藉。全乐章流露出一种宁静与悲怆的美感，整个变奏非常紧凑、精巧。

第三乐章，c小调，谐谑曲，快板。神秘而富有魔力的主旋律在低音处出现，当它消失时，圆号奏出激烈的副旋律，在猛烈的节奏伴随下出现。描述勇于向命运抗争的人类。

第四乐章，C大调，快板。庄严雄伟的第一主题进行时，全部管弦乐突然高奏压倒性的胜利凯歌，横扫急掠向前猛进，然后，乐曲进入洋溢着光明的第二主题。两个主题以壮丽的音响直捣长达几十小节的结尾部，在极度狂热中结束。

F大调第六交响曲《田园》

（*Symphony No. 6 in F Major, "Pastorale"*）OP. 68

这首雅俗共赏、亲切易懂的第六交响曲，是贝多芬在1808年夏，在维也纳北郊海利根斯塔德小村所作。他每天在清新的田园中散步，把从田园中所感受到的一切以单纯而美妙的音符描述出来，完成了这首不是标题音乐的交响曲。贝多芬当时已双耳失聪，他通过这首曲子表现出在失聪情况下对大自然的依恋，甚至在乐曲中模仿了鸟鸣、溪流和暴风雨的声音。正如罗曼·罗兰所说，“贝多芬什么都听不见了，就只好在精神上重新创造一个他已经灭亡了的世界”。法国作家提马提奴则说：“当人们面临黑暗绝望的深渊时，莫不追求恬静的田园生活以疗心灵之伤……”贝多芬自己这样解释这首乐曲：“乡村生活的回忆，写情多于写景。”各章的开头，贝多芬都注上了暗示乐曲内容的小标题。

第一乐章，不太快的快板，“到达乡间的愉快感受”。在单调的低音上弦乐器立即奏出了一段完全为田园情调的民间音乐，流露出无限宽畅的胸怀，充满温柔的气氛。发展部大部是依据开始的曲调处理，充满雀跃的活力，荡漾着明朗的气息，然后是一次完全的再现和一个颇长的尾声，颇富纯朴明朗的情调。

第二乐章，极活泼的行板，“溪畔小景”。缓慢主题明确地描绘出注释标题。弦乐器流畅地表现了小溪的潺潺流水，由第一小提琴奏出优美迷人的第一主题，使人联想起夏日郊野照耀的阳光。第二主题美妙而轻快。在接近乐章终了时，导出模拟的鸟类歌唱，长笛的颤音仿佛是夜莺鸣啭，单簧管以传统的双音符表示杜鹃的啼声，双簧管则模仿鹌鹑的高单音的尖鸣。

第三乐章，快板，“乡人欢乐的聚会”。前两个乐章是描写大自然的音乐，由此一变而为描写人物的音乐。最初三拍子急速轻快的主旋律，是纯朴愉快的乡村风格的舞曲。随着乐曲渐入高潮，双簧管奏出愉快的德国民谣风曲调，由低音管伴奏。乐曲从第三乐章进入末乐章之间是没有休止的。

第四乐章，快板，“雷电暴风雨”。开始是低音弦乐器的颤音表示远方隆隆的雷声，接着，短笛尖锐地吹出威胁似的声音暗示闪电。突然一个急速的半音阶，从高处朝下直钻，又从低处往上猛冲，有如暴风雨前可怕的旋风过境。接着，管弦乐增强，爆发出强烈震荡的音响，象征一场惊心动魄的大雷雨在肆虐。接近终曲时，乐曲重归平静，双簧管的音色仿佛代表着阳光再次普照大地，在长笛轻快的上升音阶后，音乐接连到终乐章。

第五乐章，小快板，“牧人之歌，暴风雨后的愉快和感恩的情绪”。单簧管的吹奏给人一种牧笛的印象，然后是一个清晰的感恩之歌。还有两个附属于这个旋律的乐节，但牧歌风的主题始终居于显著地位，虽然变奏了许多处，但单纯、明朗而真挚的感情，贯穿全曲。尔后，圆号柔和的回声又将开始的曲调带回，两声隆然的F大调和弦则打断了这段旋律的回想，最后，壮大的结尾象征着大自然与人类之间的奇妙和谐。

A 大调第七交响曲（*Symphony No. 7 in A Major*）OP. 92

该曲作于1812年，是一首非常壮丽而杰出的交响曲，显示了贝多芬雄伟的气魄。曲中跃动的节奏和绚烂的色彩，犹如蓬勃、丰富的生命力，使听者不知不觉陷入兴奋的漩涡中。因此这首作品也被称为“舞蹈性的交响曲”，瓦格纳称之为“舞曲的极品”，李斯特称其为“节奏的神话”，全曲由节奏连续而成，从头到尾一气呵成，洋溢着极为强烈的生命力，有人认为此曲应列为贝多芬交响曲之首。

d 小调第九交响曲《合唱》

（*Symphony No. 9 in d Minor, "Choral"*）OP. 125

贝多芬的第九交响曲完成于1824年2月，是一部无比雄伟壮丽、独步古今的伟大交响曲。它开交响曲加入人声的先河，在这首创意独特的交响曲中，独唱、合唱与器乐鼎足三分，由管弦乐演奏的前三个乐章，乃是为构成高潮的第四乐章所做的准备，非常壮丽，使人深为感动。这首交响曲标题上记有“以席勒的《欢乐颂》为终曲合唱的交响曲”，其中心思想凝聚在终乐章的欢乐颂。

第一乐章，不太快的庄严快板，由空茫的颤音和弦开始，引子中神秘的空五度像是开天辟地前的混沌。主题从混沌与黑暗中渐现，似闪电劈开长空。高潮后是展示部。尾声中，低音区有一种启示似的预见，暗示出终乐章的合唱。在这个乐章中，狂风暴雨般的音响好似一场与命运搏斗的战争，但其中不时出现如彩虹般柔美的旋律。

第二乐章，极活泼的快板，这是猛烈冲击般的谐谑曲乐章，充满了热情与野性，宛如奔放的灵魂的狂舞。这种激荡的情绪，由一对相差八度的定音鼓的怒号强调出来，据说这是贝多芬在一次黑暗中突然走向光明时的感觉。这个乐章奔放的跃动感与第一乐章的森严气氛构成鲜明对比，其特色是速度极快，令人屏息，活跃的定音鼓宛若主角。

第三乐章，如歌的柔板，这是双主题变奏曲，这个安详优美的乐章，表现出温暖的情感，沉思般地歌唱出对爱情的憧憬。

第四乐章，急板，这个乐章前有很长的引子连接了前3个乐章的主题。在合唱再现之前，贝多芬似乎“置身于灿烂的群星之中”，然后是男中音唱出“啊！朋友们，再不要这种痛苦的声响！”这个乐章最后的著名合唱是根据席勒的《欢乐颂》作成的。这个合唱终曲是一段无比神奇的作品，我们简直无法想象，从四重唱到混声四部合唱，居然能引发如此丰富的变化，形成如此威严、光彩的音乐。

序曲《艾格蒙特》（*"Egmond"—Overture*）OP. 84

这是贝多芬1809年为歌德的同名历史剧写的序曲。剧中佛兰德贵族艾格蒙特因反抗西班牙的腓力二世，于1567年被杀。在这首描绘抗暴的英雄形象的音乐中，深含着明澈的悲怆美，并倾泻出率直的悲壮之感，将聆听者卷入强烈的感动之中。

序奏为不过分的持续音，描述人民被暴政压迫的惨状。主部描述荷兰人民群起抗暴的情景。第一主题以弦乐为中心，具有壮烈气氛，从轻微的弱奏逐渐向管弦乐强奏突进，叙说了艾格蒙特坚强的性格和伟大的抱负。随后，木管奏出文静、优雅的第二主题，表示艾格蒙特深情而温柔的爱人。短小的展开后，进入复示部，音响更为沉重，有如激烈的斗争。结尾取自戏剧配乐，高奏“胜利交响曲”，伸展成豪壮堂皇的结尾，使人在英雄以死亡获得永恒的胜利时，感受崇高悲壮的意境。

降E大调第五钢琴协奏曲《皇帝》
（*Piano Concerto No. 5 in E Flat, "Emperor"*）OP. 78

在贝多芬的5首钢琴协奏曲中，这首最为著名。它构思巍峨壮丽，曲趣灿烂豪壮，宛若王者堂皇的威容，被后世冠以《皇帝》之名。此曲完成于1809年，是带有交响性的钢琴协奏曲。

第一乐章，降E大调，快板。在管弦乐总奏强力和弦的引导下，钢琴奏出华美壮观的装饰奏。雄浑壮大的第一主题配合着宏伟的管弦乐，进入绚丽耀眼的展开部，然后第一和第二小提琴以弱奏奏出轻快优美的第二主题，钢琴的变奏随着管弦乐在鲜明的色彩中往返。

第二乐章，B大调，稍快的慢板。这是最著名也是最迷人的乐章。曲中荡漾着浓郁的幻想诗意。宗教音乐般庄重的主题，由加弱音器的小提琴提示出来，在过门乐句后，再由钢琴加以变奏。这时，钢琴的流泻，美如天籁，如泣如诉，缠绵哀艳。主旋律由木管乐器再现后，曲势渐弱，钢琴暗示下一乐章的主题，并逐渐进入第三乐章中。

第三乐章，降E大调，回旋曲，快板。这是壮丽的终曲，前乐章结尾暗示的回旋曲主题，由钢琴呈示其完全形态。管弦乐反复后，钢琴弹出新旋律，并进入钢琴轻巧的副题。新旋律的加入和发展掀起全乐章高潮：回旋曲主题由钢琴奏出，管弦乐加以反复，副题也由钢琴复示。钢琴与管弦乐猛烈地争斗，在狂热的兴奋中结束全曲。

D大调小提琴协奏曲（*Violin Concerto in D Major*）OP. 61

此曲完成于1806年，与门德尔松、勃拉姆斯、柴可夫斯基的小提琴协奏曲，并列为世界四大小提琴协奏曲。该曲雄浑壮丽，可说是集大成之作，在众多的小提琴协奏曲中出类拔萃，具有王者之风。

第一乐章，D大调，从容的快板。乐曲由定音鼓的独奏开始，并固执地在全乐章中反复出现，给全曲以紧密的统一感，酝酿出浪漫情绪。接着，管弦乐相继奏出平静的主题以及第二主题。此后，独奏小提琴才从容登场，奏出热情明朗的第一主题，并加华丽的装饰奏，接着，又奏出如歌般优美的第二主题。乐曲进入展开部后，独奏小提琴以各种精彩的技巧，上下奔驰飞跃。两个主题相继出现后，雄大华丽的乐章在自由的装饰奏后，进入平静的结尾。

第二乐章，G大调，抒情的慢板。这段令人遐思的乐章平静抒情，在优雅中具有威严感。先由弦乐合奏呈示出严肃而极优美的主旋律，接着，独奏小提琴的变奏加以反复，不久消失而成最弱音。然后，管弦乐爆发出回旋曲主题的装饰乐句，乐曲直接进入下一乐章。

第三乐章，D大调，快板。以独奏小提琴开始的音调优美的回旋曲，发展成充满活力的管弦乐总奏。作为点缀的甜美舞曲风旋律随着清晰的断奏跃出，出现一段装饰奏后，华丽而欢快地结束。

《拉兹莫夫斯基四重奏》第3号（*Rasumovsky Quartets*）OP. 59-3

拉兹莫夫斯基四重奏又称俄罗斯四重奏，是贝多芬弦乐四重奏第7～9号的别称。这部作品创作于1807年，是受俄国大使拉兹莫夫斯基伯爵委托而作的3首弦乐四重奏曲，故以此命名，分别为F大调、e小调和C大调，其中以第3号C大调弦乐四重奏最为出色，显示了贝多芬音乐的中期风格。

c小调　第八号钢琴奏鸣曲《悲怆》
（*Piano Sonata No. 8 in c Minor, "Pathetic"*）OP. 13

这首钢琴奏鸣曲1799年发表时冠有《悲怆大奏鸣曲》标题，是贝多芬亲自加标题的少数几部奏鸣曲之一。这是贝多芬的初期作品，因其浓郁独特的情感色彩，遂成其钢琴奏鸣曲中最受欢迎的名曲。曲中洋溢的幻想诗情、精彩的戏剧处理，以及闪耀的深刻个性，均受到评论家的最高评价与赞扬。

第一乐章，c小调，极慢的慢板序奏转辉煌的快板。最初的极缓板中严肃的序奏用深厚的和声作成，如倾诉沉思的青年流露出的悲怆感。进入主部后，难以排遣的气氛猛烈地快速运转，充满激昂的情思。尾奏重现开头的部分，在兴奋中结束此乐章。

第二乐章，降A大调，如歌的慢板。在第一乐章的余韵中，以祈祷的抒情方式唱出。第一段的主题为沉思般优美的旋律，中段以美妙的三连音为背景，引出下面幻想般的旋律，第三段是第一段的反复，并继承了中段的三连音。这是贝多芬钢琴奏鸣曲中极出色的一个乐章。

第三乐章，c小调，快板。这一乐章是回旋曲中的佼佼者。这段优雅的旋律，荡漾着一股忧烦不安的情愫。主题出现两次之后的降A大调对位旋律使回旋曲的艺术性更高。

升c小调　钢琴奏鸣曲第十四首《月光》
（*Piano Sonata No. 14 in c Sharp Minor, "Moonlight"*）OP. 27

这首钢琴奏鸣曲由贝多芬自己命名为《幻想风奏鸣曲》，是他钢琴奏鸣曲中最著名，也是最受欢迎的一首。一般称此曲为《月光奏鸣曲》，可能源自德国诗人海因里希·莱斯达布在听了该曲第一乐章后脱口而出的"犹如在瑞士琉森湖月光闪耀的涟漪上泛舟"。这个令人遐想的标题后来又引出了一些浪漫故事，如有人说"贝多芬是在月光下的窗边，听了一位双目失明的少女弹琴，引发出他的灵感从而谱成月光奏鸣曲"等。

第一乐章，升c小调，持续的慢板。三连音自始至终贯穿全乐章，表达一种宁静和缓而流泻的情景，这是一段夜曲般梦幻、优美的音乐。

第二乐章，降D大调，小快板。这首优雅、可爱的谐谑曲夹在严肃的第一乐章和充满激情的终乐章之间，使前后形成优美的对比。李斯特评论其为“开在两个深渊间的花朵”。

第三乐章，升c小调，激动的急板。这段终曲在炽烈的感情中，充满优美的情绪，使人联想到贝多芬不屈不挠的坚毅意志。

F大调小提琴奏鸣曲第五首《春天》
（*Violin Sonata No. 5 in F Major, "Spring"*）OP. 24

这首著名的《春天》与第九号《克罗采》是贝多芬10首小提琴奏鸣曲中，最常演奏、最受欢迎的名曲。其原曲不是标题音乐，但由于第五号小提琴奏鸣曲明亮恬美，轻松活泼如同绚丽的春天，后人也就根据内容赋予了《春天》这个副题。此曲属贝多芬中期稍前的作品，乐曲中已没有海顿、莫扎特的影响，进入了他自己独特的新境界，洋溢着自由的浪漫性。

第一乐章，F大调，快板。在钢琴柔和的琶音伴奏下，小提琴奏出明朗流畅的第一主题，使人想起温和的春天情景。钢琴齐奏出经过句后，小提琴奏出表情强烈粗犷的第二主题，内心的希望跃然欲出。

第二乐章，降B大调，极富表情的慢板。小提琴与钢琴以优美抒情的浪漫风相互问答，是根据一个主题所作的自由变奏曲。

第三乐章，F大调，诙谐曲，甚快板。轻快的主题由钢琴奏出，中段极为简洁，喜悦的心情跃然而出，最后返回诙谐曲的主部结束。此乐章规模虽小，但主部与中段具有美妙对比。

第四乐章，F大调，回旋曲，从容的快板。钢琴奏出明朗的回旋曲主题，宁静的第二主题由小提琴奏出。回旋曲主题平静再现后，出现d小调的第三主题，并以小提琴弱奏的三连音助奏，继由钢琴强有力地以八度音弹出。在回旋曲主题和第二主题再现、回旋曲主题轻快地变奏后，曲势渐强，最后华丽地结束全曲。

帕格尼尼（N. Paganini，1782—1840）意大利小提琴家、作曲家。是音乐史上最负盛名的演奏家之一，是一位优秀非凡、空前绝后的小提琴家，被称为“小提琴魔术师”。他不断创造崭新奇绝的技巧，将小提琴奏法改革一新，同时创作了许多具有高度艺术性的作品。他的音乐甜美绮丽，情感丰富，极为亲切，著名作品有《D大调第一小提琴协奏曲》《24首小提琴随想曲》《女巫之舞》等。

D 大调第一小提琴协奏曲

（*Violin Concerto No. 1 in D Major*）OP. 6

帕格尼尼传奇的一生中，至少完成了6首小提琴协奏曲，这首D大调第一号，是现存和发现的4首同类作品中，结构最宏大、旋律最优美的杰作。相传此曲作于1811年。

第一乐章，D大调，庄严的快板。先以一大段轻盈下行的断奏音型和对比陈述抒情引出主题。接着独奏小提琴用旋律大跳、琶音和三连音改变基本主题形象，使抒情对比特别突出，形成弦形的优雅旋律线。这个乐章以快速的音阶、琶音和平行三度、六度、八度、十度的双音、断弓和连弓等技巧为主，时常出现帕格尼尼拿手的高音区的自然泛音。

第二乐章，b 小调，极富表情的慢板。管弦乐有力的连续和弦颇有戏剧性，独奏小提琴奏出热情、甜美的旋律。最后，反复前面的管弦乐和弦进入终乐章。

第三乐章，D大调回旋曲，活泼的快板。由独奏小提琴轻快谐趣的回旋曲主题开始，并以帕格尼尼独创的跳跃断奏技巧产生华丽、轻快的效果。在回旋曲主题反复间，穿插优美的第一副题及流畅的第二副题。最后，乐曲在小提琴复杂、华丽的音色中加入管弦乐合奏，在热情沸腾中终了。

3．浪漫主义音乐

浪漫主义音乐（Romantic Music）大约可从1830年前后算起，至1900年前后结束。实际上贝多芬的作品在后期已脱离古典范围，进入浪漫主义时期。一般被称为浪漫派的作曲家有韦伯、罗西尼、舒伯特、柏辽兹、门德尔松、肖邦、舒曼、李斯特及其同代人。比起形式或结构，浪漫主义作曲家在创作上更注重感情和形象的表现。浪漫主义的重要特征是民族主义和个人主义，作品中经常反映出其所包含的相对性要素，但各个对立的要素又十分调和。

韦伯（C. M. V. Weber, 1786—1826）德国作曲家、指挥家、钢琴家，是德国浪漫主义歌剧先驱。他使歌剧摆脱了意大利的束缚。他的器乐和声乐作品，作曲技巧精湛，运用普通乐器也能取得惊人的效果，在形式与技法上也有所创新，对肖邦、李斯特、柏辽兹乃至马勒都有影响。韦伯的主要作品有歌剧《自由射手》《奥伯龙》《欧丽安特》，钢琴曲《邀舞》《f小调钢琴协奏曲》等。

《邀舞》（*Invitation to the Dance*）OP. 65

《邀舞》是韦伯1819年创作的一首回旋曲，降D大调，钢琴独奏曲。乐曲描绘了一个舞会的情景，是韦伯献给妻子的生日礼物。这首优美华丽的作品，曾被柏辽兹于1841年改编为D大调管弦乐。

该曲是钢琴曲中第一首标题音乐，也是19世纪首例典型圆舞曲，因而成为音乐史上的重要作品。韦伯曾边弹边对妻子说明："绅士（低音旋律）向姑娘邀舞，姑娘（高音旋律）感到羞怯而犹豫不决。在绅士恳切请求下，姑娘终于答应。两人愉快地交谈，携手步入宽敞的舞池。随着圆舞曲的旋律，逐渐展开绚烂华丽的舞蹈。舞毕，绅士道谢，姑娘答礼。两人退场"。

三幕歌剧《自由射手》（*Der Freischütz*）

韦伯的《自由射手》是德国歌剧的里程碑，向人们展示了一个新的浪漫主义境界。其新颖活泼的乐队应用，影响深远。该歌剧以18世纪中期波西米亚森林地带作为舞台，剧本由金德根据德国传奇写成。1821年该剧在柏林首演，也称为《魔弹射手》。

罗西尼（**G. A. Rossini，1792—1868**）意大利作曲家，近代意大利歌剧始祖。他以创作喜歌剧而名垂千古，其作品风格机智、明快、典雅，有层出不穷的逗趣和恰到好处的管弦乐配器。罗西尼一生写了近40部歌剧，还写了宗教音乐等多首声乐曲。

二幕喜歌剧《塞维利亚的理发师》

（*Barbiere di Siviglia*）

罗西尼的两幕喜歌剧《塞维利亚的理发师》原名《阿玛维瓦》或《无益的预防》，于1816年在罗马首演。

剧情为阿玛维瓦伯爵爱上了巴托罗医生监护下的罗西娜，并在费加罗（塞维利亚的理发师）的帮助下，成功地挫败了医生想要拆散他们的企图。

四幕歌剧《威廉·退尔》（*Guillaume Tell*）

这是罗西尼的最后一部歌剧。脚本由德儒伊和比斯根据席勒的剧本编写。席勒的剧本是根据民间传说写成的。该剧作于1828年，第二年在巴黎首演。其序曲一直是音乐会上脍炙人口的曲目。剧情为瑞士人民在威廉·退尔的领导下，举行反对总督盖斯勒的起义，而总督之子阿诺德却同情起义军。序曲最后的"活泼的快板"最为著名，停顿后几个乐器组交替出现，引导至渐强，以最简单的音乐创造出过人的戏剧效果。

舒伯特（F. P. Schubert, 1797—1828） 奥地利作曲家，被称为“歌曲之王”“永恒的旋律家”。作为一名歌曲作曲家，他的作品无不具有天使般优美纯洁的旋律。除歌剧和协奏曲外，舒伯特在所有形式的音乐创作中都跻身于最伟大的作曲家之列。除歌曲《魔王》《野玫瑰》《寄语音乐》《流浪者》《鳟鱼》《小夜曲》《死神与少女》，歌曲集《美丽的磨坊女》《冬之旅》《天鹅之歌》等之外，他的交响曲以《未完成》和《伟大的》两首最为著名，室内乐以第十四号弦乐四重奏《死神与少女》最突出，钢琴五重奏《鳟鱼》特别出名，钢琴曲《即兴曲》《乐兴之时》及联弹用《军队进行曲》也是众所周知的佳作。

b小调 第八交响曲《未完成》

（*Symphony No.8 in B Minor, "Unfinished"*）

许多作曲家都有未写完的交响曲，但这一标题一般只用来指舒伯特的b小调第八交响曲（1822）。该交响曲只完成两个乐章，第三乐章有草稿留下。关于这部作品没有完成的原因众说纷纭，其实，这首交响曲的现状已是完美无缺。舒伯特的这首交响曲与贝多芬的第五交响曲《命运》同为凌驾古今、永恒不朽的伟大交响曲。此曲曲调优美，温情脉脉，清丽凄婉，撼人心扉。

第一乐章，b小调，中庸的快板。低音弦乐器静静奏出悲痛、神秘的导奏后，木管奏出浪漫、幽丽的第一主题。短小过门后，大提琴奏出优美的G大调第二主题。展开部由导奏主题和第二主题变化而成，华丽而动听。整个乐章好似一段绮丽、凄惘的梦，令人回味无穷。

第二乐章，E大调，流畅的行板。在低音弦的拨奏上，由木管和弦乐器群的对话奏出慰藉似的第一主题。好似吞悲忍痛，等待欢乐的到来的第二主题，由木管交替奏出。展开部以第二主题为中心，激烈奋昂，充满强力，荡人心弦。复示和结尾馥郁的浪漫情趣，难用笔墨形容。

A大调 钢琴五重奏《鳟鱼五重奏》（*Trout Quintet*）OP. 114

《鳟鱼五重奏》是舒伯特为小提琴、中提琴、大提琴、低音提琴和钢琴写的A大调钢琴五重奏的别名。在短短的一生中，舒伯特曾创作出许多优秀的室内乐曲。而这首为钢琴与弦乐器创作的五重奏，是他的作品中旋律最优美、感觉最光辉明朗，洋溢着生命活力的杰作，任何人听了都会难以忘怀。

这首田园风情画作品创作于1819年。由于该曲第四乐章的小行板，是以舒伯特自己所写的歌曲《鳟鱼》作主题写成的变奏曲，所以被称为《鳟鱼五重奏》。整首乐曲情绪明快、热情，带给人一种热烈而甜美的气氛，这也是作者把现实生活中的梦幻寄托于音乐之中，对美好未来的礼赞。

第一乐章，A大调，活泼的快板。轻快的钢琴、协和的弦乐营造出明朗、优雅、生机勃勃的春之声。导入部以钢琴弹出的琶音为中心，接着，小提琴奏出优美、宁静的第一主题。经展开后，由钢琴弹出颇富抒情意味的第二主题，再由小提琴引接。该乐章具有明快、清晰的感觉，曲思优美、浪漫，有大胆的感情式转调。

第二乐章，F大调，行板。该乐章柔和甜美，是典型的舒伯特风格。整个乐章宁静轻柔，由中提琴的抒情旋律，以及钢琴节奏风的旋律，依次反复两次构成。该乐章形式单纯，可爱而优美。

第三乐章，A大调，谐谑曲，急板。该乐章由弦乐器合奏的、精力充沛的主题开始。这是急速轻快跃进的音乐，用弦乐和钢琴的问答手法，宣示出诙谐的气氛。D大调的中段是维也纳舞曲风格的恬静而快乐的音乐。

第四乐章，D大调，小行板。这段脍炙人口的变奏曲是乐章的主题，是根据舒伯特写作的著名歌曲《鳟鱼》的旋律作成的，描写在深山的溪流中自由悠游的鳟鱼。整个乐章由主题、5个变奏和将主题分别由各种乐器竞奏的稍快板结尾构成。曲中令人心醉的变奏显示了作者至高的灵感，悠闲而富幽默感。

第五乐章，A大调，终曲，快板。这是一段华丽的充满力感的终曲，充分表达出夏季愉快的游行中明朗、宽阔的胸怀，整个乐章也流露着匈牙利色彩。这段快活的终曲，引接了前乐章的气氛，在愉快的情调中结束。

降E大调即兴曲第二首《初恋》（*Impromptu*）OP. 90-2

舒伯特曾写了11首即兴曲，其中4首收集为作品90，并以作品之二《初恋》及之四《投河》最为著名，这些标题虽是后人所加，但《初恋》以快速三连音的旋律，一口气道出郁郁不乐的相思与殷切的倾诉，和标题十分贴切，而中间部的压抑反激起倾诉恋情的欲望。

降A大调 即兴曲第四首《投河》（*Impromptu*）OP. 90-4

此曲因中间某处有以快速的小快板奏出激烈飞快的琶音而得名。全曲充满优美情绪。

歌曲集《冬之旅》（*Winterreise*）OP. 89

舒伯特的声乐套曲《冬之旅》作于1827年。歌词用德国诗人米勒的24首诗，描述一位失恋者孤独的冬日旅行。创作该套曲时，作者正陷于贫困与病痛之中，即便如此，套曲仍十分生动感人，是舒伯特的不朽名作。歌曲集为男声独唱所作，钢琴伴奏，共24首。各曲的标题是：《晚安》（*Gute Nacht*）、《风标》（*Weterfahne*）、《冻泪》（*Gefrorne Tränen*）、《冻僵》（*Erstarrung*）、《菩提树》（*Der Lindenbaum*）、《泪河》（*Wasser Flut*）、《在河上》（*Auf dem Flusse*）、《回顾》（*Pückblick*）、《鬼火》（*Irricht*）、《休息》（*Rast*）、《春梦》（*Frühlingstraum*）、《孤独》（*Einsamkeit*）、《邮车》（*Die Post*）、《白发》（*Der Greise Kopf*）、《乌鸦》（*Die Krähe*）、《最后的希望》（*Letzte*

Hoffnung)、《在村中》(*Im Dorfe*)、《风雨的早晨》(*Der Stürmische Morgen*)、《迷惘》(*Täuschung*)、《路标》(*Der Wegweiser*)、《旅店》(*Das Wirtshaus*)、《勇气》(*Mut*)、《虚幻的太阳》(*Die Nebensonnen*)、《街头艺人》(*Der Leiermann*)。

《圣母颂》(*Ave Maria*) OP. 52-6

充满清纯与虔敬的感动，仿如天乐的《圣母颂》是舒伯特1825年根据斯科特《湖上夫人》中的埃伦之歌谱写的。

柏辽兹（L. H. Berlioz，1803—1869） 法国作曲家，现代管弦乐先驱，激情音乐家。柏辽兹的音乐比起肖邦、舒曼等主观浪漫流派作曲家较有客观性，且向写实世界发展。他创造了标题音乐，将音乐以固定观念根据文学性故事作具体性的表现，其具体且富幻想性的表现手法于后来李斯特的交响诗中加以发展，有了更高境界。柏辽兹的杰出作品有管弦乐曲《幻想交响曲》《哈罗德在意大利》，神剧《浮士德的沉沦》以及一首精心构作的《安魂曲》等。

C大调《幻想交响曲》(*Symphonie Fantastique in C Major*) OP. 14a

《幻想交响曲》作于1830年，是浪漫主义作品中最引人注目的一部，是标题交响曲和交响诗的先驱，其副标题为“一个艺术家生涯中的插曲”。柏辽兹为这首乐曲发表过一篇详尽的解说，据称有位极多情的青年音乐家（实际上就是他自己），由于无法排遣萦绕于怀的意中人形象，企图服用鸦片自杀，他在昏迷中出现了种种奇怪的幻想，看到自己杀死了意中人，被处死刑。最后，他梦见自己出现在女巫们的安息日夜会上。

第一乐章，《梦幻与激情》。

第二乐章，《舞会》。

第三乐章，《田野景色》。

第四乐章，《赴刑进行曲》。

第五乐章，《女巫的安息日夜会之梦》。

门德尔松（F. Mendelssohn，1809—1847） 德国作曲家，是位出类拔萃的钢琴家、优秀的中提琴家、超群绝伦的管风琴家和善于启发别人的指挥家。门德尔松有惊人的音乐记忆力，对同行宽宏大度，并致力于提高群众的音乐鉴赏水平。他的音乐的最大特点是技艺精湛、含蓄凝练，他的乐曲中的诗情画意、独具一格的配器、清新的旋律如今都获得了极高的评价。门德尔松的主要作品有歌剧《仲夏夜之梦》、e小调小提琴协奏曲、钢琴曲《无词歌》8册、演奏会用序曲《芬格尔山洞》、神剧《伊丽亚》等。

序曲《芬格尔山洞》(*The Fingal's Cave Hebrids-Overture*) OP. 26

1829年夏，门德尔松赴伦敦旅行演出，其间曾到苏格兰游览，看到赫布里底群岛绮丽的风光和优美迷人的芬格尔山洞后，决意创作此曲。这首序曲于次年在罗马完成，1832年在伦敦首演。瓦格纳听后，不禁赞美门德尔松是“第一流的风景画家”。

全曲用奏鸣曲式作成，为标题音乐，乐曲描绘突出于苍茫大海中由岩石筑成的孤岛。曲中第一主题描绘冲击到岸边的海浪，第二主题表示迎面吹拂的海风，再以明朗的第三主题作中心，进入呈示部、展开部和复示部，最后以第一主题构成宏伟强力的结尾。

《婚礼进行曲》——选自《仲夏夜之梦》
(*Wedding March--"A Midsummer Night's Dream"*) OP. 61-9

这首脍炙人口的《婚礼进行曲》原是门德尔松所作歌剧《仲夏夜之梦》第五幕的前奏音乐。这首堂皇富丽而且洋溢喜气的名曲，犹如一支憧憬未来幸福、沉浸在爱河里的情侣们的恋歌。

《婚礼进行曲》是C大调，生动的快板。在小号重叠的鼓号曲导入部后，便开始了壮丽的婚礼进行曲，经过庄重仪式的中间部，再度回复第一部的主题。这部乐曲是音乐会经常演出的曲目。1858年因维多利亚女王的长公主在温莎的婚礼上用过该曲而得以推广，后人普遍把它用于婚礼仪式中。与此曲同样著名的还有瓦格纳的《婚礼进行曲》。

e小调小提琴协奏曲(Violin Concerto in e Minor) OP. 64

这首小提琴协奏曲与贝多芬、勃拉姆斯、柴可夫斯基的小提琴协奏曲并称为世界四大小提琴协奏曲。门德尔松在1838年开始创作此曲，直到1844年才完成。乐曲因其灿烂的独奏部技巧和流畅优美的旋律，深受人们喜爱，更因情操表现丰富，形式端丽，充满了永远新鲜的魅力。此曲不但是门德尔松的最佳作品，也是贝多芬之后最杰出的小提琴协奏曲，更是德国浪漫乐派永恒的名曲。

第一乐章，e小调，极热情的快板。在两小节管弦乐导奏之后，独奏小提琴奏出充满幸福感与抒情意味的主题旋律。在一段动听的双簧管过门后，引出优美有力的第二主题：首先由单簧管及长笛奏出，然后被独奏小提琴接替。这些题材的展开运用了极大的技巧，给人一种变化的曲调不断涌流的印象。接近乐章结束时，一段美妙精练的装饰乐段直接引入管弦乐合奏，对第一主题进行最后提示，并伴和着独奏小提琴奏出的断续的和弦。

第二乐章，C大调，柔板。这个柔板乐章随即开始且并无休止，它有一个简短的管弦乐导奏，此后独奏小提琴婉转地奏出一个甜美的主题。中段部分引入了一个新的哀愁感伤的副题。最后第一曲调的回复，将这个乐章带入一个平静的结束。这段慢乐章感情质朴深邃。

第三乐章，E大调，不太快的快板，很活泼的快板。这是运用小提琴技巧的光辉绚烂的乐章。为与第二乐章间不出现气氛断层，该部分有一段简短、美妙的引子，其后管弦乐奏出断然的和弦，小提琴则以琶音与之作对，从而导出末乐章的第一主题。在小提琴急速的音阶过门之后，整个管弦乐队奏出豪壮有力的第二主题，其中夹着第一小提琴的悄悄耳语，诱出活泼的独奏小提琴。发展部主要以第一主题为主，加入梦幻般的新旋律，此旋律同时加上第一主题与第二主题，一气呵成直奔尾奏。

无词歌《春之歌》（*Lied ohne Wörte*）

门德尔松用《无词歌》来指那种在伴奏声部衬托下旋律进行像歌曲似的钢琴独奏曲。《无词歌》一共8集，每6曲一集，共48曲，而那些无词歌的名称绝大多数并非由他自己所定。歌集中的每一曲都是精短的小品，作者把人类感情最美的部分寄托于无言的旋律，体现出浪漫乐派的特质，描述出作者自己的世界。

A大调《春之歌》是其中之一，此曲作于1844年，编排在第五集的第六号。全曲自始至终以流利的琶音导出清爽的气氛。《无词歌》著名的曲目还有《狩猎之歌》《威尼斯船歌》《纺织歌》《快乐的农夫》《摇篮曲》等。

肖邦（F. F. Chopin，1810—1849）波兰作曲家，钢琴家，被称为“钢琴诗人”。肖邦的作品几乎全是钢琴曲。肖邦的钢琴音乐虽被加上诸多富于浪漫色彩的故事和别名，但作曲家本人却坚持这些作品属纯音乐，因而曲名都较严肃，只表示作品的曲式，不像舒曼和李斯特的曲名那样绚丽多彩。肖邦热爱他的祖国波兰，所以他的作品中反映出浓厚的民族性要素，比例完美的钢琴小曲中注入了丰富而又强烈的诗意。肖邦成功地创造出一种富于个性的键盘写作艺术，其优点为钢琴音色纤细，应用旋律装饰来丰富和声织体。他精通言近旨远的喻义手法，其所开拓的和声境界远远超越当时的传统局限。肖邦除两首钢琴协奏曲外，其他作品都是钢琴曲。

f小调第二钢琴协奏曲（*Piano Concerto No. 2 in f Minor*）OP. 21

肖邦创作了两首钢琴协奏曲，但因出版顺序而使先作的本曲反而成为第2号。1829年，肖邦正暗恋着女同学格拉多科芙斯卡，但他羞于表达爱情，便把一片恋情倾注于这首协奏曲，所以曲中充满了浪漫主义的幻想情趣，炽热地燃烧着青春的活力和爱的憧憬。

第一乐章，f小调，庄重的。快速、豪壮的乐章由管弦乐合奏开始，再由弦乐奏出优美的第一主题。接着双簧管奏出降A大调的第二主题，独奏钢琴出现后，再度提示前两主题，随后第一主题以钢琴的动机式展开为中心展开。经再现部，乐章以第一主题的结尾告终。

第二乐章，降A大调，甚缓板。具有夜曲般甜蜜的主题，由肖邦对恋人的缱绻深情编织而成，充满爱的憧憬和温婉的感情。开始时优美、纤弱的钢琴主题，加以美丽的变奏后，出现热情的中段，最后第一主题再现。

第三乐章，e小调，快板-甚快板。这段绚丽的终曲，由钢琴奏出圆舞曲风的回旋曲主题开始，再与降A大调马祖卡舞曲风的第二主题交相辉映，最后是华丽的结尾。深刻缠绵的旋律，具有浓厚的波兰地方色彩。

降B大调 玛祖卡舞曲第五首（*Mazurka No. 5 in B-Flat Major*）OP. 7-1

玛祖卡舞曲是一种传统的波兰乡村舞曲。肖邦奠定了玛祖卡舞曲在音乐会演出的地位，作品风格极其精致，而且速度和节奏有时与传统不同而有所变化。热爱祖国的肖邦借此舞曲把思念故乡的一片赤子之心升华，丰富了他音乐中旋律的艺术性。

在肖邦的55首马祖卡舞曲中，以这首降B大调最为人所熟知。此曲技巧浅易，曲趣明朗，旋律优美，是一首具有高雅气质的钢琴诗。

降E大调 夜曲第二首（*Nocturne No. 2 in E-Flat Major*）OP. 9-2

夜曲是爱尔兰作曲家菲尔特首创的音乐形式。它曲式自由，是高雅而浪漫的器乐短曲。肖邦的夜曲非常精致，蕴藏着丰富的乐思：有的表现夜的宁静与高雅，有的表现月夜美景与温馨，有的能唤起夜幕中令人神醉的情景。在肖邦所有夜曲中，以这首降E大调最为著名，它创作于1832年，是为巴黎社交界的沙龙而作。这首抒情而稍带感伤的夜曲，使欣赏的人仿佛看到了南国繁星满天的夜景，已成为肖邦夜曲的代名词。

E大调 练习曲第三首《离别曲》（*Etudes No. 3 in E Major*）OP. 10-3

练习曲是以提高演奏者技巧水平为目的的作品。在钢琴音乐中尤指只限改进某种细节技术的短曲。肖邦写的练习曲是这类乐曲中的珍品，既可公开演出，又可用于私下练习。肖邦的钢琴练习曲均是含有高度艺术性内容的音乐。

肖邦的27首练习曲中，以1830年在华沙所作的E大调第三号练习曲最为著名。该曲俗称《离别》，技巧虽艰深，但曲调优美非凡，其第一段的主旋律最为优美，曲中远离祖国的悲哀及难以排遣的乡愁跃然五线谱上。肖邦自己也很满意此曲，曾说“过去我从未写过如此美妙的旋律”。

降D大调 前奏曲第十五首《雨滴》
（*Prelude No. 15 in D-Flat Major，“Raindrop”*）OP. 28-15

前奏曲是一种独立的钢琴短曲。只要一提起肖邦的前奏曲，人们马上会联想到这首著名的《雨滴》。该曲旋律优美，因其左手规律的节奏听起来像幽咽的雨滴声，故有此名。

A 大调波洛奈兹舞曲第三首《军队》
（*Polonaise NO. 3 in A Major*，*"Military"*）OP. 40-1

波洛奈兹舞曲是一种以波兰宫廷为中心发展而成的礼仪性民族舞曲，曲风壮大华丽。肖邦以此形式将他满腔爱国热忱投注于音乐中，肖邦一生创作了10首波洛奈兹舞曲，这些舞曲诗意盎然而又富于爱国精神。本曲是他1838年所作，具有象征波兰骑士精神的豪壮音响，故名为《军队》。此曲中似乎可以看到勇猛的波兰武士前进的情景，跟如梦似幻的夜曲、优美轻快的圆舞曲，曲趣迥异。

降 D 大调圆舞曲第六首《小狗》（*Minute Waltz*）OP. 64-1

这首创作于1846年的著名圆舞曲，因甚短小，一分钟即可弹完，所以又被称为《一分钟圆舞曲》。当时，上流社会正流行维也纳圆舞曲，肖邦借用这种单纯的三拍子节奏，加入抒情性使音乐更富艺术色彩。肖邦一生共创作了20首圆舞曲，但都是鉴赏或演奏用，并非实用性舞曲。肖邦的圆舞曲在一般以左手弹奏三拍子的节奏上添加装饰旋律的修饰音及休止符，与维也纳圆舞曲的规律性节奏不同，是十分典雅，但情绪丰富的沙龙音乐。

《小狗》圆舞曲描述了乔治•桑的爱犬追逐自己尾巴的可爱模样，迅速而轻快。

升 c 小调幻想即兴曲（*Fantaisie-Impromptu in c-Sharp Minor*）OP. 66

这是1834年肖邦24岁时的作品。即兴曲这种钢琴小曲，有即兴创作的性格，又有精美雅致的气质和漫不经心、随意而为的风度，既不失即兴的奔放，又具有精美的样式。

肖邦一向把人类情感最美的部分寄托于钢琴，并以诗的幻想加以连缀，这种微妙感情以抒情诗的小形式音乐表现最为理想，所以肖邦的作品大都是小品，即兴曲尤其适合他的发挥。本曲是他4首即兴曲中的第四号，瞬息万变的开头部分之后是如梦如幻的中间部。然后重复开头部分，但以急板奏出，洋溢着抒情般的悲凄感，最后把中段甜蜜的梦回顾后，形成余韵缭绕的结尾。

舒曼（R. A. Schumann，1810—1856） 德国作曲家、钢琴家，被称为“音乐诗人”。他以一系列富有诗意的作品充实了钢琴音乐的文献，他的钢琴曲把古典的结构和浪漫的情趣融为一体；他的声乐和室内乐作品有类似的优点，既清新富有活力，又极善抒情，这同样也是其管弦乐作品所具的特色。舒曼的主要作品有第一交响曲《春天》、第三交响曲《莱茵》，钢琴曲《阿贝格主题变奏曲》《蝴蝶》《交响练习曲》《童年情景》《狂欢节》，室内乐《降E大调钢琴五重奏》，歌曲8首《妇女的爱情和生活》、16首《诗人之恋》等。

a小调钢琴协奏曲（*Piano Concerto in A Minor*）OP. 54

这首舒曼唯一的幻想曲，是一首曲风浪漫、优美的钢琴协奏曲，作于1845年。舒曼精通钢琴音乐与管弦乐，故此曲具有两者特性，内容与形式均为傲视古今的名曲。此曲反映出经过长期磨难而最后获胜，尝到爱情甜果的舒曼内心的感动。

第一乐章，a小调，深情的快板。这个原以《幻想曲》为题的乐章，充满了浓郁的诗情。

第二乐章，F大调，优美的行板。这个乐章中散发着优美、浪漫的牧歌情调。

第三乐章，A大调，活泼的快板。这是洋溢着活泼与喜悦气氛的热情乐章。

梦幻曲《童年情景》（*Träumerei "Kinderscenen"*）OP. 15

舒曼的钢琴组曲《童年情景》作于1838年，总共有13首乐曲，它不单是描写儿童世界的名作，也是作者回忆幼时所连缀出的具有高度艺术性的钢琴音乐。组曲中每一首钢琴曲均有标题，分别是：（1）关于陌生的国家和它的人民；（2）怪话；（3）捉迷藏；（4）乞求的孩子；（5）满足；（6）重大事件；（7）梦幻曲；（8）炉边；（9）骑竹马的骑士；（10）故作认真状；（11）恐吓；（12）宝宝睡着了；（13）诗人如是说。其中第7首《梦幻曲》最为人熟知。

《梦幻曲》描述母亲衷心希望孩子有个香甜的梦，充满了纯洁的爱和幻想。这首简单的小曲，由前4小节婉转动听的主题反复变化而成。左手巧妙、美丽的和声，将单纯的旋律非常优美地衬托出来。《梦幻曲》流露出一个深情的梦，令人回忆起儿时的欢乐时光。

声乐套曲《妇女的爱情和生活》（*Frauenliebe und Leben*）OP. 42

这部声乐套曲作于1840年。当时舒曼与克拉拉结婚不久，他正怀着满腔喜悦面对歌曲创作。这部声乐套曲是他的代表作之一，用阿达尔·冯·夏米索所写的8首诗谱曲，描述一位年轻女子由恋爱而结婚生子，当她感到幸福笼罩自己时，深爱的丈夫却不幸而亡。该套曲共有8首曲子，标题为：（1）自从我首次见到他；（2）他是最高贵的人；（3）我简直不能相信；（4）指环在我的手指上；（5）帮帮我，姐妹们；（6）亲爱的朋友；（7）在我怀中；（8）你终于使我悲痛。

李斯特（F. Liszt，1811—1886）　匈牙利作曲家，交响诗首创者，是匈牙利的钢琴大师。他的钢琴曲独树一帜，交响诗则开拓了一种新的艺术形式。他的交响曲光彩逼人、想象丰富，宗教作品动人而有灵气，歌曲也格调甚高。李斯特的主要作品有《匈牙利狂想曲》第2号，交响诗《前奏曲》《b小调钢琴奏鸣曲》，钢琴编曲的自作歌曲《爱之梦》第3号，2首《演奏会用练习曲》，钢琴与乐队《死之舞》等。

交响诗《前奏曲》（*"Les Préludes" Symphonic Poem*）

标题音乐中的交响诗为李斯特首创，它与柏辽兹绘画般的描写音乐不同，着重在表现诗的观念或哲学思想，是形式自由的抽象音乐，不一定描写具体情景。在李斯特的12首交响诗中，最著名也是最常演奏的，就是这首第3号《前奏曲》。

这首绚烂华丽的《前奏曲》发表于1844年，序诗取自法国诗人拉马丁的《诗之冥想录》中的一节，它由4段情景组成：（1）青春的情思与爱的需求；（2）生命的狂飙；（3）爱的安慰与和平的田园；（4）战争与胜利。这是根据两个主题发展成的变奏曲，先由齐奏呈示死亡的动机，经第二小提琴、低音管和圆号变奏后，中提琴呈示第二主题，旋律经变奏后，随即跃入凯歌似的灿烂高潮，最后是庄重而短小的结尾。

降E大调第一钢琴协奏曲（*Piano Concerto No. 1 in E-Flat Major*）

李斯特写了两首钢琴协奏曲。这首第一钢琴协奏曲起草于1830年，完成于1849年左右，是众所周知的名曲。全曲由4个乐章构成，各乐章的主题均有关联，在演奏上从头到尾一气呵成，具有极佳的演奏效果。第三乐章轻快的部分使用了三角铁，更增强了乐曲的华丽感。

第一乐章，降E大调，庄严的快板。豪壮的第一主题有力且能紧扣人们心弦，第二主题的钢琴弹奏优美的旋律，与第一主题形成对比。

第二乐章，B大调，近似慢板。大提琴和低音提琴齐奏的主题静静地开始；独奏钢琴与管弦乐以问答式或宣叙调般发展；在弱奏的弦乐间奏与优美的木管旋律上，钢琴配以幻想般的伴奏。

第三乐章，降E大调，活泼的快板。这个相当于诙谐曲的乐章中，因为使用三角铁与弦乐拨奏的节奏，故有人称之为《三角铁协奏曲》。钢琴以轻妙幻想的曲思，将弦乐主题展开，长笛配以独特的颤音。而当钢琴以雄辩的语气进行时，第一乐章开头的主题却隐约可闻。全曲跃入急剧的渐强奏后，返回开头速度，重现豪壮的庄严快板，钢琴以八度音强劲地弹奏着。

第四乐章，降E大调，进行曲般有精神的快板。由钢琴奏出的曲调，把前3个乐章中已呈示的各主题与动机重加彩饰或改变性格，跃入打击乐器激烈的进行曲曲调后，钢琴以巨人般的强奏登场，使曲势高昂起来，直趋无比壮大的结尾。

升c小调《匈牙利狂想曲》第二首（*Hungarian Fantasia No. 2 in c-Sharp Minor*）

李斯特根据匈牙利民歌及吉卜赛舞曲旋律曾写过20首钢琴独奏曲《匈牙利舞曲》，其中12首改编成管弦乐曲，而第二号最为出名。这首通俗名曲，以优美的旋律、明快的节奏，使人听之难忘。这首庄丽绚烂的乐曲，由8小节强奏的序引开始，先是两声摄人心魄的和弦，随后深沉、威严雄辩似的乐句，给人难以磨灭的深刻印象。

《钟》——《帕格尼尼大练习曲》

（*La Campanella* ——“*Grandes Etudes de Paganini*”）OP. 67-3

李斯特年轻时即倾心于帕格尼尼的非凡技艺，后来，李斯特将这位令他崇敬逾恒的大师的小提琴曲改写成有许多技巧的华丽的钢琴独奏曲，其代表作即为1832年创作的6首《帕格尼尼大练习曲》，其中第三曲《钟》最为著名。

《钟》是根据帕格尼尼第二小提琴协奏曲的第三乐章《钟的回旋曲》写成的，这是升g小调的回旋曲，曲中超绝的技巧和耀眼的变奏，将钟声描摹得清脆逼真。

《爱之梦》第三首（*Raved d'Amour No. 3 in A-Flat Major*）OP. 64-3

李斯特曾写过3首题为《爱之梦》的钢琴曲，包括《爱的怀抱》《我死了》《爱之梦》，其中以第三首最为著名。曲中反复着单纯的旋律，伴奏部分则加以复杂的和声变化。此曲原为声乐曲，后来改为以旋律为重点的钢琴曲，所以用钢琴弹起来有如歌唱般优美动人。

4．后期浪漫主义乐派与新古典主义音乐

浪漫主义乐派以歌曲和歌剧为中心蓬勃发展，瓦格纳把和声法扩大，乃是后期浪漫主义乐派（Neo Romanticism）时代调性音乐史上最重大的一件事。在19世纪70年代，勃拉姆斯等几位作曲家尊重古典形式，用17和18世纪的形式和风格来创作音乐，以反对19世纪后期浪漫主义乐派极度繁复的配器，这种形式被称为新古典主义（Neo Classicism）。勃拉姆斯的古典主义浪漫性和瓦格纳及其信奉者所表现的浪漫性，成为完全的对比。这种多彩与简朴，成就了后期浪漫主义与新古典主义斗艳的音乐时代。

瓦格纳（W. R. Wagner，1813—1883） 德国作曲家，是大乐剧创始者，被称作乐剧巨匠。瓦格纳是改变音乐史进程的少数作曲家之一，他的生涯特点是百折不挠地从事歌剧创作，并立意创作一种新的戏剧作品，将其称作乐剧而不称作歌剧。他的音乐表情浓郁，有力地烘托剧情，气概万千地统治了19世纪，并把音乐世界分裂成两派。他追求理想，追求一种将音乐和戏剧不可分割地合二为一的艺术形式，追求“未来音乐”（Zukunftmusik）。瓦格纳在歌剧时代的作品有《漂泊的荷兰人》《唐豪瑟》《罗恩格林》等，在乐剧时代的作品有《纽伦堡名歌手》《特里斯坦和伊索尔德》《尼伯龙根的指环》《帕西法尔》等。

E大调 《齐格弗里德牧歌》（*Siegfried Idyll*）

该作品是1870年瓦格纳为庆贺妻子科西玛生日而作的管弦乐小品，非常动听，

充分流露出作者在那段幸福岁月中的愉快心情。此曲原为少量弦乐器、长笛、双簧管、两支单簧管、小号、两只圆号和大管而作，后来瓦格纳将其重新配器成较大的管弦乐曲。

歌剧《唐豪瑟》序曲（*"Tannhäuser" Overture*）

瓦格纳的三幕歌剧《唐豪瑟》于1845年在德累斯顿首演。这首著名的序曲，先从朝香者虔诚的合唱开始，自远而近，然后出现狂热的维纳斯堡音乐，表示唐豪瑟放纵爱欲之中。接着音响增强，蛊惑的妖乐消失，朝香者合唱重现；最后强烈的管弦乐总奏象征着因纯洁、坚定的爱而获拯救的灵魂。

乐剧《特里斯坦和伊索尔德》（*Tristan und Isolde*）

这部瓦格纳作于1857—1859年的著名乐剧共分3幕，由瓦格纳根据G.斯特拉斯堡的《特里斯坦》和亚瑟王传说的基本情节自撰脚本，该剧表现了“爱的最高境界”。从此剧可看出乐剧的特征为：（1）诗与音乐的融合；（2）彻底使用诱导动机；（3）与无限旋律的发展很相称；（4）使用许多半音阶和异符同音。

第一幕，在特里斯坦的船上。

第二幕，在宫廷花园中。

第三幕，在布里丹尼岛城堡中。

威尔第（G. Verdi，1813—1901） 意大利歌剧作曲家。作为最伟大的歌剧作曲家之一，其地位无可非议。尽管他的技巧不断提高、日益精练，刻画性格的功力愈加细致入微、表情丰富，但其率直、高尚、热烈的本质始终如一。威尔第的代表作是闻名世界的《弄臣》和《茶花女》两部歌剧。

歌剧《弄臣》（*Rigoletto*）

《弄臣》原名《利戈莱托》，是威尔第作曲的三幕歌剧。脚本由皮亚维根据雨果的剧本《逍遥王》（*Le Roi s'Amuse*）编写而成，1851年在威尼斯首演。这是威尔第的第一部成熟歌剧，全剧由优美的歌曲串联起来，其中最著名的咏叹调是第三幕中公爵（男高音）唱的《女人善变》。

歌剧《茶花女》（*La Traviata*）

《茶花女》是威尔第作曲的三幕歌剧，脚本由皮亚维根据小仲马的小说《茶花女》（*La Dame aux camé lias*）编写，1853年在威尼斯首演。剧情大意为：阿尔弗雷多·阿芒爱上妓女薇奥列塔，说服她放弃纸醉金迷的生活，一同隐居乡下。阿尔弗雷多之父告诉薇奥列塔，阿尔弗雷多和她同居一事破坏了他妹妹的婚事，说服薇奥列塔离去。阿尔弗雷多以为薇奥列塔留恋旧时生活，追踪至巴黎，在舞会上公开羞辱她。待得悉真情，为时已晚，薇奥列塔肺病发作，死在他怀里。

《茶花女》的旋律为威尔第博得了世界性赞誉。剧中无《弄臣》那样激烈的剧情，从头到尾充满了幽婉而哀丽的美。第一幕第一场的合唱、第二场的《饮酒歌》、茶花女所唱的第五场《啊、那个人》以及《花来花去》均是优美的名曲。第二幕阿尔弗雷多唱的《翻腾的思潮》，第二场父亲与薇奥列塔悲伤的二重唱、父亲呼唤儿子归去的《布罗万斯的海与陆》，第二幕终了时吉卜赛女郎合唱的《吉卜赛之歌》、斗牛士合唱的《斗牛士合唱》，第三幕第四场的《镜之歌》，第五场阿尔弗雷多唱的《离开巴黎》以及薇奥列塔死前所唱都是非常著名的歌曲。

布鲁克纳（A. Bruckner，1824—1896） 奥地利作曲家，管风琴家。他的宗教信念是他所有乐曲的根源。他的交响曲以光彩夺目的对位、强烈的旋律美以及与宏伟的配器相结合而备受赞赏。他所作的弥撒曲也有交响乐气魄，同样辉煌华丽。他的教堂音乐中闪耀着信徒虔诚的光芒，也显示出作曲家的灵活技巧。布鲁克纳的作品有9首交响曲，其中最著名的是以《浪漫的》为副题的第四交响曲，这9首交响曲中的部分乐章常常被单独演奏。

降E大调 第四交响曲《浪漫的》

（*Symphony No. 4 in E-Flat Major, "Romantischer"*）

布鲁克纳的第四交响曲是他9首交响曲中最常演奏的杰出作品。他于1873年写起，1874年在维也纳完成总谱。此曲副标题《浪漫的》并非作者亲题，而是他在曲题下标有这样的注释："中世纪的都市，薄晓，城堡上响起早晨的信号曲。城门开了，一群威武的骑士，跨在白色骏马上向郊外疾驰而去。他们没入神秘的森林中。森林的细语，小鸟在啁啾……此曲正像这样，展开一幅浪漫的场面。"在这部交响曲中，强烈反映出作者对大自然的爱，全曲洋溢着清新的幻想之情，笔致圆熟，是人们喜爱的名曲之一。

第一乐章，降E大调，中庸的快板。最弱奏的弦乐颤音与明朗的圆号组成第一主题，宛若宣告黎明到来。乐曲在木管对照下渐入高潮，在F大调上终止。温和的第二主题主旋律由中提琴提示，顺序加入圆号和双簧管，并织入鸟声般的小提琴音型。经过展开部和复示部后，进入4只圆号齐奏的灿烂结尾。

第二乐章，c小调，行板。附弱音器的小提琴与中提琴倾诉悲叹之情，大提琴犹如代言者般闷闷地奏出主题。不久，此主题移行至木管合奏，接着是中提琴奏出抒情新主题，大提琴主题又复归。结尾时精彩的高潮，把阴云一扫而空，最后以拨奏终止。

第三乐章，降B大调，从容的甚快板。这首谐谑曲是布鲁克纳全曲中最杰出的乐曲，第一部分奏出雄壮的狩猎之歌，到处充满圆号的音响，由小号引接后，这些音响由远而近，又由近而远，穿梭着信号曲般的节奏。中段展开一场狩猎野宴的舞蹈场面，长笛、单簧管奏出圆滑的主题，弦乐以拨弦节奏配上伴奏。当狩猎音乐再现后，以壮大的高潮结束。

第四乐章，降E大调，中庸的快板。这是作者自称为“民众的节日”的快活音乐。长长的序引为第一主题铺路，管弦乐的齐奏，提示出巨人般的第一主题。第二主题由小提琴主奏引出，在奏鸣曲式的发展中，随处可听到像狩猎主题的乐句，并织入第一乐章的第一主题。在此终曲里，主要主题与第二主题再度出现，于雄大的乐流中负起统一全体之责，充分行使了浪漫手法。

施特劳斯父子（*J.Strauss*）

老约翰·施特劳斯（J. Strauss I，1804—1849） 奥地利作曲家，小提琴家，是维也纳圆舞曲奠基人。他共作曲251首，其中152首是圆舞曲，但至今最有生命力的作品是1848年写的《拉德茨基进行曲》（*Radetzky March*），全曲具有雄壮豪放的曲趣，中段相当流畅。

小约翰·施特劳斯（J. Strauss II，1825—1899） 奥地利作曲家，指挥家，小提琴家，被誉为“圆舞曲之王”。他创作圆舞曲达400首，这些圆舞曲成为奥地利欢乐和感情的缩影。他是创作风格雅致、具备韵味十足和充满才气的作品的超级大师。其圆舞曲的一般形式，先是缓慢的序奏，接着是几个圆舞曲的连续，最后重复第一次的圆舞曲结束。除圆舞曲外，他也写了好几首愉快的波尔卡舞曲和轻歌剧。他的代表作有轻歌剧《蝙蝠》（*Die Fleder Maus*），他创作的圆舞曲《蓝色多瑙河》（*The Blue Danube*）、《南国玫瑰》（*Rosen aus dem Suden*）、伟大的《皇帝圆舞曲》（*Kaiser-Walzer*）、《维也纳森林的故事》（*Geschichten aus dem Wienerwald*）以及波尔卡和其他舞曲，受到人们的广泛喜爱。

音乐会圆舞曲《蓝色多瑙河》（*The Blue Danube*）OP. 314

这是小约翰·施特劳斯圆舞曲中，最受激赏、广被爱戴的作品，作于1867年，原创作时有合唱声部。乐曲由和缓的序奏开始，先由圆号奏出“do mi sol sol……”的动机，使人联想起日夜长流、永久不息的多瑙河流水，之后，转为圆舞曲速度，出现D大调悠扬宏大的第一圆舞曲、秋日皓月般的第二圆舞曲，到第三圆舞曲时转为G大调，乐曲逐渐充满活力。F大调的第四圆舞曲中飘溢出幻想曲趣，A大调豪壮的第五圆舞曲进入较长的结尾部。最后，将前5段圆舞曲的旋律巧妙综合，华丽地彩饰乐曲，于高潮之中结束全曲。曲中优美而醉人的魅力，源自富于感染力的旋律和灿烂而有冲劲的节奏。

勃拉姆斯（**J. Brahms，1833—1897**）德国作曲家，德国浪漫主义古典音乐家。除歌剧外，任何一种作曲形式中，勃拉姆斯都是精湛的大师。他避免标题音乐，用古典形式写作，作品却具有浪漫主义色彩。他的作品亲切感人，深受人们喜爱。他忠于古典音乐结构，而在结构内部却引用许多创新的主题，是发展的绝妙范例；他的室内乐和协奏曲更是杰出作品。勃拉姆斯的主要作品有交响曲《D大调小提琴奏曲》《d小调第1钢琴协奏曲》《德国安魂曲》，序曲《大学》《悲剧》《海顿主题变奏曲》，钢琴连弹曲《匈牙利舞曲》21首，钢琴独奏曲，室内乐，歌曲，合奏曲等。

c小调　第一交响曲（*Symphony No. 1 in C* Minor）OP. 68

该曲由勃拉姆斯一再琢磨，花了21年时间，完成于1876年，被公认为可和贝多芬的第九交响曲并驾齐驱，被称为“第十交响曲”。这是一首感情丰富、气势浩大的交响曲，犹如身经百战的英雄，追述其英勇的战绩，是尝遍人生沧桑者最伟大的慰藉音乐。

第一乐章，c小调，近似如歌的行板，主部快板。热情的第一主题，引入明朗和平的第二主题；呈示部里穿插别的重要旋律和第一主题同时加以巧妙处理。经过复示部后，乐曲滑入平静的结尾。这是用新的手法描绘近代人的烦恼与幻想的、感情深邃的乐章。

第二乐章，E大调，持续的行板。这是气质高雅的乐章，充满和平与慰藉之情。第一段由小提琴与低音管荏弱哀愁的旋律开始，接着是可爱甜美的乐段。中段分外亲切、平易近人。返回第一段后，感情更为升华、净化，气质更为高洁。

第三乐章，降A大调，温雅而略快的快板。由优雅稳重、纯朴可亲的旋律开始，略具孤寂感。中段具有幽默情趣，管乐和弦乐的对答，使人联想到贝多芬第五交响曲中的命运动机。返回第一段后，又有其他变化。

第四乐章，c小调，慢板，C大调，稍快的行板，活泼的快板。这是最著名的乐章，壮丽的音响堂皇地唱出胜利的荣耀。与第二、三乐章的小品形成对照，第四乐章具有大交响曲的风格，极有终乐章的气氛。这个终曲有如从昏迷中解脱后高唱的凯歌，全曲在这里跃入壮丽宏伟的顶峰，宛若贝多芬《命运》交响曲终乐章中直率豪爽的狂喜欢呼。

F大调　第三交响曲（*Symphony No. 3 in F Major*）OP. 90

勃拉姆斯的这首明朗清逸的交响曲完成于1883年，它的最大特征，在于曲中洋溢着新鲜奔放的乐思，被称为“勃拉姆斯的英雄交响曲”，该曲是勃拉姆斯交响曲中最有力，也是最壮大的一首，紧张中充满了抒情性。

第一乐章，F大调，灿烂的快板。乐曲由管乐器强烈的3个音开始，这3个音相当于德语的音名F-A-F，并成为全曲基本动机，具有标题风意义，支配了全曲的格调。强烈的第一主题和随后的第二主题结合，颇为可爱迷人。展开部巧妙地运用这两个主题，待速度减缓后，引入复示部。结尾以第一主题为基础，颇为激昂，旋即又平静下来，孤寂地结束。

第二乐章，C大调，行板。平静、清雅地开始，偶尔也激动兴奋，自始至终宛若梦境，就像一个人在安静地回忆往事，憧憬未来。这是由快活而简明的情绪连缀而成的乐章。

第三乐章，c小调，稍快板。大提琴开始的旋律，极为亲切优美，使人聆听后终生难忘，较第二乐章更明快。中段木管的旋律，犹如沉思祈祷，扣人心弦。最后，开头柔和的主题又重复一次。这是颇为著名的乐章，后来被改编成各种通俗乐曲。

第四乐章，f小调—F大调，快板。这是雄浑有力、热情洋溢、充满英雄气概的终曲。

D大调小提琴协奏曲（*Violin Concerto in D Major*）OP. 77

该曲勃拉姆斯完成于1878年，是一首壮丽深邃、生命活力充沛的音乐，与贝多芬、门德尔松及柴可夫斯基的小提琴协奏曲，并称世界四大小提琴协奏曲。

第一乐章，D大调，不太快的快板。这个乐章占了全曲大部分，是个大规模的乐章。没有序奏，由中提琴、大提琴及大管奏出牧歌风宽广的第一主题。小提琴有长达40节的华丽乐段。

第二乐章，F大调，柔板。这是最具勃拉姆斯格调，充满田园色彩的徐缓乐章。双簧管奏出安详主题，小提琴精彩的叙述成为对主旋律的华丽彩饰。

第三乐章，D大调，欢快、活泼的快板。使用了所有小提琴技巧，是充满生气的乐章。终曲中的回旋曲主题，具有匈牙利吉卜赛风格，轻快幽默，由独奏和总奏反复数次。独奏小提琴波浪般的快速音群后，出现轻快的第一副主题。回旋曲主题重复后，接优美的第二副题。返回主题后跃入最强奏，独奏小提琴奏出柔和的装饰奏，以华彩的技巧进入土耳其风的结尾。

升c小调　匈牙利舞曲第五首（*Hungarian Dances No. 5*）

勃拉姆斯曾收集匈牙利境内的吉卜赛音乐加以编曲，作成一套著名的钢琴四手联弹曲，各曲风格形式虽不尽相同，但都具有匈牙利吉卜赛色彩，节奏自由，旋律有各种装饰，速度及其他变化强烈。在21首匈牙利舞曲中，以这首轻巧、可爱的升c小调第5首最著名，此曲可说是家喻户晓的名曲。

比才（G. Bizet，1838—1875） 法国歌剧作曲家。他的声誉主要归于歌剧《卡门》，但他出版的所有作品都很有浪漫色彩，旋律鲜明，配器华丽而巧妙。比才是

法国浪漫派歌剧的代表，《卡门》是他的最高杰作，配剧音乐《阿莱城姑娘》、歌剧《采珠者》（*Les Pêcheurs de perles*）也甚获好评。

组曲《阿莱城姑娘》（*L'Arlesienne-Suite*，No. 1 & No. 2）

比才为都德的戏剧《阿莱城姑娘》写过27段配乐，1872年首演于巴黎。之后这几首兴高采烈、生机盎然、色彩绚丽的乐曲被编成两套管弦乐组曲，其第一组曲由比才自编，第二组曲乃由吉罗所编，均为深受欢迎的佳作。

第一组曲：（1）前奏曲（*Prelude*）；（2）小步舞曲（*Minuetto*）；（3）小柔板（*Adagietto*）；（4）钟（*Carillon*）。

第二组曲：（1）牧歌（*Pastorale*）；（2）间奏曲（*Intermezzo*）；（3）小步舞曲（*Minuetto*）；（4）法朗多尔舞曲（*Farandole*）。

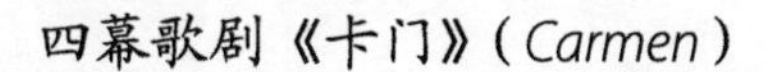
四幕歌剧《卡门》（*Carmen*）

这部歌剧不仅是比才最伟大的名作，也是法国歌剧史上永恒闪耀的明星。《卡门》是有史以来最流行的一部歌剧，作于1873—1874年，1875年首演于巴黎。

故事描写卫队中士唐霍塞与走私组织中的吉卜赛女郎卡门相识，坠入情网，参与走私，但不久即渴望回家。卡门又结识了斗牛士埃斯卡米罗，双方谈定，如埃斯卡米罗斗牛获胜，卡门愿嫁。最后，塞维利亚斗牛场上，埃斯卡米罗胜利在望，唐霍塞妒火中烧，将卡门刺死，酿成悲剧。

（1）西班牙塞维利亚街头广场。

（2）远离城墙的巴斯替亚酒店。

（3）山中荒凉处。

（4）塞维利亚斗牛场前广场。

Giacomo Puccini

普契尼（G. Puccini，1858—1924） 意大利歌剧作曲家。他敏锐的戏剧性才智和技巧很少有人能与之比肩。他的多愁善感被千百万人所接受，塑造性格的直觉得到高度发展，凭借配器的天赋能以很少的音符吸引住观众，是驾驭舞台效果的能手。普契尼的代表作是《托斯卡》和《蝴蝶夫人》两部歌剧。

四幕歌剧《艺术家的生涯》（*La bohème*）

这是普契尼3部最受欢迎的歌剧之一，又称《波西米亚人》，作于1896年。作品描述了巴黎拉丁区的生活，特别是鲁道夫和咪咪、马尔切洛和穆赛特两对情侣的爱情，他们并非同样幸福。鲁道夫和咪咪分手后，等到言归于好已为时太晚，咪咪因肺病而死。

三幕歌剧《托斯卡》（*Tosca*）

该剧于1900年在罗马首演。描述1800年罗马画家马里奥·卡瓦拉多西因掩护一名政治逃犯而被判死刑。卡瓦拉多西的恋人托斯卡向警察总监斯卡皮亚求情，总监胁迫她委身于自己。托斯卡假意顺从，总监答应处决时发虚弹使卡瓦拉多西重获自由。当晚，总监执意要得到托斯卡，无奈之下，托斯卡刺死了他。天明卡瓦拉多西走上刑场，因枪膛中并非虚弹而毙命，托斯卡始知受骗。总监被刺事发，托斯卡悲愤交加，跳墙自杀。

二幕歌剧《蝴蝶夫人》（*Madame Butterfly*）

该剧于1904年在米兰首演。此剧音乐在普契尼典型的意大利抒情风格中缀以日本色彩，采用日本旋律的改编曲，足以代表其抒情风格的最高水平，剧中还引用了美国国歌。

马勒（G. Mahler，1860—1911） 奥地利籍波西米亚作曲家、指挥家、钢琴家。马勒是维也纳浪漫派末期开现代音乐先河的重要作曲家，是19世纪和20世纪之间、新古典主义与新浪漫乐派之间的主要音乐链环，也是新旧之间的一座桥梁。马勒的著名作品有《D大调第一交响曲》，歌曲交响曲《大地之歌》，声乐套曲《旅行者之歌》《亡儿之歌》，歌曲《青年的魔角》等。

交响曲《大地之歌》（*Das Lied von der Erde*）

马勒的这首歌曲交响曲（女中音或男中音、男高音独唱和乐队）作于1907—1909年，歌词取自6首8世纪唐诗的德译文。这首交响曲原来应属于马勒的第九交响曲，但因贝多芬、舒伯特、布鲁克纳等作曲家的第九交响曲都是最后交响曲，而有忌讳，因此不用编号而以《大地之歌》替代。

（1）《歌唱大地哀愁的饮酒歌》，歌词为李白的《悲歌行》。

（2）《秋日的孤独者》，歌词据称为张籍的诗，但查无此诗，作者在手稿上标有“有关慢条斯理和厌倦”。

（3）《青春》，歌词据称为李白的《瓷亭》，描述一群少年在小亭里，欣赏着池中倒映的美景，饮酒、聊天、写诗。

（4）《美人》，歌词为李白的《采莲曲》。

（5）《春天的醉客》，歌词为李白的《春日醉起言志》。

（6）《告别》，歌词为孟浩然的《宿业师山房待丁大不至》和王维的《送别》。这是整个作品的中心，篇幅约占全曲之半。在两首诗之间有一长段葬礼进行曲的间奏。

理查·施特劳斯（R. G. Strauss，1864—1949） 德国作曲家、指挥家、钢琴家。他是掌握许多音乐形式的大家，他的交响诗配器辉煌，细节生动，伴之以完美的音乐结构。他的管弦乐作品和各种声乐展示了他音乐方面的才华，无伴奏合唱作品也非常出众。理查·施特劳斯的主要作品有交响诗《查拉图斯特拉如是说》（*Also Sprach Zarathustra-Symphonic Poem*）《英雄生涯》（*Ein Heldenleben*）《家庭交响曲》（*Symphonia Domestica*），歌剧《莎乐美》（*Salome*）、《埃莱克特拉》（*Elektra*）、《玫瑰骑士》（*Der Rosenkavalier*）等杰作。

交响诗《唐璜》（*Don Juan*）OP. 20

这是以雷瑙的诗歌为素材，作于1888年，使理查·施特劳斯成名的交响诗。传奇人物唐璜是16世纪民间传说的产物。这首交响诗将热情、善感的唐璜用自由的奏鸣曲式描写，不单有绘画般的描写，形式上亦极坚实。作者自称此曲为“音诗”，以深刻的人性为出发点，是作者同一系列作品中最杰出的一首。

交响诗《蒂尔恶作剧》（*Till Eulenspiegel's Merry Pranks*）OP. 28

这是根据民间故事蒂尔的冒险传奇改编而成的作品，作于1895年。这首管弦乐交响诗是理查·施特劳斯交响诗作品中，最受喜爱的一部名作，被誉为“近代音乐的代表作之一”。曲中描写14世纪德国民间传说中一个戏谑者半生的恶作剧。主题极为明了，管弦乐法的色彩与描写新鲜、艳丽，曲中高潮迭起，具有引人入胜的戏剧性，听来充满情趣。

交响诗《查拉图斯特拉如是说》
（*Also Sprach Zarathustra-Symphonic Poem*）OP. 30

该作品由理查·施特劳斯于1896年创作并首演于法兰克福，素材取意于尼采的同名散文诗。大意是查拉图斯特拉在满30岁那年舍弃一切，入山冥想，经10年顿悟，于是回到世俗，并拥有了预言家的思想。乐曲以具有长尾奏的奏鸣曲形式写成，将宇宙、大自然与人类的精神形成对立。

5. 民族乐派

民族音乐（National Music） 兴起于19世纪，以强调音乐的民族因素为标志，诸如民歌，民间舞蹈，反映民族生活或历史，歌剧或交响诗也以此为主题。它伴随政治性的独立运动产生和发展。民族音乐最明显地表现在匈牙利的巴托克和科达伊、芬兰的西贝流斯和英国的沃恩·威廉斯的创作中。

法朗克（C. A. Franck，1822—1890） 比利时作曲家、管风琴家。他在歌剧

充斥巴黎时敢于固守纯器乐传统，指导了近代法国音乐，被誉为“法国的勃拉姆斯”“近代法国音乐之父”。其音乐风格富于浪漫色彩，气势宏伟，大量应用有特色的变音和声，极重视串联形式，即作品第一乐章的素材在后面各乐章中再度出现的形式。法朗克的著名作品有《b小调交响曲》、钢琴与乐队的《交响变奏曲》（*Variations Symphoniques*）、《A大调小提琴奏鸣曲》、钢琴前奏曲《合唱与赋格》等。

d小调交响曲（*Symphony in d Minor*）M.48

法朗克的这首交响曲作于1888年，极为庄重而富于独创性，是古今最优秀的交响曲之一。其最大特征是运用3个循环动机，贯穿全曲。曲中千变万化的转调，堪称巧夺天工。

第一乐章，缓慢的、不太快的快板。以不同的情绪对置构成戏剧冲突。

第二乐章，小快板。开头用竖琴与其他乐器表达忧伤的感觉。作品没有作为谐谑曲的第三乐章，只在这个乐章中段有一小段谐谑曲的穿插，带来轻快的无忧感。

第三乐章，不太快的快板。是欢乐和乐观的终结。

圣-桑（C. C. Saint-Saëns, 1835—1921） 法国作曲家、钢琴家、风琴家。圣-桑是位多产作曲家。比起情感的表现或采用新的技术，他更注重结构和线条的优美，追求和声与和弦的动听。他与法朗克、福雷等人致力于介绍正统法国音乐，对19世纪后半世纪法国器乐音乐发展功不可没。圣桑的著名作品有歌剧《参孙与达丽拉》（*Samson et Dalila*），交响诗《死之舞》（*Danse macabre*）、《g小调第三交响曲》《F大调第五钢琴协奏曲》、管弦乐《阿尔及利亚组曲》（*Suite Algérienne*）及《动物狂欢节》（*Carnaval des Animaux*）等。

天鹅——《动物狂欢节》组曲（*Swan ——"Le Carnoval des anima aux"*）

圣-桑这首别出心裁、机智谐趣的管弦乐组曲《动物狂欢节》，是为两架钢琴与管弦乐队而作的，该曲作于1886年，副标题为“大动物园幻想曲”。作品由14段音乐组成：（1）引子与狮王进行曲；（2）母鸡与公鸡，母鸡的音型借用拉莫的著名钢琴曲；（3）野驴；（4）乌龟，弦乐器在低音区齐奏的主题借自奥芬巴赫的轻歌剧《奥菲斯在地狱》中一支轻快的舞曲曲调；（5）大象，旋律取自柏辽兹《浮士德的沉沦》中《仙女之舞》的主题；（6）袋鼠；（7）水族馆；（8）长耳朵角色，音乐主题使人想起门德尔松为《仲夏夜之梦》所写的配乐——《谐谑曲》的一个动机；（9）林中杜鹃；（10）大鸟笼；（11）钢琴家，反复让钢琴弹出一首车尔尼的简易练习曲；（12）化石，引用圣-桑自己《骷髅之舞》中的旋律、两首法国民歌的动机，以及摘自罗西尼的歌剧《塞维利亚理发师》中罗西娜的咏叹调的一个乐句；（13）天鹅；（14）终曲。

《天鹅》是全曲中最精美、最著名的音乐，也是一首大提琴独奏的名曲。两架钢琴的琶音伴奏，表示清澄的湖水，大提琴娓娓歌唱出美丽动听的旋律，描写神情高贵优雅的天鹅在湖上浮游的优雅情景。

德利布（L. Delibes，1836—1891） 法国作曲家、管风琴家。德利布是19世纪后半期强调独特风格的作曲家，为法国舞剧音乐带来一股新的气息，在舞剧方面有很大贡献。德利布的舞剧《葛蓓莉亚》（*Suite "Coppélia"*）、《西尔维亚》（*Sylvia*）都是杰作。

芭蕾舞剧组曲《葛蓓莉亚》（*Suite "Coppélia"*）

舞剧组曲《葛蓓莉亚》是德利布根据德国作家霍夫曼的故事《睡魔》改编的三幕芭蕾舞剧音乐，后来，作者选其中5首作成了组曲。

（1）斯拉夫民歌变奏曲。

（2）节日舞与时钟圆舞曲。

（3）夜曲。

（4）洋娃娃的音乐与圆舞曲。

（5）匈牙利舞曲。

福雷（G. U. Fauré，1845—1924） 法国作曲家、管风琴家，公认的声乐套曲大师、键盘诗人、渊博的室内乐作曲家。他那细腻、优美而在和声上又绝非因循守旧的风格具有出人意料的活力和感染力。许多人认为他的歌剧《佩内洛普》（*Penelope*）是一大杰作，该作品中最著名的是《安魂曲》。

安魂曲（*Requiem*）OP. 48

福雷的《安魂曲》与莫扎特、威尔第的安魂曲并列为“世界三大安魂曲”。这首曲子并不太感伤。

杜卡（P. Dukas，1865—1935） 法国作曲家、评论家。他的音乐表面上倾向德国浪漫主义乐派，实质则是以法国的感性和手法保持平衡，开拓出一个新的音乐天地。杜卡的主要作品有交响曲《魔法师的弟子》（*L Apprenti Sorcier*）、歌剧《阿兰娜与蓝胡子》（*Ariane et Barbe-bleu*）和芭蕾舞剧《仙女》（*La Péri*）。

交响谐谑曲《魔法师的弟子》（*L Apprenti Sorcier*）

此曲作于1897年，描写一位魔法师，能将扫帚点化成人，为他操作种种低贱的家务。魔法师有个弟子，某日偷听到咒语，便趁师傅不在私自点化扫帚为他去井里取水，因不明复原之法，扫帚人不断取水，将整个房屋都浸满了水，弟子束手无策。幸得魔法师回来念咒，扫帚人复归原形，一切恢复平静。

这是具有序奏及尾奏的交响性谐谑曲。序奏是魔法师弟子的咒文，扫帚缓缓移动，定音鼓突然“咚”的一声，震人心胸，然后是水的诙谐曲。铜管乐表示魔法师归来，曲子缓慢下来，魔法师念咒，水停。

法雅（M. de Falla，1876—1946） 西班牙作曲家、钢琴家。他对自己的作品要求严格，配器精致生动。法雅最著名的作品是《三角帽》（*El Sombrero de Tres Picos*）、选曲和音乐会杰作《西班牙庭园之夜》（*Noches en los Jardines de España*）、芭蕾舞剧《魔法师之恋》，这些作品使他的声名在乐坛上永垂不朽。

《火之祭舞》——选自《魔法师之恋》

（*"Danza ritual del fuego"——El Amor brujo*）

《魔法师之恋》是法雅写的独幕芭蕾舞剧，1915年首演于马德里，取材于安达卢西亚地区吉卜赛人的传说。《火之祭舞》是其中最著名的一支乐曲，描写吉卜赛算命女郎为驱逐鬼魂而举行的火祭舞蹈场面。夜阑人静，恐怖的钟声响起，小提琴的颤音忽弱忽强，仿佛游荡的幽灵，双簧管奏出追赶幽灵的第一主题。其他乐器反复后，钢琴弹出疯狂的节奏，圆号和小提琴开始第二主题，并由长笛再现后移至第三主题。长笛与小提琴从最弱音开始向最强音突进，怪诞的副题反复出现后，乐曲迎向极端兴奋的狂喜，粗重的下降三连音表示火的突然消失，全曲终了。

格林卡（M. I. Glinka，1804—1857） 俄罗斯作曲家，被称为“俄国音乐之父”。他是在俄国以外得到承认的第一位俄罗斯作曲家。格林卡使用欧洲式的音乐手法，采用丰富的俄罗斯民歌作素材，创作了许多民族性艺术音乐。格林卡的管弦乐法因5位俄罗斯民族主义作曲家“强力集团”（Mighty handful）而大放异彩。格林卡最著名的作品除歌剧《鲁斯兰与柳德米拉》外，还有管弦乐《马德里之夜》《卡马林斯卡亚》等。

歌剧《鲁斯兰与柳德米拉》序曲

（*"Ruslan and Lyndmlla"Overture*）

该歌剧由格林卡根据普希金的叙事诗改编而成，于1842年首次公演。故事叙述基辅大公的爱女柳德米拉公主有3位求婚竞争者。大公允诺何人能把公主从恶魔手中救出，就将公主嫁给他。公主所爱的鲁斯兰靠一把神剑勇敢地击败恶魔救出公主。但返途中另一求婚者催眠鲁斯兰，劫走公主，并要求大公兑现诺言。紧要关头，鲁斯兰及时醒来，赶回宫殿拆穿谎言。最后，有情人终成眷属。这首序曲明朗快活，颇富变化，俄罗斯色彩极浓厚，非常有魅力，是格林卡最受欢迎的乐曲之一，在俄国音乐史上占有重要地位。

鲍罗廷（A. P. e. Borodin，1833—1887） 俄罗斯作曲家，他是“强力集团”成员之一，也是5人中最早扬名欧洲的作曲家。他的音乐旋律自然流畅，乐风新颖华丽，极富东方情调。鲍罗廷的作品不多，管弦乐方面有交响诗《中亚细亚草原》、3首交响曲、歌剧《伊戈尔王子》等。

交响诗《中亚细亚草原》(*In the steppes of central Asia*)

鲍罗廷的这首交响诗作于1880年，原为一艺术展览会所作配乐。他曾写过标题说明“在一望无际的中亚细亚草原上，隐隐传来宁静的俄罗斯歌曲，马匹和驼队的脚步声由远而近，随后又响起古老而忧郁的东方歌曲。一支行商队伍在俄罗斯士兵护送下穿越草原，慢慢远去。俄罗斯歌曲与东方古老的歌曲相互融合，在草原上形成和谐的回声，最后在草原上空逐渐消失。”该曲小巧优美。

《鞑靼舞曲》——歌剧《伊戈尔王子》
(*Polovtsian Dance, from Opera “Prince Igor”*)

该歌剧为鲍罗廷根据12世纪的传说写成，叙述伊戈尔王子率兵远征中亚的鞑靼族，战败被俘，后又逃脱的故事。这首闻名的《鞑靼舞曲》就是可汗为安慰被俘的伊戈尔王子而设酒献演的舞蹈音乐，曲中充满狂野、活泼的节奏。

穆索尔斯基（M. P. Mussorgsky，1839—1881） 俄罗斯作曲家。亦是“强力集团”成员之一，是最具独创性乐风的作曲家。他深入研究民族语言与音乐的一体化，大胆使用俄罗斯民族要素，常显出漠视欧洲传统音乐手法的态度，颇有印象派倾向。穆索尔斯基的主要作品有交响诗《荒山之夜》、组曲《图画展览会》、歌曲与钢琴曲《鲍里斯·戈多诺夫》(Boris Godunov)、歌曲《跳蚤之歌》。

交响诗《荒山之夜》(*Night on the Bald Mountain*)

这是穆索尔斯基最著名的管弦乐作品，完成于1886年。总谱首页上注释有“怪异神奇的声音，在地下震响，黑夜精灵显形，群妖之首黑神出现。黑神礼赞魔鬼与弥撒。安息日狂欢。骚闹高峰时，传来远处教堂的钟声，精怪四散逃匿无踪。黎明到来”。这是一首梦魇般阴森恐怖的交响诗，作者巧妙地创造出绘画般色彩鲜明的主题以及变化丰富的节奏。

组曲《图画展览会》(*Pictures at an Exhibition*)

该曲原作是1874年穆索尔斯基创作的钢琴组曲，管弦乐曲由拉威尔改编。这是穆索尔斯基为画家哈特曼的画展而作，以他的10幅画为题材，各曲之间插有题为“漫步”(*Premenade*)的间奏乐段，暗示作者在展览会中，浏览漫步的情景。

(1)侏儒(*Gnomus*)；(2)古堡(*Vecchio Castello*)；(3)御花园(*Tiuleries*)；(4)牛车(*Bydlo*)；(5)蛋中维鸡之舞(*Ballet de poussins dans leurs coques*)；(6)犹太人(*Samuel Goldenberg et Schmuyle*)；(7)市场(*Timoges le Marche*)；(8)罗马墓窟(*Catacombe：Sepulchrum Romanum*)；(9)女巫的小屋(*La Cabane sur des pattes de Poule*)；(10)基辅城门(*La Grande porte de Kiev*)。

里姆斯基·科萨科夫（N. A. Rimskii-Korsakov，1844—1908） 俄罗斯作曲家，“强力集团”成员之一，被称为近代管弦乐色彩家。里姆斯基·科萨科夫创作了几首色彩丰富的交响组曲，最著名的作品是《天方夜谭》，还有《西班牙随想曲》(*Capriccio Espagnol*)。

交响组曲《天方夜谭》(*Sheherazade*) OP. 35

管弦乐交响组曲《天方夜谭》也称《舍赫拉查德》，是里姆斯基·科萨科夫根据《一千零一夜》的故事于1888年创作的。这是一部音响效果非常强烈、色彩非常诱人的作品，怪异的官能与梦幻交织成的色彩丰富的东方交响曲，使听者不知不觉地沉入浪漫与冒险的世界里。全曲有4个乐章，由一个小提琴独奏旋律串联，代表着故事讲述者舍赫拉查德(又译作“山鲁佐德”)。

第一乐章，海洋和辛巴达的船。沉重而令人生畏的主题表示苏丹，优雅的小提琴奏出舍赫拉查德主题，各木管乐器奏出海的主题，辛巴达冒险的主题由随着波涛般的大提琴琶音而出现的长笛来演奏。

第二乐章，卡伦德王子的故事。舍赫拉查德主题首先出现，接着是大管的高音做滑稽状，暗示化装成贫困苦行僧游遍诸国的卡伦德王子主题，并以节奏性的木管来提高；苏丹主题由铜管演奏，在演奏被突然打断后，舍赫拉查德主题作温柔的抚慰，再度描述波澜起伏的卡伦德王子的故事。

第三乐章，年轻的王子与公主。王子和公主两个抒情主题交织，展开甜蜜的爱情故事。小提琴奏出年轻王子主题，单簧管奏出年轻公主主题。中间部随着打击乐器而奏出的舞曲使热情到达高峰。

第四乐章，巴格达的节日，海、船的沉没。除新主题外，过去的几个主题再度出现，共同制造高潮并结束。王子与公主的主题交互奏出，随即转为巴格达狂欢节日；接着是波浪汹涌的大海，船在翻滚的浪涛上犹如一片树叶。不久，海平静下来，小提琴奏出舍赫拉查德主题，苏丹残暴的行为如被抑制般地低低奏出，两个主题交互出现，全曲静静地结束。

柴可夫斯基（P. I. Tchaikovskii，1840—1895） 俄国作曲家、指挥家。在19世纪俄国音乐中，他独树一帜。他的音乐曲调极为优美，配器艳丽而色彩丰富，充满炽热的情感，很少有作曲家比他更受听众欢迎。柴可夫斯基的芭蕾舞剧是旋律创新、气势磅礴和青春至上的完美结合。他优美的歌曲和那些伟大的交响曲、协奏曲、管弦乐杰作同样蕴含着柴可夫斯基心灵的伟大与深邃。柴可夫斯基最著名的作品有第四、五、六交响曲，第一钢琴协奏曲，D大调小提琴协奏曲，歌剧《叶甫盖尼·奥涅金》（*Eugene Onegin*）、《黑桃皇后》（*Queen of Spodes*），芭蕾舞剧《睡美人》《胡桃夹子》《天鹅湖》，管弦乐曲《斯拉夫进行曲》（*Slavonic March*）、《意大利随想曲》（*Italian Caprice*），《1812序曲》（*1812 Overture*），D大调弦乐四重奏（第二乐章《如歌的行板》），还有包括12首风格小品钢琴曲的组曲《四季》（*The Seasons*）。

b小调第六交响曲《悲怆》

（*Symphony No. 6 in B Minor，"Pathétique"*）OP. 74

b小调《第六交响曲》的副标题《悲怆》，是在1893年彼得堡首演后，根据柴可夫斯基弟弟的建议添加的。该曲是充分发挥了柴可夫斯基独特的优美旋律、均衡厚实的曲式、精巧华丽的管弦乐法所作成的音乐；是表现人类强烈悲怆情绪的音乐；是柴可夫斯基的作品中最著名也是最卓越的作品；是古今最伟大的交响曲之一，被列为世界六大通俗交响曲之一。

第一乐章，b小调，慢板—不很快的快板。缓慢的引子中，独奏大管阴沉地奏出成为第一乐章主题的音型，在乐队深处翻腾。随着速度加快，这个主题被分解，并从一种乐器转到另一种乐器，感觉越来越焦躁不安。激动渐渐消退后，第二主题进入，这一旋律像是痛苦时的甜蜜回忆。展开部曲折复杂，有些神经质。最后升至强有力的高潮，乐章结束在庄严肃穆的终止式上。

第二乐章，D大调，优美的快板。这是具有俄罗斯风格的极为优美的乐章。优美的主题先由大提琴奏出，再以各种乐器顺序进行、伸展与强调，不绝如缕，形成情绪丰富的音乐。形成的音乐不但具有流丽感，并且充满哀伤，带有一种求救般的情调。

第三乐章，G大调，极活泼的快板。这个乐章充分表达了作者高度的作曲技巧和华丽的管弦乐法，充满紧张雄浑的气魄。

第四乐章，b小调，悲怆的慢板。这是一个悲哀的乐章，非常像安魂曲。一般交响曲的终乐章全是快速壮丽的音乐，唯此曲用宛若哀痛号哭后喘息呻吟的慢板作成。弦乐的开始像是悲怆地哀叹结局的黑暗、空洞。美妙的第二主题似是含情脉脉的告别。最后的高潮似是深深的失望。高潮过后响起锣声，最后以凄凉的音色结束。这个忧郁哀怨与绝望的终曲，有如人生悲惨的失败后，痛苦、凄厉的哀呼与啜泣。

舞剧组曲《天鹅湖》（*Swan Lake-Ballet Suite*）OP. 20

芭蕾舞剧《天鹅湖》为柴可夫斯基于1875年所作，音乐优美非凡，是最著名的芭蕾舞剧。该剧取材于民间传说，公主奥杰塔在天鹅湖畔被恶魔变成白天鹅，王子齐格弗里德游湖，深深爱恋奥杰塔。王子挑选新娘之夜，恶魔让其女黑天鹅装成奥杰塔诱骗王子。王子最终及时发现，奋起反抗恶魔，将其击杀。白天鹅恢复原形与王子结合。通常在音乐会上，这类音乐都以组曲方式演奏，该组曲是从芭蕾音乐中撷出6首编曲而成的。

（1）《情景》（*Scene*），选自第二幕的前奏曲。为庆贺王子成年而举行的欢乐酒宴上，一群天鹅突然从空中飞过，引起王子打猎之念。

（2）《圆舞曲》（*Waltz*），第一幕第二段的音乐，村民们为取悦王子而跳的舞曲。

（3）《四小天鹅舞》（*Dance of the Little Swans*），选自第二幕中一组“天鹅舞曲”的第4首。

（4）《情景》（*Scene*），第二幕紧接在《四小天鹅舞》后的音乐，齐格弗里德对奥杰塔一见钟情，两人充满抒情气氛的双人舞音乐。

（5）《匈牙利查尔达什舞曲》（Danse Hongroise），第三幕中一组总称为“特性舞曲”的第1首，在王子挑选新娘的晚会上，各国客人表现各种民族风格的舞蹈。

（6）情景（*Scene*），选自第四幕第二个场景和终场的颂歌。奥杰塔得知王子已爱上黑天鹅，满脸泪痕，跑回去告诉女伴，并与她们告别。她觉得与其永远做恶魔的奴隶，不如死在湖里。恶魔归来，暴风雨来临。最后转入颂歌主题，王子出现，以歌颂爱情最后战胜死亡、战胜恶魔的凯歌告终。

三幕芭蕾舞剧《睡美人》（*The Sleeping Beauty*）OP. 66

该剧为柴可夫斯基在1888—1889年根据法国童话作家贝洛所集的童话集《鹅妈妈》中的《睡美人》编成。内容描写弗洛雷斯唐王14世公主阿芙洛拉受洗日的宴会，国王宴请了12位仙人，却忘了邀请恶神卡拉波斯。卡拉波斯赶到，并预言公主年满16岁成为美人时将因纺锤碰伤而死，众宾客大惊失色。这时善神西连妮出来施法说，公主未必因碰伤而死，但需长睡100年，然后借助一位英俊王子的吻而复生，并同王子结婚。国王下令毁掉全国的纺锤，但15年后，公主还是因被纺锤碰伤而与宫中其他人一起昏睡了近百年。后来，一位年轻王子来到宫廷见到四处荆棘丛生，而荆棘中一位美丽公主长眠其中。王子俯首亲吻公主，公主苏醒，宫中其他人也相继苏醒，共庆王子与公主成婚。如今《睡美人》已成为古典芭蕾舞的代表作之一。

二幕芭蕾舞剧《胡桃夹子》（*Nutcracker*）OP. 71

该剧为柴可夫斯基于1891—1892年根据德国作家霍夫曼的童话《胡桃夹子

与耗子王》编成。该剧描述圣诞夜，玛莎得到许多了礼物，但她最喜欢的还是胡桃夹子，可淘气的哥哥抢走了胡桃夹子并把它摔坏了。小玛莎伤心地把胡桃夹子放在圣诞树下，不知不觉睡着了。睡梦中，许多小耗子从屋里钻出来，所有糕点、玩具都活动起来，胡桃夹子率领玩具与耗子交战，眼看要败北，玛莎脱下一只小鞋，打死鼠王，所有耗子逃光。这时魔法解除，胡桃夹子变成了一个英俊的王子，为报答玛莎援助，带她穿过冬日积雪覆盖的森林，来到糖果仙姑的王国。玛莎受到热烈欢迎，最后与王子举行了盛大的婚礼。

柴可夫斯基的音乐，大多充满忧郁悲怆的气氛，但在这部老小咸宜、人人喜爱的《胡桃夹子》中，却有难得一睹的欢跃童心。曲中充满了光辉与活力，还有富丽堂皇的色彩、异国情调的节奏、悦耳动听的旋律。

降b小调第一钢琴协奏曲（*Piano Concerto No. 1 in B-Flat Minor*）OP. 23

柴可夫斯基一共创作了3首钢琴协奏曲，这是最受欢迎的一首，创作于1874年。在古今钢琴协奏曲中，它能与贝多芬的第五钢琴协奏曲《皇帝》并驾齐驱。此曲具有作者独特的感伤与民族色彩，并有高度的音乐性；曲中炽烈的感情、多彩的管弦乐法、艰深的钢琴技巧，呈示出鲜丽的色彩，尤其优美的民族风主题，更是感人肺腑。

第一乐章，降D大调，不太快的快板，极中庸的、生气勃勃的快板。威严而豪壮的序奏主题非常著名，乐章由4只圆号主奏的序引开始，接着第一小提琴和大提琴提示出序奏主题，优美、华丽的旋律在独奏钢琴的彩饰下，渐入高潮。没有段落的甜美、舒缓的第二主题由竖笛带领钢琴和第一小提琴相继反复。展开部中，管弦乐和钢琴纠缠争斗，充满灿烂的音群。长笛以第二主题为背景，钢琴弹出夜曲般优美的琶音。经管弦乐展开、升腾后，独奏钢琴再现第二主题，管弦乐加入，第一主题显露。最后以第二主题构成豪壮的结尾。

第二乐章，降D大调，朴素的小行板，最急板。随着充满乡愁的长笛和弦乐的拨奏，钢琴展开优美的抒情世界。在中间部有伴同钢琴的装饰所奏的小提琴与大提琴的旋律，短短的装饰奏后，又回到开头的主题。

第三乐章，降b小调，回旋曲，热情的快板。在短小、猛烈的序奏后，钢琴奏出激动的回旋曲主题。随后，小提琴奏出俄罗斯民歌风的第二主题，形成唯美至极的对照。接着，以两个主题为中心，展开华丽、灿烂的音乐。最后，进入激烈、热情且壮丽的结尾。

D大调小提琴协奏曲（*Violin Concerto in D Major*）OP. 35

这是柴可夫斯基唯一一首小提琴协奏曲，是贝多芬、门德尔松和勃拉姆斯之后的最杰出的小提琴协奏曲，被誉为世界四大小提琴协奏曲之一。此曲作于1878年，要求演奏者具有超凡艰深的技巧。其具有民歌风迷人的主题、情意缠绵的美妙意境、不可思议的丰富和声，以及奔放生动的节奏，故而能感动听者的心弦，获得人们长久不变的喜爱。

第一乐章，D大调，中庸的快板。管弦乐奏出第一主题的片段，然后，独奏小提琴充满自尊与威严地提示出抒情味浓厚的第一主题。紧接着由管弦乐展开。当木管和铜管织入波兰舞曲节奏时变得极为灿烂。全乐章活泼而精力充沛，在高度狂热的兴奋中结束。

第二乐章，g小调，短歌，行板。这是优美、纤细、变幻的乐章，与激动的第一乐章形成鲜明对比。在木管与圆号短小的序引后，加弱音器的独奏小提琴奏出哀伤、优美的第一主题。短小的中段较为兴奋，这是全曲中民族色彩最浓、最吸引人的乐章。

第三乐章，D大调，活泼的快板。最强音的管弦乐演奏后，接着是独奏小提琴所演奏的第一主题。这个乐章受俄罗斯舞曲风格的节奏所支配，活泼而精力充沛，最后全曲在高度狂热的兴奋之中结束。

《如歌的行板》——选自D大调四重奏第一首（*Andante Cantabile*）

这首常以小提琴独奏的《如歌的行板》，原为柴可夫斯基作于1871年的D大调弦乐四重奏第二乐章的曲调，该曲以旋律优美、哀切著称。乐曲中交织着甜美、哀伤的情感，其优美感人的曲调实不多见。常被编成小提琴独奏或弦乐合奏曲。该弦乐四重奏中二拍子与三拍子频繁交替、旋律独特的区分方法，都取材于斯拉夫尼谣。

拉赫玛尼诺夫（S. V. Rakhmaninov，1873—1943） 俄罗斯作曲家、钢琴家、指挥家。他是19世纪后期多姿多彩的俄罗斯音乐大师中的最后一位，他以悠长、宽广而又充满无言忧郁的旋律来表现他独到的才华。他的作品非常多，其中4部钢琴协奏曲是浪漫派曲目中永存的作品，特别著名的还包括主题与24个变奏曲的《帕格尼尼主题狂想曲》（*Rhapsody on a Theme of Paganini*）。

c小调第二钢琴协奏曲（*Piano Concerto No.2 in C Minor*）OP.18

这是拉赫玛尼诺夫4部钢琴协奏曲中最优美动听的一首，作于1900—1901年。这首曲子忧愁中带有甜美的感伤，浪漫性抒情之中洋溢着深思与知性，更有着华丽的技巧，使听者在不知不觉中被深深地吸引。这部钢琴协奏曲是20世纪后发表的同类乐曲中，最杰出的一首。

第一乐章，c小调，中板。有如钟声响起的8小节序奏代表作者的敬意；第一主题在甜美激情中结束，第二主题接着出现，音乐达到出神入化的境地。

第二乐章，E大调，持续的慢板。在这个端丽、优雅的乐章中，作者的抒情性发挥无遗。这是个犹如梦幻般的乐章。

第三乐章，C大调，诙谐的快板。在这明朗、活泼的终曲中，两个主题交互发展，以自由形式处理。第二主题与第一乐章的第二主题同样是通俗的旋律。

斯美塔那（B. Smetana，1824—1884） 波西米亚作曲家、钢琴家、指挥家。他被认为是捷克音乐的奠基人，被称为“波西米亚民族音乐之父”。他写出了《被出卖的新嫁娘》这样无可比拟的民族歌剧杰作。他的音乐有着勃勃的生机和力量，这也保证了他的音乐的大众性。斯美塔那作品中最具代表性的是交响诗《我的祖国》（包含著名的《沃尔塔瓦河》）。

《沃尔塔瓦河》——交响诗《我的祖国》（*Vltava——"Ma Vlast"*）

《沃尔塔瓦河》是斯美塔那于1879年完成的交响诗套曲《我的祖国》中的第二曲。《我的祖国》包括《维谢赫拉德》（*Vysehrad*）、《沃尔塔瓦河》（*Vltava*）、《萨尔卡》（*Šárka*）、《波西米亚的平原与森林》（Ceskych Luhu a Hájú）、《塔波尔》（*Tabor*）、《布拉尼克山》（Blanik）。每曲均是以波西米亚的风土、自然、历史、传说为背景而作，其中《沃尔塔瓦河》描述波西米亚主要河流之一的沃尔塔瓦河所经过的乡村景色，乐曲优美而动人。斯美塔那在总谱前说：“沃尔塔瓦河有两个源头——流过寒风呼啸的森林的两条小溪，一条清凉，一条温和。这两条溪水汇合成一道洪流，冲着鹅卵石哗哗作响，映着阳光闪耀光芒。它在森林中逡巡，聆听猎角的回音；它穿过庄稼地，饱览丰盛的收获。在它两岸，传出乡村婚礼的欢乐声，月光下，水仙女唱着迷人的歌在浪尖上嬉戏。在近旁荒野的悬崖上，保留着昔日光荣和功勋记忆的那些城堡废墟，谛听着它的波浪喧哗。顺着圣约翰峡谷，沃尔塔瓦河奔泻而下，冲击着巉岩峭壁，发出轰然巨响。尔后，河水更广阔地奔向布拉格，流经古老的维谢格拉德，现出它的全部瑰丽和庄严。沃尔塔瓦河继续滚滚向前，最后同易北河的巨流汇合并逐渐消失在远方。”

三幕歌剧《被出卖的新嫁娘》序曲（*"The bartered bride" Overture*）

该剧由斯美塔那作于1864年。序曲是在歌剧开始前所奏的音乐，由波西米亚风格舞曲以及一对小情人的爱情主题交织而成：生动活泼的旋律、丰富而明亮的色彩，把农村生活刻画无遗。

德沃夏克（A.Dvorak，1841—1904） 捷克（波西米亚）作曲家。德沃夏克具有非凡的音乐天分，尤其在交响曲、室内乐的纯器乐曲上更发挥无遗，创作了许多杰出作品。德沃夏克的音乐健康明朗，在古典样式中透着浪漫诗情，充满了浓郁的民族气息，他是捷克最伟大的作曲家。德沃夏克的主要作品有交响曲《新世界》、弦乐四重奏《美国》（*American*）、管弦乐曲《斯拉夫舞曲》（*8 Slavonic Dances*），另外他的大提琴协奏曲、小提琴协奏曲和钢琴曲《幽默曲》

（*Humoresque*）也很受大众欢迎。

e 小调第九交响曲《新世界》

（*Symphony No.5 in E Minor，"From the New World"*）OP.95

德沃夏克的这首交响曲作于1893年，与贝多芬的《命运》、舒伯特的《未完成》等并列为世界六大最受欢迎的交响曲。德沃夏克作品中的乐思，本质上极为纯朴可亲：丰富美妙的旋律，如同幽泉般汩汩涌现，无穷无尽。这首风靡全球的《新世界》交响曲，正显示了他横溢的天赋。曲中巧妙、新鲜的音乐效果，颇能扣人心弦，有种令人陶醉的独特美感；优美、纯朴的旋律，听起来极为亲切感人。该曲还将波西米亚音乐中独有的馥郁气质和美洲黑人的灵歌旋律巧妙地融合在传统曲式中，交织成千古传颂的旋律。

第一乐章，e小调，慢板—很快的快板。这段精力充沛的乐章，宛若美国拓荒时代空旷壮丽的大自然景物。序奏先由大提琴奏出沉思般的旋律，并用低音弦乐器与木管乐器加以应答。管弦乐的活跃奔腾预示着第一主题，圆号的民歌性格再次强烈地提示出第一主题，单簧管及大管引接到黑人灵歌般节奏奇特的后半主题。长笛和双簧管带有感伤的旋律，配以性格节奏强烈的第二主题展开到顶峰后，再由长笛袅袅地奏出一段精致的似美国民歌般的副题。最后3个主题变化延伸，返回原调并进入结尾。各主题逐一回顾后，出现一段豪壮的管弦乐总奏；木管奏出华丽的颤音，宣告已近尾声，并在豪爽的管弦乐和弦中结束。

第二乐章，降D大调，缓慢板。这是由思乡似的哀愁与优美的抒情构成的著名乐章。一连串庄严的和弦由低音木管和铜管乐器奏出，随后，优美出奇的主题由英国管引出《归家》的旋律。这个哀怨感人、如泣如诉的旋律，就像黑人们遥念故乡的歌声。乐曲转调后进入中段，各个旋律片断由各种乐器奏出。主题再现，随即结束，令人萦怀不已。

第三乐章，e小调，诙谐曲，非常活泼的快板。这是热情奔放的乐章。简短序奏后，长笛和双簧管显示出波西米亚农民舞曲一样简朴、愉快节奏的谐谑曲主题。然后由小提琴引接定音鼓强有力的节奏，更替乐器，形成愉快、幽默的乐段。乐曲转为E大调后出现第一副题，由长笛和双簧管奏出哀愁、抒情的旋律，与诙谐曲主题形成强烈对比。最后乐曲返回原调由小号奏出的诙谐曲使主题再现，随后，进入木管奏出的第二副题。全曲于诙谐曲主题第三次重现后结束。

第四乐章，e小调，热烈的快板。这个充满活力、热情澎湃的终曲，反映了散居在广漠原野与森林中的垦荒者勇敢、刚毅的精神。短小的序奏在圆号和小号强有力的鸣响中奏出节奏明快的第一主题，接着，单簧管奏出温柔而抒情的旋律。该谐乐章的主题及别的旋律片断相继出现，并发展成壮大、雄伟的高潮以充分表达这个乐章庄严、巍峨的结构。最后，全曲在雷霆万钧的音响中结束。

《幽默曲》(*Humoresque*) OP.101-7

德沃夏克的钢琴独奏曲集《幽默曲》是其颇富特色的作品。这些小品曲大多采用纯朴哀愁的旋律，并配以轻盈美妙的节奏，浓厚的波西米亚情调特别迷人。这首常以小提琴编曲演奏的A大调《幽默曲》是7首《幽默曲》中的最后一曲。此曲曲调优美、节奏轻巧，以弦乐器演奏时，更能凸显其美感。

格里格（E.H.Grieg，1843—1907） 挪威作曲家、指挥家、钢琴家。他的创作回避了歌剧和交响曲等大型曲式，但在选定的范围内，他的音乐诗意盎然、格调高超，歌曲更是热情洋溢。格里格的音乐充满北欧特有的忧郁抒情性，他的创作具有强烈个性，所用的民族主义语汇超越了本乡本土的界限。格利格的代表作有a小调钢琴协奏曲、组曲《培尔·金特》。

组曲《培尔·金特》(*Peer Gynt Suite No. 1&2*) OP. 23

格里格的成名作是作于1874—1875年的戏剧配乐《培尔·金特》，该剧本是易卜生所作，描述培尔·金特粗野自私，只有村女索尔维格愿为其妻，但婚后他恶习不改，独自去非洲，入盗窟偷得大量财宝，后又混入阿拉伯人群中自称先知，并与酋长之女阿尼特拉丽相爱。最后，培尔·金特金银尽失，漂海归乡，回到自己家中。此时，始终守在家里的索尔维格已卧病垂危。临终，索尔维格悲歌一曲。这套组曲将戏剧配乐中较优美而适合音乐会演奏的曲子改写编成了管弦乐组曲，分第一组曲和第二组曲，每一组曲均包括4首乐曲。作品中引用了挪威民谣，抒情而悠长的旋律线闪照出色彩缤纷的光线。

第一组曲：(1) 早晨(*Morning Mood*)；(2) 奥瑟之死(*The Death of Ase*)；(3) 阿尼特拉丽之舞(*Anitral's Dance*)；(4) 在山魔王的殿堂上(*In the Hall of the Mountain King*)。

第二组曲：(1) 抢新娘(*Ingrid's Lament*)；(2) 阿拉伯舞曲(*Arabian Dance*)；(3) 培尔·金特归乡(*Peer Gynt's Return*)；(4) 索尔维格之歌(*Solvejg's Song*)。

有时被演奏的段落还有《结婚进行曲》和《索尔维格的舞蹈》。

a小调 钢琴协奏曲(*Piano Concerto in A Minor*) OP. 16

格里格是位杰出的钢琴家，曾写过许多钢琴小品，但仅写下过这一首优美精致的钢琴协奏曲。此曲作于1868年，首次公演即轰动乐坛，是世界上最受欢迎的钢琴协奏曲之一。

第一乐章，a小调，中庸的快板。乐章以辉煌的独奏开头，正主题是平静的，第二主题则优雅而又深沉。这一乐章结束时，独奏有一段非常热情的华彩。

第二乐章，降D大调，慢板。整个乐章充满温柔的情绪，结尾处，钢琴高音部的颤音和琶音不停顿地将乐曲引向末乐章。

第三乐章，a小调，中庸的快板。这个乐章以挪威民间舞蹈拉林舞的节奏为主题，构成回旋曲叠句。中部是歌唱性的，表达后又回到拉林舞的节奏。结尾处用了挪威民间春舞的节拍。

西贝柳斯（J. Sibelius，1865—1957） 芬兰作曲家，芬兰民族乐派代表人物。他不仅使芬兰人有了自己的音乐，还把芬兰的乐风传遍了全世界。他掌握了极其高超的管弦乐技巧，他的音乐具有豪壮辽阔的气势，风格独特而结构严谨。他写下大量高质量的轻快音乐，为世人传颂、赞扬。西贝柳斯的《芬兰颂》被认为是芬兰民族精神的象征，管弦乐曲《悲伤圆舞曲》、小提琴协奏曲及d小调弦乐四重奏《亲密的声音》也是他的重要作品。

交响诗《芬兰颂》（*Symphonic Poem*：*"Finlandia"*）OP.26

西贝柳斯的这首管弦乐音诗作于1899年，是其管弦乐组曲《芬兰的觉醒》的最后乐章，是作者最广为人知的作品。它表现了当时芬兰人民的痛苦和反抗，是芬兰人民反抗沙俄统治的史诗，成为芬兰民族精神的象征。

6. 印象主义音乐与现代音乐

印象主义（Impressionism）这一术语于1870年起用于绘画艺术，音乐界将该词用于描述德彪西和其追随者的音乐。他们用对景物的“印象”来表现主题，即借助主题来表达心境和情感，而不是用来体现细节的“音画”。换言之，印象调音乐就是使用绘画的手法根据主观印象，以音乐技法描绘出有色彩的事物。印象派音乐的特点在于新的和弦结构，而在调性上则经常是模糊的。

从音乐史的角度，对现代音乐下一个严格的定义，是相当困难的。只能笼统地说，在浪漫主义后期及印象主义作曲家之后的音乐家所创作的音乐即为现代音乐。现代音乐吸取了所有乐派的养分而成长，其特点为音乐素材的扩大。此外，随着科学技术的发展，现代音乐也受到了很大影响，出现了电子音乐、电脑音乐等新音乐类型。

德彪西（C. A. Debussy，1862—1918） 法国作曲家、评论家。他是20世纪最伟大、最重要的作曲家之一。获得这样的盛誉不仅因其本人在音乐创作方面的成就，更是因为他闯出了新路子供人探索。他采用全音音阶的特殊音阶，打破了过去的和声规则，要求各个和声的音响都有独立的美。德彪西的代表作是管弦乐曲《牧神午后前奏曲》、交响素描《大海》、歌剧舞台音乐《佩里亚斯与梅丽桑德》（*Pelléas et Melisande*），以及管弦乐作品3首《意像》（*Images*）和芭蕾舞音乐《游戏》（*Jeux*）等。

《牧神午后前奏曲》（*Printemps á L'Aprésmidi d'un Faune*）

《牧神午后前奏曲》作于1892—1894年，是根据马拉美的诗作创作的。它确立了德彪西的音乐表现形态，巩固了他在乐坛上的地位，同时揭开了新音乐之门，是音乐史上划时代的作品。这部作品的印象多通过长笛与竖琴来表达，旋律极为优美。曲中清晰地传达出牧神等待良机，大胆追逐仙女，以及仙女们纵情嬉笑，娇羞躲避的情景。该乐曲并不以忠实的描写为目的，而是微妙地把握了诗中奇幻的气氛，表现出情调柔细的感官世界：先由长笛奏出优美柔情的牧歌风主题，巧妙地描绘出沉静的夏日森林，象征牧神梦幻似的憧憬。主题反复后，引申出一段稍为激昂的双簧管旋律，模糊神秘的情调更为浓郁。中段甜美非凡的主题由木管奏出，再由弦乐富丽地歌唱，表现出如感官般甜美、愉悦的欢情，随后乐曲返回开头沉静、梦幻的主题，然后渐弱消失。

交响素描《大海》（*La Mer, three Symphonic Sketches*）

德彪西的《大海》，创作于1903—1905年，是印象主义代表作之一，该曲非常精彩地描述出3段海的变化。乐曲中，作者将海洋的3种形态，巧妙地连贯起来，描绘出变化万端的碧海丰姿，是一首赞美海之力与美的颂歌。

（1）黎明到中午的大海（*De L'aube a midi sur la mer*）。曲子由两个主题构成，序奏部的主题是构成第三乐章的重要素材。

（2）浪之嬉戏（*Jeux de Vagues*）。序奏部后，两个主题交互出现，代表着海浪，当两个海浪相遇时，激起大大的浪花。

（3）风与海的对话（*Dialogue du vent et de la mer*）。在定音鼓不稳定的颤音下，曲子开始，风与海一会儿激烈地对话，一会儿温和地交谈。

《月光》——贝加莫组曲（*"Clair de lune"——Suite Bergamaque*）

这是德彪西于1890年创作的4首钢琴组曲《贝加莫》中的第三首，是他早期的重要作品。全曲分3段，把朦胧月光下的世界以印象性手法表现，展现出梦幻般的美。曲子以降D大调很有表情的行板开始，静而深的音响暗示印象性的月光，进入稍快板后，月光灿然地增加光辉，把诗情附托于琶音，从而展开梦的迷惑世界。不久，月光转为朦胧，缓缓消失。

《棕发女郎》——前奏曲第一集（*"La tille aux cheveaux de lin"——Preludes*）

《棕发女郎》是德彪西在探索钢琴音乐上集大成的24首前奏曲之一。这些作品中的每一首曲子就像一幅画或一首诗，表现了对遥远国度的向往之情，是从诗文接受的印象，或从绘画中获得的感触。《棕发女郎》是一首很著名的乐曲，该曲根据优美的苏格兰歌曲编成，叙述坐在苜蓿花满开的山坡上歌唱远方恋人的女郎的魔力与美姿。在曲子甜美的旋律中，人们仿佛看到少女棕色而光亮的秀发轻轻地飘动，又仿佛见到少女双目中充满着诗与梦幻。

拉威尔（M. J. Ravel，1875—1937） 法国作曲家、钢琴家。人们容易把他和德彪西归为同类作曲家，但他们的相异之处更为显著，拉威尔的乐曲更为深刻，更为洗练典雅，而且富于睿智与近代感觉，被称为后期印象派。另一方面拉威尔更尊重古典形式，在他的作品中经常出现舞蹈节奏。而他的和声在技术上常常是印象派的，他是一位才华横溢的管弦乐作曲家，将色彩交织于管弦音乐中。在钢琴作品创作方面，拉威尔也是伟大的革新者之一。拉威尔的音乐格调高雅，优美纤细，具有浓郁的法国古典精神。他的《达夫尼斯与克洛埃》和钢琴曲《悼念公主的帕凡舞曲》《鹅妈妈》都是有名的作品。

舞剧组曲《达夫尼与克洛埃》第二组曲（*Daphnis et Chloé*）

这是拉威尔从为俄国芭蕾舞团经理贾吉列夫所写舞剧《达夫尼与克洛埃》之中选出6首曲子编成的两首音乐会组曲的第二首。舞剧取材自古希腊故事，描述了牧羊少年达夫尼斯与克洛埃的恋爱故事。第二组曲包括《黎明》《哑剧》《全体之舞》等3曲，它与《波莱罗》同为拉威尔最广为人知的作品。

《波莱罗》（*Boléro*）

这首乐曲拉威尔作于1928年，是他经过严密计算，从现代心理学观点考虑听众的喜爱程度后独创的一种音乐，至今仍是钢琴独奏会的热门曲目之一，它最初是一首独幕芭蕾舞音乐。

乐曲以西班牙民族舞曲《波莱罗》为蓝本发挥而成，旋律以问与答的形式作为主题，共经过9次反复。作者根据乐器使音色进行了多姿多彩的变化，在旋律开头的前二小节颇具节奏，使听众的期待感高涨，并使再次出现的同一旋律有了新鲜感。而曲子在不知不觉中增加乐器，音量亦增加，使乐曲在逐渐的兴奋之中导入高潮。作者对这首曲子的处理十分高明，从表面上看非常自然。《波莱罗》的广受欢迎，给拉威尔带来了世界性的声誉。

莱斯庇基（O. Respighi，1879—1936） 意大利作曲家、指挥家、弦乐演奏家、钢琴家。他的音乐以祖国古老的历史风物为题材，显示出强烈的怀古倾向。他的风格虽以古典曲式为基础，但色彩较为明快，倾向于各乐派之折中，缺乏独特的风格，所作交响诗以配器辉煌、甘美著称。莱斯庇基有几部管弦乐曲色彩绚丽，非常出色，是其传世之作，其中包括3部联篇交响诗《罗马的喷泉》（*Poema Sinfonico "Fontane di Roma"*）、《罗马的松树》（*Poema Sinfonic "Pini de Roma"*）、《罗马的节日》（*Poema Sinfonic "Feste Romane"*）。

《罗马的喷泉》（*Poema Sinfonico "Fontane di Roma"*）

莱斯庇基的3部罗马交响诗，以其配器辉煌、甘美而著称，是他的代表作。《罗马的喷泉》创作于1914—1916年，《罗马的松树》作于1924年，《罗马的节日》作于1929年。《罗马的喷泉》全曲4节分别描述了4个喷泉，标题为：（1）黎明时分的朱丽亚山谷喷泉（*La Fontana di Valle Giulia All'Alba*）；（2）早晨的特里顿喷泉（*La Fontana del Tritone al Mattino*）；（3）中午的特莱维喷泉（*La Fontana di Trevi al Meriggio*）；（4）黄昏的梅迪契别墅喷泉（*La Fontana di Villa Medici al Tramonto*）。这首是作者以卓越的管弦乐手法描绘罗马最美、最著名的喷泉胜景的交响诗。

巴托克（B. Bartok，1881—1945） 匈牙利作曲家、钢琴家。他博采其欣赏的各家（李斯特、施特劳斯、德彪西、斯特拉文斯基）之长，加以贯通，融为一体，具有独特个性。他的作品全都旋律丰富、节奏生动，始终受人欢迎。巴托克最伟大的成就也许是他的6首弦乐四重奏。其最负盛名的代表作是《为弦乐器、打击乐器和钢片琴而作的音乐》。

《为弦乐器、打击乐器和钢片琴而作的音乐》

（*Music for Strings Percussion and celesta*）

这部作品是巴托克在创作力最鼎盛、充实的1936年写就的。曲中巧妙地使用钢片琴、木琴及铜锣等乐器，具有鲜锐的现代风格。曲中把弦乐分为两组使用，成功地表现了普通管弦乐无法寻求的独特效果。

斯特拉文斯基（I. F. Stravinskii，1882—1971） 俄国作曲家、指挥家、钢琴家。斯特拉文斯基是孕育、开创20世纪一代音乐新风的人物，他能娴熟地运用几百年来各种音乐风格，而且不固守自己的某一点。他凌驾于一切之上的创作特点自始至终都是节奏，节奏从简单到复杂的多种奇妙形式，成为他一生创作的主要动力。斯特拉文斯基的代表作有芭蕾音乐《火鸟》（*The Firebird*）、《彼德鲁什卡》（*Petrushka*）、《春之祭》（*The Rite of Spring*）、《众神领袖阿波罗》（*Apollon Musagete*），歌剧《俄狄浦斯王》（*Oedipus Rex*），合唱与乐队《诗篇交响曲》（Symphonie de Psaumes），D大调小提琴协奏曲等。

舞剧组曲《火鸟》（*The Firebird*）

这是斯特拉文斯基根据自己写的芭蕾音乐《火鸟》于1919年改编成的管弦乐组曲。这部组曲包含7段音乐。

（1）序曲。附弱音器的大提琴与低音提琴奏出怪异恐怖的开始，木管、铜管乐器在作者独特的节奏处理下，映出黑夜中的魔王世界。

（2）火鸟之舞。火鸟发出黄金般的光亮，由远而近，由近而远地在空中飞舞。

（3）火鸟变奏曲。在魔王宫殿中的金苹果树与火鸟，都是用法术变来的。

（4）公主们的轮舞。这是组曲中最著名的一首。两个主题充满了梦幻的美，极为迷人。

（5）魔王卡歇伊之舞。强烈的节奏表示魔王及其随从们的舞蹈，音乐在狂热中逐渐高涨，舞至最高潮而结束。

（6）摇篮曲。火鸟所唱的摇篮曲。根据俄国民歌所作的迷人音乐随着行板奏出。

（7）终曲。这是缓慢而优美的俄国民歌，仅以Re、Do、Si、La、Sol五个音组成；醒目的主题以圆号奏出，然后由各种乐器继承、逐渐壮大而终了。

芭蕾舞剧《春之祭》（*The Rite of Spring*）

该作品中斯特拉文斯基一扫过去的浪漫主义与印象主义，开拓独特风格：噪音、和弦冲撞、调性冲撞、节奏冲撞，把从人性深处挖掘出来的原始本能以强烈的色彩刺激释放，使曲子的节奏无比复杂。这部作于1911—1913年的作品是作者现代古典音乐的代表作。此部舞剧并无明确的故事大意，只能凭效果诱发出抽象的想象，不必拘泥于故事大意。

普罗科菲耶夫（S. S. Prokofiev，1891—1958） 苏联作曲家、钢琴家。他的音乐以主观性触感为主体的革命性而风靡世界，他树立了充满易于了解的抒情性旋律、不知在何处将作飞跃的微妙调性、斯特拉文斯基式的和声、强烈的节奏等。普罗科菲耶夫的代表作有D大调第一交响曲《古典》（*Classical*）、降B大调第五交响曲，歌剧《三桔爱》（*The Love for the three Oranges*），芭蕾舞剧《罗密欧与朱丽叶》（*Romeo and Juliet*），交响童话《彼得与狼》（*Poter and the Woif*），组曲《基日中尉》（*Lieutenant Kije*），以及C大调第三钢琴协奏曲等。

交响童话《彼得与狼》（*Poter and the Wolf*）OP.67

普罗科菲耶夫的《彼得与狼》是1936年应莫斯科中央儿童剧场之邀而作的。音乐明快活泼，采用旁白与音乐交替进行的方式。一开始乐队就呈示出各种乐器所表现的7个主要主题：（1）长笛奏出小鸟主题；（2）双簧管在中音区奏出摇摇摆摆的鸭子主题；（3）单簧管在低音区呈示小猫主题；（4）音色浑厚的大管呈示老爷爷主题；（5）三只圆号表示大灰狼主题；（6）以定音鼓急速的滚奏开始猎人开枪的主题；（7）明朗活泼的弦乐合奏代表少年彼得。乐曲描述勇敢、活泼的少年彼得在小鸟的帮助下将凶恶的大灰狼赶出森林的故事。登场人物与动物各以指定乐器与旋律呈现，加上旁白的解释，以戏剧性方式进行。此曲可使儿童在欣赏音乐之余，同时获得一些乐器的基本知识。

格什温（G. Gershwin，1898—1937） 美国作曲家、钢琴家。他的旋律才华不同凡响；他的歌曲中蕴藏着20世纪20年代纽约的精髓，是同类作品中的经典。他能把原始、质朴和精深、复杂的风格熔于一炉，其音乐具有的独特个性，至今魅力未减。格什温最重要的作品有钢琴与乐队的《蓝色狂想曲》（*Rhapsody in Blue*）、管弦乐《一个美国人在巴黎》（*An American in Paris*）、美国式歌剧《波吉与贝丝》（*Porgy and Bess*），以及F大调钢琴协奏曲等。

《一个美国人在巴黎》（*An American in Paris*）

这是一首记述美国人旅游花都巴黎，手足无措，害上思乡病和充满惊喜之情的狂想曲。该曲由格什温作于1928年，使用了爵士乐语法。全曲分成3部：第一部是活泼的美国人愉快地来到巴黎；第二部是美国人的乡愁；第三部是恢复精神的美国人再度以轻松的步伐到巴黎街头闲逛。

《蓝色狂想曲》（*Rhapsody in Blue*）

《蓝色狂想曲》一般被称为《爵士协奏曲》，是借自由形式的狂想曲之名而创作的钢琴协奏曲。格什温使用爵士乐队与钢琴来表现，于1924年在纽约首演，即大获成功，至今仍是各管弦乐团的重要曲目之一。该曲以单簧管一个粗暴的华彩段作为开头，然后，跃起带爵士切分音的第一主题，接着一个接一个的主题追逐，造成了万花筒般效果。中间部小提琴与圆号结合的感伤又带点迷惘。结尾是各个主题间越来越激烈的竞争，又回到万花筒状态，并灿烂地结束。

肖斯塔科维奇（D. D. S hostakovich，1906—1975） 苏联作曲家、钢琴家。他的作品激情十足、技法新颖，其音乐的特征是分段结构，各个主题形成织锦式的图案。在作品中，肖斯塔科维奇经常使用独奏乐器的最高或最低音区，他所有的作品都标志着种种趋向极端的感情。肖斯塔科维奇的代表作有《f小调第一交响曲》、d小调第五交响曲、清唱剧《森林之歌》等。

《森林之歌》（*The Song of the Forests*）OP. 81

这部为男高音、男低音与儿童合唱而作的清唱剧，由肖斯塔科维奇作于1949年，歌颂了大规模植树计划。全曲由7首曲子组成：（1）战争（第二次世界大战）终了时；（2）让森林填满祖国；（3）过去的经验；（4）少先队植树；（5）前进的斯大林格勒市民；（6）向未来迈进；（7）赞歌。

布里顿（E. B. Britten，1913—1976） 英国作曲家、钢琴家、指挥家。他主要是声乐作曲家，他的歌剧和声乐套曲获得了国际广泛认可。他从未放弃调性原则，是一位拥有大量听众的现代作曲家。布里顿的作风以英国传统音乐出发，却处处流露出新的现代感，并有明快、洗练、优美的旋律。布里顿曾写下许多歌剧与交响曲的名作，如歌剧《保罗·本扬》（*Paul Bunyan*）、《彼得·格赖姆斯》（*Peter Grimes*）、《比利·伯德》（*Billy Budd*），管弦乐《青少年管弦乐队指南》（*Young Person's Guide to the Orchestra*）等。

《青少年管弦乐队指南（珀赛尔主题变奏曲与赋格）》

（*Young Person's Guide to the Orchestra*）（*Variations and Fugue on a Theme of Purcell*）OP. 34

正如标题所示，此曲是以青少年为对象，使其了解管弦乐乐器的音乐。此曲是布里顿1946年为英国政府所提供的教育电影《管弦乐的乐器》所作，后来成为独立的曲子。

此曲的结构在全乐器合奏出现后，依次是木管乐器、铜管乐器、弦乐器、打击乐器的合奏，逐次介绍各种乐器后，由短笛开始登场做成厚重的大赋格，在高潮之中结束全曲。

7. 其他小品音乐

通俗易懂的音乐小品，有强烈的抒情特色，其包容的范围很广，除严肃音乐外，还包括抒情歌曲、器乐小品、舞曲等轻音乐。这些音乐之间并无明确界线，如海顿、舒伯特的《小夜曲》，莫扎特、贝多芬的《小步舞曲》，奥芬巴赫的《船歌》，德沃夏克的《幽默曲》等严肃音乐，以及一些形象鲜明、旋律优美的乐章，也常作为纯音乐来演奏。音乐艺术的大众化是世界近现代音乐发展的趋势。随着历史的前进和社会物质文化生活的发展，古典音乐正日益得到普及。

下面列出的乐曲，还包括一些多产作曲家代表作以外的作品，如亨德尔、海顿、莫扎特、贝多芬、舒伯特、门德尔松、肖邦、舒曼、瓦格纳、威尔第、施特劳斯父子、比才、普契尼、柴可夫斯基、德沃夏克等的作品。

《嘉禾舞》（*Gavot*）

作者是比利时作曲家郭塞克（F. J. Gosse，1734—1829），这首乐曲通俗可爱，为人们喜爱并广为流传。嘉禾舞原为法国南部古舞，其为中速舞曲，曲趣活泼，由两个反复部组成。但这首小提琴小品却用三段体作成。管弦乐演奏仍以小提琴独奏为主，但随时加入雄浑的曲势，形成鲜明的音彩对比。

《邮递马车》（*Csikos Post*）

此曲由奈克（H.Necke）所作。曲题中Csikos语源不明，可能为匈牙利语“马”

的误音。从令人联想到马车号角般雄壮的信号曲开始；然后是管弦乐总奏；接着，小提琴和钢琴奏出轻快的旋律，描写马车疾驰而来的情景；然后曲势逐渐增强后，进入强奏乐段，并移到低音乐器曲调，以每4小节为间隔，由低音与高音旋律交替进行。中段前半部分以木管为中心轻快地演奏，后半部分以强奏构成对比。最后全曲重返第一部后结束。

《小鸟店》（*In a Bird Store*）

作者雷克（Lake）是德国人。此曲是以小鸟为题的著名乐曲，深受儿童喜爱。乐曲以长笛描摹小鸟啼啭，灵巧而效果极为生动。时钟报时4点，清晨来临。店里的小鸟自睡梦中醒来，开始细声啼啭，木管乐器巧妙地表现出各种小鸟的叫声。接着，轻快的波尔卡节奏描写出整日无忧无虑地啁啾的小鸟们，此时乐曲以长笛和单簧管二重奏作为主体轻快地进行。钢片琴表达空中回荡的晚钟声，小鸟们也准备安睡，杜鹃轻啼两声后，全曲告终。有些编曲会在结尾处加入调皮的小猫叫声，使鸟笼中的小鸟一片惊恐，幸得好心的小狗跑来赶走了小猫。

《美国巡逻兵》（*American Patrol*）

此曲由美国作曲家米查姆（F. Meacham，1850—1895）创作。这是一首人人喜爱的通俗乐曲：描写巡逻兵自远而近，经过身前后又扬长而去的情景。在小鼓序奏逐渐临近后，单簧管奏出主旋律。加入长笛和小提琴后，音响增强，像一队骑马的巡逻兵疾驰而来。不久，管弦乐以强音总奏出主旋律，信号曲响彻云霄，强有力的鼓声，仿佛亲睹巡逻队从眼前经过。主旋律又在小提琴上再现而逐渐减弱，表示队伍的远去。

《打出切分节奏的时钟》（*Syncopated Clock*）

安德森（L. Anderson，1908—1975）是一位美国作曲家、指挥家、风琴家。这首漫画式的描绘性标题乐曲，由他创作于1945年，旋律幽默而诙谐。乐曲描绘时钟厌倦正确而呆板的嘀嗒声响，别出心裁地发出摩登的切分节奏，最后陷于分崩离析的情景。曲中在打击乐器刻画的钟摆声中，小提琴与单簧管巧妙地奏出织入切分音的旋律。中段随处使用打击乐器以产生闹钟声音的效果。

《丘比特的阅兵式》（*A Military Review of Cupids*）

这是轻音乐作曲家雷维利（Revlli）为儿童所作的进行曲风的描写音乐。这首轻快的曲子比普通进行曲慢，描写玩偶丘比特以调皮谐趣的姿态行进时的情景。在宣告阅兵式开始的明快信号曲后，小提琴奏出第一主题，不久加入长笛。主旋律转到木琴时，低音部出现令人印象深刻的对位旋律。长的前段之后，在下属调上奏出节奏型的魅人的后段主题，经各种变化后全曲结束。

《玩偶之舞》（*Poupee Valsante*）

该曲是匈牙利著名作曲家鲍荻尼（E. Poldini，1869—1957）的作品，是节奏轻快的乐曲。木管乐器、钢片琴和中提琴以玩偶跳舞般的音色，刻画出圆舞曲的节奏，然后，由小提琴齐奏出生动的切分音旋律。由木琴引接后，改由弦乐拨奏出节奏，衬以轻快的木琴音色。进入第二主题后，则以长笛和短笛为主体。

《和谐的铁匠》（*The Harmonious Blacksmith*）

该曲是德国作曲家亨德尔第一套8首组曲中第五首《曲调与变奏》（air and variation）的别名，E大调，作于1720年。200多年来，这首充满情趣的愉快音乐，一直是人们爱不忍释的小品名曲之一。曲中悦耳的歌调式主题，采用古老的民歌主题作成。这首《和谐的铁匠》大多用钢琴弹奏，是初学者最爱弹奏的简易名曲之一。

《森林中的铁匠》（*Der Schmied in Walde*）

德国作曲家米夏埃利斯（T. Michaelis，1831—1887）的管弦乐曲。该曲与《森林水车》及《钟表店》并列为著名的描绘性标题乐曲。全曲分5段：（1）《夜晚》，主题旋律悠长平稳，描绘了宁静的森林夜景；（2）《早晨》，主题中的三连音生动、逼真地模仿了杜鹃啼鸣，华丽、精巧的颤音犹如此起彼伏的鸟鸣，可联想到清新、明朗的森林之晨，最后以鹌鹑叫声结束；（3）《小溪》，主题展现出一幅溪畔鸟喧的自然画卷；（4）《早晨的祷告》，在教堂的钟声与管风琴声衬托下，悠缓的主题仿佛在表现村民们虔诚地祷告；（5）《铁匠》，以欢快的波尔卡舞曲作主题，跳跃的节奏生动地描绘了铁匠打铁和他快活的形象。最后，乐曲在活泼而富生气的气氛下结束。

《森林水车》（*Die Mühle in Schwarzwald*）OP. 52

德国作曲家艾伦贝格（R. Eilenberg，1848—1925）的管弦乐曲。音乐形象鲜明生动，随着模仿小溪潺潺流水声和小鸟啁啾声的伴奏声部，徐缓如歌的主题以流畅的旋律描绘了一幅宁静的森林图景。在模仿水车转动的声响后，回旋曲主题以轻快活泼的节奏呈现出来。它使人联想到水车轮子飞溅着水花快活旋转的情景。重复后出现双拍子的快速舞曲形式使乐曲更为生动活泼。结尾速度加快，在愉快、热烈的气氛中结束全曲。

《钟表店》（*Im whremladen*）

德国作曲家奥尔特（C. Orth，1850—1893）的管弦乐曲，又译作《时钟》。乐曲开始时奏出模仿开门的音响，提示钟表店清晨开张营业。随后乐曲模仿挂钟、闹钟、怀表等各种各样有规律的嘀嗒声和嚓嚓声，时而响起几声口哨，使人联想到悠闲自在的钟表匠边吹口哨边打扫店堂的情景。突然，几声鸟鸣表现了鸟钟里小鸟从时钟窗口伸出头来鸣啼的情景。鸣响有气无力，表示钟表发条松了。上发条的声响结束后，一切恢复正常，钟表继续走动。随后，乐曲出现八音盒奏的苏格兰民歌旋律，气氛越来越浓烈，最后乐曲在各式各样的时钟同时敲响4点的一片音乐声中结束。

《艺术家的生涯》圆舞曲（*Kunstlerleben - Waltz*）OP. 316

该曲由小约翰·施特劳斯作于1867年，与《蓝色多瑙河》及《维也纳森林的故事》同为作者最典型的圆舞曲代表作。这是一首开朗、明丽而愉快的乐曲，充分表露了维也纳人的乐天性格。曲中5段圆舞曲以超凡技巧有机地串联一起，交接极为自然、流畅，全曲情调优美，能引人至浑然忘我之意境。

《维也纳森林的故事》圆舞曲（*Geschichten aus dem Wienerwald-Waltz*）OP.325

维也纳圆舞曲能风靡世界，成为高贵而通俗的大众音乐，约翰·施特劳斯一家的贡献最大。这首著名的圆舞曲作于小约翰·施特劳斯写成《蓝色多瑙河》的次年，原是管弦乐演奏的乐曲，因旋律动听，有人填上歌词，成为颇能表现技巧的花腔女高音独唱曲。乐曲由缓慢、宁静的序奏开始。第一小圆舞曲轻快而富有弹性的节奏使乐曲充满活跃欢快气氛，第二小圆舞曲轻快而婉转，第三小圆舞曲亲切纯朴、轻巧活泼，第四小圆舞曲柔润明丽、轻盈纤巧，第五小圆舞曲饱满有力，乐曲气氛达到高潮。结束前乐曲转缓，最后乐曲陡转，在快速、热烈的乐声中结束。乐曲具有浓郁的奥地利乡村民间音乐特点，民间舞蹈连德勒音乐风格和奥地利民间乐器齐特琴的音响，组成生动的标题性和风俗性音诗。

《醇酒、女人与歌》圆舞曲（*Wèin、Welb und Gesang-Waltz*）OP. 333

这也是小约翰·施特劳斯代表性的圆舞曲之一，完成于1861年，原为男声合唱而作，是描写维也纳感官享乐的歌曲，后改变为管弦乐曲。乐曲序奏部几乎占全曲演奏时间之半，美妙动人的不同旋律，使序奏部犹如一首优美的幻想曲。第一小圆舞曲轻巧欢快，节奏性较强，接着出现悠缓、舒展、轻松、柔和的旋律。第二小圆舞曲富于弹性的跳跃式旋律，充满无忧无虑色彩。第三小圆舞曲和第四小圆舞曲，由两个富于对比的素材组成。乐曲结尾简短明快，在欢快气氛中结束。

《春之声》圆舞曲（*Frühlingsstimmen-Waltz*）OP. 410

这首著名的圆舞曲，并未沿用维也纳圆舞曲形态，而是采用变形的回旋曲式作成。这首常用管弦乐演奏的乐曲，原是为女高音独唱写的声乐曲，是小约翰·施特劳斯1885年创作的名曲。流泻般轻摇的旋律描绘出一幅春日山野：交相啼鸣的鸟声，少男少女们倾诉着甜言蜜语，是一首人人喜爱的明朗愉快的圆舞曲。乐曲没有常见的和缓序奏，直接在强有力的和弦后，流泻般地开始，接着以弦乐为中心歌唱出流水般的回旋主题。在主题反复之间，穿插有4段优美的副旋律，乐曲渐入百花怒放、春日浓艳、快乐欢欣的高潮。最后回旋主题再现，乐曲爽朗、利落地结束。

《溜冰》圆舞曲（*Les Patineurs，Valse*）

瓦尔德退费尔（E.Waldteufel，1837—1915）是活跃于巴黎的法国轻音乐作曲家。他的通俗圆舞曲全是华丽、甜美的乐曲，旋律清新、流畅，被称为“法国圆舞曲之王”，《溜冰》圆舞曲是他作于1882年的管弦乐曲，乐曲采用维也纳圆舞曲形式，每个段落都像一幕冰上芭蕾。曲中序奏由圆号奏出徐缓的旋律，使人联想到冬日景色。第一小圆舞曲宽广平稳、流畅明丽，使人联想到溜冰者舒展优美的舞姿，接下来以八分音符强调节奏，乐曲充满轻松活泼的情绪。第二小圆舞曲忽上忽下的大跳音程及频繁休止，表现了溜冰中矫健的腾跃动作，乐曲欢快有力地描绘出溜冰者的洒脱之态，接着是急速的轻巧诙谐片断，仿若溜冰者在表演滑稽动作。从容的第三小圆舞曲主要由弦乐奏出，先平稳悠闲，后轻巧活泼。委婉甜美的第四小圆舞曲，如同微风般柔和轻盈。欢快的华彩段落后，乐曲进入结尾，并在热烈气氛中结束。

《多瑙河之波》圆舞曲（*Valurile Dunării*）

罗马尼亚作曲家伊凡诺维奇（I.Ivanovici，1845—1902）作有许多乐曲，这首圆舞曲作于1880年，是以多瑙河为题材的优秀音乐作品之一。伊凡诺维奇的乐曲以小调色彩为主，优美舒展而略带淡淡的哀愁，具有独特个性。该乐曲以多变的速度和节拍使整个序奏充满生气勃勃的活力。第一小圆舞曲徐缓委婉的旋律如同缓缓回旋流淌的河水或一首温柔亲切的歌，紧接着乐曲先紧后松，充满跳跃感。第二小圆舞曲的舞蹈气氛较强烈，但仍保持流畅的特点，就如翻滚喧哗的河水滔滔而去。第三小圆舞曲旋律委婉平和，带有歌唱色彩。动人的第四小圆舞曲由于变化音的运用，乐曲富于色彩，曲调宽广而柔和，使人联想到风光旖旎的多瑙河流水。结尾将序奏部演变发展，然后再现小圆舞曲。

《乘风破浪》圆舞曲（*Vals"Sobre las olas"*）

墨西哥作曲家罗萨斯（J. Rosas，1868—1894）也以写作维也纳圆舞曲而闻名。这首圆舞曲作于1891年，原为钢琴曲，后改编为管弦乐曲和口琴独奏曲等。乐曲由引子、两首小圆舞曲及尾声组成。短小的引子后，奏出波浪起伏般流动的旋律，和着轻松而带有推动感的三拍节奏的第一小圆舞曲主题，仿佛把人带上鼓满风帆、在大海的波涛起伏中前行的小船，阳光下闪耀着浪花的光芒。乐曲充满无忧无虑、自由自在的情绪。第二小圆舞曲采用频繁的切分节奏，曲调轻柔舒展，犹如小船上的人在讴歌生活和自然的美好。最后，再现第一圆舞曲主题，在温和、甜美的尾声中结束。

《快乐的寡妇圆舞曲》（*Die Lustige Witwe*）

莱哈尔（F. Lehár，1870—1948）是极负盛名的匈牙利轻歌剧作曲家。他的轻歌剧作品中，充满优美迷人的圆舞曲。这首圆舞曲作于1905年，根据其所作轻歌剧选段改编而成，乐曲各部分主题均源自歌剧中的选段。主题为歌剧第一幕盛大宴会场面中的重唱曲调，涌浪般的旋律轻快舒展，带有较强的维也纳圆舞曲典雅、抒情的风格，随后，乐曲呈现出活跃、欢快的新主题，形成乐曲内部的性格对比。乐曲中另一较强的主调，源自歌剧第二幕的二重唱曲调。最后，乐曲再现主题，在轻松、愉悦的气氛中结束。全曲洋溢着优美的旋律，气质极为高雅。

《金与银》圆舞曲（*Walzer"Gold und Srlber"*）

该曲作于1902年，同为莱哈尔的代表作。乐曲采用维也纳圆舞曲形式，由序奏、3首小圆舞曲和尾声组成。序奏部活泼而富有生气。小提琴和大提琴奏出起伏流畅、温和优雅的第一小圆舞曲主题，宛如轻拍堤岸的海浪，使人心旷神怡。第二小圆舞曲突出第二拍的重音，使旋律带有切分节奏的动感。第三小圆舞曲采用活泼而有气势的跳进音程，乐曲情绪层层高涨。第三小圆舞曲主题反复时音量减弱，由木管重奏造成柔和的气氛，在明亮的色彩中再现第一和第二小圆舞曲主题，然后在热烈欢快的气氛中结束。

《杜鹃》圆舞曲（*Cuckoo Waltz*）

该曲由挪威作曲家约纳森（J. E. Jonasson，1886—1956）作成。这是一首从弱拍开始的三拍子圆舞曲，曲中巧妙地描摹了杜鹃的啼声。全曲分3段，从长笛和双簧管模拟杜鹃啼声的前奏开始，第一段是由手风琴和小提琴演奏的节奏轻快的圆舞曲。中段圆舞曲是如歌唱般优美的旋律，先由长笛独奏，大提琴则奏出对立的旋律，就像人们随着杜鹃啼声愉快地翩翩起舞。第三圆舞曲由手风琴独奏开始，非常优美动听。

《沉思》（*Méditation*）

该曲是法国作曲家马斯奈（J.Massenet，1842—1912）作的小提琴曲，也译作《冥想曲》。乐曲在竖琴伴奏下由小提琴徐徐奏出绵长而有起伏的旋律，轻幽舒缓，充满宁静气氛，犹如轻飘缭绕的行云，忽浓忽淡，带有沉思冥想的色彩。高潮过后，乐曲再现平静而有冥想色彩的旋律。最后，乐曲在小提琴悠长的泛音中轻轻结束，仿如一缕思绪逐渐消逝在缥缈的地方。

《幻想曲》（*Träumerei*）

这是舒曼钢琴套曲《童年情景》中的第7首，本曲不仅是这部套曲中，也是作者所有乐曲中最著名的作品。乐曲充满了对美好未来的憧憬，如梦境般的诗意使人联想起幸福生活的种种情景。曲子由4小节婉转动听的主题旋律反复变化而成，速度缓慢，节奏平稳，整个旋律起伏匀称，透出宁静的冥想色彩。

《流浪者之歌》（*Zigeuner weisen*）OP. 20

该曲由西班牙作曲家、小提琴家萨拉萨蒂（P. Sarasate，1844—1908）作于1878年，也译作《吉卜赛之歌》或《茨冈》。这首采用匈牙利吉卜赛音乐风格创作的小提琴曲，因其极具绚烂的异国色彩，为世人所钟爱。全曲分4部分，一开始先由伴奏声部有力地呈示序奏主题，然后小提琴以饱满的强音加花重复。沉重而充满紧张不安的旋律，悲怆凄楚，有明显的悲剧色彩。小提琴演奏主旋律时，伴奏部分的振音更增强了该主题的阴暗气氛。惆怅凄婉的旋律，使序奏部分的悲剧色彩进一步发展。第二部分具有鲜明的匈牙利吉卜赛音乐特点，在慢速度下使人感受到哀愁的情绪。充满激情的主题起伏跌宕，如泣如诉，该部分主题由一系列小提琴技巧将音调加以变化重复，使乐曲具有绮丽变幻色彩。第三部分先由伴奏声部奏出主旋律作引子，随后加上弱音器的小提琴奏出令人难忘的主题，这个旋律强调了匈牙利民间音乐特有的切分节奏，使乐曲柔和、凄婉，具有令人心碎的艺术魅力。第四部分主题具有匈牙利民间恰尔达什舞的特点，欢快炽烈，热情奔放。接着拨弦音开始另一主题音调，使热烈气氛越加高涨，最后，在两个有力的和弦拨弦音响中结束全曲。曲中洋溢着优美的旋律、华丽的节奏和灿烂的色彩。

《波斯市场》（*In a Persian Market*）

该曲由英国作曲家凯特尔贝（A. W. Ketelbey，1875—1959）作于1920年。这是他众多描绘性标题音乐作品中最著名的一首。乐曲开始，伴随着低音乐器和铃铛的沉闷节奏，短笛在高音区奏出步伐性主题，缓慢而单调的骆驼脚步声和随风飘荡的驼铃声由弱而强，最后，整个乐队的全奏形成高潮，好比由远而近的驼队把人们带到了繁荣的波斯市场。随后乐曲气氛突然开朗，在竖琴伴奏下，独奏大提琴和单簧管奏出如同春风般柔和的旋律，温顺优雅，仿如一位美丽端庄的公主在侍从的簇拥下经过市场。接着乐曲奏出轻捷俏皮的“魔术师”主题、温顺而活泼的“玩蛇人”主题、平稳而庄重的“官员行列走过场”主题，展现了繁华喧闹、五光十色的集市景象。终曲时，乐曲再现开始的3个主题，然后突然用响亮的音乐结束全曲，以形成强烈对比的静止，表示集市的结束。

《拨弦波尔卡》（*Pizzicato Polka*）

由奥地利作曲家小约翰·施特劳斯和其弟约瑟夫·施特劳斯（J.Strauss，1827—1870）合作于1869年。该曲自始至终采用弦乐拨奏，并加用三角铁或木琴陪衬。主题生动利落。变化多端的音响处理和弦乐拨奏的特殊效果，使乐曲显得更清新明朗。先是短小的序奏，再接到愉快的法国风波尔卡舞曲，经过柔和的对比性中间部，乐曲在再现第一主题的轻快情绪中结束。

《雷鸣电闪波尔卡》（*Thunder and Lightning-Polka*）OP. 324

奥地利作曲家小约翰·施特劳斯作于1830年前后，曲中以定音鼓代表落雷，而弦乐的怒吼有如狂风呼啸。在这首轻快、幽默的波尔卡中，你根本感觉不到曲题中惊心动魄的恐怖情景。

《摇篮曲》（*Wiegenlied*）OP. 49-4

德国作曲家勃拉姆斯作于1868年。《摇篮曲》是他《歌曲五首》中的第四首。后被改编为钢琴、小提琴、长笛、吉他的独奏曲及合唱曲。该作者的作品向以严肃著称，但本曲却温和、朴实，是广为流行的乐曲之一。乐曲主题简朴，充满温和、安详的情绪，表现了母亲深挚的怜爱。伴奏的切分音效果，形成摇篮晃动感，烘托出平稳、宁静的气氛。后半段乐曲则充满了希望和憧憬的情绪。

《幽默曲》（*Humoreske*）OP. 101-7

捷克作曲家德沃夏克作于1894年，原为其钢琴曲集《幽默曲八首》的第七首，后被改编为管弦乐曲、大提琴曲、单簧管曲、口琴曲、声乐曲等。其中以奥地利小提琴家克莱斯勒改编的小提琴独奏曲最为流行。乐曲旋律流畅优美，格调高雅，充满活泼幽默的色彩，起伏跌宕，流丽婉转。中间部旋律纯朴动人，具有民歌风格，用小提琴等独奏乐器演奏时，旋律的歌唱性更为鲜明。

《圣母颂》（*Are Maria*）

奥地利作曲家舒伯特作于1825年，原为声乐曲，副题为“爱伦之歌第三首”。后有多种改编曲，以德国小提琴家威廉密（A. E. D. F. Wilhelmj，1845—1908）改编的小提琴曲最为流行。乐曲曲调柔美婉转，明澈如水，表现一种崇高之美。音乐表情细腻、丰满，表现了作者对真善美的向往。

《圣母颂》（*Are Maria*）

法国作曲家古诺（C. F. Gounod，1818—1893）作于1859年。原为声乐曲，古诺袭用教会原歌词，但在曲名上注有“附在巴赫第一首前奏曲上的宗教歌曲”。整个乐曲具有恬静的基调，主旋律悠长而宽广，犹如缕缕遐思，充满对未来的憧憬。纯净的气氛，随着乐声流动而深化。全曲在充实和谐的气氛中结束。

《口哨与小狗》（*The Whistler and his Dog*）

美国作曲家、长号演奏家普赖尔（A. Pryor，1870—1942）所作管弦乐曲。该曲形象鲜明，明朗快活，通俗易懂，极受欢迎。乐曲以欢快而富跳跃感的节奏，呈现小狗活泼嬉戏和主人悠闲自得的神态。演奏中用大管和其他乐器穿插使乐曲更呈幽默色彩。最后，模仿口哨和狗叫的旋律隐隐可闻，组成一幅生动的音画。使人不难想象出带着小狗在林荫小径或野花飘香的草坡上，一边吹着口哨，一边轻松、愉快地散步的情景。

《船歌》（*Barcarolle*）

法国作曲家奥芬巴赫（J.Offenbach，1819—1880）作于1877—1880年的声乐曲。《船歌》不仅是曲名，也是一种音乐体裁名称，又称《威尼斯船歌》，是威尼斯的摇船民歌，或模仿这种船歌作的器乐或声乐曲，门德尔松和肖邦都写过有名的船歌。该曲平稳、轻柔，具有典型的威尼斯民歌风格，以上下微微波动的旋律织成本曲旋律，合着水波的节奏进行发展，犹如威尼斯小船上双桨轻轻搅动静如镜面的河水。波浪形的旋律线渐次移高，起伏随之增大，使小船摇晃感更明显。气氛高涨后再现平静的旋律，最后，逐渐转弱的音响，犹如小船之随流远去，消逝在河湾尽头。

《致爱丽丝》（*Für Elise*）

这是德国作曲家贝多芬作于1810年的钢琴曲。这是一首技巧简易、短小轻快而可爱的钢琴小品，乐曲主题旋律清新明快，犹如涓涓山泉在歌唱。第一插部主题情绪开朗，第二插部主题端庄典雅，形成与主题的对比。主题两次再现，在柔美抒情的意境中全曲终了。

《玛祖卡》第五首、第四十七首（*Mazurka No. 5，47*）OP. 7-1，68-2

波兰作曲家肖邦共作有60余首玛祖卡乐曲，这些舞曲源自波兰民间的玛祖卡，具有浓厚的波兰乡土气息，是作者创作中最富民族特性的部分。玛祖卡第五首是肖邦所作同类作品中演奏技巧最简朴、流传最广的一首，第四十七首则是他最著名的一首。前者乐曲节奏错落有致，旋律生动活泼、柔和开朗，充满纯朴清新的气息；后者乐曲舒缓悠扬，带有歌唱性的旋律，蕴含纯朴温存的情绪，宛如微风中缭绕飘忽的薄雾。

《小步舞曲》（*Menuetto*）

意大利作曲家、大提琴家鲍凯里尼（L. Boccherini，1742—1802）于1771年创作的这首弦乐五重奏曲，是他众多作品中最杰出的音乐作品。乐曲曲趣明朗，节奏轻快，旋律优美，深受人们喜爱。乐曲开头的主题在匀称的伴奏音型衬托下，采用频繁的切分音节奏和起伏跳跃的旋律，听起来亦庄亦谐，轻巧灵活。中段的主题反复如一阵欢快的春风。最后，乐曲重现第一部分后结束。

《小步舞曲》（*Menuett*）

这是奥地利作曲家莫扎特于1779—1780年作的管弦乐曲，原是D大调《第十七嬉游曲》（K. 334）的第三乐章，后常单独演出，为作者众多小步舞曲中最著名的一首。乐曲主题由第一小提琴和中提琴的八度齐奏呈示，优美典雅。主题反复后出现的主旋律，犹如涓涓细流连绵不断，柔和而舒展。中间部主题旋律具有华丽而典雅的色彩。最后，乐曲再现第一部分，在明快的气氛中结束。

《小步舞曲》（*Menuett*）

这是德国作曲家贝多芬于1795年左右所作的钢琴曲，是他的钢琴曲集《小步舞曲6首》（WoO.10）中的第二首。该曲后被改编成多种演奏形式，其中以小提琴曲流传最广。乐曲旋律优美，细腻典雅。

《小夜曲》（*Serenade*）

它由奥地利作曲家海顿作于1762年左右，原是F大调《第十七弦乐四重奏》（OP. 3-5）中的第二乐章，又名《如歌的行板》，后被改变为管弦乐曲、管乐合奏曲、小提琴曲、吉他曲等。这首小夜曲色彩明亮，轻快的漫步节奏和娓娓动听的旋律，具有一种典雅质朴的情调，表现了富有生气且无忧无虑的意境。

《小夜曲》（*Ständchen*）D. 957-4

它由奥地利作曲家舒伯特作于1828年，原为独唱曲，后被改编为管弦乐曲、合唱曲及小提琴、钢琴、长笛、吉他等乐器的独奏曲，其中以小提琴改编曲流传最广。这首小夜曲对生活充满希望，表现了纯真的情感和高尚的格调。

《小夜曲》（*Sérénade*）

它由法国作曲家古诺作于1855年，原为独唱曲，后被改编为小提琴、单簧管等乐器的独奏或合奏曲。乐曲婉转、恬美的主题旋律，犹如黄昏时分掠过湖面的阵阵微风，温和柔顺，充满纯真的情感，最后在憧憬和希望中结束。

《小夜曲》（*Sérénade*）

它由意大利作曲家、指挥家德里果（R. Drigo，1846—1930）作于1900年，又名《爱之夜曲》（*Notturno d'Amore*）。改编曲中以小提琴曲流传最广。乐曲先由伴奏声部奏出曼陀铃拨弦的伴奏音型，再轻轻奏出如歌的主题，行云流水般的旋律和轻快的节奏，柔和明朗，馥郁馨香，沁人心脾。欢快明朗的又一主题，使情绪更为活泼。依次再现两个主题，表现了诚挚、热烈的爱情。最后，乐曲在高音区出现的颤音，犹如不绝的情思，留下无穷回味。

《小夜曲》（*Serenata*）OP.6-1

它由意大利作曲家、钢琴家托赛里（E. Toseli，1883—1926）作于1898—1903年间，原为声乐曲，又名《叹息小夜曲》（*Serenata rimpianto*），后被改编为管弦乐曲、吉他二重奏曲、小提琴曲等，尤以小提琴曲流传最广。乐曲的开头旋律像涌动起伏的波浪，如思绪翻腾，柔肠百转，不胜痛苦与感伤。此主题反复后，乐曲在低音区徘徊，沉重忧郁，如失恋者往事回首，黯然神伤。最后再现开头段落，在高音区上哀叹幸福的逝去。

《婚礼进行曲》（*Bridal March*）

它由德国作曲家瓦格纳作于1848年，原为混声四部合唱《婚礼大合唱》，系歌剧《罗恩格林》第三幕第一场的选曲，后被改编为钢琴曲和管弦乐曲，其中管弦乐曲较流行，广泛作为西方婚礼中的伴奏音乐。乐曲宏伟庄严，描绘了在辉煌的婚礼场面中，新郎新娘在众人簇拥下缓缓行进，表现了婚礼温和、愉悦的气氛。

《拉德茨基进行曲》（*Radetzky March*）

这是老约翰·施特劳斯的代表作，作于1848年，得名于奥地利元帅拉德茨基，是鼓舞士气的进行曲。全曲具有雄壮豪放的曲趣，中段情感流畅。此曲除常在室内欣赏外，也可在行进时演奏，深受世人喜爱。

《大进行曲》（*Grand March*）

它由意大利作曲家威尔第作于1871年，又名《阿依达进行曲》或《凯旋进行曲》，为歌剧《阿依达》（*Aida*）第二幕第二场的选曲。乐曲表现了凯旋的士兵英武、洒脱的姿态，乐曲充满了光辉的管弦乐色彩和辉煌的旋律，场面热烈而雄壮。

《快乐进行曲》（*Joyeuse marche*）OP. 42

它由法国作曲家夏布里埃（E. Chabrier，1841—1894）所作，原名《法兰西进行曲》（*Marche Fransaise*），原为钢琴曲，后被改编为小提琴独奏曲、管弦乐曲等，其中以作者自己于1888年改编的管弦乐曲流传最广。乐曲轻松明快，带有较强的娱乐性和音乐会作品的性质。

《玩具进行曲》（*Die Parade der Zinnsoldaten*）OP. 123

它由德国作曲家耶塞尔（L. Jessel，1871—1942）作于1901年左右。这首管弦乐曲为描写性标题音乐，通俗易懂，生动活泼，常作为儿童音乐欣赏教材。乐曲由号角性音调和轻巧活泼的进行曲节奏组成。

《威风凛凛进行曲》第一首（*Pomp and Circumstance March No.1*）OP. 39

它由英国作曲家埃尔加（E. Elgar，1857—1934）作于1901年。这首管弦乐曲为他所作5首同名进行曲中的第一首。曲名取自莎士比亚的戏剧《奥赛罗》第三幕第三场的台词："永别了……属于战争的一切轰轰烈烈、威风凛凛的大场面！"乐曲雄壮活泼，气氛热烈，宽广流畅，非常辉煌壮丽。

《星条旗进行曲》（*The Stars and Stripes Forever*）

美国作曲家、指挥家苏萨（J.Philip Sousa，1854—1932）被誉为"进行曲之王"，他的进行曲主要是为市民的各种社会活动而作，特点是轻快华丽。本曲作于1897

年，又译为《星条旗永远飘扬》，是其所作进行曲中流传最广的一首，乐曲的基本情绪快活明朗，充满活力。

《博基上校》（*Colonel Bogey*）

它由英国作曲家奥尔福德（K. J. Alford，1881—1945）作于1914年，因被影片《桂河大桥》（*The Bridge on the River Keai*）用为插曲而广为流传，故又名《桂河进行曲》。因电影中采用口哨吹奏主旋律，所以现在的演奏大都在管弦乐基础上加以口哨声。管弦乐改编曲以原曲主旋律为回旋主题，生动活泼的插部主题与回旋主题交相辉映，更加强了原曲的动感和活力，使这首活泼、诙谐的进行曲更具迷人魅力。

《双头鹰进行曲》（*Unter den Doppel-Adler*）

作者J. F.瓦格纳（J. F. Wagner，1856—1908）是奥地利的一位军乐长。J. F.瓦格纳曾写过许多进行曲和舞曲，而这首进行曲最为著名。双头鹰是旧奥地利军旗之纹章，乐曲非常雄壮，各段对比都很好，结构明确，是典型的进行曲。

《葬礼进行曲》（*Marche Funèbre*）OP. 35

波兰作曲家肖邦共写过3首钢琴奏鸣曲，其中以降b小调第二钢琴奏鸣曲的第三乐章《葬礼进行曲》最为著名。这首旋律哀恸感人的乐曲，被世人广泛地使用在葬礼仪式上。

《匈牙利田园幻想曲》（*Fantaisle Pastorale Hongroise*）

作者罗普勒（A. F. Doppler，1821—1883）是维也纳音乐学院长笛系著名教授。这首管弦乐伴奏的长笛独奏曲的音阶颇具东方风味，高度发挥了长笛性能。乐曲采用吉卜赛的恰尔达什舞（Csárdás）风格创作，田园情趣极为浓厚，第一段缓慢感伤，第二段快速奔放。

《野蜂飞舞》（*Полет Шмеля*）

它由俄国作曲家里姆斯基-科萨科夫作于1900年，原为歌剧《沙皇萨尔丹的故事》中的幕间曲。这首乐曲以野蜂的飞舞为音乐形象，用快速的音符组成的半音上下级进的“滑行音调”模仿野蜂飞舞的嗡嗡声，曲调忽强忽弱，模拟盘旋上下、时近时远的野蜂。

《绿袖主题幻想曲》（*Fantasia on"Greensleeves"*）

它由英国作曲家威廉斯（R. V. Williams，1872—1958）作于1928年，是三幕歌剧《热恋中的约翰先生》第三幕中，根据古老的英国民歌写成的由配乐改编的管弦乐曲，常在音乐会上演出。《绿袖》主题温和亲切，纯朴自然。

《乘着歌声的翅膀》（*Auf Flügeln des Gesanges*）

它由德国作曲家门德尔松作于1834年，原为以海涅的诗为歌词的独唱曲，后被改编为小提琴、钢琴、长笛等乐器的独奏曲和管弦乐曲，其中以小提琴改编曲最为流行。乐曲轻盈、流畅的主题旋律不断上下流动，使整个旋律进行如同随风翱翔的燕子，在无际的空中盘旋，充满自由幻想的情绪，最后在幽静的气氛和憧憬的情绪中终曲。

《轻骑兵序曲》（*Leichte Kavallerie*）

奥地利轻歌剧作曲家苏贝（F. von Suppé，1819—1895）的音乐以明快的旋律和生动的节奏著称。这首管弦乐曲是其轻歌剧《轻骑兵》的序曲，是作者流传广泛的代表性作品。乐曲先由小号和圆号以高亢嘹亮的号角性音调奏出序奏主题，使人仿佛看到一队英武潇洒、精神焕发的轻骑兵队伍。长号用合奏与此主题呼应，形成浓厚的军营气氛。第一部分第一主题轻捷明快，表现了轻骑兵机敏、欢悦的形象。第二主题是进行曲主题，充分发挥加洛特舞曲欢快的特点，并以模仿马蹄声的手法，生动逼真地表现了轻骑兵队伍的行进。第三主题保持和发展了第一主题轻松、活泼的情绪，并形成欢乐的高潮。中间部主题采用匈牙利吉卜赛调式旋律，宁静忧郁，带有悲歌色彩，小提琴以抒情的旋律与其呼应。乐曲的第三部分是第一部分的再现，骑兵进行曲经过反复和发展，再次形成欢乐的高潮。最后，乐队强劲有力的全奏终了全曲。

《威廉·退尔》序曲（*Guillaume Tell*）

意大利作曲家罗西尼作于1829年，为四幕歌剧《威廉·退尔》的序曲，该序曲在罗西尼作品中演出频率最高。全曲分4个部分，各自独立，并附有标题：（1）“黎明”，在弦乐伴奏下，大提琴奏出宁静优美的旋律，气氛岑寂神秘，描绘暴政下瑞士山间的黎明；（2）“暴风雨”，第一、第二小提琴预告暴风雨将临，随着乐器的增加，乐曲以排山倒海之势狂啸怒吼，暴风雨横扫袭来，不久风雨远去，只余天际的雷声闪电，澎湃激荡的音乐象征革命志士的自由呼声；（3）“静谧”，英国管奏出牧歌般柔美、幽静的旋律，长笛悠闲地应答着，犹如牧羊人的牧笛声，这是暴风雨后的一片和平宁静的田园景色；（4）“进行曲”，由雄壮宏伟的小号开始，描述瑞士革命军以英勇敏捷的步伐向奥国驻军进逼，曲势逐渐沸腾，表示暴政被推翻，进入了庆祝胜利的欢呼。乐曲中洋溢着优美的旋律、活跃的节奏、戏剧性的对比，如音画或诗篇般生动美妙。

《1812 序曲》（*Festvial Overture: 1812*）OP. 49

柴可夫斯基于1880年写的这首著名音乐会序曲，是为纪念1812年拿破仑从莫斯科溃退而作，曲中有《马赛曲》和沙皇俄国的国歌。这首演奏效果热烈，生动而极具吸引力的乐曲，是他最受欢迎的名曲之一。此曲题为《庄严序曲》（*Overture Solennelle*），又称《幻想序曲》，以数种主题作自由的组合，以求产生庄重的曲趣。全曲由4段构成：第一段，先由中提琴与大提琴奏出古老的俄国赞美诗《神佑吾民》，偶尔加入双簧管悲哀的音型，接着音量加大，表现拿破仑大军侵入俄国时，俄国人民的沉痛苦恼。第二段，木管和圆号在小鼓的进行曲节奏上奏出哥萨克骑兵的战歌，描述战士们准备应战。第三段，在旋风似的旋律和痉挛似的节奏后，圆号和小号相继雄壮地奏出表示法军进迫的《马赛曲》片断，并进入高潮，描写惨烈的战斗，暗示法军的优势。平静后接着以小提琴奏出抒情的俄国曲调，表露了俄军思念家乡之情。加上铃鼓充分发挥后，长笛和英国管奏出朴素的俄国农民舞曲，描写战士愉快的休闲生活。乐曲再次激烈，圆号的《马赛曲》交织其间，并加入了俄国沙皇时代的国歌和惊心动魄的鼓钹声，描写大炮轰击。这时主部变得强劲有力，声势更大，《马赛曲》渐失，俄国国歌支配了一切，表示俄军取得胜利。钟声齐鸣后，曲势渐转欢跃，终成雄壮、热闹的凯旋场面，鼓声震耳欲聋，全曲在欢欣鼓舞的胜利气氛中结束。

《嬉游曲》（*Divertimento*）K. 136

该曲是奥地利作曲家莫扎特作于1772年的弦乐五重奏曲。《嬉游曲》是一种以娱乐为主的器乐作品，乐曲由几个短小的乐章组成。作者有不少这类作品，但这首最受欢迎。乐曲第一乐章的主题生动活泼，富有动力，如春天的溪水欢悦奔流；第二乐章纯朴柔和，恬静优美，如轻轻的微风；第三乐章跳跃而欢快，带有明显的游戏性，舞蹈天真活泼；最后，在欢快的气氛中终曲。

F大调第二浪漫曲（*Romanze No. 2 in F Major*）OP. 50

这是德国作曲家贝多芬作于1798年的小提琴曲，由管弦乐队伴奏，后改为钢琴伴奏。这是贝多芬所作小提琴浪漫曲之一，乐曲以旋律优美著称。全曲先用柔和起伏的旋律线和张弛有致的节奏，组成夜曲般委婉抒情的曲调，充满了对未来的憧憬。乐曲转而奏出热情真挚的主题，并用优美的华彩性旋律加以发展，起伏不定的旋律使乐曲充满激情。尾声柔和而细腻的曲调，时强时弱的伴奏衬托着小提琴独奏，逐渐减弱，在如同幽远的回声中结束全曲。

《伦敦德里之歌》（*Londonderry air*）

这是奥地利小提琴家、作曲家克莱斯勒（F. Kreisler，1875—1962）根据古老的爱尔兰民歌改编的小提琴曲，又名《爱尔兰民歌》。乐曲主要旋律纯朴动人，如一缕呢喃絮语的微风，充满温柔和平的气氛。接着，较明亮的旋律带有明显歌唱性，充满对生活的追求和希望。

《恰尔达什》（*Czardas*）

它由意大利小提琴家、作曲家蒙蒂（V. Monti，1868—1922）创作，是他广为流传的两首小提琴曲之一。乐曲第一部分速度徐缓而富有歌唱性，第二部分速度迅疾而情绪热烈。充满激情的引子后奏出深沉而稍带忧愁的主题。在此抒情旋律发展后，出现另一流畅华丽的旋律。接着，乐曲转入恰尔达什舞曲快速活泼的第二部分，形成欢快、奔放的气氛。乐曲达到高潮后音乐突然平静，缓缓奏出柔和、委婉的歌唱性主题旋律，这个纯朴、甜美的旋律经小提琴泛音再现，形成一种幽谷回声的动人效果。最后，乐曲在热烈的高潮后结束。

《爱的欢乐》（*Llebesfreud*）

该曲由奥地利小提琴家克莱斯勒创作，是他的小提琴曲集《古典手稿》中的第十曲，被改为编钢琴独奏曲、管弦乐曲、小号及长笛等乐器的独奏曲，是作者著名的音乐小品之一。乐曲的基本情绪是轻盈欢乐的，还带有抒情因素，有典型的舞曲风格。

《洛可可主题变奏曲》

（*Variations sur un Théme Rococo*）OP. 33

这是俄国作曲家柴可夫斯基作于1876年的大提琴曲。“洛可可”在音乐中常指巴洛克至古典主义乐派过渡时期的音乐作品风格。本曲曲调流丽、安详，表现了作者的艺术个性和俄罗斯民族音乐的风格。乐曲由主题与8个变奏组成，主题具有俄罗斯音调特点，温柔恬静，充满诗般的意境和情调。变奏后，情绪热烈欢快，富有交响性。最后，乐曲在热烈欢腾的气氛中结束。

《谜语变奏曲》（*Enigma Variations*）OP. 36

这是英国作曲家埃尔加（E. Elgar，1857—1934）作于1899年的交响变奏曲，是作者的成名之作。原曲名为《依据独创主题的管弦乐变奏曲》，因乐谱第一页上印有Enigma一词，后人遂改用现名。全曲由主题及14个变奏组成，每一变奏均以外文姓名的缩写字母、别名、代号或记号作标题。乐曲主题带有一种前后晃动的摇摆感和幽默色彩。

《意大利随想曲》（*Italian Caprice*）OP. 45

它由俄国作曲家柴可夫斯基作于1880年，是他最受欢迎的作品之一。这是一首描写意大利风光的音乐。乐曲以雄壮、光辉的小号开始，随后出现明朗的民歌风主题，优美的旋律次第升腾炽热，乐曲转成急速狂热的舞曲，接着，加进各种打击乐器光辉灿烂地展开，最后，在强力壮大的和弦中结束。

交响诗《死之舞》(*Dance Macabre*)

《死之舞》又译作《骷髅之舞》，是圣–桑的交响诗中最著名且最受欢迎的作品。乐曲取材于法国诗人卡扎利斯的诗，作于1874年，充分流露出作者机智、华丽的作曲手法。在总谱扉页上，作者抄录了这首诗："吱嘎吱嘎，死神在墓碑上用脚跟打着节拍。吱嘎吱嘎，死神在午夜用古旧的小提琴奏起圆舞曲。冬夜凛冽的寒风在呼啸，夜色昏暗阴沉，菩提树下传来呻吟叹息。灰白的骷髅自阴影里出现，裹着灰白的寿衣，森森翩跹起舞。吱嘎吱嘎，鬼魂尖叫，白骨撞击咔咔作响。突然一声黎明的鸡啼，鬼魂慌忙逃遁，留下一片寂静。"乐曲先由圆号和竖琴宣告午夜的到来，低音提琴的拨奏表示墓石开启。死神拿起小提琴调弦，骷髅聚拢，死神奏出圆舞曲。舞蹈渐狂热，木琴暗示白骨相撞。乐曲进入高潮，圆号高鸣，交织着可怕的尖叫与尖笑，到达顶峰时却戛然而止，双簧管宣示雄鸡报晓，骷髅逃遁，只有死神的小提琴奏出无限叹息。

《蓝色探戈》(*Blue Tango*)

美国作曲家、指挥家安德森(L. Anderson，1908—1975)素以创作轻快的严肃音乐闻名，故被称作"半古典音乐作曲家"，该曲是他作于1951年的代表性作品之一。乐曲运用现代探戈常用的节奏，加上布鲁斯的色彩，具有情绪热烈奔放的美国音乐特点。舒畅、宽广的旋律，使乐曲带有浓郁的抒情性，但这种强调旋律性的探戈具有典型的欧洲风格，与南美强调节奏的探戈存在明显区别。

《鹅妈妈组曲》(*Ma Mère L'Oye*)

这是法国作曲家拉威尔的组曲，共分5个乐章，取材于佩里科尔的神仙故事。乐曲原是为两架钢琴写的，作于1908—1910年，1911年被改写成管弦乐，后又增添《前奏曲》《间奏曲》《纺车舞》(*Dance du Rouet*)等段落组成芭蕾音乐，后以管弦乐曲形式广泛流行。全曲由5首标题性乐曲组成。

第一曲，《睡美人帕凡舞》(*Pavane de la Belle au Bois dormant*)。

第二曲，《大拇指汤姆》(*Petit Poucet*)。

第三曲，《瓷娃娃女皇和丑姑娘》(*Laideronette Impératrice des Pagodes*)。

第四曲，《美人与野兽的对话》(*Les Entretiens de la Belle et la Bête*)。

第五曲，《仙境的花园》(*Le Jardin féerique*)。

《大峡谷组曲》(*Grand Canyon Suite*)

它由美国作曲家、小提琴家、钢琴家格罗菲(F.Grofé，1892—1972)作于1931年，并由此扬名于世。他是一位出色的风景画家，以精妙的音乐描写力、色彩光辉的管弦乐法写作了这篇游记音乐。他曾说："我亲睹这个举世闻名的大峡谷，并想为这壮丽景色写作音乐，当时我在亚利桑那州，是一个在沙漠或山岳地带旅行演奏的钢琴家。”大峡谷位于亚利桑那州西北部高原，是由科罗拉多河水深切为无数峡谷而成的峡谷带。组曲由5部分组成，都有文字标题，分别组成5幅各具风格的音画。

（1）《日出》（*Sunrise*），全曲的序幕，描写大峡谷中新一天的到来。隐约的定音鼓和柔和的木管，表示天已破晓。弱音的小号奏出日出主题，各种乐器逐渐加入，展现黎明后大峡谷的壮丽景色。

（2）《多彩的沙漠》（*Painted Desert*），描绘出闪耀奇光异彩、广漠无垠的沙漠，乐曲充满东方异国情调。静谧神秘的缓板，暗示荒凉岑寂的沙漠，中段较富抒情美。

（3）《荒径》（*On the Trail*），这是全曲中最著名的乐段，在有趣的蹄声节奏上，圆号奏出带有哀愁情调的牧歌。曲中模仿了驴子的嘶叫以及牧童哼唱的歌曲，巧妙地描绘出驴背上的牧童，摇晃着走下大峡谷岸边山径的情景。

（4）《日落》（*Sunset*），圆号奏出信号曲，在山峡中回荡，夕阳照射出绚烂夺目的晚霞，并在瑰丽的光彩中徐徐沉落；大峡谷中暮霭笼罩，远处传来野兽的吼声。

（5）《暴风雨》（*Cloud burst*），小提琴预示狂风暴雨将至，闪电划过天际，雷声在峡谷中振荡，豪雨猝然来临，但瞬即远去，银色月光遍照峡谷与沙漠。豪壮的终曲生动而巧妙地描绘出暴风雨的临近到远去，月亮升起后，大峡谷又被静寂的夜色笼罩。

《小伙子比利》组曲（*Sulte"Billy the Kid"*）

科普兰（A. Copland，1900—1990）是一位多产的美国现代作曲家，以显示丰富的欧洲趣味而闻名乐坛。该曲根据1938年所作独幕舞剧《小伙子比利》的音乐改编而成。曲中引用了不少南美牧歌，富有民间色彩，全曲由6首乐曲组成，连续演奏。

第一曲，《一望无际的大平原》。

第二曲，《拓荒者城镇的大街》。

第三曲，《夜晚玩牌》。

第四曲，《枪战》。

第五曲，《比利被捕庆祝会》。

第六曲，《尾声》。

《行星组曲》（*Suite"The Planets"*）Op. 32

本曲由英国作曲家霍尔斯特（G.T.Holst，1874—1934）作于1914—1916年间，作者在初演时曾说，“这部组曲的创作动机源自诸行星在占星学上的意义，但它们并非标题音乐，与古代神话中有相同称号之神也毫无联系。若一定要加说明，广义地解释每首乐曲的副标题即可。如木星代表一般意义的欢乐，也表现与宗教仪式或国家庆典有关的欢乐；土星不仅象征肉体衰老，也标志成熟和理想的实现；至于水星则是智慧的象征”。这段解释为乐曲标题提供了广阔的联想天地。本曲音乐语言浅显易懂，音乐形象鲜明，是颇受欢迎的通俗名曲。全曲由7首乐曲组成。

第一首，《火星——战争之神》（*Mars:The Bringer of War*）。

第二首，《金星——和平之神》（*Venus:The Bringer of Peace*）。

第三首，《水星——飞翔信使》（*Mercury:The Winged Messenger*）。

第四首，《木星——欢乐使者》（*Jupiter:The Bringer of Jollily*）。

第五首，《土星——老年使者》（*Saturn:The Bringer of Old Age*）。

第六首，《天王星——巫士》（*Uranus:The Magician*）。

第七首，《海王星——神秘主义者》（*Neptune:The Mystic*）。

《美丽的梦神》（*Beautiful dreamer*）

本曲是美国作曲家福斯特（S. C. Foster，1826—1864）作于1864年的声乐曲，也称《梦中佳人》，后被改编为吉他合奏曲和各种乐器的独奏曲、合奏曲。本曲抒情优美，感情朴素真挚，是作者晚年的代表作。乐曲抒情的引子后显示出徐缓柔美、带有圆舞曲特点的主题，宛如一首甜美的小夜曲，脉脉温情。最后乐曲在幽静的气氛中结束。

《桑塔露琪亚》（*Santa Lucia*）

这是一首妇孺皆知的意大利民歌，是1850年拿波里（那不勒斯）民歌节荣获首奖的作品。这是一首愉快抒情的船歌，叙述夏日黄昏那不勒斯湾上的海面景色，男子邀约情人同舟划游，充满诗情画意。此曲通常由男高音独唱。

《菩提树》（*Der Lindenbaum，from"Winterreise"*）

这是舒伯特于1827年创作的联篇歌曲集《冬之旅》的第五首，也是歌曲集中最明朗、优美的歌曲，其旋律和伴奏极为协调，而且富于变化，和歌词内容也有密切关系。歌中述说踏上旅途的青年，回忆年轻时在家乡的菩提树下，沉湎于甜蜜憧憬中，而今怀着悲恸之心，独自到处飘零，兴起孤独的感叹。

《甜蜜的家》（*Home，Sweet Home*）

英国作曲家毕晓普（H. Bishop，1786—1855）的大量作品中，仅两首歌曲流传并经常演出，其中这首《甜蜜的家》更为知名。此曲旋律原是欧洲古老的民歌，也有人认为是作者的创作。曲中赞美家庭温情，旋律动听，所以超越了国界，风行全球。歌词为：“我的家庭真可爱，整洁美满又安康。姊妹兄弟很和气，父母都慈祥。虽无大厅堂，冬天温暖夏天凉。可爱的家庭啊！我不能离开你，你的恩惠比天长。”

《母亲教我的歌》（*Als die alte Mutter mich noch lehrte singen*）

这是捷克作曲家德沃夏克作于1880年的声乐曲，是他的歌曲集《吉卜赛之歌》（*Cigánské melodie*）OP.55中的第4曲。后被改编为小提琴、大提琴等乐器的独奏曲、管弦乐曲和合唱曲。本曲是作者流传最广的一首歌曲，歌词大意为："当我幼年的时候，母亲教我一首歌，在她慈爱的眼睛里，晶莹的泪光在闪烁。如今我教孩子们，把这难忘的歌学唱，禁不住辛酸的泪水，在我憔悴的脸上流淌。"曲中轻轻流动的旋律，带有摇篮曲的摆动感，曲调温和、亲切，表现了对往事的无限怀念。

《我的太阳》（*O sole mio*）

这是一首世界闻名的意大利民歌，是意大利歌曲作者卡普亚（di Capua）于1898年创作的恋歌，作家把自己的情人比为心中的太阳，其光芒比暴风雨后的阳光更灿烂。

《过去的好时光》（*Auld Lang Syne*）

这是一首古老的苏格兰民歌，又称《友谊天久地长》《骊歌》，曾被电影《魂断蓝桥》用作主题歌。每当人们在送别友人时，就会情不自禁地唱起这支深挚而略带伤感的"友谊之歌"。该曲在许多英语国家和瑞士等少数非英语国家已成为一种流行的仪式歌曲，有特殊的演唱方式。演唱时大家站成一个圆圈，双臂交叉在胸前，手拉着手，随着节拍上下摆动，齐声高歌"友谊万岁，朋友，友谊万岁！举杯畅饮，祝友谊地久天长！"

《鸽子》（*La Paloma*）

这是一首流传极广的抒情歌曲，为西班牙作曲家伊拉迪尔（S.Yradier，1809—1865）侨居古巴时在哈瓦那所作，本曲采用了古巴民间舞曲哈巴涅拉的节奏特点，歌词则是一首流传在西班牙的民谣。该曲的广泛流传，得助于墨西哥著名女歌剧演员门德斯。

《可爱的少女》选自歌剧《弄臣》

（*Qartet Bella Figlia Della Amore*，*from "Rigoletto"*）

这是威尔第的成名作《弄臣》第三幕中的四重唱，这首动人的四重唱，把剧中每个角色的不同心境都表现得淋漓尽致：轻浮好色的曼多瓦公爵（男高音）、店主的妹妹——搔首弄姿的玛达蕾娜（女中音）、公爵的弄臣——咬牙切齿的里戈莱托（男低音）和他的女儿——可怜的吉尔达（女高音）。

《饮酒歌》选自歌剧《茶花女》（*Brindisi*，*from"La Traviata"*）

这是威尔第的歌剧《茶花女》第一幕开头的一段著名歌曲，这首美与爱情的颂歌，充满愉快和热情。这首“畅饮满杯”的乐曲歌词为：“朋友们过来吧，大家来干杯，高举这杯葡萄美酒，为甜美的青春和爱情，一齐来干杯，高举这杯美酒，为了青春和爱情，莫让光阴虚度，莫忘青春不再来。我心里充满热情和欣喜，烦闷已抛去，看吧，青春男女在狂舞，满面春风笑嘻嘻。高举这杯美酒，为了青春和热情，莫让光阴虚度，莫忘好景不常在。”

《哈巴涅拉》《斗牛士之歌》选自歌剧《卡门》

（*Habanera/Toreador's Song，from"Carmen"*）

这是比才所作名歌剧《卡门》中最著名的两首歌曲。《哈巴涅拉》——“爱情是一只倔强的鸟”（*L'Amour est un oiseau rebelle*）这是第一幕中女工与士兵打情骂俏时，卡门对龙骑兵排长所唱的一首轻浮的咏叹调。《斗牛士之歌》是第二幕中斗牛士埃斯米罗高歌的豪放雄壮的歌曲，叙述斗牛的惊险情景、观众的欢呼以及浪漫的爱情。

《晴朗的一天》选自歌剧《蝴蝶夫人》

（*Un bel di vednemo，from"Madame Butterfly"*）

这是普契尼以日本为背景，充满东洋色彩的名歌剧《蝴蝶夫人》中最著名的女高音抒情歌曲，该曲洋溢着十分感人的温情，是作者所有歌剧名曲中的名曲，在歌剧第二幕开幕后不久演唱。歌剧《蝴蝶夫人》作于1904年，以哀艳感人的剧情、华丽甜美的音乐，获得极高评价，是近代歌剧中的佳作。

《星光灿烂》选自歌剧《托斯卡》（*Elucevan le stelle，from"Tosca"*）

本曲为普契尼著名歌剧《托斯卡》第三幕中画家维拉杜西所唱的一段歌曲，歌词为：“那个夜晚，星光也像现在闪耀，泥土芳香。庭院门响，传来足声，我看见你可爱的倩影。我向前迎接，紧握着手，陶醉在甜蜜的吻和温暖的拥抱中。无可比拟的佳人呀！美梦已逝，幸福不再。而今不得不在悲叹与绝望中离开人世。”

《铁砧合唱》选自歌剧《游吟诗人》（*Anvil chorus，from"Il Trovatore"*）

这是威尔第著名歌剧《游吟诗人》第二幕第一场中，由吉卜赛人唱出的一首愉快、壮丽的合唱曲。歌词大意为：“看，夜幕已揭开，东方已发白。来，拿起铁锤赶紧工作。使流浪生活得到慰藉的是可爱的吉卜赛少女。斟酒吧，酒可以提神解劳！”

《牧童短笛》

这是贺绿汀作于1934年的优秀钢琴作品，闻名国内外，是钢琴家的常备曲目之一。乐曲采用民间风味作主题，优美动听的曲调、欢快的节奏，使它成为一首具有浓郁民族风味的钢琴曲。

3.15 中国民族传统音乐

中国民族传统音乐是指具有中华民族固有形态特征的音乐，包括历史上产生并流传至今的古代作品以及当代作品。其组成主要有佛教音乐、道教音乐、说唱音乐、戏曲音乐、民间音乐等。民乐则指中国民族器乐，包括：

（1）管乐：大唢呐、小唢呐、低音唢呐、竹笛、梆笛、曲笛、高音笙、中音笙、低音笙等。

（2）弹拨乐：琵琶、柳琴、扬琴、中阮、大阮、月琴、古筝、箜篌等。

（3）弦乐：高胡、二胡、中胡、京胡、板胡、坠琴等。

（4）打击乐：大鼓、小鼓、排鼓、各种锣、铙钹等。

1. 中国的十大名曲

我国有十大名曲之说，这些乐曲具有巨大的艺术魅力，陶冶了无数炎黄子孙的高尚情操。十大名曲产生年代都较久远，相传是先秦时期的《高山流水》《阳春白雪》，汉晋时期的《广陵散》《胡笳十八拍》《梅花三弄》，以及《平沙落雁》《十面埋伏》《夕阳箫鼓》《渔樵问答》《汉宫秋月》等。

《高山流水》 这首著名的古曲，从几乎家喻户晓的“伯牙遇知音”的故事即可知其知名度之高。它本为古琴曲，现在流传的有古琴曲《高山》《流水》和古筝曲《高山流水》。该曲是对壮丽河山的颂歌，形象生动，气势磅礴，听后使人心旷神怡，激起进取之心。

1977年8月10日，美国宇宙飞船“航行者”号，将《流水》的金唱片作为地球人的信息载入太空，去寻找宇宙知音。

《阳春白雪》 又名《阳春古曲》，简称《阳春》，是一首优美的传统琵琶曲。乐曲以清新流畅的旋律、轻快活泼的节奏，生动地描绘了冬去春来，大地复苏，万物向荣，生机勃勃的初春景象。该曲可分起、承、转、合4个部分：“起”部标题为“独占鳌头”；“承”部分为“风摆荷花”“一轮明月”两段；“转”部分为“玉版参禅”“铁策板声”“道院琴声”三段；“合”部标题为“东皋鹤鸣”。

《广陵散》 又名《广陵止息》，原为东汉末年流行于广陵地区的民间乐曲，曾用琴、筝、笙、筑等乐器演奏，现仅存古琴曲。多数琴家以聂政刺韩王的民间传说作解。但该曲早已失传，后通过不少琴家才将其译奏出来。该曲以磅礴的气势、独特的风格、庞大的结构，备受推崇。

《胡笳十八拍》 胡笳是我国古代流行于塞北和西域的一种吹管乐器，十八拍即十八首之意。该曲本为根据汉末蔡文姬同名诗谱写的琴歌，但魏晋后逐渐演变为琴、笳两种不同的器乐曲。乐曲描述蔡文姬思乡别子的情怀，曲意委婉悲凉，感人颇深。

《梅花三弄》 又名《梅花引》《玉妃引》。原是晋代桓伊吹奏的洞箫曲，相传于唐代改编为古琴曲，今编钟与乐队的《梅花三弄》又是根据古琴曲改编的。由于原曲中同样的旋律重复了三次，故为“三弄”。作者借物咏怀，以梅花高洁安详、不畏严寒、迎风摇曳的姿态，歌颂了刚毅不拔、坚贞不屈的高尚节操。

《平沙落雁》 又名《雁落平沙》或《平沙》。这首古琴曲问世后，不仅广为流传，且经加工发展，形成了各具特色的多种版本，是传谱最多的琴曲之一。现在流传的多数是7段，主要的音调和音乐形象，大致相同，旋律起伏，绵延不断，优美动人，基调静美而静中有动。

《十面埋伏》 这是一首著名的琵琶传统大套武曲，以楚汉相争为题材，描绘刘邦、项羽在垓下决战之情景。曲中巧妙运用琵琶的各种独特技法，通过丰富多变的节奏，层次分明而又生动地描绘了大战场面，使听者仿佛身临其境。

《夕阳箫鼓》 原为琵琶古曲，又名《夕阳箫歌》《浔阳琵琶》《浔阳夜月》《浔阳曲》，后改编为合奏曲《春江花月夜》。乐曲包括“江楼钟鼓”“月上东山”“花影层叠”“水云深际”“渔歌唱晚”“洄澜拍岸”“欸乃归舟”7段，旋律优美流畅，委婉质朴，层次鲜明，表现了微波荡漾、优美宁静的春江景色，又描绘了橹声急促、波浪起伏的江南水乡情景，诗情画意，引人入胜。

《渔樵问答》 这首著名古琴曲，最早见于1560年箫鸾所辑《杏庄太音续谱》。乐曲中表露了遁世隐逸者对渔樵生活的向往，把渔人和樵夫作为隐士的化身加以讴歌，是一首赞美山水之乐的乐曲。该乐曲形象生动，既有古朴典雅、飘逸洒脱的风韵，又有委婉抒情、逍遥自在的雅趣，故而，几百年来不仅在琴家中广泛流传，更为广大文人雅士所喜爱。

《汉宫秋月》 据考粤胡曲《汉宫秋月》又名《三潭印月》，源出同名琵琶古曲第一段。这首著名古曲的旋律在抒情委婉中饱含凄苦哀怨之情，充分表现了宫女哀怨、悲愁的情绪，很富感染力。

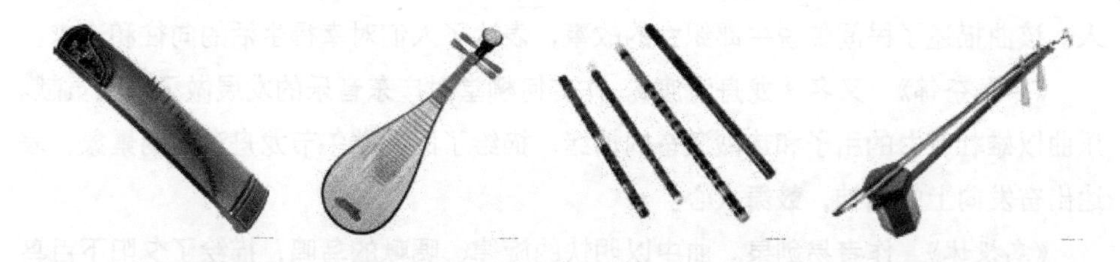

2．江南丝竹八大曲

江南丝竹 流行于苏南、浙江一带的丝竹音乐，著名的传统乐曲有《欢乐歌》《云庆》《行街》《三六》《慢三六》《中花六板》《慢六板》和《四合如意》八大曲。音乐格调清新、秀丽，曲调流畅、委婉，富有情韵。演奏效果生动活泼，富有情趣。

《行街》 又名《行街四合》，“行街”是指乐曲按习俗在节日庙会或喜庆时边走边演奏的形式，乐曲具有浓厚的生活气息。

《三六》 俗名《三落》，乐曲旋律清新华丽、流畅活泼，洋溢着欢快的节日气氛。

《慢三六》 此曲又名《花三六》，系以《三六》的音乐素材为基础，进行放慢加花变奏，独立成曲。

《中花六板》 是曲牌《老六板》的放慢加花，故称《中花六板》。曲调清新悠扬，优美抒情，富有江南色彩，抒发人们乐观向上之情。

《欢乐歌》 乐曲旋律明快流畅，起伏多姿，结构富有层次，由慢而快，渐次高涨，表达人们在喜庆节日中的欢乐情绪。民族器乐小合奏《江南好》即据此改编。

《云庆》 此曲为《锣鼓四合》套中的《云庆光》一节发展而成，又名《景星云庆》或《庆云板》。全曲由3段组成，第一段抒情婉转而悠扬，第二段活泼明朗，第三段热烈兴奋，一气呵成。

《四合如意》 全曲共分8部分，即小拜门、玉娥郎、巧连环、云阳板、紧急风、头卖、二卖及三卖，是一首大型坐乐演奏形式的乐曲。

《慢六板》 此曲徐缓雅致，柔和华丽，是一首一板眼曲调。

3. 广东音乐

广东音乐 流行于广东地区的丝竹音乐。是从广东戏曲中的“过场”和民间“小调谱”的基础上发展而来。广东音乐的音色清脆明亮，曲调流畅优美，节奏活泼明快。《雨打芭蕉》《旱天雷》《双声恨》《赛龙夺锦》《鸟投林》等都是脍炙人口的优秀传统乐曲。

《雨打芭蕉》 是广东音乐早期优秀曲目之一。乐曲以流畅明快的旋律，表达人们的喜悦之情，接着连串分裂的短句，节奏顿挫，犹闻雨打蕉叶淅沥之声，如见芭蕉婆娑摇舞之态，极富南国情趣。

《旱天雷》 由扬琴家严老烈根据《三宝佛》中之《三汲浪》改编。乐曲表现人们在久旱逢甘霖时的欢欣情绪。

《双声恨》 作者不详。乐曲如诉如泣，深沉悱恻，凄怆怨恨犹如闻见，非常感人。该曲描述了民间传说牛郎织女的故事，表达了人们对幸福生活的向往和追求。

《赛龙夺锦》 又名《龙舟竞渡》。作者何柳堂对广东音乐的发展做了很大贡献。乐曲以雄壮有力的引子和热烈激奋的情绪，描绘了民间端午节龙舟竞渡的景象，表达出奋发向上的精神，鼓舞人心。

《鸟投林》 作者易剑泉。曲中以明快的旋律、啁啾的鸟鸣，描绘了夕阳下百鸟归巢的景象，表达自由飞翔带来的安适、愉悦的情趣。

《昭君怨》 粤剧唱腔中著名的乙喉旋律反调，乐曲先由幽怨的旋律转为坚定，然后在极快中突慢结束。

4．传统民乐曲

我国民间器乐的创作演奏在战国时代就已得到发展，远古时的乐舞是歌、舞、乐三者结合的综合艺术，发展至隋唐时结构更为庞大。周代出现的琴歌是边弹边唱的艺术。宋代涌现出为歌舞伴奏的锣鼓和器乐曲牌，经元、明各代，戏曲艺术中的锣鼓和曲牌日趋完美，常被人作为器乐曲单独演奏。

《二泉映月》　华彦钧作，是以无锡惠山泉——天下第二泉命名的二胡独奏曲。全曲将人引入夜阑人静、泉清月冷的意境。音乐略带几分悲恻，全曲速度变化不大，但力度变化幅度大，用弓轻重变化忽强忽弱，时起时伏，扣人心弦，刻画了作者真实的生活感受和顽强自傲的生活意志，富有感召力，令人激动。

《夜深沉》　京剧著名曲牌之一，它是以昆曲《思凡》一折中的歌腔为基础，经历代京剧琴师加工、改编发展而成的京剧曲牌。曲调由繁至简，其中有大鼓的独奏及鼓与京胡的竞奏，乐曲有坚定有力的节奏和一气呵成的旋律，曲调刚劲优美，结构严谨。

《彩云追月》　这首民族管弦乐曲用富有民族色彩的旋律、轻巧的节奏和空旷的音色，形象地描绘了浩瀚夜空的迷人景色。

《光明行》　刘天华作。这是一首旋律明快坚定、节奏富有弹性的振奋人心的进行曲，它表现了一种生气勃勃、勇往直前的进取精神和对前途的乐观自信态度。

《良宵》　原名《除夜小唱》，刘天华作于1927年除夕。音乐形象单一，清新抒情而明快，通过轻盈柔和、洒脱自如的旋律，均匀从容的节奏，生动描绘了与友人守岁，共度良宵的愉悦心情，能给人怡然自得之感。

《烛影摇红》　这首以古代词牌为名的乐曲，由刘天华作于1932年。全曲旋律优美，风格独特，在凄楚哀怨的情绪中，表现了激越奋进的意志。

《将军令》　戏曲中用作开场等场面的吹打乐曲牌，也常用以增添节日气氛。乐曲庄重辉煌，气魄宏伟，色彩鲜明。

《姑苏行》　江先渭曲。乐曲使用昆曲音调，色彩鲜明，甜美抒情，婉转悠长。该曲描绘了人们沉醉于姑苏园林的美丽景色之中而流连忘返的心情，能引发人们丰富的联想。

《塞上曲》　此曲是李芳园根据华秋萍《琵琶谱》浙江派西板四十九曲中的5首独立小曲发展而来的一首著名琵琶套曲。该曲以哀怨凄楚的情感，细腻地描述了昭君怀念故国家园之情。旋律委婉柔美，具有强烈的艺术感染力。

《花好月圆》　彭修文根据黄贻钧同名管弦乐曲改编，全曲生动地描绘了轻歌曼舞、月夜花丛尽情欢舞的场面。

《金蛇狂舞》　聂耳于1934年根据民间乐曲《倒八板》改编而成。乐曲用激越的锣鼓，渲染了热烈欢腾的气氛。

《渔舟晚唱》　这是根据古曲《归去来辞》改编的古筝曲。全曲旋律流畅优美，共3段，以歌唱性旋律描绘了夕阳西下，渔人载歌而归的诗情画意。

《阳关三叠》 又名《渭城曲》《阳关曲》，是根据王维《送元二使安西》一诗谱成的琴歌，后以琴曲传世。全曲分3大段，用一个曲调变化反复，叠唱3次，故称“三叠”。该曲音调纯朴而有激情，特别是后段的八度大跳及几处连续反复陈述，情真意切，激动沉郁，充分表达了作者对将远行的友人的无限关怀留恋。

《瑶族舞曲》 彭修文根据刘铁山、茅沅的管弦乐曲改编而成。乐曲描绘了瑶族人民欢庆节日的歌舞场面。

《月儿高》 曲谱最早见于清嘉庆年间荼斋所编的《弦索备考》，是由二胡、琵琶、三弦、筝演奏的合奏曲。乐曲描绘了月亮从海上升起直至西山沉没的种种景色，能使人感受到大自然优美秀丽的景色。

《喜洋洋》 该曲由刘民源作于1958年，全曲分3段，取材于山西民歌，具有轻快、活泼的特点和热情洋溢的气氛。

《京调》 顾冠仁1960年根据京剧西皮原板和流水板编曲而成。以轻快流畅的伴奏，表现欢快喜悦的氛围及生动活泼的情趣。

《翠湖春晓》 这是聂耳作于1934年的民族管弦乐。乐曲生动表现了月映湖面，银波荡漾，箫声幽雅，回声四起的情景，体现了游人欢畅愉悦的心情。

《霓裳曲》 又名《小霓裳》，原为江南民间器乐曲牌《玉娥郎》。该曲根据唐明皇游月宫闻仙乐的传说编曲，乐曲典雅动听，有古舞曲节奏特征，表现了月里嫦娥翩翩起舞的意境。

《小放牛》 原为我国北方农村广泛流传的乐曲，旋律明朗、欢快、流畅、质朴，乐曲表达了一种非常喜悦的情绪。

《苏武牧羊》 清末民初，根据苏武故事创作的学堂乐歌《苏武牧羊》，因其曲调淳朴流畅、歌词委婉质朴而广为传唱，后被改编为箫独奏曲。乐曲极好地刻画了大漠绝塞的荒凉景色，更表达了一种凛凛正气。

《潇湘水云》 古琴曲，郭沔作于南宋时期，最早的记录见于《神奇秘谱》：“是曲也，楚望先生郭沔所制。先生永嘉人，每欲望九嶷，为潇湘之云所蔽，以寓倦倦之意也。”全曲分10段，包括洞庭烟雨、江汉舒情、天光云影、水接天隅、浪卷云飞、风起云涌、水天一碧、寒江月冷、万里澄波、影涵万象，清代发展至18段。该曲慷慨激昂，又低回婉转、细腻豪放，流露出一种惆怅和愤懑的情绪。

SAYDISC
大浪淘沙精英獨奏
Like Waves Against The Sand
Jing Ying Sololists 24K GOLD CD

漁舟唱晚
華夏民族樂團 指揮：關迺忠
HUGO
LPCD 1630
LPCD1630-7302

HUGO
LPCD1630-7282
The Impression of Wuji Ensemble
AMBUSH FROM ALL SIDES

5.6448 MEGAHERTZ 1 BIT DSD TRUE STEREO DIGITAL RECORDING
GENERAL'S COMMAND
羅晶 箏風采
Luo Jing Charm of Zheng
DSD

3.16 轻音乐

轻音乐（Light Music）是相对于古典音乐而言的，含义较模糊，通常指用通俗手法进行改编诠释的，以小型乐队演奏，可营造浪漫、轻松氛围的一种通俗音乐。它不同于流行音乐，并不具有鲜明的时代特征，有较高的品位。轻音乐柔和动听，华丽而不艳俗，通俗而又高雅，因而广受欢迎。

轻音乐曲目大多是改编而来的，如流行歌曲、电影音乐、古典名曲、各国的民族民间音乐等。轻音乐有动人的旋律、优美的和声及新颖的配器，其悦耳动听的音响，往往具有非常浪漫的情调，给人以全新的感觉，产生一种特有的美感，使人心旷神怡。最典型的轻音乐乐队是曼托瓦尼乐队、詹姆斯·拉斯特乐队和保罗·莫里哀乐队。

英国的曼托瓦尼乐队（Mantovani and his Orchestra）创建于1935年，乐队因高超的演奏技巧而闻名，演奏曲目广泛，包括古典音乐、电影音乐、拉丁美洲音乐、欧美流行音乐及各种舞曲，其弦乐部分华丽而光辉，富有特殊的音响色彩和舒展流畅的演奏风格，被誉为“曼托瓦尼之声”，称雄轻音乐坛几十年。其代表作有《魅力》《时光流逝》《秋叶》《昨天》等。

德国的詹姆斯·拉斯特乐队（James Last and his Orchestra）善于用现代手法将严肃的古典音乐改变为高雅的通俗音乐，被誉为“舞会音乐之王”。演奏曲目有古典音乐、民间音乐、歌剧舞剧音乐、电影电视剧插曲、各种舞曲及流行音乐等。乐队附设混声合唱队，其演奏和伴唱旋律动人，和声优美，感情真挚，极具乐感情绪。其代表作有《致爱丽丝》《船歌》《莫斯科郊外的晚上》等。

法国的保罗·莫里哀乐队（Le Grande Orchestre de Paui Mauriat）具有独特的风格，其演奏以弦乐为主，伴有轻盈的打击乐和恰到好处的铜管乐，具有温柔典雅、清新质朴、节奏明晰、平易近人的特点，格调优雅柔美，号称“情调音乐之神”。其成名作也是代表作为《爱情是蓝色的》。

3.17　流行音乐

1．爵士乐

爵士乐（Jazz）是个很笼统的名词，它包含早期的布鲁斯（Blues，也称蓝调）、Dixieland、Charleston、摇摆乐（Swing）、Boogie-Woogie、Bop等，是一种富有创造性且自成一格的情绪表现，依靠即兴发挥多于乐曲的创作。该音乐中节奏比旋律更重要，切分音的运用、小号独奏及萨克斯管，还有加装变音器的铜管乐器使其形成了特别的音色。

爵士乐自20世纪20年代产生以来，经不断演变，发展成一种风靡全球的舞曲音乐。爵士乐来自非洲和美国的黑人音乐，布鲁斯及其他黑人音乐又是当代流行音乐产生的源泉。美国南方的新奥尔良常被称作爵士乐的摇篮，由于美国黑人音乐注重节奏的运用并擅长用器乐模仿人声，故而形成了一种特别的音乐风格。

布鲁斯起源于美国种植园蓄奴时期黑人奴隶的劳动歌和田间号子，是一种口头流传而不上乐谱的音乐。其运用乐器的滑音，追求富于情感和表现力的如歌如泣的效果。布鲁斯的主要特征之一，是在强烈的鼓点衬托下，加入亢奋的节奏因素。

20世纪20年代是爵士乐的黄金时代，也是爵士乐与布鲁斯以古典布鲁斯形式融会贯通的时代。30年代末期摇摆舞曲（Swing）兴旺繁荣，小型爵士乐队让位于大型商业性的伴舞乐队和爵士乐团。第二次世界大战后比波普（Bebop）的出现标志着现代爵士乐的开始，尔后自由爵士乐（Free Jazz）相继问世，使它不再是供人们娱乐、跳舞的音乐，而演变为一种主要供人欣赏的室内音乐。同时，在高速发展的美国唱片工业和无线电广播的促进下，人们也确立了一些新的布鲁斯风格，现代都市布鲁斯在20世纪50年代早期曾风行一时。但爵士音乐和严肃音乐之间的界限，已越来越模糊了。

2．摇滚乐

摇滚乐（Rock）的发端，要追溯到1951年7月，美国克利夫兰WJW电台音乐节目主持人艾伦·福瑞曼主持了名为“节奏与布鲁斯”（Rhythm and Blues）的节目，为了消除音乐引起的种族顾虑，制作人将节目取名为“Rock ‘n’ roll”（摇滚乐），该节目一出台即受到青少年的热烈欢迎，其后3年在克利夫兰掀起了摇滚热潮。米高梅电影公司《黑板丛林》的电影主题曲，就采用了比尔·哈利彗星乐团演唱的《终日摇滚，Rock Around the Clock》。1955年3月29日，该电影在纽约上映后，摇滚乐热潮迅速席卷全美国，从此摇滚乐在美国牢牢地扎下了根，并辐射全球。

摇滚乐是西方流行乐坛的主流，它极具原创性风格，概括各类音乐的特性，但又具有特定的速度和节奏和随心所欲的演绎方式。摇滚乐手凭耳朵演奏，边演奏边编曲，依靠无数录音和与同伴的合作练习形成自己的演奏风格。摇滚乐摒弃传统乐器，使用可无限放大音量的电声乐器，以大鼓为中心的打击乐器，狂躁而热烈，不断显示着节奏在摇滚乐中的重要地位。

摇滚乐根据不同风格，可分为主流摇滚（Main Stream Rock）、山区摇滚（Rockabilly）、温和摇滚（Softrock），还有披头士（Beatles）、滚石（Rolling Stones）、迷幻摇滚（Psychedelic Rock）、迪斯科（Disco）、乡村摇滚（Country Rock）、灵歌（Soul）等。

尽管摇滚乐从思想内容、艺术趣味到表演技巧，都难与古典音乐相比，但它代表了一种大众文化，它不仅是流行音乐的主流，还改变了其他流行音乐的面目。摇滚乐的欣赏者是广大群众，且几乎不受社会阶层、民族、地域之限，市场巨大。但摇滚乐产生不久，就引起了青少年的狂热反应，造成了对社会传统的巨大冲击，因此遭社会多方指责和反对，争议极大。

3．流行歌曲

流行歌曲的渊源很复杂，20世纪30年代的舞厅音乐，美国的爵士乐、摇滚乐，20世纪80年代的校园歌曲……这种种音乐源流的影响汇集成当代流行歌曲多变的性格。

流行歌曲的共性表现在它的节奏与音色。与节奏的强烈动感相应，流行歌曲的音乐配器中最重要的特点就是电声乐器的广泛应用，其中通常还点缀一两件音色鲜明的传统旋律乐器，如萨克斯管、小号等。这些乐器音色独特，穿透力强，与电声乐器的音色互相对比、冲突，会产生一种强烈的奇幻感。在流行歌曲音色特征上，另一个重要方面是人声，其发声技法被称为通俗唱法，每个歌手在唱法上都有自己的特殊之处，如气声、哑声、哭腔、带鼻音等。

流行歌曲将动感刺激的节奏、乐器音色的幻觉效果、唱法的平易及个人色彩合在一起，形成了流行音乐的特征，即感情色彩的加强。

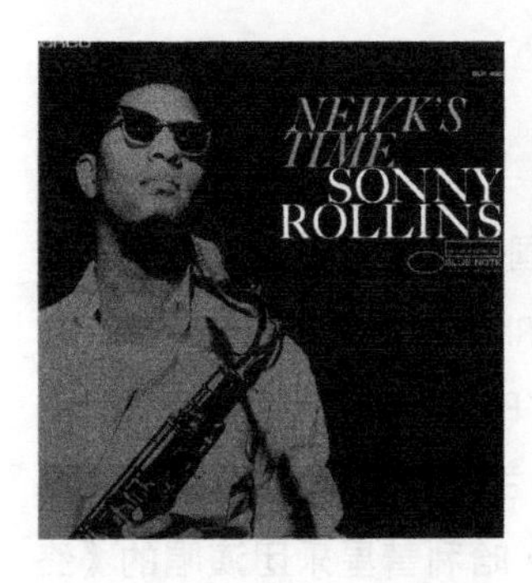

3.18 最负盛名的世界古典名曲

六大交响曲

(1) 贝多芬的F大调第六交响曲《田园》

(2) 贝多芬的c小调第五交响曲《命运》

(3) 舒伯特的b小调第八交响曲《未完成》

(4) 德沃夏克的e小调第九交响曲《新世界》

(5) 柴可夫斯基的b小调第六交响曲《悲怆》

(6) 柏辽兹的C大调交响曲《幻想》

莫扎特三大交响曲

(1) C大调第四十一交响曲《朱庇特》

(2) g小调第四十交响曲

(3) E大调第三十九交响曲

贝多芬四大交响曲

(1) F大调第六交响曲《田园》

(2) c小调第五交响曲《命运》

(3) d小调第九交响曲《合唱》

(4) 降E大调第三交响曲《英雄》

五大钢琴协奏曲

(1) 贝多芬的降E大调第五钢琴协奏曲《皇帝》

(2) 柴可夫斯基的降b小调第一钢琴协奏曲

(3) 拉赫玛尼诺夫的c小调第二钢琴协奏曲

(4) 舒曼的a小调钢琴协奏曲

(5) 李斯特的降E大调第一钢琴协奏曲

四大小提琴协奏曲

(1) 贝多芬的D大调小提琴协奏曲

(2) 门德尔松的e小调小提琴协奏曲

(3) 柴可夫斯基的D大调小提琴协奏曲

(4) 勃拉姆斯的D大调小提琴协奏曲

莫扎特三大歌剧

(1)《费加罗的婚礼》

(2)《魔笛》

(3)《唐·乔凡尼》

威尔第四大歌剧

(1)《弄臣》

（2）《阿依达》

（3）《茶花女》

（4）《游吟诗人》

普契尼三大歌剧

（1）《托斯卡》

（2）《蝴蝶夫人》

（3）《波希尼亚人》

柴可夫斯基三大舞剧

（1）《天鹅湖》

（2）《胡桃夹子》

（3）《睡美人》

三大神剧

（1）亨德尔的《弥赛亚》

（2）海顿的《创世纪》

（3）门德尔松的《以利亚》

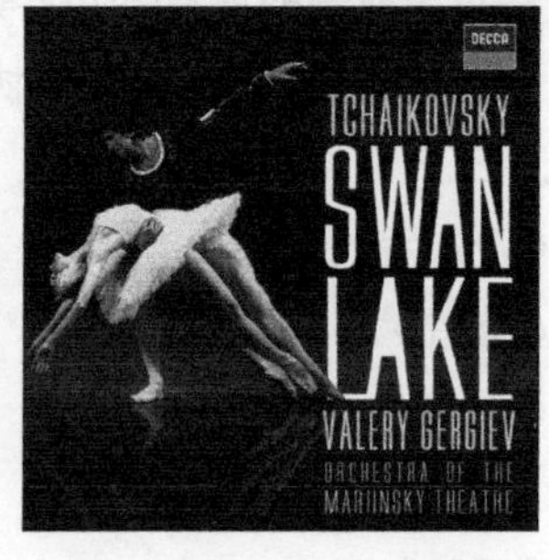

3.19 著名乐团简介

波士顿交响乐团 Boston Symphony Orchestra（美） 1881年春创建于马萨诸塞州波士顿，美国主要交响乐团之一。其弦乐合奏效果优美，演奏曲目以维也纳古典乐派和浪漫乐派作品为主，同时也演奏近、现代乐曲。

布法罗爱乐管弦乐团 Buffalo Philharmonic Orchestra（美） 1936年创建于布法罗。演奏风格潇洒轻快，富于现代气息。

芝加哥交响乐团 Chicago Symphony Orchestra（美） 1891年由西奥多·托马斯创建于芝加哥，美国主要交响乐团之一。该乐团拥有自己的音乐厅。演奏曲目范围广泛，演奏稳重扎实，音响坚实有力。

辛辛那提交响乐团 Cincinnati Symphony Orchestra（美） 1895年创建于辛辛那提，由于长期受德国指挥家的熏陶，乐团以合奏优良、音色浑厚为特点。

克利夫兰管弦乐团 The Cleveland Orchestra（美） 1918年由克利夫兰音乐艺术联合会创建，美国主要交响乐团之一。历任指挥中最重要的是罗津斯基、塞尔以及马泽尔。乐队合奏完美、均衡、明快，以音响透明著称。

达拉斯交响乐团 Dallas Symphony Orchestra（美） 1900年创建于达拉斯，乐团以辉煌的合奏受人注目。

底特律交响乐团 Detroit Symphony Orchestra（美） 1914年创建于底特律。

洛杉矶爱乐管弦乐团 Los Angeles Philharmonic Orchestra（美） 1919年创建于洛杉矶。

明尼苏达管弦乐团 Minnesota Orchestra（美） 1903年创建于明尼阿波利斯，原名明尼亚波利斯交响乐团，1970年改称现名。

纽约爱乐交响乐团 New York Philharmonic-Symphony Orchestra（美） 1842年U. C. 希尔创办纽约爱乐协会，因而乐团名称中既有“爱乐”又有“交响”，该乐团是美国主要交响乐团之一，是美国历史最悠久的管弦乐团。乐团演奏具有典型的美国风格，以丰富多彩的音色和鲜明生动的乐队音响著称。

费城管弦乐团 Philadelphia Orchestra（美） 1900年弗里茨·谢尔创建于费城，美国最著名的交响乐团之一。对乐团成长影响最大的指挥家是斯托科夫斯基和奥曼迪，该乐团以辉煌的音响、多彩的音色闻名于世，被称为“费城音响”。

匹兹堡交响乐团 Pittsburgh Symphony Orchestra（美） 1895年由匹兹堡艺术协会创建于匹兹堡。

旧金山交响乐团 San Francisco Symphony Orchestra（美） 1911年创建于旧金山，乐团在演奏上以具有透明而富于色彩的音色著称。

华盛顿国家交响乐团National Symphony Orchestra Washington（美） 1931年创建于华盛顿。该乐团被认为是当前干劲最足的乐团之一。

国家广播公司交响乐团NBC Symphony Orchestra（美） 1937年创建于纽约，隶属美国国家广播公司。

圣路易斯交响乐团St. Louis Symphony Orchestra（美） 1880年创建于圣路易斯，是美国最早成立的交响乐团之一。

休斯敦交响乐团Houston Symphony Orchestra（美） 1913年创建于休斯敦。

巴尔的摩交响乐团Baltimore Symphony Orchestra（美） 1916年创建于巴尔的摩。

罗彻斯特爱乐管弦乐团Rochester Philharmonic Orchestra（美） 1922年创建于罗彻斯特，原名罗彻斯特交响乐团。

哥伦比亚交响乐团Columbia Symphony Orchestra（美） 1958年创建于洛杉矶郊外的比巴里·希路斯。

英国广播公司交响乐团BBC Symphony Orchestra（英） 1930年创建于伦敦，隶属英国广播协会。除广播为其主要活动外，也举行公开音乐会，包括漫步音乐会。该乐团演奏曲目广泛，演奏技巧高超。

伯明翰交响乐团City of Birmingham Symphony Orchestra（英） 1920年创建，简称CBSO。

哈勒管弦乐团Hallé Orchestra(英） 1857年由查尔斯·哈勒爵士创建于曼彻斯特，为英国现存交响乐团中历史最长者。

伦敦爱乐管弦乐团London Philharmonic Orchestra(LPO)（英） 1932年由托马斯·比彻姆爵士创建，伦敦五大交响乐团之一。1945年以来主要指挥有爱德华·范·拜农、艾德里安·博尔特爵士、约翰·普里查德和伯纳德·海丁克。还有不少英国著名演奏家在该乐团任演奏员。

伦敦交响乐团London Symphony Orchestra（英） 1904年创建于伦敦，伦敦五大交响乐团之一。创建伊始即实行自治，自选指挥。

国家爱乐管弦乐团National Philharmonic Orchestra（英） 1970年创建于伦敦，由伦敦音乐界知名人士私人经营，专事录制唱片和磁带。

新爱乐管弦乐团New Philharmonic Orchestra（英） 一个以伦敦为基地的交响乐团。在它的前身爱乐乐团解散后于1964年重新成立，先由沃尔特·莱格私人经营，后由乐队演奏员自行管理，主要活动为录制唱片。

爱乐管弦乐团Philharmonic Orchestra（英） 1945年创建于伦敦，1964年曾用新爱乐管弦乐团名义自主经营，1977年恢复原名。

皇家爱乐乐团Royal Philharmonic Orchestra（RPO)（英） 1946年由托马斯·比彻姆爵士创办于伦敦，伦敦五大交响乐团之一。该乐团借用皇家爱乐协会之名，但和协会并无正式关系。

圣马丁室内管弦乐团The Academy of St. Martin-in-the-Fields（英） 是以原任伦敦

交响乐团第二小提琴首席的马利纳为中心组成的室内乐团，1959年首次公开演奏。其演奏曲目广泛，从巴洛克音乐到17、18世纪的作品，无所不能。演奏以清新的现代感，以及对作品的彻底研究著称乐坛。

英国室内管弦乐团English Chamber Orchestra（英） 前身为1946年创设的葛兹布罗管弦乐团，1960年改为现名，重新起步。此后，因成为奥德巴拉音乐台柱而扬名，活跃于唱片录音和旅行演奏，成长为世界首屈一指的室内管弦乐团。

皇家利物浦爱乐管弦乐团Royal Liverpool Philharmonic Orchestra（英） 1943年创建，前身为1840年建立的利物浦爱乐协会的乐团。

柏林爱乐管弦乐团Berliner Philharmoniker（德） 1882年创建于柏林，与维也纳爱乐管弦乐团齐名，是世界首屈一指的交响乐团之一，由各国著名演奏家组成。1955年以后，由卡拉扬任音乐指导与终身指挥。演出曲目广泛，尤以演奏德国音乐作品著称。担任该乐团长期指挥的人都是当时的指挥界巨擘，他们使乐团建立起了无比辉煌的传统，演奏技能精彩绝伦，表现积极，具有优异的反应力。

柏林德国歌剧院管弦乐团Orchester der Deutsche Oper Berliner（德） 1912年创建于柏林，隶属于柏林市立歌剧院。

巴伐利亚广播交响乐团Symphonie-Orchester des Bayerischen Rundfunks（德） 1949年创建于慕尼黑，隶属巴伐利亚广播局。其演奏音色明亮，技巧高超，是欧洲一流乐团之一。

巴伐利亚国立（歌剧院）管弦乐团Bayeriches Staatskapelle（德） 1911年创建于慕尼黑，隶属于巴伐利亚歌剧院。

拜罗伊特音乐节管弦乐团Bayreuther Festspielorchester（德） 1876年创建于拜罗伊特，隶属拜罗伊特节庆剧院。

法兰克福广播交响乐团Radio Symphonie Orchestra，Frankfurt（德） 1927年创建于法兰克福，隶属法兰克福国营广播电台。原名黑森交响乐团，1971年改用现名。在德国众多广播交响乐团中，该乐团被认为是水平最高的乐团。

汉堡爱乐管弦乐团Philharmonisches Orchester，Hamburg（德） 1896年创立于汉堡。乐团演奏稳重而具有德国传统特色。

慕尼黑爱乐管弦乐团Münchener Philharmoniker（德） 1893年创立，原名卡伊姆管弦乐团，1928年改用现名。其演奏风格与当地的巴伐利亚广播交响乐团等相比，朴素而别具一格。

斯图加特室内管弦乐团Stuttgarter Kammerorchester（德） 1945年由指挥家明兴格尔创建于斯图加特。乐团以演奏德意志巴洛克音乐著称。

德累斯顿国立管弦乐团Staatskapelle Dresden（德） 1548年创建，是世界上历史最悠久的交响乐团。乐团演奏水平很高，所奏德、奥古典音乐格调高雅、音响丰富，乐曲织体层次分明。

德累斯顿爱乐管弦乐团Dresden Philharmoniker（德） 1870年创建，原名商工会馆管弦乐团，1924年改用现名。乐团保持德国传统演奏风格，并吸取了现代音乐的演奏特点。

柏林国家歌剧院管弦乐团Berliner Staatskapelle（德） 1742年组建，隶属柏林国家歌剧院，其前身为创立于1570年的勃兰登堡宫廷歌剧院附属乐团。

莱比锡布业会馆（格万特豪斯）管弦乐团Gewandhausorchester Leipzig（德） 1743年创建，乐团具有古老的传统与风格，演奏曲目广泛，以古典作品为主，也演奏近、现代作品。

维也纳爱乐乐团Wiener Philharmoniker（奥地利） 1842年创建，乐团指挥先后由里希特、马勒、赫梅斯贝尔格、魏恩加特纳、富特文格勒、瓦尔特、卡拉扬、伯姆等担任。乐团注重德奥音乐典雅的传统风格，团员演奏出的“传统音响”，具有独特的美感。与柏林爱乐乐团一样，拥有世界最高声誉。

维也纳交响乐团Wiener Symphoniker（奥地利） 1900年创建，原名维也纳音乐协会管弦乐团，1933年改用现名。该乐团常去国外演出，录制过大量唱片和磁带。

萨尔茨堡莫扎特管弦乐团Mozarteum-Orchester Salzburg（奥地利） 1938年创建于萨尔茨堡，前身为1841年创立的萨尔茨堡大教堂音乐协会管弦乐团和1917年成立的莫扎特音乐学院莫扎特管弦乐团。

巴黎管弦乐团Orchestre de Paris（法） 1967年创建，被认为是欧洲最高水平的交响乐团之一。其前身为创建于1828年的巴黎音乐学院管弦乐团。乐团的管乐尤其是木管演奏十分出色。

巴黎音乐学院管弦乐团Orchestre de la Société des concerts du Conservatoire de Paris（法） 1828年创建，隶属于巴黎音乐学院。乐队的演奏具有拉丁文化特色，高音区明亮润泽，管乐器组的重奏效果和木管的独奏格外引人入胜。

巴黎歌剧院管弦乐团Orchestre de Theatre National de L’opera Paris（法） 1875年创建。

法国国家管弦乐团L’Orchestre National de Francaise（法） 1934年创建于巴黎，原名法国国家广播电台管弦乐团，隶属于法国国家广播电台。该乐团曾演奏过大量的现代乐曲。

拉姆雷管弦乐团Orchestre de L’Association des Concortr Lamoureux（法） 1881年创建于巴黎，乐团录制过大量古典名曲。

科隆纳管弦乐团Orchestre de L’Association des Artistique des Concerts Colonne（法） 1873年创建于巴黎。

斯特拉斯堡爱乐管弦乐团Orchestre Philharmonic de strasbowrg（法） 1855年创建，原为市立剧院的管弦乐团。

巴尔多管弦乐团Orchestre de L’Association des Concerts Pasdeloup（法） 1916年创建。

里昂管弦乐团Orchestre de Lyou（法） 1969年成立，原名罗纳-阿尔卑斯管弦乐团，1971年改用现名。演奏曲目广泛，以法国作品为主。

瑞士罗曼德管弦乐团L'Orchestre de la Suisse Romande（瑞士） 1918年创建于日内瓦。其演奏节奏明快利落，音色鲜明多彩，对近、现代作品的演奏处理更为出色。

苏黎世音乐堂管弦乐团Tonhalle- Orchesten Zürich Orchestre（瑞士） 1862年创建，隶属音乐堂协会。

罗马圣切契里亚音乐院管弦乐团Orchestra Strabile dell' Academia Nazionale di Santa Cecilia di Roma（意大利） 1886年创建，意大利最著名的交响乐团。

（米兰）斯卡拉剧院管弦乐团Orchestra del Teatro alla Scala di Milano（意大利） 1778年与斯卡拉剧院同时创建，意大利最著名的交响乐团。

意大利罗马广播交响乐团Orchestra di Roma della RAI（意大利） 隶属于意大利国营广播局（RAI）。录制过相当数量的歌剧选曲。现已并入都灵广播交响乐团，与米兰和那不勒斯的两家广播交响乐团一起重组为新的意大利国家广播交响乐团。

阿姆斯特丹音乐厅管弦乐团Amsterdam Concertgebouw Orkest（荷兰） 1888年创建，隶属于阿姆斯特丹音乐厅，擅于演奏德国后期浪漫派的作品。

鹿特丹爱乐管弦乐团Rotterdam Philharmonieorkest（荷兰） 1918年创建，乐团演奏充满活力。

荷兰室内乐团Netherlands Chamber Orchestra（荷兰） 1955年成立，由西蒙·戈尔德堡任音乐指导，虽以演奏巴赫作品著称，但曲目广泛而有趣。

荷兰广播管弦乐团Nederlandse Radio Philharmonisch Orkest（荷兰） 1945年创建于阿姆斯特丹附近的希尔弗瑟姆，演奏曲目广泛。

比利时广播交响乐团Grand Orchestre Symphonique de l'Institut National de Radio diffusion（BRT Symphonieokset）（比利时） 1935年创建于布鲁塞尔，隶属比利时国立广播电台，原名INR交响乐团，后改用现名，擅长演奏通俗名曲。

比利时国立管弦乐团Orchestre National de Belgiqus（比利时） 1832年创建于布鲁塞尔，原为皇家音乐学院的管弦乐团，隶属比利时艺术院，演奏略具法国传统风格。

列日交响乐团Orchestre Symphonique de Liege（比利时）

奥斯陆爱乐管弦乐团Oslo Filharmonisk Selskap（挪威） 1919年创建，挪威主要交响乐团。

赫尔辛基广播交响乐团Helsingen Radio Sinfoniaorkesteri(芬兰） 隶属芬兰广播局，擅长演奏西贝柳斯的乐曲。

苏联国家交响乐团State Academy Symphony Orchestra of USSR（苏联） 1936年创建于莫斯科。演奏浑厚而充满活力，具有浓郁的俄罗斯色彩，演奏曲目以本国乐曲为主。（根据1993年1月1日前资料）

莫斯科国立爱乐交响乐团Moscow State Philharmonic Orchestra（苏联） 1951年创建。演奏曲目以古典名曲、苏联新作品及演奏会形式的歌剧演出为主。（根据1993年1月1日前资料）

莫斯科广播交响乐队Moscow Radio & TV Symphony Orchestra（苏联） 1930年创建，隶属莫斯科国家广播局。乐团演奏技巧高超，录制了大量乐曲。1993年经俄罗斯文化部批准，乐团重新命名为莫斯科广播柴可夫斯基交响乐团。

列宁格勒国立爱乐交响乐团Leningrad State Philharmonic Academy Symphony Orchestra（苏联） 前身为1772年创建于彼得堡的音乐协会管弦乐团。演奏富于激情和力度。苏联解体后，列宁格勒恢复旧称，乐团从1991年起更名为圣彼得堡爱乐乐团The st. Petersburg Philharmonia。

俄罗斯国家交响乐团The Russian National Orchestra（俄罗斯） 1990年由俄罗斯著名钢琴家普列特涅夫创办，团员都是苏联一流交响乐团中的首席及高手，大多可独当一面担任独奏，是代表俄罗斯最高水平的交响乐团，该乐团演绎俄罗斯民族作曲家的作品最为得心应手。自创立之日起，大量的国际巡回演出成为该乐团重要的使命之一，并且乐团一直保持着高出演率，频繁地在世界各主要节日应邀演出。

捷克爱乐管弦乐团Czech Philharmonic Orchestra（捷克） 1896年创建于布拉格，前身为19世纪60年代建立的布拉格国民剧院管弦乐团。乐团弦乐表现力丰富，合奏效果出色，尤擅于表现本国作曲家作品中的民族气质。（根据1993年1月1日前资料）

华沙国立爱乐管弦乐团Warsaw Philharmonic Orchestra（波兰） 1901年建立，前身为创建于18世纪末的华沙国立剧院管弦乐团。其演奏曲目中包括相当数量的现代乐曲。（根据1993年1月1日前资料）

匈牙利国家交响乐团Hungarian State Symphony Orchestra（匈牙利） 1923年创建于布达佩斯。（根据1993年1月1日前资料）

多伦多交响乐团Toronto Symphony Orchestra Symphony Orchestra（加拿大） 1923年成立于多伦多。

以色列爱乐管弦乐团Israel Philharmonic Orchestra（以色列） 1936年创建于特拉维夫，是以色列最主要的乐团。该乐团由布罗尼斯拉夫·胡贝尔曼召集在欧洲许多著名乐团中演奏过的犹太难民所创办。托斯卡尼尼指挥了它的创立音乐会，但乐团未设常任音乐总监。它以合作社方式进行管理，以特拉维夫的人民会堂为基地，但也在耶路撒冷和海法定期演出。

日本广播协会交响乐团NHK Symphony Orchestra（日本） 1926年创建于东京，原名新交响乐团，后改称日本交响乐团，195l年起改用现名。乐团的弦乐特别突出，合奏效果也很出色。

东京爱乐交响乐团Tokyo Philharmonic Orchestra（日本） 1948年组建于东京，前身为1910年创立的松阪屋少年音乐队，后曾更名为松阪屋管弦乐团、中央交响乐团、东京交响乐团、东京都爱乐管弦乐团等。

日本读卖交响乐团Yomiura Nippon Symphony Orchestra（日本） 1962年创建于东京，为日本主要乐团之一，录制过大量唱片。

大阪爱乐交响乐团Osaka Philharmonic Orchestra（日本） 1947年创建于大阪，原名关西交响乐团，以擅长演奏浪漫乐派的作品闻名。

京都市交响乐团City of Kyoto Symphony Orchestra（日本） 1950年创建于京都，为京都市立交响乐团。

3.20 古典音乐小词汇

Aria咏叹调、抒情调　是一种配有伴奏的一个声部或几个声部的以优美旋律表现出演唱者感情的独唱曲。可以是歌剧、轻歌剧、神剧、受难曲或清唱剧的一部分，也可以是独立的音乐会咏叹调。咏叹调有许多通用的类型，是为发挥歌唱者才能并使作品具有对比而设计的。

Ballet芭蕾　即舞剧，舞蹈者以模拟等动作，配合音乐来叙述故事或表现某种情绪的表演节目。

Berceuse摇篮曲　即催眠曲，或有类似这样性质的器乐曲。通常采用复二拍子，形式简单，速度中庸或徐缓，主旋律柔婉抒情，节奏摇荡。

Cantata清唱剧、康塔塔　以宗教或世俗文字为曲词，配以器乐伴奏的乐曲。乐曲包括宣叙调、二重唱、圣咏曲、合唱曲等。严格说来，是演唱的乐曲。

Chamber Music室内乐　指适合于室内表演，使用多件独奏乐器的音乐，它不包括独唱和独奏的音乐，也不包括管弦乐、合唱等类乐曲，只指2、3、4或更多件乐器合奏的音乐，其中每件乐器单独任一声部，各声部的作用一律无主次之分。室内乐作曲根据配器法来命名，如二重奏、三重奏……九重奏，9件乐器以上的作品则有自己的名称。最常见的室内乐是四重奏、五重奏、三重奏及二重奏。弦乐四重奏只使用弦乐器，如其中之一不是弦乐器，就使用钢琴三重奏（钢琴加两件弦乐器）、单簧管五重奏（单簧管与弦乐四重奏）等名称。

Concerto协奏曲　巴洛克时期出现的一种协同演奏的音乐形式，从古典时期后，逐渐变成为一件独奏乐器与管弦乐合奏而谱。独奏乐器和乐队协同演奏中，既有对比又相交融。

Duet（Duo）二重唱、二重奏　供两个演唱（奏）者合作演唱（奏）谱写的音乐作品，演唱可有伴奏或无伴奏。Duo通常用于器乐二重奏。

Étude（Study）练习曲　练习曲一般很简短，是以提高演奏者技巧水平为目的作品，通常会针对一项特定的技巧而谱。

Fugue赋格曲　赋格是复音音乐的重要曲式，在巴洛克时期获得了最大发展，它和更古老的卡农有关联，但卡农是严格的模仿，赋格是自由的模仿，赋格曲通常有三至四个声部，并有一个主题。赋格可以为人声而作，也可为器乐重奏或一种键盘乐器而作。

Gavotte加沃特、嘉禾舞曲　一种采用相当快的4/4拍的法国古老舞曲，通常在小节的第三拍开始。

Humoreske幽默曲　一种活泼而又让人浮想联翩的器乐曲。著名作品有德沃夏克8首钢琴幽默曲中的第七首（OP.101），以及舒曼的钢琴幽默曲（OP.20）。

Imprompto *即兴曲* 19世纪浪漫时期的一种器乐短曲曲名，往往采用歌曲似的形式。音乐长度简短，经常是为独奏钢琴而谱，具有即兴演奏性格，有一种精美雅致的气质和随意而为的风度。

March *进行曲* 为大群人，尤其是军人步伐整齐前进伴奏用的二拍子或四拍子音乐曲名，是最早知名于世的曲式之一。进行曲的大师苏萨（J.P.Sousa），被称为“进行曲之王”。

Mazurka *玛祖卡舞曲* 一种传统的波兰乡村舞曲，采用中庸到快速的三拍子，每小节的第二或第三拍常有重音，最早由肖邦改编成有一定程式的钢琴曲。

Minuet *小步舞曲* 原为一种三拍子的法国乡村舞蹈，17世纪中叶被宫廷移植，因舞步小而优雅遂得此名。在交响曲及其他器乐曲中，小步舞曲与诙谐曲通常在慢速的第二乐章与终曲之间。小步舞曲的代表作是鲍凯利尼的E大调弦乐五重奏（op.11）中的小步舞曲。

Nocturne *夜曲* 浪漫时期一种简短、缓慢的乐曲，常使人想起夜间情景。夜曲的旋律与气氛非常丰富，通常是为独奏钢琴而作的富于浪漫情趣的短曲。费尔德（J.Field）首创夜曲的类型，肖邦则写出了最精美的作品。

Opera *歌剧* 歌剧是谱成音乐的戏剧，大约产生在1600年的意大利，台词全部或大部分用人声演唱加上乐器伴奏。

Operetta（Operette）*轻歌剧、小歌剧* 从喜歌剧衍生出来的一种轻松的音乐剧，是一种包括序曲、歌曲、幕间曲和舞蹈在内的戏剧。

Oratorio *清唱剧* 是为宗教性质的剧本配奏的音乐，由独唱歌手、合唱队和乐队表演，用戏剧形式，但不用布景和戏剧服装，在音乐厅或教堂演出。

Overture *序曲* 是歌剧、轻歌剧、神剧、舞台剧或其他大型作品开幕前的器乐前奏。浪漫时期发展出的音乐会序曲，则是一种独立的管弦乐作品。

Fantasy *幻想曲* 通常是一种不太注重形式、含有浪漫色彩的器乐短曲，具有幻想和自由奔放的特点。

Polka *波尔卡舞曲* 源于19世纪早期，风靡全欧的波西米亚舞曲，是一种快速适中的2/4拍子的圆圈舞。

Polonaise *波洛奈兹舞曲* 一种速度适中的单三拍子的波兰民族舞曲，始终如一的庄重节奏型是其主要特征。肖邦写有大量波洛奈兹舞曲。

Prelude *前奏曲* 位于其他音乐如赋格之前的前奏性乐曲，或构成组曲的第一乐章，或歌剧的管弦乐引子，也可以是独立的单乐章钢琴短曲。

Quartet *四重奏、四重唱* 为4个人声或乐器声部写作的乐曲。在声乐，特别是歌剧中，四重唱通常还有伴奏。在器乐中，四重奏通常指弦乐四重奏，即由两把小提琴、一把中提琴及一把大提琴构成，但也有钢琴四重奏（钢琴和3件弓弦乐器）、双簧管四重奏（双簧管和3件弓弦乐器）等类组合。弦乐四重奏就像交响曲在管弦乐中的地位，它在室内乐方面是表达作曲家思想的最高级工具。

Quintet五重奏、五重唱　为5个演奏者或演唱者表演的作品。弦乐五重奏可以由弦乐四重奏加上一只第二中提琴组成。常见的五重唱由两个女高音、一个女中音、一个男高音和一个男低音组成。最伟大的弦乐五重奏是舒伯特的《鳟鱼》。

Recitative宣叙调　一种朗诵式的和说话似的歌唱形式，音高和节奏的处理不像歌曲而更接近戏剧朗诵，特别用于歌剧或清唱剧中，节奏自由。

Requiem安魂曲、追思曲　弥撒曲的一个分支，以“永恒安息”字句开始。

Rhapsody狂想曲　浪漫时期的一种自由曲式，是常以民族或民间旋律为主要素材写成的器乐曲。

Rondo回旋曲　古典器乐的一种重要曲式，通常是指一段音乐间歇性地重现的器乐曲，其中的主要主题乐章会与一段或多段其他主题乐节轮替出现。

Scherzo诙谐曲　是一种活泼的管弦乐曲乐章名称，自19世纪初开始，取代小步舞曲在交响曲及奏鸣曲中的地位。它有时也是独立的器乐曲，但曲趣并不一定具有戏谑的性质。

Serenade小夜曲　本是露天黄昏时演奏的音乐，但在接近18世纪末时发展为一种多乐章构成的弦乐与管乐曲，经常在露天演出作敬礼、庆祝生辰或余兴的音乐。Standchen（德文小夜曲之意）、Aubade（晨歌）、Nachtmusik（夜晚音乐）、Notturno（夜曲）、Divertimento（嬉游曲）等实际是同一形式音乐的不同名称。小夜曲到19世纪的浪漫时期已失去原来性格，可能用以指一首歌曲、一首情景乐曲或是大型管弦乐曲。

Sonata奏鸣曲　奏鸣曲产生于16世纪，是一种为钢琴演奏的乐曲或用其他乐器演奏而带钢琴伴奏的器乐曲，如小提琴奏鸣曲、长笛奏鸣曲。奏鸣曲通常包括4个乐章，也有3个乐章的。4个乐章的奏鸣曲一般第一乐章是奏鸣曲式，第二乐章是三段体的三部曲式（也可以是奏鸣曲式、回旋曲式或变奏曲），第三乐章是小步舞曲（或谐谑曲），第四乐章终曲是回旋曲（或奏鸣曲式，有时也可以是变奏曲）。各乐章的速度以平衡变化的美学原则为基础，一般是快-慢-中快-快。

Suite组曲　原是一种由若干短曲或乐章连成一体的器乐曲，通常采取舞曲的风格。一组器乐乐章往往取自戏剧配乐或芭蕾舞剧。

Symphony交响曲　原为希腊文，意为“声音一起响”，现在这个词一般指规模宏大的乐团作品，通常分4个乐章，是乐队的奏鸣曲，音色之复杂、丰富，为一切乐曲之冠。交响曲给予作曲家一个足以驰骋的广阔战场，影响了西方音乐的整个进程。

Symphony Poem交响诗　又称音诗，李斯特首创的一种“标题”音乐，常用以表现诗情画意的文学性内容，是只有一个乐章、结构自由，但形式不限的交响性作品。

Toccata触技曲、托卡塔　是一种古老的体裁名称，原为一个短乐章，用以使演奏者通过快速、纤巧的技巧而表现他的“触键”，是特别为键盘乐器而写的演奏曲。

Trio 三重奏　为由3个演奏者共同组成的表演组织所写的作品。在室内乐中，三重奏有时是为弦乐器而作（一般由小提琴、中提琴、大提琴组成），但更常见的是钢琴三重奏，一般由钢琴、小提琴、大提琴组成。

Waltz 圆舞曲、华尔兹　可能是由德国连德勒舞曲演变而来的3/4拍的舞曲，兼具实用性与艺术性。其伴奏由低音的第一拍与高音和弦的第二、第三拍组成，主旋律流丽舒展，和声和曲式结构简单明晰。奥地利作曲家小约翰·斯特劳斯在圆舞曲创作上的突出成就使他有“圆舞曲之王”的称号。

管乐

第四章　电子音响史料

随着科技的发展，人们总会忘却那些做出创造发明的人，笔者有感于此，根据相关文献，整理了一些有关史料，供大家参考。

4.1 电子管简史

电子管（Electron Tube），英国称Valve，早期叫真空管（Vacuum Tube），一些地区也称其为“胆”，它的发明标志着一个新时代的开始，它为人类的文明进步立下了不朽功勋。收音机、电视机、音响等设备使用的电子管，以及工业用、军用、通信用的小功率电子管，统称为接收管（Receiving Tube）。

1883年，T.A.爱迪生（T.Edison）为了寻找电灯泡的最佳灯丝材料，在真空的玻璃泡内碳灯丝附近安装了一截铜丝，希望铜丝能阻止碳灯丝的蒸发，可实验中爱迪生无意中发现，没有连接在电路里的铜丝，因接收到碳丝发射的热电子而产生了微弱电流，这就是有名的爱迪生效应。

T.A.爱迪生

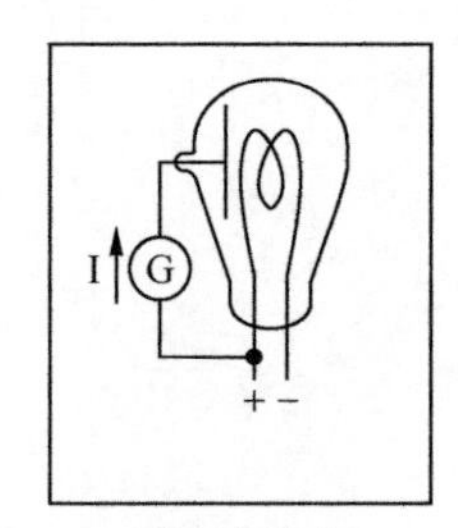

爱迪生效应

1884年，英国年轻的电气工程师J.A.弗莱明（J.A.Fleming）访问美国时拜访了爱迪生，在讨论时，爱迪生重复了一年前的发现——爱迪生效应，弗莱明回国后，进行了研究，他发现在真空灯泡里装上灯丝和铜片，分别作阴极和阳极，灯泡里的电子就能实现单向流动。1904年，弗莱明终于研制出一种能够用于交流电整流和无线电检波的特殊灯泡，他称之为Valve（阀），也有人把它称为Tube（管），这只特殊灯泡催生了世界上第一只二极电子管。

J.A.弗莱明

弗莱明的热离子阀

二极管首先用于无线电接收机上，是理想的检波器件，它使无线电接收机接收灵敏度得以大幅提高。但人们曾错误地认为电子管工作的必要条件是其中存在稀薄气体，所以早期的二极管性能很不稳定。

当英国弗莱明发明真空二极管的消息传到美国后，德·福莱斯特（D.Forest）选了一段白金丝作灯丝，在灯丝附近安了一小块金属板，把玻壳抽成真空通电后，果然追寻到了电子的踪迹。他又抓起一根导线，弯成Z形，小心翼翼地把它安装到灯丝与金属板之间，他极其惊讶地发现，Z形导线上微弱的电位变化能在金属板上得到较大的电子流变化，且其变化的规律完全一致，德·福莱斯特发现的正是电子管的放大作用。后来，他把导线改成栅栏形式的金属网，于是电子管就有了3个极——丝极、屏极和栅极。1906年，德·福莱斯特发明了真空三极管，他把这种真空管称为Audion（三极管）。真空三极管的发明扩展了热电子真空管的应用，使放大微弱信号成为可能。

德.福莱斯特

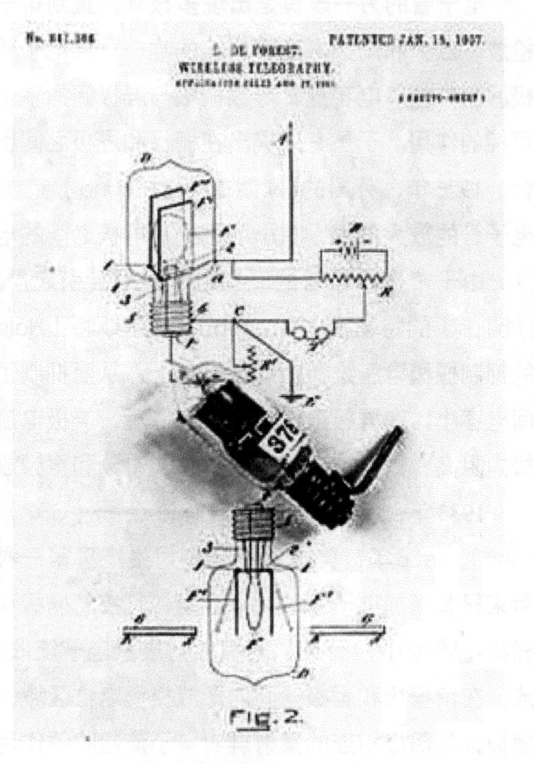

原始三极管专利

遗憾的是，三极真空管的发明造成弗莱明和德·福莱斯特之间的长期诉讼，弗莱明坚持认为福莱斯特的工作依赖于他的二极管，德·福莱斯特则坚持认为在做出他的发明前，他并不知道弗莱明的专利。专利诉讼一直持续到1943年，美国最高法院判决弗莱明原专利无效才结束。

1912年美国通用电气公司（GE）的I. 兰米尔（I.Langmuir）和美国电话电报公

司的H. 阿诺德（H.Arnold）在各自公司改进了三极管的真空度，研制出高真空电子管，使三极管的放大倍数大大提高，寿命和稳定性也更好，加上材料和工艺的改进，特别是玻璃和金属的密封性，由此电子管进入实用阶段。

最早的电子管都采用直流电供电，且仅在业务及少数业余玩家间通行，电子管首次改良的目的就是省电，因此发明出了发射效率更高的稀土氧化物涂层灯丝和含钍灯丝。稀土氧化物涂层灯丝（或稀土氧化物涂层阴极）用于所有接收放大管及电压在1000V以下的屏极耗散较小的电子管。钍钨灯丝广泛应用于电压1000V以上空气冷却的中等功率现代发射管，钨灯丝仍然在大型发射管中广泛应用。由于使用电池实在不方便，而且维持费用也高，所以第一次世界大战后就有人尝试以交流电让电子管工作。因为解决了交流哼声问题，美国西屋电气公司（Westinghouse）于1921年获得了专利，美国通用电气公司（GE）于1923年也获得了不同样式的专利。1927年美国无线电公司（RCA）推出旁热式阴极的UY-227电子管。

电子管的另一改良是出现多极管，直到第一次世界大战末期，三极真空管仍是检波、放大和高频振荡等用途的唯一一种电子管。但三极管的主要缺陷是栅极与屏极间固有的静电容量，导致栅极与屏极间的耦合，在输出电路和输入电路间产生不可控的作用。于是有人提出在栅极和屏极之间引入一个新电极来减少电极之间的耦合。1926年，英国的H.J. 朗德（H.J.Round）完成了帘栅四极管的实际使用，提高了电子管的放大倍数，减小了栅极和屏极之间的电容（0.001～0.01pF）。

由于帘栅四极管的二次电子发射会引起严重失真。1928年，荷兰飞利浦公司（Philips）的特勒根（Tellegen）、霍尔斯特（Holst）发明了五极管（Pentode），新增的抑制栅极电压维持在灯丝电压上，从而抑制了二次电子发射。五极管增益高、极间电容小，在屏极电压达到一定值后，屏极电流几乎不受屏极电压的影响，并且屏极内阻高，因而被广泛用作射频、中频和声频放大。

1933年，英国通用电气有限公司（GEC）发明了集射功率管（Beam-power Tube）。1936年，美国无线电公司生产了第一种集射功率管6L6，它应用定向电子射束显著增加电子管的功率容量，其控制栅极和帘栅极金属丝基本上对齐，所以帘栅极电流很小，而且从阴极发射出的电子流收敛成一系列扇形射束状高密度电子流，在帘栅极和屏极空间内形成极低电位区域，阻止了屏极的二次电子发射返回帘栅极，与阴极相连的集射屏对电子流起收敛作用，防止特性曲线扭曲及效率减低。

为了使电子管在超高频波段有效工作，电子管必须具有电子渡越时间短、电极间静电容量小、引线电感小，以及引线介质损耗小等条件。因缩小管内电极间距可以减小电子渡越时间的影响，于是出现了橡实管（Acorn Tube）和灯塔管（Lighthouse Tube）。橡实管形似橡树果实，辐射状从玻壳封接处引出的电极引出线短而粗，可应用于超高频，只是功率较小。灯塔管外形似灯塔，阴极、栅极、屏极为平板圆盘，故也称盘封管，这种管电极间距甚小而互导很高，电子渡越时间较短，环状引线的引线电感很小，可有效应用于超高频振荡和放大。

随着科技的进步，一些特殊用途的电子管相继被开发出来，如遥截止五极管、五栅变频管、宽频带放大管、调谐指示管（电眼）等。不同型号电子管的特性差异很大，可以适用于不同的用途。为了减小体积、降低功耗，实验者在一个管壳内封装两组或两组以上电极系统，并通过各自独立的电子流，这种电子管被称为复合管（Multiple-unit Tube），如双二极管、双三极管、三极-五极管、二极-三极管、二极-五极管等。其中两部分特性完全相同的复合管又称为孪生管，如双三极管（Double Triode）也称为孪生三极管（Twin Triode）。

电子管的外壳最初是仿照白炽灯泡制造的，玻璃管壳呈球形，顶端有抽气头，电极装在芯柱上，芯柱是一端平的玻璃管，圆端封接在灯泡上，外壳底部装有带管脚（Pin）的胶木管基（Bose，也称底座），可插入管座（Socket）。之后玻璃管壳演变成茄形S管（Spherical Tube）。1927年，管壳改变为头部呈筒形的瓶形（葫芦形）ST管（Shouldered Tube），上部筒形段用来支撑电极，握式芯柱为扁平状玻璃柱，管基有4脚（UX型）、5脚（UY型）、6脚（UZ型）、7脚多种型号。

1935年，美国无线电公司（RCA）发明了金属外壳封装的管基中央带定位键（Key）的8脚金属电子管（Metal Tube），其电极引线穿过熔入金属壳内的玻璃小珠。1937年，RCA推出筒形玻壳的、管基带定位键的8脚GT管（Glass Tube），小鸡式心柱是尺寸缩小的扁平状玻璃柱。欧洲首先制造金属管的是德律风根（Telefunken）。1939年RCA发明了纽扣状芯柱平面玻璃管底无管基的MT小型管（Miniature Tube，7脚，抽气头在顶部），小型管也称花生管、指形管。稍后发明的9脚小型管（Noval，诺瓦型标准9脚小型管），为了对管座定位，管脚1和9之间的间隔大于其他管脚之间的间隔。同时期，美国沙尔文电气产品公司（Sylvania）发明了玻璃外壳直接封接1.25mm粗管脚、包绕管基的金属套有一柱塞锁键，能与管座牢固地锁紧的锁式管（Loctal Tube），欧洲首先制造锁式管的是飞利浦（Philips）。第二次世界大战后，飞利浦发展了称为里姆管（Rimlock），具有8个1mm铬钢管脚的小型管，该管壳下部有一小突起，可以装入管座上圆环中的槽内，以定位锁定。

20世纪50年代初出现的SMT超小型管（Subminiature Tube，也称笔形管Pencil Tube），采用软引出脚，耐冲击、振动，超高频用。20世纪60年代初，RCA发明的小型抗振管（Ncvistor），是为高可靠性而设计的坚实小型化电子管，特点是电极及电极间隙很小，并且所有电极为圆柱形且一个套着一个紧密地放在金属陶瓷外壳里，该管具有优良的高频性能。这些电子管外形的变革使电极和芯柱尺寸变小，引线缩短，极间电容减小，扩展了电子管的高频使用范围。1960年，RCA发展出可耗散较大功率的纽扣状平面管底无管基大型9脚功率管（Novar，ϕ30mm、ϕ40mm，抽气头在顶部或管底）。1964年前后，美国发明了复合多只标准化的电子管基本组件于同一管壳内的小型平面玻璃管底12脚（Duo-decar，GE称Compactron，抽气头在管底中心）紧密电子管。

典型电子管的外形如图4-1所示。

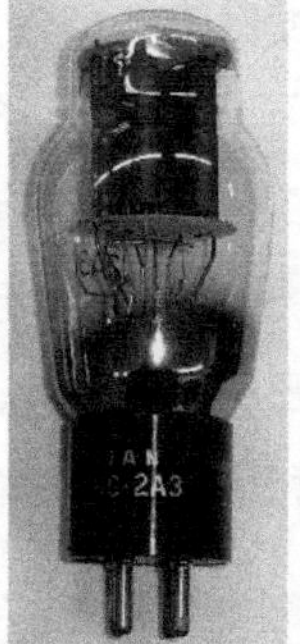

茄形玻壳管　　瓶形玻壳管　　金属管

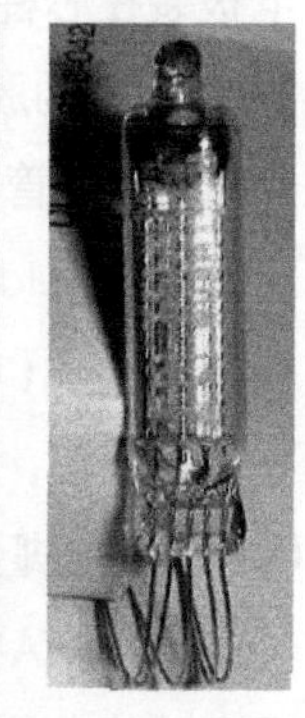

筒形 GT 管　　锁式管　　MT 管　　SMT 管

（小 7 脚花生管）（小 9 脚花生管）（超小型管）

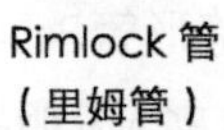

Rimlock 管（里姆管）　　橡实管　　Novar 管（无管基大型 9 脚功率管）　　Nuvistor 管（小型金属抗振管）

Duo-decar 管（无管基 12 脚紧密管）　　发射管　　两种古老电子管

图 4-1　电子管的外形

1948年出现的特别品质管（Special Quality Tube，SQ管），性能在一个或多个方面超过一般用于电视机、音响和收音机的原型，包括高可靠型和长寿命型，是工业和特殊用途（如交通设施）所必需的电子管。它们通常可为原型管的直接替代品，特别品质电子管有优良的设计、高精度的制造规格，在材料和制造过程上有严格的品质管理，比同类型管平均寿命长得多。

20世纪初，欧洲各国和美国相继介入电子管的开发与竞争，分别完成了独自的发展，并拥有了自己的生产线。由于欧洲各国与美国都各按各自的规格进行开发，生产工艺也有所差异，故而早期电子管即使指标基本相当，不同厂家的产品在规格、内部构造及外形上也不尽相同。但随着性能提高、技术成熟，小型管因其具有一系列优点，从而在国际上作为推荐品种得到普及，具有国际互换性。

自1906年实用电子管问世、1912年高真空电子管研制成功以来，从简单的直热式二极管开始，各国开发的各种用途的电子管多达数千种。20世纪中叶，全世界每年生产的电子管达20多亿只，直到1948年晶体管发明后，电子管产量才逐渐下降，这段时间被称为现代技术的电子管时代。自晶体管发明后，固体器件显著的优点使其逐渐替代了电子管的地位，电子管逐步退出电子技术的主舞台，但现在电子管仍在音响等少数领域继续发挥着作用。

4.2 电子管外形的进化

欧洲电子管和美国电子管起初都是独自完成其发展，并拥有了自己的产品生产线，其间最大的不同在于各厂家都按照自己的规格进行开发。即使指标基本相当的电子管，不同厂家的产品在规格、内部构造及外观上也不尽相同。这就导致了电子管多种多样的外观和微妙的音色差异，同时也是电子管的最大魅力所在。

欧洲20世纪初的早期电子管如图4-2所示，大多是为特定用途而开发，屏极为水平放置的圆筒，栅极由7根棒状物围成圆筒状，中间贯穿一根灯丝，部分玻壳顶端有抽气头，玻璃外壳做工很漂亮。

到20世纪30年代，改进的屏极和栅极从玻璃芯柱的侧面伸出J字形竖立玻璃棒，并通过钢丝支撑，前端还固定有灯丝的吊装金具。灯丝为V字形单根或M字形两根吊装（如图4-3所示）。

图 4-2　早期欧洲电子管

图 4-3　改进的早期欧洲电子管

欧洲的有些早期电子管为了屏蔽内部电极，在玻壳外喷涂有金属漆，因此我们并不能看到其内部构造（如图4-4所示）。

第二次世界大战前后，欧洲电子管的玻壳外形有了明显变化，由直筒管及茄形管变为瓶形管，上部筒形段改善了电极的固定支撑，提高了电子管的防振性能（如图4-5所示）。

图 4-4　欧洲管玻壳外的金属漆

图 4-5　欧式瓶形管

不过欧洲的茄形管和瓶形管与美国的茄形管和瓶形管在外观上有着明显差异，欧洲管使用特殊的菱形排列4脚管基（A型）、5脚管基（O型）（如图4-6所示）。

图 4-6　欧式及美式的茄形管和瓶形管外形对比

第二次世界大战后，科技的进步和交流使各国电子管逐渐走向统一标准的筒形8脚管及小型7脚、9脚管。但仍有一些有欧洲自己风格的特殊管基形式，如序号为1～19的欧洲特殊管（P型是边接触8脚管，Y型是带中心定位键的非对称8脚管、10脚管），序号为40～49的小型8脚里姆型（Rimlock，管壳下部有一突起定位紧锁的小型管），以及铁座8脚型等（如图4-7、图4-8所示）。

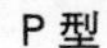

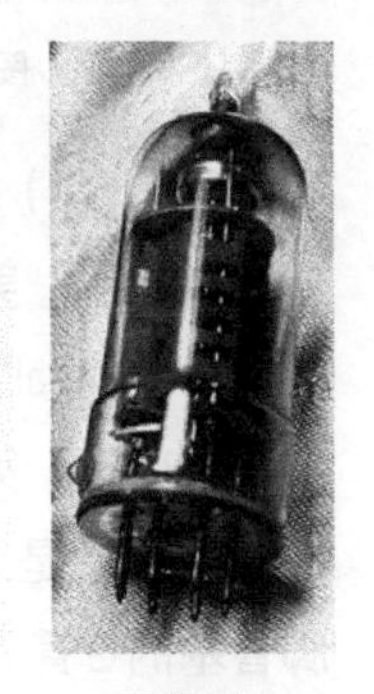

P型　　Y型　　铁座8脚型　　欧式8脚G型　　里姆型

图 4-7　欧式管外观

美国最早的电子管有球形、直筒形和梨形，顶端都有抽气头，外形酷似当时的电灯泡，电极装在芯柱上，芯柱是一端平的玻璃管，圆端封接在灯泡上，外壳底部装有一个带管脚（Pin）的胶木管基（Bose，也称底座），可插入管座（Socket），如图4-9所示。

随后，玻璃管壳演变成茄形S管（Spherical Tube）。1927年，管壳改为头部呈筒形的瓶形（葫芦形）ST管（Shouldered Tube），上部筒形段用来支撑电极，使其更耐振动，握式芯柱为扁平状玻璃柱，有4脚（UX型）、5脚（UY型）、6脚（UZ型）

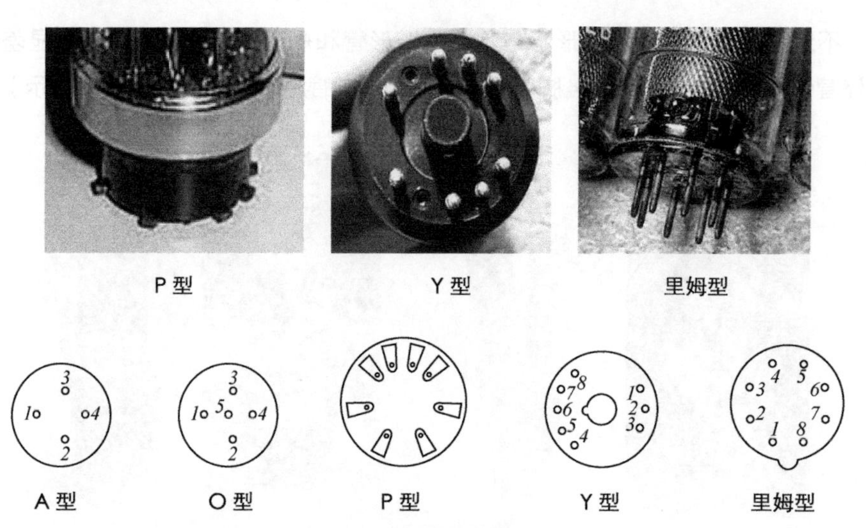

图 4-8　欧式管脚及排列

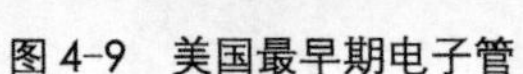

图 4-9　美国最早期电子管

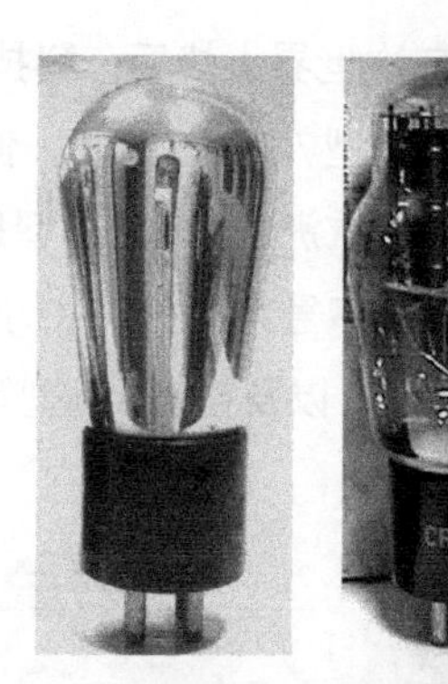

图 4-10　美国早期茄形管及瓶形管

和7脚（Ut型）之分。如图4-10所示。

1935年，美国RCA发明金属外壳封装的管基中央带定位键（Key）的8脚金属电子管（Metal Tube），其电极引线穿过熔入金属壳内的玻璃小珠。

1937年，美国RCA开发出筒形玻壳的管基带定位键的8脚GT管（Glass Tube），小鸡式芯柱是缩小尺寸的扁平状玻璃柱。同年还开发出瓶形玻壳使用带定位键8脚管基的G管。

1939年，美国RCA发明纽扣状芯柱平面玻璃管底无管基MT小型管（Miniature Tube，7脚，抽气头在顶部）；稍后发明9脚小型管（Noval，诺瓦型标准9脚小型管），为了对管座定位，管脚1和9之间的间隔大于其他管脚之间的间隔。

同时期，美国Sylvania发明了玻璃外壳直接封接1.25mm粗管脚，包绕管基的金属套有一柱塞锁键，能与管座牢固地锁紧的8脚锁式管（Loctal Tube）。

这些电子管外形的变革使其内部电极和芯柱尺寸变小，引线缩短，极间电容减小，扩展了电子管的高频使用范围。（美式管的外观、管脚及排列如图4-11、图4-12所示）。

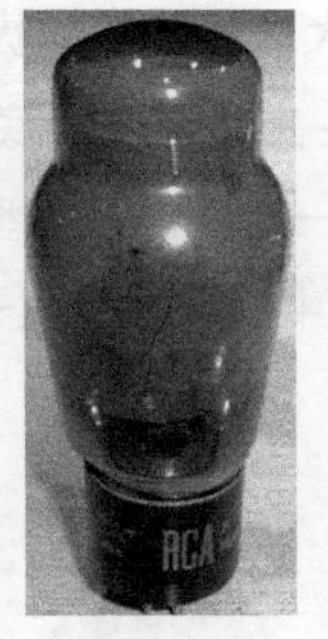

金属管　　筒形 GT 管　　瓶形 G 管　7 脚小型 MT 管　　锁式管　　9 脚小型 MT 管

图 4-11　美式管外观

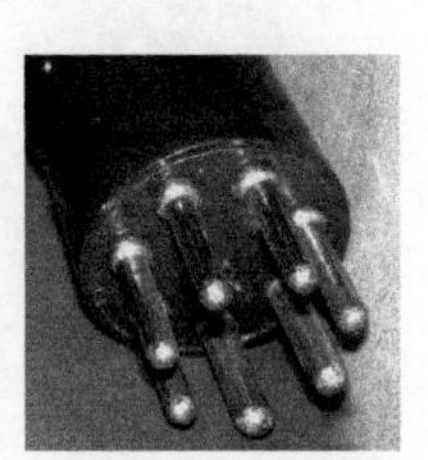

美式 4 脚　　美式 5 脚　　美式 6 脚　　美式 7 脚

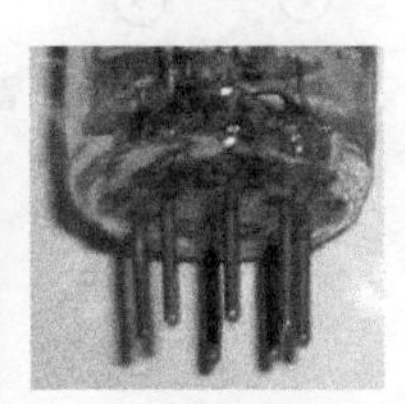

美式 8 脚　　锁式　　小 7 脚　　小 9 脚

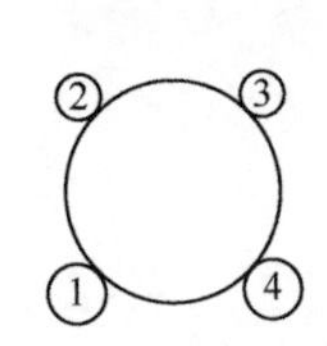

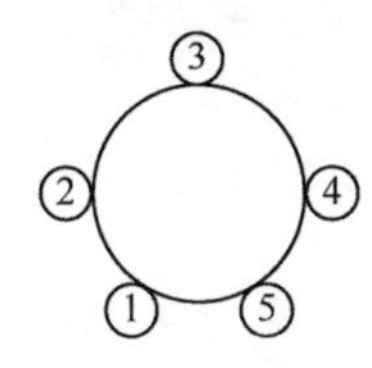

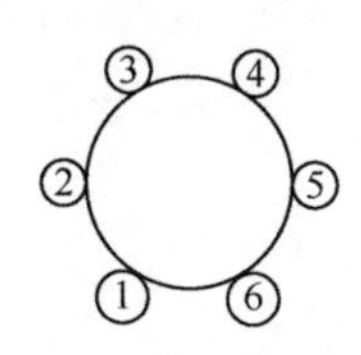

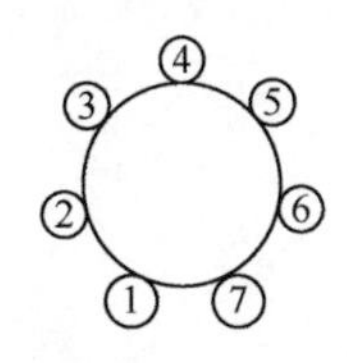

美式 4 脚（UX 型）美式 5 脚（UY 型）　美式 6 脚（UZ 型）　美式 7 脚（Ut 型）

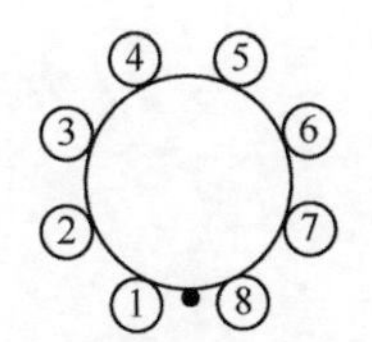

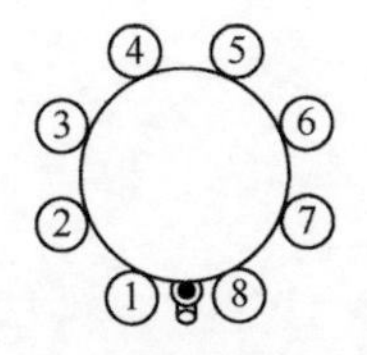

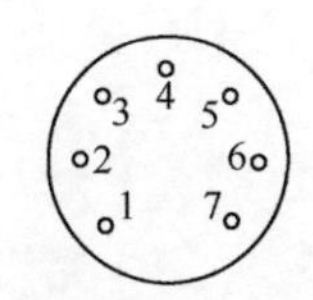

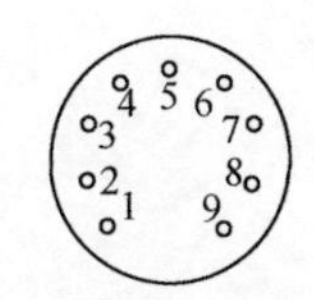

美式 8 脚（US 型）　　锁式（B8G）　小 7 脚（B7G 型）　　小 9 脚（9A 型）

图 4-12　美式管脚及排列

美国RCA于1960年推出了可耗散较大功率的纽扣状平面管底无管基大型9脚功率管（Novar，ϕ30mm、ϕ40mm，抽气头在管顶或管底）。1964年前后，美国发明了复合多只标准化电子管基本组件于同一管壳内的小型平面玻璃管底12脚（Duodecar，GE称Compactron，抽气头在管底中心）紧密电子管，如图4-13所示。

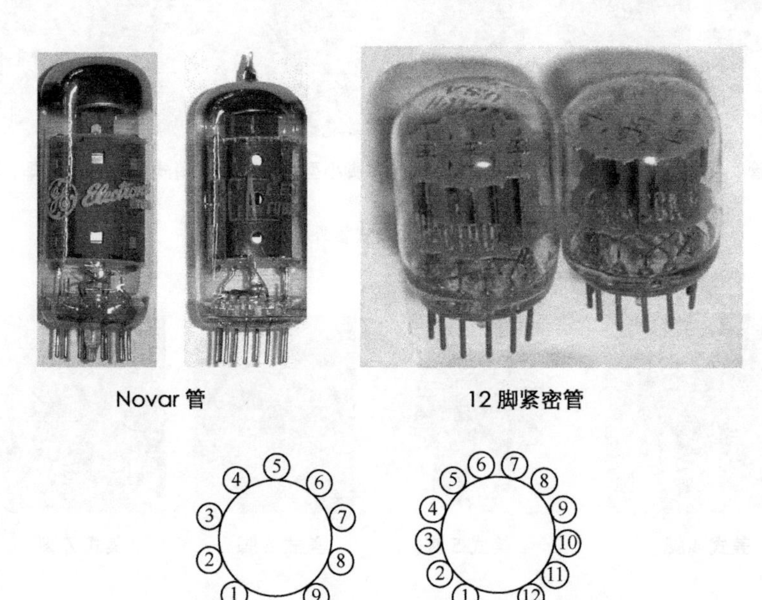

图4-13 Novar管及紧密管管脚排列

4.3 阻容元件简史

任何电子设备都是由元器件所组成的，元器件可分有源器件和无源元件两类，有源器件有电子管、晶体管、集成电路等，无源元件有电阻、电容、电感等。

根据文献记载，莱顿瓶是由德国的克莱斯特和穆森布洛克分别在1745年和1746年发明的。这是一种有内层电极和外层电极的玻璃瓶或玻璃罐，电极材料可以为水、汞、金属箔等物质，这就是最早的电容。

1874年，德国的M.鲍尔最早采用云母作为电容的介质，但直到1914—1918年才出现用云母制造的商用电容，战争的需要更是明显地推动了云母电容的应用。天然云母具有60kV/mm的击穿电压、大的介电常数k值（4～8）、低的介质损耗（1MHz时$\tan\delta$小于5×10^{-4}），使其适合应用于高频振荡回路中。现代云母电容的电极是在云母片上由气相淀积形成的银层，然后把若干个制备好的云母片叠起来，模压在塑料中。云母电容性能优良，是一种高稳定、高精密的电容，它损耗小、耐压高、不易老化、温度及频率特性稳定、精度高，故被广泛应用在高频电路中，并可用作标准电容。

1876年，英国的D.G.菲茨杰拉德首先提出卷绕式纸介电容专利，专利中描述道："用几层互相交替插入的纸和导体（通常是锡箔）卷绕在一圆柱体上制成电容，然后再用石蜡浸渍这种电容。"（如图4-14所示）卷绕式纸介电容起初安装在硬纸管中，用火漆在两端密封，后来人们将这种电容压制在石蜡或塑料中，大型纸介电容则安装在带玻璃引线端的金属焊接封壳中。纸介电容制造工艺简单，能得到较大电容量，但容量误差较大且不易控制，损耗较大（$\tan\delta\leqslant150\times10^{-4}$），温度频率特性也较差。不过，油浸纸介电容的耐压比普通纸介电容的耐压要高。

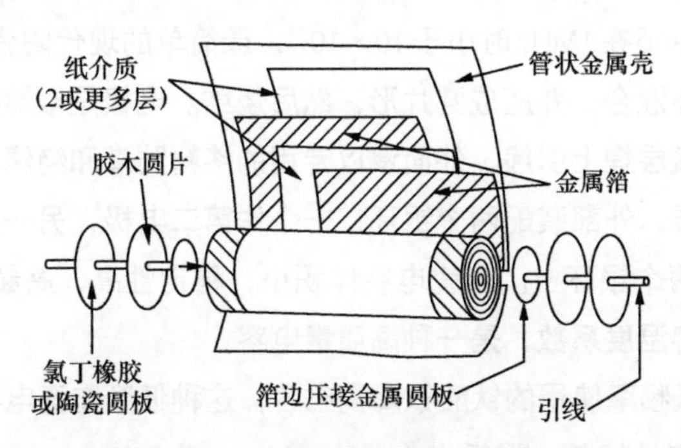

图 4-14 金属箔纸介质电容结构

金属化纸介电容的电极是用真空蒸发法直接将金属蒸发附着于电容纸上，如图4-15所示，体积仅为普通纸介电容的1/4左右。纸介电容是中频电容，一般应用在低频电路上。

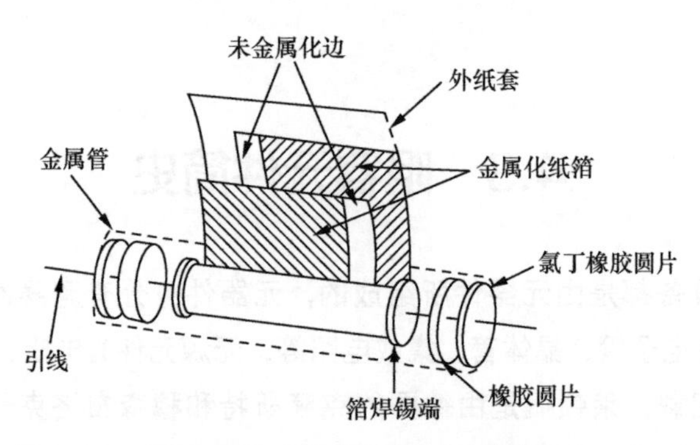

图 4-15　金属化纸介质电容结构

1950—1960年间，塑料薄膜的进一步发展使纸在很多应用中被塑料薄膜所替代。如聚酯和聚碳酸酯，具有200kV/mm的击穿电压，在1kHz时的tanδ小于30×10^{-4}，在10kHz时tanδ小于100×10^{-4}。用于较高频率电路时，电容可采用聚丙烯和聚苯乙烯，在1MHz时其tanδ小于10×10^{-4}。塑料薄膜电容通常是压制在塑料中的电容，或是以绝缘漆浸渍过的扁平形电容。

聚苯乙烯电容性能优良，有高的绝缘电阻，损耗很小，受频率影响较小，稳定性很高，主要使用在对电容量有高精密和稳定要求的电子设备上，以及要求低损耗、小电容温度系数和高Q值的高频及中频回路中，由于介电吸收作用极微而特别适合RC时间常数电路。

聚酯电容俗称涤纶电容，性能优于纸介电容，损耗较大，tan$\delta<100\times10^{-4}$，温度频率特性不稳定，最高工作温度在85℃以上，一般不适于在高频工作。聚碳酸酯电容的电性能优于聚酯电容，可长期工作于120 ～ 130℃。

聚丙烯电容的电性能与聚苯乙烯电容相似，但单位元体积电容量较大，能耐100℃以上高温。

1900年，意大利的L.隆巴迪发明了陶瓷电容，陶瓷材料经得起苛刻的条件，可以无数次地经受额定工作电压，在正常条件下，能长时间维持其形状和物理性能不变。纯陶瓷的tanδ在1MHz时小于10×10^{-4}，最简单的现代陶瓷电容是圆片形的，把陶瓷粉末与液体混合，并压成圆片形，然后烧结。电极是银镀层，烧结后会牢固地附在陶瓷上，镀层焊上引线，外面浸以专用的漆料防潮和绝缘。管形陶瓷电容在陶瓷管内部镀银层，外部装配两个银环，一个作第二电极，另一个作管内镀层的连接点，引线焊在两个银环上。陶瓷电容体积小，稳定性高，高频特性好，损耗低，能制得预期的电容温度系数，是一种高质量电容。

还有一种较低频率使用的钛酸钡陶瓷电容，这种低频陶瓷电容，可以得到较大的电容量，但稳定性较差，损耗大（tan$\delta<300\times10^{-4}$ ～ 500×10^{-4}），仅限在对稳定性和损耗要求不高、频率较低的回路中用于旁路或隔直流，但容易被脉冲电压所击穿，故而不宜用于脉冲电路。

20世纪60年代出现的独石电容，是在若干片陶瓷薄膜坯上覆以电极浆材料，叠合后一次烧结成一块整体，外面用树脂包封而成的电容。这是一种小体积、大容量、高可靠和耐高温电容。

1904年，英国的L.莫塞基发明了管状玻璃电容，它为马可尼早期实用无线电通信实验提供了唯一有效的电容，该电容的改进型使用展宽的玻璃板及两片锌箔，直到第一次世界大战期间，这种电容还在火花无线电发送设备中使用。

常见电解电容采用氧化铝作为介质，它的介电常数k达28，一层不厚于1μm的氧化铝层可承受500V的电压，不大的面积却足以提供较大的电容量。电解电容的历史发展中，早期的电解电容都用的是液体电解质，体积大而容量小。1935年有人发明了一种用两个铝箔（其中一个被氧化）制造电解电容的方法：两个铝箔间有一层浸有糊状电解质的多孔纸，铝箔包卷成圆柱体，装于铝壳，如图4-16所示，到1945年后，该电容制造工艺趋于完善，尺寸大大缩小。电解电容总会有漏电流，而且有温度和寿命的限制。铝电解电容单位体积电容、电压乘积较大，价格便宜，但稳定性差，损耗和漏电也较大，一般不适于在高频和低温下应用。

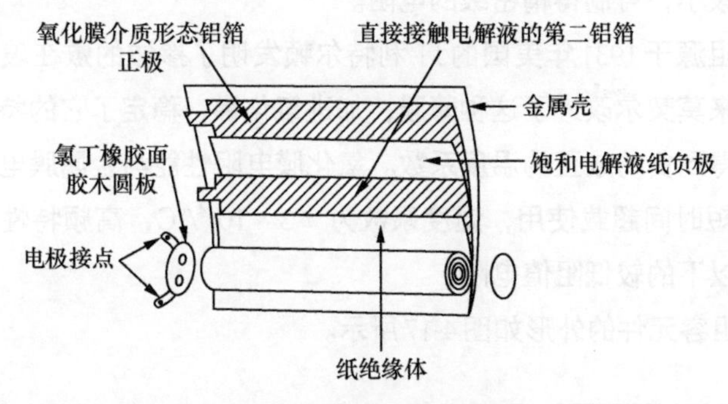

图 4-16 铝电解电容结构

在电气工程中，最老的电阻是线绕电阻，它们是在绝缘瓷管上绕以电阻丝制成的。电阻丝为电阻率大而温度系数小的康铜或镍铬合金。瓷管上的绕线用抗潮涂层保护，或采用瓷釉，或采用水泥。线绕电阻的精度很高，能在较高温度下工作，稳定性高，噪声小，温度系数极低，不易老化，但一般结构的电感较大，不能用于高频，也难以制作100kΩ以上的高阻值。线绕电阻通常用在要求大于3W以上耗散功率的场合，或用在精密仪表及设备中。

1885年，英国的C.S.布雷德利获得模压碳合成电阻专利，该电阻由碳和橡胶的混合物经过加热，模压成型，再经过硫化成坚硬电阻体而制成。现代合成碳质电阻是把塑料黏合的碳粉模压成棒状，然后加热使塑料硬化。碳合成电阻可靠性较高，高阻值也几乎不会产生开路故障，短时间超载也安全，缺点是噪声较大、温度系数差。

1897年，英国的T.E.甘布里尔和A.F.哈里斯发明了碳膜电阻，这类电阻虽然在广播开始多年以前已被应用，但在提出大量需求以前，几乎已被人遗忘。1925年，德国的西门子和哈尔斯克用裂化碳膜代替金属形成高稳定电阻层，方得到实际应用，关于这种电阻的专利登记是在1932年。1950年以后的现代碳膜电阻是在瓷棒上蒸发沉积一层碳薄膜，两端套上铜帽，再在碳膜上刻出一条螺旋槽，用适当的螺距或槽长改变电阻值，焊上引线，涂敷防潮绝缘保护层而制成的。碳膜电阻有很小的负温度系数（100kΩ时为3×10^{-4}/℃），噪声很低（100kΩ时小于4dB），有充分的可靠性，能使用到几兆赫兹的高频范围。

1913年，英国人W.F.G.斯旺发表的溅射的白金薄膜的电阻率与溅射时间（即薄膜厚度）函数关系文章中首先涉及了金属膜电阻。高稳定度的金属膜电阻早期只能制造阻值相当低的电阻，直至1919年德国的F.克鲁格提出螺线法，就是把被覆面制作成螺线形，就能把阻值增加到200kΩ以上。现代薄膜电阻中应用最多的镍铬金属膜电阻。1957年英国R.H.阿尔德登和F.A.阿什沃斯提出了稳定薄膜形成的条件，得到100×10^{-6}/℃～200×10^{-6}/℃的电阻温度系数，至今仍是镍铬薄膜的生产指南。该方法是在真空中利用气相沉积法在瓷棒上形成一层镍铬膜，再刻槽。金属膜电阻温度系数低（1×10^{-4}/℃），噪声很低，高频特性好，稳定性高，而且耐热、耐潮性能较好，体积也较小，可制得精密级的电阻。

氧化膜电阻源于1931年美国的J.T.利特尔顿发明了掺铱的敷在玻璃上的导电氧化锡涂层，后来莫契尔改进了这种薄膜，加进氧化锑，稳定了它的特性，通过改变锑的比例，可得到负的或正的温度系数。氧化膜电阻性能与金属膜电阻相当，但耐热性高，允许短时间超载使用，温度系数为$\pm 3 \times 10^{-4}$/℃，高频特性好，特别适合制作数百千欧以下的较低阻值电阻。

一些典型阻容元件的外形如图4-17所示。

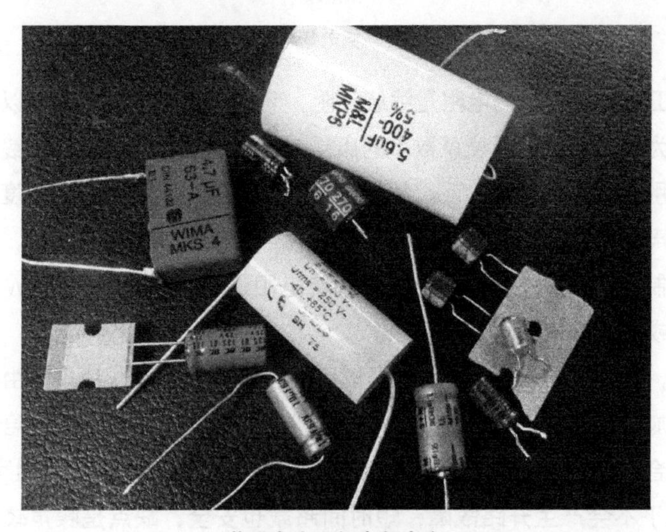

薄膜电容和铝电解电容

图 4-17　典型阻容元件的外形

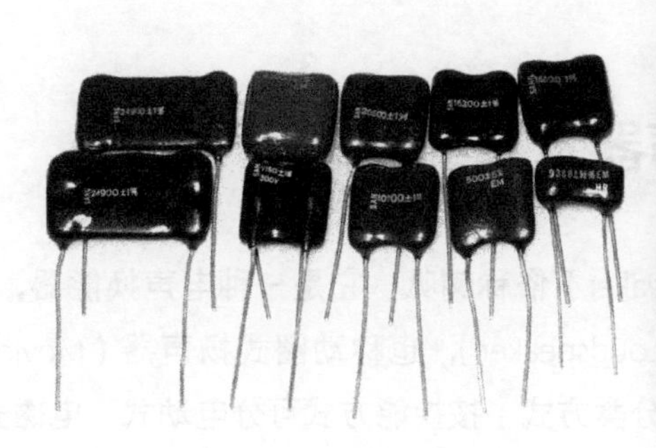

云母电容

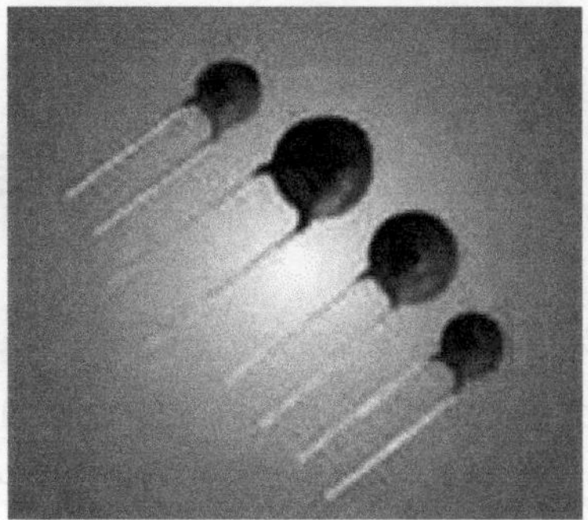

陶瓷电容

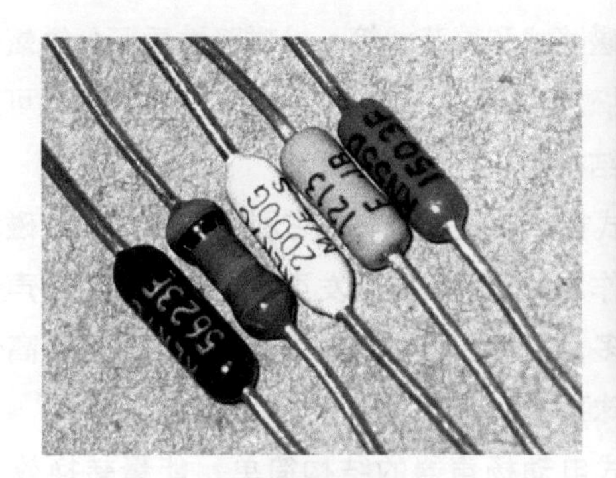

金属膜电阻

水泥电阻

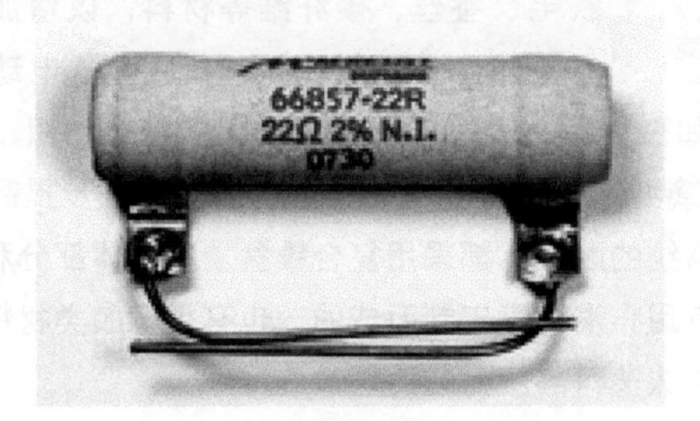

线绕电阻

图 4-17　典型阻容元件的外形（续）

4.4 扬声器及系统简史

扬声器（Loudspeaker，美国称Speaker）俗称喇叭，它是一种电声换能器，常见的大多是电动式扬声器（Dynamic Loudspeaker），也称动圈式扬声器（Moving-coil Loudspeaker）。现代扬声器有多种分类方式：按换能方式可分电动式、电磁式、压电式等；按振膜结构可分单纸盆、复合纸盆、复合号筒、同轴等；按振膜形式可分锥盆式、球顶式、平板式、带式等；按重放频带可分高频、中频、低频和全频；按磁路形式可分外磁式、内磁式、双磁路式和屏蔽式等；按磁路性质可分铁氧体磁体（俗称恒磁）、钕铁硼磁体、铝镍钴磁体（俗称永磁）、励磁；按振膜材料可分纸质盆和非纸质盆等。电动式扬声器的结构如图4-18所示。

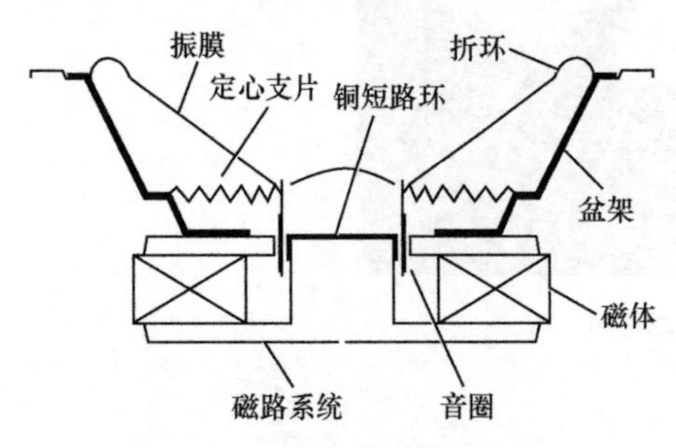

图 4-18 电动式扬声器结构示意

电动式扬声器应用最广，它利用音圈与恒定磁场之间的相互作用力使振膜振动发声。电动式低音扬声器以锥盆式居多，中音扬声器多为锥盆式或球顶式，高音扬声器则以球顶式和带式、号筒式最为常见。

锥盆式电动扬声器的结构简单，能量转换效率较高。它使用的振膜材料以纸浆材料为主，或掺入羊毛、蚕丝、碳纤维等材料，以增加其刚性、内阻尼及防水等性能。新一代锥盆式电动扬声器使用了非纸质振膜材料，如聚丙烯、云母碳化聚丙烯、碳纤维纺织、防弹布、硬质铝箔、CD波纹、玻璃纤维等复合材料，性能得到了进一步提高。现代电动扬声器为了增加振动系统的顺性，都采用复合锥盆：其锥体部分和折环部分由不同材料组成，折环有用布浸树脂压制而成的，也有用橡胶类材料压制而成的，还有用塑料薄膜或泡沫塑料热压而成的。

球顶式扬声器又分软球顶和硬球顶。软球顶扬声器的振膜材料为蚕丝、丝绢、浸渍酚醛树脂的棉布、化纤及复合材料，特点是重放音质柔美；硬球顶扬声器的振膜材料为铝合金、钛合金及铍合金等，特点是重放音质清脆。

号筒式扬声器的辐射方式与锥盆式扬声器不同，它是在振膜振动后，声音经过号筒再扩散出去。特点是电声转换及辐射效率较高、传播距离远、失真小，但重放频带及指向性较窄。

带式扬声器的音圈直接制作在整个振膜（铝合金、聚酰亚胺薄膜等）上，音圈与振膜间直接耦合。音圈产生的交变磁场与恒磁场相互作用，使带式振膜振动而辐射出声波。特点是响应速度快，失真小，重放音质细腻、层次感好。

为了克服扬声器锥盆前面辐射的声波与后面辐射的声波出现声短路效应而相互

抵消的问题，可将扬声器装在一块适当的平面障板上。为了避免平面障板尺寸过大，可把障板弯折做成后面敞开的箱体，这种箱体广泛地应用于收音机和电视机等整机中。

扬声器的起源可追溯到1876年，美国人A.G.贝尔（见图4-19）研制出第一台实用电话机，发明了实用的电话受话器。

1877年，德国人E.W.西门子首先揭示了由一个圆形线圈置于径向磁场内组成的电动结构，洛奇、普里德姆、詹森等对悬吊系统做出了贡献。1898年，O.洛奇（见图4-20）申请了第一个实用电动式扬声器专利，但在洛奇发明后的27年里一直没取得进展。

图 4-19　A.G.贝尔

图 4-20　O.洛奇

1910年，平衡电枢耳机被发明，那是在U形磁铁的中间设有一可移动铁片（电枢），当电流流过线圈时，电枢受磁化而与磁铁产生吸斥现象，使电枢带动振膜产生运动而发出声音。这种耳机虽然效果不太好，却是划时代的发明。

1911年，用于收音机的杠杆式扬声器出现了。

1918年，美国西电（Wester Electric）公司生产了带号筒的扬声器，这是一种用于电话受话器的扩声设备，利用号筒把振膜的振动放大。

1920年，美国强生（Jensen）公司发表了收音机扬声器专利。

1921年，美国玛格纳沃斯（Magnavox）公司生产了号筒扬声器。

1923年，美国西电（Wester Electric）公司生产了电磁式纸盆扬声器（也称舌簧式扬声器），它由永久磁铁、线圈、衔铁和纸盆组成，衔铁位于永磁体两极之间的线圈内，并与纸盆连接。这种扬声器阻抗高、灵敏度高、结构简单，但频率响应较窄，仅250~3000Hz，用以重放语言广播尚能使人满意。

1923年，西门子公司的斯科特基（Schottky）和杰拉克（Gerlach）申请了带式扬声器的专利，它由一个水平波纹形纯铝薄膜置于磁体两极之间构成。带式扬声器主要应用于中高频段，其动态、频率响应和失真度都比普通高音单元优越，特别是响应速度和水平辐射方向方面。

1923年，弗雷德里克（Frederick）提出了密闭式音箱（Closed Enclosure）的设计，这是结构最简单的扬声器系统。

1925年，美国人C.赖斯和E.W.凯洛格在电动式扬声器方面取得突破，并研制成功。他们的发明一直指导着所有直接辐射扬声器设计的基本规则。

电动式扬声器自发明以来，其基本原理并没有变化，只是改进了设计细节及零件。现在频率响应范围及动态范围等方面较老产品都有了长足发展。电动式扬声器结构简单、音质好、动态大、成本低廉，是目前市场的主流。

1925年，美国人汉纳和斯利伯论述了号筒扬声器的设计方法。

1926年，电动式纸盆扬声器由玛格纳沃斯（Magnavox）公司投入市场。

1926年，保罗·沃格特（Paul Voigt）首次向英国专利局提交曳物线（Tractrix，一种等切面曲线）号角的专利申请。

1928年，温特（Wente）和瑟雷斯（Thuras）生产了高效率号筒式扬声器，由振膜推动位于号筒底部的空气工作，因为声阻很大而效率非常高，但号筒的形状与长度都会影响音色，要重播低频不太容易。当今高效率的号筒主要应用于专业扩声领域。

1929年，凯尔推出静电扬声器（Electrostatic Loudspeaker）。静电扬声器结构简单，振膜整体受同相位驱动力推动。典型的静电扬声器有推挽静电扬声器（必须用直流偏压电源，使用不方便）和驻极体静电扬声器。

1930年，A.L.瑟雷斯（A.L.Thuras）发明了低音反射式音箱（Bass-reflex Enclosure），也称倒相式音箱（Acoustical Phase Inverter），它的负载中有一个出声口开孔在箱体一个面板上，开孔位置和形状有多种，但大多数在孔内还装有声导管。

1931年，U形钨钢磁体电动式扬声器出现，并由强生（Jensen）公司商品化。

1935年，斯坎菲斯特根提出曲线形纸盆的设计。曲线形纸盆对高频重放有利，因为频率越高，锥盆实际辐射面越向盆心收缩。曲线形锥盆的辐射面积在高频时使用百分率较大，有利于高频辐射，但由于弯曲强度较低，中频段易出现较大谷点，常用作宽频带扬声器的锥盆。

1935年，斯托麦伯-卡尔桑（Stormberg-Carlson）推出迷宫式（Acoustic Labyrinth，也称曲径式）扬声器箱及组合扬声器音箱。迷宫式的声导管折叠呈迷宫状，这种音箱箱体谐振小，低频下潜及阻尼好，非线性及声染小，低电平分析力强。

因为扬声器锥盆的有效振动半径随频率的升高而逐渐减小，所以用单个扬声器来承担整个声频带的重放非常困难，故将声频带分为2段或3段，分别用专门为各频段设计的扬声器，然后把它们组合在一起，这就是组合扬声器音箱。它能使重放频带加宽、失真减小。为使各频段扬声器能够良好工作，还必须使用分频器。分频器将声频带进行分割，分别输入低频和较高频扬声器中，分频网络的基本形式是并联输入的简式低通和高通滤波器。

1936年，奥内（Olney）和本杰（Benj）发表了传输线式音箱（Transmission

Line Enclosure），它是以古典电气理论的传输线命名的。他们在扬声器背后设置了用吸声性壁板做成的声导管，其长度是所需提升低频声音波长的1/4。实际上这也是一种迷宫式音箱。

1938年，励磁式电动扬声器基本被永磁体电动扬声器取代。励磁式电动扬声器由励磁线圈组成的电磁铁提供磁体工作，励磁线圈常兼作电源滤波电感。永磁体电动扬声器简称PM电动扬声器。

1939年，双纸盆扬声器被发明出来。双纸盆扬声器包含一个发低音和中音频率的主纸盆和一个小的发高音频率硬结构的辅助纸盆。

1940年，人们开始采用布浸酚醛树脂的定心支片。

1949年，无缝纸盆出现，此前纸盆都系粘接而成。

1949年，奥尔森及普雷斯顿提出密闭箱的气垫设计专利。

1952年，克莱因提出一种离子扬声器的设计。

1953年，美国亨利·兰格（Henry Lang）提出耦合腔式音箱（Coupler Enclosure）的设计，它是介于密闭式和低音反射式间的一种箱体结构，也称带通式（Bandpass）音箱。

1954年，美国奥尔森（Olson）及普勒斯顿（Preston）发表无源辐射式音箱（Drone Cone Enclosure），该音箱是低音反射式音箱的分支，又称空纸盆式音箱。

1955年，椭圆形扬声器商品化。椭圆形扬声器的纸盆呈椭圆形，其形状可与采用这种扬声器设备的外壳相匹配，使安装难度降低。

1957年，纸盆的防潮工艺出现。

1958年左右，无指向性音箱开始商品化，有多面体形、球形及声扩散器型（在扬声器前面装有声扩散器将声音分散），这种音箱具有向四面八方辐射声波的特点。

1962年，市场上出现大型平板扬声器。

1965年，各向异性铁氧体扬声器商品化。

1968年，纸盆自动成型设备出现。

20世纪70年代初，软球顶扬声器出现，20世纪80年代中期，金属硬球顶扬声器出现。软球顶扬声器听感较柔和细腻，老式软球顶扬声器声音晦暗，功率承受力有限，需用18dB/oct分频器降低互调失真，与金属硬球扬声器顶相比，高频扩散性较差。金属硬球顶扬声器听感较光辉。但普通金属膜球顶扬声器可能会出现尖锐粗糙感。

1972年，澳大利亚人理查德·斯莫尔发表了密闭箱设计论文，把闭箱设计提高到科学、简明的水平。后续的关于密闭箱设计的描述都是以此不朽论文为基础的。

1973年，美国海尔博士研究推出新颖的海尔扬声器。

1974年，斯莫尔在JAES发表开口箱的系列论文，把开口箱设计同样提高到科学、简明的水平。

1975年，日本人提出高分子压电扬声器的设计。

1976年，美国EV公司的基尔设计出HR系列等指向性号筒，JBL等公司也先后推出各自的等指向性号筒。

现代号筒式音箱（Horn Type Enclosure）有前负载式号筒（Front Loaded Horn）和背负载式号筒（Back Loaded Horn）两类。

1988年，扬声器、音箱、分频器的计算机辅助设计论文开始出现，各种设计软件相继进入市场。

1996年，英国维廷（Verity）公司推出NXT平板扬声器。平板扬声器的原理早在20世纪70年代就已经诞生。平板式扬声器还原音质极佳，具有频率范围宽、失真小、瞬态响应好等优点，这些突出的优势展现出极为诱人的应用前景。目前，平板扬声器技术大致可分澳大利亚系统和英国NXT系统两大类，而1996年英国维廷（Verity）公司推出的NXT平板扬声器为目前的主流技术，平板扬声器面世多年，虽然在普通领域应用不成问题，但其低音能量不足及频率响应范围较窄的先天不足，使质量很难提高，在Hi-Fi领域发展缓慢。

近年来，扬声器线阵列在专业领域得到了大量应用，它把扬声器按一定方式排列组合，实现单个扬声器不能达到的更高声压级、更好指向性、更均匀声场、更远投射距离。

随着声频设备技术的发展，扬声器和扬声器系统从理论研究到生产制造再到具体应用，从经验研究到参数化分析再到计算机建模仿真，技术已趋成熟，新技术和新产品不断出现。当今改进扬声器性能一般在扩展动态范围、降低失真和提高功率容量等方面，主要集中在解决直接辐射式扬声器振膜的新材料、新结构、低失真磁路及新的测试技术等。

扬声器永磁体经历过铝镍钴磁钢、钡铁氧体磁体、锶铁氧体磁体和钕铁硼磁体的发展。铝镍钴磁钢有退磁的缺点；铁氧体磁体体积较大；由于钕铁硼磁体很好地平衡了尺寸和性能，几十年来使用不断增多，成为“超级磁铁”。稀土永磁材料是当今综合性能最高的一种永磁材料，比磁钢的磁性能高100多倍，比铁氧体、铝镍钴性能优越得多，但随着钕材料变得稀缺，钕铁硼磁体成本越来越高。

扬声器振膜新材料有碳纤维，Kevlar（克维拉，TTPA纤维商品名），Aerogel，轻金属铝、铍、钛和合金，陶瓷，CVD（化学气相沉积）钻石及一些复合材料等。为了改善低音扬声器振膜的特性，在纸盆上涂覆适当的塑料，或采用多种合成材料及复合的多层结构，如加聚苯乙烯泡沫塑料的铝膜结构、铝蜂窝状结构、海绵状金属结构等。

为改善扬声器的特性，研究人员还对扬声器振膜的支撑系统进行了改进，采用低失真磁路，如铜短路环、磁液；为提高额定功率，采用导热性好的轻质耐高温材料制作音圈骨架，并使用耐高温连接胶。

一些扬声器的外形如图4-21所示。

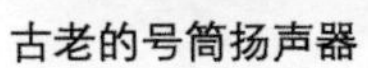

古老的号筒扬声器

舌簧扬声器（左：早期）

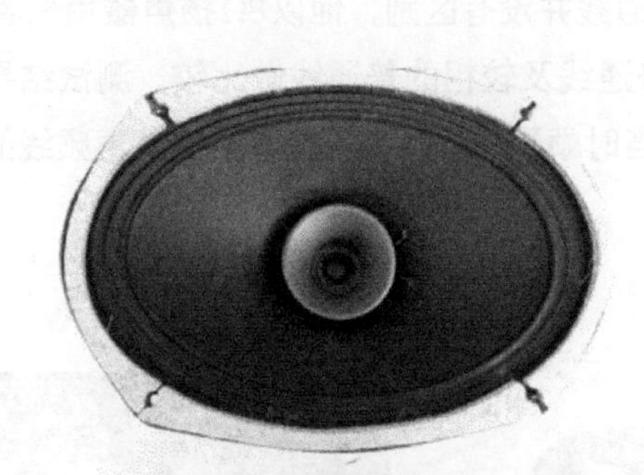

椭圆形电动扬声器

双纸盆电动扬声器

大音圈低音单元

中低音单元

球顶高音单元

带式高音单元

图 4-21 一些扬声器的外形

4.5 声频线材及其兴起

音响器材之间需要由导线连接，这些信号线（Interconnect Cable）、扬声器线（Speak Cable，又称音箱线、喇叭线）统称声频线材，俗称发烧线。早期并无专门的声频线材，都沿用电源软线等普通导线及屏蔽线作为扬声器线及信号线。直至20世纪80年代初，特制的声频线才开始出现在市场上，美国Monster（怪兽）是发烧线材厂商的鼻祖，也是世界第一家知名的发烧级线材厂商。

声频线刚出现时，持有异议者大有人在，例如麦景图实验室总裁戈登·高就曾用一个线材演示证明特殊线材的听感与普通线并没有区别，他以8Ω扬声器用50英尺（合15.24米）长的怪兽线与同样长的普通线及较粗的普通线做比较，测试结果没有听出差别，故而声频线是否有作用在当时颇受质疑，但人们对高质量声频线的需求日益增长。

声频线的结构如图4-22 ~ 图4-24所示。

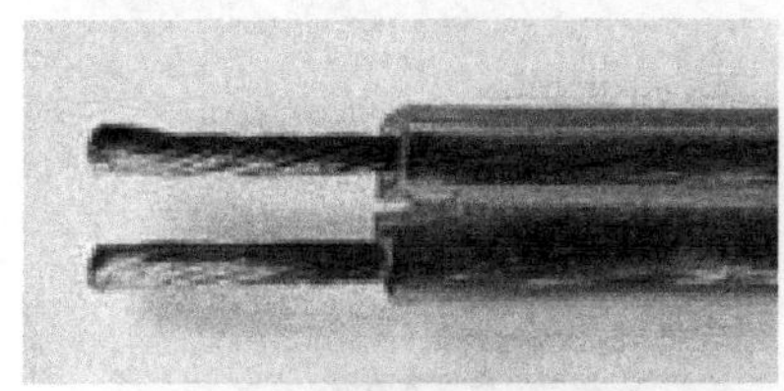

图 4-22　廉价扬声器线结构

图 4-23　高价扬声器线结构

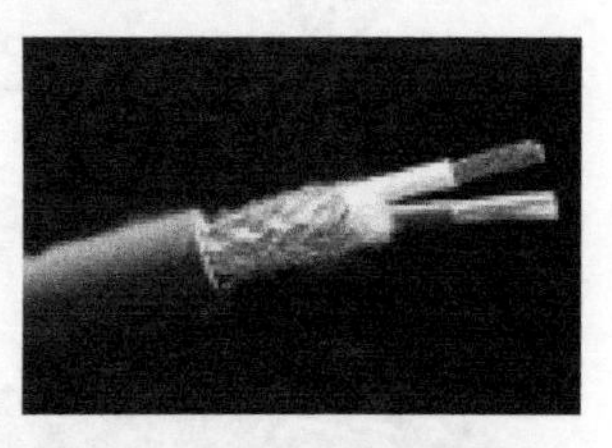

图 4-24　信号线结构

线材与音质在音响界是争论不休的话题，有的认为线材与音质密切相关，有的认为线材对音质影响不大，为了弄清它，大家执着地研究了20多个春秋，以物质的微观结构进行探索，终于取得了成果。

线材对声音的影响最先是由英国著名音响杂志*Hi Fi News & Record Review*在1977年8月提出的，它翻译刊登了法国音响大师J.Hiraga的*Can We Hear Connecting Wires?*（《究竟我们能听出连接导线否？》）一文。该文对导线做了全面研究，还提出一些新概念。线材对声音的影响机理由此被认识并得到研究，音响界又开创了一门使很多人投入大量心血的新学问。

线材对声音产生影响的因素主要有下面诸方面。

（1）并联电容：信号线的并联电容对高内阻的信号源会造成高频衰减。

（2）串联电感：会使信号的谐波频谱分布改变，对于某些扬声器，扬声器线的串联电感会造成微妙的高频衰减。

（3）串联电阻：扬声器线的串联电阻对扬声器的阻抗特性和阻尼特性会产生影响。

上面3项因素基于宏观的传输理论，但由于声频线材的长度远短于其传输信号的波长，故它们对音质的影响极微。以材料科学而言，银的导电性最好，铜次之，但铜是制作声频线材的主要材质。

（4）线材纯度：金属材料中的杂质会影响其导电性能，高纯度的铜材可能对晶格结构具有积极影响。铜的纯度常用多少个9（N）来表示，如5N（即99.999%）已是较高纯度的铜，由于高纯化理论上可使导电品质更高，故声频专用线材通常最少是4N，但N数大小并不能表示其声音的好坏。4N以上的高纯度铜通常被称为无氧铜。

（5）晶格结构：线材内部晶格的不同，会使音质产生变化。因为金属材料并非完全的各向同性晶体物质，如果内部含有不连续的结晶体区，其间的界面就会发生二极管整流效应，影响自由电子流动，这在信号通过时将导致非线性失真而产生谐波。长结晶无氧铜LC-OFC是将铜在冷却时处理成结晶数很少的状态，再加热软化拉成线状，结晶同时被拉长，可使导线中的结晶界面减少从而提高导电性能。

（6）绝缘材料：绝缘材料除防止导线短路外，还决定导线的电容，它是介质，其介质吸收DA和耗散因数DF将影响线材的电特性。

铜线对高、中、低频的传输较均匀，但普通铜TPC（Tip Pitch Copper）结晶多，杂质也多，不宜作为声频信号传输线材材料。20余年前，日本使用过无氧铜OFC（Oxygen Free Copper），由于杂质的减少，声音趋向清晰透明，但对低频不利。随着冶炼及退火方法的改进，又出现大结晶无氧铜LCOFC（Large Crystal Oxygen Free Copper）和单晶无氧铜PCOCC（Pure Crystal Ohno Continuous Casting Process，即连续铸造纯结晶铜）等，使声音更平衡。无氧铜和单晶铜的截面对比如图4-25所示。

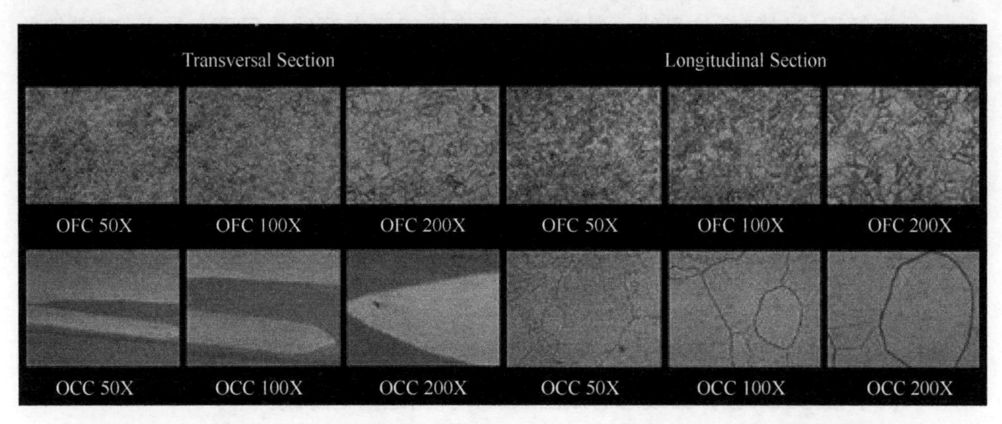

图4-25 无氧铜OFC与单晶铜OCC截面对比（左：横向部分，右：纵向部分）

银线对高频的阻抗低，对高频的传输比铜线好，低频表现则较差，影响传输平衡。纯银线不仅价格昂贵，而且容易氧化，所以大多采用含有其他金属的银合金制作线材。

镀银线的理论根据是趋肤效应（Skin Effect）和银的最佳导电性，但电子未必会全部趋向导体表层，而且电子在穿越银与铜的界面时，导电品质可能会变坏，如若镀银素质不高，反不如纯铜线。金属信号线性能的劣化源自化学反应，所以用化学镀银方法制作的导线是不好的，以机械方式在铜线外包银的导线较好。

导线由于导体尺寸、形状及排列的不同，在相同横截面积的条件下，它的频率线性度并不相同。尽管对于声频而言，其趋肤效应可忽略，但还是会对音色产生微妙影响。所以两个横截面积相同的同材料单根导线和多股导线，导电面积和直流阻抗虽然相同，但声音并不相同。

绝缘材料会影响线材的电容，为了降低线材的电容，要选用介电常数低的材料，所以音响线材都采用比聚氯乙烯（PVC）更优良的绝缘材料，如聚乙烯（PE）、聚四氟乙烯（PTFE）等。为了降低绝缘材料的介质吸收率和增大柔韧度，还会对绝缘材料进行特殊的化学处理。

信号线两端广泛采用RCA同轴插头，还有XLR平衡插头，扬声器线两端采用Y形叉或香蕉插头，电源线大多采用美标插头、插尾。这些端子的加工是品质性能的关键，表面镀金或铑，除增强其耐锈蚀性能外，也可弥补端子通过声频信号时产生的性能劣化。

信号线及扬声器线的长度一般远小于信号的波长，线材与设备间阻抗不匹配引起的信号衰减较小，常可忽略不计，一般情况下不必考虑阻抗匹配问题。但信号线必须阻绝外来电磁场及射频的干扰。

同轴数字线要考虑阻抗匹配，由于数字声频信号是经采样、编码的数据流信号，且工作频带极宽，其传输受带宽、码率及误码率的影响。不良的数字信号线将引发时基误差，造成音质（如细节、密度、延伸等）劣化。可以说CD转盘与DAC的表现在很大程度上依赖于所用的数字信号线。

声频用线材包括信号线、数字线、扬声器线及电源线（见图4-26），对它们的使用必须注意下列事项。

（1）音响专用线材都有传输方向性，使用时应予以注意，要按信号流向连接，不能搞错。线材传输方向除以箭头标志外，也有依字母排列顺序表示的。

（2）对于6N以上的无氧铜线材，在使用时切忌过分弯折、扭曲，并尽量减少弯折，以免金属疲劳使导体内部晶体断裂，界面增多而影响性能。

（3）信号线在低电平使用时，应避免受声音振动影响，绝缘材料受振动变形时，变形两端由于压电效应会产生震颤噪声电压，影响低电平前置放大器工作。

（4）信号线、扬声器线忌卷成圈放置，并需远离电源线。

（5）保证声频线的插头清洁非常重要，可以减小触点损耗。

（6）音响系统性能越好，线材的影响越明显。

电源线对音响器材声音的影响，不少人都不以为然，以为短短的一段电源线不会有多大作用。然而尽管电源线的长度相对于电网而言非常短，但一般连接墙上电源插座的电网布线截面都较大，而普通随机电源线内导体的截面都较小，而导线中间任一部分的直径（截面）细小都将成为整个回路中最薄弱的环节，成为制约电源供应的因素，影响瞬间电流的提供，所以电源线的品质确实会对一定水准以上器材的音质产生影响，其影响主要在声场大小、动态范围上，而且专用电源线都带有多层屏蔽。

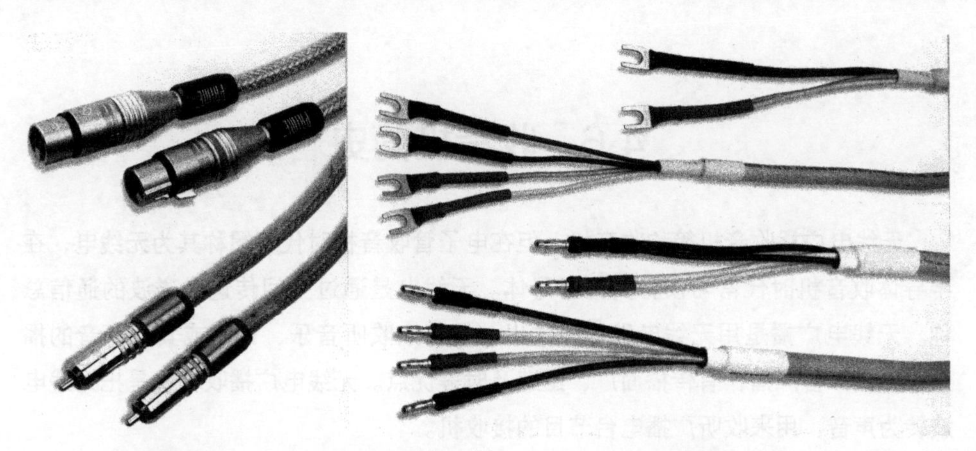

信号线
（上：XLR 平衡插头，下：RCA 不平衡插头）

扬声器线
（上：Y 形叉，下：香蕉插头）

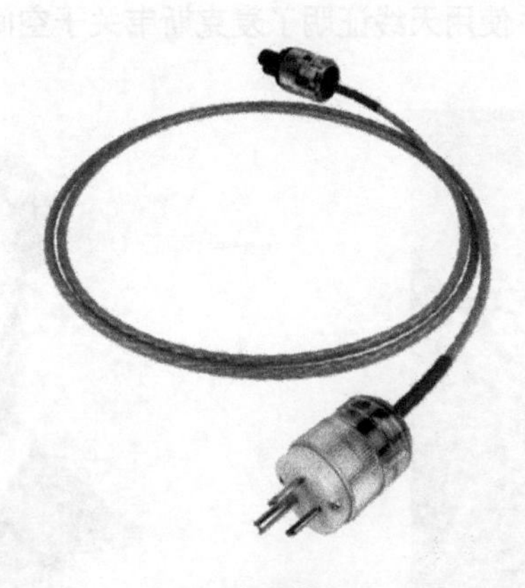

电源线

图 4-26　声频用线材

4.6 收音机简史

无线电广播收音机简称收音机，但在电子管收音机时代习惯称其为无线电，在半导体收音机时代常习惯称其为半导体。无线电是通过空间传送电磁波的通信总称。无线电广播是用无线电发射机送出，供公众收听音乐、语言或其他声音的播送，特指声音广播，有传播面广、迅速及时等优点。无线电广播收音机是把无线电波转为声音，用来收听广播电台节目的接收机。

无线电的历史始于1842年美国J.亨利发现放电产生振荡。1864年苏格兰的J.C.麦克斯韦（见图4-27）发表论文《电与磁》，阐明了电磁波传播的理论基础。1887年德国的H.R.赫兹（见图4-28）使用天线证明了麦克斯韦关于空间存在电波的理论。

图 4-27　J.C. 麦克斯韦

图 4-28　H.R. 赫兹

1890年，法国的E.布朗莱发明金属屑（粉末）检波器，它是最早的电磁波检波器，由一个充满小铁颗粒的玻璃管构成。尽管经过很多改进，但它仍是个笨重而不可靠的元件。

1895年，G.M.马可尼（见图4-29）在意大利波仑亚附近用无线电信号通信，首创了实用无线电报通信。同年，俄国的A.S.波波夫（见图4-30）宣布无线电信号的发送距离已达600码（约549米）。马可尼是实用无线电报通信的创始人。波波夫是第一个探索无线电世界，并毕生为发展无线电事业而奋斗的俄国科学家。

首次有据可查的成功语言及音乐广播是在R.费森登指导下，1906年圣诞前夕于美国马萨诸塞州的布兰特洛克进行的。后来，德•福莱斯特1907年在纽约的实验室，1908年在巴黎的艾弗尔托佛及1910年在纽约的玛蒂罗－欧丽丹歌剧院指导了实验性广播。但这时采用的火花发射机所固有的噪声电平太高。

1904年，美国J.A.弗莱明发明二极真空管。1906年德•福莱斯特发明了三极真空管，极大地扩展了热电子真空管的潜在应用——放大和振荡。

图 4-29　G.M. 马可尼

图 4-30　A.S. 波波夫

1906年，人们发现特别简单的矿石检波器能进行高频振荡的检波，这是在某类矿石上做成的点接触装置，如用辉铅矿或金刚砂晶体与钢针接触构成，金属屑检波器正式被淘汰。矿石收音机在第一次世界大战期间是很普及的。

1912年，美国通用电气公司的I.兰米尔和美国电话电报公司的H.阿诺德改进了三极电子管的真空度，大幅提高了放大倍数。

1912年，美国的德·福莱斯特、H.阿姆斯特朗和I.兰米尔在美国发明再生式电路。再生检波电路中，射频能量由屏极电路反馈到栅极电路，完成载频正反馈，从而增大电路的灵敏度。这使再生式收音机大大增加了灵敏度，1922年达到其发展最高点。

1912年，美国H.M.费森登在改进收音机的研究中，发明了外差式接收系统，由接收信号与收音机产生的本机振荡联合作用工作，是超外差式接收和单边带接收的前身，进而发展为有中频放大的超外差式。到1920年，H.阿姆斯特朗获超外差式接收专利，超外差式接收方式进入实用阶段，超外差式接收电路是现代收音机的先驱。

1915年，美国电话电报公司（ATT）发展和研究部的J.R.卡森提出只需用一个边带传送信息的想法，3年后，单边带通信首次投入商业使用，单边带传输可节省能量和信道间隔。20世纪30年代，在较高无线电频率上进行单边带传送成功。20世纪50年代后期，单边带技术首次应用于战略空军指挥部。

1918年，美国L.A.黑兹尔坦研制出（三极电子管）中和式高频调谐放大器电路，达到稳定和防止振荡的目的。

1918年以后，无线电的主要发展之一是发现短波波段的可用性，显示短波低功率的广播可以在远距离外接收。1925年实现了商用短波无线电通信。短波广播主要利用天波电离层反射，服务距离较远，而且天波不受地形影响，可越过山岳，可用于边远地区及山区；缺点是受电离层活动的影响较大，有衰落现象，收听稳定性较差。中波广播同时利用地波和天波传播，在地波服务范围内收听稳定性较好。

1920年，美国匹兹堡，世界上第一座广播电台KDKA开始播音。

1922年，美国无线电公司发表家用无线电产品说明书，其中最便宜的是一种单回路调谐矿石检波的金属盒，包括耳机和天线。

1926年，美国的H.A.惠勒发明自动音量控制（AVC）电路。这种电路能使输入电压在大范围内变化时，收音机的输出基本上保持在相对小的范围内。

1926年，英国的H.J.朗德发明帘栅电子管，提高了放大系数，减小了控制栅极和屏极间的电容。1928年荷兰的特勒根发明五极电子管，遏制了（四极帘栅电子管）二次电子发射，1939年前，五极电子管非常普遍地用于高频和低频放大。

1929年后，微波通信提供了一种经济、高质量、高可靠和灵活的传输方式。

1933年，美国的E.H.阿姆斯特朗发明了调频技术，其优点是宽频带、低静电干扰。

1941年，美国开始商业调频广播。调频广播干扰小、频带宽，可用作高保真广播。

1948年，美国贝尔实验室的巴丁、布莱顿、肖克莱发明了晶体管。

1951年，美国的E.H.阿姆斯特朗发明了超再生检波电路，它的调谐范围宽，有相当高的灵敏度，对于不稳定调谐的振荡器用作发射机而且工作于30MHz以上时，比较实用。

1952年，英国的G.W.A.达默提出集成电路概念。1959年，美国的J.S.基尔比发明集成电路。1960年，美国几家公司研制出线性集成电路，从此，线性单片集成电路稳步成长，结构逐渐复杂，功能日趋增多。

1954年，美国出现首台晶体管收音机Regency。

1958年，美国德州仪器公司和仙童公司制成了第一个集成电路。

自1920年出现无线电广播到1925年左右开始工业生产成套无线电收音机，这中间经历了从调幅长波、中波发展到短波，再由超短波调频发展为立体声广播的过程，现已进入高保真立体声阶段。与此同时，收音机也经历了矿石收音机、电子管收音机、晶体管（半导体）收音机和集成电路收音机4个阶段。收音机的电路程式历经了再生式、高放式、超外差式的变迁。收音机的电源由电池（灯丝用铅蓄电池，高压用干电池）逐步发展为用交流电网供电，第二次世界大战后出现了没有电源变压器的交流/直流两用收音机及电池、交流/直流三用收音机，半导体、集成化后还出现了太阳能收音机。收音机的外形可分落地式、台式、便携式（也称旅行式）、袖珍式等。收音机按接收频段及功能分，有长波收音机、中波收音机、多波段收音机、调频收音机、调频/调幅收音机、全波收音机、收音/电唱机、时钟/收音机、收音/录音机、数字调谐收音机、收音/扩音机、汽车收音机等。

目前收音机中，电子调谐方式日益普及，沿用了数十年的机械可变电容被变容二极管取代，可方便地实现自动调谐与遥控。高级收音机中，还采用了频率合成技术和锁相技术，不仅大大提高了频率稳定度，改善了抗干扰性能，还便于进行程序控制，并可直观显示数字频率。

在电子管收音机时代，随着电子管的不断改进，收音机的构成由简单的直接放大发展为超外差式及两次变频。晶体管出现后，很快成为电子管的对手，并在收音机中取代了电子管。平面工艺和外延工艺的发展，开辟了集成电路的发展道路，而集成电路进入收音机，又引起了收音机的巨大变化。随着集成电路规模的扩大，20世纪80年代中期出现了数字式调谐（DTS）收音机，它具有体积小、频率稳定、易实现自动调谐、电台预选、遥控等功能，市场不断扩大。

各阶段代表性收音机的外观如图4-31所示。

早期GEC矿石收音机

高放（TRF）再生式收音机（1920年）

早期的电子管收音机

Zenith4-V-31收音机（1936年）

Philips（飞利浦）461A收音机

Philips BF301A收音机

图4-31 各阶段代表性收音机

RCA 收音机

Telefunken（德律风根）1351 收音机

Grundig（根德）5097 收音机

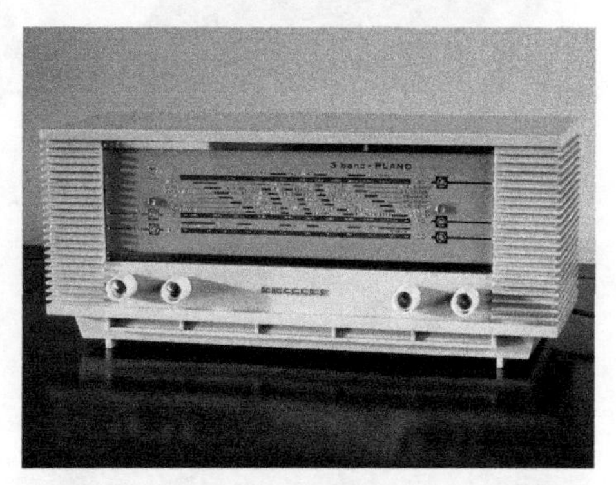

Philips B3X40U 收音机

Philips B2X92A 收音机

Philips 31X92A 收音机

Phillco（飞歌）收音机

Nordmende Globetrotte 收音机（1968 年）

图 4-31 各阶段代表性收音机（续）

Atwater Kent 170 落地收音机 （1930 年）

Zenith 8S563 落地收音机 （1940 年）

Tangent Radio 数字收音机

图 4-31　各阶段代表性收音机（续）

4.7 收音机外壳和刻度盘的演变

20世纪20年代早期的电子管收音机，扬声器都需外接，采用横盒裸露式及横盒封闭式外壳。到20世纪30年代外壳演变为竖盒式及竖穹顶式，表面装饰古典、精细，波段选择采用多刀多位旋转开关，扬声器安装于机壳上方，开始出现带电唱机的落地式豪华收音机。20世纪30年代末，收音机外壳开始逐渐演变为横盒式，表面装饰日益简约，扬声器安装于机壳中央或一侧。20世纪40年代后，收音机的外壳基本采用横盒式，波段选择开始采用推键开关，出现带提手的便携式收音机以及小巧的袖珍式收音机。20世纪50年代，波段选择演变为琴键开关，20世纪50年代中期，晶体管收音机上市，收音机向小型化发展，收音机专用集成电路的研究开发又促进了收音机的微型化。不同年代的收音机外壳变化如图4-32所示。

RCA 3A（20世纪20年代）

Atwater Kent 135（1926年）

20世纪30年代

Walton 1（20世纪30年代）

20世纪40年代

RCA（20世纪40年代）

20世纪50年代

图4-32 不同年代的收音机外壳变化

GRUNDIG（根德）4040W
（1953年）

Telefunken（德律风根）
（1351年）

Siemens（西门子）
SUPER G63（1964年）

Atwater Kent l70（1930年）

Zenith 落地收音电唱机
（1941年）

“熊猫”落地收音机（1960年）

Internet Radio 便携机

晶体管收音机

Sanyo（三洋）RP-1270 袖珍收音机

图 4-32　不同年代的收音机外壳变化（续）

收音机的调谐由刻度盘指示，刻度盘与调谐电容或电感联动。最早是用带刻度的旋钮直接指示，刻度为数字0～100，调节很粗糙，使用不太方便，也有用尖头旋钮在刻度片上作指示的。后来发展成可以细调的缓旋调谐，大大方便了调谐操作，最早的缓旋机构为齿轮减速形式，还有摩擦形式、线拉形式等，但刻度仍是0～100的数字。20世纪30年代后，多种形式的刻度盘开始出现，有种采用标有相应频率数字的大型玻璃刻度盘，内置照明灯，有圆形的、长方形的，因为最初使用在飞机上，当时称其为飞机式度盘。第二次世界大战后则基本是线拉形式，普遍采用大开面的玻璃刻度面板；20世纪40年代，流行刻度板在机壳上方倾斜安装，控制旋钮置于机壳下方；20世纪50年代起，刻度板移向机壳下方接近垂直安装，控制旋钮置于刻度盘两边或一边。不同年代的收音机刻度盘变化如图4-33所示。

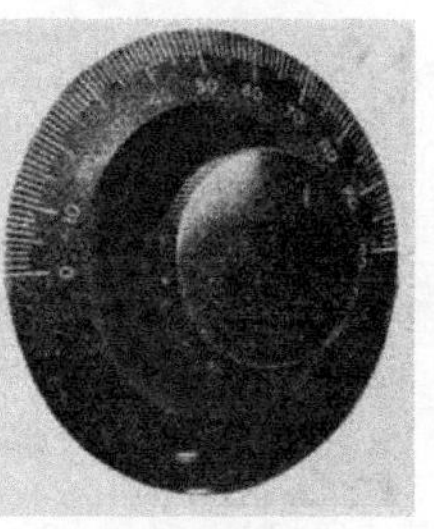

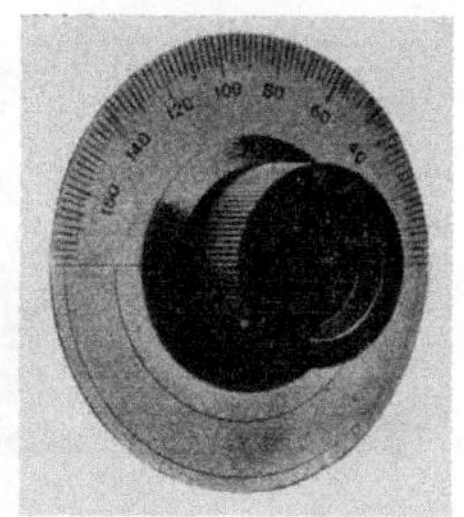

刻度旋钮（左：早期；中：后期；右：金属刻度）

尖头旋钮　　刻度片

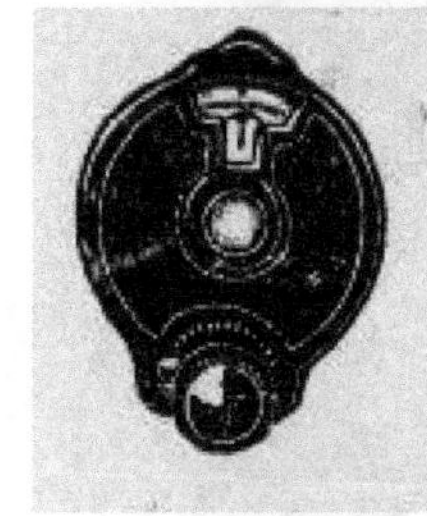

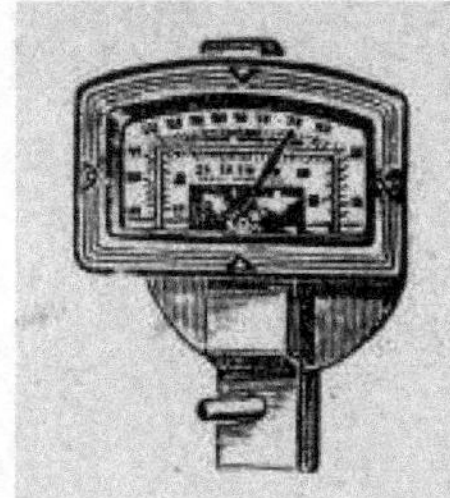

齿轮式　　摩擦式

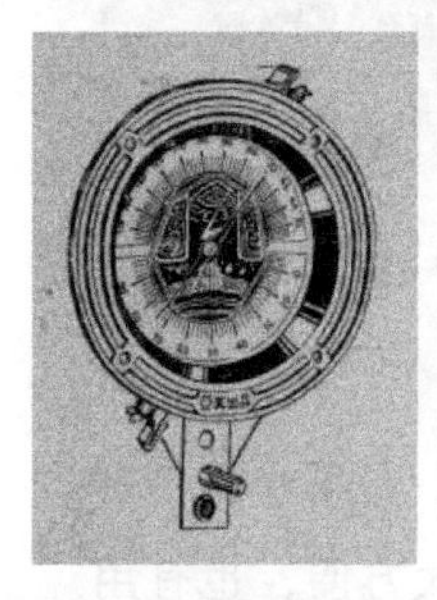
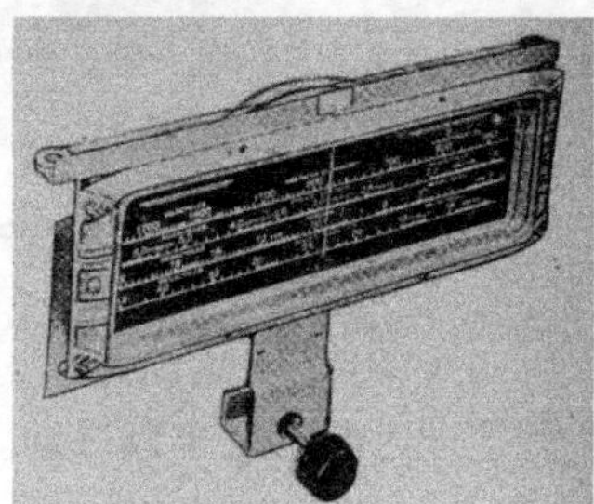

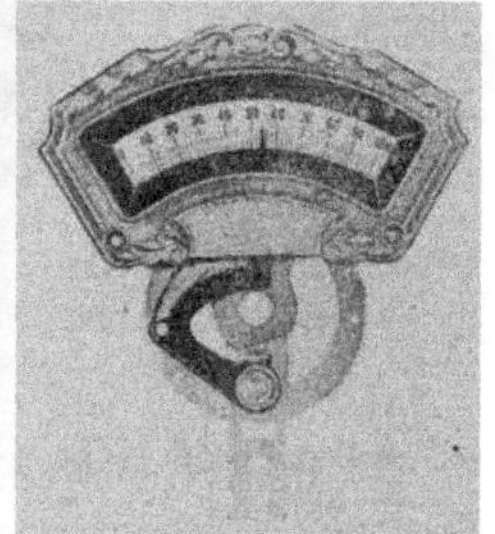

飞机式　　鼓形　　扇形

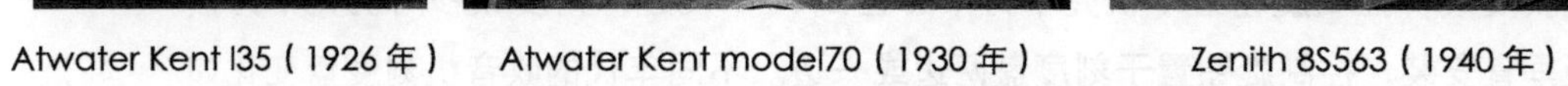

Atwater Kent l35（1926 年）　Atwater Kent model70（1930 年）　Zenith 8S563（1940 年）

图 4-33　不同年代的收音机刻度盘变化

Federal 1021（1947 年）

RCA（第二次世界大战后）

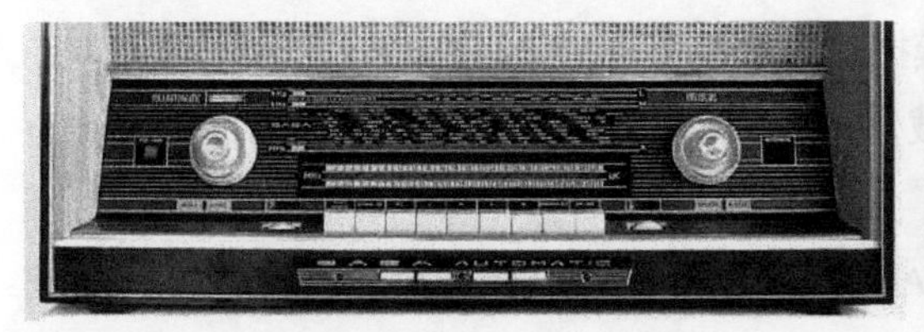

Saba（萨巴）（20 世纪 50 年代）

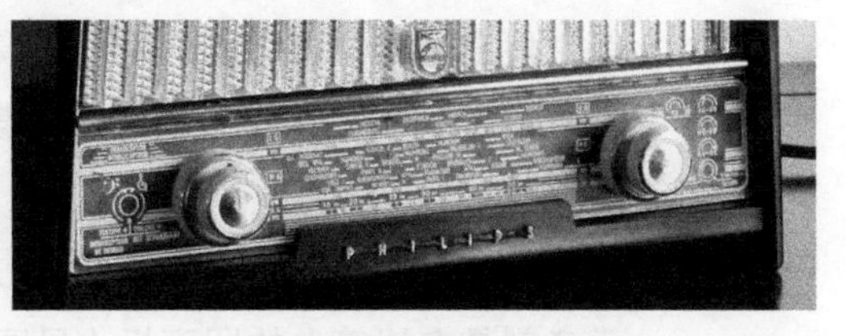

Philips（20 世纪 50 年代）

Philips B2X92A（20 世纪 60 年代）

Philips 31X92A（20 世纪 60 年代）

图 4-33　不同年代的收音机刻度盘变化（续）

4.8 模拟唱片及唱盘简史

模拟唱片（Phonogram）是人类历史上最早用来存储声音信号的载体，俗称黑胶，百余年来技术的进步使它在频率响应、动态范围、失真度、串音和信噪比等性能上达到相当完善的境界。模拟唱片目前都是密纹唱片——直径为10英寸或12英寸的乙烯基树脂塑料圆盘形载声体，现今爱好者都习惯把慢转密纹唱片称为LP唱片。

1877年，T.A.爱迪生（Thomas Alva Edison）发明了世界上第一台用机械方法把声音刻录在锡箔上的留声机（见图4-34），但这种留声机只能记录和重放语言，保真度很差。这种装置先将声波转换成金属针的振动，把波形刻录到圆筒形蜡管的锡箔上。当针再一次沿着刻录的轨迹行进时，便重新发出录下的声音。爱迪生第一次录下他朗读的《玛丽有只小羊》歌词“玛丽抱着羊羔，羊羔的毛像雪一样白”，总共8s，是世界录音史上的第一声。

1887年，伯利纳对爱迪生的留声机进行了改进，以横向刻纹代替了纵向刻纹，研制成平面圆盘式留声机和平盘唱片（见图4-35），并用一张母片以模压法大量复制唱片。经过不断地改进，1900年前后，唱机、唱片开始大量生产，并进入家庭。

图 4-34 爱迪生和他的留声机

图 4-35 伯利纳的平面留声机

1891年，伯利纳研制成功以虫胶为原料的唱片，发明了制作唱片的方法。

1924年，马克斯菲尔德和哈里森成功设计出电刻纹头，贝尔实验室成功进行了电气录音。由于电子管的发明，电气录音系统出现了，唱片的质量从本质上得到改善，1925年电动留声机问世。电刻纹头和慢转密纹唱片的问世更改善了唱片的录/放音质量。

早期唱片用天然树脂虫胶制作，转速为78r/min，直径为30cm，单面录音时间约4.5min，称为标准唱片（Standard Playing Record，简称SP唱片），也叫粗纹唱片，这种78r/min唱片存在噪声大和放唱时间短的缺点。氯乙烯等可塑性材料的应用推广促进了唱片技术的发展，在1948—1950年间，制作出了声槽表面光滑、刻纹精细的低噪声优质慢转密纹唱片，大大提高了唱片音质，延长了录音时间。慢转密纹唱片有45r/min和33⅓r/min两种，它最终完全替代了78r/min的唱片。45r/min的小型唱片中，每面录一支曲子的称为SP，每面录两支曲子的称为EP（Extend Playing Record，美国RCA 1949年开发，直径17cm，单面录音时间约5min），33⅓r/min的长放音时间唱片称LP（Long-play Record，美国无线电公司于1931年试制成功，美国哥伦比亚广播公司1949年量产，直径为30cm，单面录音时间20~30min）。还有一种用聚氯乙烯塑料薄膜片基压制的薄膜唱片（Film Disc，Filmy Disc）。在此期间，高性能拾音头、慢转电唱盘、声频放大器及唱片刻录技术也得到了进步，单声道唱片和电唱盘的发展已接近技术极限。

为了实现高保真的音乐欣赏，1957年美国威斯特莱克斯（Westrex）公司研制成功了45/45制式的立体声唱片，左、右声道信号在同一声槽内，与唱片垂直方向的两边各成45°方向的槽面上分别进行刻纹。1958年，它被确认为世界统一的双声道立体声唱片的制式，作为IEC标准加以推荐。随着立体声唱片的出现，唱片终于成为有优异动态范围和宽阔频率响应的声音载体。

电唱盘的研制和生产由来已久，它的前身是手摇唱机，电唱盘的出现使唱片的放唱设备焕然一新。自动和半自动电唱盘种类繁多，高档品结构复杂，价格高昂。电唱盘向控制机构简化的方向发展，其机械系统和电气系统的性能在放唱时均已达到极高的保真度，有着不可替代的音乐感。20世纪90年代，性能超卓的器材，如瑞典福雷塞尔（Forsell）的气动轴承唱盘，使密纹唱片音乐重播的音质再度登上高峰。

唱头也称拾音头，是唱盘的关键部件，现今使用的有3大类，即动磁式（MM）、动铁式（MI）及动圈式（MC）。（1）动磁式（MM，Moving-maganetic Cartridge）唱头，其线圈固定，针杆后方带有一小磁铁，磁铁中装有阻尼橡胶，以阻尼橡胶为支撑点，通过唱针接收声槽里的音乐信号振动小磁铁，产生磁力线切割而取得输出电平，美国舒尔（Shure）是动磁式唱头的代表厂商。（2）动铁式（MI，Moving-Lron Cartridge）唱头由固定磁铁与线圈组成，以针杆带动铁芯改变磁力线的分布量，借此取得输出电平，美国歌德（Grado）是动铁式唱头的主要代表厂商，其生产的动铁式唱头占了大部分市场份额。（3）动圈式（MC，Moving-Coil cartridge）唱头由针杆后方的线圈通过针杆的振动产生输出电平，丹麦高度风（Ortofon）公司为代表厂商。动圈式唱头分析力强、高频响应好、声音细节丰富，但动磁式与动铁式唱头有比动圈式唱头更好的循轨能力，而且动铁式和动磁式唱头的输出电平较高，制造成本相对低廉，唱针也可以自行更换。

唱针也是重要零件，一般分圆形针尖、椭圆形针尖、超椭圆形针尖3种。圆形针尖加工较简单，成本较低，但无法接触到唱片声槽的最底部。椭圆针尖较为接近唱片声槽的形状，能够接触到声槽的更细微更底部，比圆形针尖拾取到更多声音细节。精密加工的超椭圆针尖，其边缘更薄，能更好地接触到高频声槽。

唱臂根据支轴固定与否，可分为支轴固定唱臂及正切唱臂。根据臂管形状可分为直臂管、S形臂管、J形臂管3种。根据支轴轴承的机械结构又可分球形轴承唱臂、单刀轴承唱臂、双刀轴承唱臂、单点轴承唱臂、4点针尖轴承唱臂、油槽轴承唱臂等。根据平衡方式可分为静态平衡唱臂、动态平衡唱臂、半动态平衡唱臂。在正切唱臂中，还可以看到许多气浮设计。

唱盘的驱动系统有3种，最早出现的是惰轮（中介轮）式驱动，惰轮式驱动设计是在转盘与电动机之间放有惰轮，作为两者的传动媒介，依靠惰轮的接触控制转盘的转动，但惰轮的品质影响性能过大，现在市场已不多见。其次出现皮带传动式（Belt Drive，简称带动式）设计，其电动机通过橡胶带拉动唱盘转动，以皮带为介质的传动过程中可以极大消除电动机带来的抖晃是其突出优点，有利提升音质，使用最为广泛，至今仍是主流。最迟出现的是直接驱动式（Direct Drive，简称直驱式），直驱式转盘直接由电动机驱动，不使用任何辅助零件，1970年由日本松下电器公司最早推出（Technics SP-10），其优点在于可避免皮带传动式唱盘皮带老化问题，而且启动速度快，但电机的振动会影响音质，日本大量生产仅至20世纪80年代。

尽管模拟唱片本身具有不少缺点，如体积大、不易储放、容易磨损，使它难有翻身之日，但这似成“古董”的黑色唱片，仍以其高超的音质、富有感情的音色，着实迷住了一些爱好者，即使它那独有的“噼啦”样噪声也能引发人们的怀旧之情，唱片的保存价值不断升高。

音乐感和细节表现是LP唱片胜过CD唱片的两个方面，混响的透明度及拨弦的瞬态特性尤为出色，它能使你享受到音乐的深层韵味，尤其是欣赏室内乐时。可以说若要从唱片听到真实的音乐，至今仍非LP 唱片莫属，那些发行于LP唱片辉煌时代的唱片，不论演奏还是录音至今依然动人，LP唱片以其美好温馨使人们对模拟音响留下了深深的回味。20世纪70年代高保真音响的声源中密纹唱片独领风骚，到了20世纪80年代数字声频唱片（CD）兴起，出现共存与竞争的局面，促进了技术的发展，结果CD唱片被普遍接受而使密纹唱片产量急剧下降，几乎退出历史舞台，但一些爱好者则始终未曾放弃。

一些典型唱机、唱盘及唱头的外观如图4-36所示。

一种古老的留声机

一种老式留声机

LP 唱片

Marantz（马兰士）TT15S1 电唱盘

Thorens（多能士）TD 160SUPER 电唱盘

一种高级电唱盘

图 4-36 一些典型唱机、唱盘及唱头

Shutre（舒尔）MM 唱头：M92e（左）、M97xe（中）、M15vxmr（右）

Grado（歌德）MI 唱头：Statement Master（左）、及最高级别 The Statement（右）

Ortofon（高度风）MC 唱头：SPU-GT

图 4-36　一些典型唱机、唱盘及唱头（续）

4.9　磁性录音简史

磁性录音（Magnetic Sound Recording）的发明可追溯到1888年美国O.史密斯发表利用磁性体的带在电磁感应作用下用磁性记录声音信号的论文。而世界上最早的磁性录音机是1898年丹麦科学家V.浦尔森发明的磁性钢丝录音机（见图4-37），它由一根长1.5m的钢琴弦线与一块与其紧密接触并在其上移动的电磁铁构成，用耳机能听到微弱的声音。1900年，巴黎国际博览会首次展出了钢丝录音机。

图 4-37　丹麦工程师浦尔森的磁性录音机

1907年，丹麦的浦尔森发明了直流偏磁法，使录音灵敏度得到大幅度提高，录音机的性能得以达到实用阶段。同年，美国德·福莱斯特发明了三极电子管，为磁性录音机的发展和应用开辟了道路。录音材料也由1.5m长的钢琴弦发展成更细的几百米长的成卷钢丝，后又因细钢丝运行时容易扭曲，转而采用扁平的钢带。由于直流偏磁方式和放大技术的确立，钢丝和钢带录音机才得以商品化。1930年前后，德律风根（Telefunken）公司生产了钢丝录音机，德国劳仑茨（Lorentz）公司生产了钢带录音机。此时，英国马可尼（Marconi）公司生产的钢带录音机性能指标已达频率响应70Hz～6kHz，信噪比25～40dB，不过重达1t。

1926年，美国的J.A.渥内尔在纸带上涂覆氧化铁粉，现代磁带的雏形出现了。1928年，德国的弗利茨·富赖姆发明了塑料磁带制作工艺。1935年，德国巴斯夫（BASF）公司发明了醋酸基底磁带，德国通用电气（AEG）公司生产出的塑料磁带录音机，带速为76.2cm/s。同年，德国的席勒发明环形磁头。

今日磁带录音技术成就的取得与交流偏磁法的发明是分不开的，那是1927年美国海军研究实验室的W.L.卡尔逊和G.W.卡本脱发明的钢丝录音交流偏磁法，它使音质得到极大的改善。目前使用的磁带交流偏磁法由日本、德国和美国各自研究成功，并分别于1940年前后取得专利。

1935年，德国柏林的通用电气公司研制成功了使用塑料磁带的磁带录音机。

第二次世界大战后，美国生产了各种磁带录音机来供应市场。1947年，卡姆拉斯研制成 γ-Fe_2O_3磁带。最早的立体声录音机商品是1949年美国曼格尼库特（Magnecord）公司生产的双音轨立体声录音机。1957年，美国菲德里帕克公司生产出了循环带卡式机。1958年，美国RCA公司生产的卡式音乐磁带，带宽6.25mm，是卡式系统的首创，它不需用手装磁带，使操作得到简化，并采用四迹双通道立体声方式，这种系统虽然未能普及，但四迹双通道方式以盘式音乐磁带的形式却保留了下来。1960年，美国3M公司生产了3M卡式音乐磁带，带宽3.81mm，带速4.8cm/s，从此磁带走上了小型化道路。1960年起，欧洲各国开始设想新的卡式系统，并积极从事具体研制工作。1962年，荷兰飞利浦（Philips）发明了盒式磁带（带盒尺寸为64mm × 100mm × 9mm，带宽3.81mm，带速4.76cm/s）于1963年成为国际通用磁带，很快得到推广普及，并于1965年确立了盒式磁带的国际标准化。在飞利浦之后德国的格龙迪、德律风根和布劳彭克特3个公司发表共同研制的 DC 国际盒式系统。盒式磁带的特点是环形卷带盘芯，采用两个盘芯在同一平面的共芯方式。

早期盘式录音机体积很大，以移动式为主，主要供专业和学校使用，普及家庭后，就以小型轻量的便携式为主要标准。带盘尺寸，专业用以直径254mm（10英寸）为主要标准，家庭用直径177.8mm（7英寸）的盘架。带速以 9.5cm/s 和 19cm/s 为标准，后增加4.8cm/s。便携式录音机比较重视移动的方便，故以带盘直径以127mm（5英寸）为主，标准带速为9.5cm/s和4.5cm/s。1960年开始，发达国家将录音机用于教学，便携式录音机得到广大学生欢迎，这种需求的延伸最终形成便携收录机和录音座的流行。1954年开始，原声开盘磁带开始商品化，在发达国家大量发行。

1948年发明晶体管后，开盘机制造厂家几乎在第一时间将晶体管应用在磁带录音机上，使它们的性能达到顶峰阶段。特别是瑞士诺歌（Nagra）公司出的一款便携小型机，成为20世纪50至60年代世界著名记者们的必备装备，并成为全世界电影同期声录音的标准设备。随着出版业的发展，大量音乐素材需要录制与编辑，为方便出版社录制与编辑，瑞士斯塔德（Studer）率先推出可适合录音合成的多轨录音机，最多高达64轨，还极其方便地带有能对磁带定位的编辑功能，并依托计算机控制技术开发出无压带轮走带方式录音机。

磁带录音机存在由磁性记录材质所带来的特有噪声。一方面，磁带生产厂商一直寻找涂敷磁粉材料，以改善磁带质量。另一方面，电路专家们也积极改善电路，发明出多种降噪电路，其中最著名的是美国杜比（R.M.Dolby）博士发明的“杜比降噪系统”。

1958年前后，德国开始出售边缘驱动电池式小型磁带录音机，后由日本大量生产。1960年前后，日本生产出正规的主导轴驱动电池式磁带录音机。1962年，美国生产了4轨迹汽车卡式立体声录音机。1965年，美国李尔·杰脱（Lear Jet）公司生产了8轨迹汽车卡式立体声录音机，取代了4轨迹方式，成为汽车立体声录音机的主流。

1969年，荷兰飞利浦公司的微型盒式录音机问世。同年，日本奥林派斯公司和TDK公司共同研制成微型盒式录音机，带盒尺寸为50.2mm × 33.5mm × 8.15mm，带宽3.81mm，带速2.38cm/s。同年，美国出现开盘式4声道系统。1970年，美国RCA公司生产了4声道卡盘。同年，日本皮库他公司生产了CD-4录音机。1972年，比利时沙太洛研究所研制成环形磁带卷。1974年，日本奥林派斯、松下、索尼3个公司使微型盒式录音机标准化。1976年，日本索尼、松下、梯雅克3个公司共同研制了大盒式录音机，带盒尺寸为162mm × 18mm × 160mm，带宽6.3mm，带速9.5cm/s，这是一种高性能、可用作广播专用的高质量录音机，兼有盘式的高性能和盒式的方便两大优点，大盒式磁带上还设有专用的控制磁迹，便于操作自动化和实现程控，它所达到的性能水平是抖晃0.025%（计权有效值），频率响应25Hz ~ 22kHz ± 3dB，信噪比62dB。

1967年，脉冲编码技术被引入磁带录音机，日本于1968年研制出样机。1972年，日本NHK和哥伦比亚公司研制出实用的脉冲编码调制（PCM）录音机，解决了一般磁带录音机音质恶化的根源。

1981年起，日本各厂家相继试制出采用盒式磁带、大小与盒式录音机相近的数字式录音机。1986年年底，日本推出了数字式磁带及与其配套的音响设备DAT（Digital Audio Tape）——数字式磁带录音机。DAT有固定磁头（S-DAT）和旋转磁头（R-DAT）两种。普通DAT的取样频率为48kHz，频带宽度为5Hz ~ 22kHz，采用与CD机同样的16bit精度的脉码调制（PCM）录音方式。它的动态范围宽，没有调制噪声，抖晃率极低，可改错和补偿，复制DAT或CD片的音质与原版相比不会降低，但DAT播放机不能重放传统的模拟盒式磁带，所以未曾打开民用市场。

1992年，荷兰飞利浦公司推出固定磁头的DCC数字盒式磁带，它与普通盒式磁带有完善的兼容性，其主观听音评价达到CD水平，但最终未能成为普通盒式录音机的数字化继承者。

磁录音技术的发展是录音机和磁带的进步，以及这两者相互促进的结果，声频磁记录载体的发展史可分以下4个阶段。

（1）钢丝、钢带阶段（1898—1945年前后）。磁带的鼻祖是钢丝。

（2）纸基磁带阶段（1928—1958年前后）。开始出现涂布型磁带。

（3）塑料基磁带阶段。又可分为两个分支，一是1947年至今的醋酸盐带基，适合于制作50μm厚的磁带；二是1954年至今的聚酯带基，适合于制作薄型盘式和盒式磁带。

（4）高性能磁带阶段（1968年至今）。高性能磁带包括二氧化铬带、含钴氧化铁带、金属带等。

一些典型录音机的外形如图4-38所示。

一种钢丝录音机

录音钢丝

最早的德国盘式录音机 Dynavox T26

最后的电子管盘式录音机 RevoxG36

瑞士 Nagra 盘式录音机

开盘磁带

图 4-38　一些典型录音机

安桥 TA 6211 单卡盒式录音座

夏普 GF 777 盒式便携录音机

盒式磁带

Studer D780 DAT 数字录音机

图 4-38　一些典型录音机（续）

4.10 数字录音简史

20世纪60年代末，随着数字技术的发展，各种数字录音方式相继出现，模拟录音遭到挑战。

早在1972年，日本NHK就与天龙（Denon）合作开始进行PCM数字录音，当时的数字录音机体型庞大，还要一辆电源车守候在音乐厅外面，其复杂程度家庭使用者绝不可能承受。

1979年，出现可搭配录像机使用的PCM转换器，数字录音终于有可能进入家庭。PCM（Pulse-code Modulation）是脉冲编码调制的缩写。早期的专业数字录音机都是以PCM转换器搭配改装的Sony 3/4英寸录像机，直到1985年前后，不少欧洲唱片公司仍然采用这种设备。但搭配录像机毕竟麻烦，售价又偏高，终究未能流行。

1984年，日本成立DAT（Digital Audio Taperecorder）发展协会，结合当时软硬件制造商70余家，共同发展轻巧、方便的家用数字录音机。开始成员分为两派，一派主张使用固定磁头，后发现当时磁头磁密度的技术不足，无法每秒录制数百万比特的信号，最后旋转磁头派占得上风。初期决定DAT录音带做成盒带的一半大小，以14bit或16bit编码，取样频率为44.1kHz或48kHz，一盘带可录制1h音乐。DAT使用抗磁力高的金属带，真空蒸馏法涂布的磁带及较便宜的氧化铁磁带遭到淘汰。

DAT原预计于1986年推出，但DAT可以几乎可无失真地复制CD，会对唱片业造成极大损失，从而遭到美国所有大唱片公司的抵制。迫使DAT发展协会设计加密系统，称为SCMS，允许DAT复制一次。直至1987年，DAT终于克服版权问题，开始在日本销售（见图4-39）。

虽然参与开发DAT者甚多，但经过版权风波，最后投入DAT市场的厂家不多，消费者的接受程度也不如预期。版权问题和售价的双重压力，最终把DAT逼入了专业领域。

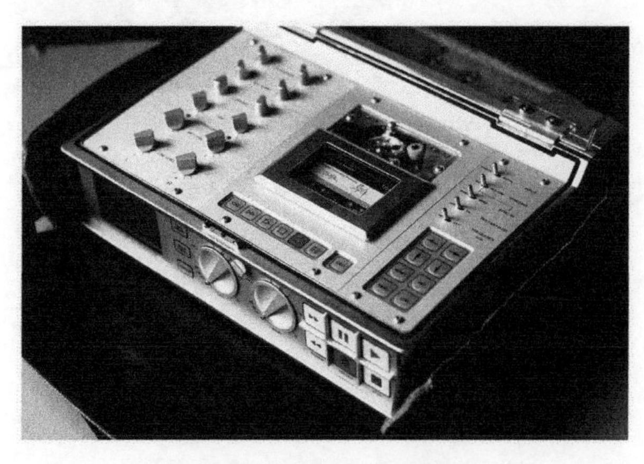

图4-39 DAT STELLADAT

1970年，德国宝丽金（Polygram）唱片公司依靠20世纪60年代异军突起的激光技术，发明了用激光烧蚀坑点的方式在唱片上记录调频信号的方法。

1976年，日本索尼（Sony）公司研制成功第一张激光读出型数字声频唱片（Digital Audio Disc）。

1979年，索尼（SONY）公司与飞利浦（Philips）公司合作，共同研制了C型DAD，即相对于直径30cm的LP唱片或DAD唱片而言的小型数码唱片，CD由此得名（见图4-40）。

图 4-40　CD 片

1982年，CD系统（见图4-41）正式在日本出售并投放欧美市场，从此CD风靡全世界。CD的诞生在音响史上具有里程碑式的意义，它掀起了光存储介质的风暴，对以后的CD-ROM、DVD及蓝光碟等有着十分重要的奠基作用。

图 4-41　SONY 的第一台 CD 机 CDP-101

1992年拉斯维加斯音响展中，飞利浦推出了DCC数字录音带，SONY推出了MiniDisc（MD，见图4-42）。

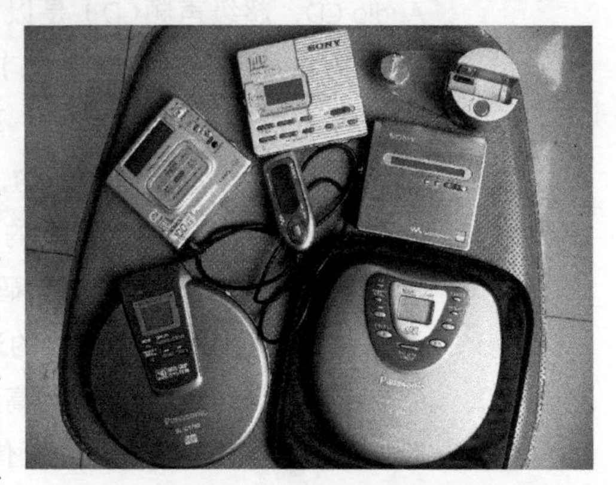

图 4-42　便携式 MD 播放器

经过10年的发展，Philips终于寻找到将固定磁头用于数字录音的方式。根据音响心理学原理，将数字信号进行压缩，再录进与传统盒带一样大小的金属带中，称为DCC，其可以兼容旧有的模拟盒带。由于软件厂商不加入，DCC终未得到发展。

SONY的MD迟至1995年才大量上市，MSD-JA3ES采用20bit模数转换（ADC），把压缩的损耗减到最低。Sony将MD加进迷你音响组合，在日本国内非常流行。

MP3的全称是Moving Picture Experts Group Audio Layer III（MPEG Audio Layer 3）是MPEG 1第三层声频压缩模式的简称，1991年由位于德国埃尔朗根的研究组织Fraunhofer-Gesellschaft的一组工程师发明和标准化。至于用来播放MP3格式音乐（可以兼容WMA、WAV等格式）的便携MP3播放器，由韩国人文光洙和黄鼎夏

（Moon & Hwang）于1997年在美国发明，并申请相关专利。MP3是计算机界颇为流行的一种声频文件格式，针对人耳的特性，利用心理声学中的听阈特性、心理声学中的掩蔽效应等，采用相应技术减少声频数据量，主要用以制作和存储音乐节目。鉴于MP3具有高压缩比，加以互联网（Internet）上有丰富的节目源，它迅速被大众接受而成为新一代的大众音乐节目载体。

1996年8月，飞利浦、索尼、东芝、松下等公司就新一代高密度光盘DVD（Digital Video Disc，后改为Digital Versatible Disc）统一格式制订DVD规格书（Ver.1.0）。

1996年11月7日，松下DVD-Video播放机作为DVD商品在全球上市。

2000年，第1张DVD-Audio上市，DVD-Audio简称DAD，采用杜比实验室的线性脉冲调制MLP无删减压缩方式，24 bit/192kHz格式，可兼容多种数字声频格式，单面单层或双层结构，系两片0.6mm基片黏合而成，有12cm（标准）和8cm（小型）两种尺寸，其单层唱片的信息量为4.7GB，约是CD的7倍，信息传输速率为10Mbit/s，频率响应上限可达96kHz，除存储声频信号外，DVD-Audio还可存储其他数据或资料的信息。DVD-Audio采用“电子水印”技术防止盗版。

DVD-Audio与DVD-Video、DVD-ROM标准是兼容的，与信息技术的兼容性使DVD-Audio唱片能在计算机上发挥作用。

MLP（Meridian Lossless Packing Compression Technology）是无删减可逆式压缩编码技术的缩写，是1998年英国子午线（Meridian）公司研制的一种无删减可逆式压缩录音技术，能增加数据存储容量而完好无损地保留原始声频信息。

1999年初，SONY公司在柏林欧洲音响大展上首次推出SACD。SACD（Super Audio CD，超级声频CD）是以SONY/Philips为首，成员包括金嗓子（Accuphase）、爱华（Aiwa）、天龙（Denon）、建伍（Kenwood）、马兰士（Marantz）、中道（Nakamichi）、安桥（Onkyo）、夏普（Sharp）及第一音响（TEAC）的音乐光盘格式，采用CD/HD单面双层结构，底层记录传统的CD信息，中间HD高密度信息层采用比传统PCM简单、直接的Delta-Sigma 1 bit（2.8224MHz超取样）DSD（Direct Stream Digital）直接数字流编码技术。解码器免除数字滤波器，只要使用模拟低通滤波器，不但减小了信号的流失，重整的输出信号波形更接近模拟输入信号。SACD的信息量为CD的4倍，高频可平直延伸至100kHz，动态范围达120dB。SACD除能记录立体声和环绕声声频信号外，还能存储目录、图像等附加数据，SACD全面兼容CD，并能在任何CD播放机内重播。

无论是SACD还是DVD-Audio这两种格式至今都不是市场主流，恐怕难以取代CD，尤其是软件缺乏更是致命，这与CD刚推出时硬件与软件大量推出全然不同，今后发展难料。

2006年，索尼SONY、先锋Pioneer、三星Samsung等公司都发布了其蓝光技术与蓝光产品，2008年，蓝光光碟战胜HD-DVD成了下一代新存储光盘。

蓝光光碟（Blu-ray Disc，缩写为BD）即蓝光DVD，是DVD光碟的下一世代光碟格式，是在人们对多媒体的品质要求日趋严格的情况下，用以存储高画质的影音及高容量的资料。Blu-ray的命名因其采用的激光波长405nm，是光谱中的蓝光而得名（普通DVD采用波长650nm的红光，CD则采用波长780nm的红光）。

SONY公司在2008年底推出全新高音质CD，它是把部分Blu-ray Disc蓝光技术应用到CD碟片中，采用蓝光光盘材料和生产工艺制造的CD，可直接在现有的激光唱机中播放，称为Blu-spec CD。由于高分子聚乙烯的透过率非常优异，接近玻璃CD的特性，使播放机能够更精确地阅读碟内的数据，播出绝佳音色。通过Blue Laser Diode制造技术刻制母盘，和高级光纤传导配合，使信息轨道坑点、轨道凹槽更精确、盘面更平整、不良折射减少，能比普通CD唱片实现更高的压片精度和更高的稳定性。激光唱机在播放Blu-spec CD的时候时基误差很小，需要纠错电路介入的信息减少，从而使声音精度大幅度提升。Blu-spec CD唱片封面左上角会有“Blu-spec CD”标志。

4.11 声频放大器简史

声频放大器（Audio Amplifier）简称放大器，或功放，旧称扩音机，是驱动扬声器的设备。声频放大器最先应用于无线电收音机，随着唱片技术的发展、电唱机对大音量和高音质的要求、有声电影的实现，剧场对扩声设备急需革新，所以在20世纪30年代电子管声频放大器就已进入全盛时期。

早在20世纪初，高真空放大电子管发明之际，声频放大器即已出现，当时称为低频放大器，对声频放大器也没有太高要求，并未给予必要重视，如当年剧院扩音机的频率响应仅为80Hz～10kHz，注重低频，缺乏高频，频率响应在15kHz衰减常达20dB，这种情况一直延至20世纪40年代后。

1915年，玛格纳沃斯（Magnavax）公司的普赖德哈曼等将试验成功的放大电路大量应用于语言和音乐重放。1925年美国制造的玛格纳沃斯（Magnavox）放大器可能是世界上首个量产的声频放大器（见图4-43）。

图4-43 世上首台商品“Magnavox”放大器

1925年开始，美国和欧洲的公众无线电广播事业带动了声频放大器的发展。同时出现的虫胶唱片配以放大器模式，使留声机不再依赖声学放大。

1926年，美国华纳兄弟（Wamer Bros）公司发明有声电影，促使声频放大器的输出功率大大提高。

1927年，美国贝尔实验室的H.S.布莱克首次试验负反馈放大器，声频放大器的性能始得改善。现代高保真放大器几乎无例外地应用了负反馈技术。1934年1月，《贝尔电信技术》杂志上刊登的H.S.布莱克的《稳定化反馈放大器》是一篇阐述利用负反馈技术改善声频放大器特性的重要论文。负反馈技术在声频放大器中的普遍应用则要在第二次世界大战之后。

第二次世界大战后，由于慢转密纹唱片及调频广播的出现，开始了高保真（Hi-Fi，High Fidelity）声频放大的历史。节目来源的进步和发展更刺激了人们对高性能声频放大器的研究开发，一些高保真放大电路相继发表，揭开了真正高保真放大的帷幕。高保真的兴起和普及始于20世纪50年代的美国，电子管和电唱盘的发明、唱片技术和扬声器制造的进步，使高保真成为可能，并获得迅速发展。

1938—1946年，用于留声机重放的高级放大器已带有音调控制器。初具Hi-Fi形式。1940年出现利奥·芬德（Leo Fender）发明的专用吉他放大器。

1947年4月，英国的D.T.N.威廉逊在*Wireless World*（《无线电世界》）杂志发表了优质放大器电路，开启了高保真声频放大的先河，那是从前级到输出级全部采用三极电子管的一种电路，被称威廉逊放大电路。1951年11月，美国的D.哈夫洛和H.克劳斯在*Auido Engineeing*(《声频工程》)杂志发表了超线性放大电路（Ultra-linear Amplification），那是使用集射功率电子管作为输出管，输出级有帘栅反馈的电路，输出变压器带有帘栅抽头，使奇次谐波失真减到最小，能取得较好的线性，不仅轰动一时，广为流传，还被奉为高保真经典，至今仍普遍采用。稍后有阴极负载输出放大器，那是在输出变压器设置对称的阴极线圈，串联在输出功率管的阴极电路作为负反馈的电路，使输出阻抗和失真得到减小。优质放大器都采用多重负反馈技术，并且采用特制优质输出变压器来保证放大器的性能，但优质输出变压器的结构复杂，造价昂贵，所以取消输出变压器成了目标。1951年，弗莱彻和库克用8只6AS7G三极电子管并联成无输出变压器放大器。1952年，飞利浦（Philips）公司研制成功单端推挽（SEPP）OTL（无输出变压器）放大器，电路采用低屏极电压、低内阻电子管EL86及200～800Ω高阻抗扬声器。1954年6月，美国RCA NewYork实验室的A．麦科夫斯基在*Audio Engineering*（《声频工程》）杂志发表了使用3只6082的OTL后级电路，输出为26W（16Ω）。1954年，美国的F.H.麦景图和G.J.古伊提出的麦景图（McIntosh）放大器，使用了特殊的输出变压器。这是为了提高输出变压器各半绕组间的紧密耦合，将输出电子管的帘栅极与另一侧输出电子管的屏极相连接而形成的一种高效率、大输出、低失真的单端推挽变形电路。1954年5月，美国UTC公司在*Radio & Television News*（《无线电与电视新闻》）杂志发表了线性标准放大器，那是一种多重负反馈的声频放大器电路，使输出电子管的内阻大大降低。1968年，麦景图公司的内斯托罗维（Nestorovic）根据电子管超线性接法发展出新专利，带有额外的分布式负载绕组。

在附属电路中，1952年英国的P.J.巴克森德尔发表的负反馈音调控制电路值得一提，它是利用频率负反馈工作的低失真电路，控制范围很宽，两个电位器置于中间位置时，可得到均匀的频率响应。

唱片在录制时，为改善信噪比和防止相邻纹槽合并，需对高频做预加重，并对低频端做衰减，故而在唱片重放时，唱头放大器中必须引入均衡电路，以恢复频率特性的平坦。当进入密纹唱片时代时，典型的均衡标准有美国的AES（Audio Engineering Society，声频工程师协会）、NAB（National Association of Broadcasters，全国广播协会）、RCA（Radio Corporation of America，美国无线电公司）、Columbia（哥伦比亚）、FFRR及欧洲的CCIR（International Radio Consultative Committce，国际无线电咨询委员会）等，直到1955年，国际上才统一使用RIAA标准。RIAA（Record Industry Association of America）是美国唱片工业协会的缩写。

1935年，英国的A.D.布姆莱和美国贝尔实验室发明立体声重放。1958年立体声唱片的面世，20世纪60年代后期立体声技术得到高度发展和普及，成为家用Hi-Fi音响标准。

1948年，美国贝尔（Bell）实验室威廉·肖克利领导的小组发明晶体管。1952

年得克萨斯（Texas）制造出首只硅晶体管。

1954年，美国出现首台家用晶体管声频放大器。自20世纪60年代开始，声频放大器开始晶体管化，但由于可靠性高和价格合理的功率晶体管尚未出现，处于主导地位的仍是电子管放大器。最先出现的是锗晶体管放大器，采用输入、输出变压器，但锗功率晶体管频率特性差，随温度升高容易损坏。

1956年，美国RCA的H.C.林发布首个无变压器的推挽放大电路，这种最早的互补形式可提供很高性能，在随后20年中，它都是常见的晶体管功率放大电路的基础。

先出现NPN型硅晶体管，20世纪60年代末才有适合声频功率放大用的功率互补晶体管，同时期差分电路应用于声频功率放大器输入级，出现了直流耦合方式的OCL电路。随着新型硅晶体管的出现及准互补对称型、全互补对称型的电路改进，声频功率放大器的设计技术已趋成熟，逐步实现了晶体管化。

20世纪60年代中期的典型功率放大器是准互补对称OTL(无输出变压器)电路。20世纪70年代初期全直接耦合的OCL（无输出电容）电路得到普及。20世纪70年代中期发展了直流化功率放大器，出现了多种多样的电路技术，推出了纵向场效应管V-FET，但最终未能推广。20世纪70年代末，高速功率晶体管、功率金属氧化物场效应管MOSFET商品化，出现了无开关动作的功率放大器。

1965—1975年，随着硅晶体管性能的提高，输出功率超过25W的晶体管功率放大器出现了。1975年的晶体管功率放大器用两个声道作为桥接，已有能力提供500W（8Ω）的功率，向2Ω负载提供超过1kW。1977年，日本日立公司发布横向型音响用MOSFET，1978年，英国HH公司推出使用横向型MOSFET的专业功率放大器。

20世纪60年代后期开始出现晶体管前置放大器。20世纪70年代后期前置放大器直流放大化。

1964年，美国仙童（Fairchild）公司推出集成电路μA709，在RC4558、TL084、LF356出现后，集成运算放大器真正进入声频领域，进而出现专用集成电路。放大器在20世纪70年代开始大规模发展。如1967年出现以厚膜为主的混合功率放大器，1968年第一块声频功率放大集成电路诞生，并发展出不少高保真放大器品种。20世纪80年代，集成电路在声频领域已完成系列化和标准化。

20世纪70年代末，电子管声频放大器东山再起，与晶体管声频放大器分庭抗礼。因为晶体管声频放大器的技术指标虽然非常高，但音响爱好者对其音质并不满意，电子管放大器的音色一般比较甜美、温暖，特别是中频段更柔顺、悦耳，加上早期激光唱机的声音较冷硬，正需要电子管放大器作为补偿。

20世纪50年代，D类放大器工作原理诞生，但直到功率场效应管出现，有了很快的开关速度，才使D类放大器真正步入实用。D类放大器又称开关放大器，是一种数字放大器，它以PWM（脉冲宽度调制）方式将模拟声频信号调制成一串等幅度而不同宽度的方波，即先改变脉冲宽度的脉冲时间调制，再进行放大，D类放大器也称为PWM放大器，它的优点是效率极高，达80%以上，节能，热量小。D类放大器通常以单片集成电路形式出现。

自1917年起，功率放大器的工作方式是A类（1960年后有其变形，如滑动A类、超A类和Plateau（平顶）偏置A类等）。1945年前后，B类及AB类工作方式占主流。1963年左右出现高效率的D类数字放大器。1977年出现利用切换高、低两组电源，提高瞬时高功率能力的G类Hi-Fi放大器。1983年左右出现使用动态提升电源供电电压的H类放大器。由于G类和H类两种工作方式在克服大信号时存在削峰问题，因而都没在家用放大器中得到推广。

在20世纪20—30年代，声频放大器的性能以三大技术指标考核，即频率响应、谐波失真和信噪比，使用正弦信号检验设备。20世纪40年代末提出互调失真。20世纪60年代后提出动态指标瞬态响应，使用脉冲式测量信号检验设备，例如方波、猝发声列（具有方形包络的正弦信号波列）作为测量信号。20世纪70年代，丹麦的M.奥塔拉提出瞬态互调失真。

自人类首次通过电话线把声音传递到远方以来，人们一直在努力把微弱的声音电信号放大，有很多人毕生从事声音电信号放大技术的研究，大半个世纪来，虽经多方改进，但至今重放声音仍与生活中的真实声音存在差距，还有不少改进空间。

一些典型放大器的外形如图4-44所示。

WE 91

LEAK

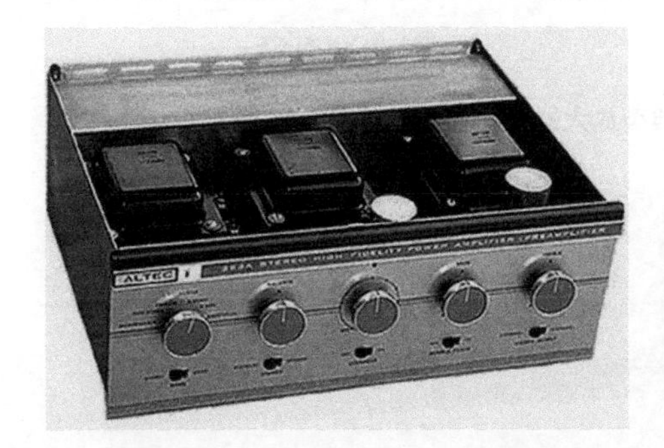

ALTEC

Burmester

图4-44　一些典型放大器

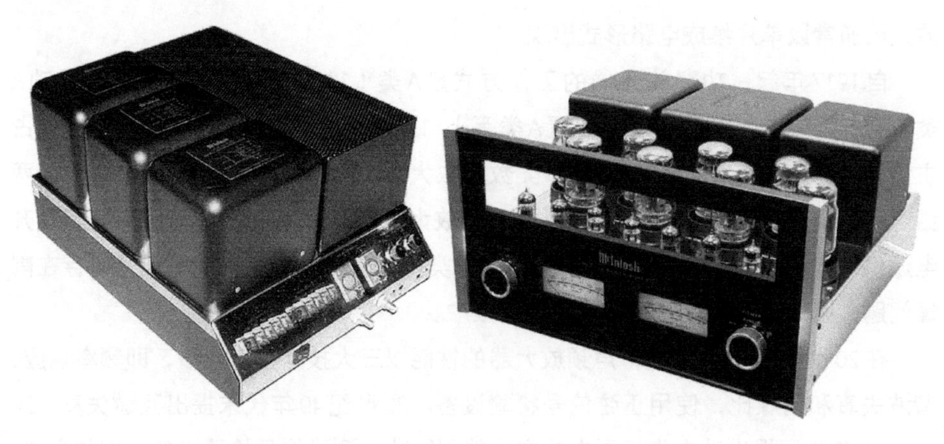

McIntosh

MBL

Mark Levinson

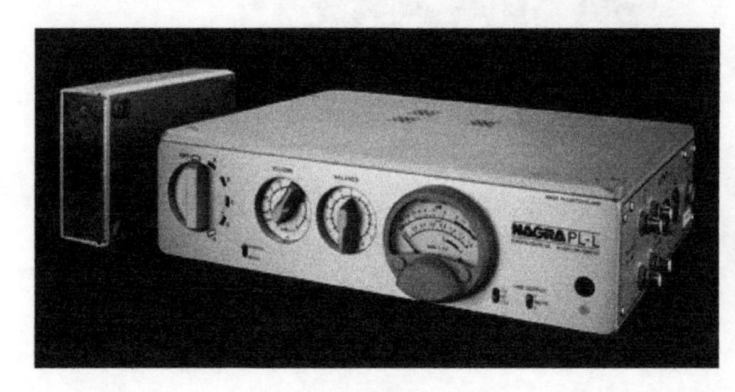

Nagra

FM Acoustics

图 4-44 一些典型放大器（续）

4.12 家庭影院简史

自1984年起，以日本为主的国外报刊开始出现“AV时代”“AV机器”等词。AV是Audio和Video的缩写，A代表声频，V代表视频，AV表示视听结合。AV结合的家庭影院给人们的业余生活带来了更多乐趣。20世纪90年代，家庭影院大行其道，各种环绕声格式层出不穷。

家庭影院系统要求营造现场效果，产生宽阔的立体感声场及惊心动魄的凌厉动态。家庭影院的扬声器系统的基本组合包括前置主音箱、中置音箱、后置环绕音箱，以及超低音音箱。中置音箱主要重放语言对白，并表现音响的真实感，与主音箱协调。前置主音箱是主角，有宽的频率响应范围。超低音音箱补偿低频不足，提高低音的量感和震撼力，增加真实感。后置环绕音箱获得环绕包围效果。

THX（Tominson Holman Xperimant）是由卢卡斯影片公司（Lucas film Ltd.）确立的环绕声标准，后置环绕声道为模拟立体声，并加强低音的再现，使杜比系统达到THX标准，但THX系统成本高，难在一般家庭普及。

1994年，杜比研究所推出全数字化的杜比AC-3系统（Dolby Surround Audio Coding-3），5.1声道中的5表示前左、中央、前右、后左、后右这5个是全频带声道，0.1表示低频频带仅有超低音声道，全频带立体声的后置环绕声道以及独立的超低音声道使其临场逼真感比THX系统更强，家庭影院进入一个更高境界。

5.1声道于1994年被国际电信联盟（ITU）推荐为“通用的、带和不带图像的环绕声系统”国际标准。第一张用杜比数字环绕声编码技术的家用激光影碟是1995年推出的《迫切的危机》（*Clear and Present Danger*）。

1996年，美国数字影院系统技术研究公司研究开发的DTS（Digital Theater System）家庭影院采用另一数字环绕多声道系统。DTS采用相干声学数字声频处理技术，提供更独特的编码和处理方式，可以完整地恢复原始的声频信息，得到最高质量的360° 环绕声效果，重现真正剧院式的视听，是高保真的多声道音响系统。它与杜比数字系统的5.1声道都已是公认的多声道环绕声标准方式（DTS最初是1991年研发的一种用于电影和音乐的高质量多音轨环绕声技术）。

1999年5月，杜比实验室和卢卡斯影片公司共同开发了数字环绕EX即Dolby Digital-Surround EX，所谓EX即表示Extenion（扩展之意），是Dolby Digital的延伸，在原有5.1声道基础上增加一个后中央声道，以改善声像松散、定位模糊的不足，这里后中央声道由左、右环绕声道以矩阵方式解码取得，只要配以软件及有EX解码的环绕中心，再加一只后中央声道音箱，就能享受到真正的360°全周定位的崭新包围效果。这种6.1声道系统的好处主要是补充5.1声道系统在后方声场定位感的不足，使整个后置包围感更强烈，前后声场定位更连贯。

2000年6月，杜比公司推出了新的杜比环绕声定向逻辑技术（Dolby Surround Pro Logic Ⅱ），该技术改善了空间感、方向感和声场稳定性，并扩大了最佳听音区。

2000年由DTS公司开发的6.1声道扩展型环绕声模式，强化了DTS多声道功能，在解码器内设数字4声道频段均衡电路，可分别设定ES模式与非ES模式。增加的后中央声道强化了环绕声的动态定位感，使后方声场能向后扩展，与前方声场形成真正360°全方位包围感，改善了5.1声道不够逼真的不足。

THX Surround EX是杜比实验室和卢卡斯影片公司THX分部联合开发的一种后处理系统，并不是另一种环绕声模式，它将Dolby Digital EX与DTS ES的6.1声道环绕声加以处理，扩充成7.1声道，使环绕声的包围感更好，除可对应6.1声道格式外，并有THX系统所提供的独特声音效果处理技术，使声音效果表现更符合标准影院。

多声道环绕声播放技术有5.1声道、6.1声道和7.1声道等方式，通过AV放大器及多只音箱完成，但要达到真正好的效果，除对房间有严格声学要求、投入资金较大外，还由于系统需设置6～8只音箱（见图4-45），存在破坏房间整体美观问题，常给用户带来很多烦恼，特别是已装修好的房间，环绕音箱的连线成为突出问题。

图 4-45　卫星音箱家庭影院示例

由此出现的前环绕声播放技术，不用环绕音箱，用前方两组多声道的声音模拟出具有包围感的环绕声效果，实现准确的声像定位及平滑连贯的声像移动。该技术在垂直方向的声音定位感相当优良，同时还能忠实地播放双声道信号，在播放纯音乐时表现优良。这种系统与平板电视机配合以壁挂式安装，有无可比拟的便利性，并能融入室内装饰而不破坏整体美观，可大大优化空间。

1992年上市的SRS 3D Sound是一种用两只音箱即可营造出三维空间（3D）环绕声声场的系统。SRS（Sound Retrieval System）是声音恢复系统的缩写，它由美国加州大学IRVINE物理实验室的阿诺德•凯尔曼（Arnold Klayman）开发，将普通立体声处理过程中丢失的空间信息加以恢复，将环绕声恢复为大脑能理解的方向信息。由于它与信号源的制作无关，所以可用任何声源，通过一个SRS处理器获得类似点声源的音箱“消失”，达到使用普通的双声道立体声系统再现3D环绕立体声场。

SRS利用听觉与人耳声像定位原理，根据耳廓效应的数学模型——人头传递函数HRTF（Head Related Transfer Function），让人脑根据人耳特有的传递函数规律，对主要时间及电平方面的信息进行辨认，判定声音的来源及空间距离，造成人耳听觉的空间感及方位感。

Spatializer 3D Sound技术利用双耳效应的时间差和强度差对立体声声场进行处理的处理技术，Spatializer 意为空间处理器，也是S.W.德斯潘（S.W.Desper）创立的Desper Proclucts公司的注册商标。

Spatializer和SRS都用相似理论和技术对声音进行处理，借助一对音箱营造模拟3D环绕音响效果，建立可媲美6个音箱的立体空间。

虚拟杜比环绕声（Virtual Dolby Surround）是一种能对用杜比矩阵或杜比数字编码的4声道或5.1声道声频信号进行解码切换，由两只音箱再现完全环绕声场的技术。不同的虚拟化处理技术，除杜比研究所外，还有SRS实验室的Tru Surround技术、Spatializer声频实验室的N-2-2技术、QSound公司的QSurround技术、JVC公司的3D-Phonic技术、Aureal半导体公司的A3D技术、Harman国际公司的VMAX技术、Matsushita的Virtual Sonic技术等。

加拿大QSound实验室（QSound Labs，Inc.）开发的以QSurround系列算法处理的多声道虚拟环绕声技术（三维声音处理技术），能使双声道立体声系统产生最大的空间效应，获得逼真的环绕声听觉效果。被广泛应用于个人计算机声卡、笔记本电脑、DVD播放机、电视机、移动式立体声（汽车音响）和家庭影院系统。

QSurround HD是专为双声道扬声器系统设计的多声道虚拟环绕技术。QSurround 5.1用于多扬声器系统的多声道虚拟环绕，扬声器可以是传统放置或前置式放置。QSound Headphones是专为耳机设计的多声道虚拟环绕技术，使用了特殊的用于头戴式耳机的HRTF算法。

OPSODIS（Optimal Source Distribution，理想声源分配）是英国南安普敦大学与日本鹿岛建设株式会社共同研发的一种前环绕声播放技术，能用前方两组多声道声音模拟出具有包围感的环绕声效果，实现准确的声像定位及平滑连贯的声像移动。以往的一些类似技术大都需要利用墙壁的反射，环境变化会对效果产生很大影响。而OPSODIS处理技术无须利用墙壁的反射，在任何房间中均可获得相同的效果，不受环境影响。

数字投音机（Digital Sound Prjector）是Yamaha（雅马哈）研发的家庭影院前环绕声系统，该系统基于心理声学和仿生学，利用听觉与人耳声像定位原理，以Yamaha自创的24kHz HRTF耳廓效应数学模型运算处理，从前方的两声道扬声器获得具有包围感的环绕声效果，实现准确的声像定位及平滑连贯的声像移动。

参考文献

[1] R.F.格拉夫．现代电子学辞典[M]．北京：人民邮电出版社，1982．

[2] S.W.阿莫斯．电子学辞典[M]．上海：上海科学技术文献出版社，1986．

[3] W.F.博伊斯．高保真立体声手册[M]．北京：科学普及出版社，1984．

[4] ALEX J.WALKER.PUBLIC ADDRESS and SOUND DISTRIBUTION HANDBOOK[M]. GEORGE NEWNES LIMITED, 1956.

[5] 词典编辑委员会．电子工业技术词典[M]．北京：国防工业出版社，1976 ～ 1977．

[6] 唐道济．音响发烧友必读[M]．北京：致公出版社，1994．

[7] 唐道济．音响技术与音乐欣赏手册[M]．南京：江苏科技出版社，2002．

[8] 麦克尔・肯尼迪，乔伊斯・布尔恩．牛津简明音乐词典[M]．北京：人民音乐出版社．

[9] 威斯特，哈里森．外国音乐词典[M]．上海：上海音乐出版社，1988．

[10] 保罗・朗多尔米．西方音乐史[M]．北京：人民音乐出版社，1995．

[11] 上田昭．音乐史欣赏[M]．台北：台湾全音乐谱出版社，1983．

[12] 结城亨．古典音乐鉴赏入门[M]．台北：台湾志文出版社．

[13] 野宫勋．名曲鉴赏入门[M]．台北：台湾志文出版社．

后　记

我爱好并从事音响工作数十年，接触过大量器材，其中有不少器材的表现是令人难以忘怀的。综观市场，不少音响器材外表一流，美轮美奂，但性能一般，却有非常高的知名度，有些器材虽性能非常好，价格也并不太高，却常被人忽视，这与牌子、外观、宣传都有一定关系。时下有些报刊对器材评论多的是溢美之词，较少客观评述，加以有些评论者主观偏爱因素过多，免不了有些片面。因之，以此作为参考，按图索骥地选择器材，就会走弯路、花冤枉钱。当然，不管什么档次的音响器材都不可能十全十美，尤其是低价器材，存在一些不足是极为正常的。

主观听音带有强烈的个人色彩，不同的口味与爱好就有对器材不同的要求，选择器材重要的是搭配，搭配得宜的平价器材常会胜过胡乱搭配的名牌高档组合。就如音箱生产厂往往不会标明它所生产的音箱只适于播放某种类型的音乐一样，器材的选择有得必有失，要根据器材性能特点权衡利弊，再依据自己的爱好做出取舍。可见即使专家意见也只能作为参考，不一定要全部照办。例如，大部分英国音响器材的传统声音特点是较甜润、细腻，但中低频较少魄力，低频量感稍少而干净、鲜明；大部分美国音响器材的声音特点则是明朗豪放，低频强劲，讲究气势和力度，但细腻不够，这就是一般所说的“英国声”和“美国声”的不同。

至于市场上不少价格低到难以想象的音响器材，由于它们的性能、可靠性毫无保障，最好不要问津，以免因小失大。如劣质晶体管功率放大器的输出端常存在直流电位，不单使失真增大，严重时还会烧毁低频扬声器的音圈。又如某些非常便宜的电子管功率放大器，为了降低成本，采用筛选剔除的电子管、二手旧元器件及低性能输出变压器装配，不仅声音表现不好，更没有可靠性可言。高质量的音响器材必然成本相对较高，所谓一分钱一分货，物有所值才是追求。